빅데이터 시대 품질관리의 내비게이션

통계적 품질관리 4.0

빅데이터 시대 품질관리의 내비게이션

통계적 품질관리 4.0

발 행 일	2019년 12월 1일 초판 1쇄 발행
	2021년 6월 21일 초판 2쇄 발행
지 은 이	양희정 · 김광수 · 정상윤
발 행 인	이동선
발 행 처	한국표준협회미디어
출 판 등 록	2004년 12월 23일(제2009-26호)
주 소	서울특별시 강남구 테헤란로 69길5
	(삼성동, DT센터) 3층
전 화	(02)6240-4890
팩 스	(02)6240-4949
홈 페 이 지	www.ksamedia.co.kr
I S B N	979-11-6010-039-6 93310

값 35,000원

빅데이터 시대 품질관리의 내비게이션

통계적 품질관리 4.0

양희정·김광수·정상윤 지음

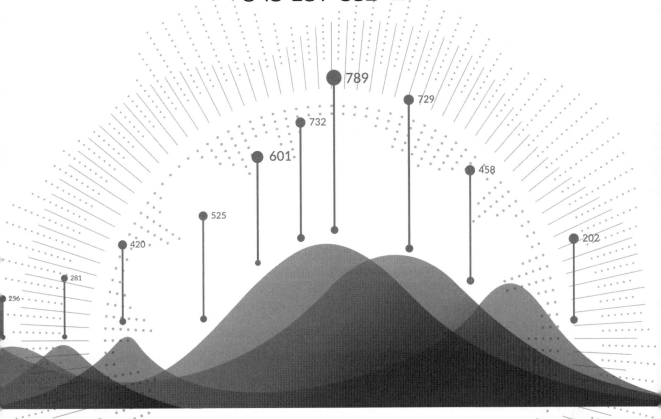

789
729
732
601
525
458
420
281
256
202

STATISTICAL QUALITY CONTROL

TQC, QM, 6시그마, TQM 등 다양한 품질이슈가 등장할 때마다 통계적 품질관리는 중요한 도구로 쓰였다. 그리고 4차 산업혁명의 시작으로 빅데이터 이슈가 발생하면서 다양한 품질 분야에서 통계적 품질관리와 연계되는 것은 당연하다. 이 책은 품질정보관리 차원에서 통계적 품질관리의 내비게이션으로서의 역할을 할 것이다.

KSAM 한국표준협회미디어

머리말

우리 기업들이 본격적으로 통계적 품질관리를 적용하기 시작한 것은 1970년 한국 표준협회가 품질관리 담당자를 양성하여 공급하면서부터입니다. 이 교육 과정은 1975년 이후 국가자격인 품질관리기사로 제도화되어 지금도 인기 있는 주요 자격증의 하나로 많은 학생 또는 직장인이 응시하고 있습니다.

그동안 TQC, QM, 6시그마, TQM 등 다양한 품질이슈가 등장할 때마다 통계적 품질관리는 중요한 주축 도구로서 활용되어 왔습니다. 그리고 과거의 표본 데이터를 질과 양에서 압도하는 빅데이터라는 또 다른 품질 정보 이슈가 4차 산업혁명 시대의 핵심 기술로 떠오르고 있는 현재는 어떠한 측면이든 품질정보관리의 근간인 통계적 품질관리와 연계되는 것은 당연할 것입니다.

하지만 기존에 집필된 대부분의 통계적 품질관리 서적은 통계적 증명을 중심으로 공식을 활용하여 어려운 계산 문제를 풀어야하는 고루한 이론 중심의 학습 형태로 구성되어 있는 관계로 스마트폰으로 대변되는 Visual 시대의 젊은이들에게 계산 방식의 학습법은 흥미를 끌지 못하는 것이 현실입니다.

또한 20c의 대량 생산방식 중심의 통계적 품질관리 사고로 이론이 구성되어 현재의 변량 생산체계와 정보관리 수준에 적합한 품질정보관리와는 거리가 있는 내용이 다수입니다. 그러므로 본서는 실제 공정의 변동을 보여주는 시각적 도구로 통계적 과정을 설명하였고, 변량생산체계와 빅데이터 등을 아우르는 품질정보관리를 실행할 수 있으면서 친근하게 다가갈 수 있도록 다음과 같이 구성하였습니다.

- 일단 통계학을 잘 모르는 직장인이나 학생들도 쉽게 적응할 수 있도록 증명이나 계산보다는 각종 그래프 중심의 시각적 도구를 활용하여 품질 업무 수행 시 발생되는 사례별 적용 방법과 분석 방법을 비주얼 중심으로 설명하였습니다.

- 전체를 4단원으로 구성한 후, 각 단원을 구성하는 세부 주제를 2~4가지로 압축하여 각 주제에 대한 사례를 예시하고 예시에 대한 적용 프로세스와 분석 방법을 상세히 설명함으로써 명실상부하게 SQC 시스템 구축 및 적용을 위한 실무 지침서가 될 수 있도록 하였습니다.

- Gage R&R, 공정능력과 관리도 등과 같이 현장에서 실제 적용되고 있는 도구들은 기존의 진부한 이론과 분석법을 탈피하여 현대적 Real 관리와 다양한 품질조건하에서의 분석 및 모니터링 방법을 그래프를 활용하여 설명하였습니다. 그러므로 특히 직장인들에게 품질정보관리를 위한 동반자이자 지침서로 활용될 수 있도록 하였습니다.

- 4차 산업혁명과 연계하여 통계적 품질관리 활동을 레벨업할 수 있도록 핵심인 빅데이터에 대한 특징과 주요 기업들의 접근 방법을 소개하고 이를 바탕으로 각 기업들이 빅데이터를 효과적으로 활용하는 방향을 정립하고 설계할 수 있는 방향을 제시하였습니다.

- 교육 구분을 14장으로 구성하여 교수자들이 학습 진도관리를 효과적으로 학부과정과 연계할 수 있도록 과정을 설계하였습니다. 또한 본 교육에 사용된 데이터 및 Minitab 자료는 교수자나 독자 모두 공유 가능하도록 조치하였습니다.

이러한 관점에서 본서를 작성하면서 품질정보관리 차원에서 완벽한 지침서가 될 수 있도록 노력하였으나 지면상의 문제와 아직 설명하기에 시기상조인 부분도 많으므로 추후에 보완하고 추가해야 할 부분이 매우 많다고 생각됩니다. 적절한 시기에 이 서적을 보완하는 개정판과 연계되는 후서를 통해 아쉬운 부분은 보완하도록 하겠습니다.

모쪼록 이 서적이 독자들에게 통계적 품질관리의 내비게이션으로서의 역할을 할 수 있기를 소망하며, 통계적 품질관리가 출간될 수 있도록 적극적으로 독려해 주신 이동선 사장님과 KSAM 임직원 여러분들께 감사드립니다.

2019년 11월
저자 씀

차 례

PART **1**

통계적 사고와 품질정보관리

1장 품질경영과 통계적 품질관리

> 품질경영의 Agenda는 고객만족과 계약준수의 2 track이다. 고객만족 Agenda는 시장과 타깃 고객 창출이라는 품질경영전략으로 조직의 존망에 관한 문제이며, 계약준수 Agenda는 조직이 고객 및 사회와 묵시적 명시적으로 정한 계약을 실천하는 것이다. 조직은 계약준수를 목적으로 품질경영체계를 구축하며 통계적 품질관리는 품질경영활동을 최적화하기 위한 수단이다.

1.1 품질과 품질경영

어떠한 조직이 지속적으로 생존하기 위해서는 경쟁 대상 조직들에 대하여 비교우위의 차별화된 경쟁력을 가지고 있어야 하며, '품질(品質)'은 조직이 갖추어야 할 차별화된 경쟁력 중 하나라는 것은 자명한 사실이다. 그러므로 대부분의 기업들은 경영 활동의 초점을 품질에 맞춘 '품질경영(quality management)'활동을 전개하고 있다. 그렇다면 품질경영이란 무엇인가? 우리나라에서 품질경영규격으로 채택하고 있는 KS Q ISO 9000[1] 규격에는 '품질경영'에 대해 '품질에 관한 경영'이라고 막연하게 정의되어 있다. 결론적으로 품질경영을 이해하기 위해서는 품질이 무엇인지를 먼저 명확히 이해하는 것이 선행되어야 한다.

(1) 품질이란 무엇인가?

품질을 '규격에 적합한 것'이라는 생산자 중심의 관점으로 보던 시대에, 주란(J.M. Juran)은 품질을 '사용 목적에의 적합성(fitness for use) 또는 제품의 특성'으로 정의하였다. 이는 품질을 사용자 즉 고객의 관점으로 접근해야 한다는 뜻이다. 하지만 주란의 품질에 관한 정의는 고객 관점이란 측면에서는 매우 의미 있는 정의라 할 수 있지만 고객의 기대 정도, 환경의 문제 등 품질에 대한 다양한 현실적 요구에 대한 설명이 미흡하므로 보다 포괄적이고 체계적인 정의로 확대되어야 한다.

파이겐바움(A.V. Feigenbaum)은 종합적 품질관리(TQC: Total Quality Control)에서 '품질은 고객의 기대에 부응하는 특성'이라고 정의하였다. 이는 고객의 목적 달성과

---

1) KS Q ISO 9000:2015 품질경영시스템 – 기본사항 및 용어

함께 이 제품에 대한 고객의 기대치 즉 고객만족을 지향하는 보다 확대된 정의라 할 수 있다. 이러한 고객 중심의 품질에 관한 포괄적 정의는 품질경영(quality management) 시대로 발전하면서 더욱 확대되어 정의되고 있다. 이러한 관점에서 하버드 대학의 가빈 (D.A. Garvin)은 품질수준의 결정요인으로 〈표 1-1〉과 같이 8가지를 제시하였다.

〈표 1-1〉 가빈의 품질수준 결정에 관한 8가지 요인

품질수준 결정요인	내용
성능(performance)	제품의 기본적 특성
특징(feature)	기본적 성능을 보완하는 특성, 선택적 차별화 사양
신뢰성(reliability)	규정된 시간조건에서 고장 없이 작동할 확률
내구성(durability)	제품의 성능이 적합하게 유지되는 수명
적합성(conformance)	규정된 설계 또는 표준에 일치되는 정도
서비스 수준(serviceability)	서비스의 신속성, 친절도, A/S 수준, 접근성 등
심미성(aesthetics)	제품 외관, 맛, 냄새 등에 대해 고객이 느끼는 주관적 선호도
고객인지품질(perceived quality)	브랜드 파워, 인식도 등의 고객 지각품질

한편 KS Q ISO 9000 규격에는 품질이란 '대상의 고유 특성의 집합이 요구사항을 충족시키는 정도'로 정의하고 있다. 또한 특성이란 '물리적·관능적·행동적·시간적·인간공학적·기능적 구별되는 특징'으로, 요구사항은 '명시적인 니즈 또는 기대, 일반적으로 묵시적이거나 의무적인 요구 또는 기대'라고 정의하고 있다.

결론적으로 품질은 가빈의 정의와 같이 매우 다양한 특성의 집합이라는 사실이다. 특히 고객은 명시된 품질을 비롯하여, 명시되어 있지 않더라도(즉 묵시적이라도) 고객이 당연히 요구하는 사항 또는 기대하고 있는 사항이라면 품질에 포함하여 평가하게 된다. 그러므로 품질은 '소비자 및 사회에의 모든 현재적, 잠재적 요구조건에 대한 충족성'이란 매우 포괄적이고 적극적인 개념으로 정의할 수 있다.

또한 산출된 제품/서비스들이 제 아무리 자체적으로 훌륭한 품질을 가지고 있다 하더라도 고객들이 수용하지 않으면 아무런 의미가 없다. 실제 품질 특성에 대한 선호도는 성별, 연령, 직업, 취미, 입장, 성격, 소득, 거주지, 친구, 주거조건 등 수많은 경우의 수에 따라 달라진다. 즉 품질에 절대란 있을 수 없다. 그러므로 품질은 단순한 기능적합도로 보기보다 좀 더 포괄적인 제품/서비스의 사회적 요구충족도로 보아야 하며, 이를 기업경영 철학과 사회·기업 간 신뢰확보의 수단으로 인식하고 접근하는 것이 필요하다.

(2) 품질경영의 정의와 4요소

KS Q ISO 9000 규격에는 '경영'이란 '조직을 지휘하고 관리하는 조정 활동'으로 정의하고 있다. 그러므로 품질경영(Quality Management)이란 '품질에 관하여 조직을 지휘하고 관리하는 조정 활동'으로 정의할 수 있다. 또한 동 규격은 품질경영을 4가지 세부 요소로 분류하여 다음과 같이 정의하고 있다.

① 품질기획(QP: Quality Planning)

품질목표를 세우고, 품질목표를 달성하기 위하여 필요한 운영 프로세스 및 관련 자원을 규정하는 데 중점을 둔 품질경영의 일부

② 품질관리(QC: Quality Control)

품질요구사항을 충족하는 데 중점을 둔 품질경영의 일부

③ 품질보증(QA: Quality Assurance)

품질요구사항이 충족될 것이라는 신뢰를 제공하는 데 중점을 둔 품질경영의 일부

④ 품질개선(QI: Quality Improvement)

품질요구사항을 충족시키는 능력을 증진하는 데 중점을 둔 품질경영의 일부

즉 품질경영은 품질방침 및 품질목표를 수립하고 이들을 품질기획, 품질관리, 품질보증 및 품질개선의 세부 요소에 의해 품질시스템 내에 이들을 달성하기 위해 실행하는 전반적 관리기능에 관한 모든 활동을 말한다. 그러므로 품질경영은 최고경영층에 의해 주도되어야 하며, 경제적 관점이 고려되어야 한다.

(3) 품질경영의 원칙

KS Q ISO 9000 규격에서는 품질경영을 실현하기 위한 원칙으로 7가지를 정의하여 다음과 같이 제시하고 있다. 이는 품질경영의 4가지 세부 요소를 실천하기 위해서 반드시 준수되어야 할 활동 가이드이다.

① 고객중시

현재와 미래의 고객과 시장의 요구사항, 니즈, 기대 및 선호를 분석하여 경영정보의 근간으로 설정하고 이를 충족시킬 수 있도록 기획 및 운영

② 리더십

경영진이 비전, 방침, 가치 및 목표를 설정하고 이를 달성할 수 있도록, 조직을 경영 의도대로 지속적으로 이끌어 가는 능력

③ 인원의 적극참여

조직원을 비롯한 이해 관계자가 능동적이고 주도적으로 주어진 과제 수행에 참여하는 조직 문화의 구축과 인원의 과제해결을 위한 개인 역량을 극대화

④ 프로세스 접근법

과제의 인식과 해결이 효과적으로 수행되도록 관련된 자원과 활동을 프로세스 전체적 관점으로 접근

⑤ 개선

조직의 총체적 성과에 대한 지속적이고 유연한 개선활동의 전개

⑥ 증거기반 의사결정

모든 의사결정 및 운영에 사실을 기반으로 하는 품질정보에 의거하여 실행

⑦ 관계관리/관계경영

조직 및 조직의 공급자는 상호 이익이 되는 파트너십 가치를 창조
조직은 고객을 심층 분석하여 고객별 특성에 맞는 고객관계경영 추구

(4) 국내 기업의 품질경영 활동

1994년 이후 우리나라가 ISO 9000 시리즈를 도입하여 품질경영을 추진해 온 목적 중 하나는 국내·외적으로 어려운 기업 환경을 극복하고 산업을 구미열강의 선진국 수준으로 끌어올리기 위함이었다. 즉 산업의 글로벌 스탠더드화를 통한 경쟁력 제고는 물론 고객지향적인 경영혁신풍토를 조성하고, 최고경영자를 비롯한 임직원의 품질의식 고취와 능동적 기업문화를 형성하며, 시장친화형 기술혁신과 품질개선 활동을 바탕으로 하는 고객지향형 품질경영체계를 구축함으로써 산업의 경쟁력을 확보하기 위한 목적이었다.

하지만 다수의 기업들이 아직 이러한 목적에 미달되는 것이 현실이다. 오죽하면 우리의 젊은 청춘들이 취업하고 싶은 기업이 부족하여 취업준비생으로 여러 해를 보내고 있겠는가? 냉정하게 비판해보면 품질경영 활동의 대부분이 문서 중심의 QM 활동으로 인증 취득만을 목적으로 하는 QM 활동을 전개하였기 때문이다.

이를 극복하기 위한 방법은 과거 자사의 QM 활동 진행 과정과 문제점을 검토하고, 글로벌 기업들이 성장해 간 과정의 벤치마킹을 통해 품질경영시스템(QMS: Quality Management System)를 끊임없이 유지·개선하는 것이 중요하다. 이는 품질경영 7원칙에 입각한 시장 중시 QM 체제의 구축과 운영을 의미한다. 또한 장기적으로 사회와 환경 즉 미래와의 조화를 통한 존경받는 기업을 추구하는 TQM 활동으로 발전시켜 가는 것이 중요하다.

QMS의 구축은 시장을 지향하는 Top의 리더십과 이를 실현하기 위한 규율과 훈련의 효과적인 전개[2]로서 가능해지므로, 전 임직원의 가치와 신념의 변화를 전제로 하고 이를 통하여 업무를 수행하는 태도와 행동을 변화시켜가는 기업문화의 창달이 촉구된다.

1.2 품질경영시스템과 품질정보관리

(1) 품질경영시스템

KS Q ISO 9000 규격은 품질경영시스템(QMS)을 '품질에 관한 경영시스템의 일부'로 정의하고 있으며, 경영시스템은 '방침과 목표를 수립하고 그 목표를 달성하기 위한 상호 관련되거나 상호 작용하는 조직의 집합'으로 설명하고 있다. 즉, QMS는 목표의 설정과 함께 목표 달성을 위한 서브시스템의 구축과 운영이 요구된다는 뜻이며, 이를 위해 다음과 같은 3가지 서브시스템을 구축하여야 한다.

〈그림 1-1〉 품질경영시스템의 구성

---

2) P.B. Crosby는 품질경영 4대 절대원칙에서 리더십, 훈련, 규율의 3가지를 예방의 원칙으로 제시하였다.

① 품질경영 업무시스템

품질경영을 실행하는데 필요한 품질목표와 품질방침을 정하고, 이를 달성하기 위해 필요한 인적·물적 자원을 확보·지원하고, 각 계층별, 기능별 조직, 구조, 절차, 프로세스를 정하여 문서화하는 품질경영시스템을 구축한다.

② 품질경영 평가시스템

문서화된 절차, 프로세스를 실행하며 관련 근거를 기록하고, 그 실행 결과를 분석·검토하여 평가한다. 즉 품질경영의 결과를 정보화하고 평가하는 체계를 갖춘다.

③ 품질경영 정보시스템

품질목표 달성을 위한 지속적인 피드백 활동이 유기적으로 연계되어 유지와 개선활동이 지속되도록 follow up하는 품질정보 운영시스템을 구축한다.

이 3가지 하위 조직은 QMS를 구성하는 3가지 기본요소 이며, 이들의 관계를 그림으로 표현하면 〈그림 1-1〉와 같다. 즉 QMS는 권한과 책임의 명확화와 진행 절차를 구축하는 품질경영업무시스템, 수행된 결과를 기준과 비교하는 품질경영평가시스템, 그리고 그 결과를 조직에 피드백하여 시스템의 효율화를 추구하는 품질경영정보시스템의 유기적인 결합체라 할 수 있다.

(2) 품질경영시스템 3요소가 주는 영향

대부분의 기업은 인증(Certification) 취득이나 모기업의 요구로 인해 QMS를 구축하고 있다. 그러나 QMS를 구축한 다수의 기업들이 QMS 덕분에 품질향상이나 조직력의 효율화가 추진되었다고 주장을 하지 않는다. 왜 그럴까? 이는 QMS의 구축 및 운영에 있어 품질경영시스템 3요소가 효과적으로 구축되지 않았기 때문에 나타나는 현상이다.

많은 기업이 호불호를 떠나 QMS를 추진한 것은 사실이다. 왜냐하면 고객이 인증서를 요구하고 있고, 인증서를 취득하기 위해서는 반드시 수행되어야 할 사항이기 때문이다. 그러므로 QMS를 추진할 때, 아예 다른 회사의 문서화 사례를 복사한 수준으로 수행하지 않았다면 상당부분은 활용가능하고 필요하게 구축되었을 것이다.

하지만 품질경영평가시스템과 품질경영정보시스템은 사정이 다르다. 품질경영평가시스템은 독자적으로 구축하는 것이 아니라 품질경영업무별 목적과 목표를 절차와 연결하여 먼저 수립하여야 비로소 평가시스템을 연결할 수 있다. 즉 업무 절차를 준수하고 목표 달성이 이루어지고 있는지 평가하기 위한 기준을 명확히 설정하고, 평가되어야 할 프로세스의 결과에 대한 증거 수집을 위한 기록의 종류와 집계 방법이 명확히 설정되고 데이터화되어야 한다. 이렇게 설정된 기록과 평가기준이 비교되어 정보의 결과가 평가되어진다.

또한 품질경영정보시스템은 정보를 활용하는 것으로, 평가된 결과는 최대한 빠른 시간 즉 실제로 관련부서에 피드백 되어야 한다. 그러면 해당부서는 그 정보를 근거로 시정조치나 예방조치를 실행하면서 품질의 향상과 조직의 발전을 수행하게 된다.

하지만 실제로는 품질경영 업무별 수립되는 목표부터가 깊은 통찰 없이 정해지는 것이 많은 기업들의 현실이다. 예를 들면 영업부가 생산부문에 고객의 order를 피드백할 경우 최소한의 납기를 위한 최소 여유 일정을 3일로 할 것인지 4일로 할 것인지가 명확히 정해져야 한다. 그러면 제조 현장은 그 일정을 중심으로 협력업체와 부품 수급을 위한 리드 타임 계약을 정하고 그에 맞춰 공정과 협력업체의 준비를 갖추도록 QMS가 운영될 것이다. 그리고 기업의 실행가능성과 경영전략측면에서 장기적 개선계획이 수립되어 유지·개선하는 목표를 세우고 운영하게 될 것이다. 이런 사항을 업무별로 고려하여 QMS를 구축하는 기업이 얼마나 될까?

이렇게 목표부터가 불명확하니 그 하부의 평가기준설정이나 품질정보의 피드백 역시 이루어지지 않을뿐더러 이루어진다 하여도 의미 없는 수준이 되는 것은 자명한 이치이다. 그러므로 3가지 요소의 시너지를 기대할 수 없는 대다수 기업의 품질경영 활동은 효과를 보기 어려운 것이 현실이다. 결론적으로 품질정보의 효과적 수집, 평가 및 활용 없이 QMS를 효율적으로 구축하기는 어렵다는 뜻이다.

(3) 품질보증과 품질경영시스템

QMS는 TQC(Total Quality Control) 체제하의 품질보증시스템에서 진일보된 시스템이다. 그러므로 품질보증시스템의 개념을 먼저 이해하는 것이 QMS를 이해하는데 효과적이다.

품질보증을 뜻하는 영어는 Quality Assurance이므로 간단히 QA라고 약칭한다. 또한 우리말의 보증에 해당되는 영어는 assurance 외에 guarantee와 warranty가 있다. assurance는 확신 또는 안심시킨다는 의미가 강하고, warranty는 보증 또는 보장의 의미가 강하다. 그리고 guarantee는 계약이 이행된다는 의미를 갖고 있어 품질보증서의 경우 guarantee가 주로 사용된다. 이와 같이 품질보증에 해당되는 영어는 여러 단어가 있지만 모두 포함하여 포괄적 의미로 QA라 한다.

품질보증에 대해 주란(J. M. Juran)은 '모든 관계자에게 품질기능이 적절하게 수행되고 있다는 확신을 갖도록 하는 데 필요한 증거를 제시하는 활동'이라고 정의하였으며, 파이겐바움(A. V. Feigenbaum)은 '고객의 기대 충족'이라 정의하였다. 그러므로 품질보증이란 제품/서비스에 대해 소비자와의 계약을 정하여 준수하고 이를 바탕으로 고객에게 계약의 이행을 보장하는 것을 뜻하며, 이를 실천하지 못할 경우 적절한 보상을 취하는 것이 포함된 개념이라 할 수 있다. 이러한 관점에서 품질보증이란 소비자에게 다음 3가지를 약속하는 것이다.

① 제품/서비스가 고객과 사회에 해악이 되지 않고 상호간에 이익이 되는 계약이다.
② 인도되는 제품/서비스는 당초 계약이 준수된 결과물임을 보장한다.
③ 혹시라도 사용 중 발생되는 문제는 보증기간에 따라 유상 또는 무상으로 조치한다.

품질보증의 3가지 약속을 이행하려면 무엇이 필요할까? 우선 QMS는 제품 한 개가 약속 이행의 대상이 아니라 로트 전체가 사회적 요구사항을 포함한 고객과의 계약이 충족될 수 있음을 보장하는 QMS 임이 입증되어야 하며, 이는 인증의 획득과 유지로 보장될 수 있다. 그러므로 인증의 조건은 각 하위 조직에 대해 SIPOC[3] 전반을 포함하는 절차를 표준화하고, 효율적 운영을 위한 목표의 설정과 조직원 및 이해관계자의 실천이 확인되고 입증되어야 한다. 이를 입증하기 위해서는 증거가 필요하고, 그 증거는 품질기록과 그를 정보화한 자료의 평가와 피드백 정보이므로 이러한 정보의 생성 · 분석 · 피드백 기능이 매우 중요하다 할 수 있다.

(4) 품질경영시스템의 문제점과 통계적 품질관리의 필요성

지금까지 과거의 QMS인 품질보증시스템과 현재의 QMS에 대해 정리해 보았다. 그 결과 우리는 품질평가와 품질정보의 피드백 측면의 2가지 중요한 문제점을 확인하게 된다.

① 대부분의 하위 조직에서 품질목표의 설계가 미흡하다는 점이다. 이는 목표를 설계할 때 관련되는 요인의 해석과 최적화에 대한 검토가 미흡하기 때문이다. 결론적으로 '증거기반 의사결정'이라는 품질경영의 7원칙이 잘 지켜지지 않는다는 뜻이다.
② 품질정보의 피드백과 그에 따른 개선활동이 원활하지 않다. 물론 하위 조직에서 창출되는 품질정보가 부정확하고 타이밍이 늦어지므로 나타나는 결과이다. 하지만 이 역시 '프로세스 접근법'과 '개선'이라는 품질경영 7원칙이 잘 지켜지고 있지 않다는 뜻이다.

---

3) SIPOC: Supplier-Input-Process-Output-Consumer에 이르는 일련의 시스템에 관한 전체 process 의 범위로 문제해결을 위한 출발점이 된다.

이러한 결과는 품질경영업무시스템과 유기적으로 작동되는 품질경영평가시스템과 품질경영정보시스템이 올바르게 구축되지 않았기 때문이다. 반면 평가나 정보 피드백을 위한 인프라는 매우 양호한 편이다. 대다수의 국내기업들은 경영정보시스템으로 ERP(Enterprise Resource Planning)를 도입하여 운영하고 있으며, 통신시스템 또한 세계 최고 수준이기 때문에 상당한 량의 품질정보는 지속적으로 축적되고는 있다. 하지만 엄청나게 축적되고 있는 품질데이터가 품질개선에 활용하지 않으므로 데이터 재고(data stock) 즉 '정보 불용 로스'로 정보관리비만 증가하는 것이 현실이다.

이는 경영진과 엔지니어 그룹의 통계적 품질관리(SQC: Statistic Quality Control)에 대한 지식이 부족하거나 자세한 운영 방법에 관한 이해 부족에서 시작된다. 사실 SQC 활동은 품질경영 활동의 윤활유이다. SQC 활동은 품질목표와 관련하여 데이터를 정보화하고, 분석 및 운영하는 기술이기 때문이다. 그러므로 조직원들이 SQC 활동을 품질경영시스템의 유지개선에 효과적으로 사용될 수 있도록 조직문화를 구축하는 것이 매우 중요하다.

(5) 통계적 품질관리의 역사

통계적 품질관리는 다음과 같은 단계를 거쳐 산업사회의 동반자로 함께 발전해 왔다.

① 1950년대 이전에 추측통계학, 관리도, 샘플링 검사의 개념이 정비되면서 통계적 품질관리의 영역이 형성되었다.

ⓐ 1920년대 초 영국의 통계학자 피셔(R.A. Fisher) 등에 의해 소 표본에 의한 품질정보로 로트를 추론하는 추측통계학이 확립됨으로써, SQC를 적용할 수 있는 토대가 형성되었다.

ⓑ 벨연구소(Bell telephone laboratory)의 슈하트(W.A. Shewhart)는 관리도에 대한 여러 편의 논문을 발표하고, 1931년 '제품 품질의 경제적 관리(The Economic Control of Quality of Manufacturing Product)'라는 저서를 편찬하였다. 관리도는 제조공정의 관리에 통계적 수법을 응용한 SPC(Statistical Process Control) 활동의 토대가 되었다.

ⓒ 벨연구소의 닷지(H.F. Dodge)와 로믹(H.G. Romig)이 통계학을 샘플링 검사에 활용할 것을 연구하여 샘플링 검사 이론을 발표하였고, 1941년에 닷지 · 로믹 샘플링 검사표(Dodge Romig Sampling Inspection Table)를 완성하였다.

② 1950년 이후 품질경영활동이 기업 경영의 주요 관심사가 되면서 혁신활동의 주요 도구로 정착되었으며, 6sigma와 함께 통계 소프트웨어가 등장하면서 보편적 기술로 활용되었다.

ⓐ 일본의 이시가와가오루(石川馨)는 1968년 CWQC(Company Wide Quality Control) 활동을 주창하면서 현장 및 엔지니어의 소집단 활동 활성화를 유도함으로써 품질개선활동에 품질관리 7가지 도구 등이 보편적으로 활용되어 SQC가 활성화되기 시작하였다.

ⓑ 20C 후반 미국 및 유럽의 제조경쟁력이 일본 기업의 제조경쟁력에 뒤지기 시작하면서 국가 간, 기업 간의 경쟁이 갈수록 치열해지고, 소비자 권한 강화 등 기업의 제약조건이 사회적, 환경적 그리고 미래적 관점으로 발전하면서 제품/서비스의 품질보증 · 신뢰성 · 제품책임 등의 문제가 강조되는 QM 체계로 발전되었다. 이를 통해 SQC는 제조 중심에서 설계 및 고객 분석 단계에 확대되어 활용되기 시작하였다.

ⓒ 2000년을 즈음하여 6시그마 활동의 보급과 함께 통계 소프트웨어의 보급으로 어려운 통계문제가 그래프 등을 통해 쉽게 적용할 수 있게 되면서 SQC는 보편적 활용기술로 정착되고 있다. 실제 많은 기업의 품질분임조가 활동사례를 발표할 때 SPC, Gage R&R, ANOVA, 회귀분석, 다구찌 실험계획 등 쉽지 않은 기법을 활용하고 있다.

③ 최근 4차 산업혁명이란 전혀 새로운 경영환경의 대표적인 툴(tool)로 빅데이터(big data)가 부상되고 있다. 빅데이터란 자동화 기기와 통신의 발달로 테라바이트 (terabyte) 수준으로 집계되는 여러 가지 형태의 실제 데이터(real data)를 뜻한다. 전 세계 글로벌 기업들은 빅데이터의 집계와 활용에 사운을 걸고 연구하고 있으며, 관련 정보를 확보하기 위해 최선을 다하고 있다. 하지만 이러한 정보의 해석과 활용을 위해서는 통계적 접근이 매우 중요한 역할을 한다는 것은 당연한 사실이다. 우리나라도 빅데이터를 주요 국가 과제의 하나로 인식하고, 관련 엔지니어를 육성하기 위해 국가자격제도로 도입하고 있다. 이는 궁극적으로 정보의 중요성을 인식 한다는 뜻이며, 정보의 효과적 활용이 곧 국가 및 기업 경쟁력 우위의 주요 요소로 인식하고 있음을 뜻한다. SQC는 데이터의 집계 · 분석 및 모니터링에 관한 정보운영 tool이므로 이러한 빅데이터의 효과적 운영에 첨병이 될 것임을 의심할 여지가 없다.

결론적으로 SQC는 시대의 요구와 함께 진화되어 왔으며, 품질우위의 경쟁력 확보를 위한 첨병의 역할을 수행하고 있음은 물론 앞으로는 빅데이터의 발전으로 점점 더 그 역할이 중시 될 것이다. 이를 위해서는 조직과 관련된 이해관계자에게 SQC 기법을 적극 보급하고 능동적으로 활용하는 조직문화를 구축하는 것이 우선적으로 중요하다.

1.3 품질관리와 통계적 Thinking

(1) 통계학이란?

역사적으로 통계의 작성과 활용은 고대 도시국가가 형성되면서부터 국력의 기반이 되는 인구와 재산 등에 대해 집계하기 시작하면서이다. 실제 통계학(statistics)은 국가(state)의 상태(status)를 살피는 것을 뜻하는 단어의 합성어로 되어있다. 그러나 학문적 형태를 취하게 된 근대적 통계학의 시작은 17세기경 프랑스, 독일 등에서 시작된 확률론 등에 의해서 이다. 통계학은 기술통계학(descriptive statistics)과 추측통계학(inferential statistics)으로 구분할 수 있다.

기술통계학의 기술은 technology가 아니고 descriptive이다. 기술통계학은 어떤 집단에서 구한 데이터를 알기 쉽게 평균, 표준편차, 상관계수 등의 숫자나 꺾은선그래프, 막대그래프, 히스토그램 등의 그래프로 정리한 것이며, 이를 보는 것만으로도 상태를 알 수 있게 해 준다.

플로렌스 나이팅게일은 크림전쟁(1853~1856)때 간호활동을 하면서 엉뚱하게도 부상에 의한 사망자보다 야전병원의 열악한 환경 때문에 치료받던 중 전염병으로 인한 사망자가 전체 사망자의 1순위로 부상자의 몇 배가 됨을 알게 되었다. 이에 대해 1958년 〈그림 1-2〉 'lose diagram'이라는 통계그래프를 작성하여 많은 의사 및 전문가 등에게 상황의 심각성을 이해시켰다. 이러한 노력 등으로 야전병원의 환경이 개선되면서 사망률이 42%에서 2%까지 감소시킨 사례는 매우 유명한 기술통계학의 사례이다.

추측통계학은 모집단에서 표본을 샘플링하여 측정한 데이터에서 통계량을 구하고, 그 통계량을 과학적으로 추론하여 모집단의 모습을 유추하거나 결과와 원인의 함수관계를 규명하는 방법이다. 샘플링 검사, 관리도, 실험계획법, 회귀분석 등이 해당된다. 또한 통계 소프트웨어의 진화에 따른 정보 해석 기술의 다양화로 추측된 결과를 그래프로 하여 로트의 모습을 볼 수 있으므로 이를 활용하는 것이 정보의 피드백과 시정 및 예방조치에 매우 효과적이다.

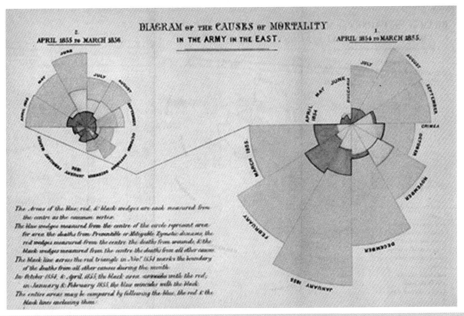

〈그림 1-2〉 나이팅게일의 Rose Diagram[4]

(2) 통계적 사고방식

SQC 활동은 사실의 증거인 데이터를 토대로 하여 관리를 수행하는 것이다.

이것은 제조공정 또는 조직에서 어떠한 품질특성에 대한 목적과 목표를 명확히 함으로써 시작된다. 또한 목표와 연관된 현상을 객관적으로 나타내는 데이터를 합리적으로 구하여야 하며, 이를 토대로 작성한 품질정보를 판정기준과 비교하여 제조공정 또는 조직의 이상상태를 파악한다. 이상상태가 확인되면 원인을 찾아 시정 및 예방조치를 실행하여 유지관리 또는 개선이 지속적으로 될 수 있도록 한다. 이와 같은 활동을 위해서는, 〈그림 1-3〉과 같은 절차로 수행되어야 효과적이다.

① 제조공정 또는 조직의 품질특성에 부합되는 목적과 목표를 결정한다.
② 품질특성에 해당되는 로트나 집합을 명확하게 결정한다.
③ 로트를 유효하게 평가할 수 있는 적절한 표본을 랜덤으로 샘플링한다.
④ 샘플링한 표본을 측정하여 정보화 한다.
⑤ 정보를 판정기준과 비교하여 검사한다.
⑥ 문제가 있을 경우 원인을 찾아 조치를 취한다.

---

4) 플로렌스 나이팅게일, [나이팅게일의 간호론](김조자 외 옮김, 현문사, 1997), 네이버 지식백과

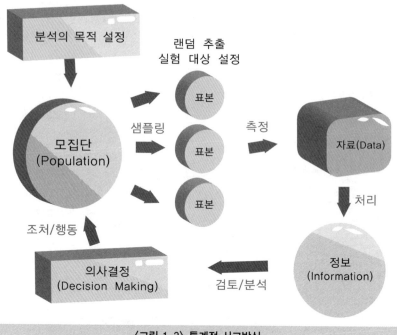

〈그림 1-3〉 통계적 사고방식

(3) 모집단과 표본

① 모집단

KS Q ISO 3534-1[5) 규격에서는 모집단(population)을 '고려 중에 있는 항목의 전체'라고 정의하고 있다. 고려 중에 있는 항목을 구체적으로 표현하면 다음과 같다.

ⓐ 조사·연구의 대상이 될 특성을 가진 모든 집단 및 조직

ⓑ 표본이나 데이터에 의해 시정 및 예방조치를 하고자 하는 집단 및 조직

또한 모집단의 크기(size of population)는 '모집단에 포함되는 단위체 또는 단위량의 수'로 정의한다. 이 모집단의 크기가 유한개일 경우 유한모집단, 무한개일 경우 무한모집단으로 분류한다.

자연계에서 실제 무한개인 경우는 액체나 분체밖에 없을 것이다. 헤아릴 수 있는 것은 아무리 많아도 결국은 유한개이기 때문이다. 하지만 유한개의 경우도 무한개로 취급하는 경우가 많다. 공정의 제조능력은 실제적으로는 유한하지만, 제품은 오랜 기간에 걸쳐 생산되며 또한 내일 만들 것을 오늘 측정할 수는 없으므로 공정은 무한모집단으로 취급한다.

---

5) KS Q ISO 3534-1:2014 통계 - 용어 및 기호 - 제1부: 일반 통계 및 확률 용어

반면 수입검사, 출하검사의 대상이 되는 검사대상 로트의 크기(lot size)는 유한개이므로 유한모집단이 된다. 〈그림 1-4〉은 무한모집단과 유한모집단의 차이를 나타낸 것이다.

② 표본(sample)

모집단으로부터 어떠한 목적을 가지고 취한 것을 표본(sample) 또는 시료라고 하고, 모집단으로부터 표본을 취하는 행위를 샘플링(sampling)이라 한다.

일반적으로 모집단을 모두 조사할 수 있다면, 결과가 명확하므로 품질에 관한 의사결정을 쉽게 결정할 수 있다. 하지만 품질특성이 파괴검사인 경우나 모집단의 크기가 매우 큰 경우 표본을 취하여 그 정보를 기준과 비교한 결과로 모집단을 평가하게 된다. 검사성적서의 품질정보가 그 예이다. 그러므로 표본은 제조공정이나 제품·반제품에 대한 모집단의 품질수준에 대한 정보를 얻기 위한 수단이며, 만약 문제가 발견된다면 문제 해결을 통해 모집단의 품질수준을 유지·개선하려는데 그 목적이 있다.

그러므로 표본은 모집단의 모습을 올바르게 반영하여야 한다. 또한 모집단의 모습을 올바르게 반영하는 표본을 얻기 위해서는 표본을 무작위로 추출하여야 하며, 이를 랜덤 샘플링(random sampling)이라 한다.

랜덤 샘플링은 모집단을 구성하고 있는 단위체 혹은 단위량 등에 대해 개체 모두가 동일한 확률로 표본으로 선택될 수 있도록 샘플링하는 방법이다. 통계적 방법을 적용하는 표본은 랜덤 샘플링으로 취한 산출물이 된다. 랜덤 샘플링으로 얻어진 표본은 데이터로 처리될 경우 공정의 특성을 치우침 없이 표현하는 정보가 되므로, 통계적 처리를 통해 활용할 수 있다. 표본의 단위는 모집단이나 로트의 구성에 따라 다음과 같이 구별된다.

ⓐ 단위체(unit, item)

형광등, 병, 축구공 등과 같이 하나하나 셀 수 있는 것을 말하며, 단위체 그 자체가 표본의 단위로 된다(개수 등).

ⓑ 집합체(bulk materials)

개수로 셀 수 없는 물건들의 집합을 말한다. 액체, 분체, 혼합물, 기체 등의 연속체인 경우로 표본의 단위는 인크리멘트(increment)이다.

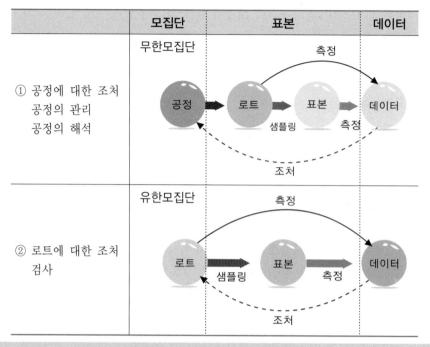

	모집단	표본	데이터
① 공정에 대한 조처 공정의 관리 공정의 해석	무한모집단 공정 → 로트 → 표본 샘플링	측정 조처	데이터 측정
② 로트에 대한 조처 검사	유한모집단 로트 → 표본 샘플링	측정 측정 조처	데이터

〈그림 1-4〉 무한모집단과 유한모집단

(4) 데이터와 정보

'데이터'는 제조공정관리 활동이나 수입·공정 및 제품검사 활동 등의 조직내부에서 구해지거나, 시장조사, 동종업계의 자료, 고객에게서 얻는 정보 등 조직외부에서 구해지게 된다. 이러한 수많은 데이터는 무엇을 목적으로 하고 있는 것일까?

데이터는 로트나 집합에 대한 사실을 표현한 증거이다. KS Q ISO 9000 규격은 '정보'를 '의미 있는 데이터'로 정의하고 있다. 따라서 데이터는 다음 사항을 만족해야 한다.

① 데이터는 로트의 관리 또는 개선의 목적에 따라 품질특성과 연관되어 질 것

② 데이터는 계획적·통계적인 사고법에 기초하여 수집·정리되어질 것

③ 데이터의 내용이 사실을 객관적으로 표현하고, 가능한 한 수량화되어 있을 것

④ 데이터의 분석이 원활하게 될 수 있도록 여러 가지 층별이 가능한 관련 요인과 조건이 함께 추출될 것

⑤ 데이터가 정보화되어 정보원에서부터 그 사용자에게 전달되는 과정에서 오류가 발생되지 않도록 합리적인 전달시스템으로 설계되어 있을 것

⑥ 전달된 정보가 반드시 피드백 되는 체계가 설계되어 있을 것

⑦ 정보의 분석과 해석이 원활하게 이루어지도록 필요한 통계 소프트웨어가 제공
될 것

(5) 데이터를 취하는 목적

제조현장에서 취해지는 데이터는 〈표 1-2〉와 같이 직무별·목적별 등으로 분류할 수
있다. 데이터는 현장의 입·출고 전표, 작업일보 및 여러 품질기록 등에서 얻을 수 있다.
하나하나의 데이터는 품질과 관련되어 명확한 목적이 있고, 그 데이터를 기초로 action
을 취할 수 있으므로 이들은 중요한 품질정보가 된다. 제조현장의 데이터를 사용 목적에
따라 분류하면 다음과 같다.

① 공정의 관리를 목적으로 하는 경우

공정에서 제조되는 품질을 안정 상태로 유지하기 위해 표본을 취하는 경우로, 이상상
태일 경우 시정조치 하여 공정을 안정 상태로 유지하려는 목적의 데이터이다. 관리도
에 사용되는 표본이 대표적 예이다.

② 품질의 해석을 목적으로 하는 경우

공정에서 만들어지고 있는 제품품질의 상태를 해석하여 품질방침의 결정이나 품질의
개선에 도움이 되도록 하기 위한 목적으로 표본을 취하는 경우이다. 예를 들면
Pareto도를 그려서 어떤 부적합 항목을 중점적으로 시정하는 것이 좋은지를 결정하
는 경우이다.

③ 실험·연구 등의 결과로 최적조건의 표준화를 목적으로 하는 경우

목표와 관련되는 여러 가지 요인에 대해 각각의 흥미영역에서 몇 가지 조건을 설정하
여 실험한 결과에 대해 최적의 제조조건을 결정하여 표준화하기 위해 표본을 취하는
경우이다. 예를 들면 여러 회사의 재료에 대해 각각 표본을 취하여, 어느 회사의 재료
가 좋은가를 조사하고 구매처를 결정하는 경우이다.

④ 검사와 같은 합격판정을 목적으로 하는 경우

검사를 받기 위해 제출된 로트에 대해 합격판정을 목적으로 표본을 취하는 샘플링
검사와 같은 경우이다.

⑤ 현상파악 및 기록을 목적으로 하는 경우

빅데이터와 같이 현재의 상태를 자동으로 집계하거나 추후분석에 활용하기 위하여
축적하는 데이터이다. 예를 들면 자동 집계 시스템으로 기록이 축적되게 하거나, 월

간 분석이나 분기 분석 또는 개선 모멘텀을 찾기 위해 제품별 검사 및 작업일보 등에
짧은 시간 간격으로 체크하게 하는 데이터 등이다.

〈표 1-2〉 제조현장의 여러 가지 품질 정보의 예

구분	정보(data)	데이터를 취하는 목적	데이터의 목적별 분류	적용 대상
제조부문	검사·작업일보 (부적합기록)	로트의 품질상황을 check하여 공정에 부적합을 시정하도록 조치	공정관리 품질해석	로트 공정
	제품/공정 체크시트	제품 또는 공정의 품질상황을 check하여 부적합을 시정하도록 조치	공정관리 품질해석	공정
	부적합보고서	공정에서 부적합 발견 시 원인분석을 통한 시정조치의 피드백을 위한 문서	품질해석	공정
	특채서	수입 및 공정검사에서 로트가 불합격이지만 사용을 허가한 경우로 주의를 요할 때	검사 공정관리	로트
	관리도 (시계열도)	공정이 안정상태인지 check하고 이상상태의 경우 시정하도록 조치	공정관리 품질해석	공정
	공정기록(자동 및 수동기록)	여러 경우의 공정변동 원인을 층별 조사함으로써 공정효율화를 추구(빅데이터)	공정관리 현상파악	공정
	기계설비 점검일보	일상 및 정기점검을 행한 결과를 체크하고, 설비 및 공정의 최적상태 유지관리	공정관리 현상파악	공정 (설비)
검사부문	수입검사성적서	납품된 자재를 입고하여도 좋은지를 판정하기 위함	검사	입고로트
	공정검사성적서	공정품 lot를 다음 공정으로 진행시키는 것이 좋은지를 판정하기 위함	검사	공정로트
	제품검사성적서	고객에게 제품 또는 최종lot를 인도해도 좋은지를 판정하기 위함	검사	출하로트
	계량기의 교정기록	계량기의 검교정 결과의 기록과 계량기의 유효성을 보증하기 위함	검사 공정관리	계량기
	Gage R&R	측정자 및 측정기의 측정오류를 측정하고 관리하기 위함	검사 공정관리	측정시스템 (MSA)
QA· 기술부문	시장조사 및 고객 불만 기록	고객 불만, A/S 및 시장조사를 통한 설계·공정 피드백으로 시정 및 예방조치	표준화	제품 공정
	신뢰성시험 제품시험 기록	실험을 통하여 최적 관리기준을 찾고 공정 또는 제품에 관한 표준화 추진	표준화	제품 공정

※ 위에 분류된 데이터는 1차적 분류이며, 필요에 따라 다른 용도로 활용될 수 있다.

(6) 데이터의 분류

데이터는 어떤 활동에 대한 품질 특성이나 요인의 상태를 객관적으로 나타내기 위한 자료이므로 어떠한 척도로 표현되어야 한다. 척도는 수량화 할 수 없는 정성적 데이터(qualitative data)와 수량화가 가능한 정량적 데이터(quantitative data)로 구분할 수 있다.

① 정성적 데이터(qualitative data)

범주형 데이터(categorical data)라고도 한다. 원칙적으로 숫자로 표현할 수 없지만 필요에 따라 숫자로 나타내기도 하는데, 어떠한 값을 지칭하는 것은 아니며 순번 또는 이름을 대신한 것이다. 명목데이터와 순위데이터로 나누어진다.

ⓐ 명목 데이터(nominal data)

편의상 숫자로 표현하여도 순위의 개념은 없는 데이터이다. 예를 들면 전화번호, 우편번호의 지역 구분 번호 등이 해당된다.

ⓑ 순위 데이터(ordinal data)

편의상 표현된 숫자가 순위의 의미를 가지고 있는 데이터로 제품을 1, 2, 3등급으로 구분하거나, 대학입시 추가합격 대기번호 등이 해당된다.

② 정량적 데이터(quantitative data)

데이터 자체가 숫자로 표현이 가능한 측정치 데이터(measurement data)이며, 이산형 데이터와 연속형 데이터로 나누어진다.

ⓐ 이산형 데이터(discrete data)

계수치 데이터라고도 하며, 부적합품수, 부적합수, 고장건수, 재해발생건수 등과 같이 개수로 세어지는 특성의 값을 말한다. 이것은 직물 $1m^2$ 당의 흠의 수, 부품 한상자의 부적합품수처럼 1, 2, 3, …으로 셀 수 있는 데이터이다.

ⓑ 연속형 데이터(continuous data)

계량치 데이터라고도 하며, 길이, 무게, 질량, 시간 등과 같이 연속량으로 측정되는 특성치로 가공물의 두께(mm), 플랜트의 내부 온도(℃), 컨베이어의 속도(m/sec) 등이 해당된다. 일반적으로 계량치 데이터가 계수치 데이터보다 시간이나 비용은 많이 드나 1회당 측정 결과에 의한 정보의 질이 상대적으로 우수하다.

(7) 통계적 품질관리의 원칙

표본에서 구한 데이터를 품질정보로 변환하여 공정이나 로트에 피드백 하는 SQC 활동을 합리적으로 수행하기 위해서는 다음의 원칙이 수반되어야 한다. 왜냐하면 SQC를 실행하는 과정에서 통계적 방법들의 이론을 사용하는 것보다 그 과정과 해석하는 방법 즉 통계적 사고방식을 실천하는 것이 더 중요하기 때문이다.

① 목적 명확화의 원칙

어떠한 데이터를 취하려면 반드시 목적이 있어야 하며 그에 따른 조처 대상이 명확하여야 한다. 왜냐하면 우리가 제품이나 공정품 등에서 표본을 샘플링하여 측정하는 것은, 표본에 대한 지식을 얻기 위한 것이 아니라 로트에 대한 지식을 얻으려고 하는 것이 목적이며, 공정에서 제조되는 공정품을 주기적으로 취하여 측정하는 것은 공정품의 품질을 알기 위해서가 아니라 공정의 상태를 파악하기 위한 목적이기 때문이다.

② 분포 중심 해석의 원칙

공정이나 검사로트에 대한 조치를 취하기 위해서는 로트에 대한 정보가 필요하다. 표본을 측정한 데이터는 하나의 값이 아니고 모두 흩어져 있으며, 이 흩어짐에는 일정한 형태를 내포하고 있다. 이는 데이터가 일정한 형태를 가진다는 것을 의미한다. 이는 우리가 목적으로 하는 모집단이 어떠한 분포(分布)를 가지고 있다는 것을 뜻하며, 공정이나 로트의 적격성은 그들의 분포를 중심으로 추측한 결과를 바탕으로 판단하여야 한다.

③ 층별의 원칙

목적으로 하는 모집단의 내용을 속성별로 층별하여 분석할 수 있도록 데이터의 분류 항목이 함께 측정되어야 한다. 품질의 산포는 재료, 기계, 작업조건, 작업자, 측정 및 환경 등의 '5M1E'에 따라 영향을 받게 된다. 그러므로 공정을 효과적으로 해석하려면 데이터를 5M1E로 분류하고 조사하지 않으면 안 된다. 이와 같이 데이터 또는 모집단을 몇 개의 층으로 분류하는 것을 층별이라 한다. 층별의 사고는 데이터를 통계적으로 처리하기 위한 기본 원칙으로 원인을 보다 명확하게 추측하는 데 유익하게 사용된다.

④ 확률화의 원칙

로트나 공정에서 데이터를 구하는 것은 공정 등의 모집단에 적절한 조치를 취하려는 것으로 표본은 그 모집단을 대표할 수 있어야 한다. 이를 위해서는 표본을 랜덤 샘플링으로 취하여야 한다. 이를 통해 데이터는 정보 즉 통계량으로 표현될 수 있으며, '통계량이 따르는 분포'를 기준으로 로트에 대해 통계적 해석을 할 수 있게 된다. 즉 확률화란 랜덤 샘플링으로 표본을 취하는 것이다.

2장 SQC와 품질정보관리

데이터의 확률적 모습은 종모양의 이등변삼각형(종 모양의 좌우대칭 구조)이며 모집단의 기대치는 이등변삼각형의 중심이다. 또한 이등변삼각형의 확률 면적은 무조건 1로 모두 동일하다. 그러므로 이등변삼각형의 밑변이 짧을수록 중심의 높이가 높아지며 중심위치에 가까운 값이 다수인 모집단이란 뜻이 된다. 즉 품질을 관리한다는 것은 분포의 중심위치와 밑변의 길이를 함께 관리하는 것을 의미한다.

2.1 모수와 통계량

데이터가 품질정보로서 역할을 하기 위해서는 표본을 목적에 적합하게 층별하여 랜덤하게 취해야하고, 그 표본을 올바른 측정방법으로 측정하여 수치화 하여야 한다. 그러나 이렇게 구한 데이터는 단지 수치의 나열에 불과하므로 정보로 활용하기 어렵다. 따라서 데이터가 객관적인 판단이 가능하도록 통계적인 방법을 이용하여 의미 있는 정보로 정리하여야 한다.

어떠한 집단에서 우리들이 얻은 데이터 들은 어떠한 값을 중심으로 무작위로 흩어져 있는데 이는 모집단의 산포로 인하여 나타나는 결과이다. 그러므로 우리가 알고자 하는 품질정보는 데이터의 무작위적인 흩어짐에서 유추되는 모집단의 원래의 모습, 즉 모집단의 성질을 표현해 주는 정보이다.

〈그림 2-1〉은 모집단과 표본의 관계를 나타낸 그림이다. 일반적으로 모집단의 품질특성을 표현한 수를 모수(population parameter)라 하고, 표본을 측정한 데이터로 확률적으로 계산된 결과치를 통계량(statistic)이라 한다. 〈표 2-1〉은 모수와 통계량의 종류와 기호의 예이다. 모수는 주로 희랍어로 표현하고 통계량은 알파벳으로 표현한다.

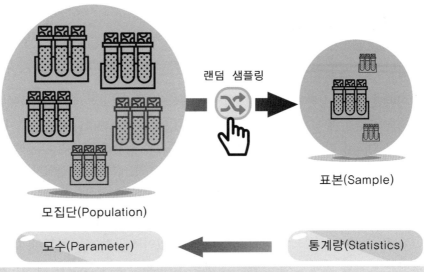

랜덤 샘플링

표본(Sample)

모집단(Population)

모수(Parameter)

통계량(Statistics)

〈그림 2-1〉 모수와 통계량의 관계

〈표 2-1〉 모수와 통계량의 종류와 기호

	모수	통계량	모수의 추정치
평균치	μ	$\overline{X}$	$\hat{\mu} = \overline{X}$
표준편차	σ	s	$\hat{\sigma} = s = \sqrt{s^2} = \sqrt{V} = \sqrt{\dfrac{1}{n-1}\sum_{i=1}^{n}(X_i - \overline{X})}$
분산	σ^2	s^2	$\hat{\sigma^2} = s^2 = V = \dfrac{1}{n-1}\sum_{i=1}^{n}(X_i - \overline{X})^2$
범위	$-$	R	$\hat{\sigma} = \dfrac{\overline{R}}{d_2}$
부적합품률	P	p	
상관계수	ρ	r	

📌 **참고**

KS Q ISO 3534-1:2014 규격(통계-용어 및 기호- 제1부: 일반통계 및 확률 용어)에서는 표본통계량은 이탤릭체 라틴어 대문자(X, S, S^2)로 표시하는 반면에 통계량의 실제 실현치(측정값)는 이탤릭체 소문자($\overline{x}, s$)로 표현하게 되어 있다.

그간 국내에서는 품질관리가 시작된 이래 제곱합(sum of squares)의 기호를 대문자 S로 하여 오랫동안 표기해오다 보니, 변동의 통계량을 이탤릭체 라틴어 대문자(S, S^2)로 표현하면 독자들이 혼동할 것 같아 이번 표기는 저자들 간 합의에 의거 모두 소문자로 표현하였다.

2.2 중심위치의 측도

(1) 중심위치가 중요한 이유

어떠한 품질특성의 품질수준을 정의할 목적으로 취한 표본의 측정치들에 대해 하나의 수치로 표현할 때 그 수치를 대푯값이라 한다. 집단을 표현하는 대푯값은 대표치로 정할 타당한 이유가 있어야 한다. 일반적으로 대푯값은 확률적 기대치로 〈그림 2-2〉에서와 같이 그래프 상으로는 로트의 중심을 지칭하며, 이를 분포의 중심위치를 나타내는 측도 라고 한다. 중심위치를 계산하는 방법은 산술평균(arithmetic mean), 중위수(median), 최빈수(mode) 등이 있는데, 그 중 산술평균이 가장 널리 사용된다.

〈그림 2-2〉에서 분포의 중심 위치만 알 수 있어도 공정 또는 로트의 품질정보인 규격 공차와 비교를 통해 현재의 품질 상태를 쉽게 확인할 수 있음을 알 수 있다.

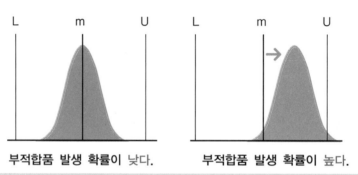

〈그림 2-2〉 중심적 경향(center tendency)

(2) 모평균

모평균(population mean: μ)은 모집단의 중심위치를 표현하는 측도로 모집단의 대푯 값이다. 유한개로 구성된 모집단에서 N개의 측정값이 x_1, x_2, x_3, $\cdots$, x_N이라고 할 때, 전체의 측정값에 대해 각각 동일한 확률($\frac{1}{N}$)을 곱하여 합한 값으로 정의되며, 이러한 계산 방식에 의한 값을 기대치(expectation) 또는 모평균(μ)이라 한다.

$$\mu = E(X) = x_1 \times \frac{1}{N} + x_2 \times \frac{1}{N} + \cdots\cdots + x_N \times \frac{1}{N}$$

$$= \frac{\sum_{i=1}^{N} x_i}{N}$$

(3) 중심위치를 표현하는 통계량

① 표본평균(sample mean: $\bar{x}$)

일반적으로 표본평균은 평균으로 지칭되며 $\bar{x}$로 표현한다. 표본평균은 확률표본에서 확률변수의 합을 그 합을 구한 항의 개수로 나눈 것[6] 즉 산술평균으로 구한 값이다. 표본평균은 모평균(μ)의 추정량(estimator)으로 가장 많이 사용되는 통계량으로 시료평균 또는 산술평균이라고도 한다.

샘플링으로 구한 n개의 데이터를 x_1, x_2, x_3, $\cdots$, x_n이라 하면, 표본평균 $\bar{x}$의 계산식은 다음과 같다.

$$\bar{x} = \frac{(x_1 + x_2 + \cdots + x_n)}{n} = \frac{\sum_{i=1}^{n} X_i}{n}$$

② 중위수(median: $\tilde{x}$)

중앙값이라고도 한다. 표본의 중위수는 데이터의 측정치를 크기 순서로 배열하였을 때(order statistic) 중앙에 위치한 값을 말하며, $\tilde{x}$이라는 기호로 나타낸다. 다만 표본의 크기(n)가 짝수인 경우 크기 순서로 배열하였을 때 중앙의 2 측정치간 평균으로 정하게 되므로, 표본의 크기를 홀수로 하는 것이 좋다. 표본의 일부 데이터가 아주 큰 값이나 작은 값이 포함될 경우 표본평균은 이상치의 영향을 받아 좋지 않은 통계량이 될 수 있으나 중위수는 영향을 받지 않으므로 평균치와 함께 비교하여 공정을 해석하면 매우 효과적이다.

ⓐ 표본의 크기가 홀수인 경우

순서통계량(order statistic)에서 $\frac{n+1}{2}$번 째 순서통계량을 $\tilde{x}$로 한다.

ⓑ 표본의 크기가 짝수인 경우

$\frac{n}{2}$번째 순서통계량과 ($\frac{n}{2}+1$)째 순서통계량의 합을 2로 나눈 것을 $\tilde{x}$으로 한다.

$$\tilde{x} = \frac{x_{\frac{n}{2}} + x_{\frac{n}{2}+1}}{2}$$

---

6) KS Q ISO 3534-1:2014 통계-용어 및 기호 – 제1부: 일반 통계 및 확률 용어

③ 최빈수(mode: Mo)

최빈수는 데이터 중에서 가장 출현 빈도가 높은 측정치로 정의되며 Mo로 표기한다. 만약 모든 측정치의 빈도가 1이면 최빈수는 존재하지 않으며, 빈도가 가장 많은 것이 여러 개인 경우 최빈수가 여러 개가 되므로 모수 추정에 적합지 않아 잘 사용하지 않는다. 다만 히스토그램에서 주로 사용되는데, 데이터를 구간별 도수로 정리할 경우 분포의 모양을 이해하는데 도움이 되기 때문이다.

④ 범위의 중간(mid-range point: M)

순서통계량에서 최소치와 최대치의 평균으로 구한 값이다. 범위의 중간은 많은 데이터 집합에서 중앙을 빠르고 간단하게 평가할 수 있으며, M으로 표시한다.

$$M = \frac{x_{\max} + x_{\min}}{2}$$

⑤ 절사평균(trimmed mean)

n개의 데이터 x_1, x_2, x_3, $\cdots$, x_n에 대해 데이터를 순서통계량으로 나열한 후 상·하위 일정비율에 해당되는 데이터를 제거한 후 남은 수치로 산술평균을 구한 값이다. 데이터 취합에 편견 등으로 대푯값을 신뢰하기 어려울 경우 사용된다. 예를 들어 올림픽 체조경기의 심판들이 평가하는 주관적 성적, 스톱워치로 여러 번 측정한 실측치로 표준시간을 정할 때 등에 적용된다.

⑥ 가중평균(weighted mean)

데이터별로 중요도가 같지 않거나 확률변수의 가중치가 차이가 있을 경우, 가중치를 고려하여 평균을 구하는 방식이다. 데이터가 복수로 나타날 경우 산술평균을 간소하게 구하기 위해 활용될 수 있다. 확률변수 x_1, x_2, x_3, $\cdots$, x_n의 가중치가 각각 w_1, w_2, w_3, $\cdots$, w_n일 경우 가중평균은 다음과 같다.

$$\bar{x} = \frac{\sum_{i=1}^{n} w_i x_i}{\sum_{i=1}^{n} w_i}$$

⑦ 조화평균(harmonic mean: H)

n개의 데이터 x_1, x_2, x_3, $\cdots$, x_n에 대해, 데이터 수 n을 이 데이터들의 역수의 합으로 나누어서 얻은 값을 조화평균이라 하며 H로 표현한다. 조화평균은 평균속도라든지 평균가격 등을 구하려는 경우 또는 망대특성을 망소특성으로 전환하는 경우에 주로 사용한다.

$$H = \frac{n}{\dfrac{1}{x_1} + \dfrac{1}{x_2} + \dfrac{1}{x_3} + \cdots + \dfrac{1}{x_n}} = \frac{n}{\displaystyle\sum_{i=1}^{n} \frac{1}{x_i}} = \frac{1}{\dfrac{1}{n}\displaystyle\sum \frac{1}{x_i}}$$

⑧ 기하평균(geometric mean: G)

n개의 데이터 x_1, x_2, x_3, $\cdots$, x_n에 대해, 데이터를 모두 곱한 후 n개의 데이터에 대한 지수승의 역수를 취하여 얻은 값을 기하평균이라 하며 G로 표현한다. 기하평균은 기하급수적으로 변화하는 측정치라던가 FMEA와 같은 정성평가 시 평가측도의 차이가 클 때 등의 평균계산에 주로 사용한다.

$$G = \sqrt[n]{x_1 \times x_2 \times x_3 \cdots \times x_n} = (x_1 \times x_2 \times x_3, \cdots \times x_n)^{\frac{1}{n}}$$

(예제 2-1)

K 매장에 전시된 휴대폰 케이스의 무게에 차이가 있는지를 확인하기 위해 6개의 표본을 랜덤 샘플링하여 측정한 데이터가 다음과 같다. 이 데이터에 대한 다음 통계량을 구하시오.

DATA) 15.2	15.3	15.4	15.7	15.5	15.4

ⓐ 표본평균($\bar{x}$)
ⓑ 중위수($\tilde{x}$)
ⓒ 최빈수(M_0)
ⓓ 범위의 중간(M)

(풀이)

ⓐ 표본평균

$$\bar{x} = \frac{1}{n}\sum_{i=1}^{n} x_i$$

$$= (15.2+15.3+15.4+15.7+15.5+15.4) \times \frac{1}{6} = 92.5 \times \frac{1}{6} = 15.41667$$

ⓑ 중위수 $\tilde{x}$

순서 통계량: 15.2, 15.3, 15.4, 15.4, 15.5, 15.7

표본의 크기가 6으로 짝수이므로 $\frac{n}{2}=3$, $\frac{n}{2}+1=4$이다.

$$\tilde{x} = \frac{x_3+x_4}{2} = \frac{15.4+15.4}{2} = 15.4$$

ⓒ 최빈수 M_0

확률변수 15.4 만이 빈도가 2이고 나머지 확률변수는 빈도가 1이다.

$$M_0 = 15.4$$

ⓓ 범위의 중간 M

순서 통계량에서 $x_{max}=15.7$, $x_{min}=15.2$ 이므로

$$M = \frac{x_{max}+x_{min}}{2} = \frac{15.7+15.2}{2} = 15.45$$

2.3 산포를 표현하는 방법

(1) 산포의 크기가 중요한 이유

중심적 경향을 표현하는 값을 기대치라 하지만, 기대치는 차이가 없더라도 흩어져 있는 거리나 모양이 다를 수 있다. 확률의 총합 즉 그래프의 확률 면적은 늘 1로 동일하므로 평균에서 떨어진 거리 즉 밑변의 길이가 길면 길수록 평균치 주위에 존재하는 확률변수의 양은 작아지게 되어 〈그림 2-3〉과 같이 완전히 다른 모양으로 나타나게 된다. 그러므로 모집단의 해석을 위해서는 데이터들이 중심위치에서 얼마만큼 떨어져 있는지를 표현하는 측도가 매우 중요하다. 이러한 산포를 나타내는 대표적인 측도가 모표준편차(population standard deviation)이다.

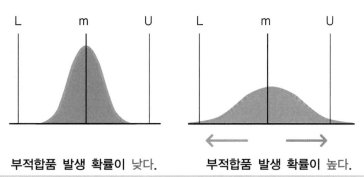

부적합품 발생 확률이 낮다.　　　부적합품 발생 확률이 높다.

〈그림 2-3〉 산포의 경향(tendency of fluctuation)

(2) 모집단의 산포

① 모분산

모분산(population variance)은 유한개로 구성된 모집단에서 N개의 측정값이 x_1, x_2, x_3, …, x_N일 때, 확률변수(X_i)에서 모평균(μ)을 뺀 편차$(e_i = X_i - \mu)$의 제곱에 대해 각각 동일한 확률$(\frac{1}{N})$을 곱하여 합한 값으로 구한다. 모분산(σ^2)의 계산식은 다음과 같다.

$$\sigma^2 = V(X) = \sum_{i=1}^{N}(x_i - \mu)^2 \times \frac{1}{N}$$

$$= \frac{(x_1 - \mu)^2 + (x_2 - \mu)^2 + \cdots\cdots + (x_N - \mu)^2}{N} = \frac{\sum_{i=1}^{N}(x_i - \mu)^2}{N}$$

② 모표준편차(population standard deviation)

모분산의 제곱근으로 구한 값으로 모집단의 산포를 나타내는 값으로 활용되며, 모표준편차(σ)로 표현한다.

$$\sigma = \sqrt{V(X)} = \sqrt{\frac{\sum_{i=1}^{N}(X_i - \mu)^2}{N}}$$

(3) 산포를 표현하는 통계량

① 제곱 합(sum of squares: SS)

n개의 표본으로 부터 구한 각 데이터(x_i)와 표본평균($\overline{x}$)과의 차이를 편차(deviation: $x_i - \overline{x}$)또는 오차라 한다. 그리고 편차의 합은 '0'이므로 편차의 평균도 0이다. 그러므로 편차의 평균치로는 로트의 품질특성 차이를 설명할 수 없다.

$$\sum (X - \mu) = (x_1 - \overline{x}) + (x_2 - \overline{x}) + \cdots\cdots + (x_n - \overline{x}) = 0$$

편차를 제곱하여 합하면 평균에서 데이터까지의 편차를 표현할 수 있다. 이를 편차 '제곱 합'이라 한다. '제곱 합'은 '개개 데이터와 평균치의 차이를 제곱하여 모두 합한 값'이다. n개의 데이터가 x_1, x_2, x_3, $\cdots\cdots$, x_n이고, 표본평균이 $\overline{x}$라 하면, 제곱 합은 다음과 같다.

$$SS = (x_1 - \overline{x})^2 + (x_2 - \overline{x})^2 + \cdots\cdots + (x_n - \overline{x})^2$$
$$= \sum_{i=1}^{n} (x_i - \overline{x})^2 \quad \cdots\cdots\cdots\cdots\cdots\cdots\cdots\cdots\cdots\cdots \langle \text{식 } 2\text{-}1 \rangle$$

또한 〈식 2-1〉을 인수분해하여 재정리하면 다음과 같다.

$$\sum_{i=1}^{n} (x_i - \overline{x})^2 = \sum_{i=1}^{n} (x_i^2 - 2\overline{x} \times x_i + (\overline{x})^2)$$
$$= \sum_{i=1}^{n} x_i^2 - 2\overline{x} \sum_{i=1}^{n} x_i + n(\overline{x})^2$$
$$= \sum_{i=1}^{n} x_i^2 - 2n(\overline{x})^2 + n(\overline{x})^2 = \sum_{i=1}^{n} x_i^2 - n(\overline{x})^2 \quad \cdots\cdots\cdots\cdots \langle \text{식 } 2\text{-}2 \rangle$$

$$\sum_{i=1}^{n} x_i^2 - n(\overline{x})^2 = \sum_{i=1}^{n} x_i^2 - n \times (\frac{\sum_{i=1}^{n} x_i}{n})^2 = \sum_{i=1}^{n} x_i^2 - \frac{(\sum_{i=1}^{n} x_i)^2}{n} \quad \cdots\cdots\cdots \langle \text{식 } 2\text{-}3 \rangle$$

(예제 2-1)을 활용하여 제곱 합을 계산해 보자.

ⓐ 〈식 2-1〉을 적용하여 계산한 결과이다.

$$\sum_{i=1}^{n}(x_i - \overline{x})^2 = (15.2 - 15.41667)^2 + (15.3 - 15.41667)^2 + \cdots$$
$$+ (15.4 - 15.41667)^2$$
$$= 0.14833$$

ⓑ 〈식 2-2〉를 적용하여 계산한 결과이다.

$$\sum_{i=1}^{n}x_i^2 - n(\overline{x})^2 = (15.2^2 + 15.3^2 + \cdots + 15.4^2) - 6 \times 15.41667^2 = 0.14833$$

ⓒ 〈식 2-3〉을 적용하여 계산한 결과이다.

$$\sum_{i=1}^{n}x_i^2 - \frac{\sum_{i=1}^{n}x_i}{n} = (15.2^2 + 15.3^2 + \cdots\cdots + 15.4^2) - \frac{92.5^2}{6} = 0.14833$$

제곱 합은 3가지 방법 모두 계산이 가능하지만 '〈식 2-1〉'의 경우 계산이 복잡하다. 그러므로 '〈식 2-1〉'은 제곱 합을 정의할 경우에 주로 활용하고, 제곱 합의 계산에는 '〈식 2-3〉'을 일반적으로 많이 사용한다.

> **🏷️ 참고**
>
> KS Q ISO 3534-1:2014 규격에서는 통계 계산에서 '제곱 합'에 대한 정의는 있으나, 기호로 명시하지 않고 있다. 하지만 분산(σ^2)을 추정하기 위해서는 제곱 합을 먼저 구해야 계산이 용이하고, 실험계획법에서는 모든 분석의 출발점을 제곱 합(SST: total sum of squares)에서 시작하는데 적용하는 기호는 SS이다. 또한 이 용어와 혼용해서 사용하던 '변동(variation)'은 KS Q ISO3534-2:2014 규격에 '특성에 대한 값 사이의 차이'이며 '분산 또는 표준편차로 자주 표현된다.'로 정의되어 있어 더 이상 적용할 수 없다. 그러므로 본서에서는 명칭은 규격을 따라 '제곱 합'으로 표현하고, $\Sigma(x_i - \overline{x})^2$을 표현하는 기호는 '$SS$'로 표기하였다.

② 표본분산

모집단으로부터 n개의 데이터를 표본으로 추출하여 조사한 측정치가 x_1, x_2, x_3, $\cdots$, x_n,일 때 확률표본의 확률변수에서 모평균(μ) 대신 표본평균($\overline{x}$)으로 부터의 편차의 제곱 합을 자유도($n-1$)로 나눈 값[7]을 불편분산(V: unbiased variance) 또는 표본분산(sample variance: s^2)이라고 한다.

표본분산은 모분산과 계산방법이 유사하지만 조금 차이가 있다. 모분산은 제곱 합 (SS)을 측정한 로트의 크기(N)로 나누어 구하지만, 표본분산은 제곱 합을 데이터의 크기인 n으로 나누지 않고, 자유도(df: degree of freedom)를 뜻하는 $\nu = n - 1$로 나누어 계산한다. 1을 빼는 이유는 모수 μ 대신 모수추정치인 표본평균 $\overline{x}$를 사용하여 분산을 정의하기 때문이다. 따라서 자유도란 '데이터의 수에서 추정된 모수의 개수를 뺀 것'으로 정의할 수 있다.

$$s^2 = V = \frac{(x_1 - \overline{x})^2 + (x_2 - \overline{x})^2 + \cdots\cdots + (x_n - \overline{x})^2}{n - 1}$$

$$= \frac{\sum_{i=1}^{n}(x_i - \overline{x})^2}{n - 1} = \frac{\sum_{i=1}^{n}(x_i - \overline{x})^2}{\nu}$$

$$= \frac{SS}{n - 1} = \frac{SS}{\nu}$$

표본분산(s^2)은 모분산(σ^2)의 불편추정량(unbiased estimator)으로 모집단의 분산을 추정하는 경우 사용한다.

(예제 2-1)에 대해 표본분산을 계산해보면 다음과 같다.

$$s^2 = \frac{SS}{\nu} = \frac{0.14833}{6 - 1} = 0.02967$$

③ 표본표준편차(sample standard deviation: s)

표본표준편차는 불편분산(s^2)의 양의 제곱근으로 s 또는 $\sqrt{V}$로 표현한다.

표본분산은 제곱평균이므로 단위가 표본평균과 다르지만, 표준편차는 측정단위가 표본평균과 같아지게 된다. 표본표준편차(s)는 모표준편차(σ)를 추정하는 데 이용된다.

$$s = \sqrt{s^2} = \sqrt{\frac{\sum_{i=1}^{n}(X_i - \overline{X})}{\nu}}$$

(예제 2-1)에 대해 표본표준편차를 계산해보면 다음과 같다.

---

7) KS Q ISO 3534-1:2014 통계-용어 및 기호 - 제1부: 일반 통계 및 확률 용어

$$s = \sqrt{V} = \sqrt{0.02967} = 0.17224$$

④ 표본범위(sample range: R)

최대 순서통계량에서 최소 순서통계량을 뺀 것을 범위라 하며, 기호 R로 표시한다.

$$R = \text{최대치} - \text{최소치} = X_{\max} - X_{\min}$$

표본범위는 산포를 나타내는 척도로서는 가장 간단히 구할 수 있다. 하지만 부분군의 크기가 일정치 않거나 매우 크면 적용이 곤란하다. 그러므로 표본범위는 통계적 공정 관리 활동에서 표본의 크기가 작고 일정할 때에 한하여 사용된다. $\bar{x} - R$관리도가 대표적인 적용 예이다.

⑤ 표본변동계수(sample coefficient of variation)

표본표준편차와 표본평균의 비율로 구한 값으로 보통 백분율로 표시한다. 표본변동 계수는 CV로 표현하며 계산식은 다음과 같다.

$$CV = \frac{s}{x} \times 100\,(\%)$$

표본변동계수는 산포를 상대적으로 나타내기 때문에 계량단위가 틀리는 두 자료나 평균의 차이가 큰 두 로트의 상대적 산포도를 비교하는 데 사용된다.

또한 $(CV)^2$을 상대분산(relative variance)이라고 한다.

$$(CV)^2 = (\frac{s}{x})^2 \times 100\,(\%)$$

⑥ 평균편차(mean deviation)

평균편차는 각각의 데이터와 평균과의 차에 대한 절대값에 대한 기대치를 말한다.

$$MD = \frac{\sum_{i=1}^{k} |x_i - \bar{x}|}{n}$$

평균편차도 직접적으로 편차를 만족시키는 값이지만 보다 유효한 수학적 조작이 어렵기 때문에 많이 활용되지 않는다.

(예제 2-2)

8개의 표본을 랜덤으로 취하여 측정한 결과 다음 data를 얻었다. 이 데이터에 대한 다음 통계량을 구하시오.

> DATA) 7.20   7.23   7.22   7.18   7.21   7.22   7.24   7.26

ⓐ 제곱 합(SS)
ⓑ 표본분산(V)
ⓒ 표본표준편차(s)
ⓓ 표본범위(R)
ⓔ 표본변동계수(CV)

(풀이)
ⓐ 제곱 합(SS)

$$SS = \sum_{i=1}^{8} x_i^2 - \frac{(\sum_{i=1}^{8} x_i)^2}{n} = 417.0314 - \frac{(57.76)^2}{8} = 0.0042$$

ⓑ 표본분산(s^2)

$$s^2 = \frac{\sum_{i=1}^{8}(x_i - \overline{x})^2}{n-1} = \frac{0.0042}{8-1} = 0.0006$$

ⓒ 표본표준편차(s)

$$s = \sqrt{V} = \sqrt{0.0006} = 0.02449$$

ⓓ 표본범위(R)

$$R = x_{max} - x_{min} = 7.26 - 7.18 = 0.08$$

ⓔ 표본변동계수(CV)

$$CV = \frac{s}{x} \times 100(\%) = \frac{0.02449}{7.22} \times 100(\%) = 0.3393\%$$

2.4 Minitab을 활용한 Single data의 기술통계량 분석

(1) 기술통계량 표시를 활용한 기술통계량 분석

(예제 2-2)의 기술통계량을 Minitab을 활용하여 분석해보자.

① 데이터를 열 방향으로 정리하여 Minitab에 입력한다. Minitab의 데이터 입력란 맨 위는 데이터의 명칭을 표기하기 위한 것으로 가급적 표기하는 것이 좋다.

↓	C1	C2
	예제 2-2	
1	7.20	
2	7.23	
3	7.22	
4	7.18	
5	7.21	
6	7.22	
7	7.24	
8	7.26	

② 통계분석 ▶ 기초통계 ▶ 기술 통계량 표시를 선택하여 '변수'란에 '예제 2-2'를 연결 한다. 그리고 '기준 변수' 란은 데이터를 층별하여 분석 할 Index가 있을 경우 연결한 다. Index를 활용하면 자동으로 층별되어 통계량이 구해진다. '예제 2-2'의 경우 층 별 할 기준 변수가 없으므로 비워둔다.

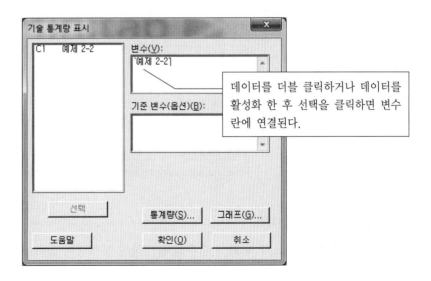

③ 하단의 '통계량…' 단추를 클릭하여 구하고자 하는 통계량을 선택한다.

일반적으로 '기본값'으로 세팅되어 있으나 구하고 싶은 통계량이 있으면, 필요한 항목에 체크하면 된다. 만약 모두 구하고 싶으면 우측 하단의 '모두' 단추로 변환하면 모두 구할 수 있다.

현재는 '기본값'으로 되어 있어 분산, 변동계수, 범위 등이 구할 수 없게 되어 있으므로 이들을 클릭한 후 '확인'을 눌러 '기술 통계량 표시' 화면으로 돌아온다.

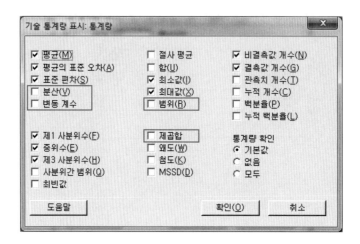

④ '그래프…'를 클릭하여 구하고자 하는 그래프를 선택할 수 있다. 주로 분포의 모습을 알 수 있는 그래프로 히스토그램, 개별 값 그림 및 상자그림 등이다. 현재는 히스토그램을 확인하기에는 데이터가 너무 적고 다른 그래프는 아직 학습하지 않았으므로 '제4장 Minitab 활용 품질 그래프와 품질정보 분석'을 학습한 후 사용해 보기 바란다.

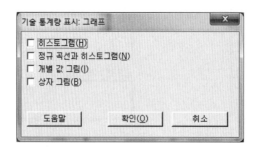

⑤ 결과 출력(세션창)

'기술 통계량 표시'의 확인 단추를 클릭하면 통계량이 출력된다. 계산 결과와 비교해 보자.

⊞ 워크시트 1
기술 통계량: 예제 2-2

통계량

변수	N	N*	평균	평균의 표준 오차	표준 편차	분산	CoefVar	제곱합	최소값	Q1	중위수
예제 2-2	8	0	7.2200	0.00866	0.0245	0.00060	0.34	417.0314	7.1800	7.2025	7.2200

변수	Q3	최대값	범위
예제 2-2	7.2375	7.2600	0.0800

◆ **참고**

Minitab 기술통계량에서의 제곱 합은 편차의 제곱 합(SS)가 아니라 제곱 합(Σx^2)을 나타낸 값이므로 주의하여야 한다.

---

(2) 기술통계량 요약을 활용한 기술통계량 분석

'예제 2-2'로 간편하게 기술통계량과 그래프를 분석해보자. Minitab에 데이터를 입력하는 방법은 동일하다.

① 통계분석 ▶ 기초통계 ▶ 기술 통계량 요약를 선택하여 '변수'란에 '예제 2-2'를 연결한다. 그리고 '기준 변수' 란은 역시 층별하여 분석 할 Index가 있을 경우 입력한다. 이 경우는 없으므로 비워둔다. 그리고 통계량과 그래프 단추는 특별히 선택할 수 없고 이미 프로그램에서 정해져 있으므로 확인을 클릭한다.

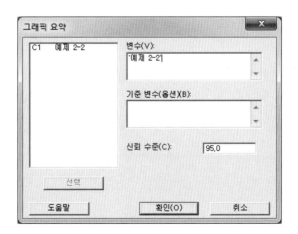

② 결과 출력(그래프)

'그래픽 요약'의 확인 단추를 클릭하면 통계량과 함께 그래프가 출력된다.

그래프 요약은 정규성 검정 결과(Anderson-Darling)와 함께 히스토그램, 상자그림을 통해 분포의 모습을 확인할 수 있도록 하고 있다. 또한 평균과 중위수의 95% 신뢰구간을 나타내는 구간그림 및 표준편차의 신뢰구간을 확인 시켜주고 있으므로 효과적으로 모집단의 정보를 확인할 수 있다. 상자그림과 구간그림은 '4장. Minitab 활용 품질그래프와 품질정보 분석'에서 상세히 다루게 된다.

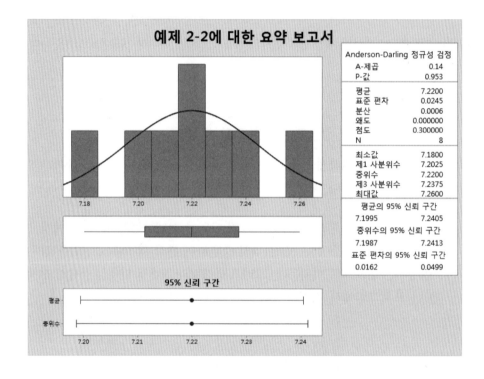

3장 확률변수와 확률분포

측정할 수 없는 것은 개선할 수 없다. 왜냐하면 어떤 품질을 측정하지 못한다는 것은 문제가 얼마나 되는지 표현할 수 없다는 뜻이며, 표현되지 않은 품질문제는 아무도 관심을 가지지 않기 때문이다. 그러므로 측정할 수 없다는 것은 곧 그것을 모른다는 말과 같다. 확률분포는 프로세스를 효과적으로 측정하도록 이끌어주는 측정의 내비게이션이다.

3.1 확률변수와 분포함수

(1) 이산형 확률변수의 분포함수

① 확률질량함수($p.m.f$)

일반적으로 어떠한 확률적으로 발생하는 변수 X[8]가 $x_1, x_2, x_3, \cdots\cdots, x_N$인 경우 해당되는 확률변수가 나올 확률을 각각 $\Pr(X=x_1), \Pr(X=x_2), \cdots\cdots, \Pr(X=x_n)$이라고 할 때, 다음과 같이 표현할 수 있다.

X	x_1	x_2	x_3	$\cdots\cdots$	x_N	계
$\Pr(X)$	$\Pr(x_1)$	$\Pr(x_2)$	$\Pr(x_3)$	$\cdots\cdots$	$\Pr(x_N)$	1

주사위를 던져서 나오는 값을 확률변수 X와 연결시켜 표현해 보자. 주사위의 발생 가능한 확률변수 X는 1, 2, 3, 4, 5, 6 이며, 각각의 발생확률은 $\frac{1}{6}$이다. 그러므로 다음과 같이 표현 할 수 있다.

X	1	2	3	4	5	6	계
$\Pr(X)$	$\frac{1}{6}$	$\frac{1}{6}$	$\frac{1}{6}$	$\frac{1}{6}$	$\frac{1}{6}$	$\frac{1}{6}$	1

---

8) 확률적으로 발생하는 미지의 X를 확률변수라 한다.

이와 같은 확률변수 X는 이산형 데이터이므로 이산형 확률변수(discrete random variable)라 하고, 확률 $\Pr(x_i)$를 확률질량함수(probability mass function: $p.m.f$)라 한다. 이산형 확률변수의 확률질량함수 $\Pr(X)$는 헤아릴 수 있는 모든 확률변수 X에 대하여 0이상의 양의 확률 값을 취하며, 확률 $\Pr(x_i)$의 합은 항상 1이다. 즉, 확률변수 X가 $x_1, x_2, x_3, \cdots\cdots, x_N$값 중 하나일 때 다음을 만족한다.

ⓐ $\sum_{i=1}^{N} \Pr(x_i) = 1$

ⓑ $0 \leq \Pr(x_i) \leq 1$

② 누적분포함수($c.d.f$)

확률변수 X가 특정한 값 x보다 작을 확률, $F(x) = \Pr(X \leq x)$을 나타내는 것을 누적분포함수(cumulative distribution function)라 한다. 누적분포함수 $F(x)$는 다음과 같은 성질을 가지고 있다.

ⓐ $F(x) = \Pr(-\infty \leq X \leq x) = \Pr(X \leq x)$

ⓑ $F(-\infty) = 0$, $F(\infty) = 1$

ⓒ 만약 $x_1 \leq x_2$이면 $F(x_1) \leq F(x_2)$이다.
    즉 $F(x)$는 비 감소함수(non-decreasing function)이다.

③ 기대치(평균)

$p.m.f$는 확률변수의 특성을 잘 나타내 주지만, 집단의 전체적인 특성을 하나의 수치로 표현하는 것 역시 매우 중요하다. 이는 집단이 기대하는 값으로 $E(X)$로 표시되는 확률변수의 기대치(expected value)인 모평균(μ)이다. 일반적으로 기대치는 확률변수와 확률변수에 해당되는 확률을 곱하여 모두 더한 값으로 구한다. 이는 산술평균의 계산방식과 동일하다. 그러므로 기대치는 모평균이자 곧 대푯값이다.

$$E(X) = x_1 \Pr(x_1) + x_2 \Pr(x_2) + x_3 \Pr(x_3) + \cdots\cdots + x_N \Pr(x_N)$$

$$= \sum_{i=1}^{N} x_i \Pr(x_i) = \frac{\sum_{i=1}^{N} x_i}{N} = \mu$$

주사위를 던지는 경우 출현되는 눈금에 대한 기대치는 다음과 같다.[9]

---

9) 기대치의 계산은 방정식의 평균 계산법과 동일하다.

$$E(X) = 1 \times \frac{1}{6} + 2 \times \frac{1}{6} + 3 \times \frac{1}{6} + 4 \times \frac{1}{6} + 5 \times \frac{1}{6} + 6 \times \frac{1}{6}$$

$$= (1 + 2 + 3 + 4 + 5 + 6) \times \frac{1}{6}$$

$$= \frac{1 + 2 + 3 + 4 + 5 + 6}{6} = 3.5$$

④ 평균제곱(분산)

확률분포의 형태는 기대치뿐만 아니라 분산(variance)의 영향을 받는다. 확률변수의 기대치는 확률변수의 중심(central) 즉 모평균(mean)을 측정하는 것인 반면, 분산은 확률변수의 분포가 기대치를 중심으로 얼마나 퍼져있는가에 대한 정도를 나타내는 지표이다.

분산은 확률변수 X와 기대치 $E(X)$의 편차에 대한 제곱($e^2 = (X - E(X))^2$의 기대치 즉 평균제곱(Mean squares)으로 정의되며, 항상 양의 값을 취한다. 또한 분산이 클수록 확률변수가 평균값으로부터 산포의 정도가 더 크다는 것을 의미한다. 분산을 구하는 방법은 다음과 같다.

$$V(X) = E[(X - E(X)]^2$$

$$= E(X - \mu)^2 = \sum_{i=1}^{N} (x_i - \mu)^2 P(x_i) \quad \cdots\cdots\cdots\cdots\cdots\cdots \langle \text{식 } 3\text{-}1 \rangle$$

또한 〈식 3-1〉에서 다음과 같은 공식을 유도할 수 있다.

$$V(X) = E(X - \mu)^2$$

$$= E[X^2 - 2X\mu + \mu^2]$$

$$= E(X^2) - 2\mu E(X) + \mu^2 = E(X^2) - \mu^2 \quad \cdots\cdots\cdots\cdots\cdots \langle \text{식 } 3\text{-}2 \rangle$$

이 때, 〈식 3-2〉에서 확률변수 X의 제곱에 대한 기대치 $E(X^2)$는 다음과 같이 구한다.

$$E(X^2) = \sum_{i=1}^{n} x_i^2 P(x_i) \quad \cdots\cdots\cdots\cdots\cdots\cdots\cdots\cdots\cdots \langle \text{식 } 3\text{-}3 \rangle$$

주사위의 예에서 확률변수 X의 확률이나 대응되는 함수 X^2의 확률은 동일하다.

X	1	2	3	4	5	6	계
X^2	1^2	2^2	3^2	4^2	5^2	6^2	
$\Pr(X)$	$\dfrac{1}{6}$	$\dfrac{1}{6}$	$\dfrac{1}{6}$	$\dfrac{1}{6}$	$\dfrac{1}{6}$	$\dfrac{1}{6}$	1

그러므로 주사위의 예에서의 X^2의 기대치는 〈식 3-3〉에서 다음과 같다.

$$E(X^2) = \sum_{i=1}^{n} x_i^2 P(x_i)$$

$$= 1^2 \times \frac{1}{6} + 2^2 \times \frac{1}{6} + 3^2 \times \frac{1}{6} + 4^2 \times \frac{1}{6} + 5^2 \times \frac{1}{6} + 6^2 \times \frac{1}{6}$$

$$= (1^2 + 2^2 + 3^2 + 4^2 + 5^2 + 6^2) \times \frac{1}{6} = \frac{91}{6} = 15.16667$$

그러므로 주사위의 분산은 〈식 3-2〉에서 다음과 같다.

$$\sigma^2 = V(X) = E(X^2) - \mu^2$$
$$= 15.16667 - 3.5^2 = 2.91667$$

또한 분산의 양의 제곱근을 확률변수 X의 표준편차$[D(X)]$라 한다.

(2) 연속형 확률변수의 분포함수

① 연속형 확률변수(continuous random variable)의 특징

학생들의 키, 작업장의 온도변화 등과 같이 확률변수의 값이 구간으로 표현되거나, 무한한 수의 연속적 값을 나타내는 확률변수를 연속확률변수라 한다.

연속확률변수의 확률적 특성은 확률밀도함수(probability density function: $p.d.f$)라고 하는 $f(x)$에 의해 정의되며, 다음 조건을 만족한다.

ⓐ 확률밀도함수는 비음 함수이다.

$$f(x) \geq 0$$

ⓑ 확률밀도함수의 합은 1이다.

$$\int_{-\infty}^{\infty} f(x)dx = 1$$

ⓒ 확률변수 X가 a와 b사이에 있을 확률은 확률밀도함수 $f(x)$에 대한 a와 b사이의
면적을 뜻하며, 두 값 사이의 확률밀도함수를 적분하여 구한다〈그림 3-1〉.

$$\Pr(a \leq X \leq b) = \int_{a}^{b} f(x)dx$$

ⓓ 확률변수 X가 특정한 값 a일 경우의 확률은 0이다.

$$\Pr(X=a) = \int_{a}^{a} f(x)dx = 0$$

ⓔ 확률변수 X가 연속일 때, 연속확률분포에서는 다음의 식이 성립한다.

$$\Pr(a \leq X \leq b) = \Pr(a < X \leq b) = \Pr(a < X < b) = \Pr(a \leq X < b)$$

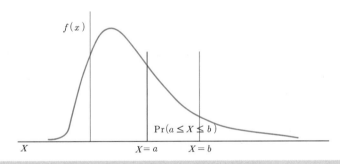

〈그림 3-1〉 연속형 확률분포의 확률계산

② 연속형 확률변수의 누적분포함수(cumulative distribution function: $c.d.f$)

연속확률변수 X의 확률밀도함수 $f(x)$에서 누적분포함수 $F(x)$에 대해 다음 식이 성
립한다.

ⓐ $F(x) = \Pr(-\infty \leq X \leq x) = \int_{-\infty}^{x} f(x)dx$

ⓑ $\Pr(a \leq X \leq b) = \int_{-\infty}^{b} f(x)dx - \int_{-\infty}^{a} f(x)dx = F(b) - F(a)$

③ 연속확률분포의 기대치와 분산

연속확률분포의 기대치와 분산은 다음과 같이 정의된다.

ⓐ 기대치

$$E(x) = \int_{-\infty}^{\infty} x f(x) dx$$

ⓑ 분산

$$V(X) = E(X-\mu)^2 = \int_{-\infty}^{\infty} (X-\mu)^2 f(x) dx$$

$$= E(X^2) - \mu^2 = \int_{-\infty}^{\infty} x^2 f(x) dx - \mu^2$$

(3) 기대치와 분산의 특성

a, b를 상수, X, Y를 확률변수라 할 때 기대치와 분산은 다음의 법칙이 성립한다.

① 기대치의 주요 특성

ⓐ $E(aX \pm b) = aE(X) \pm b$

ⓑ $E(aX \pm bY) = aE(X) \pm bE(Y)$

ⓒ X, Y가 서로 독립인 경우

$$E(X \times Y) = E(X)E(Y)$$

ⓓ X, Y가 서로 독립이 아닌 경우

$$E(X \times Y) = E(X)E(Y) + Cov(X, Y)$$

ⓔ 평균 곱(공분산: Covariance)

$$Cov(X, Y) = E[(X-\mu_x)(Y-\mu_y)]$$

$$= E(XY) - E(X)E(Y) = \sigma_{xy}$$

공분산이 0이면, X와 Y는 서로 독립이다.

② 분산의 주요 특성

ⓐ $V(a) = 0$

ⓑ $V(aX \pm b) = a^2 V(X)$

ⓒ X, Y가 서로 독립인 경우

$$V(aX \pm bY) = a^2 V(X) + b^2 V(Y)$$

ⓓ X, Y가 서로 독립이 아닌 경우

$$V(aX \pm bY) = a^2 V(X) + b^2 V(Y) \pm 2ab \, Cov(X, Y)$$

(예제 3-1)

동전을 두 번 던지는 경우 앞면이 나타나는 수를 확률변수 X라 할 때 다음을 구하시오.
ⓐ 확률질량함수
ⓑ 기대치
ⓒ 분산

(풀이)

ⓐ 확률질량함수

앞면이 나타나는 경우를 확률변수 X라 할 때 경우의 수는 0, 1, 2이다.

X	0	1	2	계
$\Pr(X)$	$\dfrac{1}{4}$	$\dfrac{1}{2}$	$\dfrac{1}{4}$	1

ⓑ 기대치

$$E(X) = \sum_{i=1}^{n} x_i \Pr(x_i)$$
$$= 0 \times \frac{1}{4} + 1 \times \frac{1}{2} + 2 \times \frac{1}{4} = 1$$

ⓒ 분산

$$E(X^2) = \sum_{i=1}^{n} x_i^2 \Pr(x_i)$$
$$= 0^2 \times \frac{1}{4} + 1^2 \times \frac{1}{2} + 2^2 \times \frac{1}{4} = 1.5$$
$$V(X) = E(X^2) - \mu^2 = 1.5 - 1 = 0.5$$

3.2 이산형 확률분포

(1) 베르누이분포

어떠한 실험 또는 관찰을 독립적으로 반복해서 시행하는 경우, 매 시행마다 오직 두 개의 결과만이 일어나며, 각 시행이 서로 독립적으로 발생할 때 베르누이 시행이라고 한다.

① 베르누이분포(Bernoulli distribution)의 확률질량함수

임의의 확률변수 X에 대해 '동전을 한 번 던질 때 앞면이 나오는 수'라고 정의하면, 확률변수 X는 오직 두 가지의 값 0, 1을 취하게 된다.

이 때, 앞면이 나오는 확률을 $\Pr(X=1)=P$라 하면, $\Pr(X=0)=1-P$ 이며, 이 확률변수 X의 확률질량함수($p.m.f$)는 다음과 같이 하나의 식으로 표현할 수 있다.

$$\Pr(X) = P^x \times (1-P)^{1-x} \quad \text{(단, 확률변수 } X=0, \text{ 1이다.)}$$

② 기대치 및 분산

ⓐ 기대치

$$E(X) = \sum_{x=0}^{1} x \Pr(x)$$

$$= 0 \times (1-P) + 1 \times P = P$$

ⓑ 분산

$$V(X) = \sum_{x=0}^{1} [X - E(X)]^2 \times \Pr(X)$$

$$= (0-P)^2 \times (1-P) + (1-P)^2 \times P$$
$$= P^2 \times (1-P) + (1-P)^2 \times P = P(1-P)$$

(2) 이항분포

성공 확률 P인 베르누이 시행이 n번 반복 시행되었을 때 나타나는 성공 횟수를 확률변수 X라 정의할 때, 임의의 확률변수 X는 0, 1, 2, ···, n 이다. 이 확률변수 X의 확률분포를 시행 횟수 n과 성공확률 P를 갖는 이항분포(Binomial distribution)라고 하며, 다음과 같이 표기된다.

$$B \sim (n, P)$$

이러한 이항분포식이 성립하려면 적어도 다음과 같은 세 가지 조건이 충족되어야 한다.

ⓐ 매 시행마다 두 가지 출현사상만 있고, 서로 배반사상이어야 한다.

ⓑ 매 시행에 의한 특정사상의 출현 확률은 서로 독립적이어야 한다.

ⓒ 이항분포는 n회 시행에서 특정사상이 X회 나타났을 때의 결합 확률이 된다.

예를 들어 동전 3개를 1회만 던지는 시행을 한다고 가정할 때

ⓐ 동전 1개 각각의 출현사상은 앞면 아니면 뒷면의 오직 두 가지 사상으로 상호 배반이다.

ⓑ 만약 시행을 무한히 반복하여도 출현 확률은 언제나 같다. 그러므로 시행은 독립이다.

ⓒ 만일 이 시행에 있어서 동전 3개를 한 번 던질 때 2개의 동전은 앞면이 되고 다른 한 개는 뒷면이 나타나는 확률은 앞면이 두 번 나타나는 사상과 뒷면이 한 번 나타나는 사상에 대한 결합 확률로 구한다.

ⓐ, ⓑ, ⓒ의 3가지 조건이 모두 만족하므로 동전을 던지는 경우는 이항분포를 따른다.

① 이항분포의 확률질량함수

무한모집단에서 랜덤하게 샘플링 한 크기 n의 표본을 어느 기준에 의해 적합품, 부적합품으로 나누었을 때 부적합품수는 계수치 데이터이다. 이 때 모집단에 포함되는 부적합품의 비율(부적합품률)을 P라 하고, 표본 중에서 부적합품에 속하는 수(부적합품수)를 X개라 하면 크기 n개의 표본 중에서 X개가 출현하는 확률은 다음 식으로 나타낼 수 있다.

$$\Pr(X = x) = \frac{n!}{x!\,(n-x)!}P^x(1-P)^{n-x}$$

$$= {}_nC_x P^x(1-P)^{n-x}$$

$$(단,\ X = 0, 1, 2, \cdots, n\ 일\ 때,\ 0 \le \Pr(X_i) = P \le 1)$$

② 부적합품수(nP)의 분포

ⓐ 표본 부적합품수 X의 기대치(expectation)

$$E(X) = E(X_1 + X_2 + X_3 + \cdots\cdots + X_n)$$

$$= E(X_1) + E(X_2) + E(X_3) + \cdots\cdots + E(X_n)$$

$$= P + P + P + \cdots\cdots + P = nP$$

ⓑ 분산(variance)

$$V(X) = V(X_1 + X_2 + X_3 + \cdots\cdots + X_n)$$

$$= V(X_1) + V(X_2) + V(X_3) + \cdots\cdots + V(X_n)$$

$$= P(1-P) + P(1-P) + P(1-P) + \cdots + P(1-P)$$

$$= nP(1-P)$$

ⓒ 표준편차(standard deviation)

$$D(X) = \sqrt{V(X)} = \sqrt{nP(1-P)}$$

③ 부적합품률(P)의 분포

부적합품률은 $P = \dfrac{nP}{n}$ 이므로 부적합품수를 n으로 나누어 구한다.

ⓐ 표본 부적합품률 p의 기대치

$$E(p) = E(\frac{X}{n}) = \frac{1}{n}E(X) = P$$

ⓑ 분산

$$V(p) = V(\frac{X}{n}) = \frac{1}{n^2} V(X) = \frac{P(1-P)}{n}$$

ⓒ 표준편차

$$D(p) = \sqrt{\frac{P(1-P)}{n}}$$

④ 이항분포의 특징

ⓐ 이산형 확률분포이며, 부적합품수 및 부적합품률 등의 계수치 데이터에 적용된다.

ⓑ 평균치는 nP, 표준편차는 $\sqrt{nP(1-P)}$ 이다.

ⓒ $P=0.5$일 때는 평균치에 대하여 대칭이다.

ⓓ $P \leq 0.5$이고 $nP \geq 5$일 때에는 정규분포에 근사된다.

〈그림 3-2〉에서 p=0.05인 경우($nP = 100 \times 0.05 = 5$)의 그래프와 〈그림 3-3〉에서 n=250인 경우($nP = 250 \times 0.02 = 5$)의 그래프 공히 좌우대칭인 정규분포의 형태를 보이고 있다.

ⓔ 부적합품률 P가 대단히 작을 때($P \leq 0.1$일 때), 푸아송분포에 근사된다.

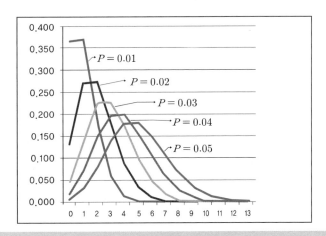

〈그림 3-2〉 n=100인 경우 P의 변화에 따른 이항분포의 변화과정

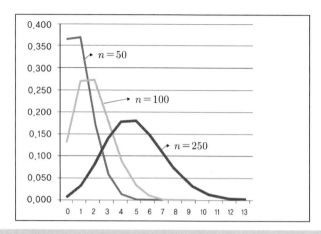

〈그림 3-3〉 P=2%인 경우 n의 변화에 따른 이항분포의 변화과정

(예제 3-2)

K사의 조립공정의 부적합품률은 2%로 알려져 있으며, 표본으로 5개를 랜덤샘플링 하였다.

ⓐ 부적합품이 각각 0, 1, 2가 되는 확률을 구하시오.
ⓑ 확률변수 X의 기대치와 분산을 구하시오.
ⓒ 하나 이상의 부적합품이 추출될 확률을 구하시오.

(풀이)
ⓐ $n=5$, $P=0.02$, 부적합품이 나타나는 사상을 확률변수 X라고 하면 X = 0, 1, 2 일 때의 확률은 다음과 같다.

$$\Pr(X=x) = {}_nC_x P^x (1-P)^{n-x}$$
$$\Pr(X=0) = {}_5C_0\,0.02^0 \times 0.98^5 = 0.904$$
$$\Pr(X=1) = {}_5C_1\,0.02^1 \times 0.98^4 = 0.092$$
$$\Pr(X=2) = {}_5C_2\,0.02^2 \times 0.98^3 = 0.004$$

ⓑ 기대치 $E(X) = nP = 5 \times 0.02 = 0.1$
분산 $V(X) = nP(1-P) = 5 \times 0.02 \times 0.98 = 0.098$
ⓒ 하나이상의 부적합품이 추출될 확률
$$\Pr(X \geq 1) = 1 - \Pr(X=0) = 1 - 0.904 = 0.096$$

⑤ Minitab을 활용한 이항분포의 확률 및 누적확률 계산

(예제 3-2)에서 확률변수 X가 0 ~ 5일 경우에 대해 Minitab을 활용하여 확률과 누적확률을 구해보자.

ⓐ 확률변수를 입력하고, 확률 및 누적확률을 구할 열을 정하여 입력한다.

ⓑ 계산 ▶ 확률분포 ▶ 이항 분포를 선택하여 '확률'란을 선택한다. '시행횟수(n)'와 '사건 확률(p)'을 입력한 후, '입력 열'을 선택하여 '확률변수'를 연결하고 구하고자 하는 '확률'을 '저장할 열'에 연결한 후 확인을 클릭한다. 만약 '입력 열'이 입력되어 있지 않다면 '입력 상수'를 선택하여 구하고자 하는 확률변수를 입력해도 된다.

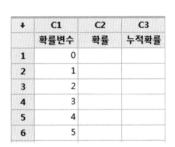

ⓒ 결과 출력

확률을 계산한 결과는 다음과 같다.

↓	C1 확률변수	C2 확률	C3 누적확률
1	0	0.903921	
2	1	0.092237	
3	2	0.003765	
4	3	0.000077	
5	4	0.000001	
6	5	0.000000	

ⓓ 동일한 방법으로 누적확률을 구해보자.

계산 ▶ 확률분포 ▶ 이항 분포를 선택하여 '누적확률'란을 선택한다. 나머지는 모두 입력이 되어 있으므로 '저장할 열'에 '누적확률'을 연결하고 확인을 클릭한다. 우측의 표는 누적확률을 계산한 결과이다.

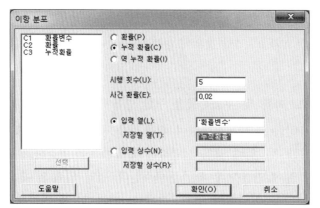

(3) 푸아송분포

이 분포는 프랑스의 수학자 푸아송(Simeon, Denis Poisson, 1781~1840)이 이항분포로부터 유도하였다.

$$\lim_{n \to \infty} {}_nC_xP^x(1-P)^{n-x} = \frac{e^{-m}m^x}{x!}$$

푸아송분포는 부적합수, 단위당 부적합수 등을 나타내는 계수치 분포로서, 일정기간 중의 사고건수, 일정면적 중의 흠의 수와 같이 희소현상의 경우에 해당되는 확률분포이다. 이러한 시행은 n이 무한히 크고 P가 0에 가까워짐에 따라 nP가 m에 근접하기 때문에 이항분포의 극한이 되고, 이는 모수 m을 가진 푸아송분포가 된다.

① 푸아송분포(Poisson distribution)의 확률질량함수

무한모집단에서 랜덤하게 샘플링한 단위 표본에 포함되는 부적합수를 X라 하고, 모집단의 일정단위에 포함되는 부적합수를 m이라 하면 일정단위 표본에 X개의 결점이 포함되는 확률은 다음과 같이 정의할 수 있다.

$$\Pr(X=x) = \frac{e^{-m}m^x}{x!}$$

(단, $X=0, 1, 2, \cdots$ 이고, $m > 0$인 모수 m을 갖는다.)

② 기대치와 분산

기대치는 이항분포와 동일하며, P가 0으로 수렴되므로 분산도 기대치와 같다.

ⓐ 기대치

$$E(X) = nP = m$$

ⓑ 분산

$$V(X) = nP(1 - P) = m(1 - 0) = m$$

ⓒ 표준편차

$$D(X) = \sqrt{m}$$

③ 푸아송분포의 특징

ⓐ 이산형 확률분포이며, 부적합수, 흠의 수, 시간당 발생 건수 등의 계수치 데이터에 적용된다.

ⓑ 기대치와 분산이 $m = nP$로 동일하다.

ⓒ m이 작을 때는 왼쪽으로 기울어진 비대칭 분포가 되나, m이 커짐에 따라 좌우대칭에 가까워진다.

ⓓ $m \geq 5$일 때는 정규분포에 근사한다.

〈그림 3-4〉는 m의 크기에 따라서 분포가 어떻게 변화하는가를 보여 주는 것으로서, $m = 5$일 때는 좌우 대칭으로 나타난다. 그러므로 m이 5 이상이면 정규분포에 근사한다.

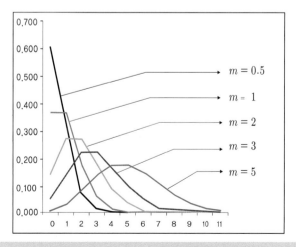

〈그림 3-4〉 여러 가지 m값에 대한 푸아송분포

(예제 3-3)

Y사의 공정에서 1년 동안에 발생한 사고 건수은 푸아송분포를 따르며, 1년 동안 종업원 1인당 평균 0.3건의 사고가 난다는 것을 알았다. 이 공장의 종업원 중 1명을 임의 추출했을 때 다음 물음에 답하시오.

ⓐ 한 건의 사고도 발생하지 않을 확률을 구하시오.
ⓑ 적어도 한 건 이상의 사고가 발생할 확률을 구하시오.
ⓒ 확률변수 X의 표준편차를 구하시오.

- -

(풀이)
평균(m)=0.3이므로 종업원이 연간 사고가 나는 건수를 확률변수 X라고 하면
ⓐ 한건도 사고가 발생하지 않을 확률

$$\Pr(X=0) = \frac{e^{-m}m^x}{x!} = \frac{e^{-0.3} \times 0.3^0}{0!} = e^{-0.3} = 0.741$$

ⓑ 적어도 한 건 이상의 사고가 발생할 확률

$$\sum_{x=1}^{\infty} \Pr(X>0) = 1 - \Pr(X=0) = 1 - 0.741 = 0.259$$

ⓒ 확률변수 X의 표준편차
$$D(X) = \sqrt{m} = \sqrt{0.3} = 0.548$$

④ Minitab을 활용한 푸아송분포의 확률 및 누적확률 계산

(예제 3-3)에서 확률변수 X가 0 ~ 6일 경우에 대해 Minitab을 활용하여 확률과 누적확률을 구해보자.

ⓐ 확률변수를 입력하고, 확률 및 누적확률을 계산할 열을 정하여 입력한다.

ⓑ 계산 ▶ 확률분포 ▶ 푸아송 분포를 선택하여 '확률'란을 선택한다. '평균(m)'을 입력한 후, '입력 열'을 선택하여 '확률변수'를 연결하고 구하고자 하는 '확률'을 '저장할 열'에 연결한 후 확인을 클릭한다. 만약 '입력 열'이 입력되어 있지 않다면 '입력 상수'를 선택하여 구하고자 하는 확률변수를 입력해도 된다.

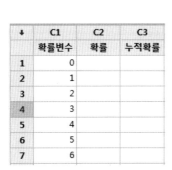 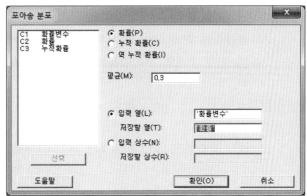

ⓒ 동일한 방법으로 누적확률을 구해보자. 계산 ▶ 확률분포 ▶ 푸아송 분포를 선택
하여 '누적확률'란을 선택한다. 나머지는 모두 입력이 되어 있으므로 '저장할 열'에
'누적확률'을 연결하고 확인을 클릭한다.

ⓓ 결과 출력

다음은 확률과 누적확률을 계산한 결과이다.

↓	C1	C2	C3
	확률변수	확률	누적확률
1	0	0.740818	0.74082
2	1	0.222245	0.96306
3	2	0.033337	0.99640
4	3	0.003334	0.99973
5	4	0.000250	0.99998
6	5	0.000015	1.00000
7	6	0.000001	1.00000

(4) 초기하분포

초기하분포(Hyper-geometric distribution)는 로트의 크기 N이 유한모집단인 점이
이항분포와 다르다. 그러므로 이항분포를 할 때의 베르누이 시행은 시행할 때마다 성공
확률(P)이 동일하지만, 초기하분포는 시행마다 성공의 확률이 동일하지 않다. 로트에서
샘플링한 표본 중에 X개의 부적합품이 나타내는 확률은 초기하분포 식을 사용하여 계산
한다. 초기하분포의 표기법은 다음과 같다.

$$H \sim (N, n, P)$$

① 초기하분포의 확률질량함수

부적합품률 P인 크기 N의 로트에서 랜덤하게 크기 n의 표본을 샘플링했을 때 그 표본 중에 X개의 부적합품이 나타나는 확률은 다음 식으로 나타낼 수 있다.

$$\Pr(X = x) = \frac{{}_{NP}C_x \times {}_{N-NP}C_{n-x}}{{}_{N}C_n}$$

(단, 확률변수 X는 $0, 1, 2, \cdots\cdots, n$이다.)

ⓐ N: 로트의 크기   ⓑ P: 로트의 부적합품률

ⓒ NP: 로트 내의 부적합품수   ⓓ $N-NP$: 로트 내의 적합품수

ⓔ n: 표본의 크기   ⓕ X: 표본 중의 부적합품수

ⓖ $n-X$: 표본 중의 적합품수

② 기대치와 분산

     ⓐ 기대치(expectation)

$$E(X) = n\frac{NP}{N} = nP$$

     ⓑ 분산(variance)

$$V(X) = n\frac{NP}{N}\left(1 - \frac{NP}{N}\right)\frac{N-n}{N-1}$$

$$= nP(1-P)\frac{N-n}{N-1}$$

     ⓒ 표준편차(standard deviation)

$$D(X) = \sqrt{V(X)} = \sqrt{nP(1-P)\frac{N-n}{N-1}}$$

③ 초기하분포의 특징

ⓐ $P = 0.5$이면 좌우 대칭이다.

ⓑ 초기하분포는 nP개의 표시된 품목을 포함하는 크기 N의 모집단에서, 비복원추출된 크기 n의 단순 랜덤 표본에서의 표시된 품목의 수(X)에 대해 발생한다.

ⓒ 특정조건($n/N \leq 0.1$ 또는 복원추출 할 때)에서 초기하분포는 n 및 $P = \dfrac{NP}{N}$를 갖는 이항분포에 근사될 수 있다.

ⓓ 유한수정계수 $\dfrac{N-n}{N-1}$을 가지며, 정도가 가장 높은 이산형 분포이다.

(예제 3-4)

밀폐된 상자에 흰 공 5개, 검은 공 2개가 들어 있다. 3개의 공을 비복원추출 할 때, 다음 물음에 답하시오.
ⓐ 검은 공이 2개가 추출될 확률을 구하시오.
ⓑ 검은 공이 추출되지 않을 확률을 구하시오.
ⓒ 검은 공이 추출될 기대치를 구하시오.
ⓓ 검은 공이 추출될 분산을 구하시오.

(풀이)

ⓐ 검은 공이 나오는 사상을 확률변수 X라 하면 $N=7, NP=2, n=3$ 이므로 검은 공이 2개가 추출될 확률

$$\Pr(X=2) = \frac{{}_2C_2 \times {}_5C_1}{{}_7C_3} = 0.14286$$

ⓑ 검은 공이 추출되지 않을 확률

$$\Pr(X=0) = \frac{{}_2C_0 \times {}_5C_3}{{}_7C_3} = 0.28571$$

ⓒ 기대치

$$E(X) = nP = 3 \times \frac{2}{7} = 0.857$$

ⓓ 분산

$$V(X) = \left(\frac{N-n}{N-1}\right)nP(1-P) = \left(\frac{7-3}{7-1}\right) \times 3 \times \frac{2}{7} \times \frac{5}{7} = 0.408$$

④ Minitab을 활용한 초기하분포의 확률 및 누적확률 계산

(예제 3-4)에서 확률변수 X가 0 ~ 2일 경우에 대해 Minitab을 활용하여 확률과 누적확률을 구해보자.

ⓐ 확률변수를 입력하고, 확률 및 누적확률을 계산할 열을 정하여 입력한다.

ⓑ 계산 ▶ 확률분포 ▶ 초기하 분포를 선택하여 '확률'란을 선택한다. '모집단 크기 (N)', '모집단 내 사건 카운트(NP)' 및 '표본크기(n)'을 입력한 후, '입력 열'을 선택하여 '확률변수'를 연결하고 구하고자 하는 '확률'을 '저장할 열'에 연결한 후 확인을 클릭한다. 만약 '입력 열'이 입력되어 있지 않다면 '입력 상수'를 선택하여 구하고자 하는 확률변수를 입력해도 된다.

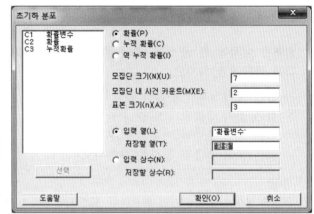

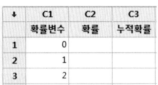

ⓒ 동일한 방법으로 누적확률을 구해보자. 계산 ▶ 확률분포 ▶ 초기하 분포를 선택하여 '누적확률'란을 선택한다. 나머지는 모두 입력이 되어 있으므로 '저장할 열'에 '누적확률'을 연결하고 확인을 클릭한다.

ⓓ 결과 출력

다음은 확률과 누적확률을 계산한 결과이다.

↓	C1	C2	C3
	확률변수	확률	누적확률
1	0	0.285714	0.28571
2	1	0.571429	0.85714
3	2	0.142857	1.00000

(5) 초기하분포, 이항분포, 푸아송분포의 관계

예를 들어 로트의 크기 N=1,000, 로트 중의 부적합품률 p=5(%)일 때 n=30의 표본 중 부적합품수 X가 가 발생할 확률은 〈표 3−1〉과 같다(단, 확률변수 X는 0~5이다).

① $NP = 1,000 \times 0.05 = 50$

② $m = nP = 30 \times 0.05 = 1.5$

〈표 3−1〉 부적합품이 나타날 확률

X	0	1	2	3	4	5
초기하분포	0.210	0.342	0.263	0.128	0.044	0.011
이항분포	0.215	0.339	0.259	0.127	0.045	0.012
푸아송분포	0.223	0.335	0.251	0.126	0.047	0.014

〈표 3−1〉에서 기대치($nP = 1.5$) 근처의 확률변수인 1, 2에서는 초기하분포의 확률이 가장 크고 확률변수가 기대치에서 멀어질수록 동일 확률변수에서 푸아송분포가 가장 크다. 이 현상은 초기하분포의 정밀도가 가장 우수하기 때문에 나타난 현상이다. 하지만 〈표3−1〉의 경우 초기하분포의 샘플링 조건이 푸아송분포로의 근사가 가능할 정도로 로트의 크기가 충분하고 부적합품률이 낮으므로 확률변수별 확률 차이는 크지 않게 나타나고 있다. 〈그림 3-5〉는 3가지 분포가 근사되는 조건을 나타낸 것이다.

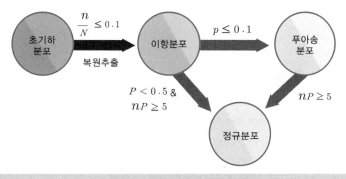

〈그림 3-5〉 계수치 분포의 근사 조건

(예제 3-5)

다음의 확률을 각각 계산하시오.

ⓐ 부적합품률이 10(%)인 크기 30의 로트에서 n=5의 표본을 비복원추출 했을 때, 부적합품이 1개 출현할 확률을 구하시오.

ⓑ 부적합품률이 10(%)인 크기 30의 로트에서 n=5의 표본을 복원추출 했을 때, 부적합품이 1개 출현할 확률을 구하시오.

ⓒ 단위길이 당 평균부적합수가 0.5인 무한모집단에서 단위길이를 추출하였을 때 부적합수가 1개 출현할 확률을 구하시오.

(풀이)

ⓐ 확률변수 $X=1$인 초기하분포를 따른다.

$$N=30, \ n=5, \ P=0.1, \ NP=30 \times 0.1=3 \ \ X=1$$

$$\Pr(X=1) = \frac{{}_3C_1 \times {}_{27}C_4}{{}_{30}C_5} = 0.369$$

ⓑ 확률변수 $X=1$인 이항분포이다.

$$\Pr(X=1) = {}_5C_1 \times 0.1^1(1-0.1)^4 = 0.328$$

ⓒ 확률변수 $X=1$, $m=0.5$인 푸아송분포이다.

$$\Pr(X=1) = e^{-0.5} \times \frac{0.5^1}{1!} = 0.303$$

3.3 연속형 확률분포

연속형 확률분포(continuous probability distribution)는 어느 일정 구간 내에 포함되는 확률변수가 무한개로 이루어지는 분포로 확률변수 X가 어떠한 구간 $[a, b]$에 속할 확률이 $\int_a^b f(x)dx$와 같이 표시되는 확률분포이다. 통계적 품질관리 활동에 많이 활용되는 연속확률변수의 분포에는 정규분포(normal distribution), t분포(t distribution), 카이제곱분포(χ^2 distribution), F분포(F distribution) 등이 있다.

(1) 정규분포

　　대표적인 연속확률분포의 하나인 정규분포(normal distribution)는 프랑스의 모아브르(A. De Moivre, 1667~1754)가 확률현상을 설명하기 위하여 처음 창안하였고, 그 후 라플라스(P. S. Laplace, 1749~1827)에 의하여 이 분포에 대한 함수식이 정립되었다. 이후 독일의 가우스(C. F. Gauss, 1777~1855)가 우연오차의 분포를 연구하여 오차에 대한 확률분포와 정규분포가 일치한다는 것을 증명함으로써, 정규분포를 가우스분포 (Gaussian distribution)라고도 부른다.

　　위치모수 모평균 μ, 규모모수 분산 σ^2인 정규분포의 확률밀도함수는 〈그림 3-6〉에서 종 모양의 좌우대칭 구조로 되어 있으며, 표기방법은 다음과 같다.

　　　N~$(\mu,\ \sigma^2)$

① 확률밀도함수와 기대치

　ⓐ 확률밀도함수($p.d.f$)

$$f(x) = \frac{1}{\sigma\sqrt{2\pi}} \cdot e^{-\frac{(x-\mu)^2}{2\sigma^2}}$$

(단, $-\infty < x < \infty$이며, $f(x)$는 확률변수 X에 대한 곡선의 종좌표이다.)

　ⓑ 기대치

$$E(X) = \int_{-\infty}^{\infty} xf(x)dx = \mu$$

　ⓒ 분산

$$V(X) = E[(X-\mu)^2] = \int_{-\infty}^{\infty} (x-\mu)^2 f(x)dx = \sigma^2$$

② 정규분포의 특징

　ⓐ 모평균(μ)를 중심으로 좌우대칭이다. 곡선은 평균치(μ) 근처에서 높고 양측 끝단으로 갈수록 낮아진다.

　ⓑ 모평균(μ)은 곡선의 위치를 정한다.

ⓒ 모표준편차(σ)는 곡선의 모양을 정한다.

ⓓ 모표준편차(σ)가 작으면 평균을 중심으로 분포가 집중된다. 모표준편차가 적을수록 밑변이 짧고 평균이 높은 즉 μ를 중심으로 분포가 집중되는 모습이다.

③ 정규분포의 확률 면적

ⓐ $\mu - \sigma$와 $\mu + \sigma$ 사이의 면적은 전체면적의 약 68.26(%)이다.

$$\Pr\{\mu - \sigma \leq X \leq \mu + \sigma\} = \int_{\mu - \sigma}^{\mu + \sigma} f(x)dx = 0.6826$$

ⓑ $\mu - 2\sigma$와 $\mu + 2\sigma$ 사이의 면적은 전체면적의 약 95.45(%)이다.

$$\Pr\{\mu - 2\sigma \leq X \leq \mu + 2\sigma\} = \int_{\mu - 2\sigma}^{\mu + 2\sigma} f(x)dx = 0.9545$$

ⓒ $\mu - 3\sigma$와 $\mu + 3\sigma$ 사이의 면적은 전체면적의 약 99.73(%)이다.

$$\Pr\{\mu - 3\sigma \leq X \leq \mu + 3\sigma\} = \int_{\mu - 3\sigma}^{\mu + 3\sigma} f(x)dx = 0.9973$$

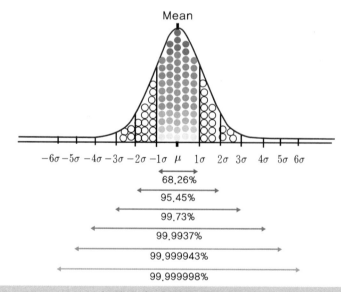

〈그림 3-6〉 정규분포의 확률 면적

④ 정규분포의 활용

ⓐ 계량치 품질특성의 분포는 대부분 정규분포를 하고 있으므로 임의의 한계 내에 포함되는 제품의 확률은 면적을 적분하여 구할 수 있다.

ⓑ 제품의 분포가 정규분포를 상당히 벗어나 있어도 통계량(statistical quantities) 즉 평균치 등의 분포는 중심극한정리에 의거 정규분포를 근사적으로 따른다. 그러므로 정규분포는 관리도 및 샘플링 검사의 기초 이론임은 물론 통계 이론상에서도 중요한 역할을 한다.

ⓒ 모든 실용상의 목적에 대하여 그 분포로부터 기대되는 공정변동(process variation)은 ±3σ의 크기로 표시된다.

(2) 표준정규분포

확률변수 X가 정규분포 $N \sim (\mu, \sigma^2)$을 따를 때 확률변수 X의 함수를 표준화 확률변수 $z = \dfrac{X-\mu}{\sigma}$로 변환하면, 표준화 확률변수 z는 아래와 같이 모평균 0, 모표준편차 1인 정형화된 분포인 표준정규분포(standardized normal distribution)로 변환된다.

① 확률밀도함수와 기대치

ⓐ 확률밀도함수

표준화 확률변수에 의해 표준화된 $N \sim (0, 1^2)$인 분포를 표준정규분포라 하며, 표준정규분포의 확률밀도함수는 다음과 같다.

$$f(z) = \frac{1}{\sqrt{2\pi}} \cdot e^{-\frac{z^2}{2}}$$

ⓑ 기대치

$$E(z) = E(\frac{X-\mu}{\sigma}) = \frac{1}{\sigma}E(x-\mu) = 0$$

ⓒ 분산

$$V(z) = V(\frac{X-\mu}{\sigma}) = \frac{1}{\sigma^2}V(x-\mu)$$
$$= \frac{1}{\sigma^2}[V(X) + V(\mu)] = \frac{1}{\sigma^2}V(X) = 1$$

② 〈표준정규분포표〉를 활용한 표준정규분포 확률의 측정

확률변수 X의 분포가 $N(\mu, \sigma^2)$일 때 표준화 확률변수 z는 $N(0, 1^2)$의 분포를 따른다. 정규분포를 따르는 어떠한 로트에 대한 규격을 벗어나는 부적합품률을 구하려면 정형화된 분포인 표준화 확률변수로 변환하여 구한다. 계산식은 다음과 같다.

ⓐ 상한부적합품률(upper fraction nonconforming: U)

품질특성의 분포가 규격상한(U)을 벗어나는 비율로 계산식은 다음과 같다.

$$P_U = \Pr(X > U)$$
$$= \Pr\left(\frac{X-\mu}{\sigma} > \frac{U-\mu}{\sigma}\right) = \Pr\left(z > \frac{U-\mu}{\sigma}\right)$$

ⓑ 하한부적합품률(lower fraction nonconforming: L)

품질특성의 분포가 규격하한(L)을 벗어나는 비율로 계산식은 다음과 같다.

$$P_L = \Pr(X < L)$$
$$= \Pr\left(\frac{X-\mu}{\sigma} < \frac{L-\mu}{\sigma}\right) = \Pr\left(z < \frac{L-\mu}{\sigma}\right)$$

ⓒ 총부적합품률(total fraction nonconforming)

$$P\% = \Pr\left(z > \frac{U-\mu}{\sigma}\right) + \Pr\left(z < \frac{L-\mu}{\sigma}\right)$$

정규분포를 따르는 모든 집합은 특성치인 μ와 σ가 어떤 값을 갖더라도 표준화 확률변수 z로 변환하면, 〈표 3-2〉를 활용하여 z값에 해당되는 확률을 구할 수 있다.

본 교재 부록에 첨부된 〈부록 1. 정규분포표 Ⅰ〉은 〈그림 3-7〉과 같이 표준화 확률변수가 $z_{1-\alpha}$이상의 값을 취하는 확률을 α라 했을 때, $z_{1-\alpha}$와 α의 관계를 나타낸 값이다. 만약 표준정규분포에서 $\alpha = 5\%$인 $z_{0.95}$의 값을 〈부록 1. 정규분포표 Ⅰ〉에서 찾으면 $z_{1-\alpha} = z_{0.95} = 1.645$이다.

〈표 3-2〉 표준정규분포 한쪽확률표

$z_{1-\alpha}$	$z_{1-\alpha}$(한쪽)의 $\Pr = \alpha$
0.0	0.5000
0.5	0.3085
1.0	0.1587
1.5	0.0668
1.645	0.0500
1.960	0.0250
2.0	0.0228
2.326	0.0100
2.5	0.0062
2.576	0.0050
3.0	0.0013
3.5	0.0002
4.0	0.00003

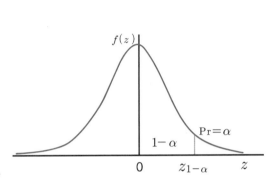

반면 〈그림 3-8〉의 경우와 같이 양쪽확률 α란 $z_{1-\alpha/2}$ 이상의 값 또는 $z_{\alpha/2}$ 이하의 값 중 그 어느 하나를 취하는 확률이란 뜻이다. 그러므로 $\alpha = 0.05$일 때 한쪽확률의 경우 $z_{1-0.05} = z_{0.95} = 1.645$이지만 양쪽확률은 $\pm z_{1-0.05/2} = \pm z_{0.975} = \pm 1.96$이 된다.

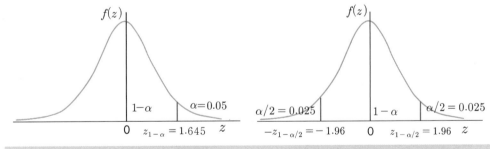

〈그림 3-7〉 표준정규분포의 한쪽확률 　　　　〈그림 3-8〉 표준정규분포의 양쪽확률

(예제 3-6)

K 제품의 중량에 대한 품질특성은 $N \sim (128, 2^2)$을 따른다. 규격공차가 130±5(kg)인 경우의 부적합품률은 약 얼마인가? 단, 제조공정은 안정상태이고 정규분포를 따른다.

(풀이)

$$P\% = \Pr(X < 125) + \Pr(X > 135)$$

$$= \Pr\left(z < \frac{L-\mu}{\sigma}\right) + \Pr\left(z > \frac{U-\mu}{\sigma}\right)$$

$$= \Pr\left(z < \frac{125-128}{2.0}\right) + \Pr\left(z > \frac{135-128}{2.0}\right)$$

$$= \Pr(z < -1.50) + \Pr(z > 3.50) = 0.0668 + 0.0002$$

$$\therefore \ P\% = 0.0670(6.70\%)$$

(3) Minitab을 활용한 정규분포의 확률 계산

① (예제 3-6)에 대해 Minitab을 활용하여 부적합품률을 계산해보자.

    ⓐ 확률변수로 규격한계를 입력하고, 누적확률을 계산할 열을 정하여 Minitab에 입력한다.

    ⓑ 계산 ▶ 확률분포 ▶ 정규분포를 선택하여 '누적 확률'을 선택한다. '평균 128', '표준편차 2'를 입력한 후, '입력 열'을 선택하여 '규격'을 연결하고 '저장할 열'을 '누적확률'로 연결한 후 확인을 클릭한다. 만약 '입력 열'이 정리가 되어 있지 않다면 '입력 상수'를 선택하여 '125' 또는 '135'를 입력해도 된다.

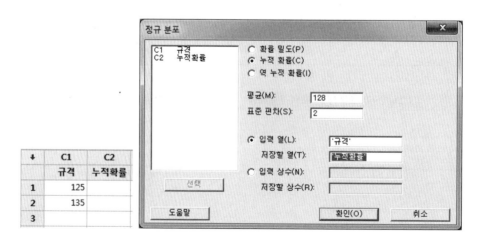

ⓒ 결과 출력

규격에 대한 계산 결과는 다음과 같다. 다만 상한규격의 경우 합격확률이 기록되므로 부적합품률은 1-0.999767로 다시 계산하여야 한다.

↓	C1	C2
	규격	누적확률
1	125	0.066807
2	135	0.999767
3		

ⓓ 또한 상한규격을 벗어나는 확률은 계산 ▶ 계산기에서 식을 입력하여 구할 수 있다.

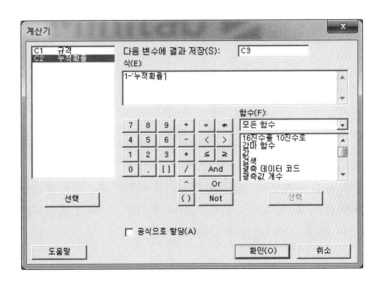

'다음 변수에 결과 저장'은 '1-누적확률'을 기록할 셀을 지정하는 것이다. 'C3'를 입력한다. '식'에는 '1-'를 입력한 후 '누적확률' 셀을 클릭한다. 그리고 확인을 선택하면 C3 열에 '1-누적확률'을 볼 수 있다. 참고로 '함수'는 엑셀의 함수마법사와 동일한 기능의 함수들을 사용할 수 있도록 되어 있다.

ⓔ 결과 출력

↓	C1	C2	C3
	규격	누적확률	
1	125	0.066807	0.933193
2	135	0.999767	0.000233

② 표준화 확률변수 z값을 활용하여 확률 α를 구하는 표를 만들어 보자.

    ⓐ 표준화 확률변수 z값을 입력하고 누적 확률을 계산할 열(P), α값을 저장할 열 (1−P)을 정하여 입력한다.

    ⓑ 계산 ▶ 확률분포 ▶ 정규분포를 선택하여 '누적 확률'란을 선택한다. '평균 0', '표준편차 1'을 입력한 후, '입력 열'을 선택하여 'z value'를 연결하고 '저장할 열'을 'P'로 연결한 후 확인을 클릭한다. 결과에 '누적확률'이 나타난다.

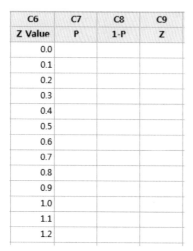

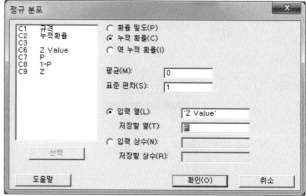

    ⓒ 확률 'α'를 구해보자. 계산 ▶ 계산기를 선택한 후, '다음 변수에 결과 저장'에 '1−P'를 연결한 후 '식'에서 α값을 계산하기 위해 '1−'와 'P'를 입력한 후, '확인'을 클릭한다. 확률 'α'가 결과에 나타난다.

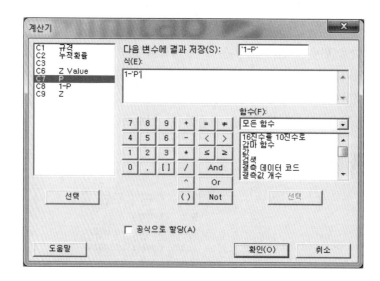

③ 표준정규분포 확률 α를 이용하여 표준화 확률변수 z값 구하는 표를 만들어 보자.

 ⓐ 누적 확률을 계산할 열(P), α값이 저장된 열(1-P)의 옆 열에 z값을 입력할 열을 정하여 입력한다.

 ⓑ 계산 ▶ 확률분포 ▶ 정규분포를 선택하여 '역 누적 확률'을 선택한다. '평균 0', '표준편차 1'을 입력한 후, '입력 열'을 선택하여 'P'를 연결하고 '저장할 열'을 'z'로 연결한 후 확인을 클릭한다.

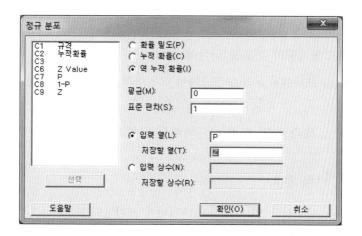

④ 결과 출력

 'P', '1-P', 'z'의 3가지 모두 구해진 결과이다.

C6	C7	C8	C9
Z Value	P	1-P	Z
0.0	0.500000	0.500000	0.00000
0.1	0.539828	0.460172	0.10000
0.2	0.579260	0.420740	0.20000
0.3	0.617911	0.382089	0.30000
0.4	0.655422	0.344578	0.40000
0.5	0.691462	0.308538	0.50000
0.6	0.725747	0.274253	0.60000
0.7	0.758036	0.241964	0.70000
0.8	0.788145	0.211855	0.80000
0.9	0.815940	0.184060	0.90000
1.0	0.841345	0.158655	1.00000
1.1	0.864334	0.135666	1.10000

3.4 **통계량의 분포**

모집단의 특성을 수치로 표시하는 경우 모평균, 모분산, 모표준편차 등이 있으며, 이들은 상수이며 모수(population parameter)라 한다. 반면 표본의 측정치인 표본평균, 표본분산, 표본표준편차는 동일 모집단으로부터 샘플링한 표본인 경우에도 표본마다 확률적 범위에서 변하는 확률변수로 통계량(statistic)이라 한다.

여러 조의 표본 측정이 이루어지면 각 통계량들도 분포를 가지게 된다. 이를 통계량의 분포라 하며, 표본평균, 표본분산, 표본범위의 분포 등이 해당된다. 표본으로 모집단을 추정하려면 통계량의 분포를 알아야 한다.

평균치 μ, 표준편차 σ의 모집단에서 크기 n의 표본을 k조 샘플링 할 경우, 각 표본의 평균치를 $\overline{x_1}, \overline{x_2}, \cdots\cdots \overline{x_k}$, 분산을 $s_1^2, s_2^2, \cdots\cdots, s_k^2$, 표준편차를 $s_1, s_2, \cdots\cdots, s_k$, 범위를 $R_1, R_2 \cdots\cdots, R_k$라 하면 이것들은 어떠한 정해진 분포를 따른다.

(1) 표본평균($\overline{x}$)의 분포

모평균 μ, 모분산 σ^2인 로트에서 랜덤하게 크기 n의 표본을 k조 샘플링하여 각 표본의 평균치를 $\overline{x_1}, \overline{x_2}, \cdots, \overline{x_k}$라 한다면 표본평균 $\overline{x}$의 분포는 다음과 같다.

① 표본평균의 기대치와 분산

ⓐ 기대치

$$E(\overline{X}) = E\left[\frac{X_1 + X_2 + \cdots\cdots + X_n}{n}\right] = \frac{1}{n}E(X_1 + X_2 + \cdots\cdots + X_n)$$

$$= \frac{1}{n}(\mu + \mu + \mu + \cdots\cdots + \mu) = \mu = E(X)$$

ⓑ 표본평균의 분산

$$V(\overline{X}) = V\left[\frac{X_1 + X_2 + \cdots\cdots + X_n}{n}\right] = \frac{1}{n^2}V(X_1 + X_2 + \cdots\cdots + X_n)$$

$$= \frac{1}{n^2}(\sigma^2 + \sigma^2 + \sigma^2 + \cdots\cdots + \sigma^2) = \frac{\sigma^2}{n}$$

ⓒ 표본평균의 표준편차

$$D(\overline{X}) = \frac{\sigma}{\sqrt{n}}$$

그러므로 $\overline{x}$ 의 분포는 $N \sim (\mu, \frac{\sigma^2}{n})$ 인 정규분포를 따르며 〈그림 3−9〉와 같다.

여기서 $\overline{x}$ 를 평균치 μ, 표준편차 $\sigma_{\overline{x}} = \frac{\sigma}{\sqrt{n}}$ 로 표준화 확률변수 z 로 변환하면

$$z = \frac{\overline{X} - \mu}{\sigma / \sqrt{n}}$$

z 는 $N(0, 1^2)$ 인 표준정규분포를 따른다. 또한 $\overline{x}$ 분포의 표준편차($\sigma_{\overline{x}}$)와 모집단 분포의 표준편차(σ)와의 관계는 다음과 같다.

$\overline{x}$ 분포의 표준편차($\sigma_{\overline{x}}$) = $\frac{\sigma}{\sqrt{n}}$

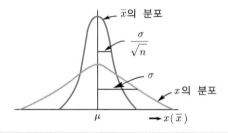

〈그림 3−9〉 모집단의 분포와 표본 평균($\overline{x}$)의 분포 비교

② 중심극한의 정리

일반적으로 모집단의 분포가 정규분포가 아니라면 표본평균 $\overline{X}$ 의 분포는 정규분포라 할 수 없다. 그러나 표본의 크기 n 이 충분히 클 경우, 표본평균 $\overline{X}$ 의 분포는 중심극한 정리(central limit theorem)에 근거하여 정규분포로 간주한다.

중심극한정리란 모평균 μ, 모분산 σ^2 인 임의의 모집단에서 크기 n 인 표본평균 $\overline{X}$ 를 표준화 확률변수로 변환할 때 표준화 확률변수 $z = \frac{\overline{X} - \mu}{\sigma / \sqrt{n}}$ 의 확률분포는 $n \to \infty$ 에서 표준정규분포 $N \sim (0, 1^2)$ 에 수렴한다. 이 정리에 의하면 표본의 크기 n 이 충분히

크면 모집단이 정규분포를 따르는지에 관계없이 근사적으로 표본평균 $\overline{X}$의 분포는 정규분포 $N \sim (\mu, \frac{\sigma^2}{n})$으로 볼 수 있다는 뜻이다.

고셋(W.S. Gosset)의 정리에 의하면 $n > 30$이면 일반적으로 정규분포를 따른다. 하지만 $n \leq 30$이어도 모집단이 정규모집단에서 크게 다르지 않다면 정규분포에 근사한다. 그러므로 어떤 특성치의 모집단은 주로 정규분포를 따르며 이에 대한 이론적 바탕이 중심극한정리이다.

(2) 표본표준편차의 분포

$N \sim (\mu, \sigma^2)$인 정규모집단으로부터 랜덤으로 크기 n의 표본을 k조 샘플링한 각 표본의 표본표준편차(sample standard deviation: s)를 $s_1, s_2, \cdots, s_k$라 하면, s는 〈그림 3-10〉과 같이 일정한 분포를 따른다. 이 분포의 기대치 및 표준편차는

① 표본 표준편차의 기대치

$$\mathrm{E}(s) = c_4\sigma = \overline{s} \quad \cdots\cdots\cdots\cdots\cdots\cdots\cdots\cdots\cdots\cdots\cdots\cdots\cdots\cdots\cdots\cdots \text{〈식 3-4〉}$$

② 표본 표준편차의 표준편차

$$\mathrm{D}(s) = c_5\sigma$$

로 된다. 따라서 모표준편차의 추정식은 〈식 3-4〉에서 다음과 같이 추정된다.

$$\hat{\sigma} = \frac{\overline{s}}{c_4}$$

c_4, c_5의 수치값은 〈부록 7. 관리한계를 구하기 위한 계수표〉를 활용하여 구한다.

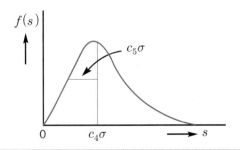

〈그림 3-10〉 표본표준편차(s)의 분포

(3) 표본범위의 분포

N~(μ, σ^2)인 정규모집단으로부터 랜덤으로 크기 n개의 표본을 k조 샘플링한 각 표본 범위(sample range: R)를 $R_1, R_2 \cdots R_k$라 하면 R은 〈그림 3-11〉에서와 같이 일정한 분포를 따른다. 이 분포의 기대치 및 표준편차는

① 표본 범위의 기대치

$$E(R) = d_2\sigma = \overline{R} \quad \cdots\cdots\cdots\cdots\cdots\cdots\cdots\cdots\cdots\cdots\cdots\cdots\cdots\cdots\cdots\cdots\cdots\cdots\cdots \text{〈식 3-5〉}$$

② 표본 범위의 표준편차

$$D(R) = d_3\sigma$$

로 된다. 따라서 모표준편차의 추정식은 〈식 3-5〉에서 다음과 같이 추정된다.

$$\hat{\sigma} = \frac{\overline{R}}{d_2}$$

범위 R로부터의 σ의 추정은 n이 10 이상이 되면 표본표준편차 s에 비해 추정의 정밀도가 나빠지므로 10이하에서 주로 사용한다. d_2, d_3의 수치값은 〈부록 7. 관리한계를 구하기 위한 계수표〉를 활용하여 구한다.

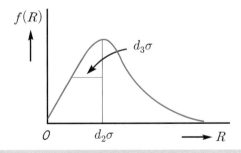

〈그림 3-11〉 범위(R)의 분포

3.4 **통계량 함수의 분포**

2개 이상의 통계량을 조합하거나 모수와 통계량을 조합한 것도 통계량이다. 이러한 통계량의 분포를 통계량 함수의 분포라고 하며, 품질관리 측면에서는 통계적 검정이나 추정에 필요한 χ^2분포, t분포, F분포 등이 주로 활용된다.

(1) 카이제곱(χ^2)분포

χ^2분포(chi−squared distribution)는 영국의 통계학자인 Karl Pearson에 의해 창안되었다. N~(μ, σ^2)인 정규모집단으로부터 표본 n개를 샘플링 한 데이터로부터 제곱 합(SS)을 구한 후, 제곱 합을 모분산 σ^2으로 나누어 구한다.

$$\chi^2 = \frac{\sum_{i=1}^{n}(X_i - \overline{X})^2}{\sigma^2} = \frac{SS}{\sigma^2} = \frac{(n-1)s^2}{\sigma^2}$$

이 통계량 χ^2의 값은 자유도(degrees of freedom) $\nu = n-1$인 χ^2분포를 따른다. χ^2분포는 〈그림 3−12〉와 같이 자유도 $\nu = n-1$에 따라 모양이 달라지며 자유도가 증가할수록 좌우대칭 구조에 가까워진다.

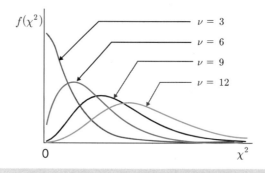

〈그림 3-12〉 자유도에 따른 χ^2 분포의 변화

① 〈χ^2분포표〉를 활용한 χ^2 확률의 측정

〈그림 3-13〉 자유도 6인 χ^2분포에서, 한쪽확률 5(%)로 $\chi^2_{0.95}$의 값을 〈부록 4. χ^2분포표〉에서 찾으면 $\chi^2_{1-\alpha}(\nu) = \chi^2_{0.95}(6) = 12.59$이다. 반면 〈그림 3-14〉 자유도 6인

χ^2분포에서, 양쪽확률 5%인 χ^2의 값은 〈부록 4. χ^2분포표〉에서 확률이 2.5%씩 분할되어 $\chi^2_{1-\alpha/2}(\nu) = \chi^2_{0.975}(6) = 14.45$ 및 $\chi^2_{\alpha/2}(\nu) = \chi^2_{0.025}(6) = 1.237$ 이다.

그러므로 한쪽확률을 고려할 경우 자유도 ν, 확률 α의 값에 대해 $\chi^2_\alpha(\nu)$ 또는 $\chi^2_{1-\alpha}(\nu)$로 표시하고, 양쪽확률을 고려할 때는 $\chi^2_{\alpha/2}(\nu)$ 및 $\chi^2_{1-\alpha/2}(\nu)$로 표시한다.

② χ^2분포의 기대치와 분산

    ⓐ 기대치

$$E(\chi^2) = \nu = n - 1$$

    ⓑ 분산

$$V(\chi^2) = 2\nu = 2(n-1)$$

    ⓒ 표준편차

$$D(\chi^2) = \sqrt{2\nu} = \sqrt{2(n-1)}$$

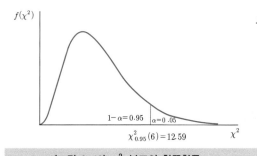

〈그림 3-13〉 χ^2 분포의 한쪽확률

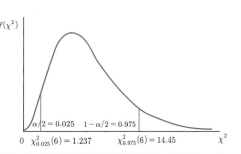

〈그림 3-14〉 χ^2 분포의 양쪽확률

③ χ^2분포의 특징

    ⓐ χ^2은 음의 값을 취할 수 없다. $(0 \le \chi^2 \le \infty)$

    ⓑ χ^2의 분포는 자유도 ν에 따라 분포의 모양이 결정되어 진다.

    ⓒ ν가 증가하면 좌우대칭에 가까워진다.

    ⓓ $z \sim (0, 1^2)$인 표준정규분포의 제곱 z^2은 자유도가 1인 χ^2분포를 따른다.

       즉, $z^2_{1-\alpha/2} = \chi^2_{1-\alpha}(1)$이다.

④ Minitab을 활용한 χ^2 분포의 확률계산

자유도 10을 갖는 χ^2 분포에 대해 확률 0.025, 0.05, 0.10, 0.50, 0.90, 0.95, 0.975에 해당되는 CHISQ Value를 구해보자.

ⓐ '누적확률'을 입력하고 χ^2 좌표값을 입력할 열(CHISQ Value)을 정하여 입력한다.

ⓑ 계산 ▶ 확률분포 ▶ 카이제곱을 선택하여 '역 누적 확률'란을 선택하고 자유도를 입력한다. '입력 열'을 선택하여 '누적확률'을 연결한 후 '저장할 열'을 연결하고 확인을 클릭한다.

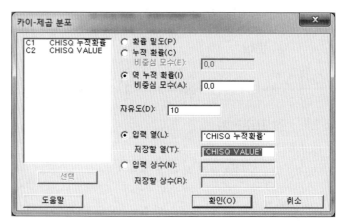

ⓒ 결과 출력

C1	C2
CHISQ 누적확률	CHISQ VALUE
0.025	3.2470
0.050	3.9403
0.100	4.8652
0.500	9.3418
0.900	15.9872
0.950	18.3070
0.975	20.4832

(2) t 분포

t 분포(t distribution)는 W. S Gosset이 필명 Student로 1908년에 발표한 소표본에 대한 확률분포이다. 그래서 Student의 t 분포라 부르기도 한다. t 분포는 모표준편차를 알지 못하여 데이터로부터 추정되는 통계량을 사용하는 경우의 표본평균을 검정할 때

유용하게 사용된다. t분포의 통계량은 다음과 같으며, 통계량 t는 자유도 $\nu = n-1$인 t분포를 따른다.

$$t = \frac{\overline{x} - E(\overline{x})}{D(\overline{x})} = \frac{(\overline{x} - \mu)}{s/\sqrt{n}}$$

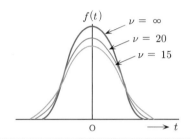

〈그림 3-15〉 자유도에 따른 t 분포의 변화

t 분포는 〈그림 3-15〉에서와 같이 좌우 대칭인 종 모양의 구조이다. 자유도가 커짐에 따라 산포가 작아져서 정규분포에 접근하며, 자유도가 ∞ 이면 $s = \sigma$가 되므로 정규분포에 일치한다. 일반적으로 $\nu = n-1 = 30$ 이상이면 정규분포와 차이가 크지 않으므로 t 분포 대신 정규분포를 사용하여도 좋다.

① 〈t분포표〉를 활용한 t 확률의 측정

〈그림 3-16〉과 같이 자유도 $\nu = 6$인 t분포에서 한쪽 확률 $\alpha = 5\%$인 $t_{0.95}$의 값을 〈부록 3. t분포표〉에서 찾으면 $t_{1-\alpha}(\nu) = t_{0.95}(6) = 1.943$이다.

하지만 〈그림 3-17〉과 같이 $\nu = 6$인 t 분포의 양쪽확률 $\alpha = 5\%$인 t의 값은 확률이 2.5%씩 나누어지므로 $\pm t_{1-\alpha/2}(\nu) = \pm t_{0.975}(6) = \pm 2.447$이 된다.

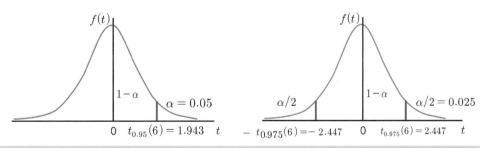

〈그림 3-16〉 t 분포의 한쪽확률   〈그림 3-17〉 t 분포의 양쪽확률

② t분포의 기대치와 분산

ⓐ 기대치

$$E(t) = 0$$

ⓑ 분산

$$V(t) = \frac{\nu}{\nu - 2} \quad (단, \ \nu > 2 이다.)$$

ⓒ 표준편차

$$D(t) = \sqrt{\frac{\nu}{\nu - 2}}$$

③ t분포의 특징

ⓐ 평균치 통계량 $\bar{x}$에 대해 σ 미지일 때, σ의 추정치인 표본표준편차 s를 σ대신 사용하여 수치를 변환시킨 좌우대칭의 종 모양 분포이다.

ⓑ 자유도 ν가 ∞에 가까워질수록 표준정규분포(z)에 근사한다.

④ Minitab을 활용한 t분포의 확률계산

자유도 10을 갖는 t분포에 대해 확률 0.025, 0.05, 0.10, 0.50, 0.90, 0.95, 0.975에 해당되는 t Value를 구해보자.

ⓐ '누적확률'을 입력하고 t 좌표값을 입력할 열(t분포값)을 정하여 입력한다.

ⓑ 계산 ▶ 확률분포 ▶ t 분포를 선택하여 '역 누적 확률'란을 선택하고 자유도를 입력한다. '입력 열'을 선택하여 '누적확률'을 연결한 후 '저장할 열'을 연결하고 확인을 클릭한다.

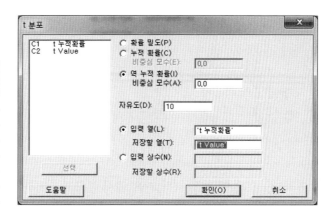

C1	C2
t 누적확률	t Value
0.025	
0.050	
0.100	
0.500	
0.900	
0.950	
0.975	

ⓒ 결과 출력

C1	C2
t 누적확률	t Value
0.025	-2.22814
0.050	-1.81246
0.100	-1.37218
0.500	0.00000
0.900	1.37218
0.950	1.81246
0.975	2.22814

(3) F 분포

F 분포(F distribution)는 R. A. Fisher에 의해 발표된 분포로, 독립적인 두개의 분산의 비를 평가하는 데 유용한 분포이다. F 분포는 카이제곱분포를 각자의 자유도로 나눈 2개의 독립적인 확률변수의 비를 분포로 표현한 것이다.

분산이 동일한 2개의 정규모집단으로부터 각각 랜덤하게 샘플링한 크기 n_1, n_2인 2조의 표본은 다음과 같이 정리할 수 있다.

$$\frac{\chi^2}{\nu_A} = \frac{\frac{\nu_A s_A^2}{\sigma_A^2}}{\nu_A} = \frac{s_A^2}{\sigma_A^2} = \frac{V_A}{\sigma_A^2} \quad \cdots\cdots\cdots\cdots\cdots\cdots\cdots\cdots\cdots\cdots\cdots \langle 식\ 3\text{-}6 \rangle$$

$$\frac{\chi^2}{\nu_B} = \frac{\frac{\nu_B s_B^2}{\sigma_B^2}}{\nu_B} = \frac{s_B^2}{\sigma_B^2} = \frac{V_B}{\sigma_B^2} \quad \cdots\cdots\cdots\cdots\cdots\cdots\cdots\cdots\cdots\cdots\cdots \langle 식\ 3\text{-}7 \rangle$$

그러므로 〈식 3-6〉과 〈식 3-7〉의 비율을 비교한 식은 다음과 같다.

$$F = \frac{\dfrac{\chi^2}{\nu_A}}{\dfrac{\chi^2}{\nu_B}} = \frac{\dfrac{V_A}{\sigma_A^2}}{\dfrac{V_B}{\sigma_B^2}} = \frac{\dfrac{V_A}{V_B}}{\dfrac{\sigma_A^2}{\sigma_B^2}} \sim F_{1-\alpha}(\nu_A, \nu_B) \quad \text{〈식 3-8〉}$$

만약 $\sigma_A^2 = \sigma_B^2$인 경우, 〈식 3-8〉에서 분모 $\dfrac{\sigma_A^2}{\sigma_B^2} = 1$이므로 F 분포는 다음과 같이 정의

할 수 있다.

$$F = \frac{V_A}{V_B} \sim F_{1-\alpha}(\nu_A, \nu_B) \quad \text{〈식 3-9〉}$$

F-분포는 〈그림 3-18〉에서와 같이 비정규모형이며 V_A, V_B의 조합에 의하여 분포
모양이 달라진다.

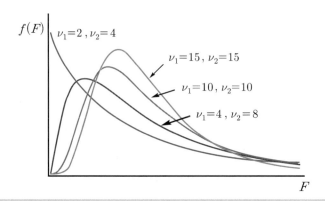

〈그림 3-18〉 자유도에 따른 F-분포의 변화

① F분포표를 활용한 F 확률의 측정

〈그림 3-19〉과 같이 일반적으로 자유도 $\nu_A = 6$, 자유도 $\nu_B = 10$인 F분포에서 한쪽
확률 $\alpha = 5\%$인 $F_{0.95}(6, 10)$ 값을 〈부록 5. F분포표〉에서 찾으면 $F_{1-\alpha}(\nu_A, \nu_B)$
$= F_{0.95}(6, 10) = 3.22$이다.

반면 같은 자유도 $\nu_A = 6$, 자유도 $\nu_B = 10$인 F분포에서 양쪽확률 $\alpha = 5\%$인 F값은 〈그림 3-20〉와 같이 상측 확률 $1 - \alpha/2 = 0.975$로 〈부록 5. F분포표〉에서 찾으면 $F_{1-\alpha/2}(\nu_A, \nu_B) = F_{0.975}(6, 10) = 4.07$이 된다. 하지만 하측 확률 $\alpha/2 = 0.025$인 $F_{0.025}(6, 10)$의 값은 〈부록 5. F 분포표〉에서 찾을 수 없으므로 다음 식을 활용하여 구한다.

$$F_{\alpha/2}(\nu_A, \nu_B) = \frac{1}{F_{1-\alpha/2}(\nu_B, \nu_A)} \quad \text{..............................} \langle \text{식 3-10} \rangle$$

그러므로 〈식 3-10〉으로 $\alpha = 0.10, 0.05, 0.025, 0.01$일 때의 값을 구할 수 있다. 예를 들어 $F_{0.025}(6, 10)$에 대해 〈식 3-10〉을 적용하면 다음과 같다.

$$F_{0.025}(6, 10) = \frac{1}{F_{0.975}(10, 6)} = \frac{1}{5.46} = 0.183$$

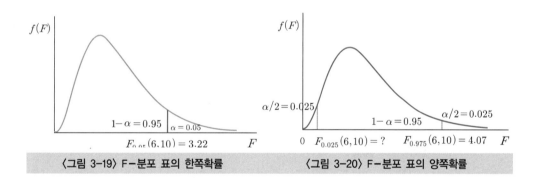

〈그림 3-19〉 F-분포 표의 한쪽확률 　　　　〈그림 3-20〉 F-분포 표의 양쪽확률

② F분포의 기대치와 분산

ⓐ 기대치

확률변수 X가 자유도가 ν_A, ν_B인 F 분포를 따르면

$$E(X) = \frac{\nu_B}{\nu_B - 2} \quad (\text{단, } \nu_B > 2 \text{이다})$$

ⓑ 분산

$$V(X) = \left[\frac{\nu_B}{\nu_B - 2} \right]^2 \cdot \frac{2(\nu_A + \nu_B - 2)}{\nu_A(\nu_B - 4)} \quad (\text{단, } \nu_B > 4 \text{이다})$$

③ F분포의 특징

ⓐ 확률변수 F 값은 음의 값을 취할 수 없다($0 \leq F \leq \infty$).

ⓑ ν_A을 고정시키고 ν_B를 무한대로 증가시키면 F 값은 상대적으로 값이 작아지며, 좌우대칭의 분포에 가까워진다.

ⓒ ν_A, ν_B에 따라 변하는 좌우비대칭의 산포에 관한 분포로, 두 개의 자유도 중 어느 하나가 증가해도 분포의 폭은 좁아진다.

ⓓ ν_A에 비해 ν_B가 분포에 상대적으로 더 큰 영향을 준다.

ⓔ σ 미지일 때 산포에 관한 분포이다.

④ Minitab을 활용한 F분포의 확률계산

자유도 $\nu_1 = 6$, $\nu_2 = 10$을 갖는 F분포에 대해 확률 0.025, 0.05, 0.10, 0.50, 0.90, 0.95, 0.975 에 해당되는 F Value를 구해보자.

ⓐ '누적확률'을 입력하고 F 좌표값을 입력할 열(F분포값)을 정하여 입력한다.

ⓑ 계산 ▶ 확률분포 ▶ F 분포를 선택하여 '역 누적 확률'란을 선택하고 자유도를 입력한다. '입력 열'을 선택하여 '누적확률'을 연결한 후 '저장할 열'을 연결하고 확인을 클릭한다.

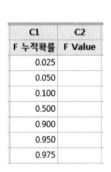

C1	C2
F 누적확률	F Value
0.025	
0.050	
0.100	
0.500	
0.900	
0.950	
0.975	

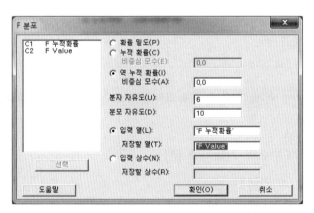

ⓒ 결과 출력

C1	C2
F 누적확률	F Value
0.025	0.18311
0.050	0.24631
0.100	0.34049
0.500	0.95436
0.900	2.46058
0.950	3.21717
0.975	4.07213

4장 Minitab 활용 품질그래프와 품질정보 분석

품질문제를 해결하려면 먼저 품질문제가 인식되어야 한다. 우리는 품질문제를 공유하기 위해 통계 수치를 이용하지만 조직원의 절대 다수는 통계 수치를 잘 이해하지 못하므로 그 정보가 공유되기 어렵다. 그러므로 알기 쉬운 언어인 그래프로 표현하는 능력이 매우 중요하다. 왜냐하면 공유된 지식은 지혜롭게 활용되지만 공유되지 못한 지식은 지혜가 될 수 없기 때문이다.

4.1 히스토그램(Histogram)과 품질정보 해석

히스토그램이란 길이, 무게, 시간, 경도 등을 측정한 계량치 데이터가 어떠한 분포를 하고 있는 지를 시각적으로 알아보기 쉽게 나타낸 그림이다. 히스토그램은 측정치가 존재할 범위를 몇 개의 구간으로 나누었을 때, 각 구간(계급)에 속하는 측정치의 출현도수를 그림으로 나타낸 것으로 다음과 같은 용도로 활용된다.

　ⓐ 로트의 분포를 개략적으로 알 수 있다.

　ⓑ 로트의 모수를 추론할 수 있다.

　ⓒ 규격공차와 비교하여 품질수준을 평가하고, 개선방안을 검토할 수 있다.

(1) 히스토그램의 작성 방법

① 품질특성에 부합되는 표본을 랜덤으로 수집한다. 표본의 크기(n)는 80~200개, 수집 기간은 1주일 내외로 한다. 왜냐하면 기간이 너무 길면 로트 간 변동(the variations of between)이 포함될 수 있기 때문이다. 〈표 4-1〉은 예시 데이터이다.

〈표 4-1〉 히스토그램 작성을 위한 예시 데이터

51	43	49	58	53	58	52	49	53	50
37	53	53	49	59	48	56	52	54	59
54	58	62	47	52	47	54	56	60	53
51	49	53	50	46	54	51	46	46	48
44	50	46	53	49	47	52	54	60	54
48	54	58	49	51	54	51	57	51	51
54	44	49	54	57	53	50	55	57	54
50	47	45	46	60	60	53	57	43	52
52	63	64	48	45	58	61	51	50	46
58	50	45	49	51	53	68	46	53	54

② 예시데이터에서 최대치, 최소치 및 데이터의 범위를 정한다.

ⓐ $X_{max} = 68$

ⓑ $X_{min} = 37$

ⓒ $R = X_{max} - X_{min} = 68 - 37 = 31$

③ 계급의 수(구간의 수: k)는 8~15 정도에서 선택하여 정한다. 만약 루트법이나 스터지법을 사용할 경우 소수점 이하는 자연수로 올린다. 예시데이터는 8을 적용한다.

ⓐ Root rule: $\sqrt{n} = \sqrt{100} = 10$

ⓑ Starges rule: $k = 1 + \log_2 n = 1 + 3.3\log100 = 7.6 ≒ 8$

④ 측정치의 측정 최소단위를 찾는다. 예시데이터의 경우 1이다.

⑤ 계급의 폭 h를 구한다. 계급의 폭은 측정 최소단위의 정수배가 되도록 반올림 한다.

$$h = \frac{X_{max} - X_{min}}{k} = \frac{68 - 37}{8} = 3.875 ≒ 4$$

⑥ 계급(구간)의 경계치를 정한다〈표 4-2〉.

ⓐ 제1계급의 하측경계치(하한경계치)

$$x_{\min} - \frac{측정단위}{2} = 37 - \frac{1}{2} = 36.5$$

ⓑ 제1계급의 상측경계치

제1계급의 하측경계치$+ h = 36.5 + 4 = 40.5$

ⓒ 제1계급의 상측경계치는 제2계급의 하측경계치가 되며, 제2계급의 상측경계치는 제2계급의 하측경계치에 계급의 폭(h)를 더한다. 이러한 방법으로 $x_{\max}$가 포함되는 모든 계급의 경계치를 구한다.

⑦ 각 계급의 중위수를 구한다〈표 4-2〉.

ⓐ 제1계급의 중위수

$$\frac{제1계급의\ 두\ 경계치의\ 합계}{2} = \frac{36.5 + 40.5}{2} = 38.5$$

ⓑ 제2계급의 중위수

제1계급의 중위수+h=38.5+4=42.5

⑧ 〈표4-2〉와 같이 측정치를 차례로 해당 구간에 마킹하고 구간별 도수를 측정한다. 각 계급의 도수를 합하여 총 데이터 수(Σf_i)와 일치하는지 확인한다〈표 4-2〉.

〈표 4-2〉도수표의 작성 예

급의 번호	급의 구간	중위수	도수 체크	도수(f)	u	fu	fu^2
1	36.5~40.5	38.5	/	1	-3	-3	9
2	40.5~44.5	42.5	////	4	-2	-8	16
3	44.5~48.5	46.5	₩₩ ₩₩ ₩₩ ///	18	-1	-18	18
4	48.5~52.5	50.5	₩₩ ₩₩ ₩₩ ₩₩ ₩₩ ₩₩	30	0	0	0
5	52.5~56.5	54.5	₩₩ ₩₩ ₩₩ ₩₩ ₩₩ /	26	1	26	26
6	56.5~60.5	58.5	₩₩ ₩₩ ₩₩ /	16	2	32	64
7	60.5~64.5	62.5	////	4	3	12	36
8	64.5~68.5	66.5	/	1	4	4	16
계				100	—	45	185

⑨ 도수표를 작성하고, 평균과 표준편차 등의 통계량을 구한다〈표 4-2〉.

ⓐ u란을 만든다. u에서 도수가 가장 많으면서 가운데 있는 계급을 0으로 잡는다.

ⓑ 0을 기입한 계급에서 u란에 중위수가 큰 쪽으로 1, 2, 3, …을 기입하고, 중위수가 작은 쪽으로 −1, −2, −3, …을 기입한다.

ⓒ 각 계급마다 f와 u를 곱해서 그 값을 fu 란에 기입한다.

ⓓ 각 계급마다 fu와 u를 곱해서 fu^2 란에 기입한다.

ⓔ 다음 식으로 평균($\overline{x}$)를 계산한다. 단, x_0는 u를 0으로 정한 계급의 중심치이다.

$$\overline{x} = x_0 + h \times \frac{\Sigma fu}{\Sigma f} = 50.5 + \frac{45}{100} \times 4 = 52.30\,(\mathrm{mm})$$

ⓕ 다음 식으로 표준편차(s)를 구한다.

$$s = h \times \sqrt{\frac{\Sigma fu^2 - (\Sigma fu)^2 / \Sigma f}{\Sigma f - 1}}$$
$$= 4 \times \sqrt{\frac{185 - 45^2/100}{99}} = 5.1601$$

⑩ 히스토그램을 그리고, 데이터와 관련되는 사항을 기입한다.

〈그림 4-1〉과 같이 가로축에 측정치의 계급의 값, 세로축에 도수의 눈금을 정한다. 각 계급간격을 밑변으로 하고 각 계급에 들어 있는 도수를 높이로 하는 직사각형을 그린다. 그리고 그림의 오른편 위에 데이터의 수 n을 기입한다. 그리고 규격한계를 알고 있다면 그래프에 함께 표기한다. 만약 규격한계가 40~64라면 〈그림 4-1〉과 같다.

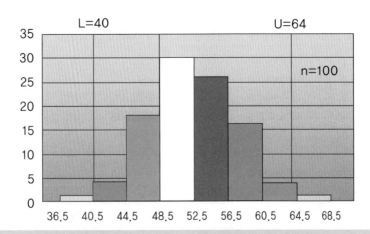

〈그림 4-1〉 예시 데이터를 활용하여 완성된 히스토그램

(2) 히스토그램의 해석 방법

① 히스토그램의 형태

히스토그램은 다소의 요철 현상을 체크하는 것이 아니라 전체의 모양을 보기 위한 그림이다. 히스토그램은 대부분의 데이터는 정규분포를 따르므로 중앙부분이 높고, 좌우로 멀어짐에 따라 낮아지는 좌우대칭의 정규분포형이 정상이다. 〈그림 4-2〉는 히스토그램의 여러 가지 형태에 따른 원인을 설명한 것이다. 〈그림 4-1〉 예시데이터의 경우 정규형에 가깝다.

명칭	분포	특징
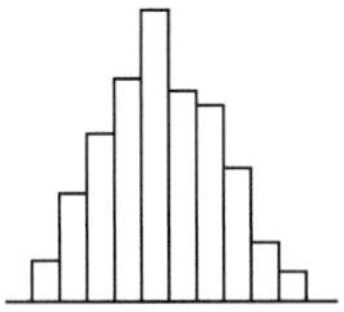	정규형	정규분포의 모습으로 일반적으로 많이 나타나는 정상적인 형태이다.
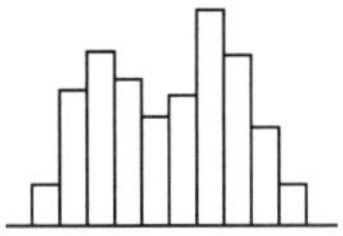	쌍봉형	공정의 큰 변경점이 분석 기간에 포함되어 2가지의 이질적 평균을 가진 로트가 섞인 경우
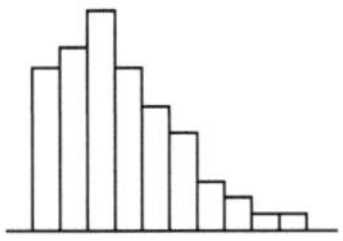	절벽형	규격이하(또는 이상 혹은 두 가지 모두)의 것을 전체 선별하여 제거하였을 경우
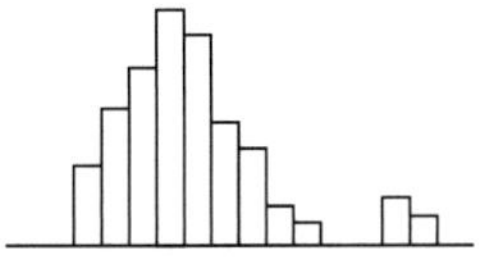	독도형	공정에 잠깐의 트러블이 있었을 경우 또는 일부 불량 자재가 유입된 경우

〈그림 4-2〉 히스토그램의 여러 가지 형태

② 규격과의 비교를 통한 히스토그램의 해석

히스토그램은 규격을 알고 있는 경우 규격과 비교하여 공정의 문제점을 체크할 수 있다. 〈그림 4-3〉은 히스토그램과 규격과의 비교를 통해 공정의 문제점과 그에 따른 향후의 대응방안을 제시한 것이다. 규격이 정해져 있지 않을 경우 목표치에 해당하는 선을 기입하여 비교할 수도 있다. 〈그림 4-1〉 예시 데이터의 경우 공정능력이 부족하다.

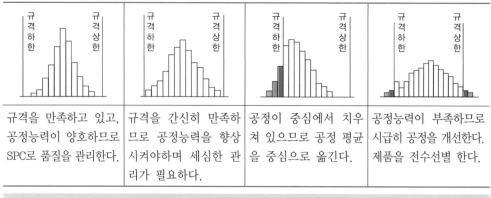

| 규격을 만족하고 있고, 공정능력이 양호하므로 SPC로 품질을 관리한다. | 규격을 간신히 만족하므로 공정능력을 향상시켜야하며 세심한 관리가 필요하다. | 공정이 중심에서 치우쳐 있으므로 공정 평균을 중심으로 옮긴다. | 공정능력이 부족하므로 시급히 공정을 개선한다. 제품을 전수선별 한다. |

〈그림 4-3〉 규격과 비교한 히스토그램의 해석

(3) Minitab을 활용한 히스토그램의 작성과 해석

① '예시데이터'를 열 방향으로 정리하여 입력한다.

② 그래프 ▶ 히스토그램을 실행하여 4가지 종류 중 하나를 선택한다.

　이 책에서는 '적합선 표시'를 클릭하여 선택하였다.

　ⓐ 단순: 로트에 대한 히스토그램이 출력된다.

　ⓑ 적합선 표시: 히스토그램과 적합한 확률밀도함수 값에 의한 그래프가 표시된다.

　ⓒ 그룹표시: 여러 로트에 대한 비교되는 히스토그램을 나타낸다.

　ⓓ 적합선 및 그룹표시: 여러 로트에 대한 비교되는 히스토그램과 적합한 확률밀도함수가 함께 나타난다.

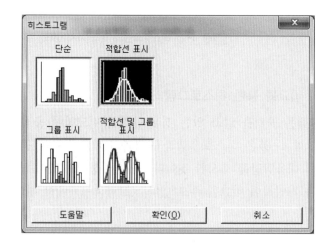

③ '그래프 변수'에 '예시데이터'를 연결하고, '확인'을 클릭한다.

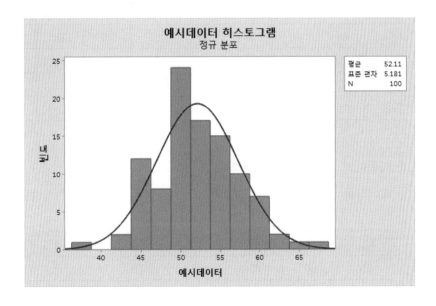

④ 결과 출력

히스토그램은 대략적 정규분포로 나타나고 있으나 좌측으로 급하고 우측으로 완만하다. 다른 여러 그래프들과 비교 분석하여 문제를 좀 더 명확히 확인할 필요가 있다. 그리고 규격한계(40~64) 보다 밑변의 길이가 길다.

4.2 상자그림과 품질정보 해석

상자그림(Box plot)은 데이터를 순위별로 나열하여 4분위수로 등분한 모습을 나타낸 그림이다. 히스토그램처럼 측정한 계량치 데이터가 어떠한 분포를 하고 있는 지를 시각적으로 알 수 있다. 일반적으로 히스토그램은 80~200개의 대 표본을 기반으로 작성하는데 비해, 상자그림은 20~40개 정도의 중 표본으로도 작성이 가능하다. 상자그림의 용도는 다음과 같다.

ⓐ 로트의 분포를 대략적으로 알 수 있다.

ⓑ 로트의 모수를 추론할 수 있다.

ⓒ 특히 이상치 데이터를 해석하는데 용이하다.

(1) 상자그림의 작성과 해석방법

① 품질특성에 해당되는 데이터를 기간을 정하여 랜덤으로 수집한다. 표본의 크기(n)는 20개 이상 샘플링 기간은 1주일 내외를 원칙으로 한다. 〈표 4-3〉은 상자그림 작성을 위한 예시 데이터이다.

〈표 4-3〉 상자그림 작성을 위한 예시 데이터

65	68	66	84	75	65	70	73	71	72
66	70	66	65	73	69	71	71	63	74
76	67	69	66	72	65	64	67	73	75
68	70	68	69	73	68	74	78	67	71

② 각 데이터의 사분위수를 구한다.

ⓐ 데이터를 오름차순으로 정렬하여 각 사분위에 해당하는 측정값을 찾는다.

X_{min}	X_{10}	X_{11}	X_{20}	X_{21}	X_{30}	X_{31}	X_{max}
63	66	67	69	70	73	73	84

ⓑ 제1사분위수를 구한다.

25%에 해당되는 데이터는

$$Q_1 = \frac{1}{4} \times (n+1) = \frac{41}{4} = 10.25 \text{ 번째 큰 값이다.}$$

그러므로 $Q_1 = X_{10} + 0.25 \times (X_{11} - X_{10})$

$$= 66 + 0.25 \times (67 - 66) = 66.25$$

ⓒ 제2사분위수(메디안)를 구한다.

50%에 해당되는 데이터는

$$Q_2 = \frac{2}{4} \times (n+1) = \frac{41}{2} = 20.5 \text{ 번째 큰 값이다.}$$

그러므로 $\tilde{x} = Q_2 = X_{20} + 0.50 \times (X_{21} - X_{20})$

$$= 69 + 0.50 \times (70 - 69) = 69.50$$

ⓓ 제3사분위수(메디안)를 구한다.

75%에 해당되는 데이터는

$$Q_3 = \frac{3}{4} \times (n+1) = \frac{3 \times 41}{4} = 30.75 \text{ 번째 큰 값이다.}$$

그러므로 $Q_3 = X_{30} + 0.75 \times (X_{31} - X_{30})$

$$= 73 + 0.75 \times (73 - 73) = 73.00$$

③ 상자그림의 선을 긋기 위한 상하한 한계치를 구한다.

ⓐ 사분위 범위(inter quartile range)를 구한다.

$$IQR = Q_3 - Q_1 = 73 - 66.25 = 6.75$$

ⓑ 하한 한계치를 구한다.

하한 한계치 $= Q_1 - 1.5 \times (Q_3 - Q_1)$

$$= 66.25 - 1.5 \times 6.75 = 56.125$$

ⓒ 상한 한계치를 구한다.

상한 한계치 $= Q_3 + 1.5 \times (Q_3 - Q_1)$

$$= 73.00 + 1.5 \times 6.75 = 83.125$$

④ 제1사분위수와 제3사분위수를 사용하여 상자를 그린 후, 중위수의 위치에 직선을 긋는다.

73.00

69.50

66.25

⑤ 상하한 한계치와 비교하여 선을 긋고, 한계치를 벗어난 값은 점으로 표기한다.

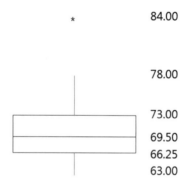

*   84.00

78.00

73.00
69.50
66.25
63.00

ⓐ 하한 방향의 직선은 최소치가 63으로 하한한계치 56.125 보다 크기 때문에 63까지만 직선이 나타난다.

ⓑ 상한 방향의 직선은 최대치가 84로 상한한계치 83.125 보다 크기 때문에 직선 위의 해당 위치에 점을 찍는다.

ⓒ 상한 방향의 2번 째 큰 값은 78로 상한 한계치 보다 작으므로 78까지만 직선이 나타난다.

⑥ 상자그림의 해석 방법

상자그림은 데이터가 적은 경우에 분포를 확인하기 위해 주로 활용하는 그래프이므로 완전한 좌우 대칭형의 모습을 보기가 쉽지 않다. 그러므로 대체적인 분포의 모습을 확인하는 정도로 활용하도록 한다.

ⓐ IQR(사분위 범위)

가급적 상자의 두께가 얇을수록 좋다. 여러 집단을 비교해서 볼 경우 가급적 두께
가 얇은 쪽을 선택하는 것이 좋다.

ⓑ 직선의 길이와 점에 대한 이해

50%가 포함되는 상자의 범위는 정규분포에서 $\mu \pm 0.69\sigma$ 보다 약간 작은 구간에
해당되는 범위이다. 이 구간의 1.5배가 직선의 최대 거리이므로 약 $\mu \pm 2.8\sigma$ 정도
이다. 그러므로 점으로 나타나는 데이터는 이상치일 확률이 높다.

(2) Minitab을 활용한 상자그림의 작성과 해석

① '예시데이터 2'를 열 방향으로 정리하여 입력한다.

② 그래프 ▶ 상자그림을 실행하여 4가지 종류 중 하나를 선택한다.

여기서는 '단일Y'를 클릭하여 선택하였다.

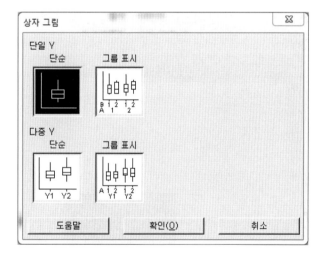

ⓐ 단일 단순: 단일 로트에 대한 상자그림이 출력된다.

ⓑ 단일 그룹: 단일 로트를 층별 요소로 나누어져서 비교되는 상자그림이 출력된다.

ⓒ 다중 단순: 여러 로트에 대한 비교되는 상자그림이 출력된다.

ⓓ 다중 그룹: 여러 로트를 층별 요소로 나누어져서 비교되는 상자그림이 출력된다.

③ '예시데이터 2'가 들어 있는 열을 연결하고, '확인'을 클릭한다.

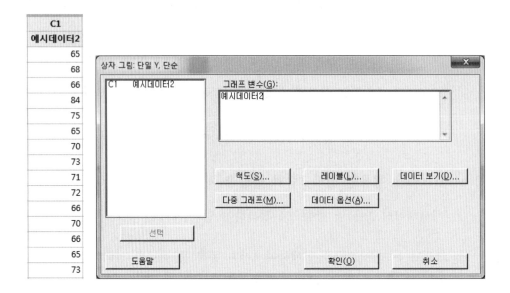

④ 결과 출력

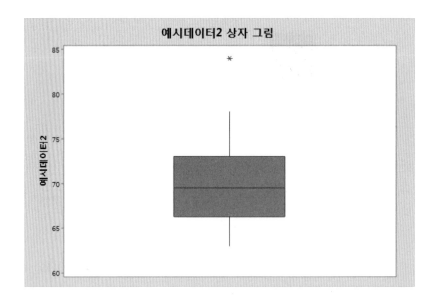

상자그림으로 보아 하측이 짧고 상측에 이상치 데이터가 나타나고 있다.

또한 점에 커서를 맞추면 점의 값과 데이터 순번이 표시되므로 이상치에 대한 대응을 용이하게 할 수 있다.

4.3 정규 확률도와 품질정보 해석

(1) 정규 확률도의 이해와 해석 방법

통계적 품질관리 활동에서 대부분의 계량치 데이터는 정규분포를 따른다고 가정한다. 실제로 표준적 조건하에서 발생되는 결과는 표준화 수준에 따른 확률적 결과에 따라 나타나므로 표준화 조건하에서 발생하는 모든 특성은 정규분포를 따른다는 가정은 당연한 것이다. 하지만 현장에서 표준적 조건이 여러 가지 이유로 불가피하게 지켜지지 않게 되는 경우가 발생하게 된다. 그 결과가 치우침, 퍼짐 또는 비정규모형 등이다.

그러므로 이러한 문제를 체크하기 위해 로트에 대한 정규성 검정을 수행할 필요가 있다. 정규성의 확인 절차로는 정규 확률도(normal probability plot)을 작성하여 확인하는 방법이 효과적이다. 정규 확률도상의 점들이 대부분 직선의 신뢰구간 내에서 선형으로 나타나면 정규성의 가정이 만족된다고 판정한다.

① 정규 확률도의 용도

ⓐ 로트의 분포를 대략적으로 알 수 있다.

ⓑ 로트의 중심적 경향을 알 수 있다.

ⓒ 자연공차를 알 수 있으며, 규격공차와 비교하여 공정능력 분석이 가능하다.

ⓓ 공정의 여러 가지 이상 유무를 해석하는데 매우 유용하다. 정규분포를 따르지 않는지, 평균치가 커졌는지, 산포가 커졌는지 등의 평가가 가능하다.

② 정규 확률도의 작성방법

ⓐ 품질특성에 해당되는 데이터를 기간을 정하여 랜덤으로 수집한다. 〈표 4-1〉의 예시데이터의 조건과 동일하며 이 데이터로 정규 확률도를 작성해 본다.

ⓑ 표본 데이터에 대한 통계량 $\bar{x} = 52.110$, $s = 5.181$을 구한다.

ⓒ 각 데이터를 오름차순으로 정렬하고, $i = 1 \sim n$번째 까지 해당되는 표준화상수를 계산한다. 표준화상수를 계산하는 방법은 다음과 같다.

$$z_i = \frac{X_i - \bar{x}}{s} = \frac{X_i - 52.110}{5.181}$$

ⓓ 각 z_i 별로 각각의 누적 확률 $P_i = \Phi(z_i) = \int_{-\infty}^{z_i} \frac{1}{\sqrt{2\pi}} e^{-\frac{1}{2}z^2} dz$을 계산한다.

누적확률은 데이터를 오름차순으로 정리한 후 간편식으로 $P_i = \dfrac{i - 0.378}{n + 0.25}$ 또는 $\dfrac{1}{n+1}$ 을 활용할 수 있다. 이 값은 측정치 X_i에 대응되는 표준정규분포상의 누적 확률에 대한 근사치이다.

ⓔ 정규 확률지에 점 (x_i, p_i)를 타점한 결과가 직선으로 나타나면 정규분포를 따른다고 판정한다.

③ Minitab에서의 정규 확률도의 해석 방법

Minitab에서는 데이터로부터 추정된 모수를 기초로 누적분포함수(cdf) 및 연관된 신뢰구간을 계산하며, 사용자가 제시하는 분포 옵션으로 모수를 사용하여 계산할 수도 있다. 모수 추정치 또는 이전의 추정치는 Anderson-Darling(AD) 적합도 통계량 및 연관된 P Value, 그리고 표본의 크기와 함께 출력된다.

데이터가 정규분포를 따르는 경우 그래프는 다음과 같이 나타난다.

ⓐ 표시된 점이 거의 직선 형태로 나타난다.

ⓑ 표시된 점이 회귀선을 중심으로 신뢰한계 내에 나타난다.

ⓒ Anderson-Darling 통계량이 작으며, 연관된 P Value는 0.05보다 크다.

④ 정규 확률도의 해석 예

ⓐ 정규분포를 따르는 경우

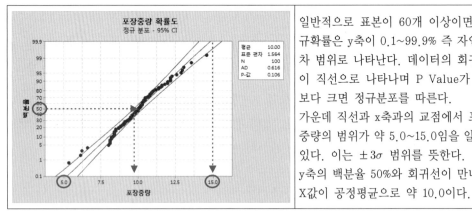

일반적으로 표본이 60개 이상이면 정규확률은 y축이 0.1~99.9% 즉 자연공차 범위로 나타난다. 데이터의 회귀선이 직선으로 나타나며 P Value가 5%보다 크면 정규분포를 따른다.

가운데 직선과 x축과의 교점에서 포장중량의 범위가 약 5.0~15.0임을 알 수 있다. 이는 ±3σ 범위를 뜻한다.

y축의 백분율 50%와 회귀선이 만나는 X값이 공정평균으로 약 10.0이다.

ⓑ 좌측을 선별한 경우

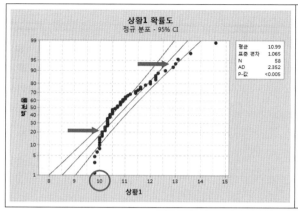

측정 값 9.7 근처에서 하측으로 제어되는 Fool proof 검사 장비나 검사원에 의한 선별이 있었다. 일반적으로 선별이 있으면 이 그림처럼 데이터가 새우 등이 휘듯이 나타난다.
근본적인 원인은 공정에 치우침이나 퍼짐이 발생되어 선별이 발생한 것이므로 공정관리를 보다 강화하여야 한다.

ⓒ 우측을 선별한 경우

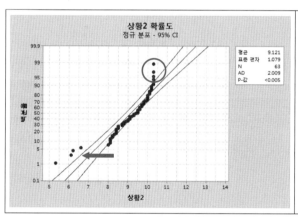

측정 값 10.4 근처에서 상측으로 제어되는 Fool proof 검사 장비나 검사원에 의해 선별이 있었다. 이 경우는 방향이 상한이므로 새우가 하늘로 휘듯이 나타나게 된다.
역시 공정에 치우침이나 퍼짐이 발생되었다는 신호이기도 하다.

ⓓ 데이터에 오기가 있는 경우

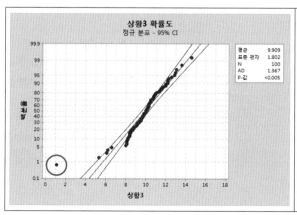

만약 수작업 데이터라면 하측 데이터의 기록이 한 자리 수 정도의 오기인 경우이다. 실제 이상치의 경우 확률선이 치우침을 나타낼 정도로 벗어나는 경우는 드물기 때문이다.
만일 자동화 데이터라면 계량기의 오작동일 확률이 높다. 실제 센서의 오류 가능성이 확률적으로 존재한다.

ⓔ 계량기의 정도가 낮은 경우

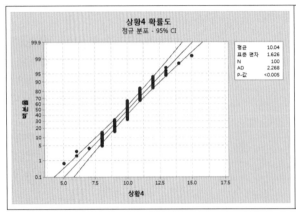

이 데이터는 측정값이 등 간격으로 같은 값이 상당히 나타나는 형태이다. 이는 측정치의 측정단위가 어느 정도인가의 문제로 사용한 계량기의 정도가 낮은 경우이다. 계량기의 최소눈금은 자연공차를 최소 $\frac{1}{20}$ 이상 정밀하게 측정할 수 있어야 한다. 즉 계량기의 정도를 올리면 해소되는 문제이다.

ⓕ 두 집단의 산포 변화 없이 평균치 차이가 있는 경우

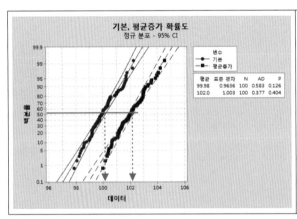

확률도 ▶ 다중에서 두 열을(두 집단의 데이터) 그래프 변수에 입력한 결과가 우측과 같으면 두 로트는 서로 평균치의 차이가 있는 것이다.
두 집단의 산포 차이가 없으면 기울기는 동일하지만 평균치의 차이가 있으면 50% 점에서의 값이 달라지므로 두 그래프는 평행선으로 나타난다.

ⓖ 두 집단의 평균치 변화 없이 산포 차이가 있는 경우

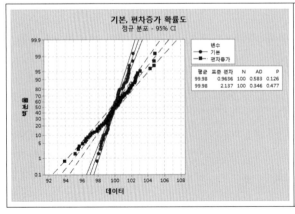

확률도 ▶ 다중에서 두 열을(두 집단의 데이터) 그래프 변수에 입력한 결과가 우측과 같으면 두 로트는 서로 산포의 차이가 있는 것이다.
두 집단의 평균 차이는 없지만 산포의 차이가 있으면 기울기가 달라지므로 y축의 50% 위치에서 그림처럼 X표시로 나타나게 된다.

(2) Minitab을 활용한 정규 확률도의 작성과 해석

① 〈표 4-1〉의 '예시데이터'를 Minitab에 열 방향으로 입력한다.

② 그래프 ▶ 확률도를 실행하여 2가지 종류 중 하나를 선택한다.

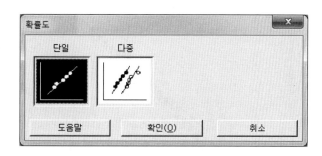

ⓐ 단일: 단일 로트에 대한 확률도가 출력된다.

ⓑ 다중: 여러 로트를 비교하는 확률도가 출력되거나, 단일 로트를 층별 요소로 나누어져서 비교되는 확률도를 출력한다.

③ '그래프 변수'에 '예시데이터'를 연결하고 '확인'을 클릭한다.

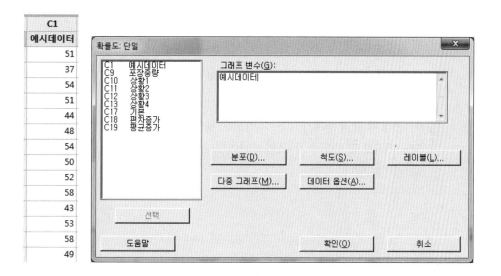

④ 결과 출력

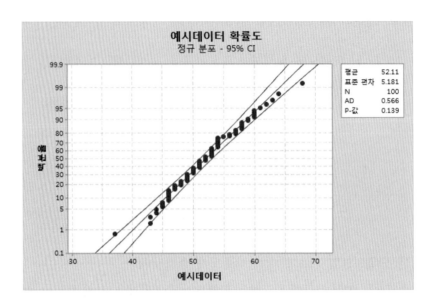

예시데이터에서 다음을 알 수 있다.

ⓐ 확률도가 대체로 직선 경향을 보이고 P%값이 유의수준 0.05보다 크므로 정규분포
   를 따른다고 볼 수 있다.

ⓑ 공정변동은 약 37~68, 자연공차 약 31, 모표준편차의 추정치는 약 $\frac{31}{6} = 5.17$이
   다. 공정변동에 대한 규격한계가 40~64에 비해 공정능력이 나쁘다. 그러므로 품
   질수준을 향상시켜야 한다.

ⓒ 이 공정의 규격한계가 40~64이므로 중위수는 52이다. 현재 공정의 평균치는 약
   51~53이므로 중위수가 포함되어 있으므로 치우침이 없이 공정이 관리되고 있다
   고 볼 수 있다.

4.4   구간그림과 품질정보 해석

  구간그림(interval plot)은 확률변수에 대한 평균값과 95% 신뢰구간의 크기를 보여주는 그림이다. 신뢰구간의 계산은 확률변수를 바탕으로 하므로 t분포에 의거 계산된다. 즉 구간그림의 계산식은 다음과 같다.

$$\bar{x} \pm t_{0.975}(\nu)\frac{s}{\sqrt{n}}$$

① 구간그림의 용도

  ⓐ 구간그림과 목표값을 비교하여 치우침 유무를 검증 할 수 있다.

  ⓑ 여러 로트의 구간그림 비교를 통해 최적해를 선정할 수 있다.

  ⓒ 구간에 대한 직선의 길이를 확인하여 산포가 커졌는지 대략적으로 판단할 수 있다.

② 구간그림의 작성방법

  ⓐ 품질특성에 해당되는 데이터를 기간을 정하여 랜덤으로 수집한다. 가급적 데이터의 총수(n)은 20개 이상이 좋다. 〈표 4-2〉의 예시 데이터로 구간그림을 작성해 보자.

  ⓑ 데이터에 대한 통계량을 구한다.

$$\bar{x} = 69.925, \quad s^2 = 4.299^2$$

  ⓒ 구간그림의 신뢰구간을 구한다.

$$\bar{x} \pm t_{0.975}(39)\frac{s}{\sqrt{n}} = 69.925 \pm 2.02269 \times \frac{4.299}{\sqrt{40}} = 69.925 \pm 1.37489$$

  $(68.5501 \sim 71.2999)$

  ⓓ 신뢰구간에 해당하는 직선을 긋는다.

③ Minitab을 활용한 구간그림의 작성과 해석

  ⓐ 〈표 4-3〉의 '예시데이터 2'를 Minitab에 입력한다.

  ⓑ **그래프 ▶ 구간그림**을 실행하여 4가지 종류 중 하나를 선택한다. 단일 Y, 단순 Y 등에 관한 설명은 상자그림과 동일하다.

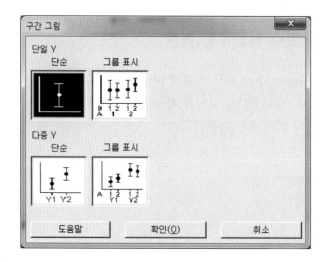

ⓒ 데이터가 들어 있는 열을 입력한다.

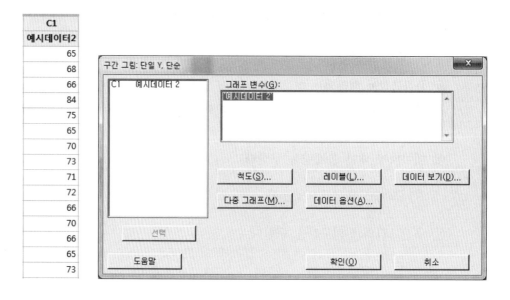

ⓓ '데이터 보기'를 클릭하여 중위수 기호도 볼 수 있도록 한 후, '확인'을 클릭한다. 중위수 기호를 평균치와 같이 보는 이유는 극단치 데이터에 의한 평균치 오류를 체크할 수 있으므로 평균치의 약점을 보완할 수 있기 때문이다.

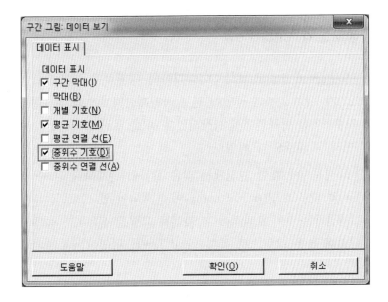

ⓔ 결과 출력

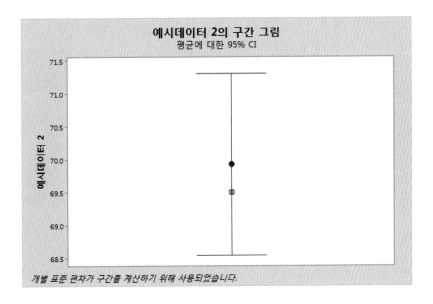

구간 그림에서 중위수가 평균치 보다 하측에 나타나므로 상측에 데이터의 변동 폭이 크다는 뜻이다(앞에서 분석한 결과 실제 상측에 이상치가 있다).

만약 공정의 목표치(m)가 68이라면 구간그림이 68.55~71.30이므로 평균치가 상측으로 치우쳐 있다는 뜻이므로 공정의 평균치를 조정하여야 한다는 뜻이며, 만약 목표치가 70 이라면 공정은 치우침 없이 관리되고 있다는 뜻이다.

4.5 파레토도와 Vital Few

'파레토도(Pareto diagram)'는 이탈리아의 경제학자 빌프레도 파레토(V. Pareto: 1848~1923)가 '상위 20%의 국민이 전체 국민재산의 80%를 점유하고 있다'는 소득곡선에 대한 지수법칙을 발표한데서 시작되었다. 이를 주란이 꺾은선그래프와 막대그래프로 정형화하면서 '파레토도'라 하였다.

어떠한 품질문제에 대한 원인에는 많은 항목이 존재하나 그 중 점유비가 높은 요인(Vital Few)과 낮은 요인(trivial many)이 혼재되어 있으므로 점유비가 높은 요인을 우선적으로 개선하는 것이 효과적이다. 파레토 그림은 점유비가 높은 순으로 도수와 누적도수를 나열해 놓은 그림으로 특히 Vital few를 확인하는데 효과적인 그래프이다.

① 파레토도의 용도

    ⓐ 파레토도는 부적합, 부적합수 고장 등에 대상으로 어떠한 현상을 점유하고 있는 항목별 비율을 조사하여 Vital Few를 찾기 위해 활용한다.

    ⓑ 어떠한 결과 또는 현상의 원인이 무엇인지 층별하여 조사할 때 사용한다.

    ⓒ 개선 전 후의 효과를 비교하는데 활용한다.

② 파레토그림의 작성방법

    ⓐ 데이터의 분류항목을 정한다. 데이터는 부적합(품)수 또는 손실금액 등이다.

        ㉠ 결과 중심의 분류: 부적합 항목별, 장소별, 공정별

        ㉡ 원인 중심의 분류: 재료별, 기계장치별, 작업자별, 작업방법별 – 4M

    ⓑ 기간을 정해서 데이터를 모은 후 분류항목별로 데이터를 집계한다. 분류항목은 데이터의 크기에 대한 내림차순으로 나열하되, 영향이 작은 분류항목은 묶어서 '기타'로 한다.

    ⓒ 분류항목별 백분율(%), 누적부적합(품)수 및 누적백분율을 계산한다.

    ⓓ 가로축을 분류항목, 세로축의 우측은 누적백분율, 세로축의 좌측은 누적 백분율에 대응되는 부적합(품)수로 하여 눈금을 넣고 막대그래프를 그린다. 기타는 모아서 오른쪽 끝에 나타낸다.

    ⓔ 데이터의 누적 부적합(품)수를 꺾은선그래프로 그린다.

〈표 4-4〉 파레토그림의 예시데이터

분류항목	부적합품수(np)	백분율(%)	누적부적합품수	누적백분율(%)
납땜불량	60	40	60	40
긁힘불량	35	23.3	95	63.3
균형불량	25	16.7	120	80
마모불량	15	10	135	90
칼라불량	10	6.7	145	96.7
소손	2	1.3	147	98
파손	2	1.3	149	99.3
늘어남	1	0.7	150	100
계	150	100		

③ Minitab을 활용한 파레토그림의 작성과 해석

ⓐ '예시데이터'를 열 방향으로 정리하여 Minitab에 입력한다.

ⓑ 통계분석 ▶ 품질 도구 ▶ Pareto 차트를 실행하여 다음을 연결한다.

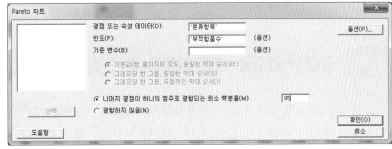

㉠ 결점 또는 속성데이터: 결과에 영향을 주는 속성 즉 요인에 관한 열을 연결한다.

㉡ 빈도: 정리되었을 경우 정리된 수치에 해당되는 열을 연결한다.

㉢ 기준변수: 층별 해서 데이터를 보고 싶을 때 층별 조건 열을 연결한다.

㉣ 나머지 결점이 하나의 범주로 결합되는 최소 백분율: 누적확률이 초과되는 이후의 요인은 기타로 처리한다. '결합하지 않음'을 선택하면 기타가 없다. 이 예시는 95%에 해당되는 '분류항목'까지만 데이터로 검토하겠다는 뜻이다.

ⓒ 결과 출력

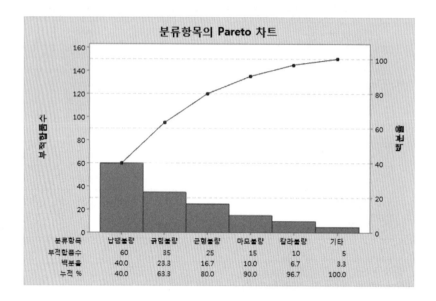

납땜, 긁힘, 균형 불량의 3가지가 Vital Few로 분류 되었다. 그러므로 3가지 요인을 우선적으로 개선하는 것이 효과적이다.

4.6 등분산 검정을 위한 그래프 활용 및 해석

제조 현장에서는 평균치의 치우침으로 인한 군간변동(σ_b^2)이 발생하거나 증가하는 것을 억제하기 위해 관리도를 통한 공정관리나 입·출고 검사를 통한 자재나 제품의 평균치 관리를 실시하고 있다, 하지만 공정의 프로세스가 돌발적이거나 점진적으로 증가하여 공정의 군내변동(σ_w^2)이 증가한다면, 치우침에 대응하는 평균치 관리는 의미가 없어진다. 왜냐하면 공정의 자연공차 즉 공정변동(process variance)이 증가한다는 것은 프로세스 자체의 불안정 또는 열화를 의미하기 때문이다. 이 현상은 사람으로 따지면 몸이 아픈 상태라는 얘기다. 아픈데 총명함과 재산 많음이 무슨 소용인가?

그러므로 군내변동이 증가되었다는 것은 바로 공정 안정화 조치가 필요하다는 것을 의미한다. 그리고 이 상태는 아무리 치우침에 대한 관리를 한다 하여도 품질의 예방적 접근이 불가능해 진다. 그러한 맥락에서 공정의 우열 검정에 앞서 먼저 등분산성 즉 군내변동의 변화 유무를 먼저 검정하는 것이 중요하다. 만약 등분산의 조건이 성립되지 않으면 평균치 차이의 검토는 의미가 없다. 왜냐하면 산포가 좋은 쪽을 선택하거나 또는 공정 복원이라는 명확한 답이 제시되었기 때문이다.

① 등분산성 검정을 위한 그래프의 용도

    ⓐ 비교 검정을 위한 등분산성 유무를 확인할 수 있다.

    ⓑ 여러 로트의 비교를 통해 산포가 나쁜 로트를 확인할 수 있다.

    ⓒ 검사성적서나 검사 보고서 자료를 활용하여 프로세스 관리 수준을 체크할 수 있다.

② 등분산성의 검정 적용 예시

    ⓐ 협력업체의 검사성적서를 서브 로트별로 비교 분석하여 군내변동의 품질변동을 체크한다. 즉 프로세스가 안정적으로 관리되고 있는지 공정의 변경점 관리가 되고 있는지 추론 할 수 있다.

    ⓑ 공정 진단 시 반별, 라인별, 제품별 로트의 등분산성 검토를 통해 공정관리 수준을 평가한다.

    ⓒ 협력업체의 등록 심사 시 하나의 품질 특성에 대해 장기간 차이가 나는 서브 로트 간의 등분산성을 체크하여 프로세스 관리수준을 체크한다.

    ⓓ 동일 공정 내에서 생산되는 여러 제품의 산포차이를 비교하여 제품과 프로세스의 적합성을 검토한다.

③ 등분산성 검정에 대한 Minitab의 적용 순서

    ⓐ 품질특성에 해당되는 데이터를 기간을 정하여 랜덤으로 수집한다. 다음 〈표 4-5〉는 한 협력업체가 동일 품질특성에 대해 제출한 1개월간의 검사성적서 중에서 4개를 샘플링 한 것이다. 이를 활용하여 등분산성의 검토를 실시해 본다.

〈표 4-5〉 등분산성 검토를 위한 품질특성의 검사성적서 데이터 예

로트10	48.7	49.6	49.3	51.8	51.2	48.8	50.0	50.7	50.1	50.4
로트20	52.1	49.7	49.8	49.3	51.7	51.3	50.3	50.1	52.0	48.5
로트30	50.5	49.2	49.6	49.0	48.5	50.5	48.5	51.1	50.6	53.4
로트40	51.1	49.6	50.8	49.3	50.9	50.0	52.1	50.3	49.4	50.7

ⓑ 데이터를 입력한다.

'로트 수준'과 '측정값'을 각각 1열로 하여 데이터를 열 방향으로 정리한다. 수준은 가급적 수치로 표현하는 것이 최적해 설정에 용이하므로 최대한 수치로 표현하도록 한다(직교분해의 관점에서 최적 해를 추구하기 위해서이다. 하지만 수치화가 불가능하거나 의미가 없을 경우 억지로 수치화 할 필요는 없다).

ⓒ **통계분석 ▶ 분산분석 ▶ 등분산 검정**을 실행하여, '반응 변수(y)'에 '측정값', '요인 (x)'에 '로트수준'을 연결한 후 확인을 클릭한다. 만약에 데이터를 1열로 하지 않고 수준별로 따로 입력하였을 경우 '반응데이터가 모든 요인 수준에 대해 별도의 열에 있음' 이동단추를 터치하여 '반응데이터가 각 요인 수준에 대해 별도의 열에 있음' 으로 탭을 전환하여 각 열을 모두 연결하면 같은 결과를 구할 수 있다.

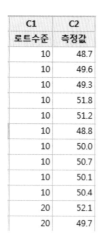
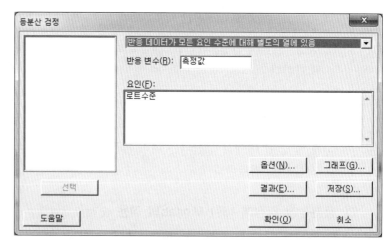

ⓓ 옵션 탭을 열어 신뢰수준을 체크한다. 참고로 등분산 검정에 활용되는 $1 - \alpha$는 특별한 경우를 제외하고는 대부분 $1 - \alpha = 0.95$를 선택한다. 그리고 '정규분포를 바탕으로 하는 검정 사용'을 클릭하면 등분산의 검정을 정규분포를 따른다고 가정하여 실행한다.

ⓔ '그래프'를 열어 요약도를 클릭한다. 요약도는 기본적으로 볼 수 있도록 체크되어 있다. 개별 값 그림이나 상자그림을 보지 않으려면 굳이 열어 보지 않아도 관계없다.

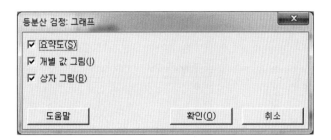

ⓕ 결과 창을 열어 '방법', 신뢰 구간' '검정'을 클릭한다. 이 3가지 항목 역시 모두 클릭이 되어 있으므로 굳이 열어 보지 않아도 관계없다.

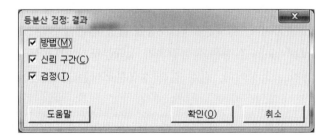

ⓔ 결과 출력

표준 편차의 95% Bonferroni 신뢰 구간

로트수준	N	하한	표준 편차	상한
10	10	0.62878	1.00466	2.22181
20	10	0.77094	1.23180	2.72415
30	10	1.64244	2.62427	5.80361
40	10	0.54785	0.87534	1.93583

Bartlett 검정(정규 분포)

검정 통계량 = 14.17, P-값 = 0.003

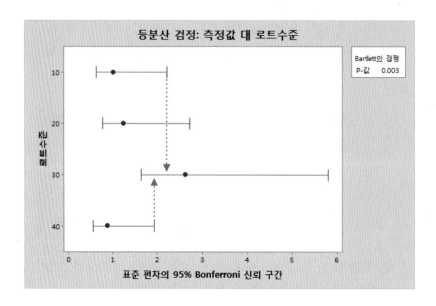

검정 결과 그래프에서 Bartlett의 검정은 실험결과가 정규분포라는 가정 하에서 검정한 결과이다. 정규분포의 가정을 활용하지 않으면 Levene의 검정 결과가 나온다. Levene의 검정은 실험결과가 정규분포가 아니어도 연속함수라는 가정에서 이루어지는 검정이다. 검정 결과 정규분포라는 가정 하에 로트별 분산은 차이가 있다.

그래프는 표준편차의 신뢰구간을 나타낸 것이다. 직선이 길이가 가장 짧은 수준의 제일 큰 값이 직선의 길이가 가장 긴 수준의 평균보다 적으면 등분산성은 성립되지 않는다. 즉 수준 10과, 수준 40의 표준편차는 수준 30의 표준편차에 비해 작다는 뜻이다. 이를 확인하기 위해 참고로 수준 30과 40을 〈유형 2〉, 수준 20과 40을 〈유형 3〉으로 하여 차이를 비교해보자.

④ 두 집단의 등분산성 차이 검증을 위한 추가 고찰

ⓐ 먼저 데이터를 입력한다. 〈유형 2〉와 〈유형 3〉 모두 열 방향으로 로트수준과 측정값으로 구분하여 입력한다.

C5	C6	C7	C8	C9
유형2	측정값2		유형3	측정값3
30	52.8		20	52.1
30	50.0		20	49.7
30	53.2		20	49.8
30	47.2		20	49.3
30	50.8		20	51.7
30	47.7		20	51.3
30	48.2		20	50.3
30	45.7		20	50.1
30	52.0		20	52.0
30	52.1		20	48.5
40	51.1		40	51.1
40	49.6		40	49.6

ⓑ 통계분석 ▶ 분산분석 ▶ 등분산 검정을 실행하고 '반응 변수(y)'에 '측정값2', '요인 (x)'에 '유형2'를 연결한다. 옵션 탭을 '정규분포를 바탕으로 하는 검정 사용'을 클릭한 후 확인을 클릭한다. (〈유형 2〉는 수준 30대 수준 40의 비교, 〈유형 3〉은 수준 20대 수준 40의 비교이다. 〈유형 2〉의 분석 후 〈유형 3〉도 동일하게 실행한다).

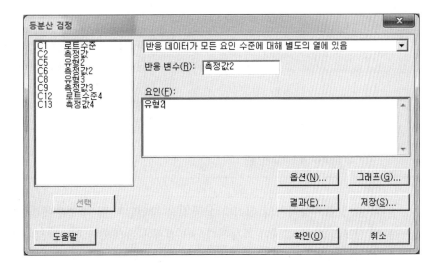

ⓓ 결과 출력: 수준 30과 수준 40의 등분산성의 검정

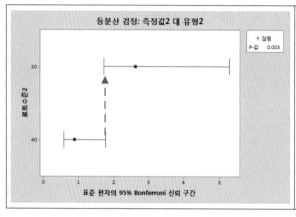

수준 30과 수준 40에서 수준 40의 최대치는 확실히 수준 30의 평균치에 도달하지 못하며, P Value로 보아도 매우 유의하게 나타나고 있다.
즉 수준 30과 수준 40의 표준편차의 차이가 있다.

ⓔ 결과 출력: 수준 20과 수준 40의 등분산성의 검정

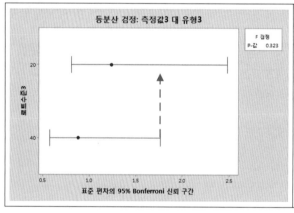

수준 20과 수준 40에서 수준 40의 최대치는 수준 20의 평균치를 초과한다. P Value를 보아도 의미 있는 결과가 나오지 않았다.
즉 수준 20과 수준 40의 표준편차의 차이는 있다고 할 수 없다.

이와 같이 검사성적서의 데이터나 공정간 작업일지 등의 경우에 대한 비교검정을 통해 산포의 차이 검정이 가능하다. 이 검정에 유의해야 할 사항은 반드시 데이터는 단기로트 즉 개별 서브로트 각각의 비교여야 한다. 장기적 기간에 걸쳐 생산되어 합친 로트는 군간변동이 포함되어 치우침에 의한 변동인지 프로세스 변동인지 구별이 어렵기 때문이다.

4.7   평균치 차이 분석을 위한 그래프

(1) 군간변동(σ_b^2)의 이해와 해석 방법

군내변동(σ_w^2)이 증가하는 경우는 프로세스가 마모되는 것이므로 발생하지 않아야 한다. 하지만, 서브로트 간 평균치 차이로 발생하는 치우침 현상은 초물관리 등으로 최대한 억제하기 위한 노력을 하고 있지만 작업 변경점이 매우 다양하고 수시로 발생되므로 평균치 변동이 발생될 가능성은 상당히 높다. 실제 품질이 어느 정도 안정적인 회사들의 경우 전체 부적합품 발생 원인의 70~90%가 서브로트 간의 평균치 변동에 의해 발생한다고 알려져 있다. 이를 관리하기 위해 공정에서는 SPC Chart나 제품별 시계열 추세 그래프 등을 많이 활용하지만 모니터링은 real로 실시되어야 효과적이기 때문에 시기를 놓치는 경우가 많다.

협력업체의 관리수준이나 또는 공정의 표준준수 상태는 결론적으로 군간변동의 관리수준을 평가하는 것이다. 이는 검사성적서, 품질데이터 또는 직접 측정 등의 데이터를 활용하여, 다수 로트 간 구간그림이나 평균치 차이의 검정으로 서브로트 간 변동을 확인할 수 있다.

① 서브로트 간 변동(σ_b^2)의 원인 작업 변경점

ⓐ 오퍼레이터의 조대로 인한 운전자의 변경

ⓑ 로트 별 금형, tool, jig의 operating condition

ⓒ 부원료, 촉매의 교체 또는 보충

ⓓ 자재 로트의 변경

ⓔ 필터, 오일, 용수, 설비소모품의 교환 또는 보충

ⓕ 계량기 또는 측정 오퍼레이터의 교체

ⓖ 의미 있는 환경변화(전기공급, 용수공급, 폭우, 폭염, 지진, 황사 등)

② 서브로트 간 변동(σ_b^2)의 검정의 적용 예

ⓐ 협력업체의 검사성적서를 분석하여 서브로트(집단요인)의 평균치 차이를 체크한다.

ⓑ 공정 진단 시 생산로트의 평균치 검토를 통해 초물관리 수준을 평가한다.

ⓒ 조건을 변화시켜 최적 조건을 추구하여 품질 즉 표준을 개선한다.

③ 평균치 차이 분석을 위한 사전 점검

여러 데이터에 대한 평균치 차이를 분석하기 위해서는 다음과 같은 사전 점검을 하고 실행하는 것이 효과적이다.

ⓐ 서브로트의 데이터를 하나로 연결하여 정규분포를 따르는지 검정한다. 정규 확률 도로 데이터의 오류나 데이터의 랜덤성 여부 등의 이상요인을 체크할 수 있다. 〈표 4-5〉 데이터를 연결하여 정규성에 대한 그래프 검정을 해 보자. 데이터를 모두 연결한 후 그래프 ▶ 확률도 ▶ 단일을 선택하여 40개 데이터가 모두 있던 측정값을 입력하고, 정규 확률도를 확인한다.

P Value를 보면 검정 결과는 정규분포임을 보여 주고 있다. 비록 군내변동이 차이 가 있다 하더라도 대략적인 정규분포를 따르는 동일 속성들의 결합분포는 대략적 으로 정규분포를 따르기 때문이다. 정규성이 나타나지 않는 경우는 랜덤성의 파괴 즉 선별이 있었거나, 계량기의 낮은 정밀도, 공정의 매우 큰 치우침이나 퍼짐, 오기나 돌발적 사항 등의 큰 변동이 있는 경우이거나 데이터를 매우 많이 취한 경우 등이다. 그러므로 정규성검정과 등분산성의 검정 둘 다 평균치 분석이전에 선행하여 행함으로써 데이터의 신뢰성 유무를 확인하여야 한다.

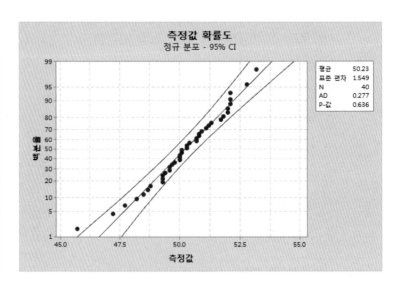

C1 로트수준	C2 측정값
10	48.7
10	49.6
10	49.3
10	51.8
10	51.2
10	48.8
10	50.0
10	50.7
10	50.1
10	50.4
20	52.1
20	49.7

ⓑ 정규성이 확인 되었으면 서브로트별로 층별하여 등분산성을 체크하여야 한다. 일 반적으로 정규성이 성립하면 등분산성이 성립한다고 생각하기 쉽다. 하지만 〈표 4-5〉의 예제는 등분산성이 성립하지 않지만 정규성이 나타나고 있다. 그러므로 그러한 생각은 옳은 생각이 아니다. 이 예제에서는 로트수준 30은 산포가 크므로

제외하고 나머지 데이터를 가지고 유형 4를 만들어 등분산의 검정을 해 보고, 문제
가 없으면 평균치의 검정을 수행한다.

(2) 서브로트 간 변동의 차이 검정을 위한 Minitab 활용 순서

① 어떠한 품질특성에 해당되는 데이터를 기간을 정하여 랜덤으로 수집한다.

〈표 4-5〉에서 수준 30은 군내변동이 문제가 있으므로 수준 30을 제외하고 새로 정리
한 것을 유형 4로 하여 등분산의 검정을 실시한다.

ⓐ 먼저 데이터를 수준 30을 제거하고 〈유형 4〉로 하여 Minitab에 입력한다.

ⓑ 통계분석 ▶ 분산분석 ▶ 등분산 검정을 실행하고, '반응 변수(y)'에 '측정값4',
'요인(x)'에 '유형4'를 연결한다. 옵션 탭을 '정규분포를 바탕으로 하는 검정 사용'
을 클릭한 후 확인을 클릭한다.

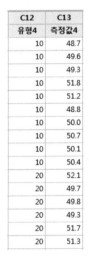

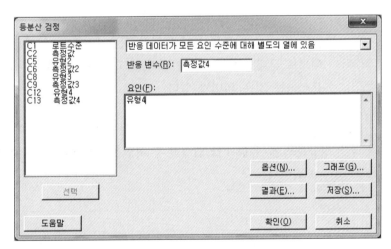

ⓒ 결과 출력

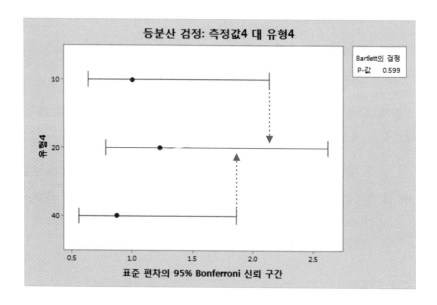

P Value나 그래프로 보아 등분산성은 성립한다. 그러므로 등분산의 조건이 성립되므로 군내변동은 변화가 없다. 그러므로 평균치 차 즉 군간변동의 존재유무를 분석하는 것은 의미가 있다.

② 통계분석 ▶ 분산분석 ▶ 평균분석을 실행하여, '반응(y)'에 '측정값 4', '데이터 분포 – 정규분포'에 '유형 4'를 연결한 후 확인을 클릭한다. 평균치 검정의 유의수준은 통상 $\alpha = 0.05$ 이다.

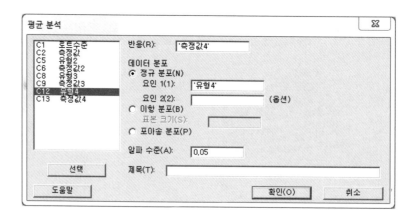

③ 결과 출력

평균치 차이를 분석한 결과 3개의 평균은 관리 상태로 나타나고 있으며 치우침 변동이 있다고 볼 수 없다.

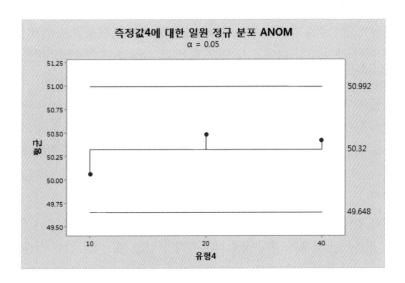

④ 이 데이터로 구간그림을 그려 본 결과이다.

구간그림을 그려 본 결과 평균치의 신뢰구간이 대부분 겹쳐서 나타나므로 큰 차이가 없다고 할 수 있다. 다만 만약 목표치가 51이라면 10 수준은 관리에 실패한 것이 된다. 그러므로 평균분석과 함께 평균치의 신뢰구간을 구하여 공정의 set up 목표치와 구간 그림에 각각 포함되는지를 확인하는 것 역시 중요하다

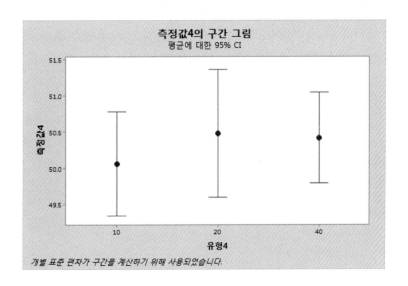

4.8 산점도와 품질정보 해석

① 산점도(scatter diagram)와 상관관계

지금까지는 주로 각각의 독립적인 품질특성에 대한 문제를 다루어 왔다. 그러나 우리는 여러 가지 상황 하에서 두 변수 혹은 그 이상의 변수들이 어떠한 함수관계를 가지고 있는지, 그 함수관계의 강도는 어느 정도인지를 알고자 할 경우가 있다.

예를 들면 어떤 제품의 판매량과 가격과의 관계, 어떤 금속의 내구력과 강도 사이의 관계 등 매우 다양한 측면에서 관심을 가질 수 있다. 만일 원료 중의 불순물과 제품의 순도 사이에 관계가 있으면 가급적 불순물이 적은 원료를 구입한다는 조치를 취해야 한다. 또한 반응온도나 수량 사이의 관계를 이용하여 적절한 작업표준을 작성할 수 있다.

이와 같이 어떠한 요인의 측정치의 연속적인 변화에 대하여 다른 측정치가 연속적으로 변화하는 경우와 같이 상호 의존관계가 있을 때, 이들 간에 상관(correlation)관계가 있다고 판단하며, 양자 간의 데이터의 관계를 그래프로 표현한 것이 산점도이다.

그러므로, 산점도는 개선하여야 할 특성과 그 요인과의 관계를 파악하는 데 사용된다. 또한 어느 특성과 다른 특성과의 관계, 하나의 특성에 대한 두 요인 간의 관계 등을 조사할 목적으로도 사용된다.

② 산점도의 작성순서

ⓐ 대응하는 데이터를 모은다. 대응 있는 두 종류의 특성치 중 하나가 원인이고 나머지 하나가 결과인 경우, 원인을 x 결과를 y로 정한다.

ⓑ 데이터의 수는 적어도 30조 이상이 바람직하다. 층별을 위한 로트의 여러 조건을 함께 기술하고, 기간은 1주일 내외로 하는 것이 좋다. 〈표 4-6〉은 산점도 작성을 위한 예시 데이터이다.

〈표 4-6〉 산점도 작성을 위한 예시 데이터

no.	x	y	no.	x	y	no.	x	y
1	6.8	6.1	11	7.8	6.8	21	7.3	7.0
2	7.1	6.7	12	9.2	8.8	22	8.1	7.9
3	6.5	6.3	13	6.0	5.7	23	7.9	6.9
4	7.8	7.1	14	7.5	7.1	24	7.8	7.1
5	7.5	7.4	15	7.8	7.0	25	7.3	6.9
6	8.5	7.6	16	6.8	6.9	26	8.1	7.5
7	8.8	8.2	17	7.3	7.3	27	7.6	7.0
8	7.0	6.4	18	7.3	6.9	28	8.3	7.8
9	7.4	6.8	19	8.3	7.6	29	6.6	6.3
10	6.5	6.0	20	7.2	7.3	30	7.1	6.9

ⓒ 데이터를 열 방향으로 정리하고 Minitab에 입력한다.

그래프 ▶ 산점도에서 '회귀선표시'를 선택한다.

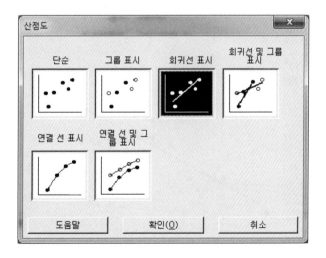

ⓓ 'Y변수'에 'Y', 'X변수'에 'X'를 연결시킨다.

C1	C2
x	y
6.8	6.1
7.1	6.7
6.5	6.3
7.8	7.1
7.5	7.4
8.5	7.6
8.8	8.2
7.0	6.4
7.4	6.8
6.5	6.0
7.8	6.8
9.2	8.8
6.0	5.7
7.5	7.1

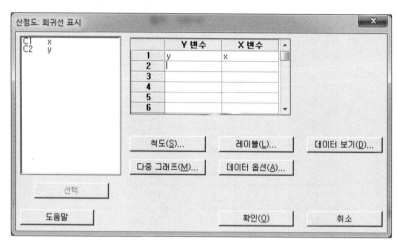

ⓔ 결과 출력

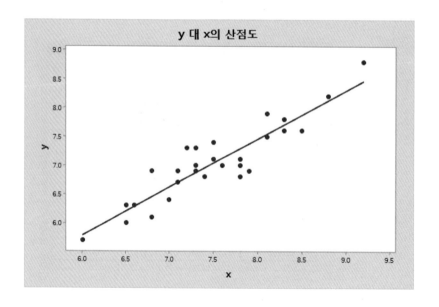

③ 산점도를 검토 사항

ⓐ 점이 오른쪽으로 올라가는 경향인지, 내려가는 경향인지를 본다. 대응하는 요인이
나 특성 사이에 직선적인 관계가 있을 때에는 상관관계가 있다고 판단한다〈그림
4-4〉.

ⓖ 정 상관: x가 증가할 때 y도 증가하는 경향이다.

ⓛ 부 상관: x가 증가할 때 y는 감소하는 경향이다.

ⓒ 0 상관: 점의 움직임에 규칙이 보이지 않는다. x와 y의 선형관계가 보이지 않는다.

ⓑ 점이 경향선으로 부터 어느 정도 흩어져 있는가를 본다. 경향선으로 부터의 산포가 적을수록 상관관계는 강하며, 경향선으로 부터의 산포가 클수록 상관관계는 약해진다.

ⓒ 이상치가 있는지 확인한다. 이상치의 원인이 판명되고 조처가 완료되었다면 그 점을 제외하고, 원인이 불명이면 그 점을 포함해서 판단한다.

ⓓ 선을 클릭하면 회귀적합선과 회귀의 기여율이 나타난다. 기여율이 높을수록 상관관계가 높다는 뜻이며, 회귀적합선을 이용하면 요인의 변화에 따른 결과치를 개략적으로 추정해 볼 수 있다.

ⓔ 층별 할 필요가 있는지 조사한다. 전체로 보아서는 상관이 없지만 층별을 해보면 상관이 있는 경우가 있고 그 반대인 경우도 있다.

ⓕ '위 상관'이 아닌가를 본다. 기술적으로 보아 상관이 있다고 생각할 수 없는데도 산점도를 그리면 상관이 있는 상태로 나타날 때 이를 '위 상관'이라 한다.

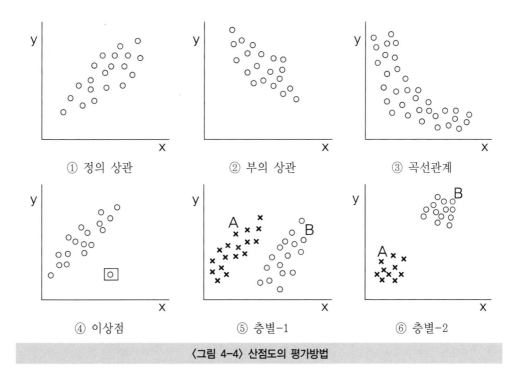

〈그림 4-4〉 산점도의 평가방법

121

PART **2**

샘플링과 샘플링 검사 실무

5장 샘플링 검사와 품질보증

21C에는 검사로봇의 발전으로 전수검사가 보편화되어 샘플링 검사는 점점 축소되고 필요 없게 될까? 답은 '그렇지 않다'이다. 왜냐하면 품질보증활동의 목적은 공정의 부적합품 하나하나의 0화 보다는 로트에서 부적합품이 발생할 확률을 최소화하여 고객과의 계약을 준수함은 물론 기업의 경쟁력을 확보하는 것이기 때문이다. 샘플링 검사는 로트의 품질보증 수단으로 로트의 품질수준 상태를 나타내는 내비게이션이다.

5.1 검사와 품질보증

품질경영시스템을 구축하여 운영하는 이유는 고객에게 품질을 보증하기 위함이다. 그리고 고객이 요구하는 규격의 인증을 취득하여 유지하는 것으로 품질경영시스템을 구축하고 있음을 간접적으로 입증할 수 있다. 하지만 규격의 인증으로 입고되는 모든 로트의 품질이 직접 보증되는 것은 아니다. 즉 품질경영시스템은 기업의 자기 방어 수단이지 로트 하나하나에 대해 고객을 만족시키는 것과는 직접적 관계는 없다. 그러므로 구매 또는 판매하는 품목에 대한 직접적 보증 수단이 필요하다. 이러한 직접적 보증 수단이 그 로트나 제품의 품질상태를 측정하여 검사한 결과로서 제품을 보증해 주는 것이다. 물론 계약을 어겼을 경우 보상을 하는 리콜과 A/S는 당연한 조건이다.

(1) 검사의 정의

검사는 품질을 평가하기 위한 주요한 수단으로, 물품을 몇 개의 방법으로 시험한 결과를 품질판정기준과 비교하여 개개의 물품에 대해 적합·부적합 판정을 내리거나 또는 합격판정기준과 비교하여 로트의 합격·불합격 판정을 내리는 것[10]이다. 검사에 대한 다양한 정의를 살펴보면 다음과 같다.

① KS Q ISO 3534-2:2014

측정, 시험 또는 계측에 의해 적합한 것으로 수반되는 관측 및 판단에 의한 적합성

---

10) KS Q ISO 3534-1:2014 통계-용어 및 기호 - 제1부: 일반 통계 및 확률 용어

평가이다(적합성 평가는 품목/개체가 규정된 요구사항을 충족시키는 정도에 대한 체계적 조사를 뜻한다).

② KS Q ISO 9000:2015

규정된 요구사항에 대한 하나 또는 하나 이상의 특성 및 특성치를 찾아내기 위한 활동으로 적합의 확인결정(determination)이다.

③ J.M. Juran

검사란 제품이 계속되는 다음의 공정에 적합한 것인가, 또 최종제품의 경우에는 구매자에 대해 발송하여도 좋은가를 결정하는 활동을 말한다.

(2) 검사의 목적

검사는 제조공정의 관리나 품질특성의 관리 및 조치 등을 목적으로 하며 다음과 같이 분류하여 정리할 수 있다.

① 다음 공정이나 고객에게 부적합품이 전달되는 것을 방지하기 위하여

    ⓐ 좋은 lot와 나쁜 lot를 구별하기 위하여

    ⓑ 적합품과 부적합품을 구별하기 위하여

② 품질에 대한 정보의 제공을 위하여

    ⓐ 공정의 관리 및 해석을 위하여

    ⓑ 공정의 변화유무 판단과 규격한계와의 일치 여부를 확인하기 위하여

    ⓒ 제품의 부적합 수준을 파악하기 위하여

    ⓓ 검사원의 정확도 및 정밀도를 평가하기 위하여

    ⓔ 계측기의 정밀도를 평가하기 위하여

    ⓕ 제품설계에 필요한 정보를 얻기 위하여

    ⓖ 공정능력을 측정하기 위하여

③ 생산자의 품질의식 제고와 소비자에 대한 신뢰감을 높이기 위하여

(3) 검사의 종류

검사의 종류는 검사가 행해지는 공정, 목적, 장소 등에 따라 다음과 같이 분류한다.

① 검사가 행해지는 공정에 의한 분류

분 류	내용
수입검사 (구입검사)	협력회사에서 입고되는 부품 또는 제품에 대한 검사를 수입검사라 하며 인수검사라고도 한다. 구입검사는 구매품에 대한 입고검사라는 뜻이다.
공정검사 (중간검사)	공정과 공정으로 재공품이 이동되는 과정에 품질보증을 목적으로 행해지는 검사로 중간검사라고도 한다.
최종검사	제조공정의 최종단계에 있어서 행해지는 검사로서 완성한 제품에 대해서 행해지므로 완성검사 또는 제품검사라고도 한다.
출하검사	제품을 출하할 때 품질보증을 목적으로 하는 검사이다.

② 검사가 행해지는 장소에 의한 분류

분 류	내용
정위치검사	측정 및 시험에 특수한 계측기 또는 계측 환경이 필요한 경우 입고 위치를 정하여 그 장소에서 검사를 수행하는 방법이다.
순회검사	검사원이 작업 준비 상태의 확인이나 검사를 목적으로 정해진 시간에 현장을 순회하며 제조된 공정품이나 제품을 검사하는 방법이다.
출장검사 (입회검사)	외주업체나 타 공정에 가서 책임자의 입회하에 실시하는 검사이다.

③ 검사의 성질에 의한 분류

분 류	내용
파괴검사	품질특성을 검사하기 위해 검사 대상을 변형시키거나 또는 시험 후에는 상품가치가 없어지는 검사이다. 전구의 수명시험이나 재료의 인장시험 등이 해당되며 전수검사는 불가능하다.
비파괴검사	품질특성을 검사한 결과가 검사 대상을 훼손시키지 않는 검사이다. 전구의 점등시험이나 이물 확인검사 등이 해당된다.
관능검사	검사자의 오감을 이용하여 감각에 의해서 수행하는 검사이다. 오감이란 미각, 시각, 청각, 촉각, 후각을 의미한다.

④ 검사방법(판정대상)에 의한 분류

분류	내용
전수검사	검사로트 전체를 대상으로 하는 검사(파괴검사에는 사용할 수 없다)이다.
Lot별 샘플링 검사	판정하려는 집단에서 추출된 표본의 통계량을 판정 기준과 비교하여 로트의 합격여부를 결정하는 검사이다.
관리 샘플링 검사	제조공정관리 등을 목적으로 관리자들이 부정기적으로 행하는 검사이다.
무검사	제품의 품질을 검사성적서 등으로 대신하여 검사를 생략하고 간접적으로 품질을 보증하는 방법이다.

(예제 5-1)

다음 물음에 해당되는 검사를 보기에서 선택하여 답하시오.

ⓐ 시험을 하면 상품가치가 없어지는 검사는?
ⓑ 제조공정 관리, 품질수준 체크 등을 목적으로 하는 검사는?
ⓒ 검사의 성질에 따른 분류에 속하는 검사를 모두 고르시오.

보기 : 순회검사, 공정검사, 관리 샘플링 검사, 파괴검사, 관능검사

(풀이)
ⓐ 파괴검사
ⓑ 관리 샘플링 검사
ⓒ 파괴검사, 관능검사

(4) 검사 계획과 임계부적합품률

임계부적합품률이란 어떠한 물품을 출하할 때 전수검사를 실시하여 부적합품을 제거한 후 양품만 출하 할 것인지, 아니면 검사를 행하지 않고 무검사로 출하하여 고객이 피드백하는 부적합품에 대한 손실보전을 해주는 것으로 대응하는 것이 효과적인지를 확인하는 분기점을 의미한다. 이를 통해 검사업무의 효용성 여부를 확인할 수 있다. 이 이론에 사용되는 각 기호들의 의미는 다음과 같다.

ⓐ N: 검사로트의 크기
ⓑ a: 제품 1개당 검사비용
ⓒ b: 무검사로 인한 부적합품 1 단위당 손실비용

ⓓ c: 검사로 발견된 부적합품 1 단위당 재가공처리 또는 폐기 비용

ⓔ P_b: 임계부적합품률

① 검사 결과 부적합품의 처리 비용을 고려하지 않는 경우

검사에 소요되는 검사비용과 부적합품으로 인한 손실비용만을 고려할 경우, 무검사일 때 검사비용은 0, 손실비용은 bPN이 된다. 또한 전수검사의 경우는 검사비용 aN, 손실비용은 없게 된다.

ⓐ 전수검사비용: aN

ⓑ 무검사로 인한 손실비용: bPN

ⓒ 임계부적합품률의 계산 공식

$$aN = bP_bN$$

$$\therefore P_b = \frac{a}{b}$$

② 검사결과 부적합품의 처리비용을 고려하는 경우

검사결과 발견된 부적합품에 대해 폐기 또는 재작업에 소용되는 비용을 고려한다면 이 비용은 전수검사 결과에 부과되며 비용은 cPN이 된다.

ⓐ 전수검사비용: $aN + cPN$

ⓑ 임계부적합품률

$$bPN = aN + cPN$$

$$\therefore P_b = \frac{a}{b-c}$$

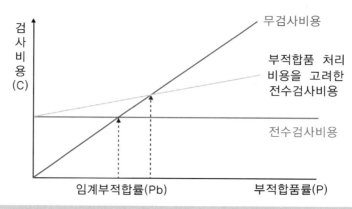

〈그림 5-1〉 검사의 손익분기점(임계부적합품률)

그러므로 어떤 로트의 부적합품률 P가 과거의 기록, 경험 등으로 확실하게 장래에도 계속될 것으로 예측된다면 임계부적합품률 P_b와 비교하여 $P < P_b$일 때는 무검사, $P > P_b$일 때는 전수검사로 결정하는 것이 유리하다고 판단할 수 있다. 하지만 현실적으로 소비자의 불만을 비용으로 나타낸 b는 직접 손실비보다 훨씬 많은 무형의 손실이 포함되지 않은 비용이라는 것을 고려하여야 한다.

(예제 5-2)

검사비용이 100원/개, 부적합품으로 인한 손실비용이 10,000원/개이며, 검사 중 발견되는 부적합품에 대한 재작업비용이 2,000원/개이다. 만약 로트의 부적합품률이 2%일 경우, 무검사와 전수검사 중 어느 검사를 선택하는 것이 유리한가?

- -

(풀이)

재가공비를 고려한 경우(전수검사와 무검사): $aN + cP_b N = bP_b N$

$$P_b = \frac{a}{b-c} = \frac{100}{10000 - 2000} = 0.0125 \rightarrow 1.25\%$$

$P(2\%) > P_b(1.25\%)$이므로 전수검사를 선택하는 것이 유리하다.

---

(5) 전수검사와 샘플링 검사

전수검사란 로트의 대상물 전체를 품질특성 항목 전체에 대해 검사하는 행위를 뜻한다. 그러므로 전수검사는 적용이 불가능 한 경우도 많으며, 시간과 검사 인력에 대한 제약이 매우 크다. 그러므로 전수검사와 함께 샘플링 검사가 적용된다. 샘플링 검사란, 로트를 대상으로 표본을 샘플링하여 측정한 결과를 기준과 비교하여 로트의 적합·부적합을 결정하는 검사를 말한다. 샘플링 검사는 전체 로트를 검사하는 것이 비용이 너무 크거나 불가능한 경우 적용한다. 로트와 표본의 크기와의 관계, 로트부터 표본의 샘플링 방법, 판정기준 등은 경제성을 고려하여 통계적 방법론에 의해 정해진다.

① 전수검사가 필요한 경우

부적합품이 한 개라도 포함되면 안 될 경우 샘플링 검사를 적용할 수는 없다. 그러므로 fool proof 장비 등을 활용하여 전수검사를 행하여야 한다. 반드시 전수검사가 필요한 경우는 다음과 같다.

ⓐ 부적합품이 포함되면 경제적으로 큰 영향을 미칠 때(예: 보석의 경우)

ⓑ 부적합품이 다음 공정에 넘어가면 큰 손실을 미칠 때

ⓒ 안전에 중요한 영향을 미칠 때(예: 브레이크의 작동시험 등)

② 전수검사를 실시하는 것이 유리한 경우

전수검사를 쉽게 행할 수 있거나 제품이 검사비용에 비해 고가인 경우 전수검사를 실시하는 것이 유리하다.

ⓐ 전수검사가 용이하고 확실히 수행할 수 있는 경우(자동 검사 공정 등)

ⓑ 로트의 크기가 작아서 샘플링 검사를 할 필요가 없는 경우

ⓒ 검사비용에 비해 제품이 확실히 고가인 경우

③ 샘플링 검사가 필요한 경우

전수검사가 불가능하여 불가피하게 샘플링 검사가 실시되어야 하는 경우 샘플링 검사를 실시한다.

ⓐ 전수검사가 불가능한 파괴검사인 경우(예: 인장강도 시험 등)

ⓑ 연속체 또는 대량품이어서 전수검사가 곤란한 경우(예: 석탄, 약품, 전선, 가솔린 등)

④ 전수검사에 관계없이 샘플링 검사를 실시하는 경우

ⓐ 다수·다량의 것으로 어느 정도 부적합품이 섞여도 용인되는 경우

ⓑ 출고 로트의 품질보증을 목적으로 고객이 요구하는 경우

ⓒ 시간이 불충분하여 대략적 검사가 실행되는 경우의 전수검사를 보완하고 신뢰성 높은 로트의 품질보증을 행하고자 할 때

ⓓ 검사항목이나 품목이 많아 전수검사가 곤란한 경우

ⓔ 생산자에게 품질향상의 자극을 주고 싶은 경우

⑤ 샘플링 검사의 5가지 실시조건

샘플링 검사를 실시할 경우에는 다음과 같은 5가지의 조건이 선행되어야 한다.

ⓐ 제품이 로트로서 처리될 수 있을 것

샘플링 검사는 로트의 합격여부를 결정하는 것이므로, 로트를 목적에 맞게 규정하고 구분할 수 있어야 한다.

ⓑ 합격된 로트 안에도 어느 정도 부적합품의 혼입이 허용될 수 있을 것

　샘플링 검사는 전수검사가 아니므로 부적합품을 원천적으로 제거하는 방법은 아니다.

ⓒ 표본을 랜덤으로 샘플링 할 것

　편기 없이 로트의 품질수준을 평가할 표본을 취하기 위함이다.

ⓓ 합격판정에 대한 품질기준이 명확할 것

　로트의 판정에 대한 품질기준이 명확치 않으면 판정 결과에 대해 신뢰할 수 없게 된다. 누가, 언제 검사를 해도 같은 결과가 나오도록 판정기준을 명확히 하여야 한다.

ⓔ 계량 샘플링 검사에서는 로트의 검사단위의 특성치의 분포를 대략 알고 있을 것

　계량 샘플링 검사에서는 일반적으로 특성치가 정규분포를 따르는 것을 전제로 한다.

(6) 검사단위의 품질표시방법

　검사의 목적을 위하여 선택된 단위체 또는 단위량을 검사단위라 한다. 일반적으로 이러한 검사단위의 품질표시방법으로는 다음과 같다.

① 부적합수에 따른 표시방법

ⓐ 치명부적합

　인명에 위협을 주거나 제품의 폭발 등으로 재산상의 손실이 나타날 수 있는 부적합

ⓑ 중 부적합

　물품을 소기의 목적을 맞게 사용하기 곤란한 부적합

ⓒ 경 부적합

　물품의 성능이나 수명을 감소시키는 부적합

ⓓ 미 부적합

　성능, 수명 등에는 전혀 영향이 없으나 물품의 가치를 저하시키는 부적합

② 부적합품에 따른 표시방법

ⓐ 치명부적합품

ⓑ 중부적합품

ⓒ 경부적합품

ⓓ 미부적합품

③ 계량치에 따른 표시방법

검사단위의 특성을 측정하고, 그 측정치에 의하여 품질을 나타내는 방법으로 치수, 두께, 성능 등을 사용한다.

④ 로트의 품질표시방법

ⓐ 로트의 부적합품률(%): P

ⓑ 로트의 100단위당의 부적합수

ⓒ 로트의 평균치

ⓓ 로트의 표준편차

⑤ 표본의 품질표시방법

ⓐ 표본의 부적합품수

ⓑ 표본의 검사 단위당 평균 부적합수

ⓒ 표본의 평균치

ⓓ 표본의 범위

ⓔ 표본의 표준편차

5.2 평균치의 샘플링 오차

(1) 샘플링 오차의 이해

오차(error)는 모집단이 갖는 참값과 그것을 추정하기 위하여 얻어지는 측정데이터와의 차이로, 표본을 샘플링하여 참값을 추정할 경우 샘플링오차(sampling error)와 측정오차(observation error)로 인해 자연적으로 발생한다. 오차는 샘플링설계 시 설정되는 신뢰도, 정밀도, 정확도의 3가지 확률의 결정에 따라 정해진다.

① 신뢰도(reliability)

로트의 합격판정에 영향을 주는 평균치의 정밀도를 결정하기 위한 기본요소인 신뢰한계와 샘플링방법을 정하는 것이다. 샘플링방법에 따라 로트 간 변동(σ_b^2)이나 로트 내 변동(σ_w^2)에 대한 샘플링오차의 차이가 발생하여 평균치의 정밀도에 영향을 준다. 또한 제1종 오류(α) 즉 로트의 신뢰수준($1 - \alpha$)도 평균치의 정밀도에 영향을 준다.

② 정밀도(precision)

평균치의 $1-\alpha$ 신뢰한계 $\pm\beta_{\bar{x}}$를 정하면 이를 만족하는 표본수를 구할 수 있다. 목표 정밀도 $\beta_{\bar{x}}$는 샘플링 검사 시 로트의 합격 판정기준을 결정한다.

일반적으로 표본수가 많을수록 평균치를 추정하는 정밀도는 좋아지게 마련이다. 그러므로 $\beta_{\bar{x}}$를 작게 할수록 표본 수가 급격히 증가하므로 $\beta_{\bar{x}}$는 이 부분을 고려하여 결정하여야 한다. 평균치의 정밀도(정도)를 고려한 적정 표본수를 구하는 공식은 다음과 같다.

ⓐ 모표준편차를 알고 있는 경우

$$\beta_{\bar{x}} = z_{1-a/2}\frac{\sigma}{\sqrt{n}}$$

$$n = (\frac{z_{1-\alpha/2}\times\sigma}{\beta_{\bar{x}}})^2$$

ⓑ 표본표준편차를 이용하는 경우

$$\beta_{\bar{x}} = t_{1-\alpha/2}(\nu)\frac{s}{\sqrt{n}}$$

$$n = (\frac{t_{1-\alpha/2}(\nu)\times s}{\beta_{\bar{x}}})^2$$

ⓒ 모부적합품률을 고려하는 경우

$$\beta_P = z_{1-\alpha/2}\sqrt{\frac{P(1-P)}{n}}$$

$$n = (\frac{z_{1-\alpha/2}}{\beta_{\bar{x}}})^2 P(1-P)$$

③ 치우침, 정확도(bias, accuracy)

동일 샘플링방법 또는 동일측정법으로 모집단에서 취한 데이터의 평균치와 모집단의 참값의 차에 대한 치우침 정도를 평가하는 것이다. 즉 치우침이 평균치의 신뢰한계보다 작으면 신뢰한계를 고려할 때 허용수준이내 즉 로트는 합격이라는 뜻이며, 치우침이 더 크면 로트는 불합격이라는 뜻이다.

$$bias = |\bar{x}-\mu| < \beta_{\bar{x}}$$

(예제 5-3)

종래 납품되고 있던 기계부품의 치수에 대한 모표준편차는 0.2cm이었다. 납품된 로트에 대해 신뢰율 95%를 고려한 평균치의 정밀도($\beta_{\bar{x}}$)를 0.1cm로 평가하고자 한다. 필요한 표본의 개수를 구하시오.

....

(풀이)

$$\beta = \pm\, u_{1-\alpha/2}\frac{\sigma}{\sqrt{n}} \;\Rightarrow\; 0.1 = 1.96 \times \frac{0.2}{\sqrt{n}}$$

$$n = \left(\frac{1.96 \times 0.2}{0.1}\right)^2 = 15.36 \Rightarrow 16$$

(2) 평균치의 샘플링 오차 수리

일반적으로 측정데이터는 모평균과 오차의 구조식으로 표현할 수 있다.

$$x_i = \mu + e_i \quad \text{...} \quad \langle \text{식 5-1} \rangle$$

그리고 오차(e_i)는 샘플링오차(s_i)와 측정오차(m_i)로 구성된다. 샘플링오차는 샘플링으로 인해 발생되는 오차이며, 측정오차는 계측기의 오차와 측정자의 측정 기술부족으로 발생하는 오차이다. 그러므로 측정 데이터는 다음과 같은 구조식으로 표현할 수 있다.

$$x_i = \mu + s_i + m_i \quad \text{...............................} \quad \langle \text{식 5-2} \rangle$$

그러므로 〈식 5-1〉과 〈식 5-2〉의 구조식에서 오차는 다음과 같다.

$$e_i = s_i + m_i$$

① 단위체의 경우(축분, 혼합이 행해지지 않을 때)

단위체(표본) 1개를 취하여 1회 측정할 때의 모평균을 μ, 샘플링오차를 s, 측정오차를 m이라 정의하면, 데이터의 구조식은

$$x = \mu + s + m$$

로 된다. 여기서 샘플링오차와 측정오차는 모두 변량요인이다. 그러므로

$$N_s \sim (0, \sigma_s^2), \ \ N_m \sim (0, \sigma_m^2)$$ 이며, $$Cov(s, m) = 0$$ 이다.

데이터의 구조식에 대해 기대치와 분산을 취하면 다음과 같이 정의된다.

$$E(x) = E(\mu + s + m) = \mu$$
$$V(x) = V(\mu + s + m) = \sigma_s^2 + \sigma_m^2$$

이를 바탕으로 하여 n개의 표본을 취하여 각 k회 표본을 측정하는 경우, '평균치$(\overline{x})$의 오차분산' $V(\overline{x})$는 다음과 같이 정의된다.

ⓐ n개의 표본을 취하여 각각 1회씩 측정하여 평균하는 경우

$$V(\overline{x}) = \frac{1}{n}(\sigma_s^2 + \sigma_m^2) = \frac{\sigma_s^2 + \sigma_m^2}{n}$$

ⓑ n개의 표본을 취하여 각각 k회씩 측정하여 평균하는 경우

$$V(\overline{x}) = \frac{1}{n}(\sigma_s^2 + \frac{\sigma_m^2}{k}) = \frac{\sigma_s^2}{n} + \frac{\sigma_m^2}{nk}$$

(예제 5-4)

어떤 로트에서 5개의 표본을 랜덤하게 샘플링하여 각 2회씩 측정하였을 때, 평균치의 오차분산 $V(\overline{x})$를 구하시오. (단, $\sigma_s^2 = 0.4, \sigma_m^2 = 0.2$)

(풀이)

$$V(\overline{x}) = \sigma_{\overline{x}}^2 = \frac{1}{n}(\sigma_s^2 + \frac{\sigma_m^2}{k}) = \frac{1}{5}(0.4 + \frac{0.2}{2}) = 0.1$$

② **집합체인 경우(축분[11], 혼합이 행하여질 때)**

인크리멘트 1개를 취하여, 이것을 1회 축분(reduction) 한 후 1회 측정했을 때의 모평균을 μ, 샘플링오차를 s, 측정오차를 m, 축분오차를 r이라 정의하면, 데이터의 구조식은

---

[11] 집합체에서 표본을 취하는 경우 취한 표본에서 점차로 양을 줄여 측정용 표본으로 만드는 것. 축분하기 위해 모은 표본이 다량이고, 다량 표본에서 분석용 표본을 취하는 샘플링법이 축분이다.

$$x = \mu + s + m + r$$

이다. 여기서 샘플링오차, 측정오차 및 축분오차는 모두 변량요인이다. 그러므로

$$N_s \sim (0, \sigma_s^2), \ N_m \sim (0, \sigma_m^2), \ N_r \sim (0, \sigma_r^2)$$이며, $Cov(s, m, r) = 0$이다.

데이터의 구조식에 대해 기대치와 분산을 취하면 다음과 같이 정의된다.

$$E(x) = \mu$$
$$V(x) = {\sigma_s}^2 + {\sigma_r}^2 + \sigma_m^2$$

이를 바탕으로 하여 표본 n개를 취하여 1회 축분 후 k회 표본을 측정하는 경우 '평균 치($\overline{x}$)의 오차분산' $V(\overline{x})$는 다음과 같이 정의된다.

ⓐ n개의 표본을 취하여 각 1회씩 축분하여 k회 분석하여 평균하는 경우

$$V(\overline{x}) = \frac{1}{n}({\sigma_s}^2 + {\sigma_r}^2 + \frac{\sigma_m^2}{k})$$

ⓑ n개의 표본을 취하여 각 표본으로부터 l개의 분석용 표본을 조제하여 각 표본을 k회씩 분석하는 경우

$$V(\overline{x}) = \frac{1}{n}\left[{\sigma_s}^2 + \frac{1}{l}({\sigma_r}^2 + \frac{\sigma_m^2}{k})\right]$$

③ n개의 표본을 취하여 전부를 혼합하여 혼합 표본을 만들어 k회 분석하는 경우

$$V(\overline{x}) = \frac{1}{n}{\sigma_s}^2 + {\sigma_r}^2 + \frac{\sigma_m^2}{k}$$

(예제 5-5)

어떤 공정에서 인크리먼트 4개를 취하여 각 1회 축분하고 각 2회씩 측정을 행하고 있다. 측정오차 $\sigma_m^2 = 0.1$, 샘플링오차 $\sigma_s^2 = 0.2$이고, 이 로트의 평균치 정밀도 $V(\overline{x})$가 0.1 일 때 축분오차 σ_R^2은 얼마인가?

(풀이)

$V(\overline{x}) = \sigma_{\overline{x}}^2 = \dfrac{1}{n}(\sigma_s^2 + \sigma_R^2 + \dfrac{\sigma_m^2}{k})$에서

$0.1 = \dfrac{1}{4}(0.2 + \sigma_R^2 + \dfrac{0.1}{2})$

$\sigma_R^2 = 0.1 \times 4 - 0.25 = 0.15$

5.3 샘플링 방법과 샘플링 오차

(1) 랜덤 샘플링(random sampling)

모집단을 구성하는 모든 원소들이 목적하는 품질특성에 대해 동일한 확률로 표본으로 뽑힐 수 있도록 하는 샘플링방법으로, 표본의 크기 n이 증가할수록 샘플링의 정도가 높아진다.

① 단순 랜덤 샘플링(simple random sampling)

모집단의 크기 N개 중 1개를 $\dfrac{1}{N}$ 확률로 취하고, 나머지 $N-1$개 중 1개를 $\dfrac{1}{N-1}$의 확률로 취하는 샘플링을 표본 n개를 취할 때 까지 반복하는 샘플링 방법이다. 이 때 n개의 샘플링 단위의 모든 가능한 조합에서 표본이 구성될 확률은 동일하게 되며, 표본평균($\overline{x}$)의 오차분산을 구하는 식은 다음과 같다.

$$V(\overline{x}) = \frac{N-n}{N-1} \cdot \frac{\sigma^2}{n}$$

또한 모집단이 무한모집단 또는 $N > 10n$인 경우 다음 근사식으로 구할 수 있다.

$$V(\overline{x}) = \frac{\sigma^2}{n} \quad \text{..} \langle \text{식 } 5-3 \rangle$$

ⓐ 단순 랜덤 샘플링을 실시하기 위한 원칙

　㉠ 표본을 취하는 검사원에게 샘플링 목적과 중요성을 인식시킨다.

　㉡ 샘플링은 목적에 맞게 시간적 · 공간적 조건을 정하여 실시한다.

　㉢ 제품의 생산에 종사하는 사람 등 이해당사자에게 샘플링을 맡겨서는 안 되며, 투명하게 선택되도록 한다.

　㉣ 샘플링은 대상물이 이동 또는 정지 로트에 관계없이 적합하게 수행한다.

② 계통 샘플링(systematic sampling)

N개의 물품이 어떠한 순서로 배열되어 있을 때, 첫 k개의 샘플링 단위 중 1개를 랜덤으로 취한 후 그로부터 매 k번째를 선택하여 n개의 표본을 취하는 샘플링방법이다. 주로 이동로트(흐름생산방식)에 적용되는 샘플링방법으로 일정간격으로 표본을 취한다.

여기서 간격 k는 모집단의 크기를 표본수로 나눈 개념으로 다음과 같다.

$$k = \frac{N}{n}$$

ⓐ 계통 샘플링의 특징

　㉠ 로트의 배열에 주기가 없다면 시간적, 공간적으로 층별 샘플링효과가 있다.

　㉡ 로트의 배열에 주기가 없다면 군간변동(σ_b^2)의 영향을 받지 않으므로 동일 표본에서 단순 랜덤 샘플링보다 추정 정밀도가 대체로 우수하며 표본을 취하기 쉽다.

　㉢ 제품생산 또는 로트 배열에 주기성이 있으면 사용하지 못한다.

　㉣ 첫 표본은 반드시 랜덤으로 취하므로 random start법이라고도 한다.

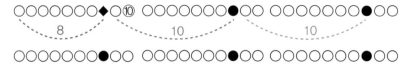

〈그림 5-2〉 계통 샘플링 (k=10)

③ 지그재그 샘플링(zigzag sampling)

계통 샘플링에서 주기성에 의한 치우침이 발생할 위험을 방지하기 위해 계통을 2가지
이상 혼합하여 사용함으로써 표본을 취하는 방법이다. 샘플링 주기가 변하므로 공정
에서 발생하는 주기를 피하여 표본을 취할 수 있다.

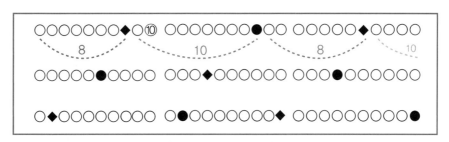

〈그림 5-3〉 지그재그 샘플링 (k=8 & 10)

(2) 2단계 샘플링(two-stage sampling)

모집단(lot)이 N_i개씩 제품이 들어있는 M상자로 나누어져 있을 때, 랜덤하게 m 상자
를 취한 후 각 상자로부터 n_i개의 제품을 랜덤하게 취하는 샘플링방법이다.

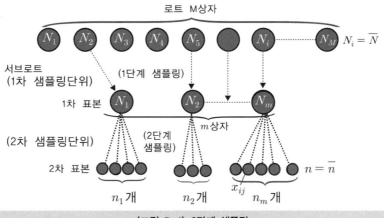

〈그림 5-4〉 2단계 샘플링

① 특징

    ⓐ 단순 랜덤 샘플링보다 대체로 추정 정밀도가 나쁘다.

    ⓑ 단순 랜덤 샘플링보다 표본을 샘플링하기 쉽고 시간이나 비용이 단축된다.

    ⓒ 평균치($\overline{x}$)의 오차분산이 군내변동과 군간변동의 합으로 이루어진다.

② 2단계 샘플링의 정밀도(평균치($\overline{x}$)의 오차분산)

2단계 샘플링에서 상자 내의 산포 σ_w^2, 상자 간의 산포 σ_b^2 이라 하고, $\overline{n} = \dfrac{1}{m}\displaystyle\sum_{i=1}^{m} n_i$

(단, $\displaystyle\sum_{i=1}^{m} n_i = m\overline{n}$)일 경우 평균치의 오차분산은 다음과 같다.

    ⓐ 유한모집단인 경우($\overline{N} \leq 10n, M \leq 10m$)

    측정오차를 고려하지 않을 경우 평균치의 오차분산은 다음과 같다.

$$V(\overline{x}) = \frac{M-m}{M-1} \times \frac{\sigma_b^2}{m} + \frac{\overline{N}-\overline{n}}{\overline{N}-1} \times \frac{\sigma_w^2}{m\overline{n}}$$

    ⓑ 무한모집단인 경우($N \geq 10n, M \geq 10m$인 경우)

    측정오차를 고려하지 않을 경우, 이항분포 근사식을 활용한 표본평균의 오차분산은 다음과 같다.

$$V(\overline{x}) = \frac{\sigma_b^2}{m} + \frac{\sigma_w^2}{m\overline{n}} \quad \cdots\cdots\cdots\cdots\cdots\cdots\cdots\cdots\cdots\cdots\cdots\cdots\cdots\cdots\cdots\cdots \langle 식\ 5\text{-}4 \rangle$$

    ⓒ 무한모집단에서 측정오차 σ_m^2 을 고려하는 경우

$$V(\overline{x}) = \frac{\sigma_b^2}{m} + \frac{\sigma_w^2}{m\overline{n}} + \frac{\sigma_m^2}{m\overline{n}}$$

(예제 5-6)

10kg들이 화공약품 500상자에 대한 약품의 함량 조사를 위해 5상자를 랜덤하게 취하여 각 상자에서 5 인크리멘트 씩 2차 표본을 취하였다(단, 1 인크리멘트는 10g이다).

ⓐ 상자 간 산포 $\sigma_b = 0.2\%$, 상자 내 산포 $\sigma_w = 0.5\%$임을 알고 있을 때, 평균치의 오차 분산을 구하시오(단, 측정오차는 고려하지 않는다).

ⓑ 각 상자에서 취한 2차 표본을 혼합·축분하여 2회 반복 측정하였다. 평균치의 오차 분산을 구하시오(단, $\sigma_R = 0.1\%$, $\sigma_m = 0.2\%$이다).

- -

(풀이)

ⓐ 2단계 샘플링으로 로트가 표본에 비해 충분히 크므로 무한모집단으로 취급한다.

$$V(\overline{x}) = \frac{\sigma_b^2}{m} + \frac{\sigma_w^2}{m\overline{n}} = \frac{(0.2)^2}{5} + \frac{(0.5)^2}{5 \times 5} = 0.018(\%)$$

ⓑ $V(\overline{x}) = \sigma_s^2 + \sigma_R^2 + \frac{\sigma_m^2}{k} = 0.018 + (0.1)^2 + \frac{(0.2)^2}{2} = 0.048(\%)$

(예제 5-7)

동일한 부품이 80개씩 들어 있는 50개의 상자에서 각 부품들의 평균무게를 추정하려 한다. 상자 간 산포 $\sigma_b = 0.5kg$, 상자 내 산포 $\sigma_w = 0.8kg$로 알려져 있을 때 4상자를 랜덤하게 취하여 각 상자 당 5개의 부품을 랜덤 샘플링하고 각 1회 측정하였다.

ⓐ 각각의 부품의 무게를 측정할 때 측정오차가 무시될 경우(즉, $\sigma_m^2 = 0$), 평균치의 오차분산($V(\overline{x})$)을 구하시오.

ⓑ 또한 측정오차 $\sigma_m^2 = 0.1^2(kg)$일 경우 평균치의 95% 신뢰한계($\beta_{\overline{x}}$)를 구하시오.

- -

(풀이)

ⓐ 2단계 샘플링으로 로트가 표본에 비해 충분히 크므로 무한모집단으로 취급한다.

$$V(\overline{x}) = \frac{\sigma_b^2}{m} + \frac{\sigma_w^2}{m\overline{n}} = \frac{0.5^2}{4} + \frac{0.8^2}{4 \times 5} = 0.0945(\text{kg})$$

ⓑ $V(\overline{x}) = \left(\frac{\sigma_b^2}{m} + \frac{\sigma_w^2}{m\overline{n}} \right) + \frac{\sigma_m^2}{m\overline{n}} = \frac{(0.5)^2}{4} + \frac{(0.8)^2}{4 \times 5} + \frac{(0.1)^2}{4 \times 5} = 0.095(\text{kg})$

$\beta_{\overline{x}} = z_{1-\alpha/2} \times \sqrt{V(\overline{x})} = 1.96 \times \sqrt{0.095} = 0.604(\text{kg})$

③ 단순 랜덤 샘플링의 경우와 평균치의 오차분산에 대한 추정 정밀도의 비교

단순 랜덤 샘플링 시의 표본의 크기를 2단계 샘플링 시를 기준으로 표본의 크기를 맞춘다면 $n = m\overline{n}$가 되며, 오차분산 역시 군간변동과 군내변동의 합이므로 $\sigma^2 = \sigma_b^2 + \sigma_w^2$이 된다. 그러므로 단순 랜덤 샘플링시의 평균치의 오차분산을 $V_R(\overline{x})$로 표기할 때, 이를 〈식 5-3〉에 대입하면 다음과 같다.

$$V_R(\overline{x}) = \frac{\sigma^2}{n} \Rightarrow \frac{\sigma_b^2 + \sigma_w^2}{m\overline{n}} \quad \text{〈식 5-5〉}$$

또한 2단계 샘플링시의 평균치의 오차분산을 $V_T(\overline{x})$라고 할 때, 〈식 5-4〉와 〈식 5-5〉를 비교하면 다음과 같다.

$$\alpha = \frac{V_T(\overline{x})}{V_R(\overline{x})} = \frac{\left(\dfrac{\sigma_b^2}{m} + \dfrac{\sigma_w^2}{m\overline{n}} \right)}{\dfrac{\sigma_b^2 + \sigma_w^2}{m\overline{n}}} = \frac{\overline{n}\sigma_b^2 + \sigma_w^2}{\sigma_b^2 + \sigma_w^2} \geq 1$$

ⓐ $n = 1$일 때: $\alpha = 1$로 단순 랜덤 샘플링과 추정 정밀도가 동일하다.

ⓑ $n \geq 2$일 때: $\alpha > 1$로 2단계 샘플링의 추정 정밀도가 나쁘다.

(3) 층별 샘플링(stratified sampling)

모집단을 몇 개의 층으로 나누어 각 층마다 각각 랜덤으로 표본을 추출하는 방법으로, 군간변동(σ_b^2)은 가능한 한 크게 하고 군내변동(σ_w^2)은 균일하게 층별하는 것을 원칙으로 한다.

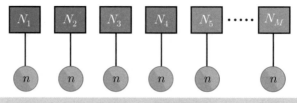

〈그림 5-5〉 층별 샘플링

① 특징

  ⓐ 단순 랜덤 샘플링과 표본의 크기가 동일한 조건에서 정밀도가 일반적으로 우수하다.

  ⓑ 평균치의 오차분산($\sigma_{\bar{x}}^2$)이 군내변동(σ_w^2)에 의해 결정된다.

  ⓒ 군내변동을 균일하게 하여 군간변동을 불균일하게 서브로트를 구성할수록(σ_b^2을 크게 한다), 즉 층별이 잘 될수록 샘플링 정도가 우수하다.

  ⓓ 단순 랜덤 샘플링 보다 표본을 샘플링하기가 쉽다.

② 층별 샘플링의 정밀도(평균치의 오차분산 $V(\bar{x})$)

  ⓐ 유한모집단인 경우

    $M = m$이므로 $\dfrac{M-m}{M-1} = 0$이다. 그러므로 군간변동은 나타나지 않는다.

$$V(\bar{x}) = \frac{\overline{N}-\overline{n}}{\overline{N}-1} \cdot \frac{\sigma_w^2}{m\overline{n}}$$

  ⓑ 무한모집단인 경우($\overline{N} \geq 10\overline{n}$)

$$V(\bar{x}) = \frac{\sigma_w^2}{m\overline{n}} \quad \cdots\cdots\cdots \langle 식\ 5\text{-}6 \rangle$$

  ⓒ 무한모집단의 경우에서 각 1회 측정의 측정오차를 고려하는 경우

$$V(\bar{x}) = \frac{\sigma_w^2}{m\overline{n}} + \frac{\sigma_m^2}{m\overline{n}}$$

③ 단순 랜덤 샘플링의 경우와 평균치의 오차분산에 대한 추정 정밀도의 비교

  〈식 5-6〉 층별 샘플링 시의 평균치의 오차분산을 $V_s(\bar{x})$라 할 때, 단순 랜덤 샘플링 시의 평균치의 오차분산 〈식 5-5〉를 비교하면 다음과 같다.

$$\alpha = \frac{V_s(\bar{x})}{V_R(\bar{x})} = \frac{\dfrac{\sigma_w^2}{m\overline{n}}}{\dfrac{\sigma_b^2 + \sigma_w^2}{m\overline{n}}} = \frac{\sigma_w^2}{\sigma_b^2 + \sigma_w^2} \leq 1$$

  따라서 $\alpha \leq 1$이므로 층별 샘플링의 추정 정밀도가 더 우수하다.

④ 층별 샘플링의 종류 와 최적할당

ⓐ 층별 비례 샘플링

각 층의 크기가 일정하지 않을 때 층의 크기에 비례하여 표본을 취하는 방법이다.

$$n_i = n \times \left(\frac{N_i}{\sum_{i=1}^{k} N_i} \right) \ (단, \ i = 1 \sim k 이다)$$

ⓑ 네이만 샘플링

각 층의 크기와 표준편차의 곱에 비례하여 표본을 취하는 방법이다.

$$n_i = n \times \frac{N_i \sigma_i}{\sum_{i=1}^{k} N_i \sigma_i} \ (단, \ i = 1 \sim k 이다)$$

ⓒ 데밍 샘플링

각 층으로부터 샘플링하는 비용까지도 고려하여 표본을 취하는 방법이다.

$$n_i = n \times \left(\frac{\dfrac{N_i \sigma_i}{\sqrt{c_i}}}{\sum_{i=1}^{k} \dfrac{N_i \sigma_i}{\sqrt{c_i}}} \right)$$

(예제 5-8)

인구가 각각 $N_1 = 30만$, $N_2 = 40만$, $N_3 = 20만$이며, 분산이 $\sigma_1^2 = 20^2$, $\sigma_2^2 = 12^2$ $\sigma_3^2 = 14^2$인 경우의 세 도시에서 400명의 표본을 구하고자 한다. 다음 물음에 답하시오.

ⓐ 층별비례 샘플링에 의한 각 도시별 표본의 크기를 할당을 하시오.
ⓑ 네이만 샘플링에 의한 각 도시별 표본의 크기를 할당을 하시오.

(풀이)
ⓐ 층별비례샘플링은 서브로트의 크기 N_i를 고려한다.

ㄱ N_1의 경우: $n_1 = n \times \dfrac{N_1}{\sum N_i}$

$$= 400 \times \frac{30만}{30만 + 40만 + 20만} = 400 \times \frac{30만}{90만} = 133.33 \rightarrow 133명$$

ⓒ N_2의 경우: $n_2 = n \times \dfrac{N_2}{\sum N_i} = 400 \times \dfrac{40만}{90만} = 177.78 \to 178명$

ⓒ N_3의 경우: $n_3 = n \times \dfrac{N_3}{\sum N_i} = 400 \times \dfrac{20만}{90만} = 88.89 \to 89명$

ⓑ 네이만샘플링은 서브로트의 크기와 표준편차의 곱 $N_i \sigma_i$의 크기를 고려한다.

ⓐ N_1의 경우: $n_1 = n \times \dfrac{N_1 \sigma_1}{\sum N_i \sigma_i}$

$$= 400 \times \dfrac{30만 \times 20}{30만 \times 20 + 40만 \times 12 + 20만 \times 14}$$

$$= 400 \times \dfrac{600}{1,360} = 176.47 \to 177명$$

ⓒ N_2의 경우: $n_2 = n \times \dfrac{N_2 \sigma_2}{\sum N_i \sigma_i}$

$$= 400 \times \dfrac{40만 \times 12}{1,360만} = 141.18 \to 141명$$

ⓒ N_3의 경우: $n_3 = n \times \dfrac{N_3 \sigma_3}{\sum N_i \sigma_i}$

$$= 400 \times \dfrac{20만 \times 14}{1,360만} = 82.35 \to 82명$$

(예제 5-9)

4개의 같은 크기의 층으로 된 모집단의 군간분산 $\sigma_b^2 = 10\%$, 군내분산 $\sigma_w^2 = 4\%$이다. 각 층에서 1개씩의 표본을 랜덤 샘플링하여 평균 $\overline{x}$를 구했을 경우 평균치 추정오차분산 $V(\overline{x})$를 구하라.

(풀이)

층별샘플링(무한 모집단)이므로 군간분산이 나타나지 않는다.

$$V(\overline{x}) = \sigma_{\overline{x}}^2 = \dfrac{\sigma_w^2}{m\overline{n}} = \dfrac{4}{4 \times 1} = 1\,(\%)$$

(4) 집락샘플링(또는 군집샘플링: cluster sampling)

모집단을 몇 개의 층으로 나눈 후 표본(n)의 크기를 고려하여 몇 개의 층을 랜덤 샘플링하여 취한 층의 전체를 표본으로 하는 방법이다.

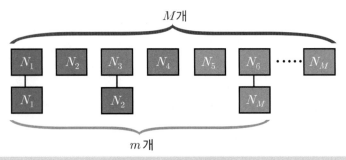

〈그림 5-6〉 집락 샘플링

① 특징

ⓐ 군내변동는 불균일하게, 군간변동은 균일하게 할수록 유리하다(σ_w^2를 크게 한다).

ⓑ 평균치의 오차분산($\sigma_{\bar{x}}^2$)이 군간변동(σ_b^2)에 의해 결정된다.

ⓒ 어떤 제품의 선호도 조사와 같은 대규모 불특정 표본 군이 필요할 때 많이 사용된다.

② 집락샘플링의 정밀도(평균치의 오차분산 $V(\bar{x})$)

$\bar{n} = \bar{N}$이므로 $\dfrac{\overline{N-\bar{n}}}{N-1} = 0$이다. 그러므로 군내변동은 나타나지 않는다.

ⓐ 유한모집단의 경우

$$V(\bar{x}) = \frac{M-m}{M-1} \cdot \frac{\sigma_b^2}{m}$$

ⓑ 무한 모집단의 경우

$$V(\bar{x}) = \frac{\sigma_b^2}{m}$$ .... 〈식 5-7〉

③ 단순 랜덤 샘플링의 경우와 평균치의 오차분산에 대한 추정 정밀도의 비교

〈식 5-7〉 집락 샘플링 시의 평균치의 오차분산을 $V_c(\bar{x})$라 할 때, 단순 랜덤 샘플링 시의 평균치의 오차분산 〈식 5-5〉를 비교하면 다음과 같다.

$$\alpha = \frac{V_c(\overline{x})}{V_R(\overline{x})} = \frac{\dfrac{\sigma_b^2}{m}}{\dfrac{\sigma_b^2 + \sigma_w^2}{m\overline{n}}} = \frac{\overline{n}\sigma_b^2}{\sigma_b^2 + \sigma_w^2}$$

수식에서 보는 바와 같이 집락 샘플링은 층별이 잘 되어 군내변동이 적어지면 상대적으로 군간변동이 커져서 좋지 않으므로 군내변동을 크게 구성하여야 정밀도를 좋게 할 수 있다.

5.4 샘플링 검사의 분류 및 형식

샘플링 검사는 검사단위의 품질표시방법, 검사의 형태, 검사의 형식에 따라서 〈표 5-1〉과 같이 분류된다. 또한 샘플링 검사 표는 이 세 가지 분류방법의 조합에 의해 설명되고 있으므로(예를 들면 계수 규준형 1회 샘플링 검사 등), 각 분류상의 특징을 이해하는 것이 중요하다.

〈표 5-1〉 샘플링 검사의 분류

검사단위의 품질의 표시방법별	형태별	형식별
① 계수샘플링 검사 　부적합품수(P) 또는 부적합수(m)에 대한 　샘플링 검사 ② 계량샘플링 검사 　특성치가 계량치인 샘플링 검사	① 규준형 ② 선별형 ③ 조정형 ④ 연속생산형	① 1회 샘플링 검사 ② 2회 샘플링 검사 ③ 다회 샘플링 검사 ④ 축차 샘플링 검사

(1) 검사단위의 품질표시방법에 따른 분류

① 계수형 샘플링 검사

ⓐ 부적합품수에 따른 샘플링 검사

검사단위의 품질을 적합품과 부적합품으로 구분하는 샘플링 검사로, 로트의 품질을 부적합품률(%)로 표현한다.

ⓑ 부적합수에 따른 샘플링 검사

검사단위의 품질을 그것이 갖는 결점으로 나타내는 샘플링 검사로, 로트의 품질을
100단위당 부적합수로 표현한다.

② 계량 샘플링 검사

검사단위의 품질을 측정치에 따라서 나타내는 경우의 샘플링 검사로, 로트의 품질을
평균치 또는 부적합품률(%)로 표현한다.

계수형 샘플링 검사는 실시하기가 간단하기 때문에 널리 사용되고 있다. 반면에 계량형
샘플링 검사는 측정이나 계산이 복잡하고 시간이 걸리지만, 계수형 샘플링 검사에 비해서
표본의 크기가 작아 경제적이다. 〈표 5-2〉는 두 가지 샘플링 검사를 비교한 것이다.

〈표 5-2〉 계수형 샘플링 검사와 계량형 샘플링 검사와의 비교

	계수형 샘플링 검사	계량형 샘플링 검사
품질의 표시방법	부적합품수, 부적합 수로 표시	측정치로 표시
검사의 실시	① 숙련을 요하지 않는다. ② 계측기가 단순하다. ③ 계산이 간단하다. ④ 검사기록이 단순하다.	① 일반적으로 숙련을 요한다. ② 계측기가 까다로울 수 있다. ③ 계산이 복잡하다. ④ 검사기록이 다양하다.
적용에 대한 이론적 제약	랜덤 샘플링 이외에는 분포형의 제약은 없다.	랜덤 샘플링 외에 특성치가 정규분포를 따라야 한다.
검출력과 표본크기	계량형과 동일한 검출력을 얻을 경우 표본의 크기가 크다.	계수형과 동일한 검출력을 얻을 경우표본의 크기가 작다.
검사기록의 이용	검사기록의 이용이 한정적이다.	검사기록을 여러 가지 목적에 활용할 수 있다.
적용해서 유리한 경우	① 검사비용이 물품의 가격에 비하여 비교적 값싼 것 ② 검사에 시간, 설비, 인원을 많이 요하지 않는 것 ③ 검사항목이 많아서 로트의 품질을 한가지로 표현하여 보증하고 싶은 경우	① 검사의 비용이 물품의 가격에 비하여 비교적 높은 것 ② 검사에 시간, 설비, 인원을 비교적 많이 요하는 것 ③ 특정 주요 항목만 로트의 품질을 보증하고 싶은 경우

(2) 샘플링 검사의 형식

① 1회 샘플링 검사

모집단(Lot)에서 표본을 나누어 취하지 않고 한 번에 취하여 측정 결과를 판정기준과 비교하여 모집단의 합격·불합격을 결정한다. 샘플링 형식 중에서 가장 간편하나 검사에 따른 평균샘플크기(ASS: Average sample size)가 가장 크다.

② 2회 샘플링 검사

1회에서 지정된 표본으로 검사한 결과 판정을 내리지 못할 때 다시 2차 표본을 취하고 1차 결과와 누계하여 이에 따라 Lot의 합격·불합격을 판정하는 방식이다〈그림 5-7〉.

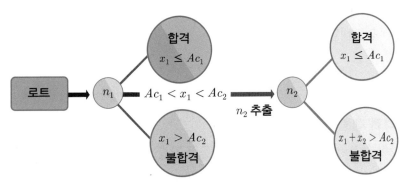

(단, n_1: 1차 표본, n_2: 2차 표본, Ac_1: 1차 표본에서의 합격판정개수, Ac_2: 2차 표본에서의 합격판정개수)

〈그림 5-7〉계수 규준형 2회 샘플링 검사 예

③ 2회 샘플링 검사의 확률계산

ⓐ 모집단이 첫 번째 표본(n_1)에 의하여 합격되는 확률

$$P_{Ac1} = \Pr(X_1 \leq Ac_1)$$
$$= \sum_{x_1=0}^{Ac_1} \frac{e^{-m_1} \times (m_1)^{x_1}}{x_1!} \ (\text{단, } n_1 p = m_1 \text{이다.})$$

ⓑ 모집단이 첫 번째 표본(n_1)에 의하여 불합격되는 확률

$$P_{Re1} = \Pr(X_1 > Ac_2) = 1 - \Pr(X_1 \leq Ac_2)$$
$$= 1 - \sum_{x_1=0}^{Ac_2} \frac{e^{-m_1} \times (m_1)^{x_1}}{x_1!}$$

ⓒ 모집단이 두 번째 샘플(n_2)에 의하여 합격되는 확률

$$P_{Ac_2} = \Pr(x_1 + x_2 \leq Ac_2)$$

$$= \sum_{x_1 = Ac_1 + 1}^{Ac_2} \sum_{x_2 = 0}^{Ac_2 - x_1} \frac{e^{-n_1 p} \times (n_1 p)^x}{x_1!} \cdot \frac{e^{-n_2 p} \times (n_2 p)^{x_2}}{x_2!}$$

(단, $n_1 p = m_1$, $n_2 p = m_2$ 이다.)

ⓓ 모집단이 두 번째 샘플(n_2)에 의하여 불합격되는 확률

$$P_{Re_2} = \Pr(x_1 + x_2 > Ac_2) = 1 - P_{Ac_1} - P_{Re_1} - P_{Ac_2}$$

(단, $x_1 + x_2$는 2회 표본까지의 누계부적합품수이다.)

ⓔ 평균샘플크기(ASS)

$$ASS = n_1 + n_2 (1 - P_{Ac_1} - P_{Re_1})$$

④ 다회 샘플링 검사

2회 샘플링 검사를 3회 이상의 샘플링 검사 형식으로 확장한 것이다. 이는 각 회차의 샘플링 조사 결과를 각 회차의 합격판정기준과 비교하여 합격, 불합격, 검사 속행의 3종으로 분류하면서 합격판정을 진행하는 형식이다.

⑤ 축차 샘플링 검사

1개씩 표본을 검사하면서 그 누계결과를 그 때마다 판정기준과 비교하여 합격, 불합격, 검사 속행의 판정을 하는 것으로, 궁극적으로 평균샘플크기를 가장 적게 할 수 있다.

〈표 5-3〉 각 샘플링 형식의 비교

샘플링 형식	1회 샘플링	2회 샘플링	다회 샘플링	축차 샘플링
검사로트 당 평균샘플크기	대	중	소	최소
검사로트 당 검사개수의 변동	무	조금 있다	크다	크다
검사비용	대	중	소	소
실시 및 기록의 번잡성	간단	중간	복잡	복잡
심리적 효과(신중하다는 느낌)	나쁘다	중간	좋다	좋다
검사 단위당 검사비용에 따른 적용의 용이성	검사비용이 낮을 때		단위당 검사비용이 높아 줄이고 싶을 때	

(예제 5-10)

$n_1 = 10$, $Ac_1 = 0$, $n_2 = 15$, $Ac_2 = 2$인 계수 규준형 2회 sampling 검사에서 부적합품률 2%인 모집단이 있다(단, 로트의 크기 N은 충분히 크다). 푸아송분포를 활용하여 다음 물음에 답하시오.

ⓐ 1회 검사에서 모집단이 합격할 확률은?
ⓑ 1회 검사에서 모집단이 불합격할 확률은?
ⓒ 2회 검사에서 모집단이 합격할 확률은?
ⓓ 2회 검사에서 모집단이 불합격할 확률은?
ⓔ Lot의 합격확률은?
ⓕ Lot의 불합격확률은?
ⓖ 평균샘플크기는?

(풀이)

ⓐ 1회 표본 $n_1 = 10$개를 샘플링 했을 때 부적합품수를 X_1이라 하면

$$m_1 = n_1 p = 10 \times 0.02 = 0.2$$

1회에서의 합격확률

$$P_{Ac_1} = \Pr(X_1 \leq Ac_1) = \Pr(X_1 \leq 0)$$

$$= \frac{e^{-m_1}(m_1)^{x_1}}{X_1!} = \frac{e^{-0.2} \times 0.2^0}{0!} = 0.81873$$

ⓑ 1회에서의 불합격 확률

$$P_{Re_1} = \Pr(X > Ac_2) = 1 - P(X_1 \leq 2)$$

$$= 1 - e^{-0.2}(1 + 0.2 + \frac{0.2^2}{2})$$

$$= 1 - 0.81873 - 0.16375 - 0.01637 = 0.00115$$

ⓒ 2회 표본 $n_2 = 15$개를 샘플링 했을 때 부적합품수를 X_2이라 하면 2회 검사에서 로트가 합격할 확률(단, $m_1 = n_1 p = 0.2$, $m_2 = n_2 p = 0.3$이다.)

$$P_{Ac_2} = \sum_{x_1=1}^{2} \sum_{x_2=0}^{1} \Pr(x_1)\Pr(x_2)$$

$$= \Pr(x_1 = 1)\Pr(x_2 \leq 1) + \Pr(x_1 = 2)\Pr(x_2 = 0)$$

$$= 0.16375 \times e^{-0.3}(1 + 0.3) + 0.01637 \times e^{-0.3}$$

$$= 0.16375 \times (0.7408 + 0.2222) + 0.01637 \times 0.7408$$

$$= 0.1577 + 0.01213 = 0.16983$$

ⓓ 2회 검사에서 로트가 불합격될 확률

$$P_{Re_2} = 1 - (P_{Ac_1} + P_{Re_1} + P_{Ac_2})$$
$$= 1 - 0.81873 - 0.00115 - 0.16983 = 0.01029$$

ⓔ Lot의 합격확률은?

$$P_A = P_{Ac_1} + P_{Ac_2}$$
$$= 0.81873 + 0.16983 = 0.98856$$

ⓕ Lot의 불합격확률은?

$$P_R = P_{Re_1} + P_{Re_2}$$
$$= 0.00115 + 0.01029 = 0.01144$$

ⓖ 평균샘플크기

$$ASS = n_1 + n_2(1 - P_{Ac_1} - P_{Re_1})$$
$$= 10 + 15(1 - 0.81873 - 0.00115) = 12.7$$

5.5 OC 곡선(검사특성곡선)

(1) OC 곡선의 작성 방법

샘플링 검사는 로트 전체를 대상으로 검사하지 않고 표본의 검사로 로트의 합격 여부를 판정하는 방법이다. 그러므로 로트의 부적합품률이 0%가 아니라면, 검사 결과에 따라 부적합품률이 낮은 로트여도 불합격이 될 수 있고, 반대로 부적합품률이 높은 로트여도 합격이 될 수 있다. 실제로 어떤 부적합품률 P_i를 기준으로 이 품질에 충족되지 않는 로트는 전부 불합격 시키고, 충족시키면 로트 전부를 합격시키는 OC곡선(operating characteristic curve)은 전수검사에서만 가능하다(그림 5-8).

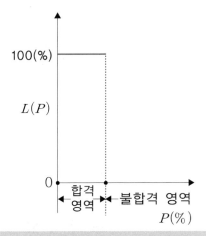

$L(P)$

100(%)

0

합격
영역

불합격 영역

$P(\%)$

〈그림 5-8〉 이상적인 OC곡선

하지만 샘플링 검사에서는 샘플링이란 특성 때문에 어느 정도 나쁜 로트가 합격되거나 좋은 로트가 불합격되는 경우가 불가피하다. 그러므로 이상적 OC곡선처럼 직선이 되지 못하고 곡선이 된다. 이와 같이 샘플링 검사를 실시하면 좋은 모집단인데도 불구하고 나쁜 모집단이라고 보아 거부(reject)하거나, 또는 반대로 나쁜 모집단인데도 불구하고 좋은 모집단이라고 보아 수용(accept)하게 된다. 우리는 전자를 생산자 위험(제1종 오류)이라 하며 α라는 기호로 표시하고, 후자를 소비자 위험(제2종 오류)이라 하며 β라는 기호로 표시한다.

그러므로 샘플링 검사를 설계 하려면 제1종 오류와 제2종 오류를 고려하여 설계하여야 하며, 또한 로트의 부적합품률의 변화에 따른 합격 확률이 어느 정도인지 확인하는 것이 중요하다. 이를 표현한 그림이 OC 곡선(검사특성곡선)이다.

OC곡선의 관찰을 통해 그 샘플링 검사방식으로 P%의 부적합품률을 가진 로트는 몇% 합격할 수 있는지, 또는 로트가 목표하는 합격률을 유지하기 위해서는 로트의 부적합품률을 어느 정도로 유지하여야 하는지 등을 알 수 있다(그림 5-9).

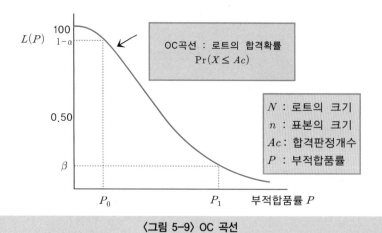

〈그림 5-9〉 OC 곡선

OC곡선은 로트의 부적합품률($P(\%)$)을 가로축에 로트의 합격확률($L(P)$)을 세로축으로 하여 작성한 그림으로 계수치 데이터의 경우 모집단이 합격할 확률은 초기하분포, 이항분포, 푸아송분포에 의하여 구할 수 있다.

각 분포별 lot의 부적합품률에 따른 합격확률의 계산법은 다음과 같다.

① 초기하분포

모집단의 크기 N, 부적합품률 P인 모집단에서, 비복원추출로 크기 n의 표본을 취하여 부적합품수를 판정할 때, 합격판정개수가 Ac에서의 lot 합격확률 $L(P)$는 초기하분포를 따른다.

$$L(P) = \sum_{x=0}^{Ac} \frac{{}_{NP}C_x \times {}_{N-NP}C_{n-x}}{{}_{N}C_n}$$

② 이항분포

N이 n에 비해서 충분히 큰 경우($N > 10n$) 이항분포로 근사한다.

$$L(P) = \sum_{x=0}^{Ac} {}_{n}C_x P^x (1-P)^{n-x}$$

③ 푸아송분포

$N > 10n$이고, 부적합품률 P가 10% 이하인 경우 푸아송분포에 근사한다.

$$L(P) = \sum_{x=0}^{Ac} e^{-np} \frac{(nP)^x}{x!}$$

계수형 분포의 관계를 고려할 때 로트의 크기 N이 표본의 크기 n보다 10배 이상인 경우 초기하분포는 이항분포에 근사되며, 로트의 부적합품률은 대부분 10% 미만이므로 이항분포는 푸아송분포로 근사된다. 그러므로 연속 거래관계를 보증하는 장기적 품질보증을 하는 경우의 계수형 데이터에 대한 로트의 합격확률은 푸아송분포를 이용하여 작성되는 경우가 일반적이다.

예를 들어 모집단의 크기(N) 1,000, 로트 중의 부적합품률(p) 5%, 표본의 크기(n)이 30인 경우 표본 중에 부적합품의 수 X가 0, 1, 2, …가 나올 확률은 〈표 5−4〉와 같다.

ⓐ $NP = 1,000 \times 0.05 = 50$

ⓑ $m = nP = 30 \times 0.05 = 1.5$

〈표 5−4〉 N=1000, n=30, NP=50에서 확률변수 X에 대한 부적합품이 나타날 확률

X	0	1	2	3	4	5
초기하분포	0.210	0.342	0.263	0.128	0.044	0.011
이항분포	0.215	0.339	0.259	0.127	0.045	0.012
푸아송분포	0.223	0.335	0.251	0.126	0.047	0.014

여기서 크기 $N=1000$의 로트로부터 $n=30$의 표본을 취하고 표본 중에 포함되는 부적합품수 X가 2 이하일 때 모집단을 합격으로 하며, 3개 이상의 경우에는 로트를 불합격으로 하는 샘플링 검사방식을 생각해 보자.

이것을 기호로 간단히 표시하면 $N=1000$, $n=30$, $Ac=2$인 샘플링 검사방식이 되며, 여기서 Ac를 합격판정개수(acceptance number)라 한다. 따라서 이 검사방식에서의 모집단이 합격하는 확률 $L(P)$는 로트의 부적합품률 P를 따르므로, $P=5$(%)인 경우에 대해 푸아송근사를 활용하여 합격확률을 구하면 다음과 같다.

$$L(P) = \Pr(x=0) + \Pr(x=1) + \Pr(x=2)$$
$$= \Pr(X \le 2) = 0.223 + 0.335 + 0.251 = 0.809$$

이다. 즉, $n=30$, $Ac=2$인 샘플링 검사방식에서 로트의 부적합품률이 5(%)라면 그 모집단은 80.9(%)의 확률로 합격된다. 〈표 5−5〉는 $n=30$, $Ac=2$인 계수 1회

샘플링 검사방식에서 각 부적합품률에 대한 로트의 합격확률 L(P) 및 OC곡선을 푸아송분포를 이용하여 계산·작성한 것이다.

〈표 5-5〉 모집단의 합격확률(n=30, Ac=2)과 OC 곡선의 예

P(%)	$L(P)$	P(%)	$L(P)$
0	1.000	8	0.570
1	0.996	9	0.494
2	0.977	10	0.423
3	0.937	11	0.359
4	0.879	12	0.303
5	0.809	13	0.253
6	0.731	14	0.210
7	0.650	15	0.174

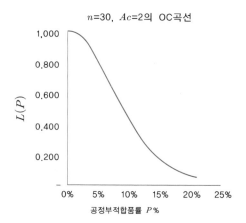

n=30, Ac=2의 OC곡선

(예제 5-11)

크기 $N = 3,000$의 모집단에서 표본의 크기 $n = 100$, 합격판정개수 $Ac = 2$인 1회 샘플링 검사를 행할 때, 부적합품률 1(%), 3(%), 5(%)인 로트가 합격될 확률과 OC곡선을 구하시오.

(풀이)

$P \leq 0.1$이므로 푸아송분포를 이용한다.

$$L(P) = \Pr(X \leq 2) = \sum_{x=0}^{Ac=2} \frac{e^{-m} m^x}{x!}$$

ⓐ $P = 1\%$일 때

$m = np = 100 \times 0.01 = 1$

$$L_{(P)} = \frac{e^{-1} 1^0}{0!} + \frac{e^{-1} 1^1}{1!} + \frac{e^{-1} 1^2}{2!} = 0.9197$$

ⓑ $P = 3\%$일 때

$m = np = 100 \times 0.03 = 3$

$$L_{(P)} = \frac{e^{-3} 3^0}{0!} + \frac{e^{-3} 3^1}{1!} + \frac{e^{-3} 3^2}{2!} = 0.4232$$

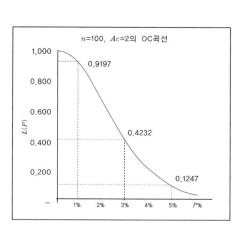

n=100, Ac=2의 OC곡선

ⓒ $P = 5\%$일 때

$$m = np = 100 \times 0.05 = 5$$

$$L_{(P)} = \frac{e^{-5}5^0}{0!} + \frac{e^{-5}5^1}{1!} + \frac{e^{-5}5^2}{2!} = 0.1247$$

(2) OC 곡선의 성질

부적합품률 P에 대해 모집단의 크기 N, 표본의 크기 n, 합격판정개수 Ac가 변하는 경우 검사특성곡선의 변화는 다음과 같다.

① n과 Ac는 일정하게 하고, N만 변화하는 경우

〈그림 5−10〉에서와 같이 모집단의 크기(N)를 변화시킬 경우 N이 표본의 크기(n)에 비하여 어느 정도 이상 크면($N \geq 10n$) OC곡선은 거의 변화가 없다. 이는 $N \geq 10n$일 경우 합격확률 계산으로 이항분포 근사치를 활용하며 이 경우 모집단의 크기(N)는 계산에 사용되지 않는 것으로도 알 수 있다.

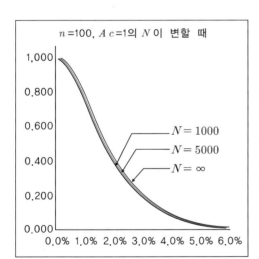

N	0.5%	1%	2%	3%
1000	0.919	0.736	0.389	0.179
5000	0.912	0.736	0.401	0.192
∞	0.910	0.736	0.403	0.195

〈그림 5−10〉 모집단의 크기 N의 변화에 따른 OC 곡선의 변화

② N과 Ac는 일정하고, n만 변화하는 경우

표본의 크기(n)를 증가시키면 OC곡선의 경사는 점점 급하게 된다. 즉 샘플링 검사는 합격률을 낮추는 까다로운 검사가 되며, 제2종 오류는 적어지게 되나 제1종 오류가 증가하는 현상이 나타난다(그림 5−11).

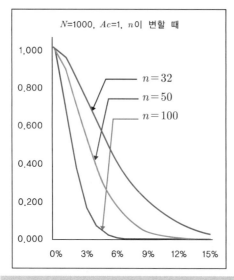

〈그림 5-11〉 표본의 크기 n의 변화에 따른 OC 곡선의 변화

n	1%	5%	10%	15%
32	0.962	0.517	0.152	0.035
50	0.915	0.272	0.031	0.002
100	0.736	0.031	0.000	0.000

③ N과 n은 일정하고, Ac만 변화하는 경우

합격판정개수(Ac)가 증가할수록 OC곡선은 오른쪽으로 완만해진다. 즉 샘플링 검사는 합격을 많이 시키는 수월한 검사가 되며, 제1종 오류는 적어지게 되나 제2종 오류가 증가하여 검출력이 나빠진다(그림 5-12).

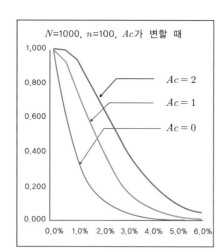

〈그림 5-12〉 합격판정개수 Ac의 변화에 따른 OC 곡선

Ac	1%	2%	3%	5%
0	0.347	0.119	0.040	0.004
1	0.736	0.389	0.179	0.031
2	0.931	0.677	0.408	0.106

④ N, n, Ac의 비율이 일정하게 변하는 경우

$Ac/n/N$을 일정하게 한 일정비율(percentage) 샘플링 검사의 OC곡선은 〈그림 5-13〉과 같이 로트의 크기에 따라 일정하게 샘플링조건을 증가시키면 제1종 오류와 제2종 오류가 동시에 좋아져서 검출력이 좋아진다.

그러므로 샘플링 설계 시 비율이 일정할 때 로트를 크게 하는 것이 유리하지만, 이는 입고 로트가 커지는 문제점과(재고가 증가할 수 있다) 샘플링 시 수시로 로트를 증감시켜 비율이 일정한 검사를 하게 되면 로트에 따라 품질보호의 정도가 크게 달라지므로 일정수준의 품질보호를 얻을 수 없다는 점도 유념하여야 한다.

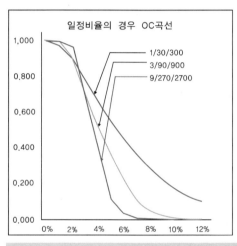

$Ac/n/N$	1%	3%	5%	7%
1/30/300	0.973	0.776	0.545	0.355
3/90/900	0.992	0.719	0.323	0.105
9/270/2700	1.000	0.712	0.116	0.006

〈그림 5-13〉 일정비율(10(%)) 샘플링 검사의 OC 곡선의 변화

6장 계수 및 계량 규준형 1회 샘플링 검사 (KS Q 0001)

샘플링 검사를 통한 합격판정은 정해진 계약조건에 대해 생산자와 구매자 모두에게 공정한 결과이어야 한다. 이 규격의 샘플링 검사 방식은 생산자와 구매자 양자에 대한 합격판정을 공정하게 하기 위해 제1종 오류와 제2종 오류가 균형을 이루는 조건으로 설계되어 있다. 또한 이 규격은 검사조건에 대응되어 로트의 품질수준별 합격률의 관계를 OC곡선으로 명확히 제시하고 있으므로, 이 규격을 통해 품질향상 목표 설정과 달성과정 관리를 합리적으로 할 수 있다.

6.1 계수 규준형 1회 샘플링 검사

(1) 계수 규준형 1회 샘플링 검사의 개요 및 이론적 근거

샘플링 검사 적용 대상 로트에서 1회만 표본을 취한 후 조사하여, 그 결과 부적합품이 합격판정개수 이하($X \leq c$[12])이면 로트를 합격으로 하고, 부적합품이 합격판정개수를 초과($X > c$)하는 경우 그 로트를 불합격으로 하는 계수 1회 샘플링 검사 방식이다.

계수 규준형 1회 샘플링 검사(single sampling inspection plan by attributes)[13] 방식은 로트의 품질을 부적합품률로 표시하며, 부적합품률이 P_0이하인 좋은 품질의 로트가 불합격 될 확률(α)을 5%로 하고, 부적합품률이 P_1이상인 나쁜 품질의 로트가 합격될 확률(β)을 10%로 정하여, 판매자 측과 구매자 측이 요구하는 품질수준을 동시에 만족시키도록 샘플링 검사 방식을 설계하는 방법이다.

즉 이 샘플링 검사 방식은 생산자와 구매자의 협의에 의해 미리 결정된 두 점 (P_0, 0.95), (P_1, 0.10)이 OC곡선을 만족하는 n과 c의 조합으로 이루어진다(그림 6-1). 그러나 표본의 크기 n과 합격판정개수 c는 0과 자연수만으로 구해지므로 정확하게 두 점을 통과하는 조합은 없으며, 두 점에 근사한 곡선을 갖는 샘플링 검사 방식을 찾아서 정하게 된다. 결론적으로 P_0, P_1, α, β를 동시에 만족시키는 샘플링 검사 방식(n, c)의 설계는 $L(P_0)$와 $L(P_1)$을 동시에 만족시키는 n과 c를 구하는 것이다.

---

12) KS Q 0001은 합격판정개수를 'c'로 정의한다.

13) KS Q 0001:2013 제1부: 계수 규준형 1회 샘플링 검사 방식(불량 개수인 경우)

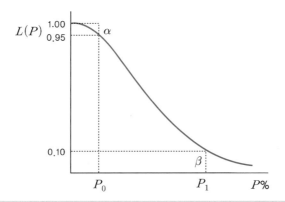

〈그림 6-1〉 계수 규준형 1회 샘플링 검사의 OC 곡선

① 이항분포에 의한 n과 c의 계산

$$L(P_0) = 1 - \alpha = \sum_{x=0}^{c} {}_n C_x P_0^x (1-P_0)^{n-x} \quad \cdots\cdots\cdots\cdots\cdots\cdots \langle \text{식 } 6\text{-}1 \rangle$$

$$L(P_1) = \beta = \sum_{x=0}^{c} {}_n C_x P_1^x (1-P_1)^{n-x} \quad \cdots\cdots\cdots\cdots\cdots\cdots\cdots \langle \text{식 } 6\text{-}2 \rangle$$

② 푸아송분포에 의한 계산

$$L(P_0) = 1 - \alpha = \sum_{x=0}^{c} \left[e^{-nP_0} \times \frac{nP_0^x}{x!} \right] \quad \cdots\cdots\cdots\cdots\cdots \langle \text{식 } 6\text{-}3 \rangle$$

$$L(P_1) = \beta = \sum_{x=0}^{c} \left[e^{-nP_1} \times \frac{nP_1^x}{x!} \right] \quad \cdots\cdots\cdots\cdots\cdots\cdots \langle \text{식 } 6\text{-}4 \rangle$$

그러므로 적용하는 분포에 따라 〈식 6-1〉, 〈식 6-2〉 또는 〈식 6-3〉, 〈식 6-4〉의 연립방정식으로 n과 c를 구한다. 하지만 이 방정식에 의해 구하기는 쉽지 않으므로 KS Q 0001에 제시된 〈표 6-1〉 계수 규준형 1회 샘플링 검사표를 활용하여 간편하게 구한다.

(2) 계수 규준형 1회 샘플링 검사 방식

계수 규준형 1회 샘플링 검사 방식 규격에서 주로 사용되는 샘플링 검사표는 다음의 2가지이다.

① 계수 규준형 1회 샘플링 검사표〈표 6-1〉

주어진 P_0, P_1으로부터 표본의 크기 n과 합격판정개수 c를 구하는 표이다. 이 표는 이항분포로 계산되어 있어서 로트의 크기가 표본의 크기에 비해서 충분히 큰 경우 $(N \geq 10n)$에 적용할 수 있으므로, 만약 이 로트의 크기가 표본의 크기에 비해 충분히 크지 않을 경우$(N < 10n)$ 초기하분포로 재계산하여 사용하여야 한다.

또한 P_0, P_1 값을 범위로 하고, n도 범위의 대푯값으로 구해진 값을 정하였기 때문에 표로부터 구한 샘플링 검사 방식 n, c 조합은 확률적으로 구하려는 검사특성과 약간의 차이가 발생할 수 있다. 실제로 이 규격을 적용할 경우 α와 β는 대체로 α =0.03~0.07, β=0.04~0.13 정도로 변한다.

② 샘플링 검사 설계보조표〈표 6-2〉

푸아송분포로 계산한 표로서 $1-\alpha$=0.95에 대한 nP_0와 β=0.10에 대한 nP_1과의 비 P_1/P_0를 기초로 해서 샘플링 검사 방식 n, c를 구하는 표로, 샘플링 검사표에서 '*'로 나왔을 경우에 활용하는 보조표이다. 대체로 표본의 크기와 합격판정개수가 커진다.

(3) 계수 규준형 1회 샘플링 검사 방식의 적용 절차

계수 규준형 1회 샘플링 검사 방식의 결정 및 로트의 판정은 다음과 같은 순서로 실시한다.

① 품질 기준의 설정

검사 단위에 대하여 적합품과 부적합품을 구분하기 위한 품질기준을 명확히 정한다. 생산자 위험(producer's risk: α) 0.05, 소비자 위험(consumer's risk: β) 0.10을 근거로 생산자 및 구매자가 합의하여 P_0, P_1을 결정한다. 표본의 크기 n이 지나치게 커지지 않도록 가급적 $P_1/P_0 > 3$ 이상으로 한다.

〈표 6-1〉 표1 계수 규준형 1회 샘플링 검사표

$\alpha \fallingdotseq 0.05,\ \beta \fallingdotseq 0.10$

하측 n 우측 c

$p_0(\%)$ \ $p_1(\%)$	0.71~0.90	0.91~1.12	1.13~1.40	1.41~1.80	1.81~2.24	2.25~2.80	2.81~3.55	3.56~4.50	4.51~5.60	5.61~7.10	7.11~9.00	9.01~11.2	11.3~14.0	14.1~18.0	18.1~22.4	22.5~28.0	28.1~35.5
0.090~0.112	*	400 1	↑	←	↓	←	60 0	↑	←	↓	←	↓	←	←	←	←	←
0.113~0.140	*	↓	300 1	↓	→	↑	→	50 0	←	↑	←	→	→	↑	←	↓	←
0.141~0.180	*	500 2	→	250 1	↓	→	→	↓	40 0	→	→	↓	→	←	→	↓	→
0.181~0.224	*	↓	400 2	→	200 1	↓	↓	→	→	30 0	←	↓	→	→	←	→	↑
0.225~0.280	*	*	500 3	300 2	↑	150 1	→	↓	→	→	25 0	20 0	↑	→	↓	→	↓
0.281~0.355	*	*	→	400 3	250 2	→	120 1	→	↓	→	↑	20 0	15 0	↑	→	↓	→
0.356~0.450	*	*	→	↓	300 3	200 2	→	100 1	→	↓	→	→	15 0	↑	→	↓	→
0.451~0.560	*	*	*	400 4	→	250 3	150 2	→	80 1	→	↓	→	→	10 0	↑	→	→
0.561~0.710	*	*	500 6	→	300 4	→	200 3	120 2	→	60 1	→	↓	→	→	7 0	↑	←
0.711~0.900	*	*	→	400 6	→	250 4	→	150 3	100 2	→	50 1	→	→	→	→	5 0	←
0.901~1.12	*	*	500 10	→	300 6	→	200 4	→	120 3	80 2	→	40 1	↓	→	→	↓	→
1.13~1.40	*	*	*	400 10	→	250 6	→	150 4	→	100 3	60 2	→	30 1	↓	→	→	↓
1.41~1.80			*	*	300 10	→	200 6	→	120 4	→	80 3	50 2	→	25 1	↓	→	→
1.81~2.24				*	*	250 10	→	150 6	→	100 4	→	60 3	40 2	→	20 1	↓	→
2.25~2.80					*	*	200 10	→	120 6	→	80 4	→	50 3	30 2	→	15 1	↓
2.81~3.55						*	*	150 10	→	100 6	→	60 4	→	40 3	25 2	→	10 1
3.56~4.50							*	*	120 10	→	80 6	→	50 4	→	30 3	20 2	→
4.51~5.60								*	*	100 10	→	60 6	→	40 4	→	25 3	15 2
5.61~7.10									*	*	80 10	→	50 6	→	30 4	→	20 3
7.11~9.00										*	*	60 10	→	40 6	→	25 4	→
9.01~11.2											*	*	50 10	→	30 6	→	20 4

| $p_0(\%)$ \ $p_1(\%)$ | 0.71~0.90 | 0.91~1.12 | 1.13~1.40 | 1.41~1.80 | 1.81~2.24 | 2.25~2.80 | 2.81~3.55 | 3.56~4.50 | 4.51~5.60 | 5.61~7.10 | 7.11~9.00 | 9.01~11.2 | 11.3~14.0 | 14.1~18.0 | 18.1~22.4 | 22.5~28.0 | 28.1~35.5 |

비고 →표는 그 방향의 최초의 화살표 란의 n, c를 사용한다.
* 표는 **표 2**에 따른다.
빈 칸에 대응하는 샘플링 검사방식은 없다.

〈표 6-2〉 표 2 샘플링 검사 설계 보조표

p_1/p_0	c	n
17 이상	0	$2.56/p_0 + 115/p_1$
16~7.9	1	$17.8/p_0 + 194/p_1$
7.8~5.6	2	$40.9/p_0 + 266/p_1$
5.5~4.4	3	$68.3/p_0 + 334/p_1$
4.3~3.6	4	$98.5/p_0 + 400/p_1$
3.5~2.8	6	$164/p_0 + 527/p_1$
2.7~2.3	10	$308/p_0 + 770/p_1$
2.2~2.0	15	$502/p_0 + 1\ 065/p_1$
1.99~1.86	20	$704/p_0 + 1\ 350/p_1$

표 2를 쓰는 법

a) 지정된 p_1과 p_0의 비 p_1/p_0를 계산한다.

b) p_1/p_0를 포함하는 행(行)을 찾아 n, c를 구한다.

c) p_1/p_0가 1.86 미만인 경우에는 n이 너무 커져서 경제적으로 불리하다.

d) 구한 n이 정수가 아닐 때는 그것에 근사한 정수로 정한다.

② 로트의 형성

같은 제조조건으로 만들어진 것을 원칙으로 형성한다.

③ 샘플링 검사방식의 결정

ⓐ 〈표 6-1〉에서 P_0, P_1에 대한 n, c를 구한다.

ⓑ 표에서 P_0를 포함하는 행과 P_1을 포함하는 열이 만나는 칸을 찾는다. 칸 중의 좌측이 표본의 크기 n이고, 우측이 합격판정개수 c이다.

ⓒ 구한 칸에 화살표가 나타날 때에는 그 방향에 따라서 순차로 진행하여 도달한 수식이 기입된 칸에서 n, c를 구한다.

ⓓ 구한 칸에 *표가 있을 때에는 〈표 6-2〉의 샘플링 검사 설계보조표에서 n, c를 계산하여 구한다. 이와 같이 구한 n이 로트의 크기를 초과할 경우에는 전수검사를 실시해야 한다. 설계보조표의 사용방법은 지정된 P_1과 P_0의 비 P_1/P_0을 계산한 값에 해당되는 행에서 c를 읽고 n을 식에서 구한다.

④ **표본의 채취 방법**

로트로부터 ③의 절차로 결정된 크기 n의 표본을 취한다. 샘플링은 로트의 보증 측면에서 치우침이 없도록 반드시 랜덤 샘플링을 하여야 한다.

⑤ **표본의 시험 및 판정**

①에서 정한 품질기준에 따라 표본을 조사하여 표본 중의 부적합품수를 조사한다. 표본 중의 부적합품수(r)가 합격판정개수 이하($r \le c$)이면 로트를 합격으로 판정하고, 합격판정개수를 초과하면 불합격 판정한다.

⑥ **로트의 처리**

합격 또는 불합격으로 판정된 로트는 미리 정해진 계약에 따라 처리한다. 어떠한 경우라도 불합격으로 된 로트를 그대로 다시 제출해서는 안 된다.

(예제 6-1)

다음 주어진 조건에 대해 계수 규준형 1회 샘플링 검사 방식을 설계하시오.

ⓐ $P_0 = 0.5(\%)$, $P_1 = 4(\%)$

ⓑ $P_0 = 0.8(\%)$, $P_1 = 2(\%)$

(풀이)

ⓐ 〈표 6-1〉에서 화살표 방향으로 따라가면 $n=120$, $c=2$이다.

ⓑ 〈표 6-1〉에 '＊'표가 되어 있으므로 〈표 6-2〉의 보조표를 사용한다.

$\dfrac{P_1}{P_0} = \dfrac{2.0}{0.8} = 2.5$이므로 보조표에서

㉠ $c = 10$

㉡ $n = \dfrac{308}{P_0} + \dfrac{770}{P_1} = \dfrac{308}{0.8} + \dfrac{770}{2} = 770$

즉 $n = 770$, $c = 10$이다.

6.2 계량 규준형 1회 샘플링 검사(σ 기지인 경우)

(1) 계량 규준형 1회 샘플링 검사[14]의 개요 및 이론적 근거

계량 규준형 1회 샘플링 검사 방식은 적용 대상 로트로부터 1회만 표본을 취하여 표본의 검사단위로 품질특성을 측정하고 그 평균치(m)를 산출한 후 이것을 합격판정치 (acceptance value: $\overline{X_U}$ 또는 $\overline{X_L}$)와 비교하여 정해진 조건을 만족하면 그 로트를 합격으로 하고, 만족하지 않으면 불합격으로 판정하는 계량치에 의한 샘플링 검사이다.

계량치에 의한 샘플링 검사 또한 생산자와 구매자 양자가 요구하는 품질보증의 정도를 동시에 만족하도록 샘플링 검사 방식을 설계한다. 계량 규준형 1회 샘플링 검사는 로트의 품질을 로트의 평균치 또는 부적합품률(P)로 표시하는 2가지로 나누어진다.

① 로트의 평균치를 보증하는 경우의 샘플링 검사
② 로트의 부적합품률을 보증하는 경우의 샘플링 검사

(2) 로트의 평균치 보증 방법

① 특성치가 망소특성인 경우

m_0보다 낮은 평균치를 갖는 로트는 좋은 로트이므로 되도록 합격시키기를 원하며, m_1보다 높은 평균치를 갖는 로트는 나쁜 로트이므로 되도록 불합격시키기를 원할 때 적용하는 샘플링 검사이다.

〈그림 6-2〉와 같이 좋은 로트의 평균 m_0가 불합격으로 되는 비율을 α로, 나쁜 로트의 평균 m_1이 합격하는 비율을 β로 억제할 수 있도록 상한 합격판정치($\overline{X_U}$)를 정한다.

그리고 로트로부터 크기 n의 표본을 랜덤으로 취하여 이를 측정한 결과로부터 평균치 $\overline{x}$를 구한 후, 이를 상한 합격판정치 $\overline{X_U}$와 비교하여 $\overline{x} \leq \overline{X_U}$이면 로트를 합격, $\overline{x} > \overline{X_U}$이면 로트를 불합격으로 판정한다.

---

14) KS Q 0001:2013 제3부: 계량 규준형 1회 샘플링 검사 방식

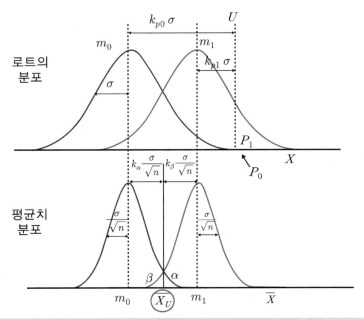

〈그림 6-2〉에서 샘플링 검사 방식인 표본의 크기 n과 상한 합격판정치 $\overline{X}_U$를 구할 수 있다. $\alpha = 5\%$, $\beta = 10\%$를 만족하는 m_0, m_1이 정해지면 $\overline{x}$의 분포는 표준편차가 $\dfrac{\sigma}{\sqrt{n}}$인 분포이며 $\overline{X}_U$와 좋은 로트의 평균 m_o의 차이는 $k_\alpha \dfrac{\sigma}{\sqrt{n}}$과 같으므로 다음과 같이 정리할 수 있다.

$$\overline{X_U} - m_0 = k_\alpha \frac{\sigma}{\sqrt{n}}$$

$$\overline{X}_U = m_0 + k_\alpha \frac{\sigma}{\sqrt{n}} \quad\text{······································ 〈식 6-5〉}$$

또한 〈그림 6-2〉에서 나쁜 로트의 평균 m_1과 $\overline{X_U}$의 차이는 $k_\beta \dfrac{\sigma}{\sqrt{n}}$과 같으므로 〈식 6-5〉와 같은 방법으로 정리하면 다음과 같다.

$$m_1 - \overline{X_U} = k_\beta \frac{\sigma}{\sqrt{n}}$$

$$\overline{X_U} = m_1 - k_\beta \frac{\sigma}{\sqrt{n}} \quad\text{······································ 〈식 6-6〉}$$

〈식 6−5〉와 〈식 6−6〉는 각각 $\overline{X_U}$에 관한 식이므로 다음 식이 성립한다.

$$m_0 + k_\alpha \frac{\sigma}{\sqrt{n}} = m_1 - k_\beta \frac{\sigma}{\sqrt{n}}$$

따라서 표본의 크기 n은 다음과 같이 정리할 수 있다.

$$n = \left(\frac{k_\alpha + k_\beta}{m_1 - m_0}\right)^2 \times \sigma^2$$

$$= \left(\frac{1.645 + 1.282}{m_1 - m_0}\right)^2 \sigma^2 = \left(\frac{2.927}{m_1 - m_0}\right)^2 \sigma^2 \quad \cdots\cdots\cdots\cdots\cdots \text{〈식 6−7〉}$$

단, 표본의 크기는 자연수가 되어야 하며 검출력을 만족시키기 위해 소수점 이하는 올림 처리한다. 이와 같은 관계로 상한 합격판정치의 계산은 좋은 로트 m_0를 기준으로 하는 계산식을 선택한다. 그러므로 상한 합격판정치 $\overline{X_U}$는 〈식 6−5〉에서 다음과 같다.

$$\overline{X}_U = m_0 + k_\alpha \frac{\sigma}{\sqrt{n}} = m_0 + \frac{k_\alpha}{\sqrt{n}}\sigma$$

$$= m_0 + G_0\sigma \ \ (단, \ \frac{k_\alpha}{\sqrt{n}} = G_0 \ 이다.) \quad \cdots\cdots\cdots\cdots \text{〈식 6−8〉}$$

(예제 6−2)

평균값이 $480g$ 이하인 로트는 될 수 있는 한 합격시키고, 평균값이 $500g$ 이상인 로트는 될 수 있는 한 불합격시키는 계량 규준형 1회 샘플링 검사를 적용하려고 한다. 공정의 품질 특성은 정규분포를 따르고 표준편차는 $10g$으로 관리되고 있을 경우, 계량 규준형 1회 샘플링 검사를 설계하시오.

(풀이)

ⓐ 표본 크기의 계산

$$n = \left(\frac{k_\alpha + k_\beta}{m_0 - m_1}\right)^2 \sigma^2 = \left(\frac{1.645 + 1.282}{480 - 500}\right)^2 \times 10^2 = 2.14 \ \rightarrow 3개$$

ⓑ 합격판정치의 계산

$$\overline{X_U} = m_0 + \frac{k_\alpha}{\sqrt{n}}\sigma = 480 + \frac{1.645}{\sqrt{3}} \times 10 = 489.4974\text{g}$$

ⓒ 판정

$\overline{x} \leq 489.4974g$이면 로트를 합격시키고

$\overline{x} > 489.4974g$이면 로트를 불합격시킨다.

② 특성치가 망대특성인 경우

m_0보다 높은 평균치를 갖는 좋은 모집단은 되도록 합격시키고, m_1보다 낮은 평균치를 갖는 나쁜 로트는 되도록 불합격시킬 때 적용하는 샘플링 검사이다.

이 샘플링 검사는 로트로부터 표본 n을 랜덤하게 채취, 특성치를 측정하여 그 결과로부터 평균치 $\overline{x}$를 구하고, $\overline{x} \geq \overline{X}_L$이면 모집단을 합격, $\overline{x} < \overline{X}_L$이면 로트를 불합격으로 판정한다.

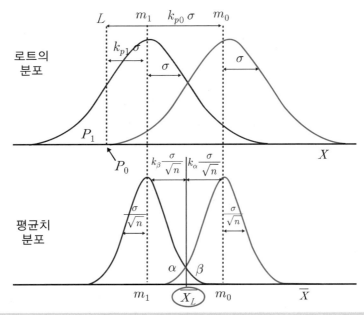

〈그림 6-3〉 특성치가 망대특성인 경우

〈그림 6-3〉에서 〈식 6-5〉부터 〈식 6-8〉까지와 동일한 방법으로 유도하면, 표본 크기(n)과 하한 합격판정치 $\overline{X}_L$를 구할 수 있다. $\alpha = 5\%$, $\beta = 10\%$를 만족하는

m_0, m_1이 정해지면 $m_0 - \overline{X_L} = k_\alpha \dfrac{\sigma}{\sqrt{n}}$ 이 되며, $\overline{X_L} - m_1 = k_\beta \dfrac{\sigma}{\sqrt{n}}$ 이 된다. 이것을 하한 합격판정치($\overline{X_L}$)를 기준으로 정리하면 다음과 같다.

$$\overline{X}_L = m_0 - k_\alpha \frac{\sigma}{\sqrt{n}} \quad \text{……………………………………} \quad \langle \text{식 } 6-9 \rangle$$

$$\overline{X}_L = m_1 + k_\beta \frac{\sigma}{\sqrt{n}} \quad \text{……………………………………} \quad \langle \text{식 } 6-10 \rangle$$

식 (6−9)와 식 (6−10)는 하한 합격판정치($\overline{X_L}$)을 구하는 같은 값이므로

$$m_0 - k_\alpha \frac{\sigma}{\sqrt{n}} = m_1 + k_\beta \frac{\sigma}{\sqrt{n}}$$

따라서 표본의 크기 n은 다음과 같은 식이 된다.

$$\begin{aligned} n &= \left(\frac{k_\alpha + k_\beta}{m_0 - m_1} \right)^2 \times \sigma^2 \\ &= \left(\frac{1.645 + 1.282}{m_0 - m_1} \right)^2 \sigma^2 = \left(\frac{2.927}{m_0 - m_1} \right) \sigma^2 \quad \text{…………………} \quad \langle \text{식 } 6-11 \rangle \end{aligned}$$

표본의 크기 n을 구하는 〈식 6−11〉은 망소특성에서의 〈식 6−7〉과 동일하므로 특성에 관계없이 사용할 수 있으며, 소수점 이하는 올림 처리한다. 또한 하한 합격판정치의 계산도 망소특성과 마찬가지로 좋은 로트 m_0를 기준으로 하는 계산식을 선택한다.

그러므로 하한 합격판정치 $\overline{X}_L$는 〈식 6−9〉에서 다음과 같다.

$$\begin{aligned} \overline{X_L} &= m_0 - k_\alpha \frac{\sigma}{\sqrt{n}} = m_0 - \frac{k_\alpha}{\sqrt{n}} \sigma \\ &= m_0 - G_0 \sigma \quad (\text{단, } \frac{k_\alpha}{\sqrt{n}} = G_0 \text{ 이다.}) \quad \text{……………} \quad \langle \text{식 } 6-12 \rangle \end{aligned}$$

(예제 6-3)

어떤 음료의 당도는 높을수록 좋으며, 당도의 평균 $m_0 = 7\%$, $m_1 = 4\%$의 계량 규준형 1회 샘플링 검사를 적용하려 한다. 당도의 표준편차는 3%로 관리되고 있다.

ⓐ 계량 규준형 1회 샘플링 검사 방식을 설계하시오.
ⓑ 주어진 표본의 측정치를 활용하여 로트에 대한 합격여부를 판정하시오.

$$\sum_{i=1}^{9} x_i = 50\,(\%)$$

(풀이)
망대특성이며 평균치 보증방식이다.

ⓐ $n = \left(\dfrac{k_\alpha + k_\beta}{m_0 - m_1}\right)^2 \sigma^2 = \left(\dfrac{1.645 + 1.282}{7 - 4}\right)^2 \times (3)^2 = 8.567 \fallingdotseq 9$

$\overline{X_L} = m_0 - G_0\sigma = 7 - \dfrac{1.645}{\sqrt{9}} \times 3 = 5.355$

ⓑ $\overline{x} = \dfrac{\sum x}{n} = \dfrac{50}{9} = 5.556$

$\overline{x} = 5.556 > \overline{X_L} = 5.355$이므로 로트를 합격시킨다.

③ **특성치가 망목특성인 인 경우**

망목특성이란 규격상한과 규격하한이 동시에 주어지는 경우로, 제품의 품질특성치는 규격의 중심인 목표치에 가까울수록 좋은 제품이 된다. 망목특성의 경우 〈그림 6-4〉와 같이 평균치의 상한과 하한 양쪽에 각각 합격판정치를 설계한다.

〈그림 6.4〉는 망목특성인 경우이며 m_0'와 m_0''는 합격시키고 싶은 로트의 평균 한계치로 m_0'와 m_0''사이의 값을 갖는 로트는 합격시키고 싶은 로트이고, m_1'보다 작은 값을 갖는 로트나 m_1''보다 큰 값을 갖는 로트는 불합격시키고 싶은 로트라는 의미를 갖고 있다.

결론적으로 망목특성은 망소특성과 망대특성이 결합되어 있는 경우이며 상한 합격판정치와 하한 합격판정치가 모두 나타난다.

〈그림 6.4〉를 살펴보면 왼쪽의 망대특성을 나타내는 그림과 오른쪽의 망소특성을 나타내는 그림의 합성으로 구성되어 있다. 그러므로 $\overline{X_U}$는 〈식 6-5〉와 동일하게 상측에 위치한 망소특성의 m_0'를 기준으로 구하고, $\overline{X_L}$은 〈식 6-9〉와 동일하게 하측에 위치한 망대특성의 m_0''를 기준으로 구하면, 상한 합격판정치와 하한 합격판정치는 다음과 같이 구해진다.

$$\overline{X_U} = m_o^{'} + k_\alpha \frac{\sigma}{\sqrt{n}} \qquad \langle식\ 6\text{-}13\rangle$$

$$\overline{X_L} = m_0^{''} - k_\alpha \frac{\sigma}{\sqrt{n}} \qquad \langle식\ 6\text{-}14\rangle$$

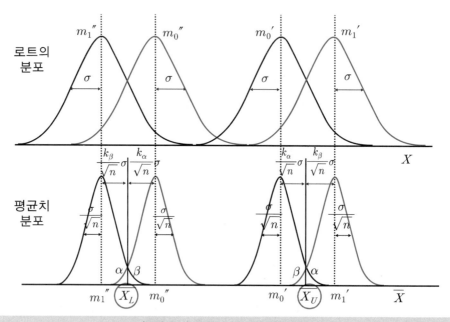

〈그림 6-4〉 특성치가 망목특성인 경우

또한 표본의 크기 n을 구하는 식은 〈식 6-7〉, 〈식 6-11〉과 동일하므로 〈식 6-15〉와 〈식 6-16〉으로 정의되며 둘 중에 어느 것을 사용해도 관계없다.

$$n = \left(\frac{k_\alpha + k_\beta}{m_0^{'} - m_1^{'}}\right)^2 \times \sigma^2 \qquad \langle식\ 6\text{-}15\rangle$$

$$n = \left(\frac{k_\alpha + k_\beta}{m_1^{''} - m_0^{''}}\right)^2 \times \sigma^2 \qquad \langle식\ 6\text{-}16\rangle$$

하지만 상한 합격판정치와 하한 합격판정치가 독립적으로 존재하려면 $\frac{\overline{X_U} - \overline{X_L}}{\frac{\sigma}{\sqrt{n}}} > 5$ 를 만족하여야 한다. 이 식에 〈식 6-13〉와 〈식 6-14〉을 대입하여 정리하면 다음과 같다.

$$\frac{\overline{X_U} - \overline{X_L}}{\frac{\sigma}{\sqrt{n}}} = \frac{(m_0' + k_\alpha \frac{\sigma}{\sqrt{n}}) - (m_0'' - k_\alpha \frac{\sigma}{\sqrt{n}})}{\frac{\sigma}{\sqrt{n}}} > 5$$

$$\frac{(m_0' - m_0'') + 2 \times 1.645 \frac{\sigma}{\sqrt{n}}}{\frac{\sigma}{\sqrt{n}}} > 5$$

$$\frac{m_0'' - m_0'}{\frac{\sigma}{\sqrt{n}}} > 1.71 \quad \text{···} \langle \text{식 6-17} \rangle$$

망목특성의 계량 규준형 1회 샘플링 검사는 이를 만족해야 샘플링 검사의 설계가 가능해 지며, 이 조건을 만족하지 못하면 샘플링 검사 방식을 설계할 수가 없다.

또한 샘플링 검사의 합격판정은 〈식 6-15〉 또는 〈식 6-16〉을 이용하여 구한 표본크기 n에 대한 표본평균 $\overline{x}$와 설정된 합격판정치를 비교하여 $\overline{X}_L \leq \overline{x} \leq \overline{X}_U$이면 로트를 합격시키고, 그렇지 않으면 로트를 불합격시킨다.

(예제 6-4)

로트의 표준편차 $\sigma = 0.2\,mm$로 알려져 있는 금속판 두께 치수의 평균치에 대해 $10 \pm 0.1\,mm$이내 이면 로트를 합격시키고, $10 \pm 0.3\,mm$를 벗어나면 불합격시키고 싶은 계량 규준형 1회 샘플링 검사 방식을 설계하시오.

(풀이)
망목특성이며 평균치 보증방식이다.

ⓐ $n = \left(\frac{k_\alpha + k_\beta}{m_0' - m_1'} \right)^2 \sigma^2$

$\quad = \left(\frac{1.645 + 1.282}{9.9 - 9.7} \right)^2 \times 0.2^2 = 8.567 \rightarrow 9$개

ⓑ $\overline{X}_L = m_0' - G_0 \sigma = 9.9 - \frac{1.645}{\sqrt{9}} \times 0.2 = 9.7903$

$\quad \overline{X}_U = m_0'' + G_0 \sigma = 10.1 + \frac{1.645}{\sqrt{9}} \times 0.2 = 10.2097$

ⓒ 판정
로트에서 9개를 샘플링하여 측정한 표본의 평균 $\overline{x}$가 $\overline{X}_L \leq \overline{x} \leq \overline{X}_U$이면 해당 로트를 합격시키고, 아니면 불합격시킨다.

(3) 수표에 의한 로트의 평균치 보증 방법 설계

① 평균치 보증에 관한 샘플링 검사표의 구성(부표 1)

KS Q 0001 부표 1은 평균치 보증에 관한 설계를 돕기 위한 보조표이다. m_0, m_1을 기초로 표본의 크기 n과 합격판정치를 계산하기 위한 계수 G_0(이하 '합격판정계수'라 한다)를 구하는 표이다.

② 부표 1: 표본의 크기 n과 합격판정계수 G_0를 구하는 표의 계산 근거 〈표 6-3〉

특성치가 망소특성 또는 망대특성에 관계없이 〈식 6-7〉과 〈식 6-11〉에서 표본의 크기를 구하는 식은 다음과 같다.

$$n = \left(\frac{1.645 + 1.282}{m_1 - m_0}\right)^2 \sigma^2$$

$$= \left(\frac{2.927}{|m_1 - m_0|}\right)^2 \sigma^2 = \left(\frac{2.927}{\frac{|m_1 - m_0|}{\sigma}}\right)^2$$

또한 〈식 6-8〉과 〈식 6-12〉에서 합격판정계수 G_0를 구하는 식은 다음과 같다.

$$G_0 = \frac{1.645}{\sqrt{n}} = \frac{1.645}{\left(\frac{2.927}{\frac{|m_1 - m_0|}{\sigma}}\right)}$$

③ 평균치 보증의 일반적 검사 절차

ⓐ 측정방법을 정한다.

ⓑ m_0, m_1을 지정한다.

ⓒ 로트를 형성한다.

ⓓ 로트의 표준편차 σ를 지정한다.

ⓔ $\dfrac{|m_1 - m_0|}{\sigma}$를 계산한다.

ⓕ 그 값에 해당하는 표본의 크기 n과 합격판정계수 G_0를 구한다.

ⓖ 합격판정치를 구한다.

ⓗ 표본을 취한다.

ⓘ 표본의 특성치 x를 측정하고, 평균치 $\bar{x}$를 계산한다.

ⓙ 합격판정치와 비교하여 합격판정을 한다.

ⓚ 로트를 처리한다.

(예제 6-5)

제품에 사용되는 유황의 색도는 낮을수록 좋다고 한다. $m_0 = 3\%$, $m_1 = 6\%$로 하고, 표준편차 $\sigma = 5\%$일 때 다음 물음에 답하시오.

ⓐ KS Q 0001 계량 규준형 1회 샘플링 검사 〈부표 1〉을 활용하여 $\alpha = 0.05$, $\beta = 0.10$을 만족하는 샘플링방식을 결정하시오.

ⓑ 만약 표본 n개를 취하여 측정한 결과 $\bar{x} = 4.720\%$이라면 이 로트에 대한 합격판정을 하시오.

(풀이)

ⓐ 샘플링방식의 설계

㉠ $\dfrac{|m_1 - m_0|}{\sigma} = \dfrac{|6-3|}{5} = 0.6$

㉡ 표에 의해 n, G_0를 구한다.$(n=25, \ G_0 = 0.329)$

㉢ $\overline{X}_U = m_0 + G_0\sigma = 3 + 0.329 \times 5 = 4.645\%$

ⓑ 로트의 판정

$\bar{x} = 4.72 > \overline{X}_U = 4.645$이므로 lot를 불합격시킨다.

〈표 6-3〉 〈부표 1〉 m_0, m_1 기초로 하여 표본의 크기 n과 합격판정계수 G_0를 구하는 표
($\alpha \fallingdotseq 0.05$, $\beta \fallingdotseq 0.10$)

$\dfrac{|m_1 - m_0|}{\sigma}$	n	G_0
2.069 이상	2	1.163
1.690~2.068	3	0.950
1.463~1.689	4	0.822
1.309~1.462	5	0.736
1.195~1.308	6	0.672
1.106~1.194	7	0.622
1.035~1.105	8	0.582
0.975~1.034	9	0.548
0.925~0.974	10	0.520

〈표 6-3〉〈부표 1〉 m_0, m_1 기초로 하여 표본의 크기 n과 합격판정계수 G_0를 구하는 표 (계속)
($\alpha \fallingdotseq 0.05$, $\beta \fallingdotseq 0.10$)

$\dfrac{|m_1 - m_0|}{\sigma}$	n	G_0
0.882~0.924	11	0.496
0.845~0.881	12	0.475
0.812~0.844	13	0.456
0.772~0.811	14	0.440
0.756~0.771	15	0.425
0.732~0.755	16	0.411
0.710~0.731	17	0.399
0.690~0.709	18	0.383
0.671~0.689	19	0.377
0.654~0.670	20	0.368
0.585~0.653	25	0.329
0.534~0.584	30	0.300
0.495~0.533	35	0.278
0.463~0.494	40	0.260
0.436~0.462	45	0.245
0.414~0.435	50	0.233

(4) 로트의 평균치 보증 방식에 관한 OC곡선

상한 합격판정치 $\overline{X}_U$가 지정되는 망소특성에서 β는 합격확률을 뜻하므로 〈식 6-6〉을 활용하여 OC곡선을 작성하기 위한 수식을 설계한다.

$$\overline{X_U} = m_1 - k_\beta \frac{\sigma}{\sqrt{n}} \text{에서}$$

$$m_1 - \overline{X}_U = k_\beta \frac{\sigma}{\sqrt{n}}$$

이므로 m_1을 로트의 평균치 m으로, β를 로트의 합격확률 $L(m)$으로 표시하면

$$m - \overline{X}_U = k_{L(m)} \frac{\sigma}{\sqrt{n}} \text{으로 되며, 이것에서 } k_{L(m)} \text{은 다음과 같다.}$$

$$k_{L(m)} = \frac{m - \overline{X_U}}{\dfrac{\sigma}{\sqrt{n}}} = \frac{\sqrt{n}\,(m - \overline{X_U})}{\sigma}$$ ··· 〈식 6-18〉

〈식 6-18〉에서 m에 대한 $k_{L(m)}$을 구한 값으로 〈부록 2. 정규분포표 Ⅱ〉에서 $L(m)$을 구하여 이들의 관계를 표로 나타낸다. 이 표를 활용하여 평균치 m을 가로축 합격확률 $L(m)$을 세로축으로 하여 도시하면 그 샘플링 검사 방식에 해당되는 OC곡선을 구할 수 있다.

하한 합격판정치 $\overline{X}_L$이 지정되는 망대특성의 경우 〈식 6-10〉을 활용하여 $k_{L(m)}$을 구하는 식을 같은 방식으로 구하면 다음과 같다.

$$k_{L(m)} = \frac{\overline{X_L} - m}{\dfrac{\sigma}{\sqrt{n}}} = \frac{(\overline{X}_L - m)\sqrt{n}}{\sigma}$$ ·· 〈식 6-19〉

(예제 6-6)

평균치가 500g 이하인 로트는 될 수 있는 한 합격시키고 평균치가 540g 이상인 로트는 은 될 수 있는 한 불합격시키는 샘플링 검사 방식을 설계하려 한다.

ⓐ 품질특성이 정규분포를 따르고 표준편차는 20g 일 때, $\alpha = 0.05$, $\beta = 0.10$을 만족시키는 계량 규준형 1회 샘플링 검사 방식을 구하시오.

ⓑ 이 샘플링 검사 방식에 대한 OC 곡선을 작성하시오.

(풀이)

ⓐ 망소특성이며 평균치 보증 방식이다.

㉠ $n = \left(\dfrac{k_\alpha + k_\beta}{m_0 - m_1}\right)^2 \sigma^2 = \left(\dfrac{1.645 + 1.282}{500 - 540}\right)^2 \times 20^2 = 2.14 \to 3개$

㉡ $\overline{X}_U = m_0 + G_0\sigma = 500 + \dfrac{k_{0.05}}{\sqrt{3}}\sigma = 500 + \dfrac{1.645}{\sqrt{3}} \times 20 = 518.99482\,g$

㉢ n=3개로 하여 $\overline{x} \le \overline{X}_U = 518.99482g$이면 로트 합격

$\overline{x} > \overline{X}_U = 518.99482g$이면 로트는 불합격으로 판정한다.

ⓑ OC 곡선

m의 값을 500g(m_0), 518.99482g$(\overline{X_U})$, 540g(m_1)으로 하여 다음의 표를 작성한다.

m	$k_{L(m)} = \dfrac{\sqrt{n}\,(m - \overline{X_U})}{\sigma}$	$L(m)$
$500(m_0)$	$\dfrac{\sqrt{3}\,(500 - 518.99482)}{20} = -1.645$	0.95
518.99482	$\dfrac{\sqrt{3}\,(518.99482 - 518.99482)}{20} = 0$	0.5
$540(m_1)$	$\dfrac{\sqrt{3}\,(540 - 518.99482)}{20} = 1.81910 \rightarrow 1.82$	0.0344

앞의 결과에 대해 m을 가로축, $L(m)$을 세로축으로 하여 OC 곡선을 작성하면 다음과 같다.

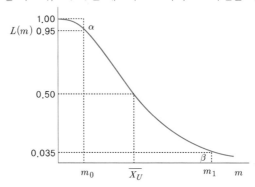

🏷️ **참고**

계산 결과 좋은 로트의 경우 합격확률은 큰 변화가 없으나 나쁜 로트의 경우 합격 확률은 매우 작아지는 결과로 나타난다. 이는 표본의 수를 소수점 이하 올림으로 계산한 결과를 가지고 합격판정치를 설계함으로써 나타나는 일반적인 현상이다.

(예제 6-7)

A 제품의 어떠한 품질특성은 정규분포를 따르고 모표준편차 $\sigma = 1.0$mg로 관리되고 있다. 이 로트에 대해 $m_0 = 8.0$mg, $\alpha = 0.05$, $m_1 = 6.0$mg, $\beta = 0.10$인 계량 규준형 1회 샘플링 검사를 실시하기로 하였다.

ⓐ 이 조건을 만족하는 하한 합격판정치 $\overline{X_L}$을 구하시오.
(단, KS Q 0001 〈부표 1〉에서 $n = 3$, $G_0 = 0.950$이다.)

ⓑ 이 샘플링 검사 방식에 평균치 $m = 7.0$mg의 로트가 합격하는 확률은 약 얼마인가?

(풀이)

ⓐ 망대특성이므로 하한 합격판정치 $\overline{X_L}$을 구한다.

$$\overline{X_L} = m_0 - G_0\sigma = 8.0 - 0.950 \times 1.0 = 7.05\,\text{mg}$$

ⓑ 로트의 평균치 $m = 7.0\text{mg}$ 로트의 합격확률

㉠ $k_{L(m)} = \dfrac{(\overline{X_L} - m)\sqrt{n}}{\sigma} = \dfrac{(7.05 - 7.0)\sqrt{3}}{1.0} = 0.0866 ≒ 0.09$

㉡ $k_{L(m)} = 0.09$일 때, 〈부록 2. 정규분포표 Ⅱ〉에서 $L(m) = 0.4641$이다.

6.3 계량 규준형 1회 샘플링 검사(부적합품률 보증)

이 방식은 로트의 평균치 대신에 로트의 부적합품률(P)을 지정하여 샘플링 검사 방식을 설계하는 경우로 합격시키고 싶은 좋은 로트의 품질수준인 P_0와 불합격시키고 싶은 나쁜 로트의 품질수준인 P_1을 만족하는 합격판정치를 구하여 로트의 합격판정을 결정하는 방식이다.

(1) 로트의 부적합품률 보증 방법

① 규격상한(U)이 주어진 경우(망소특성인 경우)

규격상한이 주어지는 망소특성에 대한 로트의 부적합품률 보증방법은 합격시키고자 하는 로트의 평균치 m_0와 불합격시키고자하는 로트의 평균치 m_1 대신, 합격시키고 싶은 로트의 품질수준인 P_0와 불합격시키고 싶은 로트의 품질수준인 P_1을 지정하는 경우이다.

〈그림 6-5〉에서 규격상한(U)를 벗어나는 부적합품률의 경우 좋은 로트의 품질수준(P_0)인 로트는 나쁜 로트의 품질수준(P_1)인 로트보다 작은 값이 되기 때문에, 부적합품률이 P_0인 로트는 상대적으로 왼쪽에 위치하게 된다. 이는 평균값을 보증하는 경우의 망소특성과 같은 경우로 합격판정치는 상한 합격판정치($\overline{X_U}$)가 지정되게 된다.

그러므로 이러한 규칙에 합당하도록 로트로부터 크기 n의 표본을 랜덤하게 취해서 특성치를 측정한 결과로부터 평균치 $\overline{x}$를 구한 후, 이를 상한 합격판정치 $\overline{X_U}$와 비교하여, $\overline{x} \leq \overline{X_U}$이면 로트 합격, $\overline{x} > \overline{X_U}$이면 로트 불합격으로 판정한다.

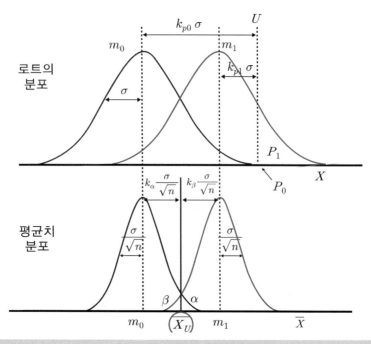

〈그림 6-5〉 규격상한 U가 주어진 경우

상한 합격판정치는 m_0값이 주어져 있지 않으므로 지정되어 있는 규격상한(U)을 기준으로 구한다. 규격상한에 의한 부적합품률 보증방식의 표본의 크기 n과 합격판정치를 계산하기 위한 계수(acceptability constant) k(이하 '합격판정계수'라 한다)는 다음과 같이 유도된다.

〈그림 6-5〉에서 평균치 m_0, m_1에서 규격상한까지의 관계는 다음과 같다.

$$U = m_0 + k_{P_0}\sigma \quad\text{·······································}\text{〈식 6-20〉}$$

$$U = m_1 + k_{P_1}\sigma \quad\text{·······································}\text{〈식 6-21〉}$$

평균치 보증에서 유도된 상한 합격판정치에 관한 〈식 6-5〉와 〈식 6-6〉는 다음과 같다.

$$\overline{X}_U = m_0 + k_\alpha \frac{\sigma}{\sqrt{n}} \quad\text{·······································}\text{〈식 6-5〉}$$

$$\overline{X}_U = m_1 - k_\beta \frac{\sigma}{\sqrt{n}} \quad\text{·······································}\text{〈식 6-6〉}$$

〈식 6−20〉과 〈식 6−5〉에서 m_0를 소거하면

$$U - \overline{X}_U = \left(k_{P_0} - \frac{k_\alpha}{\sqrt{n}} \right) \sigma \quad\text{·····················}\quad 〈식 6-22〉$$

〈식 6−21〉과 〈식 6−6〉에서 m_1을 소거하면

$$U - \overline{X}_U = \left(k_{P_1} + \frac{k_\beta}{\sqrt{n}} \right) \sigma \quad\text{·····················}\quad 〈식 6-23〉$$

따라서 〈식 6−22〉와 〈식 6−23〉에서

$$k_{P_0} - \frac{k_\alpha}{\sqrt{n}} = k_{P_1} + \frac{k_\beta}{\sqrt{n}}$$

이 되며, 이를 '합격판정계수' k로 치환하면

$$k = k_{p_0} - \frac{k_\alpha}{\sqrt{n}} = k_{P_1} + \frac{k_\beta}{\sqrt{n}} \quad\text{·····················}\quad 〈식 6-24〉$$

이 된다. 또한 〈식 6-24〉를 정리하여 표본의 크기 n을 구하면 다음과 같다.

$$k_{p_0} - k_{p_1} = (k_\alpha + k_\beta)\frac{1}{\sqrt{n}}$$

$$n = \left(\frac{k_\alpha + k_\beta}{k_{P_0} - k_{P_1}} \right)^2 \quad\text{·····················}\quad 〈식 6-25〉$$

또한 〈식 6−24〉 $k = k_{P_0} - \dfrac{k_\alpha}{\sqrt{n}}$ 에 〈식 6−25〉를 대입하면

$$k = k_{P_0} - k_\alpha \frac{k_{P_0} - k_{P_1}}{k_\alpha + k_\beta} = \frac{k_{P_0} k_\beta + k_{P_1} k_\alpha}{k_\alpha + k_\beta} \quad\text{·····················}\quad 〈식 6-26〉$$

로 된다. 또한 상한 합격판정치 $\overline{X}_U$는 〈식 6−22〉 및 〈식 6−24〉를 정리하여 구하면 다음과 같다.

$$U - \overline{X}_U = \left(k_{P_0} - \frac{k_\alpha}{\sqrt{n}} \right) \sigma = k\sigma$$

$$\overline{X}_U = U - k\sigma \quad \text{······························} \langle 식\ 6-27 \rangle$$

② 규격하한(L)이 주어진 경우(망대특성인 경우)

망대특성은 규격하한(L)이 주어지는 경우로 특성치가 클수록 좋은 경우이다. 망대특성에 대한 검사에서 로트의 판정은 생산자와 구매자를 동시에 만족시키는 샘플링 검사 방식을 결정하고, 표본크기 n으로 특성치를 측정하여 구한 평균치 $\overline{x}$를 하한 합격판정치 $\overline{X}_L$과 비교하여, $\overline{x} \geq \overline{X}_L$이면 로트를 합격, $\overline{x} < \overline{X}_L$이면 로트를 불합격으로 한다.

〈그림 6-6〉에서 하한 합격판정치와 규격하한과의 거리값을 $k\sigma$라고 하면 $k\sigma = \overline{X}_L - L$로 정의되며 이를 하한합격판정치($\overline{X}_L$)에 관하여 정리하면 다음과 같다.

$$\overline{X}_L = L + k\sigma \quad \text{······························} \langle 식\ 6-28 \rangle$$

즉 하한규격이 지정된 경우에도 규격상한이 지정된 경우와 마찬가지로 $k\sigma$가 동일하므로, 표본의 크기 n과 합격판정계수 k는 규격상한의 〈식 6-25〉, 〈식 6-26〉의 경우와 같다.

$$n = \left(\frac{k_\alpha + k_\beta}{k_{P_0} - k_{P_1}} \right)^2 = \left(\frac{1.645 + 1.282}{k_{p_0} - k_{p_1}} \right)^2$$

$$k = \frac{k_{P_0} k_\beta + k_{P_1} k_\alpha}{k_\alpha + k_\beta}$$

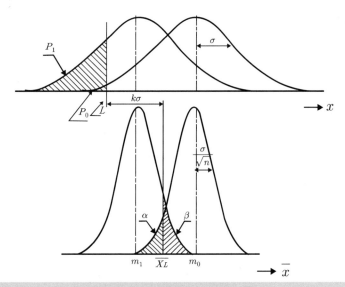

〈그림 6-6〉 규격하한 L이 주어진 경우

③ 규격상한 및 규격하한(U, L)이 동시에 지정되는 경우(망목특성인 경우)

망목특성은 규격 상·하한이 동시에 주어지는 경우로, 망목특성에 대한 검사의 방식은 P_0, P_1, α, β를 만족하는 표본크기(n), 상한 합격판정치($\overline{X}_U$)와 하한 합격판정치($\overline{X}_L$)를 설계하고, 로트별로 정해진 표본크기 n에 대한 표본평균 $\overline{x}$가 $\overline{X}_U$와 $\overline{X}_L$ 사이에 있으면 그 로트를 합격시키는 검사이다. 이는 평균치 보증과 동일하게 망대특성과 망소특성이 모두 존재하는 독립적 결합분포이다.

망목특성에서 상한 합격판정치와 하한 합격판정치가 독립적으로 계산되기 위해서는 평균치 보증과 동일하게 $\dfrac{\overline{X}_U - \overline{X}_L}{\sigma/\sqrt{n}} > 5$가 만족되어야 설계가 가능하다. 〈식 6-27〉과 〈식 6-28〉에서 $\overline{X}_U = U - k\sigma$이고 $\overline{X}_L = L + k\sigma$이므로, 이를 $\dfrac{\overline{X}_U - \overline{X}_L}{\sigma/\sqrt{n}} > 5$에 대입하여 계산해 보면 다음과 같다.

$$\frac{\overline{X}_U - \overline{X}_L}{\dfrac{\sigma}{\sqrt{n}}} = \frac{(U - k\sigma) - (L + k\sigma)}{\dfrac{\sigma}{\sqrt{n}}} > 5$$

$$\frac{U - L - 2k\sigma}{\dfrac{\sigma}{\sqrt{n}}} > 5$$

$$\frac{U-L}{\sigma} > \frac{5}{\sqrt{n}} + 2k \qquad\qquad\qquad\qquad \text{〈식 6-29〉}$$

즉, 〈식 6-29〉를 만족하지 못하면 검사를 하지 않고 불합격 처리한다. 반면 〈식 6-29〉를 만족하면 망소특성과 망대특성의 독립적 결합상태가 되므로, 표본의 크기 n은 동일한 식에 의해 구해지며, 상한 합격판정치 $\overline{X}_U$는 〈식 6-27〉, 하한 합격판정치 $\overline{X}_L$은 〈식 6-28〉에 의하여 설계한다.

$$\overline{X}_U = U - k\sigma$$

$$\overline{X}_L = L + k\sigma$$

결론적으로 양쪽 규격이 지정되는 경우 로트의 판정은 표본에서 구한 평균값 $\overline{x}$가 $\overline{X}_L \le \overline{x} \le \overline{X}_U$이면 로트를 합격시키고, 그렇지 않으면 로트를 불합격시킨다.

(예제 6-8)

절삭 가공하는 부품의 규격공차는 40.0±2.0mm이며, $\sigma = 0.3$mm로 관리되고 있다.

ⓐ $P_0 = 1.0\%$, $P_1 = 5.0\%$, $\alpha = 0.05$, $\beta = 0.10$를 만족하는 계량 규준형 1회 샘플링 검사 방식을 설계하시오.

ⓑ 이 조건에서 표본의 평균치 $\overline{x} = 41.01$인 로트를 판정하시오.

(풀이)

ⓐ 샘플링 검사 방식의 설계

㉠ $n = \left(\dfrac{k_\alpha + k_\beta}{k_{P_0} - k_{P_1}}\right)^2 = \left(\dfrac{1.645 + 1.282}{2.326 - 1.645}\right)^2 = 18.47 \Rightarrow 19$

㉡ $k = \dfrac{k_\alpha k_{P_1} + k_\beta k_{P_0}}{k_\alpha + k_\beta} = \dfrac{1.645 \times 1.645 + 1.282 \times 2.326}{1.645 + 1.282} = 1.94327$

㉢ 합격판정치

• $\overline{X}_U = U - k\sigma = 42 - 1.94327 \times 0.3 = 41.41707$ mm

• $\overline{X}_L = L + k\sigma = 38 + 1.94327 \times 0.3 = 38.58298$ mm

㉣ 판정

표본을 19개 취하여 측정한 평균 $\overline{x}$가 $\overline{X}_L \le \overline{x} \le \overline{X}_U$이면 합격시키고, 그렇지 않으면 불합격시킨다.

ⓑ 표본의 평균치 $\overline{x} = 41.01$인 로트의 판정

$\overline{X}_L \le \overline{x}(=41.01) \le \overline{X}_U$이므로 로트는 합격이다.

(2) 수표에 의한 로트의 부적합품률 보증 방법 설계

① 부적합품률 보증에 관한 샘플링 검사표의 구성(부표 2)

KS Q 0001 부표 2는 부적합품률 보증에 관한 설계를 돕기 위한 보조표이다. $P_0(\%)$, $P_1(\%)$를 기초로 해서 표본의 크기 n과 합격판정계수 k를 구하는 표이다.

② 부표 2의 표본의 크기 n과 합격판정계수 k의 수치결정〈표 6-4〉

규격상한(U) 또는 규격하한(L)이 주어진 경우에 관계없이 표본의 크기(n)는 〈식 6-25〉, 합격판정계수(k)는 〈식 6-26〉이 적용된다.

$$n = \left(\frac{k_\alpha + k_\beta}{k_{p_0} - k_{p_1}} \right)^2$$

$$k = \frac{k_{p_0} k_\beta + k_{p_1} k_\alpha}{k_\alpha + k_\beta}$$

이 규격의 부표 2는 $\alpha = 0.05$, $\beta = 0.10$을 목표치로 하므로 정규분포표로부터 $k_\alpha = 1.645$, $k_\beta = 1.282$로 계산되어 작성되었다. 단, 표본의 크기 n은 자연수여야 하므로 반드시 $\alpha = 0.05$, $\beta = 0.10$으로 되는 것은 아니지만 이것을 중심으로 해서 대략 $\alpha = 0.01 \sim 0.10$, $\beta = 0.04 \sim 0.25$의 정도로 되어 있다.

ⓐ $n = \left(\dfrac{2.927}{k_{P_0} - k_{P_1}} \right)^2$

ⓑ $k = \dfrac{1.282 k_{P_0} + 1.645 k_{P_1}}{2.927} = 0.438 k_{P_0} + 0.562 k_{P_1}$

③ 부적합품률 보증의 일반적 검사 절차

ⓐ 측정방법을 정한다.

ⓑ U, L의 한쪽 또는 양쪽을 규정한다.

ⓒ P_0, P_1을 지정한다.

ⓓ 로트를 형성한다.

ⓔ 로트의 표준편차 σ를 지정한다.

ⓕ P_0, P_1에 해당하는 표본의 크기 n과 합격판정계수 k를 구한다.

ⓖ 합격판정치를 구한다.

ⓗ 표본을 취한다.

ⓘ 표본의 특성치 x를 측정하고, 평균치 $\bar{x}$를 계산한다.

ⓙ 합격판정치와 비교하여 합격판정을 한다.

ⓚ 로트를 처리한다.

〈표 6-4〉〈부표 2〉 $P_0(\%)$, $P_1(\%)$을 기초로 하여 표본의 크기 n과 k를 구하는 표
(좌하는 n, 우상은 k, $\alpha=0.05$, $\beta=0.10$)

왼쪽 아래는 n, 오른쪽 위는 k — 아래 표의 각 칸은 "k / n" 으로 표기.

$P_1(\%)$ 대표값	범위	P_0 대표값 → 31.5	25.0	20.0	16.0	12.5	10.0	8.00	6.30	5.00	4.00	3.15	2.50	2.00	1.60	1.25	1.00	0.80
	P_0 범위 →	28.1~35.5	22.5~28.0	18.1~22.4	14.1~18.0	11.3~14.0	9.01~11.2	7.11~9.00	5.61~7.10	4.51~5.60	3.56~4.50	2.81~3.55	2.25~2.80	1.81~2.24	1.41~1.80	1.13~1.40	0.91~1.12	0.71~0.90
0.100	0.090~0.112	1.66 / 2	1.75 / 2	1.84 / 2	1.91 / 2	1.99 / 2	2.08 / 3	2.14 / 3	2.23 / 4	2.28 / 4	2.34 / 5	2.40 / 6	2.46 / 7	2.51 / 8	2.56 / 10	2.61 / 12	2.66 / 15	2.71 / 18
0.125	0.113~0.140	1.62 / 2	1.72 / 2	1.80 / 2	1.88 / 2	1.96 / 2	2.05 / 3	2.11 / 3	2.19 / 4	2.25 / 5	2.31 / 5	2.37 / 6	2.43 / 8	2.48 / 9	2.53 / 10	2.58 / 14	2.63 / 19	2.68 / 23
0.160	0.141~0.180	1.59 / 2	1.68 / 2	1.77 / 2	1.84 / 2	1.94 / 3	2.01 / 3	2.09 / 4	2.15 / 4	2.22 / 5	2.28 / 6	2.35 / 7	2.39 / 9	2.45 / 11	2.50 / 13	2.55 / 17	2.60 / 22	2.64 / 29
0.200	0.181~0.224	1.55 / 2	1.65 / 2	1.73 / 2	1.81 / 2	1.91 / 3	1.98 / 3	2.05 / 4	2.12 / 5	2.19 / 6	2.25 / 6	2.30 / 8	2.36 / 11	2.42 / 13	2.47 / 16	2.52 / 21	2.57 / 28	2.61 / 39
0.250	0.225~0.280	1.52 / 2	1.61 / 2	1.70 / 2	1.80 / 3	1.87 / 3	1.95 / 4	2.02 / 4	2.09 / 5	2.15 / 6	2.21 / 7	2.28 / 10	2.33 / 12	2.38 / 15	2.44 / 20	2.49 / 27	2.54 / 37	*
0.315	0.281~0.355	1.48 / 2	1.57 / 2	1.66 / 2	1.76 / 3	1.84 / 3	1.92 / 4	1.99 / 5	2.06 / 6	2.12 / 7	2.18 / 8	2.24 / 11	2.30 / 14	2.35 / 19	2.40 / 25	2.46 / 36	*	*
0.400	0.356~0.450	1.44 / 2	1.53 / 2	1.64 / 2	1.72 / 3	1.81 / 4	1.89 / 5	1.95 / 6	2.02 / 7	2.08 / 8	2.15 / 9	2.21 / 14	2.26 / 18	2.32 / 24	2.37 / 33	*	*	*
0.500	0.451~0.560	1.40 / 2	1.50 / 2	1.60 / 3	1.68 / 3	1.77 / 4	1.85 / 5	1.92 / 7	1.99 / 8	2.05 / 10	2.11 / 11	2.17 / 17	2.23 / 23	2.28 / 31	2.33 / 46	*	*	*
0.630	0.561~0.710	1.36 / 2	1.46 / 2	1.56 / 3	1.65 / 4	1.74 / 5	1.81 / 6	1.89 / 8	1.95 / 9	2.02 / 12	2.08 / 13	2.13 / 21	2.19 / 30	2.25 / 44	*	*	*	*
0.800	0.711~0.900	1.32 / 2	1.44 / 3	1.52 / 3	1.61 / 4	1.70 / 5	1.78 / 7	1.84 / 10	1.91 / 11	1.98 / 15	2.04 / 15	2.10 / 28	2.16 / 42	*	*	*	*	*
1.00	0.901~1.12	1.30 / 3	1.42 / 3	1.50 / 4	1.58 / 5	1.66 / 7	1.74 / 8	1.81 / 12	1.88 / 14	1.94 / 18	2.00 / 20	2.06 / 38	*	*	*	*	*	*
1.25	1.13~1.40	1.26 / 3	1.37 / 3	1.45 / 4	1.54 / 6	1.63 / 7	1.70 / 9	1.77 / 16	1.84 / 17	1.91 / 24	1.97 / 26	*	*	*	*	*	*	*
1.60	1.41~1.80	1.21 / 3	1.32 / 4	1.41 / 5	1.50 / 6	1.59 / 9	1.66 / 12	1.73 / 20	1.80 / 23	1.86 / 34	1.93 / 36	*	*	*	*	*	*	*
2.00	1.81~2.24	1.16 / 3	1.28 / 5	1.37 / 6	1.46 / 8	1.54 / 10	1.62 / 14	1.69 / 28	1.76 / 31	*	*	*	*	*	*	*	*	*
2.50	2.25~2.80	1.13 / 4	1.24 / 5	1.33 / 7	1.42 / 9	1.50 / 13	1.58 / 19	1.65 / 40	1.72 / 46	*	*	*	*	*	*	*	*	*

〈표 6-4〉〈부표 2〉 $P_0(\%)$, $P_1(\%)$을 기초로 하여 표본의 크기 n과 k를 구하는 표 (계속)
(좌하는 n, 우상은 k, $\alpha = 0.05$, $\beta = 0.10$)

왼쪽 아래는 n, 오른쪽 위는 k

$p_1(\%)$ 대표값	범위	$p_0(\%)$ 대표값 0.80 / 범위 0.71~0.90	1.00 / 0.91~1.12	1.25 / 1.13~1.40	1.60 / 1.41~1.80	2.00 / 1.81~2.24	2.50 / 2.25~2.80	3.15 / 2.81~3.55	4.00 / 3.56~4.50	5.00 / 4.51~5.60	6.30 / 5.61~7.10	8.00 / 7.11~9.00	10.0 / 9.01~11.2	12.5 / 11.3~14.0	16.0 / 14.1~18.0	20.0 / 18.1~22.4	25.0 / 22.5~28.0	31.5 / 28.1~35.5
3.15	2.81~3.55							*	*	*	*	k=1.60, n=42	k=1.53, n=26	k=1.46, n=17	k=1.37, n=11	k=1.29, n=8	k=1.19, n=6	k=1.09, n=5
4.00	3.56~4.50								*	*	*	*	k=1.49, n=39	k=1.41, n=24	k=1.33, n=15	k=1.24, n=10	k=1.14, n=7	k=1.04, n=5
5.00	4.51~5.60									*	*	*	*	k=1.37, n=35	k=1.28, n=20	k=1.19, n=13	k=1.10, n=9	k=0.99, n=6
6.30	5.61~7.10										*	*	*	*	k=1.23, n=30	k=1.14, n=18	k=1.05, n=12	k=0.94, n=8
8.00	7.11~9.00											*	*	*	*	k=1.09, n=27	k=1.00, n=16	k=0.89, n=10
10.0	9.01~11.2												*	*	*	k=1.03, n=44	k=0.94, n=23	k=0.83, n=14

비고 *의 난은 부표 3에 따라 각각 p_0, p_1의 대표값에 대한 K_{p0}, K_{p1}을 사용하여 $n = \left(\dfrac{2.9264}{K_{p0} - K_{p1}}\right)^2$, $k = 0.562073\,K_{p1} + 0.437927\,K_{p0}$를 계산하고, n은 정수로, k는 소수점 이하 넷째 자리로 끝맺음한 것을 사용한다. 공란에 대해서는 샘플링 검사 방식은 없다.

[예제 6-9]

어떤 제품의 함수율은 98% 이상으로 규정되어 있으며, 이 로트의 표준편차 $\sigma = 0.75\%$ 로 관리되고 있다. 이 품질을 보증하기 위해 98%에 미달되는 로트 부적합품률이 0.40% 이하의 로트는 통과시키고, 그것이 5% 이상인 로트는 통과시키지 않도록 하는 계량 규준형 1회 샘플링 검사 방식을 KS Q 0001 〈부표 2〉를 활용하여 설계하시오.

(풀이)

ⓐ $P_0 = 0.40\%$와 $P_1 = 5.0\%$에서 $n = 8$, $k = 2.08$ 이다.

ⓑ 망대특성이므로

$$\overline{X}_L = L + k\sigma = 98 + 2.08 \times 0.75 = 99.56\%$$

ⓒ 8개의 표본으로부터 $\overline{x}$를 구하여

$\overline{x} \geq 99.56\%$이면 로트를 합격시키고, $\overline{x} < 99.56\%$이면 로트를 불합격시킨다.

(3) 로트의 부적합품률 보증 방식에 관한 OC곡선

부적합품률 보증에 대한 OC 곡선의 작성은 〈식 6-24〉를 이용한다.

$$k = k_{P_1} + \frac{k_\beta}{\sqrt{n}}$$

에서 P_1은 일반적 부적합품률 P로 β는 일반적 부적합품률에 따른 합격확률 $L(P)$로 표시할 수 있으므로

$$k = k_P + \frac{k_{L(P)}}{\sqrt{n}}$$

$$k_{L(P)} = (k - k_P)\sqrt{n} \quad \cdots\cdots\cdots\cdots\cdots\cdots\cdots\cdots\cdots\cdots\cdots\cdots\cdots\cdots \langle \text{식 } 6\text{-}30 \rangle$$

이 된다. 〈식 6-30〉에서 P와 $L(P)$의 관계를 구할 수 있다.

(예제 6-10)

금속판 표면 경도의 규격상한(U)이 로크웰 경도 60 이하로 규정되어 있으며, 모표준편차 $\sigma = 2$로 관리되고 있다. 이 품질을 보증하기 위해 로크웰 경도 60을 넘는 것이 0.5% 이하인 로트는 통과시키고, 그것이 5% 이상인 로트는 통과시키지 않도록 하는 계량규준형 1회 샘플링 방식을 KS Q 0001 〈부표 2〉를 사용하여 설계하고 OC 곡선을 작성하시오.

(풀이)

ⓐ 망소특성에서의 계량규준형 부적합품률 보증방식의 설계

  ㉠ $P_0 = 0.5\%$, $P_1 = 5\%$에서 $k = 2.05$, $n = 10$

  ㉡ $\overline{X}_U = U - k\sigma = 60 - 2.05 \times 2 = 55.9$

  ㉢ 표본 10개의 취하여 측정한 평균치($\overline{x}$)가 55.9 이하이면 로트는 합격 아니면 불합격으로 처리한다.

ⓑ OC 곡선의 작성

  ㉠ k_P를 〈부록 1. 정규분포표 Ⅰ〉에서 구한다.

$$k_{0.005} = 2.576, \quad k_{0.05} = 1.645$$

  ㉡ $k_{L(P)}$를 〈식 6-31〉을 활용하여 구한다.

$$K_{L(P)} = \sqrt{n}\,(k - k_P) = \sqrt{10} \times (2.05 - 2.576) = -1.66$$
$$K_{L(P)} = \sqrt{10} \times (2.05 - 1.645) = 1.28$$

  ㉢ $K_{L(P)}$에서 $L(P)$를 〈부록 2. 정규분포표 Ⅱ〉에서 구한다.

$$L(P_0) = 1 - 0.0485 = 0.9515$$
$$L(P_1) = 0.1003$$

  ㉣ OC 곡선을 그린다.

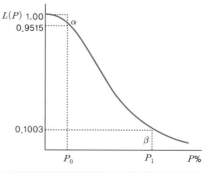

$P[\%]$	k_P	$K_{L(P)}$	$L_{(P)}$
0.5	2.576	-1.66	0.9515
5.0	1.645	1.28	0.1003

6.4 계량 규준형 1회 샘플링 검사(σ 미지인 경우)

(1) 로트의 부적합품률 보증 방법(σ 미지)

① 계량 규준형 1회 샘플 링검사(σ 미지인 경우)[15] 개요 및 이론적 근거

로트의 표준편차 σ가 미지이며 규격한계가 규격상한 또는 규격하한의 어느 한쪽만 정해진 경우로 한정하여 적용이 가능하며 평균치 방식으로는 설계할 수 없다. 여기서 σ 미지라는 것은 로트마다의 산포가 관리 상태로 되어 있지 않다든가, 제조가 단속적 이기 때문에 합리적으로 로트의 표준편차 σ를 추정할 수 없는 경우 등을 말한다.

샘플링 검사의 방법은 로트로부터 1회만 표본을 취하여 품질특성을 측정하고, 그 데 이터로 샘플의 평균치 $\bar{x}$ 및 표본표준편차 s를 계산하여, 이들과 규격한계를 비교한 결과로 로트의 합격판정을 하게 된다. 또한 이 규격의 샘플링 검사표는 KS Q 0001의 설계지침인 생산자 위험 α와 소비자 위험 β를 각각 $\alpha ≒ 0.05$, $\beta ≒ 0.10$으로 하여 생산자와 구매자가 요구하는 품질보증을 동시에 만족하는 샘플링 검사 방식으로 설 계되어 있다.

② 규격상한 U가 주어진 경우(망소특성인 경우)

특성치가 낮을수록 좋은 경우로 규격상한(U)이 지정되는 σ기지인 경우의 샘플링 검 사 방식과 거의 같으나, σ기지인 경우와 동일하게 샘플링 검사를 보증하려면 표본의 크기 n이 $(1 + \frac{k^2}{2})$배만큼 증가하는 샘플링 검사가 된다.

로트의 표준편차(σ)가 미지인 계량 규준형 1회 샘플링 검사의 경우, 통상 $\alpha = 0.05$, $\beta = 0.10$을 만족하는 표본의 개수를 취하여 구한 표본평균과 합격판정치를 비교하여 로트의 합격판정을 하게 된다. 망소특성일 때의 〈식 6-27〉에서 σ대신 표본표준편차 s를 대신 사용한 상한 합격판정치는 다음과 같다.

$$\overline{X}_U = U - k s \quad\text{〈식 6-31〉}$$

그러므로 〈식 6-31〉을 $\bar{x}$와 비교하여 $\overline{X_U} \geq \bar{x}$인 경우 로트 합격, $\overline{X_U} < \bar{x}$인 경우 로트 불합격으로 판정하게 된다. 하지만 상한 합격판정치($\overline{X_U}$)에 확률변수(표본표준 편차 s)가 포함되어 있으므로, 기준치가 명확하지 않다는 문제점이 발생한다. 그래서 〈식 6-32〉와 같이 변환하여 로트의 합격여부를 결정한다.

---

15) KS Q 0001: 2013 제2부: 계량 규준형 1회 샘플링 검사 방식

$U \geqq \overline{x} + k\,s$이면 로트 합격

$U < \overline{x} + k\,s$이면 로트 불합격 .... 〈식 6-32〉

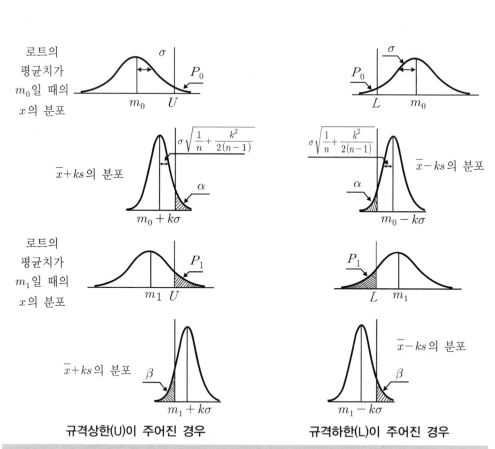

〈그림 6-7〉 로트의 평균치 및 표준편차와 부적합품률과의 관계(σ 미지)

정규분포를 따르고 있는 로트에서 랜덤하게 표본을 취해 계산된 표본표준편차 s 는 $n > 5$인 경우 근사적으로 $N \sim \left(\sigma, \dfrac{\sigma^2}{2(n-1)}\right)$, 표본평균 $\overline{x}$ 는 $N \sim \left(m, \dfrac{\sigma^2}{n}\right)$의 분포를 따른다.

그러므로 이들의 합성인 $\overline{x} + k\,s$의 합성분포는 근사적으로 〈식 6-33〉과 같은 정규분포를 따른다〈그림 6-7〉.

$$\overline{x} + k\,s \sim N\left(m + k\sigma \quad , \quad \frac{\sigma^2}{n} + \frac{k^2\sigma^2}{2(n-1)}\right)$$ .... 〈식 6-33〉

m_0, m_1을 동시에 만족시키는 샘플링 검사방식의 표본의 크기 n과 합격판정개수 k는 〈그림 6-7〉의 '규격상한(U)이 주어진 경우'에서 다음과 같은 식을 구할 수 있다.

$$U - m_0 = k\sigma + k_\alpha \sigma \sqrt{\frac{1}{n} + \frac{k^2}{2(n-1)}} \qquad \cdots \cdots \text{〈식 6-34〉}$$

$$U - m_1 = k\sigma - k_\beta \sigma \sqrt{\frac{1}{n} + \frac{k^2}{2(n-1)}} \qquad \cdots \cdots \text{〈식 6-35〉}$$

〈식 6-34〉를 σ로 나누면

$$\frac{U - m_0}{\sigma} = k + k_\alpha \sqrt{\frac{1}{n} + \frac{k^2}{2(n-1)}} \qquad \cdots \cdots \text{〈식 6-36〉}$$

여기서 $\dfrac{U - m_0}{\sigma} = k_{p_0}$ 이므로 〈식 6-36〉은

$$k_{P_0} = k + k_\alpha \sqrt{\frac{1}{n} + \frac{k^2}{2(n-1)}} \qquad \cdots \cdots \text{〈식 6-37〉}$$

같은 방법으로 〈식 6-35〉에서

$$k_{P_1} = k - k_\beta \sqrt{\frac{1}{n} + \frac{k^2}{2(n-1)}} \qquad \cdots \cdots \text{〈식 6-38〉}$$

〈식 6-37〉과 〈식 6-38〉를 정리하면

$$\frac{k_{P_0} - k}{k_\alpha} = \sqrt{\frac{1}{n} + \frac{k^2}{2(n-1)}} \qquad \cdots \cdots \text{〈식 6-39〉}$$

$$\frac{k - k_{P_1}}{k_\beta} = \sqrt{\frac{1}{n} + \frac{k^2}{2(n-1)}} \qquad \cdots \cdots \text{〈식 6-40〉}$$

따라서 〈식 6-39〉과 〈식 6-40〉로부터 합격판정계수 k를 유도하면

$$\frac{k_{P_0} - k}{k_\alpha} = \frac{k - k_{P_1}}{k_\beta}$$

$$k = \frac{k_{P_0}k_\beta + k_{P_1}k_\alpha}{k_\alpha + k_\beta} \quad \text{..} \quad \langle \text{식 } 6-41 \rangle$$

로 되어 표준편차 σ가 기지인 경우의 합격판정계수 k와 일치한다. 또한 〈식 6-40〉
에서 $n-1 \fallingdotseq n$으로 하여 표본 n에 관하여 정리하면

$$\frac{k_{P_0} - k}{k_\alpha} = \frac{1}{\sqrt{n}}\sqrt{1 + \frac{k^2}{2}}$$

$$n = (1 + \frac{k^2}{2})\left(\frac{k_\alpha}{k_{P_0} - k}\right) \quad \text{..} \quad \langle \text{식 } 6-42 \rangle$$

〈식 6-42〉의 우변 분모의 k에 〈식 6-41〉의 식을 대입하고 정리하면 다음과 같다.

$$n = \left(1 + \frac{k^2}{2}\right)\left(\frac{k_\alpha}{k_{P_0} - \dfrac{k_{P_0}k_\beta + k_{P_1}k_\alpha}{k_\alpha + k_\beta}}\right)^2$$

$$= \left(1 + \frac{k^2}{2}\right)\left(\frac{k_\alpha + k_\beta}{k_{P_0} - k_{P_1}}\right)^2 \quad \text{............................} \quad \langle \text{식 } 6-43 \rangle$$

즉 표준편차 σ가 미지인 경우의 샘플링 검사 방식의 합격판정계수 k는 σ기지의 경우
와 동일한 식으로 주어지지만, 표본의 크기 n은 σ 기지의 경우보다 $\left(1 + \dfrac{k^2}{2}\right)$배로
증가한다.

③ **규격하한 L이 주어진 경우(망대특성의 경우)**

특성치가 망대특성인 경우 망소특성과는 반대로 하한 합격판정치가 설정된다는 것이
차이가 있으며, 표본의 크기(n)나 합격판정계수(k)는 망소특성의 경우와 동일하다.
또한, 〈식 6-31〉과 같이 〈식 6-28〉 σ기지의 공식을 활용하여 하한 합격판정치를
검토하면 다음과 같다.

$$\overline{X}_L = L + k\,s \quad \text{..} \quad \langle \text{식 } 6-44 \rangle$$

하지만 〈식 6-44〉 역시 하한 합격판정치에 확률변수가 포함됨으로써 기준치가 명확
하지 않다는 문제가 있으므로 〈식 6-32〉와 같은 방법으로 규격하한(L)을 기준치로
하여 로트의 합격여부를 결정한다.

$L \leqq \overline{x} - ks$이면 로트 합격

$L > \overline{x} - ks$이면 로트 불합격으로 판정한다. ································· 〈식 6-45〉

하한규격이 주어진 경우 쌍방을 동시에 만족시키는 샘플링 검사 방식의 표본의 크기 n과 합격판정계수 k는 〈그림 6-7〉의 '규격하한(L)이 주어진 경우'에서 다음과 같은 식을 구할 수 있다.

$$m_0 - L = k\sigma + k_\alpha \sigma \sqrt{\frac{1}{n} + \frac{k^2}{2(n-1)}} \quad \text{································· 〈식 6-46〉}$$

$$m_1 - L = k\sigma - k_\beta \sigma \sqrt{\frac{1}{n} + \frac{k^2}{2(n-1)}} \quad \text{································· 〈식 6-47〉}$$

〈식 6-46〉과 〈식 6-47〉을 규격상한(U)의 경우와 같은 방법으로 전개함으로써 합격판정계수 k는 〈식 6-41〉, 표본의 크기 n은 〈식 6-43〉로 동일하게 계산된다.

$$k = \frac{k_{P_0} k_\beta + k_{P_1} k_\alpha}{k_\alpha + k_\beta}$$

$$n = \left(1 + \frac{k^2}{2}\right)\left(\frac{k_\alpha + k_\beta}{k_{P_0} - k_{P_1}}\right)^2$$

그러므로 로트로부터 크기 n의 표본을 채취해서 다음과 같이 판정을 내린다.

$L \leq \overline{x} - ks$이면 로트 합격

$L > \overline{x} - ks$이면 로트 불합격

(예제 6-11)

금속판 두께의 하한규격치가 2.0mm로 규정되어 있다. 납품된 로트의 두께가 2.0mm 이하인 것이 1% 이하이면 합격으로 하고, 그것이 5% 이상이면 불합격으로 하는 계량 규준형 1회 샘플링 검사를 설계하려고 한다. 단, 로트의 두께는 정규분포를 따르지만 모표준편차(σ)는 알지 못한다.

ⓐ 수식을 활용하여 표본의 수(n)와 합격판정계수(k)를 구하시오.
ⓑ ⓐ에서 구한 결과를 이용하여 n개의 표본을 랜덤샘플링하여 두께를 측정한 결과 $\bar{x}$=2.02mm, s=0.03mm를 얻었다. 합격판정을 하시오.

(풀이)

ⓐ (n, k)의 결정

〈부록 1. 정규분포표〉에서 $k_\alpha = 1.645$, $k_\beta = 1.282$, $k_{P_0} = 2.326$, $k_{P_1} = 1.645$이므로

㉠ $k = \dfrac{k_{P_0}k_\beta + k_{P_1}k_\alpha}{k_\alpha + k_\beta} = \dfrac{(2.326)(1.282)+(1.645)^2}{1.645+1.282} \fallingdotseq 1.9433$

㉡ $n = \left(1+\dfrac{k^2}{2}\right)\left(\dfrac{k_\alpha + k_\beta}{k_{P_0}-k_{P_1}}\right)^2$

$= \left(1+\dfrac{1.9433^2}{2}\right)\left(\dfrac{1.645+1.282}{2.326-1.645}\right)^2 = 53.354 \fallingdotseq 54$

ⓑ $\bar{x}$=2.02mm, s=0.03mm인 검사 결과에 대한 합격판정

㉠ $\bar{x} - ks = 2.02 - 1.9433 \times 0.03 = 1.9617$

㉡ $L = 2.0 > \bar{x} - ks = 1.9617$이므로, 로트를 불합격으로 판정한다.

(2) 수표에 의한 로트의 부적합품률 보증 방법 설계(σ 미지)

① 샘플링 검사표(부표 1)의 구성

KS Q 0001[16]의 샘플링 표에는 σ미지인 경우에 이용할 수 있는 〈부표 1〉이 제시되어 있다〈표 6-5〉.

부표 1은 로트의 부적합품률 P_0와 같은 좋은 로트의 경우 생산자 위험 $\alpha = 0.05$, 로트의 부적합품률 P_1과 같은 나쁜 로트의 경우 소비자 위험 $\beta = 0.10$을 만족하는 샘플링 검사 방식의 합격판정계수 k를 구하는 〈식 6-41〉과 표본의 크기 n을 구하는 〈식 6-43〉의 계산치를 제시하고 있다.

---

16) KS Q 0001:2013 제2부: 계량 규준형 1회 샘플링 검사 방식(표준편차를 알고 있을 때 상한 또는 하한 규격 중 한쪽만 지정된 경우

ⓐ $k = \dfrac{k_{P_0} k_\beta + k_{P_1} k_\alpha}{k_\alpha + k_\beta}$

ⓑ $n = \left(1 + \dfrac{k^2}{2}\right)\left(\dfrac{k_\alpha + k_\beta}{k_{P_0} - k_{P_1}}\right)^2$

② 계량 규준형 1회 샘플링 검사(σ 미지)의 절차

　ⓐ 품질특성의 판정기준(규격한계)을 설정한다.

　ⓑ 생산자와 구매자가 합의하여 P_0, P_1을 지정한다.

　ⓒ 샘플링 검사표에서 표본의 크기 n과 합격판정계수 k를 구한다.

　ⓓ 표본을 채취한다.

　ⓔ 표본의 특성치 x를 측정하고 평균치 $\bar{x}$와 표본표준편차 s를 계산한다.

　ⓕ 통계량을 아래의 식과 같이 정리하여 규격한계와 비교하여 합격판정 한다.

　　㉠ 규격상한이 지정되는 경우

　　　$\bar{x} + ks \leq U$이면 로트 합격 아니면 불합격 판정한다.

　　㉡ 규격하한이 지정되는 경우

　　　$\bar{x} - ks \geq L$이면 로트 합격 아니면 불합격 판정한다.

　ⓖ 로트를 처리한다.

(예제 6-12)

금속판 표면 경도의 규격상한 U=68로 주어졌을 때, 경도 68을 초과하는 것이 0.5% 이하인 로트는 합격으로 하고, 그것이 4% 이상인 로트는 불합격으로 하고 싶다. 경도의 값은 정규분포를 따르나 표준편차는 알지 못한다. $\alpha = 0.05$이고, $\beta = 0.10$으로 하는 계량 규준형 1회 샘플링 검사 방식을 KS Q 0001의 표를 이용하여 설계하시오.

(풀이)

ⓐ P_0=0.5%, P_1=4%일 때, 〈표 6-5〉 '부표-1'에서 n=42, k=2.12이다.

ⓑ 따라서 $n = 42$의 표본을 로트에서 샘플링하여 통계량 $\bar{x}$와 s를 구한 후 $\bar{x} + 2.12s \leq 68$이면 로트를 합격, $\bar{x} + 2.12s > 68$이면 로트를 불합격 판정한다.

〈표 6-5〉〈부표-1〉 샘플링 검사표(표준편차 미지) P_0, P_1을 기초로 하여 표본의 크기 n과 합격판정치를 구하기 위한 계수 k를 구하는 표 ($\alpha = 5(\%)$, $\beta = 10(\%)$)

$(\alpha \doteqdot 0.05, \beta \doteqdot 0.10)$

왼쪽 아래의 숫자는 n, 오른쪽 위의 숫자는 k

각 칸의 값은 k(위) / n(아래)를 나타낸다.

P_0(%) 대표값 (범위)	0.80 (0.71~0.90)	1.00 (0.91~1.12)	1.25 (1.13~1.40)	1.60 (1.41~1.80)	2.00 (1.81~2.24)	2.50 (2.25~2.80)	3.15 (2.81~3.55)	4.00 (3.56~4.50)	5.00 (4.51~5.60)	6.30 (5.61~7.10)	8.00 (7.11~9.00)	10.00 (9.01~11.20)	12.50 (11.30~14.00)	16.00 (14.10~18.00)	20.00 (18.10~22.40)	25.00 (22.50~28.00)	31.50 (28.10~35.50)
0.100 (0.090~0.112)	2.71/87	2.67/68	2.62/54	2.57/42	2.52/34	2.47/28	2.42/23	2.36/19	2.31/16	2.24/13	2.19/11	2.11/9	2.07/8	1.95/6	1.87/5	1.87/5	1.77/4
0.125 (0.113~0.140)		2.64/80	2.59/62	2.54/48	2.49/38	2.44/31	2.39/25	2.32/20	2.28/17	2.21/14	2.16/12	2.10/10	2.02/8	1.97/7	1.90/6	1.82/5	1.72/4
0.160 (0.141~0.180)			2.56/74	2.50/56	2.46/44	2.40/35	2.35/28	2.30/23	2.23/18	2.18/15	2.10/12	2.04/10	2.00/9	1.91/7	1.85/6	1.77/5	1.67/4
0.200 (0.181~0.224)				2.47/66	2.43/51	2.37/40	2.32/31	2.26/25	2.20/20	2.14/16	2.08/13	2.02/11	1.95/9	1.86/7	1.80/6	1.72/5	1.63/4
0.250 (0.225~0.280)				2.44/79	2.39/59	2.34/46	2.28/35	2.23/28	2.17/22	2.12/18	2.04/14	1.99/12	1.93/10	1.86/8	1.75/6	1.67/5	1.53/4
0.315 (0.281~0.355)				2.41/98	2.36/71	2.31/54	2.25/41	2.19/31	2.14/25	2.07/19	2.00/15	1.94/12	1.88/10	1.80/8	1.75/7	1.62/5	1.53/4
0.400 (0.356~0.450)					2.32/89	2.27/65	2.22/48	2.16/36	2.10/28	2.04/22	1.98/17	1.92/14	1.85/11	1.78/9	1.69/7	1.64/6	1.47/4
0.500 (0.451~0.560)						2.23/80	2.18/57	2.12/42	2.07/32	2.00/24	1.94/19	1.88/15	1.81/11	1.72/9	1.64/7	1.58/6	1.51/5
0.630 (0.561~0.710)							2.14/71	2.08/50	2.03/37	1.97/28	1.90/21	1.83/16	1.77/13	1.69/10	1.62/8	1.52/6	1.45/5
0.800 (0.711~0.900)							2.10/92	2.05/62	1.99/44	1.92/32	1.86/24	1.79/18	1.72/14	1.66/11	1.56/8	1.51/7	1.39/5
1.000 (0.901~1.120)								2.01/79	1.95/54	1.89/38	1.83/28	1.76/21	1.69/16	1.62/12	1.53/9	1.45/7	1.33/5
1.250 (1.130~1.400)									1.91/69	1.85/47	1.78/32	1.72/24	1.65/18	1.57/13	1.50/10	1.39/7	1.33/6
1.600 (1.410~1.800)									1.87/95	1.80/60	1.74/40	1.67/28	1.60/20	1.53/15	1.45/11	1.35/8	1.26/6
2.000 (1.810~2.240)										1.76/81	1.69/50	1.63/34	1.56/24	1.48/17	1.40/12	1.32/9	1.19/6
2.500 (2.250~2.800)											1.65/67	1.59/43	1.52/29	1.43/19	1.36/14	1.27/10	1.17/7
3.150 (2.810~3.550)											1.61/96	1.54/57	1.47/36	1.39/23	1.31/16	1.22/11	1.13/8
4.000 (3.560~4.500)												1.49/83	1.42/48	1.34/29	1.25/19	1.17/13	1.08/9
5.000 (4.510~5.600)													1.37/69	1.29/38	1.20/23	1.11/15	1.02/10
6.300 (5.610~7.100)														1.23/53	1.15/30	1.07/19	0.97/12
8.000 (7.110~9.000)														1.18/87	1.10/44	1.00/24	0.89/14
10.000 (9.010~11.200)															1.04/68	0.95/34	0.84/18

비고 주는 샘플링에 대한 합성 생산자 위험은 없다.

7장 계수형 샘플링 검사(KS Q ISO 2859)

샘플링 검사로 공급자들의 품질수준 향상을 유도하고 조직의 검사업무를 간소화 할 수 있을까?
이 규격은 MIL-STD-105D 규격을 근거로 응용된 국제규격으로 엄격도 조정을 통해 공급자들이
스스로 품질수준을 유지 개선하도록 동기부여 함은 물론, 품질수준이 높은 공급자의 로트는 검사
를 간소화함으로써 조직의 검사업무 효율화를 추구하는 최적의 샘플링 검사 방식이다.

국제표준화기구(ISO)는 2001년 이후 계수형 샘플링 검사를 정비하기 시작하여 2014
년 대폭적인 개정 이래 현재도 꾸준히 수정 보완 중이다. 2019년 현재의 KS Q ISO 2859
규격 구성은 〈표 7-1〉과 같다.

〈표 7-1〉 KS Q ISO 2859 계수형 샘플링 검사 규격

구분	내용	규격번호
일반	계수형 샘플링 검사용 KS Q ISO 2859시리즈 표준의 개요	KS Q ISO 2859-10
계수	로트별 합격품질한계(AQL) 지표형 샘플링 검사 방식	KS Q ISO 2859-1
	고립로트 한계품질(LQ) 지표형 샘플링 검사 방식	KS Q ISO 2859-2
	스킵로트 샘플링 검사 절차	KS Q ISO 2859-3
	선언품질수준의 평가 절차	KS Q ISO 2859-4
	로트별 합격품질한계(AQL) 지표형 축차 샘플링 검사 방식의 시스템	KS Q ISO 2859-5

7.1 계수형 샘플링 검사(KS Q ISO 2859) 표준의 개요

KS Q ISO 2859 규격은 MIL STD 105D라는 규격에서 발전된 규격으로 국제표준화기
구에서 규정한 검사규격이다. 그러므로 이 규격은 국제 상거래 상에서 품질보증 수단으
로 많이 통용되는 규격 중 하나이다. KS Q ISO 2859 규격[17]에서 주로 사용되는 용어는
다음과 같다.

---

17) KS Q ISO 2859-1:2014 계수형 샘플링 검사 절차 – 제1부: 로트별 합격품질한계(AQL) 지표형 샘플링
검사 방식

① **샘플링 검사 방식(sampling plan)**

규정된 품질을 기준으로 로트를 검사하고 합격 판정하기 위한 규칙의 세트이다. 즉, 샘플링 횟수, 표본의 크기(n), 합격판정개수(Ac), 불합격판정개수(Re)를 결정하는 것이다.

② **샘플링 검사 스킴(sampling scheme)**

샘플링 검사 방식과 전환 규칙의 조합으로 보통 검사, 까다로운 검사 및 수월한 검사에 전환 규칙을 추가한 것이다.

③ **샘플링 검사 시스템(sampling system)**

샘플링 검사 방식 또는 샘플링 검사 스킴을 모은 것으로, 적절한 샘플링 검사 방식 또는 샘플링 검사 스킴의 선택을 위한 기준을 포함한 샘플링 검사 절차를 동반하는 것으로 KS Q ISO 2859-1, 2 등이 해당된다.

④ **보통 검사(normal inspection)**

로트에 대한 공정 평균이 AQL보다 좋은 경우에 생산자에게 높은 합격 확률을 보증하도록 하는 샘플링 검사 방식을 적용하는 검사이다.

⑤ **까다로운 검사(tightened inspection)**

대응하는 보통 검사보다 엄격한 합격판정기준을 가진 샘플링 검사 방식을 적용하는 검사이다.

⑥ **수월한 검사(reduced inspection)**

대응하는 보통 검사보다는 작은 표본크기를 가진 샘플링 검사 방식을 사용하는 검사로 검출력이 보통 검사보다 많이 떨어진다.

⑦ **합격품질한계(AQL: acceptance quality limit)**

연속적으로 납입되는 로트에 대한 합격시키고 싶은 부적합품률의 최대 허용한계인 품질수준이다. 결론적으로 AQL은 공정의 평균 품질수준의 한계치로 생산자는 평균 품질이 AQL보다 좋은 로트를 생산해야 한다. AQL은 계약 시 혹은 소관권한자에 의해 지정된다.

⑧ **한계품질(LQ: limiting quality)**

로트가 고립이라고 간주되는 경우 샘플링 검사의 목적상 낮은 합격 확률로 제한되는 품질수준이다. LQ 값은 바람직한 품질의 최저 3배 이상의 현실적 선택을 하는 것이 좋다.

⑨ 최초 검사(original inspection)

이 표준의 조항에 의한 로트의 처음 검사, 즉 교정되지 않은 초기로트에 대한 검사이다. 그러므로 이 검사로 부적합이 되어 재 제출된 로트의 검사는 해당되지 않는다.

⑩ 부적합(nonconformity)

규정된 요구사항에서 벗어남

⑪ 결함(defect)

의도된 사용 요구사항의 불충족

⑫ 전환 점수(switching score)

보통 검사에서 사용하는 지표로 현재의 검사 결과가 수월한 검사로의 전환을 허락하는 데 충분한지를 결정하기 위해서 사용한다.

⑬ 합격판정점수(acceptance score)

분수 합격판정개수의 샘플링 검사 방식에서 로트의 합격가능성을 정하기 위하여 사용하는 지표로 로트의 합격판정에 사용한다.

⑭ 공정 평균/ 프로세스 평균(process average)

규정된 기간 또는 생산량에 대한 평균적 품질수준

⑮ 부적합률/부적합품 퍼센트(percent nonconforming)

부적합품수를 모집단 또는 로트의 크기로 나누어 100배 한 것

$$100p = 100\frac{D}{N}$$

p: 부적합품률(proportion of nonconforming items)
D: 모집단 또는 로트 당 부적합품수
N: 로트크기

⑯ 100 아이템 당 부적합수(nonconformities per 100items)

부적합수를 표본크기로 나누어 100배로 한 것

$$100\frac{d}{n} \ \text{(또는 } 100\frac{D}{N})$$

　　$d(D)$: 표본(로트 또는 모집단)의 부적합 수
　　$n(N)$: 표본(로트 또는 모집단)의 크기

⑰ 소관권한자(responsible authority)

이 표준의 중립성을 확보하기 위해 사전에 결정되어 있는 경우와 제1자, 제2자, 제3자에게 할당되는 경우가 있다.

ⓐ 제1자: 공급자의 품질 부문
ⓑ 제2자: 구매자 또는 조달기관
ⓒ 제3자: 독립적인 검증 또는 인증기관

⑱ 평균샘플크기(ASS : average sample size)

제품 평균 품질의 AQL에 대해서 장기간의 샘플링 검사에서 필요로 하는 평균샘플크기는 판정에 도달할 때까지 시험하는 아이템의 평균 개수이다. 판정에 도달할 때까지 시험하는 아이템의 ASS는 1회 샘플링 검사 방식을 사용했을 때 최대가 된다. 2회, 다회 또는 축차 샘플링 검사 방식을 사용했을 때에는 로트의 품질수준이 월등히 우수하거나 매우 나쁠 때에 표본크기가 확실히 적어진다.

⑲ 검사수준(inspection level)

상대적인 검사량을 결정하는 것이다. 일반 검사수준(general level)은 Ⅰ, Ⅱ, Ⅲ이다. 보통은 검사수준 Ⅱ를 택하며, 검출력을 향상하려면 검사수준 Ⅲ, 표본을 적게 취하여 경제성을 추구하려면 검사수준 Ⅰ을 선택한다. 특별 검사수준(special level)은 주로 파괴검사에 적용하며 S−1~4의 4가지 수준이 정해져 있으며 표본크기가 매우 작다.

⑳ 평균 출검 품질(AOQ: Average Outgoing Quality)

AOQ의 개념은 장기간의 연속 로트가 일정한 샘플링 검사 시스템을 적용하였을 때에만 의미가 있다. 최초 샘플링 검사에서 합격된 로트는 입고하여 그대로 사용하고,

불합격된 로트는 전수검사를 하여 부적합품을 적합품으로 모두 교체하여 사용하므로 불합격된 로트의 부적합률은 0이 된다. 따라서 장기간의 평균 출검 품질은 불합격되는 경우가 발생하므로 입고된 로트의 평균 부적합률 보다 적어진다. AOQ의 계산 공식은 다음과 같다.

$$AOQ = P \times L(P) < P$$

AOQL(Average Outgoing Quality Limit: 평균 출검 품질 한계)은 AOQ의 최대값이다(그림 7-1).

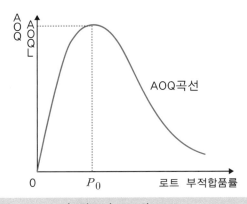

〈그림 7-1〉 AOQ와 AOQL

7.2 로트별 합격품질한계(AQL) 지표형 샘플링 검사 방식

(1) AQL 지표형 샘플링 검사 방식의 특징

AQL 지표형 샘플링 검사는 생산자가 제출한 현재 로트 하나의 품질보다 장기적 프로세스 품질에 관심을 가지고 적용하는 장기 거래에 적합한 샘플링 검사 방식이다. 제출되는 로트가 연속로트인 경우 구매자 측에서 합격으로 할 최소한 로트의 품질(AQL)을 정하고, 이 수준보다 높은 품질의 로트를 제출하는 한 거의 다 합격시킬 것을 공급하는 쪽에 보증하는 동시에, 장기적으로 품질수준이 높은 공급자의 로트에 대하여는 표본의 크기를 작게 하여 검사비용을 줄이려는 목적을 갖고 있는 샘플링 검사이다.

이 샘플링 검사는 수월한 검사, 보통 검사, 까다로운 검사의 엄격도 전환에 의하여 생산자의 품질향상에 자극을 주어 장기적으로 프로세스의 품질을 향상시키려는 목적을 갖고 있다. 이 샘플링 검사의 특징은 다음과 같다.

① 검사의 엄격도 전환(전환 점수 활용)에 의해 생산자의 품질향상에 자극을 준다.

② 구매자가 공급자를 선택할 수 있는 경우 사용하는 샘플링 검사이다.

③ 연속적 거래의 로트 검사에 사용하며 장기적으로 품질을 보증한다.

④ 불합격 로트의 처리 방법이 전수검사에 따른 폐기, 선별, 수리, 재평가로 소관권한자가 결정하도록 되어 있다.

⑤ 로트의 크기와 표본의 크기에 대한 관계가 분명히 정해져 있는 샘플링 검사로 로트의 크기(N)이 증가하면 표본의 크기(n)도 증가하는 비례샘플링이다.

⑥ 1회, 2회 및 다회(5회)의 3가지 종류의 샘플링 형식이 정해져 있다.

⑦ 특별 검사수준 4가지, 보통 검사수준 3가지의 총 7가지 검사수준이 정해져 있다.

⑧ AQL, 표본크기, 합격판정기준의 설계는 R-5 등비급수가 채택되어 있다.

⑨ 까다로운 검사로 전환 시에도 대부분의 경우 표본이 증가하지는 않지만, 수월한 검사로 전환하면 표본크기가 $10^{\frac{2}{5}}$ 이 줄어든다.

(2) AQL 지표형 계수 샘플링 검사 방식의 적용 전 결정사항

① AQL 지표형 샘플링 검사 방식의 개략적 절차

ⓐ 검사 진행 전에 소관권한자를 지정하여 전체적 진행 과정을 협의한다.

ⓑ 검사로트의 구성 및 크기를 결정한다.

ⓒ AQL을 정한다.

㉠ 부적합품률 검사 경우

0.01(%)-10(%)까지의 16단계에서 선택이 가능하다.

㉡ 100 아이템 당 부적합 수의 경우

0.01-1,000(%) 26단계 모두에서 선택이 가능하다.

ⓓ 검사수준을 정한다.

보통 검사수준 I, II, III 과 특별 검사수준 S-1, S-2, S-3, S-4 의 7가지 단계로 구성되어 있다. 특별한 사유가 없으면 일반검사수준 II를 선택한다.

ⓔ 검사의 엄격도를 결정한다.

처음에는 보통 검사, 까다로운 검사, 수월한 검사 중에서 보통 검사로 시작한다. 검사의 결과에 따라 전환 규칙을 적용하므로 엄격도는 시행 중 전환될 수 있다.

ⓕ 샘플링 형식을 결정한다.

② 소관권한자의 지정과 역할

소관권한자는 이 규격이 지켜지도록 하는 운영자이므로 규격이 적용되기 이전에 중요 계약사항을 명확히 하고, 검사계약서에 규정하는 것이 좋다.

합격판정 샘플링 검사가 구매자의 공장에서 실시되었을 때에는 구매자의 검사 부문이 소관권한자가 되는 것이 보통이다. 소관권한자의 중요한 역할은 다음과 같다.

ⓐ AQL이 계약으로 정해지지 않았을 경우 AQL의 결정

ⓑ 불합격 로트의 조치방법의 결정

ⓒ '치명적' 불합격에 대한 특별 유보의 적용 결정

ⓓ 수월한 검사로 옮겨도 좋은가의 결정

ⓔ 수월한 검사에서 보통 검사로 복귀한다는 판단

ⓕ 검사 중지에서 공급자의 품질이 개선되었는지의 판단

ⓖ 적절한 검사수준의 결정

ⓗ 검사로트의 구성 및 크기의 결정

ⓘ 샘플링 검사 형식 또는 분수샘플링 검사의 적용여부 결정

③ 검사로트의 구성 및 크기의 결정

로트는 동일조건 동일시기에 제조된 아이템으로 구성하는 것이 바람직하며 장기적으로 입고되는 로트의 크기는 가급적 변동이 적을수록 적용하기 편리하다. 아이템이 동일조건 하에서 생산된다면 로트의 크기를 상대적으로 크게 정하는 것이 좋으며, 품질이 서로 다르면 로트의 크기를 작게 정하는 것이 좋다. 로트의 구성, 로트의 크기 및 공급자에 의한 로트의 제출과 식별은 소관권한자에 의해 결정 또는 승인을 따른다.

검사의 목적 중 하나는 불합격된 로트와 같은 품질 수준의 제품이 다시 발생하지 않도록 생산 프로세스를 개선하는데 있다. 만약 제품을 생산한 공정의 원인 추적이 어려울 경우 로트를 서브 로트로 층별하여 재구성한다. 층별 샘플링은 표본크기를 증가시키지 않고 불합격 원인을 발견하는데 도움이 된다.

④ AQL의 결정

〈표 7-7〉 '부표 2-A' 등의 수표에서 AQL은 0.01%(또는 제품 10,000아이템 당 1개의 부적합수)에서 1,000%(또는 제품 100아이템 당 1개의 부적합수)까지 26단계의 AQL이 주어진다. 26단계의 AQL은 R5 등비급수로 10의 1/5제곱 즉 1.585배씩 인접하는 AQL의 값이 증가되도록 설계되어 있다(AQL이 5단계 증가하면 10배가 된다).

표본의 크기 n과 합격판정기준 Ac는 푸아송분포로 계산된 것이다. 그러므로 부적합품률 검사의 경우는 0.01~10(%)까지인 16단계만 적용할 수 있다. 반면 부적합수는 푸아송분포를 따르므로 26단계 모두 사용이 가능하다.

⑤ 검사수준의 결정

검사수준은 로트크기에 대한 표본의 크기를 결정하는 기준이다. 이 샘플링 검사 시스템에서는 로트크기가 클 때에는 원칙적으로 로트크기가 작을 때 보다 표본의 크기가 커지게 되도록 되어 있다. 그러나 로트의 크기 비율의 증가보다는 표본의 증가 비율이 훨씬 더 적으므로 경제적이고 효율적 검사방식이라 할 수 있다.

〈표 7-6〉 '부표 1'에서는 3종류의 보통 검사수준 Ⅰ(G-1), Ⅱ(G-2), Ⅲ(G-3) 및 4종류의 특별 검사수준 S-1, S-2, S-3, S-4가 주어지고 있다. 보통 검사가 적용되는 경우 G-1, G-2, G-3 중에서 하나를 선택하나, 최초 검사 시에는 보통 검사수준 Ⅱ를 선택한다. G-1은 검사 비용의 절감이 목적일 때 선택하게 되며, G-3는 검사 정밀도를 향상시킬 때 선택하게 된다. G-1, G-2, G-3의 표본크기 비율은 약 0.4:1:1.6 이다.

특별 검사수준은 파괴검사와 같이 샘플링 검사의 비용이 큰 경우 표본크기를 작게 하여야 하는 상황 때문에 설계되었다. 특별 검사는 S-1, S-2, S-3, S-4중에서 하나를 선택한다.

⑥ 검사 엄격도의 결정

처음에는 보통 검사, 까다로운 검사, 수월한 검사 중에서 보통 검사로 시작한다. 검사의 결과에 따라 전환 규칙을 적용하므로 엄격도는 바뀔 수 있다.

ⓐ 보통 검사(normal inspection)

보통 검사의 설계에서는 품질이 AQL보다 좋을 때에는 좋은 로트가 불합격이 되지 않도록 생산자를 보호해주도록 하고 있다. 보통 검사는 〈표 7-7〉 '부표 2-A'를 사용한다.

ⓑ **까다로운 검사(tightened inspection)**

대응되는 AQL에서 보통 검사의 합격판정개수(Ac)가 2 이상일 경우 까다로운 검사의 샘플링 방식은 보통 검사와 표본의 크기는 같지만 합격판정개수는 AQL이 한 단계 엄격한 수준과 동일하므로 검사가 까다로워진다.

그러나 보통 검사의 합격판정개수가 1 또는 0인 경우 까다로운 검사를 실시하려면 표본의 크기가 증가하게 된다. 이를 보완하기 위해 보통 검사의 합격판정개수가 1인 경우 분수 샘플링 검사를 활용하여 표본의 크기를 유지할 수 있지만, 합격판정개수가 0인 경우는 표본의 크기를 크게 하는 수밖에 없다. 일반적으로 까다로운 검사는 〈표 7-8〉 '부표 2-B'를 사용한다.

예) AQL 1.0%, 검사수준 II, 로트크기 2,500일 때, 〈표 7-6〉에서 샘플문자는 K가 된다. 〈표 7-8〉에서 까다로운 검사의 샘플링 방식은 다음과 같이 된다. 이것은 샘플문자 K, AQL 0.65%일 때의 보통 검사의 샘플링 방식과 같다.

샘플문자 K	보통 검사	까다로운 검사
AQL	0.65%	1%
표본크기(n)	125	125
합격판정개수(Ac)	2	2
불합격판정개수(Re)	3	3

ⓒ **수월한 검사(reduced inspection)**

수월한 검사는 제조품질이 AQL보다 확실히 우수하다는 증거가 입증되고, 공정이 지속적으로 안정상태가 계속 유지될 것으로 판단되는 경우에 적용된다. 아무리 품질이 우수하여도 공정의 모니터링은 지속적으로 수행하여야 하므로 검사를 완전히 그만둘 수는 없다. 그러므로 표본의 수량을 2/5 정도로 적게 하여 프로세스를 모니터링 하자는 개념이다. 수월한 검사는 〈표 7-9〉 '부표 2-C'를 사용한다.

수월한 검사를 실시하는 것은 강제규정은 아니다. 전환 규칙에서 필요한 때 까다로운 검사를 적용하는 것은 이 샘플링 검사 스킴에서 꼭 지켜야 하지만, 수월한 검사는 옵션으로 수월한 검사로의 전환 조건이 만족되어도 구매자가 그 검사를 희망하거나 또는 계약에 규정된 경우가 아니면 수월한 검사를 실시할 의무는 없다.

⑦ 샘플링 형식의 결정

1회, 2회, 다회의 3가지가 있으며 3가지 중 소관권한자와 협의하여 선택할 수 있으며, 주로 1회 샘플링 검사를 적용한다. 〈표 7-7〉 '부표 2-A' 등은 1회 샘플링 〈표 7-10〉 '부표 3-A' 등은 2회 샘플링, 〈표 7-13〉 '부표 4-A' 등은 다회 샘플링에 관한 수표이다.

(예제 7-1)

다음 괄호 안에 알맞은 검사수준을 쓰시오.

"계수형 샘플링 검사(KS Q ISO 2859-1)에서 일반검사수준은 Ⅰ, Ⅱ, Ⅲ 수준이 있으며, 보통은 검사수준 (ⓐ)을(를) 사용한다. 특히 표본의 크기를 작게 하고 싶을 경우 검사수준 (ⓑ)을(를), 검출력을 향상시키고 싶을 경우 검사수준 (ⓒ)을(를) 사용한다."

(풀이)

ⓐ Ⅱ   ⓑ Ⅰ   ⓒ Ⅲ

---

(3) AQL 지표형 샘플링 검사 방식 설계

① 샘플문자를 찾는다.

로트의 크기와 검사수준에서 샘플문자는 〈표 7-6〉 '부표 1'을 이용한다.

샘플링 검사 '부표 2-A' 등을 활용하려면 먼저 샘플문자가 결정되어야 하기 때문이다. 로트크기 2500, 검사수준 Ⅱ에 대한 샘플문자는 '부표 1'에서 K가 된다.

② 표본의 크기(n)과 합격판정개수(Ac)를 결정한다.

샘플링 형식, 검사의 엄격도를 결정하면 그에 따른 부표가 결정된다. 부표에서 샘플문자와 AQL을 이용하여 샘플링 검사 방식을 정한다.

ⓐ 〈표 7-7〉 '부표 2-A'에서 샘플링 검사 방식을 찾기 전에 AQL, 검사수준, 엄격도(보통 검사, 까다로운 검사 또는 수월한 검사), 샘플링 형식(1회, 2회 또는 다회) 등이 결정되어 있어야 한다.

ⓑ 샘플링표 중에 화살표가 나올 경우 화살표를 따라가서 샘플링 검사 방식을 정한다.

㉠ ⇩ = 화살표 아래의 샘플링 방식을 이용,

㉡ ⇧ = 화살표 위의 샘플링 방식을 이용

㉢ Ac = 합격판정개수

㉣ Re = 불합격판정개수

'부표 2-A'에서 샘플문자 H, AQL 0.65% 일 때, '⇩'에 해당된다. 이 경우 하단으로 이동하여, 샘플문자 J(80), 합격판정개수(Ac) 1을 적용하게 된다.

ⓒ AQL 1.0(부적합품률), 검사수준 II, 로트의 크기 2,500, 샘플링 형식 1회, 엄격도 보통 검사에 해당되는 샘플링 방식을 〈표 7-6〉 '부표 1'과 〈표 7-7〉 '부표 2-A'를 참조하여 설계해 보자.

'부표 1'에서 샘플문자(통상검사 II, 로트크기 1,201 ~ 3,200)로 K를 찾고, '부표 2-A'에서 AQL 1%로 표본크기 125, Ac=3, Re=4를 찾는다.

③ 표본을 채취한다. 층별 비례 샘플링 방법을 사용한다.

샘플은 랜덤으로 취하고 로트를 가능한 공급원으로 분류하여 공급원 별로 서브 로트를 구성, 모든 로트에서 표본을 취하는 층별 비례 샘플링 방식을 취한다.

④ 표본의 합격 · 불합격을 조사한다.

샘플링 결과 부적합품수가 Ac와 같거나 작으면 해당 로트를 합격 시키고, Re와 같거나 크면 해당 로트를 불합격 처리한다.

⑤ 검사로트의 합격 · 불합격 판정을 내리고 로트를 처리한다.

불합격이 된 로트의 처치는 소관권한자가 결정한다. 불합격 로트의 처치에는 폐기, 선별(부적합품은 제거 또는 치환한다), 수리, 재평가(추가 정보를 얻은 후에 특정한 사용 가능성에 대한 판정기준에 대하여 한다) 등이 있다.

(4) AQL 지표형 샘플링 검사 전환 규칙

전환 규칙이란 보통 검사에서 까다로운 검사로, 까다로운 검사에서 검사 중지로, 보통 검사에서 수월한 검사로 또는 수월한 검사에서 보통 검사로 검사의 엄격도를 바꾸는 데 사용되는 규칙이다.

만일 품질특성이 망목특성인 경우 규격상한과 규격하한의 AQL이 서로 다르게 설정되었다면 규격 상 · 하한 각각에 대해 독립적으로 검토하되 최종 합격판정은 양쪽 모두 합격해야만 로트가 합격된 것으로 한다. 검사 항목이 다수일 경우에도 이 법칙은 적용된다.

표본의 수는 까다로운 검사는 보통 검사와 표본크기가 동일하지만, 수월한 검사는 보통 검사보다 표본의 크기가 2/5 정도로 작아진다.

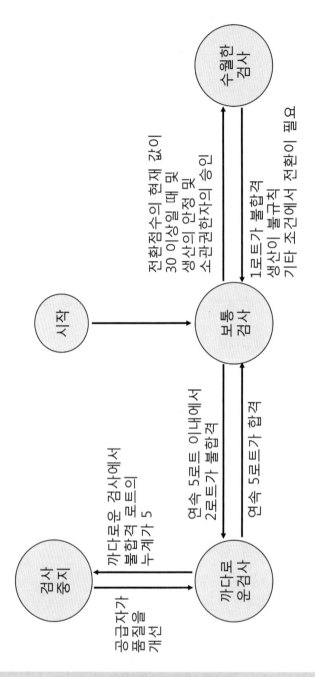

〈그림 7-2〉 엄격도 전환 규칙의 개요

① 보통 검사에서 까다로운 검사로의 전환

보통 검사가 실시되고 있을 때, 연속 5로트 이내의 최초 검사에서 (재 제출된 교정 로트는 무시한다) 2로트가 불합격이 된 경우는 까다로운 검사로 전환한다.

〈표 7-2〉는 보통 검사에서 까다로운 검사로 전환되는 예이다. 보통 검사 진행 중 로트번호 3 및 5에서 불합격이 되었다. 연속 5로트 이내에서 2로트 불합격이므로 까다로운 검사로 전환이 된다.

② 까다로운 검사에서 보통 검사로의 복귀

까다로운 검사가 실시되었을 때 연속 5로트가 최초 검사에서 합격이 된 경우에는 보통 검사로 복귀한다.

〈표 7-2〉에서 까다로운 검사 진행 중 로트번호 8에서 로트번호 12까지 연속 5로트가 합격하였으므로 로트번호 13부터 보통 검사로 복귀되었다.

③ 까다로운 검사에서 검사의 중지

까다로운 검사 기간 동안 발생한 불합격 로트의 누계가 5에 도달할 때까지 보통 검사로 복귀하지 못하면, 이 규격에 의한 합격판정 검사는 중지된다.

검사가 재개 되려면 공급자의 품질이 개선되어 그 결과가 효과가 있다고 소관권한자가 동의하여야 한다. 만약 거래를 재개한다면 보통 검사가 아닌 까다로운 검사로 적용된다.

〈표 7-2〉 검사수준 Ⅱ, AQL=1.5 %, 부표 2-A 보통 검사의 1회 샘플링 검사(주 샘플링표)

로트 번호	로트 크기	표본 크기	AQL=1.5, 부적합 퍼센트					전환 점수
			Ac	Re	부적합품	합격판정	후속 조치	
1	400	50	2	3	2	합	보통 검사로 속행	0
2	400	50	2	3	1	합	보통 검사로 속행	3
3	400	50	2	3	3	**부**	보통 검사로 속행	0
4	300	50	2	3	1	합	보통 검사로 속행	3
5	300	50	2	3	4	**부**	까다로운 검사로 전환	−
6	400	50	1	2	0	합	까다로운 검사로 속행	−
7	400	50	1	2	3	**부**	까다로운 검사로 속행	−
8	400	50	1	2	1	**합**	까다로운 검사로 속행	−
9	400	50	1	2	1	**합**	까다로운 검사로 속행	−
10	300	50	1	2	0	**합**	까다로운 검사로 속행	−
11	300	50	1	2	0	**합**	까다로운 검사로 속행	−
12	300	50	1	2	1	**합**	보통 검사로 복귀	−
13	400	50	2	3	1	합	보통 검사로 속행	3
14	400	50	2	3	1	합	보통 검사로 속행	6
15	400	50	2	3	0	합	보통 검사로 속행	9

비고 합 = 합격, 부=불합격

(예제 7-2)

다음은 계수형 샘플링 검사(KS Q ISO 2859-1)의 엄격도 전환 절차에 관한 사항이다.

ⓐ 보통 검사에서 까다로운 검사로 전환하기 위한 전제조건을 기술하시오.

ⓑ 까다로운 검사에서 보통 검사로 복귀되는 전제조건을 기술하시오.

(풀이)

ⓐ 연속 5로트 이내에서 2로트가 불합격하였다.

ⓑ 연속 5로트가 합격되었다.

④ **보통 검사에서 수월한 검사로의 전환**

보통 검사가 실시되고 있을 때 다음의 3 조건이 모두 만족된 경우 수월한 검사로 이행할 수 있다.

ⓐ 전환 점수의 현재 값이 30점 이상

ⓑ 생산 진도가 안정

ⓒ 수월한 검사의 실시를 소관권한자 승인

⑤ **전환 점수**

전환 점수의 계산은 소관권한자가 특별히 다른 조건을 제시하지 않았다면 보통 검사의 개시 시점에서 시작한다. 전환 점수는 로트의 보통 검사에서 초기 검사인 경우 부여되며, 다른 엄격도 에서는 집계하지 않는다. 또한 전환 점수는 점수가 증가되지 않으면, 0으로 복귀되는 형태가 된다.

ⓐ **1회 샘플링 방식**

㉠ 합격판정개수가 2 이상일 때

AQL이 한 단계 더 엄격한 조건에서도 로트가 합격이면 전환 점수에 3을 더하고, 그렇지 않으면 전환 점수는 0으로 복귀된다. 그러므로 보통 검사에서 한 단계 AQL이 더 엄격한 조건으로 10로트 연속 합격해야 30점에 도달된다.

㉡ 합격판정개수가 0 또는 1일 때

로트가 합격이면 전환 점수에 2를 더하고 그렇지 않으면 전환 점수는 0으로 복귀된다. 그러므로 보통 검사에서 15로트 연속 합격해야 30점에 도달된다.

ⓑ 2회 샘플링 방식

제1 표본에서 로트가 합격되면 전환 점수에 3을 더하고, 그렇지 않으면 전환 점수는 0으로 복귀된다. 그러므로 연속 10로트가 제1 표본에서 합격해야 30점에 도달된다.

ⓒ 다회 샘플링 방식

제3 표본까지 로트가 합격되면 전환 점수에 3을 더하고, 그렇지 않으면 전환 점수는 0으로 복귀된다. 그러므로 연속 10로트가 제3 표본이내에서 합격해야 30점에 도달된다.

〈표 7-3〉은 보통 검사에서 수월한 검사로 전환되는 예이다. 보통 검사에서 로트번호 5번부터 14번까지 연속 합격하여 전환 점수가 30점이 되었다. 생산 진도는 안정되어 있으므로 수월한 검사로 전환을 소관권한자가 승인하여 15번 로트부터 수월한 검사를 진행하기로 하였다.

〈표 7-3〉 검사수준 Ⅱ, AQL 1.5% 부표 2-A 보통 검사의 1회 샘플링 검사(주 샘플링표)

로트번호	로트크기	표본크기	Ac	Re	부적합품	합격판정	전환 점수	후속조치
1	4,000	80	3	4	3	합	0	보통 검사로 속행
2	4,000	80	3	4	2	합	3	보통 검사로 속행
3	4,000	80	3	4	1	합	6	보통 검사로 속행
4	4,000	80	3	4	4	부	0	보통 검사로 속행
5	4,000	80	3	4	1	합	3	보통 검사로 속행
6	4,000	80	3	4	2	합	6	보통 검사로 속행
7	4,000	80	3	4	1	합	9	보통 검사로 속행
8	4,000	80	3	4	2	합	12	보통 검사로 속행
9	4,000	80	3	4	0	합	15	보통 검사로 속행
10	4,000	80	3	4	1	합	18	보통 검사로 속행
11	4,000	80	3	4	0	합	21	보통 검사로 속행
12	4,000	80	3	4	2	합	24	보통 검사로 속행
13	4,000	80	3	4	1	합	27	보통 검사로 속행
14	4,000	80	3	4	2	합	30	수월한 검사로 전환
15	4,000	32	2	3	1	합	–	수월한 검사로 속행

⑥ 수월한 검사에서 보통 검사로의 복귀

수월한 검사의 실시 중 다음 조건 중 하나라도 발생할 경우 보통 검사로 복귀한다.

ⓐ 1로트가 불합격되었다.

ⓑ 생산이 불규칙하게 되었거나 정체하였다.

ⓒ 이 이외의 조건에서 보통 검사로 복귀할 필요가 생겼다.

〈표 7-4〉는 로트번호 81까지 각 표본 중의 부적합품이 2개 이하이므로 수월한 검사가 속행되었다. 하지만 로트번호 82에서 3개의 부적합품이 검출되어 로트가 불합격이 되었으므로 보통 검사로 복귀된다. 또한 보통 검사로 3로트 진행 중 로트번호 83과 85가 불합격되었으므로 5로트 이내에서 2로트 불합격에 해당되어 까다로운 검사로 전환된다.

또한 로트번호 76, 77, 78의 3로트에서의 표본 합계 96개에 대한 부적합품 누계수가 5개나 된다. 만약 소관권한자가 AQL 1.5%의 달성이 어렵다고 판단하였다면 불합격이 되기 전이지만 보통 검사로 복귀할 수 있다.

〈표 7-4〉 검사수준 II, AQL 1.5% 부표 2-A 보통 검사의 1회 샘플링 검사(주 샘플링표)

로트번호	로트크기	샘플크기	Ac	Re	부적합품	합격여부	후속조치
76	4 000	32	2	3	2	합	수월한 검사로 속행
77	4 000	32	2	3	1	합	수월한 검사로 속행
78	4 000	32	2	3	2	합	수월한 검사로 속행
79	4 000	32	2	3	0	합	수월한 검사로 속행
80	4 000	32	2	3	1	합	수월한 검사로 속행
81	4 000	32	2	3	1	합	수월한 검사로 속행
82	4 000	32	2	3	3	부	보통 검사로 복귀
83	4 000	80	3	4	4	부	보통 검사로 속행
84	4 000	80	3	4	1	합	보통 검사로 속행
85	4 000	80	3	4	5	부	까다로운 검사로 전환

(예제 7-3)

다음은 계수형 샘플링 검사(KS Q ISO 2859-1)의 엄격도 전환 절차에 관한 사항이다.

ⓐ 보통 검사에서 수월한 검사로 전환하기 위한 전제조건 3가지를 기술하시오.

ⓑ 수월한 검사에서 보통 검사로 복귀되는 전제조건 3가지를 기술하시오.

(풀이)

ⓐ 보통 검사에서 수월한 검사로 가는 전제조건

　ⓐ 전환 점수가 30점 이상

　ⓑ 생산이 안정되어 있음

　ⓒ 소관권한자가 인정하는 경우의 3가지를 모두 만족할 경우

ⓑ 수월한 검사에서 보통 검사로 가는 전제조건은 다음 3가지 중 어느 한가지에만 해당되면 보통
검사로 복귀된다.

　ⓐ 1로트라도 불합격

　ⓑ 생산이 불규칙한 경우

　ⓒ 이 외의 경우에서 보통 검사로 복귀할 필요가 인정될 때

[예제 7-4]

A사는 어떤 부품의 수입검사에 계수형 샘플링 검사인 KS Q ISO 2859-1을 사용하고
있다. 현재의 적용조건은 AQL=1.5%, 검사수준 II로 1회 샘플링 검사이며, 검사의 엄격
도는 수월한 검사에서 82번 로트부터 보통 검사로 복귀되었다. 각 로트 당 검사 결과
부적합품수는 표와 같이 알려져 있다. 답안지 표의 공란을 채우시오.

로트	N	샘플문자	n	Ac	Re	부적합품수	합격여부	전환점수	후속 조치
80	2000	K	50	3	4	3	합격	–	수월한 검사 속행
81	1000	J	32	2	3	3	불합격	–	보통 검사 복귀
82	2000	K	( )	( )	( )	3	( )	( )	( )
83	1000	J	( )	( )	( )	5	( )	( )	( )
84	2000	K	( )	( )	( )	2	( )	( )	( )
85	1000	J	( )	( )	( )	4	( )	( )	( )
86	2000	K	( )	( )	( )	4	( )	( )	( )

(풀이)

로트	N	샘플문자	n	Ac	Re	부적합품수	합격여부	전환점수	후속 조치 (검사 후)
80	2000	K	50	3	4	3	합격	–	수월한 검사 속행
81	1000	J	32	2	3	3	불합격	–	보통 검사 복귀
82	2000	K	125	5	6	3	합격	3	보통 검사 속행
83	1000	J	80	3	4	5	불합격	0	보통 검사 속행
84	2000	K	125	5	6	2	합격	3	보통 검사 속행
85	1000	J	80	3	4	4	불합격	–	까다로운 검사 전환
86	2000	K	125	3	4	4	불합격	–	까다로운 검사 속행

(5) AQL 지표형 샘플링 검사 형식

이 규격의 샘플링 검사 형식에 관한 결정은 소관권한자에 있으며, 적용되는 형식은 1회, 2회, 다회(5회)의 3가지이다. 축차는 KS Q ISO 2859-5에 별도로 규격이 제정되어 있다.

① 샘플링 검사 형식

ⓐ 1회 샘플링 검사(single sampling inspection)

로트로부터 단 한번의 표본을 추출해서 판정기준과 비교하여 로트의 합격·불합격을 결정하는 샘플링 방식이다.

ⓑ 2회 샘플링 검사(double sampling inspection)

1회 샘플링으로 합격판정을 할 수 없는 경우 2회 샘플링을 실시하며, 1회와 2회의 부적합품을 누적하여 판정하는 방법이다. 즉 1회와 2회의 누적부적합품수가 2회의 합격판정개수 이하이면 합격으로 하고 아니면 로트를 불합격 시킨다.

ⓒ 다회 샘플링 검사(multi sampling inspection)

다회 샘플링 검사는 5회인 경우만 설계되어 있다. 다회 샘플링 검사는 회차에서 합격판정이 나지 않고 검사가 속행되는 경우 다음 회차를 진행하여 이전 차수의 결과를 포함하는 전체 누적부적합품수와 그 회차의 합격판정기준과 비교하여 합격판정을 하는 방식이다.

1회 샘플링 검사 방식에서 합격판정개수가 0인 경우와 표본크기(n)가 2인 경우 2회 샘플링 방식을 적용할 수 없다. 또한 1회 샘플링 검사 방식에서 합격판정개수가 0 또는 표본크기가 2, 3 또는 5인 경우 다회 샘플링 방식을 적용할 수 없다. 즉 표본의 크기가 지나치게 작거나 합격판정개수가 0 인 경우는 1회만이 적용할 수 있다.

② 샘플링 형식에 따른 평균 표본크기 비교

〈표 7-5〉은 1회 샘플링 검사 시의 표본크기 200개에 대한 동일한 품질수준의 2회와 다회 샘플링 검사 방식에 관한 비교표이다. 또한 〈그림 7-3〉는 샘플링 형식에 따른 OC곡선의 차이와 부적합품률의 변화에 따른 형식별 평균샘플크기(ASS)의 변화를 나타낸 것이다.

ⓐ 샘플링 형식에 따른 OC곡선은 차이가 없으므로〈그림 7-3〉형식에 따른 합격확률의 차이는 발생하지 않는다.

ⓑ 2회와 다회의 경우 최종 단계에 이르기 이전에 합격판정이 나지 않을 경우 검사수량은 1회에 비하여 오히려 더 많아진다〈표 7-5〉.

ⓒ 평균샘플크기(ASS)는 다회 샘플링 검사가 가장 작고 1회 샘플링 검사가 가장 크다〈그림 7-3〉.

ⓓ 만일 품질이 완벽하면 2회 샘플링 검사의 평균샘플크기는 1회 샘플링 검사의 약 2/3, 다회 샘플링 검사의 평균샘플크기는 1회 샘플링 검사의 약 1/4이다.

ⓔ 2회 샘플링 검사의 평균샘플크기의 최대치는 1회 샘플링 검사의 9/10보다 조금 크고, 다회 샘플링 검사의 평균샘플크기의 최대치는 1회 샘플링 검사의 8/10보다 조금 크다.

〈표 7-5〉 샘플링 형식별 검사방법 및 ASS 비교 : 샘플문자 L, AQL 0.65%

샘플링 검사 형식	회차	회차별 표본크기	누계 표본크기	Ac	Re
1회		200	200	3	4
2회	제 1	125	125	1	3
	제 2	125	250	4	5
다회	제 1	50	50	#	3
	제 2	50	100	0	3
	제 3	50	150	1	4
	제 4	50	200	2	5
	제 5	50	250	4	5

비고 #은 현재의 회차 에서는 합격 판정기준이 없다는 것을 의미한다.

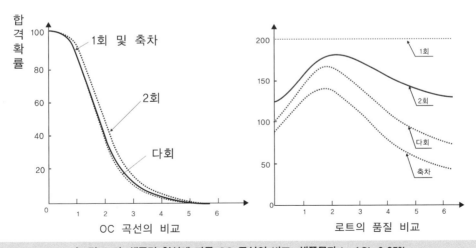

〈그림 7-3〉 샘플링 형식에 따른 OC 곡선의 비교: 샘플문자 L, AQL 0.65%

(예제 7-5)

다음 (   ) 안에 적당한 것을 쓰시오.

"계수형 샘플링 검사(KS Q ISO 2859-1)에서 1회 샘플링 검사, 2회 샘플링 검사, 다회 (多回) 샘플링 검사 중 어느 형식을 결정하거나 (   ), (   ), (   )이(가) 같으면 OC곡선이 실제로 거의 동일하게 설계되기 때문에 합격 확률에는 큰 차이가 없다."

(풀이)
㉠ 샘플문자   ㉡ AQL   ㉢ (적용하는) 엄격도

〈표 7-6〉 부표 1 샘플문자를 구하는 표

로트크기	특별 검사수준				보통 검사수준		
	S-1	S-2	S-3	S-4	I	II	III
2~8	A	A	A	A	A	A	B
9~15	A	A	A	A	A	B	C
16~25	A	A	B	B	B	C	D
26~50	A	B	B	C	C	D	E
51~90	B	B	C	C	C	E	F
91~150	B	B	C	D	D	F	G
151~280	B	C	D	E	E	G	H
281~500	B	C	D	E	F	H	J
501~1200	C	C	E	F	G	J	K
1201~3200	C	D	E	G	H	K	L
3201~10000	C	D	F	G	J	L	M
10001~35000	C	D	F	H	K	M	N
35001~150000	D	E	G	J	L	N	P
150001~500000	D	E	G	J	M	P	Q
500001 이상	D	E	H	K	N	Q	R

〈표 7-7〉 부표 2-A 보통 검사의 1회 샘플링 검사 방식 (주 샘플링표)

합격품질한계 AQL, 부적합품률 및 100 아이템당 부적합수(보통 검사)

샘플 문자	샘플 크기	0.010	0.015	0.025	0.040	0.065	0.10	0.15	0.25	0.40	0.65	1.0	1.5	2.5	4.0	6.5	10	15	25	40	65	100	150	250	400	650	1000
		Ac Re	Ac Re	Ac Re	Ac Re	Ac Re	Ac Re	Ac Re	Ac Re	Ac Re	Ac Re	Ac Re	Ac Re	Ac Re	Ac Re	Ac Re	Ac Re	Ac Re	Ac Re	Ac Re	Ac Re	Ac Re	Ac Re	Ac Re	Ac Re	Ac Re	Ac Re
A	2	↓	↓	↓	↓	↓	↓	↓	↓	↓	↓	↓	↓	↓	↓	↓	↓	0 1	1 2	2 3	3 4	5 6	7 8	10 11	14 15	21 22	30 31
B	3	↓	↓	↓	↓	↓	↓	↓	↓	↓	↓	↓	↓	↓	↓	↓	0 1	1 2	2 3	3 4	5 6	7 8	10 11	14 15	21 22	30 31	44 45
C	5	↓	↓	↓	↓	↓	↓	↓	↓	↓	↓	↓	↓	↓	↓	0 1	1 2	2 3	3 4	5 6	7 8	10 11	14 15	21 22	30 31	44 45	↑
D	8	↓	↓	↓	↓	↓	↓	↓	↓	↓	↓	↓	↓	↓	0 1	1 2	2 3	3 4	5 6	7 8	10 11	14 15	21 22	30 31	44 45	↑	↑
E	13	↓	↓	↓	↓	↓	↓	↓	↓	↓	↓	↓	↓	0 1	1 2	2 3	3 4	5 6	7 8	10 11	14 15	21 22	30 31	44 45	↑	↑	↑
F	20	↓	↓	↓	↓	↓	↓	↓	↓	↓	↓	↓	0 1	1 2	2 3	3 4	5 6	7 8	10 11	14 15	21 22	30 31	44 45	↑	↑	↑	↑
G	32	↓	↓	↓	↓	↓	↓	↓	↓	↓	↓	0 1	1 2	2 3	3 4	5 6	7 8	10 11	14 15	21 22	30 31	44 45	↑	↑	↑	↑	↑
H	50	↓	↓	↓	↓	↓	↓	↓	↓	↓	0 1	1 2	2 3	3 4	5 6	7 8	10 11	14 15	21 22	30 31	44 45	↑	↑	↑	↑	↑	↑
J	80	↓	↓	↓	↓	↓	↓	↓	↓	0 1	1 2	2 3	3 4	5 6	7 8	10 11	14 15	21 22	30 31	44 45	↑	↑	↑	↑	↑	↑	↑
K	125	↓	↓	↓	↓	↓	↓	↓	0 1	1 2	2 3	3 4	5 6	7 8	10 11	14 15	21 22	30 31	44 45	↑	↑	↑	↑	↑	↑	↑	↑
L	200	↓	↓	↓	↓	↓	↓	0 1	1 2	2 3	3 4	5 6	7 8	10 11	14 15	21 22	30 31	44 45	↑	↑	↑	↑	↑	↑	↑	↑	↑
M	315	↓	↓	↓	↓	↓	0 1	1 2	2 3	3 4	5 6	7 8	10 11	14 15	21 22	30 31	44 45	↑	↑	↑	↑	↑	↑	↑	↑	↑	↑
N	500	↓	↓	↓	↓	0 1	1 2	2 3	3 4	5 6	7 8	10 11	14 15	21 22	30 31	44 45	↑	↑	↑	↑	↑	↑	↑	↑	↑	↑	↑
P	800	↓	↓	↓	0 1	1 2	2 3	3 4	5 6	7 8	10 11	14 15	21 22	30 31	44 45	↑	↑	↑	↑	↑	↑	↑	↑	↑	↑	↑	↑
Q	1250	↓	↓	0 1	1 2	2 3	3 4	5 6	7 8	10 11	14 15	21 22	30 31	44 45	↑	↑	↑	↑	↑	↑	↑	↑	↑	↑	↑	↑	↑
R	2000	↓	0 1	1 2	2 3	3 4	5 6	7 8	10 11	14 15	21 22	30 31	44 45	↑	↑	↑	↑	↑	↑	↑	↑	↑	↑	↑	↑	↑	↑

비고
↓ 화살표 아래의 최초의 샘플링검사 방식을 사용한다. 만약 샘플크기가 로트크기 이상이면 전수검사한다.
↑ 화살표 위의 최초의 샘플링검사 방식을 사용한다.
Ac 합격판정개수
Re 불합격판정개수

〈표 7-8〉 부표 2-B 까다로운 검사의 1회 샘플링 검사 방식 (주 샘플링표)

합격품질한계 AQL, 부적합품률 및 100 아이템당 부적합수(까다로운 검사)

샘플 문자	샘플 크기	0.010	0.015	0.025	0.040	0.065	0.10	0.15	0.25	0.40	0.65	1.0	1.5	2.5	4.0	6.5	10	15	25	40	65	100	150	250	400	650	1000
		Ac Re	Ac Re	Ac Re	Ac Re	Ac Re	Ac Re	Ac Re	Ac Re	Ac Re	Ac Re	Ac Re	Ac Re	Ac Re	Ac Re	Ac Re	Ac Re	Ac Re	Ac Re	Ac Re	Ac Re	Ac Re	Ac Re	Ac Re	Ac Re	Ac Re	Ac Re
A	2	↓	↓	↓	↓	↓	↓	↓	↓	↓	↓	↓	↓	↓	↓	↓	↓	↓	0 1	1 2	2 3	3 4	5 6	8 9	12 13	18 19	27 28
B	3	↓	↓	↓	↓	↓	↓	↓	↓	↓	↓	↓	↓	↓	↓	↓	↓	0 1	1 2	2 3	3 4	5 6	8 9	12 13	18 19	27 28	41 42
C	5	↓	↓	↓	↓	↓	↓	↓	↓	↓	↓	↓	↓	↓	↓	0 1	1 2	2 3	3 4	5 6	8 9	12 13	18 19	27 28	41 42	↑	↑
D	8	↓	↓	↓	↓	↓	↓	↓	↓	↓	↓	↓	↓	↓	0 1	1 2	2 3	3 4	5 6	8 9	12 13	18 19	27 28	41 42	↑	↑	↑
E	13	↓	↓	↓	↓	↓	↓	↓	↓	↓	↓	↓	↓	0 1	1 2	2 3	3 4	5 6	8 9	12 13	18 19	27 28	41 42	↑	↑	↑	↑
F	20	↓	↓	↓	↓	↓	↓	↓	↓	↓	↓	↓	0 1	1 2	2 3	3 4	5 6	8 9	12 13	18 19	27 28	41 42	↑	↑	↑	↑	↑
G	32	↓	↓	↓	↓	↓	↓	↓	↓	↓	↓	0 1	1 2	2 3	3 4	5 6	8 9	12 13	18 19	27 28	41 42	↑	↑	↑	↑	↑	↑
H	50	↓	↓	↓	↓	↓	↓	↓	↓	↓	0 1	1 2	2 3	3 4	5 6	8 9	12 13	18 19	27 28	41 42	↑	↑	↑	↑	↑	↑	↑
J	80	↓	↓	↓	↓	↓	↓	↓	↓	0 1	1 2	2 3	3 4	5 6	8 9	12 13	18 19	27 28	41 42	↑	↑	↑	↑	↑	↑	↑	↑
K	125	↓	↓	↓	↓	↓	↓	↓	0 1	1 2	2 3	3 4	5 6	8 9	12 13	18 19	27 28	41 42	↑	↑	↑	↑	↑	↑	↑	↑	↑
L	200	↓	↓	↓	↓	↓	↓	0 1	1 2	2 3	3 4	5 6	8 9	12 13	18 19	27 28	41 42	↑	↑	↑	↑	↑	↑	↑	↑	↑	↑
M	315	↓	↓	↓	↓	↓	0 1	1 2	2 3	3 4	5 6	8 9	12 13	18 19	27 28	41 42	↑	↑	↑	↑	↑	↑	↑	↑	↑	↑	↑
N	500	↓	↓	↓	↓	0 1	1 2	2 3	3 4	5 6	8 9	12 13	18 19	27 28	41 42	↑	↑	↑	↑	↑	↑	↑	↑	↑	↑	↑	↑
P	800	↓	↓	↓	0 1	1 2	2 3	3 4	5 6	8 9	12 13	18 19	27 28	41 42	↑	↑	↑	↑	↑	↑	↑	↑	↑	↑	↑	↑	↑
Q	1250	↓	↓	0 1	1 2	2 3	3 4	5 6	8 9	12 13	18 19	27 28	41 42	↑	↑	↑	↑	↑	↑	↑	↑	↑	↑	↑	↑	↑	↑
R	2000	↓	0 1	1 2	2 3	3 4	5 6	8 9	12 13	18 19	27 28	41 42	↑	↑	↑	↑	↑	↑	↑	↑	↑	↑	↑	↑	↑	↑	↑
S	3150	0 1	1 2	2 3	3 4	5 6	8 9	12 13	18 19	27 28	41 42	↑	↑	↑	↑	↑	↑	↑	↑	↑	↑	↑	↑	↑	↑	↑	↑

비고

↓ 화살표 아래의 최초의 샘플링검사 방식을 사용한다. 단, 샘플크기가 로트크기 이상이면 전수검사한다.

↑ 화살표 위의 최초의 샘플링검사 방식을 사용한다.

Ac 합격판정개수

Re 불합격판정개수

〈표 7-9〉 부표 2-C 수월한 검사의 1회 샘플링 검사 방식 (주 샘플링표)

세로 축 설명: 합격품질한계 AQL, 부적합품률 및 100 아이템당 부적합수(수월한 검사)

샘플 문자	샘플 크기	0.010		0.015		0.025		0.040		0.065		0.10		0.15		0.25		0.40		0.65		1.0		1.5		2.5		4.0		6.5		10		15		25		40		65		100		150		250		400		650		1000	
		Ac	Re	Ac	Re	Ac	Re	Ac	Re	Ac	Re	Ac	Re	Ac	Re	Ac	Re	Ac	Re	Ac	Re	Ac	Re	Ac	Re	Ac	Re	Ac	Re	Ac	Re	Ac	Re	Ac	Re	Ac	Re	Ac	Re	Ac	Re	Ac	Re	Ac	Re	Ac	Re	Ac	Re	Ac	Re	Ac	Re
A	2	↓		↓		↓		↓		↓		↓		↓		↓		↓		↓		↓		↓		↓		↓		↓		↓		0	1	1	2	2	3	3	4	5	6	7	8	10	11	14	15	21	22	30	31
B	2	↓		↓		↓		↓		↓		↓		↓		↓		↓		↓		↓		↓		↓		↓		↓		0	1	1	2	2	3	3	4	5	6	7	8	10	11	14	15	21	22	30	31	↑	
C	2	↓		↓		↓		↓		↓		↓		↓		↓		↓		↓		↓		↓		↓		↓		0	1	1	2	2	3	3	4	5	6	7	8	10	11	14	15	21	22	30	31	↑		↑	
D	3	↓		↓		↓		↓		↓		↓		↓		↓		↓		↓		↓		↓		↓		0	1	1	2	2	3	3	4	5	6	7	8	10	11	14	15	21	22	30	31	↑		↑		↑	
E	5	↓		↓		↓		↓		↓		↓		↓		↓		↓		↓		↓		↓		0	1	1	2	2	3	3	4	5	6	7	8	10	11	14	15	21	22	30	31	↑		↑		↑		↑	
F	8	↓		↓		↓		↓		↓		↓		↓		↓		↓		↓		↓		0	1	1	2	2	3	3	4	5	6	7	8	10	11	14	15	21	22	30	31	↑		↑		↑		↑		↑	
G	13	↓		↓		↓		↓		↓		↓		↓		↓		↓		↓		0	1	1	2	2	3	3	4	5	6	7	8	10	11	14	15	21	22	30	31	↑		↑		↑		↑		↑		↑	
H	20	↓		↓		↓		↓		↓		↓		↓		↓		↓		0	1	1	2	2	3	3	4	5	6	7	8	10	11	14	15	21	22	30	31	↑		↑		↑		↑		↑		↑		↑	
J	32	↓		↓		↓		↓		↓		↓		↓		↓		0	1	1	2	2	3	3	4	5	6	7	8	10	11	14	15	21	22	30	31	↑		↑		↑		↑		↑		↑		↑		↑	
K	50	↓		↓		↓		↓		↓		↓		↓		0	1	1	2	2	3	3	4	5	6	7	8	10	11	14	15	21	22	30	31	↑		↑		↑		↑		↑		↑		↑		↑		↑	
L	80	↓		↓		↓		↓		↓		↓		0	1	1	2	2	3	3	4	5	6	7	8	10	11	14	15	21	22	30	31	↑		↑		↑		↑		↑		↑		↑		↑		↑		↑	
M	125	↓		↓		↓		↓		↓		0	1	1	2	2	3	3	4	5	6	7	8	10	11	14	15	21	22	30	31	↑		↑		↑		↑		↑		↑		↑		↑		↑		↑		↑	
N	200	↓		↓		↓		↓		0	1	1	2	2	3	3	4	5	6	7	8	10	11	14	15	21	22	30	31	↑		↑		↑		↑		↑		↑		↑		↑		↑		↑		↑		↑	
P	315	↓		↓		↓		0	1	1	2	2	3	3	4	5	6	7	8	10	11	14	15	21	22	30	31	↑		↑		↑		↑		↑		↑		↑		↑		↑		↑		↑		↑		↑	
Q	500	↓		↓		0	1	1	2	2	3	3	4	5	6	7	8	10	11	14	15	21	22	30	31	↑		↑		↑		↑		↑		↑		↑		↑		↑		↑		↑		↑		↑		↑	
R	800	↓		0	1	1	2	2	3	3	4	5	6	7	8	10	11	14	15	21	22	30	31	↑		↑		↑		↑		↑		↑		↑		↑		↑		↑		↑		↑		↑		↑		↑	

비고

↓ = 화살표 아래의 최초의 샘플링검사 방식을 사용한다. 만약 샘플크기가 로트크기 이상이면 전수검사한다.

↑ = 화살표 위의 최초의 샘플링검사 방식을 사용한다.

Ac 합격판정개수

Re 불합격판정개수

〈표 7-10〉 부표 3-A 보통 검사의 2회 샘플링 검사 방식 (주 샘플링표)

합격품질한계 AQL, 부적합품률 및 100 아이템당 부적합수(보통 검사)

샘플문자	샘플크기	샘플크기	누적 샘플크기
A		2	
B	제1차	2	2
	제2차	2	4
C	제1차	3	3
	제2차	3	6
D	제1차	5	5
	제2차	5	10
E	제1차	8	8
	제2차	8	16
F	제1차	13	13
	제2차	13	26
G	제1차	20	20
	제2차	20	40
H	제1차	32	32
	제2차	32	64
J	제1차	50	50
	제2차	50	100
K	제1차	80	80
	제2차	80	160
L	제1차	125	125
	제2차	125	250
M	제1차	200	200
	제2차	200	400
N	제1차	315	315
	제2차	315	630
P	제1차	500	500
	제2차	500	1000
Q	제1차	800	800
	제2차	800	1600
R	제1차	1250	1250
	제2차	1250	2500

비고
- ⇩ 화살표 아래의 최초의 샘플링검사 방식을 사용한다.
- ⇧ 화살표 위의 최초의 샘플링검사 방식을 사용한다.
- Ac 합격판정개수
- Re 불합격판정개수
- * 대응하는 1회 샘플링검사 방식을 사용한다(또는 아래의 2회 샘플링검사 방식을 사용한다).

〈표 7-11〉 부표 3-B 까다로운 검사의 2회 샘플링 검사 방식 (주 샘플링표)

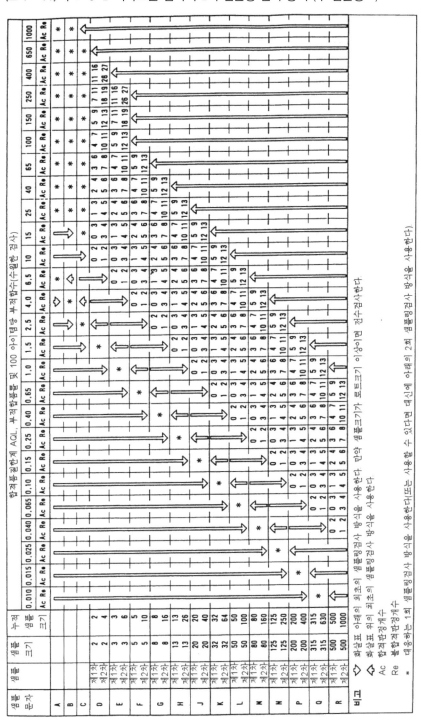

〈표 7-12〉 부표 3-C 수월한 검사의 2회 샘플링 검사 방식 (주 샘플링표)

합격품질한계 AQL, 부적합품률 및 100 아이템당 부적합수(수월한 검사)

샘플 문자	샘플	샘플 크기	누적 샘플 크기	0.010 Ac Re	0.015 Ac Re	0.025 Ac Re	0.040 Ac Re	0.065 Ac Re	0.10 Ac Re	0.15 Ac Re	0.25 Ac Re	0.40 Ac Re	0.65 Ac Re	1.0 Ac Re	1.5 Ac Re	2.5 Ac Re	4.0 Ac Re	6.5 Ac Re	10 Ac Re	15 Ac Re	25 Ac Re	40 Ac Re	65 Ac Re	100 Ac Re	150 Ac Re	250 Ac Re	400 Ac Re	650 Ac Re	1000 Ac Re
A	제1차 제2차																		⇩									⇧	*
B	제1차 제2차																*		⇩								⇧	*	
C	제1차 제2차	2 2	2 4												*		⇩							7 11 18 19	11 16 26 27	⇧	*		
D	제1차 제2차	3 3	3 6											*		⇩		0 2 1 2	0 3 3 4	1 4 4 5	2 5 6 7	3 6 8 10	5 9 12 13	7 11 18 19	11 16 26 27	⇧	*		
E	제1차 제2차	5 5	5 10										*		⇩		0 2 1 2	0 3 3 4	1 4 4 5	2 5 6 7	3 6 8 10	5 9 12 13	7 11 18 19	11 16 26 27	⇧		*		
F	제1차 제2차	8 8	8 16									*		⇩		0 2 1 2	0 3 3 4	1 4 4 5	2 5 6 7	3 6 8 10	5 9 12 13	7 11 18 19	11 16 26 27	⇧			*	
G	제1차 제2차	13 13	13 26								*		⇩		0 2 1 2	0 3 3 4	1 4 4 5	2 5 6 7	3 6 8 10	5 9 12 13	7 11 18 19	11 16 26 27	⇧					
H	제1차 제2차	20 20	20 40							*		⇩		0 2 1 2	0 3 3 4	1 4 4 5	2 5 6 7	3 6 8 10	5 9 12 13	7 11 18 19	11 16 26 27	⇧						
J	제1차 제2차	32 32	32 64						*		⇩		0 2 1 2	0 3 3 4	1 4 4 5	2 5 6 7	3 6 8 10	5 9 12 13	⇧									
K	제1차 제2차	50 50	50 100					*		⇩		0 2 1 2	0 3 3 4	1 4 4 5	2 5 6 7	3 6 8 10	5 9 12 13	⇧										
L	제1차 제2차	80 80	80 160				*		⇩		0 2 1 2	0 3 3 4	1 4 4 5	2 5 6 7	3 6 8 10	⇧											
M	제1차 제2차	125 125	125 250			*		⇩		0 2 1 2	0 3 3 4	1 4 4 5	2 5 6 7	3 6 8 10	⇧												
N	제1차 제2차	200 200	200 400		*		⇩		0 2 1 2	0 3 3 4	1 4 4 5	2 5 6 7	3 6 8 10	⇧													
P	제1차 제2차	315 315	315 630	*		⇩		0 2 1 2	0 3 3 4	1 4 4 5	2 5 6 7	⇧															
Q	제1차 제2차	500 500	500 1000		⇩		0 2 1 2	0 3 3 4	1 4 4 5	2 5 6 7	⇧																
R	제1차 제2차			⇩		0 2 1 2	0 3 3 4	1 4 4 5	⇧																		

비고

⇩ = 화살표 아래의 최초의 샘플링검사 방식을 사용한다. 만약 샘플크기가 로트크기 이상이면 전수검사한다.

⇧ = 화살표 위의 최초의 샘플링검사 방식을 사용한다.

Ac = 합격판정개수

Re = 불합격판정개수

* = 대응하는 1회 샘플링검사 방식을 사용한다(또는 아래에 2회 샘플검사 방식을 사용할 수 있다면 대신에 아래의 2회 샘플검사 방식을 사용한다).

〈표 7-13〉 부표 4-A 보통 검사의 다회 샘플링 검사 방식 (주 샘플링표)

세로축 표제: 합격품질한계 AQL, 부적합품률 및 100 아이템당 부적합수(보통 검사)

샘플문자	샘플	샘플크기	누적샘플크기
A	—	2	2
B	—	2	4
C	—	2	6
D	제1차	2	2
D	제2차	2	4
D	제3차	2	6
D	제4차	2	8
D	제5차	2	10
E	제1차	3	3
E	제2차	3	6
E	제3차	3	9
E	제4차	3	12
E	제5차	3	15
F	제1차	5	5
F	제2차	5	10
F	제3차	5	15
F	제4차	5	20
F	제5차	5	25
G	제1차	8	8
G	제2차	8	16
G	제3차	8	24
G	제4차	8	32
G	제5차	8	40

AQL 열 머리글: 0.010 | 0.015 | 0.025 | 0.040 | 0.065 | 0.10 | 0.15 | 0.25 | 0.40 | 0.65 | 1.0 | 1.5 | 2.5 | 4.0 | 6.5 | 10 | 15 | 25 | 40 | 65 | 100 | 150 | 250 | 400 | 650 | 1000 (각 열마다 Ac, Re)

비고
- ◇ 화살표 아래의 최초의 샘플링검사 방식을 사용한다
- ◇ 화살표 위의 최초의 샘플링검사 방식을 사용한다
- Ac 합격판정개수
- Re 불합격판정개수
- ＊ 대응하는 1회 샘플링 방식을 사용한다(또는 아래의 2회 샘플링검사 방식을 사용한다).
- ‡ 대응하는 2회 샘플링 방식을 사용한다(또는 아래의 다회 샘플링검사 방식을 사용한다).
- # 이 샘플크기에서는 합격의 판정을 할 수 없다.

우측 주기: 합격품질한계가 로트크기 이상이면 전수검사한다. 다만 샘플크기가 로트크기 이상이면 전수검사한다.

〈표 7-13〉 부표 4-A 보통 검사의 다회 샘플링 검사 방식 (주 샘플링표) (계속)

표 상단 표제: 합격품질한계 AQL, 부적합품률 및 100 아이템당 부적합수(보통 검사)

샘플문자	샘플	샘플크기	누적 샘플크기	AQL 2.5 (Ac Re)	AQL 4.0 (Ac Re)	AQL 6.5 (Ac Re)	AQL 10 (Ac Re)	AQL 15 (Ac Re)	AQL 25 (Ac Re)
H	제1차	13	13				0 5	1 7	2 9
	제2차	13	26				3 8	4 10	7 14
	제3차	13	39				6 10	8 13	13 19
	제4차	13	52				9 12	12 17	20 25
	제5차	13	65				12 13	18 19	26 27
J	제1차	20	20			0 5	1 7	2 9	⇦
	제2차	20	40			3 8	4 10	7 14	
	제3차	20	60			6 10	8 13	13 19	
	제4차	20	80			9 12	12 17	20 25	
	제5차	20	100			12 13	18 19	26 27	
K	제1차	32	32		0 5	1 7	2 9	⇦	
	제2차	32	64		3 8	4 10	7 14		
	제3차	32	96		6 10	8 13	13 19		
	제4차	32	128		9 12	12 17	20 25		
	제5차	32	160		12 13	18 19	26 27		
L	제1차	50	50	0 5	1 7	2 9	⇦		
	제2차	50	100	3 8	4 10	7 14			
	제3차	50	150	6 10	8 13	13 19			
	제4차	50	200	9 12	12 17	20 25			
	제5차	50	250	12 13	18 19	26 27			
M	제1차	80	80	1 7	2 9	⇦			
	제2차	80	160	4 10	7 14				
	제3차	80	240	8 13	13 19				
	제4차	80	320	12 17	20 25				
	제5차	80	400	18 19	26 27				

(나머지 AQL 열(0.010~1.5, 40~1000)에는 화살표(⇦, ⇨, ⇩), # 기호 및 * 기호가 대각선 방향으로 배치되어 있음.)

비고
◇ = 화살표 아래의 최초의 샘플링검사 방식을 사용한다. 단 만약 샘플크기가 로트크기 이상이면 전수검사한다.
⇧ = 화살표 위의 최초의 샘플링검사 방식을 사용한다.
Ac = 합격판정개수
Re = 불합격판정개수
* = 대응하는 1회 샘플링 방식을 사용하라(또는 사용할 수 있다면 대신에 아래의 2회 샘플링검사 방식을 사용한다).
‡ = 대응하는 2회 샘플링 방식을 사용하라(또는 사용할 수 있다면 대신에 아래의 다회 샘플링검사 방식을 사용한다).
# = 이 샘플크기에서는 합격판정을 할 수 없다.

〈표 7–13〉 부표 4–A 보통 검사의 다회 샘플링 검사 방식 (주 샘플링표) (계속)

합격불합격 한계 AQL, 부적합품률 및 100 아이템당 부적합수(보통 검사)

샘플문자	샘플크기	샘플 문자(차)	샘플크기	누적 샘플크기	0.065 Ac Re	0.10 Ac Re	0.15 Ac Re	0.25 Ac Re	0.40 Ac Re	0.65 Ac Re	1.0 Ac Re	1.5 Ac Re	2.5 Ac Re
N	125	제1차	125	125	↓	# 2	# 2	# 3	# 4	0 4	0 5	1 7	2 9
		제2차	125	250	↓	0 2	0 2	0 3	1 5	1 6	3 8	4 10	7 14
		제3차	125	375	↓	0 2	0 2	0 3	2 6	3 8	6 10	8 13	13 19
		제4차	125	500	↓	0 3	1 3	1 4	3 7	5 9	8 12	12 17	20 25
		제5차	125	625	↓	1 3	2 4	3 5	5 7	7 9	9 12	18 19	26 27
P	200	제1차	200	200	# 2	# 2	# 3	# 4	0 4	0 5	1 7	2 9	↑
		제2차	200	400	0 2	0 2	0 3	1 5	1 6	3 8	4 10	7 14	↑
		제3차	200	600	0 2	0 2	0 3	2 6	3 8	6 10	8 13	13 19	↑
		제4차	200	800	0 3	1 3	1 4	3 7	5 9	8 12	12 17	20 25	↑
		제5차	200	1000	1 3	2 4	3 5	5 7	7 9	9 12	18 19	26 27	↑
Q	315	제1차	315	315	# 3	# 4	0 4	0 5	1 7	2 9	↑	↑	↑
		제2차	315	630	0 3	1 5	1 6	3 8	4 10	7 14	↑	↑	↑
		제3차	315	945	0 3	2 6	3 8	6 10	8 13	13 19	↑	↑	↑
		제4차	315	1260	1 4	3 7	5 9	8 12	12 17	20 25	↑	↑	↑
		제5차	315	1575	3 5	5 7	7 9	9 12	18 19	26 27	↑	↑	↑
R	500	제1차	500	500	0 4	0 5	1 7	2 9	↑	↑	↑	↑	↑
		제2차	500	1000	1 6	3 8	4 10	7 14	↑	↑	↑	↑	↑
		제3차	500	1500	3 8	6 10	8 13	13 19	↑	↑	↑	↑	↑
		제4차	500	2000	5 9	8 12	12 17	20 25	↑	↑	↑	↑	↑
		제5차	500	2500	7 9	9 12	18 19	26 27	↑	↑	↑	↑	↑

비고
↓ 화살표 아래의 최초의 샘플링검사 방식을 사용한다. 만약 샘플크기가 로트크기 이상이면 전수검사한다.
↑ 화살표 위의 최초의 샘플링검사 방식을 사용한다.
Ac 합격판정개수
Re 불합격판정개수
* 대응하는 1회 샘플링 방식을 사용한다(또는 사용할 수 있다면 대신에 아래의 2회 샘플링검사 방식을 사용한다).
‡ 대응하는 2회 샘플링 방식을 사용한다(또는 사용할 수 있다면 대신에 아래의 다회 샘플링검사 방식을 사용한다).
# 이 샘플크기에서는 합격의 판정을 할 수 없다.

7.3 계수형 샘플링 검사 방식(보조적 샘플링 검사표)

(1) 분수 합격판정개수 샘플링 검사 개요

AQL 지표형 샘플링 검사 방식은 합격판정개수가 0 또는 1인 경우 까다로운 검사로 전환하면 검사량이 증가되는 문제점이 발생한다. 이 규격은 이러한 문제를 해결하기 위해 분수 합격판정개수의 샘플링 검사 방식이 고안되어 있다. 분수 합격판정개수의 샘플링 검사 방식을 사용했을 때 AQL과 샘플문자의 조합에서 합격판정개수가 0과 1사이인 경우에도 까다로운 검사로의 전환 시 샘플문자의 변경과 그에 대응한 표본크기의 변경은 불필요하므로 검사 업무가 가중되는 불편함이 해소될 수 있다.

분수 합격판정개수의 샘플링 검사 방식은 소관권한자의 승인으로 사용이 가능하며, 〈표 7-15〉 '부표 11-A', 〈표 7-16〉 '부표 11-B' 및 〈표 7-17〉 '부표 11-C'를 활용한다. 보통 검사 및 까다로운 검사표인 '부표 2-A' 및 '부표 2-B'에서 합격판정개수가 0과 1사이의 화살표로 된 2개의 난은 1/3 및 1/2인 분수값이 입력되어 있다. 수월한 검사표인 '부표 2-C'에서 합격판정개수가 0과 1사이의 화살표로 된 3개의 난은 1/5, 1/3 및 1/2인 분수값이 입력되어 있다. 이 분수는 R5 등비급수에 따라 정해진 값이다.

(2) 샘플문자가 일정한 경우의 분수 샘플링 검사

계속되는 각 로트의 샘플문자가 동일하여 분수 합격판정개수의 샘플링 검사 방식이 일정한 경우 합격판정은 표본 중에 부적합품이 전혀 없을 때에는 로트를 합격으로 하고, 2개 이상이면 불합격으로 한다.

분수 샘플링 검사의 합격판정이 규칙을 필요로 하는 경우는 부적합품이 1개 있을 경우이다. 이 경우는 합격판정개수가 0이면 불합격이고, 1이면 합격이므로 합격판정개수가 1/2 또는 1/3 등의 분수일 경우 판정을 하기가 모호해 지기 때문이다.

합격판정개수가 1/2일 경우 현재의 표본 중 부적합품수가 1개일 때 직전 1 로트에서 표본 중에 부적합품이 0 이면 현재의 로트를 합격으로 한다. 왜냐하면 2로트를 합치면 합격판정개수는 1이 되며, 2로트를 합쳐서 부적합품은 1개 이므로 합격조건에 해당이 되기 때문이다. 만약 직전 로트에 부적합이 있거나 첫 로트이기 때문에 직전 로트가 없을 경우 현재의 로트는 불합격이 된다.

합격판정개수 1/3인 경우는 같은 방법으로 직전 로트 2에서 부적합품이 없으면, 현재의 로트에 1개의 부적합품이 발생했을 경우 합격으로 한다. 또, 합격판정개수 1/5에 대해서는 필요한 직전 로트의 수는 4이다. 기타의 경우에는 현재의 로트를 불합격으로 한다.

(3) 샘플문자가 일정하지 않은 경우의 분수 샘플링 검사

각 로트의 크기(N)가 변하여 샘플링 검사 방식이 일정하지 않은 분수 샘플링 검사의 합격판정기준은 합격판정점수(acceptance score)를 사용한다.

① 보통 검사, 까다로운 검사 또는 수월한 검사의 개시 시점에서는 합격판정점수를 0으로 되돌린다.

② 동일한 엄격도 내에서 검사가 이루어질 때 '검사 전 합격판정점수'는 직전 로트의 판정 후 결정 되어 있는 '검사 후 합격판정점수'에 대해 다음 점수를 가산한다.

ⓐ 만일 주어진 합격판정개수가 0이면 합격판정점수는 바뀌지 않는다.

ⓑ 만일 주어진 합격판정개수가 1/5이면 합격판정점수에 2점을 가산한다.

ⓒ 만일 주어진 합격판정개수가 1/3이면 합격판정점수에 3점을 가산한다.

ⓓ 만일 주어진 합격판정개수가 1/2이면 합격판정점수에 5점를 가산한다.

ⓔ 만일 주어진 합격판정개수가 1 이상의 자연수이면 합격판정점수에 7점을 가산한다.

③ 분수 샘플링 검사의 합격판정개수의 결정

ⓐ '주어진 합격판정개수'가 분수인 경우(1/2, 1/3, 1/5)

㉠ 합격판정점수가 8 이하이면 합격판정개수를 0으로 한다.

㉡ 합격판정점수가 9 이상이면 합격판정개수를 1로 한다.

ⓑ '주어진 합격판정개수'가 0 또는 1 이상의 정수인 경우

합격판정점수는 가산하되 합격판정개수는 '주어진 합격판정개수'를 그대로 적용한다.

④ '검사 후 합격판정점수'의 처리

ⓐ 표본 중에 1개 이상의 부적합품(또는 부적합)이 발견된 경우에는 로트의 합격판정 후에 '검사 후 합격판정점수'를 0으로 되돌린다.

ⓑ 표본 중 부적합품이 없을 경우 로트의 합격판정 후에도 '검사 전 합격판정점수'와 동일하게 유지되며, 다음 로트의 '검사 전 합격판정점수'에 합산하여 적용된다.

⑤ 분수 샘플링 검사의 전환 규칙

전환 규칙은 합격판정개수가 분수가 아닌 경우 즉 주 샘플링표를 적용할 때와 동일하다.

다만 보통 검사에서 수월한 검사로 가기 위한 전환점수의 경우 분수 합격판정개수의 1회 샘플링 방식을 사용할 때 합격판정개수가 0, 1/3, 1/2, 1일 때 로트가 합격이면 전환 점수에 2를 더하고, 그렇지 않으면 전환 점수를 0으로 되돌린다.

⑥ 분수 샘플링 검사의 적용 예

〈표 7-14〉은 로트크기가 변동되는 경우에 분수 합격판정개수의 샘플링 검사 방식을 선택 사용할 때의 적용 방법을 설명하기 위한 예시이다.

로트번호 1번은 '주어진 Ac'가 1/2이므로 '검사 전 합격판정점수'를 5점을 준다. 현재 '검사 전 합격판정점수'가 8점 이하이므로 '적용하는 Ac'는 0이다. 부적합품이 없으므로 '검사 후 합격판정점수'는 5점이 유지된다. 전환 점수는 합격했으므로 2점을 가산한다.

로트번호 2번은 '주어진 Ac'가 1/2이므로 '검사 전 합격판정점수'를 로트번호 1번 '검사 후 합격판정점수' 5점에 새로운 점수 5점을 합하여 10점이 된다. '검사 전 합격판정점수'가 9점 이상이므로 '적용하는 Ac'는 1이다. 그러므로 부적합품이 1개 이지만 로트는 합격이다. 하지만 합격은 했어도 부적합품이 있으므로 '검사 후 합격판정점수'는 0점으로 되돌린다. 전환 점수는 합격했으므로 2점을 가산한 4점이 된다.

로트번호 3번은 '주어진 Ac'가 1/2이므로 '검사 전 합격판정점수'를 로트번호 2번 '검사 후 합격판정점수'의 0점에 새로운 점수 5점을 합한 5점이 된다. 합격판정점수가 8점 이하이므로 '적용하는 Ac'는 0이다. 부적합품이 발생되었으므로 '검사 후 합격판정점수'는 0점이 된다. 전환 점수는 불합격했으므로 0점이다. 〈표 7-14〉은 이와 같은 방식으로 작성한 것이다.

〈표 7-14〉 검사수준 Ⅱ, AQL 1% 부표 11-A 분수 샘플링 검사(주 샘플링 보조표)를 적용한 경우

로트 번호	N 로트 크기	샘플 문자	n 샘플 크기	주어 진 Ac	합격 판정 점수 (검사 전)	적용 하는 Ac	부적 합품 d	합격 여부	합격 판정 점수 (검사 후)	전환 점수	후속 조치 (검사 후)
1	180	G	32	1/2	5	0	0	합격	5	2	보통 검사로 속행
2	200	G	32	1/2	10	1	1	합격	0	4	보통 검사로 속행
3	250	G	32	1/2	5	0	1	불합격	0	0	보통 검사로 속행
4	450	H	50	1	7	1	1	합격	0	2	보통 검사로 속행
5	300	H	50	1	7	1	0	합격	7	4	보통 검사로 속행
6	80	E	13	0	7	0	1	불합격	0^*	0^*	까다로운 검사로 전환
7	800	J	80	1	7	1	1	합격	0	–	까다로운 검사로 속행
8	300	H	50	1/2	5	0	0	합격	5	–	까다로운 검사로 속행
9	100	F	20	0	5	0	0	합격	5	–	까다로운 검사로 속행
10	600	J	80	1	12	1	0	합격	12	–	까다로운 검사로 속행
11	200	G	32	1/3	15	1	1	합격	0^*	–	보통 검사로 복귀
12	250	G	32	1/2	5	0	0	합격	5	2	보통 검사로 속행
13	600	J	80	2	12	2	1	합격	0	5	보통 검사로 속행
14	80	E	13	0	0	0	0	합격	0	7	보통 검사로 속행
15	200	G	32	1/2	5	0	0	합격	5	9	보통 검사로 속행
16	500	H	50	1	12	1	0	합격	12	11	보통 검사로 속행
17	100	F	20	1/3	15	1	0	합격	15	13	보통 검사로 속행
18	120	F	20	1/3	18	1	0	합격	18	15	보통 검사로 속행
19	85	E	13	0	18	0	0	합격	18	17	보통 검사로 속행
20	300	H	50	1	25	1	1	합격	0	19	보통 검사로 속행
21	500	H	50	1	7	1	0	합격	7	21	보통 검사로 속행
22	700	J	80	2	14	2	1	합격	0	24	보통 검사로 속행
23	600	J	80	2	7	2	0	합격	7	27	보통 검사로 속행
24	330	J	80	2	14	2	0	합격	0^*	30	수월한 검사로 전환
25	400	H	20	1/2	5	0	0	합격	5	–	수월한 검사로 속행

(예제 7-1)

ⓐ A사는 어떤 부품의 수입검사에 계수형 샘플링 검사인 KS Q ISO 2859-1의 주 샘플링보조표인 분수 샘플링 검사를 적용하고 있으며, 샘플링 검사의 설계 조건은 AQL=1.0%, 보통 검사수준 Ⅲ이며, 적용하는 엄격도는 31번째 로트부터 까다로운 검사로 전환되었다.

주어진 표의 샘플문자, n, 주어진 Ac, 합격판정점수(검사 전, 후), 적용하는 Ac, 합격여부 등을 기입하여 표를 완성하시오.

로트 번호	N	샘플 문자	n	주어진 Ac	합격판정 점수 (검사 전)	적용 하는 Ac	부적 합품	합격 여부	합격판정 점수 (검사 후)	전환 점수
31	200	H	50	1/2	5	0	0	합격	5	−
32	250	( )	( )	( )	( )	( )	1	( )	( )	( )
33	400	( )	( )	( )	( )	( )	1	( )	( )	( )
34	80	( )	( )	( )	( )	( )	0	( )	( )	( )
35	120	( )	( )	( )	( )	( )	0	( )	( )	( )

ⓑ 36 째 로트에 적용되는 엄격도를 결정하시오.

(풀이)

ⓐ 엄격도 조정

까다로운 검사를 적용 중이므로 전환 점수는 적용하지 않는다.

로트 번호	N	샘플 문자	n	주어진 Ac	합격판정 점수 (검사 전)	적용 하는 Ac	부적 합품	합격 여부	합격판정 점수 (검사 후)	전환 점수
31	200	H	50	1/2	5	0	0	합격	5	−
32	250	H	50	1/2	10	1	1	합격	0	−
33	400	J	80	1	7	1	1	합격	0	−
34	80	F	20	0	0	0	0	합격	0	−
35	120	G	32	1/3	3	0	0	합격	0^{*}	−

ⓑ 연속 5로트가 합격되었으므로 보통 검사로 복귀한다.

〈표 7-15〉 부표 11-A 보통 검사의 1회 샘플링 검사 방식 (주 샘플링 보조표)

세로축 제목: 합격품질한계 AQL, 부적합 및 100 아이템당 부적합수(편등 검사)

각 칸의 값은 "Ac Re"(합격판정개수 Ac, 불합격판정개수 Re)를 나타낸다.

샘플문자	샘플크기	0.010	0.015	0.025	0.040	0.065	0.10	0.15	0.25	0.40	0.65	1.0	1.5	2.5	4.0	6.5	10	15	25	40	65	100	150	250	400	650	1000
A	2	⇩	⇩	⇩	⇩	⇩	⇩	⇩	⇩	⇩	⇩	⇩	⇩	⇩	⇩	0 1	1/3	1/2	1 2	2 3	3 4	5 6	7 8	10 11	14 15	21 22	30 31
B	3	⇩	⇩	⇩	⇩	⇩	⇩	⇩	⇩	⇩	⇩	⇩	⇩	⇩	0 1	1/3	1/2	1 2	2 3	3 4	5 6	7 8	10 11	14 15	21 22	30 31	44 45
C	5	⇩	⇩	⇩	⇩	⇩	⇩	⇩	⇩	⇩	⇩	⇩	⇩	0 1	1/3	1/2	1 2	2 3	3 4	5 6	7 8	10 11	14 15	21 22	30 31	44 45	⇧
D	8	⇩	⇩	⇩	⇩	⇩	⇩	⇩	⇩	⇩	⇩	⇩	0 1	1/3	1/2	1 2	2 3	3 4	5 6	7 8	10 11	14 15	21 22	30 31	44 45	⇧	⇧
E	13	⇩	⇩	⇩	⇩	⇩	⇩	⇩	⇩	⇩	⇩	0 1	1/3	1/2	1 2	2 3	3 4	5 6	7 8	10 11	14 15	21 22	30 31	44 45	⇧	⇧	⇧
F	20	⇩	⇩	⇩	⇩	⇩	⇩	⇩	⇩	⇩	0 1	1/3	1/2	1 2	2 3	3 4	5 6	7 8	10 11	14 15	21 22	30 31	44 45	⇧	⇧	⇧	⇧
G	32	⇩	⇩	⇩	⇩	⇩	⇩	⇩	⇩	0 1	1/3	1/2	1 2	2 3	3 4	5 6	7 8	10 11	14 15	21 22	30 31	44 45	⇧	⇧	⇧	⇧	⇧
H	50	⇩	⇩	⇩	⇩	⇩	⇩	⇩	0 1	1/3	1/2	1 2	2 3	3 4	5 6	7 8	10 11	14 15	21 22	30 31	44 45	⇧	⇧	⇧	⇧	⇧	⇧
J	80	⇩	⇩	⇩	⇩	⇩	⇩	0 1	1/3	1/2	1 2	2 3	3 4	5 6	7 8	10 11	14 15	21 22	30 31	44 45	⇧	⇧	⇧	⇧	⇧	⇧	⇧
K	125	⇩	⇩	⇩	⇩	⇩	0 1	1/3	1/2	1 2	2 3	3 4	5 6	7 8	10 11	14 15	21 22	30 31	44 45	⇧	⇧	⇧	⇧	⇧	⇧	⇧	⇧
L	200	⇩	⇩	⇩	⇩	0 1	1/3	1/2	1 2	2 3	3 4	5 6	7 8	10 11	14 15	21 22	30 31	44 45	⇧	⇧	⇧	⇧	⇧	⇧	⇧	⇧	⇧
M	315	⇩	⇩	⇩	0 1	1/3	1/2	1 2	2 3	3 4	5 6	7 8	10 11	14 15	21 22	30 31	44 45	⇧	⇧	⇧	⇧	⇧	⇧	⇧	⇧	⇧	⇧
N	500	⇩	⇩	0 1	1/3	1/2	1 2	2 3	3 4	5 6	7 8	10 11	14 15	21 22	30 31	44 45	⇧	⇧	⇧	⇧	⇧	⇧	⇧	⇧	⇧	⇧	⇧
P	800	⇩	0 1	1/3	1/2	1 2	2 3	3 4	5 6	7 8	10 11	14 15	21 22	30 31	44 45	⇧	⇧	⇧	⇧	⇧	⇧	⇧	⇧	⇧	⇧	⇧	⇧
Q	1250	0 1	1/3	1/2	1 2	2 3	3 4	5 6	7 8	10 11	14 15	21 22	30 31	44 45	⇧	⇧	⇧	⇧	⇧	⇧	⇧	⇧	⇧	⇧	⇧	⇧	⇧
R	2000	1/3	1/2	1 2	2 3	3 4	5 6	7 8	10 11	14 15	21 22	30 31	44 45	⇧	⇧	⇧	⇧	⇧	⇧	⇧	⇧	⇧	⇧	⇧	⇧	⇧	⇧

비고

⇩ 화살표 아래의 최초의 샘플링검사 방식을 사용한다. 만약 샘플크기가 로트크기 이상이면 전수검사한다.

⇧ 화살표 위의 최초의 샘플링검사 방식을 사용한다.

Ac 합격판정개수

Re 불합격판정개수

〈표 7-16〉 부표 11-B 까다로운 검사의 1회 샘플링 검사 방식 (주 샘플링 보조표)

합격품질한계 AQL, 부적합품 퍼센트 및 100 아이템당 부적합수(까다로운 검사)

각 셀의 값은 「Ac Re」(합격판정개수 / 불합격판정개수)를 나타낸다. 「↓」는 아래쪽 화살표 영역, 「↑」는 위쪽 화살표 영역, 분수는 분수 합격판정개수를 의미한다.

샘플 문자	샘플 크기	0.010	0.015	0.025	0.040	0.065	0.10	0.15	0.25	0.40	0.65	1.0	1.5	2.5	4.0	6.5	10	15	25	40	65	100	150	250	400	650	1000
A	2	↓	↓	↓	↓	↓	↓	↓	↓	↓	↓	↓	↓	↓	↓	↓	0 1	1/3	1/2	1 2	2 3	3 4	5 6	8 9	12 13	18 19	27 28
B	3	↓	↓	↓	↓	↓	↓	↓	↓	↓	↓	↓	↓	↓	↓	0 1	1/3	1/2	1 2	2 3	3 4	5 6	8 9	12 13	18 19	27 28	41 42
C	5	↓	↓	↓	↓	↓	↓	↓	↓	↓	↓	↓	↓	↓	0 1	1/3	1/2	1 2	2 3	3 4	5 6	8 9	12 13	18 19	27 28	41 42	↑
D	8	↓	↓	↓	↓	↓	↓	↓	↓	↓	↓	↓	↓	0 1	1/3	1/2	1 2	2 3	3 4	5 6	8 9	12 13	18 19	27 28	41 42	↑	↑
E	13	↓	↓	↓	↓	↓	↓	↓	↓	↓	↓	↓	0 1	1/3	1/2	1 2	2 3	3 4	5 6	8 9	12 13	18 19	27 28	41 42	↑	↑	↑
F	20	↓	↓	↓	↓	↓	↓	↓	↓	↓	↓	0 1	1/3	1/2	1 2	2 3	3 4	5 6	8 9	12 13	18 19	27 28	41 42	↑	↑	↑	↑
G	32	↓	↓	↓	↓	↓	↓	↓	↓	↓	0 1	1/3	1/2	1 2	2 3	3 4	5 6	8 9	12 13	18 19	27 28	41 42	↑	↑	↑	↑	↑
H	50	↓	↓	↓	↓	↓	↓	↓	↓	0 1	1/3	1/2	1 2	2 3	3 4	5 6	8 9	12 13	18 19	27 28	41 42	↑	↑	↑	↑	↑	↑
J	80	↓	↓	↓	↓	↓	↓	↓	0 1	1/3	1/2	1 2	2 3	3 4	5 6	8 9	12 13	18 19	27 28	41 42	↑	↑	↑	↑	↑	↑	↑
K	125	↓	↓	↓	↓	↓	↓	0 1	1/3	1/2	1 2	2 3	3 4	5 6	8 9	12 13	18 19	27 28	41 42	↑	↑	↑	↑	↑	↑	↑	↑
L	200	↓	↓	↓	↓	↓	0 1	1/3	1/2	1 2	2 3	3 4	5 6	8 9	12 13	18 19	27 28	41 42	↑	↑	↑	↑	↑	↑	↑	↑	↑
M	315	↓	↓	↓	↓	0 1	1/3	1/2	1 2	2 3	3 4	5 6	8 9	12 13	18 19	27 28	41 42	↑	↑	↑	↑	↑	↑	↑	↑	↑	↑
N	500	↓	↓	↓	0 1	1/3	1/2	1 2	2 3	3 4	5 6	8 9	12 13	18 19	27 28	41 42	↑	↑	↑	↑	↑	↑	↑	↑	↑	↑	↑
P	800	↓	↓	0 1	1/3	1/2	1 2	2 3	3 4	5 6	8 9	12 13	18 19	27 28	41 42	↑	↑	↑	↑	↑	↑	↑	↑	↑	↑	↑	↑
Q	1 250	↓	0 1	1/3	1/2	1 2	2 3	3 4	5 6	8 9	12 13	18 19	27 28	41 42	↑	↑	↑	↑	↑	↑	↑	↑	↑	↑	↑	↑	↑
R	2 000	0 1	1/3	1/2	1 2	2 3	3 4	5 6	8 9	12 13	18 19	27 28	41 42	↑	↑	↑	↑	↑	↑	↑	↑	↑	↑	↑	↑	↑	↑

비고

⇩ 화살표 아래의 최초의 샘플링검사 방식을 사용한다. 만약 샘플크기가 로트크기 이상이면 전수검사한다.

⇧ 화살표 위의 최초의 샘플링검사 방식을 사용한다.

Ac 합격판정개수

Re 불합격판정개수

〈표 7-16〉부표 11-C 수월한 검사의 1회 샘플링 검사 방식 (주 샘플링 보조표)

합격품질한계 AQL, 부적합 퍼센트 및 100 아이템당 부적합수(수월한 검사)

(Ac = 합격판정개수, Re = 불합격판정개수. 각 AQL 칸의 값은 "Ac Re" 형식이다.)

샘플문자	샘플크기	0.010	0.015	0.025	0.040	0.065	0.10	0.15	0.25	0.40	0.65	1.0	1.5	2.5	4.0	6.5	10	15	25	40	65	100	150	250	400	650	1000
A	2	⇩	⇩	⇩	⇩	⇩	⇩	⇩	⇩	⇩	⇩	⇩	⇩	⇩	0 1	1/5	1/3	1/2	1 2	2 3	3 4	5 6	7 8	10 11	14 15	21 22	30 31
B	2	⇩	⇩	⇩	⇩	⇩	⇩	⇩	⇩	⇩	⇩	⇩	⇩	⇩	0 1	1/5	1/3	1/2	1 2	2 3	3 4	5 6	7 8	10 11	14 15	21 22	30 31
C	2	⇩	⇩	⇩	⇩	⇩	⇩	⇩	⇩	⇩	⇩	⇩	⇩	0 1	1/5	1/3	1/2	1 2	2 3	3 4	4 5	6 7	8 9	10 11	⇧	⇧	⇧
D	3	⇩	⇩	⇩	⇩	⇩	⇩	⇩	⇩	⇩	⇩	⇩	0 1	1/5	1/3	1/2	1 2	2 3	3 4	4 5	6 7	8 9	10 11	⇧	⇧	⇧	⇧
E	5	⇩	⇩	⇩	⇩	⇩	⇩	⇩	⇩	⇩	⇩	0 1	1/5	1/3	1/2	1 2	2 3	3 4	4 5	6 7	8 9	10 11	⇧	⇧	⇧	⇧	⇧
F	8	⇩	⇩	⇩	⇩	⇩	⇩	⇩	⇩	⇩	0 1	1/5	1/3	1/2	1 2	2 3	3 4	4 5	6 7	8 9	10 11	⇧	⇧	⇧	⇧	⇧	⇧
G	13	⇩	⇩	⇩	⇩	⇩	⇩	⇩	⇩	0 1	1/5	1/3	1/2	1 2	2 3	3 4	4 5	6 7	8 9	10 11	⇧	⇧	⇧	⇧	⇧	⇧	⇧
H	20	⇩	⇩	⇩	⇩	⇩	⇩	⇩	0 1	1/5	1/3	1/2	1 2	2 3	3 4	4 5	6 7	8 9	10 11	⇧	⇧	⇧	⇧	⇧	⇧	⇧	⇧
J	32	⇩	⇩	⇩	⇩	⇩	⇩	0 1	1/5	1/3	1/2	1 2	2 3	3 4	4 5	6 7	8 9	10 11	⇧	⇧	⇧	⇧	⇧	⇧	⇧	⇧	⇧
K	50	⇩	⇩	⇩	⇩	⇩	0 1	1/5	1/3	1/2	1 2	2 3	3 4	4 5	6 7	8 9	10 11	⇧	⇧	⇧	⇧	⇧	⇧	⇧	⇧	⇧	⇧
L	80	⇩	⇩	⇩	⇩	0 1	1/5	1/3	1/2	1 2	2 3	3 4	4 5	6 7	8 9	10 11	⇧	⇧	⇧	⇧	⇧	⇧	⇧	⇧	⇧	⇧	⇧
M	125	⇩	⇩	⇩	0 1	1/5	1/3	1/2	1 2	2 3	3 4	4 5	6 7	8 9	10 11	⇧	⇧	⇧	⇧	⇧	⇧	⇧	⇧	⇧	⇧	⇧	⇧
N	200	⇩	⇩	0 1	1/5	1/3	1/2	1 2	2 3	3 4	4 5	6 7	8 9	10 11	⇧	⇧	⇧	⇧	⇧	⇧	⇧	⇧	⇧	⇧	⇧	⇧	⇧
P	315	⇩	0 1	1/5	1/3	1/2	1 2	2 3	3 4	4 5	6 7	8 9	10 11	⇧	⇧	⇧	⇧	⇧	⇧	⇧	⇧	⇧	⇧	⇧	⇧	⇧	⇧
Q	500	0 1	1/5	1/3	1/2	1 2	2 3	3 4	4 5	6 7	8 9	10 11	⇧	⇧	⇧	⇧	⇧	⇧	⇧	⇧	⇧	⇧	⇧	⇧	⇧	⇧	⇧
R	800	1/5	1/3	1/2	1 2	2 3	3 4	4 5	6 7	8 9	10 11	⇧	⇧	⇧	⇧	⇧	⇧	⇧	⇧	⇧	⇧	⇧	⇧	⇧	⇧	⇧	⇧

비고

⇩ 화살표 아래의 최초의 샘플링검사 방식을 사용한다. 만약 샘플크기가 로트크기 이상이면 전수검사한다.

⇧ 화살표 위의 최초의 샘플링검사 방식을 사용한다.

Ac 합격판정개수
Re 불합격판정개수

7.4 고립 로트 한계품질(LQ) 지표형 샘플링 검사 방식

(1) 고립로트와 LQ지표형 샘플링 검사의 개요

① 고립로트와 LQ(Limiting Quality)

KS Q ISO 2859−1은 연속 시리즈의 로트 검사를 위해 설계된 것이라면, KS Q ISO 2859−2[18]는 고립상태에 있는 로트 검사를 위해 설계한 것이다. 이 샘플링 검사 방식은 한계품질(LQ)을 지표로 사용한다.

LQ를 지표로 하는 샘플링 검사 방식 중 '절차 B'는 AQL을 지표로 하는 기존의 KS Q ISO 2859−1 샘플링 검사 방식과 쉽게 통합 할 수 있도록 설계 되어있다. '절차 B'의 수표에는 적용되는 LQ값에 대응되는 KS Q ISO 2859−1의 보통 검사 1회 샘플링 방식 주 샘플링표와 동일한 로트크기, 표본크기, 합격판정개수 및 AQL이 표시되어 있다.

고립 로트는 금형 제작이나 설비 발주처럼 로트가 불연속인 경우를 말한다. 즉 과거와 미래의 품질이 연결되지 않고 현재 로트 그 자체의 품질만 중시되는 경우에 해당된다.

한계품질(LQ)이란 고립 로트에서 합격으로 판정하고 싶지 않은 품질수준이다. KS Q ISO 2859−2 수표에 제시된 한계품질은 부적합품 퍼센트로 표시한 품질수준이다. 한계품질은 0.5, 0.8, 1.25 2.0, 3.15, 5.0 8.0 12.5 20 31.5 의 10가지가 제시되어 있으며, R5 등비급수에 따라 간격이 정해져 있다.

로트의 품질수준이 한계품질 상태라면 합격은 할 수 있지만 합격 가능성은 매우 낮다. AQL이 생산자 위험을 낮추는 데 중점을 두었다면, LQ는 소비자 위험을 낮추는데 중점을 두었다. LQ에서의 소비자 위험은 통상 10% 미만이며 가장 큰 경우도 13%이하로 보호된다.

② LQ 지표형 검사방식의 종류

KS Q ISO 2859−2 샘플링 검사는 절차 A, 절차 B가 있다.

절차 A는 공급자와 구매자 양쪽 모두가 로트를 고립상태 임을 간주한 경우에 적용된다. 만약 로트가 단일 로트 즉 단 한 번의 거래로 종료되는 경우라면 절차 A가 적절하다. 합격판정개수가 0 인 경우도 있으며 때로는 표본의 샘플링 요구 수량이 로트보다 더 큰 경우도 존재한다. 이 경우는 전수샘플링 검사를 실시하여야 한다.

---

18) KS Q ISO 2859-2:2014 계수형 샘플링 검사 절차 − 제2부: 고립로트 한계품질(LQ) 지표형 샘플링 검사 방식

공급자와 구매자 양자 간에 절차가 결정되지 않았을 때는 절차 A를 사용한다. 또 샘플링 검사 시 합격판정개수(Ac)가 0인 샘플링 검사 방식이 요구된다면 절차 A를 사용하여야 한다. 왜냐하면 절차 B는 합격판정개수가 0인 경우가 없기 때문이다.

절차 B는 공급자는 로트가 연속이라 간주하고, 구매자는 고립로트로 생각하는 경우에 사용하는 절차이다. 이 경우는 KS Q ISO 2859-1과 연계되어 있어 표에서 AQL과의 관계 등이 나타나 있다.

(2) LQ 지표형 샘플링 검사 절차 A

구매자와 공급자 양쪽 모두 고립로트로 생각하는 경우에 해당되는 샘플링 검사 방식이며, 〈표 7-18〉 'LQ를 지표로 하는 1회 샘플링 검사표(부표 A)'를 사용하여 샘플링 검사를 진행하게 된다. 절차 A를 적용하는 순서는 다음과 같다.

① 검사로트의 구성 및 크기를 정하고, 한계품질을 결정한다.
② '부표 A'에서 표본크기(n) 및 합격판정개수를 구한다(한계품질은 0.5%~31.5%의 10단계로 구성되어 있다).
③ 표본을 채취하여 적합여부를 조사한다. 만약 표본크기가 로트의 크기보다 크다면 $Ac=0$인 전수샘플링 검사를 실시한다.
④ 로트의 합격판정을 결정하고 로트를 처리한다.

〈표 7-18〉 부표 A 한계품질(LQ)을 지표로 하는 1회 샘플링 검사 방식(절차A)

로트 크기		한계품질(LQ) 퍼센트									
		0.50	0.80	1.25	2.0	3.15	5.0	8.0	12.5	20.0	31.5
16~ 25	n	*	*	*	*	*	25^a	17^a	13	9	6
	Ac						0	0	0	0	0
26~ 50	n	*	*	*	50^a	50^a	28^a	22	15	10	6
	Ac				0	0	0	0	0	0	0
51~ 90	n	*	*	90^a	50	44	34	24	16	10	8
	Ac			0	0	0	0	0	0	0	0
90~ 150	n	*	150^a	90	80	55	38	26	18	13	13
	Ac		0	0	0	0	0	0	0	0	1
151~ 280	n	200^a	170^a	130	95	65	42	28	20	20	13
	Ac	0	0	0	0	0	0	0	0	1	1
281~ 500	n	280	220	155	105	80	50	32	32	20	20
	Ac	0	0	0	0	0	0	0	1	1	3
501~ 1200	n	380	255	170	125	125	80	50	32	32	32
	Ac	0	0	0	0	1	1	1	1	3	5
1201~ 3200	n	430	280	200	200	125	125	80	50	50	50
	Ac	0	0	0	1	1	3	3	3	5	10
3201~ 10000	n	450	315	315	200	200	200	125	80	80	80
	Ac	0	0	1	1	3	5	5	5	10	18
10001~ 35000	n	500	500	315	315	315	315	200	125	125	80
	Ac	0	1	1	3	5	10	10	10	18	18
35001~ 150000	n	800	500	500	500	500	500	315	200	125	80
	Ac	1	1	3	5	10	18	18	18	18	18
150001~ 500000	n	800	800	800	800	800	500	315	200	125	80
	Ac	1	3	5	10	18	18	18	18	18	18
500001 이상	n	1250	1250	1250	1250	800	500	315	200	125	80
	Ac	3	5	10	18	18	18	18	18	18	18

비고 * 전수검사하는(한계품질은 로트 중 부격합품 개수가 1 미만인 것을 의미하거나 또는 적 용할 수 있는 샘플링검사 방식이 없다.)

[a] 만약 샘플크기가 로트크기 이상이면 전수검사한다.

(예제 7-7)

A사는 신제품의 제조를 위한 공구의 팁을 제작하기 위해 협력사에 1000개를 로트로 하여 시범 제작을 의뢰하였다. 이 거래는 상호 협의에 의해 1회 거래인 고립로트의 경우로 한정하고, 한계품질수준을 5.0%로 하기로 합의하였다.

ⓐ 이를 만족시킬 수 있는 샘플링 검사 절차는 무엇인가?
ⓑ 샘플링 검사 방식을 설계하시오.
ⓒ 공정의 부적합품률이 2.5% 일 때의 로트 합격률을 구하시오.

(풀이)
ⓐ 한계품질(LQ)을 지표로 하는 1회 샘플링 방식(절차 A)
    또는 KS Q ISO 2859-2(절차 A)
ⓑ 로트크기 1000, LQ=5%이므로 〈표 7-18〉에서 n=80, Ac=1 즉 80개를 검사해서 부적합품이 1개 이하이면 로트를 합격시킨다.
ⓒ m=80×0.025=2.0
    $L(p)=Pr(X \leq 1)= e^{-2.0}(1+2.0)=0.40601$

(3) LQ 지표형 샘플링 검사 절차 B

이 절차는 공급자는 로트를 연속으로 생산하고 있으나, 구매자는 고립상태 즉 1회 거래로 한정하는 경우 사용하는 샘플링 검사 방식이다.

KS Q ISO 2859-2의 샘플링 검사표는 〈표 7-19〉 등 '부표 B1 ~ B10'으로 구성되어 있는데 부표 하나 당 하나의 LQ 값이 대응되어 표로 작성되어 있다. 즉 '부표 B1' 표는 LQ값 0.50%, '부표 B5' 표는 LQ값이 3.15%, '부표 B10' 표는 LQ값이 31.5%(32%로 표기되어 있다)에 대응되는 표이다.

이 절차를 적용하는 순서는 다음과 같다.

① 샘플링 검사 방식은 로트크기, 한계품질 및 검사수준에서 구한다(특별한 지정이 없으면 검사수준 II를 사용한다). 한계품질은 '부표 B1 ~ B10'의 10가지 중에서 선택하여 정한다.
② 정해진 규칙에 대한 AQL, n, Ac 값을 택하여 표본크기(n) 및 합격판정개수(Ac)로 정한다.
③ 표본을 채취하여 적합여부를 조사한다.
④ 로트의 합격판정을 결정하고 로트를 처리한다.

(예제 7-8)

A사는 오랫동안 생산해온 부품 세트에 대해 한 고객이 1250 세트를 로트로 하여 이번 한번만 납품할 것을 의뢰해 왔다. 다만 그 고객은 주요 부적합인 표면의 흠이 5% 이상 발생하면 받아들일 수 없다고 주장하고 있다.

ⓐ 양자를 만족시킬 수 있는 샘플링 검사 절차는 무엇인가?

ⓑ 검사수준을 Ⅲ으로 할 때의 샘플링 검사 방식을 설계하시오.

ⓒ 이 샘플링 검사 방식에 대응되는 AQL은 얼마인가?

(풀이)

ⓐ 한계품질을 지표로 하는 1회 샘플링 방식(절차 B) 또는 2859−2(절차 B)

ⓑ LQ가 5%이므로 〈표 7−24〉 '부표 B−6'에서 n=200, Ac=5 즉 200개를 검사하여 부적합품수가 5개 이하이면 로트를 합격시킨다.

ⓒ 대응되는 AQL은 1%이다.

〈표 7−19〉 부표 B1 한계 품질 0.5%에 대한 1회 샘플링 검사 방식 (절차 B)

검사수준에 대한 로트크기					샘플문자	KS Q ISO 2859-1의 1회 샘플링검사 방식(보통 검사)			합격확률(%)의 특정값에 대응하는 제출로트 품질의 값(부적합품률)					한계품질(LQ)에 대응하는 합격확률[b]	
S-1~S-3	S-4	I	II	III		AQL	n	Ac	95.0	90.0	50.0	10.0	5.0	최대	최소
801ᶜ 이상	801ᶜ 이상	801ᶜ 이상	801ᶜ~500 000	801ᶜ~150 000	P	0.065	800	1	0.0444	0.0665	0.210	0.486	0.593	0.091	0.000
			500 001 이상	150 001~500 000	Q	0.10	1 250	3	0.109	0.140	0.294	0.534	0.620	0.129	0.129
				500 001 이상	R	0.10	2 000	5	0.131	0.158	0.284	0.464	0.526	0.066	0.066

[a] 확률은 푸아송분포로 계산된다.

[b] 정확한 확률은 로트크기에 따라 초기하분포로 계산되며, 허용된 로트크기에 대해 구해진 최대 및 최소 값이 각 검사방식에 대해 제시되어 있다.

[c] 801 미만의 로트에 대해서는 전수검사한다.

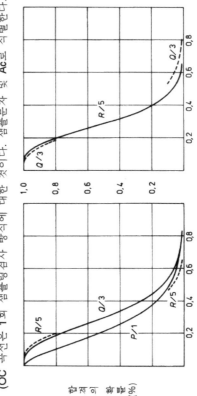

OC 곡선

(OC 곡선은 1회 샘플링검사 방식에 대한 것이다. 샘플문자 및 Ac로 식별한다.)

〈표 7-20〉 부표 B2 한계 품질 0.8%에 대한 1회 샘플링 검사 방식 (절차 B)

검사수준에 대한 로트크기					KS Q ISO 2859-1의 1회 샘플링검사 방식(보통 검사)			샘플 문자	합격확률(%)의 특성값에 대응하는 제출로트 품질의 값[a](부적합품률)					한계품질(LQ)에 대응하는 합격확률[b]	
S-1~S-3	S-4	I	II	III	AQL	n	Ac		95.0	90.0	50.0	10.0	5.0	최대	최소
501c 이상	501c 이상	501c~500 000	501c~150 000	501c~35 000	0.10	500	1	N	0.071	0.106	0.336	0.778	0.949	0.091	0.000
		500 001 이상	150 001~500 000	35 001~150 000	0.15	800	3	P	0.171	0.218	0.459	0.835	0.969	0.118	0.115
			500 001 이상	150 001 이상	0.15	1 250	5	Q	0.209	0.252	0.454	0.742	0.841	0.066	0.066

[a] 확률은 푸아송분포로 계산된다.
[b] 정확한 확률은 로트크기에 따라 초기하분포로 계산되며, 허용된 로트크기에 대해 구해진 최대 및 최소 값이 각 검사방식에 대해 제시되어 있다.
[c] 501 미만의 로트에 대해서는 전수검사한다.

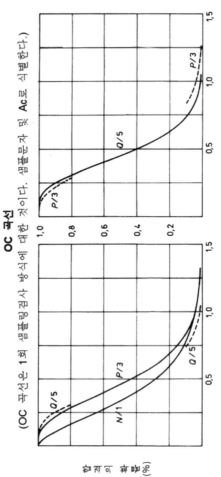

OC 곡선

(OC 곡선은 1회 샘플링검사 방식에 대한 것이다. 샘플문자 및 Ac로 식별한다.)

〈표 7−21〉 부표 B3 한계 품질 1.25%에 대한 1회 샘플링 검사 방식 (절차 B)

검사수준에 대한 로트크기					KS Q ISO 2859-1의 1회 샘플링검사 방식(보통 검사)			샘플 문자	합격확률(%)의 특정값에 대응하는 제출로트 품질의 값[a](부적합품률)					한계품질(LQ)에 대응하는 합격확률[b]	
S-1~S-3	S-4	I	II	III	AQL	n	Ac		95.0	90.0	50.0	10.0	5.0	최대	최소
316[c] 이상	316[c]~500 000	316[c]~500 000	316[c]~35 000	316[c]~10 000	0.15	315	1	M	0.112	0.168	0.532	1.23	1.51	0.095	0.000
	500 000 이상	500 001 이상	35 001~150 000	10 001~35 000	0.25	500	3	N	0.273	0.349	0.734	1.34	1.55	0.129	0.122
			150 001~500 000	35 001~150 000	0.25	800	5	P	0.327	0.394	0.709	1.16	1.31	0.066	0.064
			500 001~	150 001 이상	0.40	1 250	10	Q	0.494	0.562	0.853	1.23	1.36	0.089	0.089

[a] 확률은 푸아송분포로 계산된다.
[b] 정확한 확률은 로트크기에 따라 초기하분포로 도로 계산되며, 허용된 로트크기에 대해 구해진 최대 및 최소 값이 다 검사방식에 대해 제시되어 있다.
[c] 316 미만의 로트에 대해서는 전수검사한다.

OC 곡선

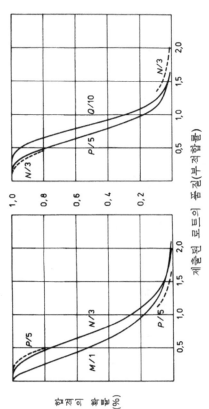

(OC 곡선은 1회 샘플링검사 방식에 대한 것이다. 샘플문자 및 Ac로 식별한다.)

〈표 7-22〉 부표 B4 한계 품질 2.0%에 대한 1회 샘플링 검사 방식 (절차 B)

검사수준에 대한 로트크기					샘플 문자	KS Q ISO 2859-1의 1회 샘플링검사 방식(보통 검사)			합격확률(%)의 특성값에 대응하는 제출로트 품질의 값[b](부적합품률)					한계품질(LQ)에 대응하는 합격확률[b]	
S-1~S-3	S-4	I	II	III		AQL	n	Ac	95.0	90.0	50.0	10.0	5.0	최대	최소
201[c] 이상	201[c]~150 000	201[c]~10 000	201[c]~3 200	201[c]~3 200	L	0.25	200	1	0.178	0.266	0.839	1.95	2.37	0.089	0.000
	150 001~500 000	10 001~35 000	3 201~10 000	3 201~10 000	M	0.40	315	3	0.433	0.533	1.17	2.12	2.46	0.124	0.111
	500 001 이상	35 001~150 000	10 001~35 000	10 001~35 000	N	0.40	500	5	0.523	0.630	1.13	1.86	2.10	0.065	0.061
		150 001 이상	35 001 이상	35 001 이상	P	0.65	800	10	0.771	0.878	1.33	1.93	2.12	0.075	0.073

a 화살표는 푸아송분포로 계산된다.
b 정확한 화살표는 로트크기에 따라 초기하분포로 계산되며, 허용될 로트크기에 대해 구해진 최대 및 최소 값이 각 검사방식에 대해 제시되어 있다.
c 201 미만의 로트에 대해서는 전수검사한다.

OC 곡선

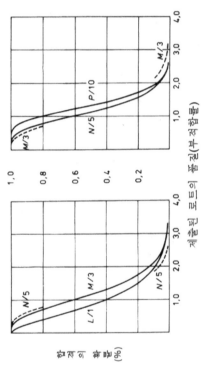

(OC 곡선은 1회 샘플링검사 방식에 대한 것이다. 샘플문자 및 Ac로 식별한다.)

〈표 7-23〉 부표 B5 한계 품질 3.15%에 대한 1회 샘플링 검사 방식 (절차 B)

검사수준에 대한 로트크기					KS Q ISO 2859-1의 1회 샘플링검사 방식(보통 검사)			샘플 문자	합격확률(%)의 특정값에 대응하는 제출로트 품질의 값(부적합률)					한계품질(LQ)에 대응하는 합격하는 합격확률[b]	
S-1~S-3	S-4	I	II	III	AQL	n	Ac		95.0	90.0	50.0	10.0	5.0	최대	최소
126[c] 이상	126[c]~35 000	126[c]~3 200	126[c]~1 200	126[c]~1 200	0.40	125	1	K	0.284	0.426	1.34	3.11	3.80	0.093	0.000
	35 001~150 000	3 201~10 000	1 201~3 200	1 201~3 200	0.65	200	3	L	0.683	0.873	1.84	3.34	3.88	0.122	0.101
	150 001 이상	10 001~35 000	3 201~10 000	3 201~10 000	0.65	315	5	M	0.829	1.00	1.80	2.94	3.34	0.067	0.058
		35 001 이상	10 001~35 000	10 001~ 이상	1.00	500	10	N	1.231	1.40	2.13	3.08	3.39	0.083	0.078
			35 001 이상												

a 확률은 푸아송분포로 계산된다.
b 정확한 확률은 로트크기에 따라 초기하분포로 계산되며, 허용될 로트크기에 대해 구해진 최대 및 최소 값이 각 검사방식에 대해 제시되어 있다.
c 126 미만의 로트에 대해서는 전수검사한다.

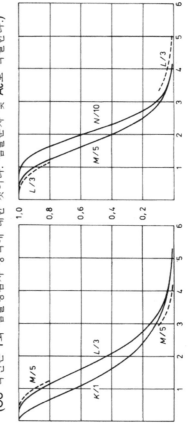

OC 곡선

(OC 곡선은 1회 샘플링검사 방식에 대한 것이다. 샘플문자 및 Ac로 식별한다.)

〈표 7−24〉 부표 B6 한계 품질 5.0%에 대한 1회 샘플링 검사 방식 (절차 B)

| 검사수준에 대한 로트크기 | | | | | 샘플문자 | KS Q ISO 2859-1의 1회 샘플링검사 방식(보통 검사) | | | 합격확률(%)의 특정값에 대응하는 제출로트 품질의 값[a] (부적합품률) | | | | | 한계품질(LQ)에 대응하는 합격확률[b] | |
S-1~S-3	S-4	I	II	III		AQL	n	Ac	95.0	90.0	50.0	10.0	5.0	최대	최소
81이~ 500 000	81이~ 10 000	81이~ 1 200	81이~ 500	81이~ 500	J	0.65	80	1	0.444	0.666	2.09	4.78	5.80	0.086	0.000
500 001 이상	10 001~ 35 000	1 201~ 3 200	501~ 1 200	501~ 1 200	K	1.00	125	3	1.09	1.40	2.94	5.35	6.20	0.124	0.092
	35 001~ 150 000	3 201~ 10 000	1 201~ 3 200	1 201~ 3 200	L	1.00	200	5	1.31	1.58	2.84	4.64	5.26	0.062	0.048
	150 001 이상	10 001~ 35 000	3 201~ 10 000	3 201~ 10 000	M	1.50	315	10	1.96	2.23	3.39	4.89	5.38	0.081	0.072
				10 001 이상											

a 확률은 푸아송분포로 계산된다.
b 정확한 확률은 로트크기에 따라 초기하분포로 계산되며, 허용될 로트크기에 대해 구해진 최대 및 최소 값이 각 검사방식에 대해 제시되어 있다.
c 81 미만인 로트에 대해서는 전수검사한다.

OC 곡선

(OC 곡선은 1회 샘플링검사 방식에 대한 것이다. 샘플문자 및 Ac로 식별한다.)

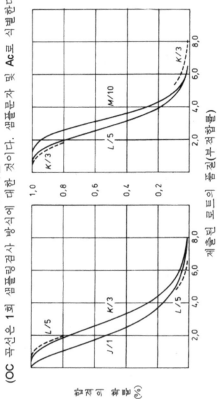

세로축: 합격의 확률(%)
가로축: 제출된 로트의 품질(부적합품률)

〈표 7-25〉 부표 B7 한계 품질 8.0%에 대한 1회 샘플링 검사 방식 (절차 B)

검사수준에 대한 로트크기					KS Q ISO 2859-1의 1회 샘플링검사 방식(보통 검사)			샘플문자	합격확률(%)의 특정 값에 대응하는 제출로트 품질의 값[a] (부적합품률)					한계품질(LQ)에 대응하는 합격확률[b]	
S-1~S-3	S-4	I	II	III	AQL	n	Ac		95.0	90.0	50.0	10.0	5.0	최대	최소
51^c 이상	51^c~3 500	51^c~3 200	51^c~500	51~500	1.00	50	1	H	0.712	1.07	3.33	7.56	9.13	0.083	0.000
	3 501~500 000	3 201~10 000	501~1 200	501~1 200	1.50	80	3	J	1.73	2.20	4.57	8.16	9.39	0.109	0.090
	500 001 이상	10 001~35 000	1 201~3 200	1 201~3 200	1.50	125	5	K	2.09	2.52	4.54	7.42	8.41	0.059	0.051
		35 001 이상	3 201 이상	3 201 이상	2.50	200	10	L	3.09	3.51	5.33	7.70	8.48	0.069	0.064

a 확률은 푸아송분포로 계산된다.
b 정확한 확률은 로트크기에 따라 초기하분포로 계산되며, 허용될 로트크기에 대해 구해진 최대 및 최소 값이 각 검사방식에 대해 제시되어 있다.
c 51 미만의 로트에 대해서는 전수검사한다.

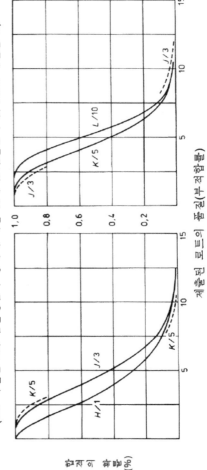

OC 곡선

(OC 곡선은 1회 샘플링검사 방식에 대한 것이다. 샘플문자 및 Ac로 식별한다.)

8장 축차 샘플링 검사

축차 샘플링 검사 방식은 평균샘플크기를 최소화하여 검사의 경제성을 추구한다. 다만 표본을 순차적으로 취하게 되므로 로트별 검사에 빠른 시간을 요하는 수입검사나 출하검사에는 사용하기 어려우나 표본의 단가가 비싼 계량형 품질특성의 파괴검사 등에 적용할 경우 효과적으로 검사비용을 절감할 수 있다. 다만 이 방식을 적용할 경우 판정상의 복잡함을 검사원이 느끼지 않도록 프로그램을 활용할 것을 권장한다.

8.1 축차 샘플링 검사 개요

축차 샘플링 검사(sequential sampling inspection)는 평균검사개수를 줄이고 싶을 때 사용하는 샘플링 검사이다. 이 검사는 동일한 OC곡선을 갖는 모든 샘플링 검사 형식 중에서 평균샘플크기(ASS: Average Sample Size)가 가장 작도록 고안된 샘플링 검사 방식이다.

이 검사는 표본을 1개씩 채취하여 검사에서 나타나는 누적 특성치와 그때 마다 계산된 합격판정치(A)와 불합격판정치(R)를 계산하여 로트의 합격, 불합격, 검사 속행을 결정하는 방식이다. 하지만 역으로 품질이 좋지도 나쁘지도 않은 상태이면 계속 검사 속행이 진행되므로 어떠한 경우는 1회 샘플링 검사 보다 검사개수가 상당히 커질 수도 있게 된다. 이를 방지하기 위해 중도 중지의 규칙을 도입하여 검사개수가 지나치게 커지는 것을 방지하고 있다.

축차 샘플링 검사의 종류는 검사하는 특성에 따라 계수형인 경우에 적용되는 계수형 축차샘플링 검사(KS Q ISO 28591)[19]방식과 연속적 특성인 계량형인 경우 적용하는 계량형 축차샘플링 검사(ISO KS Q 39511)의 2가지 형태로 분류할 수 있다.

축차 샘플링 검사에서 쓰이는 기본 용어는 다음과 같다.

① n_{cum} : 누적 샘플크기(cumulative sample size)

---

19) KS Q ISO 28591:2017 계수형 축차샘플링 검사 방식 2019년 12월 31일 제정

② A[20]: 합격판정치(acceptance value)

③ R: 불합격판정치(rejection value)

④ D: 누적 카운트(cumulative count)

⑤ Y: 누적 여유량(cumulative leeway)

⑥ n_t: 중지 시 누적 샘플크기(중지값)

⑦ $Ac(Ac_t)$: 합격판정개수(중지 시 합격판정개수)

⑧ $Re(Re_t)$: 불합격판정개수(중지 시 불합격판정개수)

⑨ $Q_{PR}(P_A)$: 생산자 위험 품질(producer's risk quality)

⑩ $Q_{CR}(P_R)$: 소비자 위험 품질(consumer's risk quality)

8.2 계수형 축차 샘플링 검사 방식(KS Q ISO 28591)

계수형 축차 샘플링 검사(sequential sampling plans for inspection by attributes)는 계수 규준형 샘플링 검사와 같이 생산자와 구매자가 합의하여, 합격시키고자 하는 로트 품질인 생산자 위험 품질 $Q_{PR}(P_A)$와 불합격시키고자 하는 로트 품질인 소비자 위험 품질 $Q_{CR}(P_R)$을 설정하여, 이를 기준으로 이 규격의 수표에서 파라미터(h_A, h_R, g, n_t, Ac_t)를 찾는다. 이 파라미터로 합격판정선과 불합격판정선을 정한 후, 매 시행 시 마다 합격판정개수와 불합격판정개수를 구하여 로트의 합격, 불합격 및 검사 속행을 결정하는 샘플링 검사 방식으로, 부적합품률을 지정하는 경우와 100항목 당 부적합수를 지정하는 경우의 2가지가 있다.

(1) 계수형 축차 샘플링 검사 개요

① 합격판정선을 설계하기 위한 파라미터의 종류

계수형 축차 샘플링 검사 방식의 설계에서 가장 중요한 것은 누적 샘플크기(n_{cum})에 따른 합격판정개수(Ac)와 불합격판정개수(Re)를 구하는 합격판정선(A)과 불합격판정선(R)을 정하는 것이다.

---

20) A와 R은 공식으로 정리될 경우에는 합격판정선, 불합격판정선이라 호칭하고, n_{cum}을 입력하여 계산치로 표현될 경우 합격판정치 또는 불합격판정치라 한다.

〈그림 8-1〉의 경우와 같이 합격판정선은 불합격판정선보다 아래에 위치하게 된다. 이는 y축이 망소특성인 누적 카운트(D)(누적 부적합품수 또는 누적 부적합수)로 표현되기 때문으로 D가 적을수록 좋은 로트이기 때문이다.

계수형 축차 샘플링 검사의 합격판정선과 불합격판정선의 설계에 적용되는 파라미터는 〈표 8-1〉과 〈표 8-2〉의 수치표를 활용하여 찾을 수 있으며, 각각 h_A, h_R, g, n_t, Ac_t에 대한 5 가지의 값이 제시되어 있다. 〈표 8-1〉은 부적합품률에 적용되는 표로 이항분포로 작성된 표이며, 〈표 8-2〉는 부적합수에 적용되는 표로 푸아송분포로 작성된 표이다.

이 값들의 의미와 구하는 수식은 다음과 같다.

ⓐ h_A: 합격판정개수를 정하기 위하여 사용하는 상수(합격판정선의 절편)

ⓑ h_R: 불합격판정개수를 정하기 위하여 사용하는 상수(불합격판정선의 절편)

ⓒ g: 합격판정개수 및 불합격판정개수를 정하기 위하여 누적 샘플크기에 곱하는 계수(기울기)

ⓓ n_t: 이 검사의 판정이 아직 결론지어지지 않았을 경우 더 이상 표본을 뽑지 않고 이 표본으로 검사를 중지 함(중지값)

ⓔ Ac_t: 중지값에서의 합격판정개수

② 합격판정선과 불합격판정선을 구하는 식

    ⓐ 합격판정선

$$A = -h_A + gn_{cum}$$

    ⓑ 불합격판정선

$$R = h_R + gn_{cum}$$

KS Q ISO 8422 계수형 축차 샘플링 검사는 표본을 추출할 때마다 위 식에서 합격판정개수와 불합격판정개수를 구하여 누적 샘플크기(n_{cum})중 발생한 누적 카운트(D)와 비교하여 로트의 합격여부를 결정하게 된다.

③ 합격판정개수와 불합격판정개수

합격판정개수(Ac)는 합격판정치를 구한 후 소수점 이하의 숫자는 내림(round down)

으로 구하며, 불합격판정개수(Re)는 불합격판정치를 구한 후 소수점 이하의 숫자는 올림(round up)으로 구한다. 다만 합격판정을 할 경우 다음 두 가지 사항은 유의하여 야 한다.

ⓐ 합격판정치(A)가 음수가 산출되는 경우

누적 샘플크기가 너무 작아서 로트에 대한 합격 판정을 할 수 없으며, 이 경우는 검사 속행 또는 불합격 판정의 두 가지만 가능하다.

ⓑ 누적 카운트(D)가 중지값(n_t)에 도달하기 전에 중지 시 불합격판정개수(Re_t)에 도달한 경우(즉, $D = Re_t$)이다. 이 경우 중지값(n_t)에 도달하지 않았지만 중지값까지 진행하면 Ac_t가 Re_t보다 작아 합격이 될 수가 없으므로 즉시 불합격 처리한다.

④ 중지값(n_t)과 중지값을 구하는 여러 가지 방법

계수형 축차 샘플링 검사는 평균샘플크기(ASS)를 줄여 실험의 경제성을 향상하기 위한 방법이지만, 만약 〈그림 8−1〉의 계수형 축차 샘플링 검사표에서 부적합품률이 기울기 g값에 가까운 품질수준을 갖는 로트라면 끝없이 검사가 진행될 수 있는 문제 점이 발생한다. 그러므로 중지값(n_t)은 지속적인 검사 속행으로 지나치게 많은 누적 샘플크기가 발생할 수 있는 단점을 방지하려고 설정된 '표본크기의 제한 개수'라는 의미이다.

중지값(n_t)은 부적합품률의 경우 〈표 8−1〉, 부적합수의 경우 〈표 8−2〉에서 파라미 터와 함께 구한다. 이 값은 과거의 폐지된 규격에서는 다음과 같은 계산식으로 구하 였다. 계산식으로 구하는 경우 소수점이하는 올림(round up) 처리하여 정수로 한다.

ⓐ 축차 샘플링 방식과 동일한 1회 샘플링 검사의 표본크기(n_0)를 알고 있는 경우

$$n_t = 1.5 n_0$$

ⓑ 부적합품률 검사에 적용되는 중지값(n_t)

$$n_t = \frac{2 h_A h_R}{g(1-g)}$$

ⓒ 100 항목 당 부적합수 검사에 적용되는 중지값(n_t)

$$n_t = \frac{2 h_A h_R}{g}$$

⑤ 중지 시 합격판정개수

중지 시 합격판정개수(Ac_t)는 〈표 8-1〉과 〈표 8-2〉에서 구한다. 표를 사용하지 않고 구할 경우 다음과 같다.

ⓐ $Ac_t = gn_t$ 단, 소수점 이하는 버림으로 구한다.

ⓑ 중지 시 불합격판정개수(Re_t)는 중지 시 합격판정개수에 1을 더하여 구한다.

$$Re_t = Ac_t + 1$$

(2) 수표를 활용한 계수형 축차 샘플링 검사의 적용 절차

① 품질기준을 정한다.

② $\alpha = 0.05$, $\beta = 0.10$에서 Q_{PR}과 Q_{CR}을 생산자와 구매자가 합의하여 설정한다. 이때 생산능력, 품질요구사항, 검사 시 노력, 비용, 시간 등의 여러 여건을 고려하여 결정하게 된다.

③ 로트크기(N)를 형성한다.

④ 샘플링 검사표에서 지정된 Q_{PR}을 포함하는 행과 지정된 Q_{CR}을 포함하는 열이 교차되는 칸에서 h_A, h_R, g, n_t, Ac_t 값을 읽는다. 이를 이용하여 합격판정선(A)과 불합격판정선(R)을 결정하고, n_{cum}에 따른 합격판정개수(Ac)와 불합격판정개수(Re)를 구한다.

ⓐ 합격판정선

$$A = -h_A + gn_{cum}$$

ⓑ 불합격판정선

$$R = h_R + gn_{cum}$$

⑤ 중지값(n_t)에서의 중지 시 합격판정개수(Ac_t)와 중지 시 불합격판정개수(Re_t)를 정의한다.

ⓐ 중지 시 합격판정개수

$$Ac_t = gn_t$$

ⓑ 중지 시 불합격판정개수

$$Re_t = Ac_t + 1$$

⑥ $n_{cum} < n_t$인 경우

    ⓐ 누적 카운트(D)가 Re_t보다 작을 때

        ㉠ $D = Ac$: 로트 합격

        ㉡ $D = Re$: 로트 불합격

        ㉢ $Ac < D < Re$: 검사 속행

    ⓑ 누적 카운트(D)가 Re_t에 도달했을 때: 로트 불합격

⑦ $n_{cum} = n_t$에 도달한 경우

    ⓐ $D \leq Ac_t$: 로트 합격

    ⓑ $D > Ac_t$: 로트 불합격

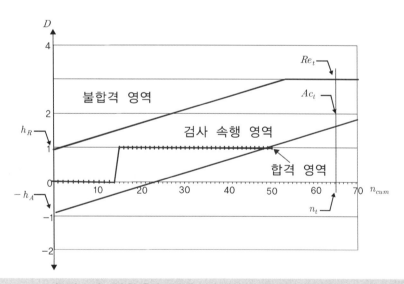

〈그림 8-1〉 계수형 축차 샘플링 검사 방식에 대한 합격여부 판정도

(3) 합격판정을 위한 최소 누적 샘플크기

① 합격판정을 위한 최소 누적 샘플크기

KS Q ISO 28591의 부적합품률 검사에서 합격판정 검사를 위한 최소 누적 샘플크기는 축차 샘플링 검사 시 부적합품이 하나도 발생하지 않은 경우이므로, 합격판정치 $A = 0$으로 하여 n_{cum}로 정리하면 다음과 같다. 이 때 n_{cum}의 소수점 이하는 올림으로 구한다.

$$A = -h_A + gn_{cum} = 0$$

$$\therefore \ n_{cum} = \frac{h_A}{g}$$

② 불합격판정을 위한 최소 누적 샘플크기

불합격판정 검사를 위한 최소 누적 샘플크기는 축차 샘플링 검사 시 처음부터 연속하여 모두 부적합품이 발생하는 경우이므로, 불합격판정치 $R = n_{cum}$으로 하여 n_{cum}로 정리하면 다음과 같다. 이 때 n_{cum}의 소수점 이하는 올림으로 구한다.

$$R = h_R + gn_{cum} = n_{cum}$$

$$\therefore \ n_{cum} = \frac{h_R}{1 - g}$$

(예제 8-1)

$Q_{PR} = 1\%, Q_{CR} = 5\%, \alpha = 0.05, \beta = 0.10$인 부적합품률 검사를 위한 계수형 축차 샘플링 검사를 실시하려고 한다.

ⓐ 축차 샘플링 검사 시 판정이 나지 않을 경우에 불가피한 조치인 중지값(n_t)과 중지 시 불합격판정개수를 구하시오.

ⓑ $n_{cum} < n_t$일 경우의 합격판정선과 불합격판정선을 설계하시오.

ⓒ 가장 빨리 합격되는 경우의 최소 누적 샘플크기와 가장 빨리 불합격되는 경우의 최소 누적 샘플크기를 구하시오.

ⓓ 1개씩 표본을 채취하여 검사 한 결과 28번째와 40번째 표본이 부적합품이었다. 40번째에서의 검사결과에 대한 합격판정을 하시오.

(풀이)

ⓐ 중지 시 누적 샘플크기(n_t)와 합격판정기준 설정

　ㄱ 중지값($n_t = 189$)

　　　$P_A = 1\%$, $P_1 = 5\%$을 이용하여 h_A, h_R, g, n_t, Ac_t를 구한다.

　　　$h_A = 1.389$, $h_R = 1.591$, $g = 0.0251$, $n_t = 189$, $Ac_t = 4$이다.

　ㄴ 중지 시 불합격판정개수

　　　$Re_t = Ac_t + 1 = 5$

ⓑ $n_{cum} < n_t = 189$인 경우의 합격판정선 및 불합격판정선의 설계

　ㄱ 합격판정선

　　　$A = -h_A + gn_{cum} = -1.389 + 0.0251 n_{cum}$

　ㄴ 불합격판정선

　　　$R = h_R + gn_{cum} = 1.591 + 0.0251 n_{cum}$

ⓒ 가장 빨리 합격 및 불합격 판정이 나는 경우의 최소 누적 샘플크기

　ㄱ 가장 빨리 합격되는 경우의 최소 누적 샘플크기

　　　$A = -h_A + gn_{cum} = -1.389 + 0.0251 \times n_{cum} = 0$

　　　$n_{cum} = \dfrac{h_A}{g} = \dfrac{1.389}{0.0251} = 55.338 \Rightarrow 56$개

　ㄴ 가장 빨리 불합격되는 경우의 최소 누적 샘플크기

　　　$R = h_R + gn_{cum} = 1.591 + 0.0251 \times n_{cum} = n_{cum}$

　　　$n_{cum} = \dfrac{h_R}{1-g} = \dfrac{1.591}{1-0.0251} = 1.6320 \Rightarrow 2$

ⓓ 검사결과에 대한 합격판정개수($n_{cum} = 40 < n_t = 189$)

　ㄱ $Re_t = Ac_t + 1 = 5$ 이므로 $(D = 2) < Re_t$이다.

　ㄴ $Ac = -1.389 + 0.0251 n_{cum}$

　　　$= -1.389 + 0.0251 \times 40 = -0.385$

　　$\Rightarrow$ Ac는 고려하지 않는다. 즉 합격기준은 없다.

　ㄷ $Re = 1.591 + 0.0251 n_{cum}$

　　　$= 1.591 + 0.0251 \times 40 = 2.595 \rightarrow 3$

　ㄹ $D = 2 < Re = 3$이므로 검사를 속행한다.

〈표 8-1〉 표 1 부적합품률의 축차 샘플링 검사 방식에 대한 파라미터
(α ≤ 0.05와 β ≤ 0.10에 대한 주표)

Q_{PR} (%)	파라미터	Q_{CR} (부적합품률)																		
		0.500	0.630	0.800	1.00	1.25	1.60	2.00	2.50	3.15	4.00	5.00	6.30	8.00	10.00	12.5	16.0	20.0	25.0	31.5
0.125	h_A	1.655	1.392	1.239	1.098	1.013	0.880	0.830	0.767	0.711	0.661	0.617	*							
	h_R	1.869	1.658	1.331	1.250	0.939	0.970	0.840	0.740	0.645	0.553	0.451								
	g	0.00269	0.00309	0.00364	0.00425	0.00489	0.00580	0.00679	0.00790	0.00935	0.0112	0.0134								
	n_t / A_c	2426 6	1541 4	1004 3	692 2	490 2	320 1	238 1	184 1	140 1	102 1	75 1	36 0							
0.160	h_A	1.990	1.653	1.401	1.242	1.095	1.006	0.881	0.830	0.771	0.715	0.690	0.613	*						
	h_R	2.422	1.935	1.681	1.396	1.355	0.938	0.986	0.850	0.741	0.644	0.550	0.457							
	g	0.00296	0.00340	0.00395	0.00458	0.00530	0.00621	0.00729	0.00855	0.0100	0.0119	0.0142	0.0170							
	n_t / A_c	3256 9	1954 6	1225 4	820 3	554 2	381 2	259 1	192 1	144 1	107 1	77 1	59 1	28 0						
0.200	h_A		1.987	1.650	1.400	1.232	1.078	0.990	0.880	0.840	0.750	0.706	0.663	0.611	*					
	h_R		2.361	1.865	1.678	1.400	1.243	0.938	0.980	0.840	0.734	0.641	0.553	0.434						
	g		0.00372	0.00430	0.00494	0.00569	0.00670	0.00777	0.00915	0.0108	0.0127	0.0150	0.0179	0.0218						
	n_t / A_c		2555 9	1513 6	977 4	653 3	429 2	313 2	204 1	150 1	118 1	88 1	63 1	46 1	22 0					
0.250	h_A		2.430	1.920	1.648	1.406	1.240	1.090	0.993	0.880	0.797	0.748	0.719	0.662	0.597	*				
	h_R		3.088	2.355	1.860	1.666	1.320	1.230	0.941	0.970	0.840	0.730	0.641	0.545	0.431					
	g		0.00407	0.00469	0.00538	0.00620	0.00731	0.00850	0.00972	0.0115	0.0135	0.0159	0.0189	0.0228	0.0271					
	n_t / A_c		3595 14	2100 9	1210 6	780 4	499 3	343 2	245 2	160 1	123 1	93 1	65 1	48 1	37 1	18 0				
0.315	h_A			2.405	1.952	1.631	1.385	1.245	1.082	1.020	0.870	0.800	0.780	0.740	0.661	0.587	*			
	h_R			3.036	2.342	1.916	1.617	1.330	1.248	0.930	0.970	0.831	0.730	0.620	0.541	0.414				
	g			0.0051	0.00588	0.00674	0.00785	0.00922	0.0106	0.0124	0.0146	0.0170	0.0202	0.0242	0.0287	0.0345				
	n_t / A_c			2852 14	1627 9	1002 6	600 4	402 3	273 2	187 2	127 1	97 1	68 1	49 1	38 1	29 1	14 0			
0.400	h_A				2.434	1.981	1.634	1.405	1.225	1.075	1.005	0.870	0.820	0.743	0.695	0.660	0.574	*		
	h_R				3.180	2.401	1.871	1.646	1.380	1.300	0.930	0.970	0.840	0.719	0.638	0.550	0.427			
	g				0.00649	0.00740	0.00866	0.00996	0.0114	0.0133	0.0157	0.0184	0.0217	0.0256	0.0302	0.0363	0.0441			
	n_t / A_c				2289 14	1297 9	780 6	483 4	323 4	219 2	147 2	100 2	76 1	55 1	41 1	29 1	23 1	11 0		
0.500	h_A				3.197	2.431	1.899	1.647	1.390	1.245	1.065	0.961	0.860	0.820	0.750	0.686	0.601	0.559	*	
	h_R				4.372	3.166	2.359	1.839	1.645	1.330	1.172	0.923	0.960	0.820	0.730	0.620	0.492	0.441		
	g				0.00715	0.00811	0.00938	0.0108	0.0124	0.0146	0.0169	0.0196	0.0232	0.0275	0.0324	0.0381	0.0462	0.0558		
	n_t / A_c				3636 25	1827 14	1062 9	601 6	387 4	254 4	167 2	127 2	78 2	57 1	43 1	32 1	24 1	18 1	9 0	
0.630	h_A					3.228	2.379	1.939	1.605	1.386	1.221	1.061	0.952	0.853	0.796	0.735	0.638	0.586	0.600	*
	h_R					4.476	3.034	2.322	1.934	1.642	1.305	1.174	0.926	0.942	0.828	0.715	0.609	0.533	0.400	
	g					0.00896	0.0103	0.0118	0.0135	0.0156	0.0183	0.0212	0.0247	0.0294	0.0346	0.0408	0.0490	0.0585	0.0715	
	n_t / A_c					2892 25	1424 14	818 9	517 6	307 4	198 3	133 2	104 2	63 2	45 1	34 1	27 1	20 1	14 1	17 0

표 하단의 비고 참조

⟨표 8−1⟩ 표 1 부적합품률의 축차 샘플링 검사 방식에 대한 파라미터 (계속)
($\alpha \leq 0.05$와 $\beta \leq 0.10$에 대한 주표)

| Q_{PR} (%) | 파라미터 | \multicolumn{19}{c}{Q_{CR} (목적합률)} |
		0.500	0.630	0.800	1.00	1.25	1.60	2.00	2.50	3.15	4.00	5.00	6.30	8.00	10.00	12.5	16.0	20.0	25.0	31.5
0.800	h_A						3.155	2.465	1.925	1.630	1.375	1.235	1.050	0.947	0.880	0.787	0.678	0.621	0.650	0.550
	h_R						4.349	3.085	2.451	1.917	1.625	1.324	1.200	0.906	0.950	0.826	0.688	0.629	0.500	0.450
	g						0.0114	0.0131	0.0148	0.0172	0.0198	0.0233	0.0269	0.0314	0.0371	0.0437	0.0521	0.0620	0.0751	0.0916
	n_t Ac_t						2265 25	1137 14	674 9	404 6	240 4	158 3	107 2	76 2	46 1	36 1	29 1	21 1	14 1	11 1
1.00	h_A							3.181	2.434	1.871	1.581	1.389	1.181	1.058	0.931	0.850	0.721	0.659	0.700	0.580
	h_R							4.255	3.077	2.430	1.851	1.591	1.309	1.046	0.922	0.940	0.779	0.672	0.650	0.500
	g							0.0143	0.0163	0.0184	0.0215	0.0251	0.0288	0.0341	0.0394	0.0466	0.0554	0.0658	0.0794	0.0965
	n_t Ac_t							1801 25	906 14	536 9	311 6	189 4	127 3	77 2	65 2	37 1	30 1	22 1	15 1	11 1

표 하단의 비고 참조

〈표 8-1〉표 1 부적합품률의 축차 샘플링 검사 방식에 대한 파라미터

($\alpha \leq 0.05$와 $\beta \leq 0.10$에 대한 주표)

Q_{PR} (%)	파라미터	Q_{CR} (파괴한율) 2.00	2.50	3.15	4.00	5.00	6.30	8.00	10.00	12.5	16.0	20.0	25.0	31.5
1.25	h_A		3.177	2.367	1.873	1.578	1.380	1.190	1.025	0.949	0.792	0.700	0.650	0.650
	h_R		4.219	3.023	2.290	1.835	1.550	1.230	1.061	0.901	0.941	0.791	0.690	0.650
	g		0.0179	0.0204	0.0235	0.0271	0.0316	0.0367	0.0427	0.0499	0.0597	0.0699	0.0841	0.1018
	n		1440	723	419	251	149	96	64	45	31	23	16	11
	A_c		25	14	9	6	4	3	2	2	1	1	1	1
1.60	h_A			3.222	2.383	1.921	1.567	1.350	1.166	1.050	0.892	0.759	0.750	0.700
	h_R			4.506	3.057	2.322	1.880	1.565	1.255	1.050	0.873	0.925	0.800	0.700
	g			0.0227	0.0260	0.0298	0.0342	0.0398	0.0466	0.0540	0.0637	0.0758	0.0899	0.1084
	n			1145	567	326	202	117	79	49	36	24	16	12
	A_c			25	14	9	6	4	3	2	2	1	1	1
2.00	h_A				3.156	2.363	1.882	1.532	1.346	1.212	1.000	0.900	0.800	0.700
	h_R				4.119	3.018	2.270	1.783	1.504	1.196	1.000	0.900	0.910	0.800
	g				0.0287	0.0325	0.0374	0.0436	0.0499	0.0582	0.0690	0.0810	0.0958	0.1150
	n				897	452	259	160	91	58	40	27	17	13
	A_c				25	14	9	6	4	3	2	2	1	1
2.50	h_A					3.106	2.305	1.830	1.529	1.330	1.120	0.980	0.930	0.800
	h_R					4.094	2.921	2.175	1.742	1.485	1.150	0.950	0.880	0.880
	g					0.0358	0.0408	0.0471	0.0546	0.0630	0.0743	0.0869	0.1023	0.1223
	n					717	358	202	121	71	46	29	20	13
	A_c					25	14	9	6	4	3	2	2	1
3.15	h_A						3.060	2.271	1.808	1.521	1.300	1.125	0.980	0.816
	h_R						4.040	2.811	2.186	1.720	1.400	1.065	0.900	0.871
	g						0.0451	0.0517	0.0596	0.0691	0.0805	0.0937	0.1099	0.1294
	n						569	280	167	97	53	34	23	17
	A_c						25	14	9	6	4	3	2	1
4.00	h_A							3.023	2.289	1.789	1.439	1.230	1.069	0.844
	h_R							3.936	2.826	2.170	1.652	1.800	1.051	0.860
	g							0.0573	0.0655	0.0745	0.0871	0.1018	0.1187	0.1406
	n							445	224	127	75	38	27	18
	A_c							25	14	9	6	3	3	2
5.00	h_A								2.995	2.221	1.773	1.403	1.160	1.000
	h_R								3.816	2.757	1.978	1.598	1.750	1.600
	g								0.0719	0.0816	0.0962	0.1092	0.1281	0.1509
	n								354	177	97	59	42	25
	A_c								25	14	9	6	5	2
6.30	h_A									2.947	2.097	1.682	1.380	1.080
	h_R									3.810	2.681	1.920	1.700	1.690
	g									0.0901	0.1040	0.1201	0.1390	0.1599
	n									283	132	77	42	25
	A_c									25	13	9	5	3

표 하단의 비고 참조

〈표 8-2〉 표 2 100 아이템당 부적합수의 축차 샘플링 검사 방식에 대한 파라미터
(α ≤ 0.05와 β ≤ 0.10에 대한 주표)

Q_{CR} (100 아이템 당 부적합수)	파라미터	2.00	2.50	3.15	4.00	5.00	6.30	8.00	10.00	12.50	16.00	20.00	25.00	31.50
1.25	h_A	4.840	3.248	2.447	1.920	1.660	1.410	1.230	1.085	1.020	0.900	0.850	0.794	0.700
	h_R	6.415	4.330	3.105	2.600	1.860	1.625	1.350	1.285	0.920	0.950	0.830	0.700	0.670
	g	0.0159	0.0179	0.0204	0.0234	0.0271	0.0313	0.0362	0.0421	0.0489	0.0579	0.0676	0.0793	0.0937
	n_t / A_c	3567 56	1442 25	723 14	384 8	244 6	154 4	102 3	70 2	49 1	30 1	23 1	17 1	14 1
1.60	h_A		4.964	3.336	2.447	2.005	1.675	1.407	1.225	1.100	1.070	0.900	0.800	0.750
	h_R		7.036	4.397	3.207	2.405	1.910	1.640	1.410	1.365	0.930	0.930	0.870	0.750
	g		0.0200	0.0227	0.0260	0.0298	0.0343	0.0401	0.0454	0.0530	0.0668	0.0729	0.0851	0.1003
	n_t / A_c		3144 62	1171 26	575 14	327 9	196 6	123 4	83 3	55 2	38 2	24 1	20 1	15 1
2.00	h_A			4.874	3.257	2.460	2.030	1.630	1.405	1.230	1.150	0.995	0.900	0.800
	h_R			6.894	4.312	3.190	2.325	2.405	1.648	1.370	1.135	0.925	0.910	0.840
	g			0.0251	0.0287	0.0326	0.0377	0.0431	0.0501	0.0573	0.0717	0.0766	0.0908	0.1070
	n_t / A_c			2426 60	902 25	460 14	257 9	139 5	97 4	66 3	41 2	31 2	20 1	16 1
2.50	h_A				4.682	3.255	2.454	1.945	1.640	1.388	1.210	1.085	1.000	0.900
	h_R				6.695	4.330	3.075	2.510	1.845	1.680	1.340	1.315	0.930	0.885
	g				0.0316	0.0359	0.0410	0.0473	0.0539	0.0627	0.0727	0.0842	0.0971	0.1151
	n_t / A_c				1801 56	724 25	362 14	190 8	122 6	79 4	51 3	35 2	24 2	16 1
3.15	h_A					4.797	3.250	2.389	2.010	1.630	1.410	1.187	1.115	1.000
	h_R					6.713	4.295	3.244	2.270	1.865	1.600	1.360	1.220	0.890
	g					0.0397	0.0452	0.0515	0.0598	0.0679	0.0791	0.0912	0.1114	0.1231
	n_t / A_c					1480 58	572 25	270 13	161 9	99 6	59 4	41 3	26 2	18 2
4.00	h_A						4.854	3.225	2.440	2.010	1.640	1.350	1.200	1.145
	h_R						6.914	4.332	3.185	2.370	1.840	1.700	1.350	1.140
	g						0.0502	0.0573	0.0651	0.0751	0.0866	0.0966	0.1146	0.1431
	n_t / A_c						1215 60	452 25	230 14	131 9	77 6	49 4	33 3	20 2
5.00	h_A							4.670	3.208	2.445	1.900	1.625	1.381	1.155
	h_R							6.792	4.431	3.175	2.565	1.800	1.620	1.350
	g							0.0632	0.0714	0.0815	0.0937	0.1082	0.1255	0.1440
	n_t / A_c							886 55	364 25	184 14	96 8	59 6	39 4	26 3
5.00	h_A							4.670	3.208	2.445	1.900	1.625	1.381	1.155
	h_R							6.792	4.431	3.175	2.565	1.800	1.620	1.350
	g							0.0632	0.0714	0.0815	0.0937	0.1082	0.1255	0.1440
	n_t / A_c							886 55	364 25	184 14	96 8	59 6	39 4	26 3
6.30	h_A								4.754	3.225	2.390	1.900	1.640	1.350
	h_R								6.721	4.365	2.970	2.295	1.815	1.600
	g								0.0793	0.0897	0.1033	0.1176	0.1365	0.1566
	n_t / A_c								740 58	300 26	141 14	81 9	47 6	31 4

표 하단의 비교 참조

Q_{CR} (100 아이템 당 부적합수)

8.3 계량형 축차 샘플링 검사 방식(KS Q ISO 39511)

KS Q ISO 39511 계량형 축차샘플링 검사(sequential sampling plans for inspection by variables for percent nonconforming)[21]는 합격시키고자 하는 로트 부적합품률의 상한인 생산자 위험 품질 $Q_{PR}(P_A)$와 불합격시키고자 하는 로트 부적합품률의 하한인 소비자 위험 품질 $Q_{CR}(P_R)$을 설정하여 규격에 따른 검사방식을 설계한 후, 연속적 척도로 측정 가능한 품질 특성치를 구해 규격과의 누적 여유량(Y)를 계산하고 합격판정치(A) 및 불합격판정치(R)과 비교하여 로트의 합격, 불합격 또는 검사 속행을 결정하는 샘플링 검사 방식이다.

(1) 한쪽 규격한계가 지정되는 계량형 축차 샘플링 검사

계량형 축차 샘플링 검사 방식에서 한쪽 규격한계가 지정되는 경우는 규격상한(U)이 지정되는 망소특성의 경우와 규격하한(L)이 지정되는 망대특성인 경우이다. 계량형 축차 샘플링 검사도 계수형 축차 샘플링 검사와 마찬가지로 표본의 크기가 지나치게 증가하는 것을 억제하기 위해 중지 시 누적 샘플크기(n_t)를 구하고 검사를 중도 중단하게 된다.

한쪽규격이 지정되는 경우 계량형 축차 샘플링 검사 방식을 그림으로 나타내면 〈그림 8-2〉와 같다.

① 한쪽규격이 지정되는 계량형 샘플링 검사의 준비

ⓐ 품질기준을 설정한다.

ⓑ 생산자와 구매자가 합의하여 Q_{PR}과 Q_{CR}을 설정한다.

ⓒ 로트크기(N)을 정한다.

ⓓ 샘플링 검사 방식을 결정하기 위해 파라미터를 구한다.

〈표 8-3〉 KS Q ISO 39511 '표4 부적합품률에 대한 축차 샘플링 검사 파라미터'에서 중지값(n_t)을 포함한 계량형 축차 샘플링 검사의 파라미터인 h_A, h_R, g값을 구한다.

---

21) KS Q ISO 39511:2018 부적합품률에 대한 계량형 축차 샘플링 검사 방식(표준편차 기지), 2020년 5월 4일 제정

② 합격판정선의 설계

ⓐ $n_{cum} < n_t$일 때

누적 여유량(Y)은 망대특성으로 클수록 좋으므로 합격판정선이 위로 나타나게 된다.

㉠ 합격판정선

$$A = h_A \sigma + g\sigma n_{cum}$$

㉡ 불합격판정선

$$R = -h_R \sigma + g\sigma n_{cum}$$

ⓑ $n_{cum} = n_t$일 때

합격판정치 $A_t = g\sigma n_t$

③ 여유량과 누적 여유량

로트에서 표본을 하나씩 축차적으로 랜덤하게 뽑아 연속적 특성의 데이터(x_i)를 구한 후, 규격과의 차이값인 여유량(leeway: y_i)를 구하여 누적 여유량(cumulative leeway: Y)를 구한다.

ⓐ 규격상한에서의 여유량: $y_i = U - x_i$

ⓑ 규격하한에서의 여유량: $y_i = x_i - L$

ⓒ 누적 여유량: $Y = \Sigma y_i$

④ 합격판정

ⓐ $n_{cum} < n_t$일 때의 합격판정

㉠ 로트 합격: $Y \geq A$

㉡ 로트 불합격: $Y \leq R$

㉢ 검사 속행: $A < Y < R$

ⓑ $n_{cum} = n_t$일 때의 합격판정

㉠ 로트합격: $Y \geq A_t$

㉡ 로트 불합격: $Y < R_t$

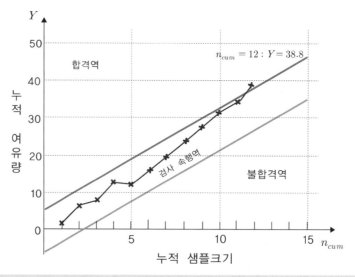

〈그림 8-2〉 한쪽 규격한계에 대한 계량형 축차 샘플링 검사 방식에 대한 합격판정도의 예

(예제 8-2)

염화비닐관에 관한 수압검사를 KS Q ISO 39511 계량형 축차 샘플링 검사 방식으로 설계하려고 한다. 하한규격 $L = 100 \text{kg/cm}^2$, 공정의 표준편차는 $\sigma = 2.0 \text{kg/cm}^2$으로 관리되고 있다. 생산자와 구매자는 상호간의 협의로 $\alpha = 0.05$, $\beta = 0.10$인 조건에 대한 $Q_{PR} = 1\%$, $Q_{CR} = 5\%$로 결정하였다. 〈표 8-3〉 'KS Q ISO 39511 표 4'를 이용하여 다음 물음에 답하시오.

ⓐ 누적 샘플크기의 중지값(n_t)과 중지 시 합격판정치(A_t)를 구하시오.

ⓑ 누적 샘플크기 $n_{cum} < n_t$ 조건에서의 합격판정선(A)와 불합격판정선(R)을 설계하시오.

ⓒ 표본을 7개째까지 속행된 측정값을 계산한 누적 여유량 Y가 30kg/cm^2일 경우 검사 로트에 대하여 합격판정 하시오.

(풀이)

ⓐ ㉠ KS Q 39511 표 4에서 파라미터를 구하면

$h_A = 2.793$, $h_R = 3.883$, $g = 1.986$, $n_t = 29$

㉡ $n_t = 29$에서의 중지 시 합격판정치는

$A_t = g \sigma n_t = 1.986 \times 2 \times 29 = 115.188$

ⓑ $n_{cum} < n_t$ 일 때의 합격판정선(A)와 불합격판정선(R)

㉠ 합격판정선

$A = h_A \sigma + g \sigma n_{cum}$

$= 2.793 \times 2 + 1.986 \times 2 \times n_{cum} = 5.586 + 3.972 n_{cum}$

ⓒ 불합격판정선

$$R = -h_R \sigma + g\,\sigma\,n_{cum}$$
$$= -3.883 \times 2 + 1.986 \times 2 \times n_{cum} = -7.766 + 3.972 n_{cum}$$

ⓒ $n_{cum} = 7$에서의 판정

㉠ $A = 5.586 + 3.972 n_{cum} = 5.586 + 3.972 \times 7 = 33.39 \mathrm{kg/cm^2}$

㉡ $R = -7.766 + 3.972 n_{cum} = -7.766 + 3.972 \times 7 = 20.038 \mathrm{kg/cm^2}$

㉢ $R < Y = 30 \mathrm{kg/cm^2} < A$ 이므로 검사를 속행한다.

(예제 8-3)

$P_A = 1\%$, $P_R = 10\%$, $\alpha = 0.05$, $\beta = 0.10$을 만족시키는 로트의 부적합품률을 보증하는 계량형 축차 샘플링 검사 방식을 적용하려 한다. 단, 품질 특성인 무게는 대체로 정규분포를 따르고 있으며, 상한규격 $U = 200\mathrm{kg}$만 존재하는 망소특성으로 표준편차(σ)는 2kg으로 알려져 있다. 〈표 8-3〉 'KS Q ISO 39511 표4'를 이용하여 다음 물음에 답하시오.

ⓐ 누적 샘플크기의 중지값(n_t)와 중지 시 합격판정치(A_t)를 구하시오.
ⓑ 누적 샘플크기 $n_{cum} < n_t$ 조건에서의 합격판정선(A)과 불합격판정선(R)을 설계하시오.
ⓒ 진행된 측정치에 대한 표를 완성하고 합격판정을 진행하시오.

n_{cum}	측정치(kg)	여유량 y	불합격판정치 R	누적 여유량 Y	합격판정치 A
1	194.5	5.5	−1.992	5.5	6.838
2	196.5	( )	( )	( )	( )
3	201.0	( )	( )	( )	( )
4	197.8	( )	( )	( )	( )
5	198.0	( )	( )	( )	( )

(풀이)

ⓐ 누적 샘플크기의 중지값(n_t)과 중지 시 합격판정치(A_t)의 계산

㉠ KS Q ISO 39511 표 4에서 파라미터를 구하면
$h_A = 1.615$, $h_R = 2.300$, $g = 1.804$, $n_t = 13$

㉡ $n_t = 13$에서의 합격판정치
$A_t = g\,\sigma\,n_t = 1.804 \times 2 \times 13 = 46.904$

ⓑ $n_{cum} < n_t$ 일 때의 합격판정선(A)과 불합격판정선(R)

㉠ 합격판정선

$$A = h_A \sigma + g\,\sigma\,n_{cum}$$
$$= 1.615 \times 2 + 1.804 \times 2 \times n_{cum} = 3.230 + 3.608 n_{cum}$$

ⓛ 불합격판정선

$$R = -h_R \sigma + g \sigma n_{cum}$$
$$= -2.300 \times 2 + 1.804 \times 2 \times n_{cum} = -4.600 + 3.608 n_{cum}$$

ⓒ 합격판정

n_{cum}	측정값(kg)	여유량 y	불합격판정치 R	누적 여유량 Y	합격판정치 A
1	194.5	5.5	−1.992	5.5	6.838
2	196.5	3.5	2.616	9.0	10.446
3	201.0	−1.0	6.224	8.0	14.054
4	197.8	2.2	9.832	10.2	17.662
5	198.0	2.0	13.440	12.2	21.270

$n_{cum} = 5$에서 누적 여유량 Y가 불합격판정치 R보다 작으므로 로트는 불합격이다.

(2) 양쪽 규격한계의 결합관리가 지정되는 계량형 축차 샘플링 검사

규격상한과 규격하한의 양쪽 규격한계(double specification limits)가 모두 지정되어 있는 계량형 축차 샘플링 검사 방식은 '양쪽 규격한계의 결합관리(combined double specification limits)'와 '양쪽 규격한계의 분리관리(separate double specification limits)'의 2가지로 나누어진다. '양쪽 규격한계의 결합관리'의 경우 양쪽 규격한계에 대하여 같은 품질지표(Q_{PR}, Q_{CR})을 규정하는 경우에 사용하며, '양쪽 규격한계의 분리관리'는 양쪽 규격한계에 각각 다른 품질지표(Q_{PR}, Q_{CR})를 규정하는 경우에 사용한다.

① 최대프로세스표준편차

양쪽 규격한계의 계량형 축차 샘플링 검사 방식에서는 '최대프로세스표준편차(maximum process standard deviation: σ_{max})'를 지정하게 된다. 최대프로세스표준편차는 공정의 표준편차(σ)를 알고 있을 때, 특정 샘플링 검사 방식에 대한 양쪽 규격한계의 결합관리에 대한 합격판정 기준을 충족할 수 있는 프로세스 표준편차의 최대치이다.

양쪽 규격한계의 결합관리의 경우 축차 샘플링 검사는 공정의 표준편차(σ)가 규격공차($U-L$)과 비교하여 충분히 작은 경우에만 적용될 수 있다. 즉 공정 표준편차는 최대프로세스표준편차(σ_{max})보다 작아야한다. 이 때 계수 f는 〈표 8-4〉 'KS Q ISO 39511 표 5'에서 Q_{PR}에 따라 구할 수 있다.

$$\sigma < \sigma_{max} = (U-L) \times f$$

프로세스의 표준편차(σ)가 $\sigma_{\max}$를 초과하는 경우 표본을 취하지 않고 로트를 불합격시킨다.

② 양쪽 규격한계의 여유량(y)와 누적 여유량(Y)

양쪽 규격한계의 여유량은 한쪽 규격한계의 규격하한(L)이 지정된 경우와 동일하다. 그러므로 규격하한과의 비교를 할 경우는 망대특성이 된다. 그러나 여유량이 클수록 규격상한에는 거꾸로 가까워지므로 규격상한 측면에서는 망소특성이 된다.

ⓐ 여유량 계산: $y_i = x_i - L$

ⓑ 누적 여유량의 계산: $Y = \Sigma y_i$

③ 양쪽 규격한계의 결합관리에 대한 합격판정 개요

양쪽 규격한계의 결합관리에 대한 축차 샘플링 검사는 양쪽 규격한계에 대하여 같은 품질지표(Q_{PR}, Q_{CR})을 규정하는 경우에 사용한다.

이 방식은 규격상한(U) 측의 상한 합격판정선(A_U) 및 상한 불합격판정선(R_U)와 규격하한(L) 측의 하한 합격판정선(A_L)과 하한 불합격판정선(R_L)이 각각 나타나게 된다. 〈그림 8-3〉은 위쪽과 아래쪽으로 두 개씩의 선이 그어져 있다. 여기서 규격상한 측의 경우에는 망소특성이므로 상한 합격판정선(A_U)의 절편은 '음'의 값이고 상한 불합격판정선(R_U)의 절편은 '양'의 값이다. 반대로 규격하한 측은 망대특성이므로 하한 합격판정치(A_L)의 절편은 '양'의 값, 하한 불합격판정치(R_L)의 절편은 '음'의 값이 된다.

따라서 합격판정 영역은 평행선 두개의 가운데 부분이 되고, 평행선 각각의 사이는 검사 속행 영역이 된다. 그리고 상측 평행선의 위쪽과 하측 평행선의 아래쪽은 불합격 영역이 된다. 또한 상한 합격판정치(A_U)는 '음'에서 시작되고 하한 합격판정치(A_L)은 '양'에서 시작되므로 교차되는 부분($A_U < A_L$) 동안에는 합격판정을 할 수 없으므로 이 구역에 해당되는 누적 카운트(n_{cum}) 까지는 검사 속행 또는 불합격판정만 할 수 있다.

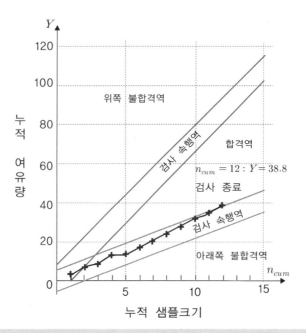

〈그림 8-3〉 양쪽 규격한계의 결합관리의 경우의 계량형 축차 샘플링 검사 방식에 대한 합격판정에 관한 예시

④ 합격판정선의 설계

    ⓐ $n_{cum} < n_t$인 경우

        ㉠ 상한 불합격판정선: $R_U = h_R \sigma + (U - L - g\sigma) n_{cum}$

        ㉡ 상한 합격판정선: $A_U = -h_A \sigma + (U - L - g\sigma) n_{cum}$

        ㉢ 하한 합격판정선: $A_L = h_A \sigma + g\sigma n_{cum}$

        ㉣ 하한 불합격판정선: $R_L = -h_R \sigma + g\sigma n_{cum}$

    ⓑ $n_{cum} = n_t$인 경우

        ㉠ 상한 합격판정치: $A_{t.U} = (U - L - g\sigma) n_t$

        ㉡ 하한 합격판정치: $A_{t.L} = g\sigma n_t$

⑤ 합격판정

    ⓐ $n_{cum} < n_t$인 경우

        ㉠ 로트 합격: $A_L \leq Y \leq A_U$

        ㉡ 로트 불합격: $Y \leq R_L$ 또는 $Y \geq R_U$

ⓒ 검사 속행: $R_L < Y < A_L$ 또는 $A_U < Y < R_U$

ⓑ $n_{cum} = n_t$인 경우

ㄱ 로트 합격: $A_{t.L} \leq Y \leq A_{t.U}$

ㄴ 로트 불합격: $Y < A_{t.L}$ 또는 $Y > A_{t.U}$

(예제 8-4)

어떤 부품 치수에 대한 규정공차는 205±5mm로 규정되어 있다. 부품 치수의 분포는 정규분포를 따르며, 프로세스 표준편차(σ)는 1.2mm이다.

생산자와 구매자는 $Q_{PR} = 0.5\%$ $Q_{CR} = 2\%$로 하는 KS Q ISO 39511 계량형 축차 샘플링 검사 양쪽 규격한계의 결합관리를 적용하기로 하였다. 아래의 물음에 답하시오.

ⓐ 최대프로세스표준편차($\sigma_{\max}$)를 구하고 양쪽 규격한계의 결합관리를 적용할 수 있는지 검토하시오.

ⓑ $n_{cum} = n_t$일 경우의 중지값과 중지 시 합격판정치를 구하시오.

ⓒ $n_{cum} < n_t$일 경우 누적 샘플크기(n_{cum})에서의 합격판정선과 불합격판정선을 구하시오.

ⓓ 다음 빈칸을 채우고 판정하시오.

n_{cum}	측정치 x	여유량 y	하한 불합격판정치 R_L	하한 합격판정치 A_L	누적 여유량 Y	상한 합격판정치 A_U	상한 불합격판정치 R_U
1	203.1	3.1	−3.5316	7.3692*	3.1	2.6308*	13.5316
2	203.9						
3	204.0						
4	204.2						
5	204.3						

(풀이)

ⓐ 〈표 8-4〉에서 최대프로세스표준편차 계수 $f = 0.165$

$\sigma_{\max} = f \times (U - L) = 0.165 \times (210 - 200) = 1.65$

$\sigma_{\max} > \sigma(=1.2)$이므로 양쪽 규격한계의 결합관리에 대한 적용이 가능하다.

ⓑ 누적 샘플크기의 중지값과 중지 시 합격판정치

〈표 8-3〉 'KS Q ISO 39511 표 4'에서 $h_A = 3.826$, $h_R = 5.258$, $g = 2.315$, $n_t = 49$이다.

ㄱ 누적 샘플크기의 중지값: $n_t = 49$

ㄴ 중지 시 상한 합격판정치

$A_{t.U} = (U - L - g\sigma) \, n_t = (10 - 2.315 \times 1.2) \times 49 = 353.878 \text{mm}$

ⓒ 중지 시 하한 합격판정치

$A_{t.L} = g\sigma n_t = 2.315 \times 1.2 \times 49 = 136.122\text{mm}$

ⓔ 중지 시 합격판정

$A_{t.L}(136.122) \leq Y = \Sigma(x_i - L) \leq A_{t.U}(353.878)$이면 로트를 합격으로 하고 그 외는 로트를 불합격 처리한다.

ⓒ $n_{cum} < n_t$ 일 때 합격판정선과 불합격판정선

㉠ $A_U = -h_A\sigma + (U-L-g\sigma)\,n_{cum}$

$= -3.826 \times 1.2 + (10 - 2.315 \times 1.2) \times n_{cum} = -4.5912 + 7.222n_{cum}$

㉡ $A_L = h_A\sigma + g\sigma\,n_{cum}$

$= 3.826 \times 1.2 + 2.315 \times 1.2 \times n_{cum} = 4.5912 + 2.778n_{cum}$

㉢ $R_U = h_R\sigma + (U-L-g\sigma)\,n_{cum}$

$= 5.258 \times 1.2 + (10 - 2.315 \times 1.2) \times n_{cum} = 6.3096 + 7.222n_{cum}$

㉣ $R_L = -h_R\sigma + g\sigma\,n_{cum}$

$= -5.258 \times 1.2 + 2.315 \times 1.2 \times n_{cum} = -6.3096 + 2.778n_{cum}$

ⓓ 합격 판정

n_{cum}	측정치 x	여유량 y	하한 불합격판정치 R_L	하한 합격판정치 A_L	누적 여유량 Y	상한 합격판정치 A_U	상한 불합격판정치 R_U
1	203.1	3.1	−3.5316	7.3692[*]	3.1	2.6308[*]	13.5316
2	203.9	3.9	−0.7536	10.1472[*]	7.0	9.8528[*]	20.7536
3	204.0	4.0	2.0244	12.9252	11.0	17.0748	27.9756
4	204.2	4.2	4.8024	15.7032	15.2	24.2968	35.1976
5	204.3	4.3	7.5804	18.4812	19.5	31.5188	42.4196

㉠ 2번째 표본까지는 $A_L > A_U$이므로 로트합격의 경우는 없으므로 불합격 여부만 판단한다.

㉡ 5번째 표본에서 $A_L < Y(= 19.5) < A_U$를 만족하므로 로트는 합격이다.

(3) 양쪽 규격한계의 분리관리가 지정되는 계량형 축차 샘플링 검사

양쪽 규격한계의 분리관리에 대한 계량값 축차 샘플링 검사 방식은 양쪽 규격한계에 대하여 서로 다른 품질지표(Q_{PR}, Q_{CR})을 규정하는 경우에 사용한다.

① 최대프로세스표준편차

분리관리의 경우에도 최대프로세스표준편차(σ_{max})보다 공정 표준편차(σ)가 작아야 하며, 공정 표준편차가 더 크면 그 로트는 불합격으로 처리한다. 계수 f는 〈표 8-4〉 'KS Q ISO 39511 표 6'에서 $Q_{PR.L}$과 $Q_{PR.U}$ 양자의 조합으로 구할 수 있다.

$$\sigma < \sigma_{\max} = f(U - L)$$

② 양쪽 규격한계의 분리관리에 대한 합격판정 설계

규격상한 측의 합격판정선(A_U)과 불합격판정선(R_U) 및 규격하한 측의 합격판정선(A_L)과 불합격판정선(R_L)의 결정은 양쪽 규격한계의 결합관리와 동일하게 적용한다. 단, 규격상한 측과 규격하한 측의 품질수준이 다르므로 규격상한에 적용하는 파라미터와 규격하한에 적용하는 파라미터는 각각의 설계조건에 따라 다른 값이 적용된다.

ⓐ $n_{cum} < n_t$인 경우

   ㉠ 상한 불합격판정선: $R_U = h_{R.U}\sigma + (U - L - g_U\sigma)n_{cum}$

   ㉡ 상한 합격판정선: $A_U = -h_{A.U}\sigma + (U - L - g_U\sigma)n_{cum}$

   ㉢ 하한 합격판정선: $A_L = h_{A.L}\sigma + g_L\sigma n_{cum}$

   ㉣ 하한 불합격판정선: $R_L = -h_{R.L}\sigma + g_L\sigma n_{cum}$

ⓑ $n_{cum} = n_t$인 경우

누적 샘플크기의 중지값은 양쪽 규격한계에 해당되는 각각의 n_t 중 큰 값을 적용한다.

   ㉠ $n_t = \max(n_{t.L}, n_{t.U})$

   ㉡ 상한 합격판정치: $A_{t.U} = (U - L - g_U\sigma)n_t$

   ㉢ 하한 합격판정치: $A_{t.L} = g_L\sigma n_t$

③ 합격판정

ⓐ $n_{cum} < n_t$인 경우

   ㉠ 로트 합격: $A_L \leq Y \leq A_U$

   ㉡ 로트 불합격: $Y \leq R_L$ 또는 $Y \geq R_U$

   ㉢ 검사 속행: $R_L < Y < A_L$ 또는 $A_U < Y < R_U$

ⓑ $n_{cum} = n_t$인 경우

   ㉠ 합격판정: $A_{t.L} \leq Y \leq A_{t.U}$

   ㉡ 불합격판정: $Y < A_{t.L}$ 또는 $Y > A_{t.U}$

(예제 8-5)

어떤 부품의 출력 전압의 규격공차는 5950 ± 50 (mV)로 규정되어 있다. 로트 내의 출력 전압의 분포는 정규분포를 따르며, 모표준편차(σ)는 12mm이다.

생산자와 구매자는 규격상한 $U = 6000$mV에 대해 $Q_{PR.U} = 0.5\%$, $Q_{CR.U} = 2\%$, 규격하한 $L = 5900$mV에 대해 $Q_{PR.L} = 2.5\%$, $Q_{CR.L} = 10\%$로 하는 KS Q ISO 39511 계량형 축차 샘플링 검사의 분리관리 방식을 적용하기로 하였다. 아래의 물음에 답하시오.

ⓐ 최대프로세스표준편차($\sigma_{\max}$) 값을 구하고 양쪽 규격한계의 분리관리 방식을 적용할 수 있는지 검토하시오.

ⓑ 누적 샘플크기의 중지값과 중지 시 합격판정치를 구하시오.

ⓒ $n_{cum} < n_t$일 경우 누적 샘플크기(n_{cum})에서의 합격판정선과 불합격판정선을 구하시오.

....

(풀이)

ⓐ 〈표 8-4〉에서 최대프로세스표준편차 계수 $f = 0.220$

$\sigma_{\max} = f \times (U - L) = 0.220 \times (6000 - 5900) = 22$

$\sigma_{\max} > \sigma(= 12)$이므로 양쪽 규격한계의 분리관리 방식의 적용은 가능하다.

ⓑ 누적 샘플크기의 중지값과 중지 시 합격판정치

   ㉠ 〈표 8-3〉 'KS Q ISO 39511 표 4'에서 파라미터를 구하면

      • 상측 규격한계: $h_{A.U} = 3.826$, $h_{R.U} = 5.258$, $g_U = 2.315$, $n_{t.U} = 49$

      • 하측 규격한계: $h_{A.L} = 2.812$, $h_{R.L} = 3.914$, $g_L = 1.621$, $n_{t.L} = 29$

   ㉡ 적용하는 누적 샘플크기의 중지값

      $n_t = \max(n_{t.U}, n_{t.L}) = \max(49, 29) = 49$

   ㉢ 중지값에서의 합격판정치

      • $A_{t.U} = (U - L - g_U\sigma)\,n_t = (100 - 2.315 \times 12) \times 49 = 3538.78$mm

      • $A_{t.L} = g_L\sigma\,n_t = 1.621 \times 12 \times 49 = 953.148$mm

      • $953.148 \leq Y = \Sigma(x_i - L) \leq 3538.78$이면 로트를 합격시키고, 그렇지 않으면 불합격 처리한다.

ⓒ $n_{cum} < n_t$일 때의 합격판정선과 불합격판정선

   ㉠ $R_U = h_{R.U}\sigma + (U - L - g_U\sigma)\,n_{cum}$

      $= 5.258 \times 12 + (100 - 2.315 \times 12) \times n_{cum} = 63.096 + 72.22n_{cum}$

   ㉡ $A_U = -h_{A.U}\sigma + (U - L - g_U\sigma)\,n_{cum}$

      $= -3.826 \times 12 + (100 - 2.315 \times 12) \times n_{cum} = -45.912 + 72.22n_{cum}$

   ㉢ $A_L = h_{A.L}\sigma + g_L\sigma\,n_{cum}$

      $= 2.812 \times 12 + 1.621 \times 12 \times n_{cum} = 33.744 + 19.452n_{cum}$

   ㉣ $R_L = -h_{R.L}\sigma + g_L\sigma\,n_{cum}$

      $= -3.914 \times 12 + 1.621 \times 12 \times n_{cum} = -46.968 + 19.452n_{cum}$

〈표 8-3〉 표 4 부적합품률에 대한 축차 샘플링 검사 방식에 대한 파라미터 ($\alpha \leq 0.05$와 $\beta \leq 0.10$에 대한 주표

Q_{PR}(%)	파라미터	0.800	1.00	1.25	1.60	2.00	2.50	3.15	4.00	5.00	6.30	8.00	10.0	12.5	16.0	20.0	25.0	31.5
0.100	h_A	2.794	2.431	2.126	1.842	1.636	1.452	1.273	1.125	0.976	0.846	0.715	0.609	0.492	0.371	0.254	0.138	0.012
	h_R	3.882	3.403	2.987	2.593	2.331	2.092	1.840	1.667	1.460	1.304	1.142	1.035	0.894	0.764	0.634	0.508	0.377
	g	2.750	2.708	2.666	2.617	2.572	2.525	2.475	2.420	2.368	2.310	2.248	2.186	2.120	2.042	1.966	1.882	1.786
	n_t	29	23	19	16	13	11	10	8	8	7	7	5	5	4	4	4	4
0.125	h_A	3.168	2.715	2.349	2.019	1.774	1.572	1.384	1.205	1.067	0.926	0.783	0.675	0.549	0.418	0.304	0.184	0.055
	h_R	4.396	3.773	3.271	2.816	2.487	2.229	1.984	1.742	1.583	1.409	1.225	1.120	0.962	0.810	0.688	0.557	0.422
	g	2.716	2.675	2.632	2.584	2.539	2.492	2.441	2.387	2.334	2.277	2.214	2.152	2.087	2.009	1.932	1.849	1.753
	n_t	35	28	23	19	16	13	11	10	8	7	7	5	5	5	4	4	4
0.160	h_A	3.688	3.119	2.663	2.269	1.992	1.749	1.516	1.337	1.158	1.012	0.866	0.734	0.619	0.480	0.362	0.236	0.104
	h_R	5.075	4.309	3.684	3.157	2.814	2.488	2.145	1.933	1.678	1.510	1.330	1.164	1.048	0.880	0.755	0.614	0.472
	g	2.678	2.637	2.595	2.546	2.501	2.454	2.404	2.349	2.296	2.239	2.176	2.115	2.049	1.971	1.895	1.811	1.715
	n_t	46	35	28	22	17	14	13	10	10	8	7	7	5	5	4	4	4
0.200	h_A	4.337	3.588	3.022	2.554	2.208	1.914	1.666	1.458	1.269	1.111	0.952	0.806	0.689	0.540	0.412	0.287	0.151
	h_R	5.970	4.938	4.169	3.567	3.101	2.685	2.356	2.097	1.835	1.647	1.445	1.255	1.139	0.951	0.804	0.670	0.522
	g	2.644	2.602	2.560	2.511	2.466	2.419	2.369	2.314	2.262	2.204	2.142	2.080	2.014	1.936	1.860	1.776	1.680
	n_t	59	44	34	25	20	17	14	11	10	8	7	7	5	5	5	4	4
0.250	h_A	5.208	4.204	3.495	2.887	2.457	2.133	1.837	1.588	1.387	1.197	1.033	0.887	0.743	0.605	0.470	0.341	0.200
	h_R	7.109	5.756	4.836	4.001	3.410	3.001	2.584	2.255	1.989	1.733	1.537	1.356	1.176	1.030	0.868	0.731	0.574
	g	2.608	2.567	2.524	2.476	2.430	2.383	2.333	2.279	2.226	2.169	2.106	2.044	1.979	1.901	1.824	1.741	1.644
	n_t	83	58	41	31	25	19	16	13	11	10	7	7	7	5	5	4	4
0.315	h_A	6.564	5.104	4.117	3.345	2.815	2.395	2.041	1.769	1.519	1.326	1.145	0.971	0.823	0.680	0.534	0.396	0.253
	h_R	8.929	6.971	5.653	4.636	3.918	3.344	2.852	2.522	2.151	1.918	1.699	1.452	1.274	1.127	0.946	0.785	0.632
	g	2.570	2.529	2.487	2.438	2.393	2.346	2.295	2.241	2.188	2.131	2.068	2.007	1.941	1.863	1.787	1.703	1.607
	n_t	125	80	55	38	29	23	19	14	13	10	8	8	7	5	5	5	4
0.400	h_A	8.919	6.512	5.039	3.952	3.269	2.743	2.313	1.967	1.697	1.470	1.246	1.082	0.915	0.744	0.607	0.460	0.313
	h_R	12.090	8.868	6.908	5.416	4.527	3.820	3.231	2.775	2.404	2.117	1.801	1.600	1.394	1.175	1.032	0.857	0.698
	g	2.530	2.489	2.447	2.398	2.353	2.306	2.256	2.201	2.148	2.091	2.029	1.967	1.901	1.823	1.747	1.663	1.567
	n_t	218	122	77	52	37	28	22	17	14	11	10	8	7	7	5	5	4

Q_{BR} (%)

〈표 8-3〉표 4 부적합품률에 대한 축차 샘플링 검사 방식에 대한 파라미터 (계속)
(α ≤ 0.05와 β ≤ 0.10에 대한 주표

Q_{PR} (%)	파라미터	Q_{BR} (%) 0.800	1.00	1.25	1.60	2.00	2.50	3.15	4.00	5.00	6.30	8.00	10.0	12.5	16.0	20.0	25.0	31.5
0.500	h_A	13.263	8.674	6.323	4.757	3.826	3.158	2.631	2.205	1.886	1.614	1.396	1.183	1.002	0.823	0.683	0.525	0.374
	h_R	17.874	11.758	8.610	6.506	5.258	4.377	3.675	3.097	2.666	2.296	1.970	1.698	1.494	1.274	1.130	0.932	0.770
	g	2.492	2.451	2.409	2.360	2.315	2.268	2.218	2.163	2.110	2.053	1.990	1.929	1.863	1.785	1.709	1.625	1.529
	n_t	463	208	116	71	49	35	26	20	16	13	11	10	8	7	5	5	4
0.630	h_A	26.286	13.137	8.522	6.002	4.641	3.727	3.029	2.501	2.121	1.787	1.531	1.307	1.117	0.917	0.749	0.598	0.431
	h_R	35.313	17.693	11.551	8.185	6.349	5.142	4.179	3.479	2.983	2.509	2.145	1.889	1.656	1.397	1.200	1.021	0.826
	g	2.452	2.411	2.368	2.320	2.274	2.227	2.177	2.123	2.070	2.012	1.950	1.888	1.823	1.745	1.668	1.585	1.488
	n_t	1739	454	202	106	68	46	34	25	19	16	13	10	8	7	7	5	5
0.800	h_A		27.416	13.215	8.149	5.918	4.556	3.607	2.913	2.430	2.019	1.706	1.458	1.227	1.017	0.841	0.682	0.504
	h_R		36.720	17.806	11.049	8.072	6.248	4.973	4.046	3.404	2.818	2.421	2.098	1.775	1.514	1.304	1.130	0.920
	g		2.368	2.325	2.277	2.231	2.184	2.134	2.080	2.027	1.969	1.907	1.845	1.780	1.702	1.625	1.542	1.445
	n_t		1886	460	185	103	65	44	31	23	19	14	11	10	8	7	5	5
1.00	h_A			26.619	12.114	7.890	5.718	4.347	3.420	2.793	2.299	1.904	1.615	1.377	1.136	0.949	0.748	0.587
	h_R			35.722	16.370	10.691	7.804	5.953	4.727	3.883	3.209	2.674	2.300	1.953	1.687	1.426	1.182	1.006
	g			2.284	2.235	2.190	2.143	2.093	2.039	1.986	1.928	1.866	1.804	1.738	1.660	1.584	1.500	1.404
	n_t			1781	389	175	97	61	40	29	22	17	13	11	8	7	7	5
1.25	h_A				23.253	11.729	7.621	5.459	4.112	3.271	2.661	2.162	1.801	1.511	1.246	1.036	0.839	0.658
	h_R				31.226	15.833	10.339	7.458	5.646	4.511	3.726	3.024	2.531	2.141	1.801	1.541	1.294	1.099
	g				2.193	2.148	2.101	2.050	1.996	1.943	1.886	1.823	1.761	1.696	1.618	1.542	1.458	1.362
	n_t				1367	367	164	89	55	38	26	20	16	13	10	8	7	7
1.60	h_A					24.899	11.941	7.511	5.273	4.030	3.169	2.526	2.075	1.732	1.412	1.158	0.968	0.739
	h_R					33.511	16.117	10.191	7.188	5.540	4.398	3.521	2.906	2.462	2.028	1.679	1.452	1.182
	g					2.099	2.052	2.002	1.948	1.895	1.837	1.775	1.713	1.647	1.569	1.493	1.409	1.313
	n_t					1564	379	160	85	53	35	25	19	14	11	10	7	7
2.00	h_A						24.055	11.309	7.032	5.054	3.812	2.965	2.393	1.961	1.581	1.306	1.065	0.835
	h_R						32.298	15.249	9.540	6.895	5.235	4.109	3.342	2.764	2.247	1.893	1.581	1.298
	g						2.007	1.956	1.902	1.849	1.792	1.729	1.668	1.602	1.524	1.448	1.364	1.268
	n_t						1462	341	142	79	49	32	23	17	13	10	8	7

〈표 8-3〉 표 4 부적합품률에 대한 축차 샘플링 검사 방식에 대한 파라미터
($\alpha \leq 0.05$와 $\beta \leq 0.10$에 대한 주표

Q_{PR} (%)	파라미터	0.800	1.00	1.25	1.60	2.00	2.50	3.15	4.00	5.00	6.30	8.00	10.0	12.5	16.0	20.0	25.0	31.5
2.50	h_A							22.347	10.459	6.742	4.781	3.571	2.812	2.246	1.785	1.477	1.184	0.945
	h_R							30.067	14.137	9.175	6.546	4.934	3.914	3.121	2.506	2.132	1.716	1.435
	g							1.910	1.855	1.802	1.745	1.683	1.621	1.555	1.477	1.401	1.317	1.221
	n_t							1 267	295	131	71	43	29	22	16	11	10	7
3.15	h_A								20.714	10.196	6.425	4.493	3.404	2.650	2.068	1.670	1.345	1.067
	h_R								27.850	13.791	8.739	6.153	4.699	3.667	2.896	2.365	1.929	1.587
	g								1.805	1.752	1.695	1.632	1.570	1.505	1.427	1.350	1.267	1.170
	n_t								1 093	281	121	64	40	28	19	14	11	8
4.00	h_A									21.268	9.893	6.094	4.339	3.253	2.468	1.944	1.543	1.210
	h_R									28.531	13.378	8.305	5.971	4.502	3.470	2.735	2.189	1.752
	g									1.698	1.640	1.578	1.516	1.451	1.373	1.296	1.213	1.116
	n_t									1 148	265	109	59	37	23	17	13	10
5.00	h_A										19.542	9.053	5.775	4.069	2.955	2.269	1.773	1.385
	h_R										26.306	12.271	7.894	5.571	4.097	3.162	2.486	1.988
	g										1.587	1.525	1.463	1.398	1.320	1.243	1.160	1.063
	n_t										976	224	98	55	32	22	16	11
6.30	h_A											17.912	8.711	5.493	3.720	2.754	2.101	1.607
	h_R											24.119	11.811	7.489	5.130	3.814	2.948	2.287
	g											1.468	1.406	1.340	1.262	1.186	1.102	1.006
	n_t											824	209	91	46	29	19	13
8.00	h_A												18.133	8.483	5.041	3.515	2.558	1.896
	h_R												24.370	11.506	6.906	4.871	3.553	2.662
	g												1.343	1.278	1.200	1.123	1.040	0.943
	n_t												844	199	77	41	26	17
10.0	h_A													17.031	7.463	4.657	3.202	2.286
	h_R													22.927	10.141	6.376	4.416	3.184
	g													1.216	1.138	1.062	0.978	0.882
	n_t													748	157	68	37	22

〈표 8-4〉 표 5 최대프로세스표준편차의 f값(양쪽 규격한계의 분리관리)
　　　　　표 6 최대프로세스표준편차의 f값(양쪽 규격한계의 결합관리)

표 5

Q_{PR} (%)	0.1	0.125	0.160	0.20	0.25	0.315	0.4	0.5	0.63	0.8	1.0	1.25	1.60	2.0	2.5	3.15	4.0	5.0	6.3	8.0	10.0
f	0.143	0.146	0.149	0.152	0.155	0.158	0.161	0.165	0.169	0.174	0.178	0.183	0.189	0.194	0.201	0.208	0.216	0.225	0.235	0.246	0.259

비고　여기서 샘플링의 최대프로세스표준편차, σ_{max}가 표준화된 값 f에 규격화된 표준, U와 규격상한, L 간의 차이를 곱해 구해진다.

표 6

$Q_{PR, L}$ \\ $Q_{PR, U}$	0.1	0.125	0.160	0.20	0.25	0.315	0.4	0.5	0.63	0.8	1.0	1.25	1.60	2.0	2.5	3.15	4.0	5.0	6.3	8.0	10.0
0.1	0.162	0.164	0.166	0.168	0.170	0.172	0.174	0.176	0.179	0.182	0.185	0.188	0.191	0.194	0.198	0.202	0.207	0.211	0.216	0.222	0.229
0.125	0.164	0.165	0.167	0.169	0.172	0.174	0.176	0.179	0.181	0.184	0.187	0.190	0.194	0.197	0.201	0.205	0.209	0.214	0.220	0.226	0.232
0.160	0.166	0.167	0.170	0.172	0.174	0.176	0.179	0.181	0.184	0.187	0.190	0.193	0.196	0.200	0.204	0.208	0.213	0.218	0.223	0.230	0.236
0.20	0.168	0.169	0.172	0.174	0.176	0.178	0.181	0.183	0.186	0.189	0.192	0.195	0.199	0.203	0.207	0.211	0.216	0.221	0.227	0.233	0.240
0.25	0.170	0.172	0.174	0.176	0.178	0.181	0.183	0.186	0.189	0.192	0.195	0.198	0.202	0.206	0.210	0.214	0.219	0.225	0.231	0.237	0.245
0.315	0.172	0.174	0.176	0.178	0.181	0.183	0.186	0.188	0.191	0.195	0.198	0.201	0.205	0.209	0.213	0.218	0.223	0.228	0.235	0.242	0.249
0.4	0.174	0.176	0.179	0.181	0.183	0.186	0.189	0.191	0.194	0.198	0.201	0.204	0.208	0.213	0.217	0.222	0.227	0.233	0.239	0.246	0.254
0.5	0.176	0.179	0.181	0.183	0.186	0.188	0.191	0.194	0.197	0.201	0.204	0.207	0.212	0.216	0.220	0.225	0.231	0.237	0.244	0.251	0.259
0.63	0.179	0.181	0.184	0.186	0.189	0.191	0.194	0.197	0.200	0.204	0.207	0.211	0.216	0.220	0.224	0.230	0.236	0.242	0.248	0.256	0.265
0.8	0.182	0.184	0.187	0.189	0.191	0.195	0.198	0.200	0.204	0.208	0.211	0.215	0.220	0.224	0.229	0.234	0.240	0.247	0.254	0.262	0.271
1.0	0.185	0.187	0.190	0.192	0.195	0.198	0.201	0.204	0.207	0.211	0.215	0.219	0.224	0.229	0.233	0.239	0.245	0.252	0.259	0.268	0.277
1.25	0.188	0.190	0.193	0.195	0.198	0.201	0.204	0.208	0.211	0.215	0.219	0.223	0.228	0.233	0.238	0.244	0.250	0.257	0.265	0.274	0.284
1.6	0.191	0.194	0.196	0.199	0.202	0.205	0.208	0.212	0.216	0.220	0.224	0.228	0.233	0.238	0.244	0.250	0.257	0.264	0.272	0.282	0.292
2.0	0.194	0.197	0.200	0.203	0.206	0.209	0.213	0.216	0.220	0.224	0.228	0.233	0.238	0.243	0.249	0.256	0.263	0.270	0.279	0.289	0.300
2.5	0.198	0.201	0.204	0.207	0.210	0.213	0.217	0.220	0.225	0.229	0.233	0.238	0.244	0.249	0.255	0.262	0.269	0.277	0.287	0.297	0.308
3.15	0.202	0.205	0.208	0.211	0.214	0.218	0.222	0.225	0.230	0.234	0.239	0.244	0.250	0.256	0.262	0.269	0.277	0.285	0.295	0.306	0.318
4.0	0.207	0.209	0.213	0.216	0.219	0.223	0.227	0.231	0.236	0.240	0.245	0.250	0.257	0.263	0.269	0.277	0.286	0.295	0.305	0.317	0.330
5.0	0.211	0.214	0.218	0.221	0.225	0.228	0.233	0.237	0.242	0.247	0.252	0.257	0.264	0.270	0.277	0.285	0.295	0.304	0.315	0.328	0.342
6.3	0.216	0.220	0.223	0.227	0.231	0.235	0.239	0.244	0.248	0.254	0.259	0.265	0.272	0.279	0.287	0.295	0.305	0.315	0.327	0.341	0.356
8.0	0.222	0.226	0.230	0.233	0.237	0.242	0.246	0.251	0.256	0.262	0.268	0.274	0.282	0.289	0.297	0.306	0.317	0.328	0.341	0.356	0.372
10.0	0.229	0.232	0.236	0.240	0.245	0.249	0.254	0.259	0.265	0.271	0.277	0.284	0.292	0.300	0.308	0.318	0.330	0.342	0.356	0.372	0.390

비고　여기서 샘플링의 최대프로세스표준편차, σ_{max}가 표준화된 값 f에 규격상한, U와 규격하한, L 간의 차이를 곱해 구해진다.

PART **3**

관리도와 공정품질보증

9장 슈하트 관리도와 공정모니터링

공정의 품질 변동으로 인한 이상원인의 출현은 치우침과 퍼짐 현상에 따른 시계열 변동이 대부분을 차지한다. 이러한 시계열 변동에 따른 품질수준의 저하 현상을 사전에 인지할 수 있다면 매우 효과적인 공정관리가 가능해질 것이다. 슈하트 관리도는 이를 목적으로 하는 그래프로 데이터가 real로 집계될수록 & 공정 변동을 관측하는 주기가 짧을수록 효과적이다. 왜냐하면 이상원인을 빨리 인지할수록 문제에 대한 대응도 그만큼 빨라지기 때문이다.

9.1 슈하트 관리도의 개요

관리도는 통계적 품질관리 기법 중 하나로 제조공정을 관리 상태로 유지하기 위한 도구이다. 관리도라는 용어는 1924년 슈하트(W. A. Shewhart)에 의하여 처음 사용되었으며, 우리나라에서 관리도법이 쓰이기 시작한 것은 1963년 한국산업규격으로 KS A 3201(관리도법)이 제정되어 KS 표시허가공장을 중심으로 제조현장에 보급되면서부터이다. 현재는 2013년 제1판으로 발행된 ISO 7870-2 control chart-part 2: Shewhart control chart[22]를 기초로 한국산업규격 KS Q ISO 7870-2:2014에 설명되어 있다. 물론 관리도를 적용하려는 사람들은 이 방법을 기초로 공장의 품질경영 목적과 용도에 따라 합리적인 방법으로 개정하여 적용할 수 있다.

(1) 우연원인과 이상원인

관리도(control chart)는 통계량의 평균을 뜻하는 중심선에 대해 위와 아래의 양쪽에 선을 그어 관리한계(control limit)라 하고, 관리하고자 하는 품질특성의 통계량을 타점에 나가는 그래프이다. 이 때 타점한 점들이 〈그림 9-1〉과 같이 모두 관리한계의 안쪽에 나타나면 그 제조공정은 관리 상태로 보지만, 점이 〈그림 9-2〉와 같이 밖에 나타날 경우 제조공정이 관리 상태가 아님이 인지되어 그 원인을 조사하고 대책을 수립하는 활동을 하여야 한다. 이와 같이 관리도는 제조공정이 관리 상태에 있는지 혹은 관리 상태가 아닌지를 인지하기 위한 그래프이다.

---

22) KS Q ISO 7870-2:2014 관리도 - 제2부: 슈하트 관리도

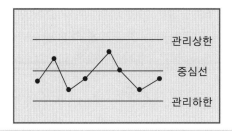

〈그림 9-1〉 관리 상태인 공정의 관리도

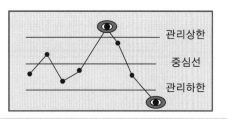

〈그림 9-2〉 관리 상태가 아닌 공정의 관리도

① 변동(Variable)이 발생하는 원인

같은 원료를 사용하여 같은 작업을 하여도 만들어진 제품의 품질은 크든 작든 반드시 변동이 발생하며, 변동의 원인은 다음과 같다.

ⓐ 원료의 품질이 허용차의 범위 내에서 변동하기 때문이다.

ⓑ 작업표준으로 정해진 허용차의 범위 내에서 작업조건이 변동하기 때문이다.

ⓒ 작업표준을 지키지 않고 작업하기 때문이다.

ⓓ 작업표준을 지켰으나, 작업표준이 불완전해서 변동의 원인이 억제되지 않았기 때문이다.

ⓔ 측정 및 시험 등의 샘플링오차 및 측정오차 때문이다.

② 우연원인과 이상원인

변동의 원인은 기술적으로 확인할 수 있는 것과 확인할 수 없는 것의 두 가지로 분류한다.

ⓐ 우연원인(공정에서 당연히 발생하는 기술적으로 확인할 수 없는 변동)

품질특성상 표준 내에서 랜덤하게 발생되는 공정의 기본적 변동으로 우연원인(random cause), 일상원인(common cause), 우연원인(chance cause), 불가피원인 또는 억제할 수 없는 원인이라고 한다. 〈그림 9-1〉의 모든 점들은 우연원인이다.

이는 표준의 품질수준에 의한 변동으로 관리할 수 없는 기술적 품질변동이다. 그러므로 이 변동을 개선하는 방법은 표준의 질적 수준을 개선하는 방법이 유일하다.

ⓑ 이상원인(공정에서 발생하지 않아야 할 보통 때와 다른 의미가 있는 산포)

이 유형의 원인은 보아 넘기기 어려운 원인(assignable cause), 가피원인, 관리할 수 있는 원인 또는 이상원인이라고 한다. 이상원인이 발생하면 그 원인이 무엇인지 찾아 어떠한 시정조치 또는 예방조치를 취하여야 한다. 이와 같은 행위를 지속적으로 실행하여 공정의 이상원인을 억제하여 우연원인에 의한 산포만을 가지는 관리 상태로 유지하도록 하는 것이 목적이다. 〈그림 9-2〉의 원안의 점이 이상원인 이다.

③ 관리한계(control limit)

관리도는 우연원인과 이상원인의 구별이 용이하도록 관리한계를 정하여 적용하고 있다. 이러한 관리한계의 설정은 과거의 데이터를 기초로 통계학적 계산에 의하여 구하는 것이 일반적이나, 경영목적상 규격이나 경영자의 목표치로 정하여 작성되기도 한다. 일반적으로 관리한계는 공정평균을 중심으로 관리상한 및 관리하한에 나란히 그어지게 된다. 〈그림 9-3〉과 같이 분포의 중심을 중심선(C_L: center line)이라 하며, 관리한계를 각각 관리상한(U_{CL}: upper control limit) 및 관리하한(L_{CL}: lower control limit)이라 한다.

KS Q ISO 7870[23])의 관리도법에서는 평균치를 중심으로 하여 평균치에 대한 표준편차의 3배 거리에 대칭으로 관리한계를 설정하는 것으로 규정되어 있다. 그러나 관리하한이 음의 값으로 계산될 경우 온도 데이터 등 극소수를 제외하면 발생되는 경우가 없으므로, 이 경우의 관리하한은 적용하지 않으며, '─' 또는 '고려하지 않음'으로 표시한다.

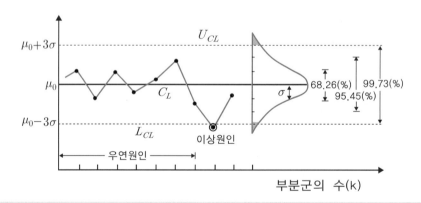

〈그림 9-3〉 3σ 관리한계와 중심선

---

23) KS Q ISO 7870-1:2014 관리도 – 제1부: 일반 지침

KS Q ISO 7870 규격에서는 통상적으로 관리한계나 중심선을 지칭할 때는 C_L, U_{CL}, L_{CL}에 대해 CL, UCL, LCL의 표현도 가능하도록 되어있다. 하지만 수식으로 표기될 경우에는 반드시 C_L, U_{CL}, L_{CL}로 표기하여야 한다고 되어 있다. 왜냐하면 규격상한(U), 규격하한(L)이 정의된 관계로 복합문자인 UCL등을 곱의 계산식 (예를 들면 $U \times C_L$) 등으로 오인할 수 있기 때문이다.

(2) 제1종 오류와 제2종 오류

관리한계는 우연원인과 이상원인의 두 가지 산포를 구별하기 위한 기준이지만 실제로는 어느 정도까지가 정확히 우연원인에 의한 산포인지는 인지하기 어려우므로 데이터의 움직임을 보고 여러 가지 해석을 하게 된다. 그렇지만 궁극적으로 다음과 같은 오류는 피할 수 없다.

① 제1종 오류

품질의 산포가 우연원인에 의한 결과이지만 관리한계를 벗어난 경우이다. 즉 공정에 이상이 없는데도 간혹 중심에서 멀리 떨어진 표본이 샘플링 되어 마치 공정에 이상이 있는 것으로 잘못 판단하게 되는 오류이다.

② 제2종 오류

품질의 산포가 치우침이나 퍼짐이 발생하여 공정이 변하였지만, 즉 공정에 이상이 있었지만 그래프 상에서 우연원인에 의한 산포로 나타나므로 공정의 이상을 인지 할 수 없는 상태를 뜻하는 오류이다.

일반적으로 관리한계의 폭이 넓을수록 공정에 이상이 발생하였을 때 통계량의 타점 시, 관리한계 밖으로 벗어나기 어려워지므로 이상원인이 발생될 확률이 낮아진다. 그러므로 이상원인이 잘 검출되지 않아 제2종 오류를 범하기 쉽다. 반면 관리한계의 폭을 좁게 하면 우연원인에 의한 변동이지만 통계량이 관리한계를 벗어나는 경우가 잦아지므로 공정이 관리 상태라도 이상 상태로 판단하는 제1종 오류를 범하기 쉽다.

이들은 어느 것이든 경제적으로 손실을 가져오지만 이 양자를 동시에 0으로 할 수는 없다. 하지만 관리한계를 설정한다는 의미는 관리한계를 벗어나는 점에 대해서는 그 원인을 철저히 조사한다는 의미인데 제1종 오류가 잦으면 없는 원인을 찾기 위한 시간적 손실이 너무 커진다. 이러한 측면에서 제1종 오류가 적은 쪽이 실용적이다. 그런 이유로 관리도는 3시그마(3σ)법을 채택하며, 이 경우 제1종 오류를 범할 확률은 불과 1-99.73(%)=0.27(%) 이다〈그림 9-3〉.

(3) 관리 상태

제조공정에 대한 작업표준이 정해져 있고 오퍼레이터가 작업표준을 준수 할 경우 작업표준의 허용차 내의 변동인 우연원인만으로 제품품질의 산포가 나타난다.

① 공정이 관리 상태라는 의미

관리한계는 우연원인에 의한 산포 99.73%가 포함되도록 정한 것이므로 관리도에 타점된 점은 공정에 과실이 없는 한 거의 전부가 관리한계 안에 나타나게 된다. 이와 같은 상태를 '통계적 관리 상태(state of control)' 또는 '관리 상태'라고 한다.

ⓐ 현재의 제조조건 아래에서 품질의 산포가 최소로 유지된다.

ⓑ 생산된 제품의 부적합품률 또는 부적합품수가 최소가 된다. 따라서 제조자는 구매자에게 현재의 제조 품질에 대한 품질보증이 용이하다.

ⓒ 품질의 안정을 바탕으로 보증기간 연장 등을 도모하여 구매자는 물론 불특정 소비자에게 인지품질수준의 향상을 유도할 수 있다.

ⓓ 이 상태가 지속되면 구매자는 물품마다 검사하지 않아도 판매자가 제시하는 관리도에 의하여 안심하고 받아들일 수 있다. 즉 구매자는 간단한 샘플링 검사로 품질을 점검하기만 하면 된다.

② 관리 상태지만 품질수준이 낮을 경우〈그림 9-4 품질수준이 낮은 우연원인〉

통계적 관리 상태의 의미는 공정개선이 이루어 진 것이라는 뜻은 아니다. 제조공정의 관리 상태란 현재의 작업표준을 준수하고 있다는 의미이므로 품질 산포를 우연원인에 의한 산포보다 작게 할 수는 없다. 품질의 산포를 작게 하려면 공정을 개량하고 작업표준을 개정하는 것이 유일한 방법이다. 그러므로 제조공정은 비록 관리 상태이지만 규격한계를 벗어나는 부적합품이 많아서 기술적 혹은 경제적으로 만족할 수 없는 품질수준인 경우 다음과 같은 접근이 필요하다.

ⓐ 공정개선을 통해 표준을 개선하여 부적합품이 감소하도록 한다.

ⓑ 현재의 관리 상태면 만족한 수준일 경우에는 규격한계의 폭을 넓힌다.

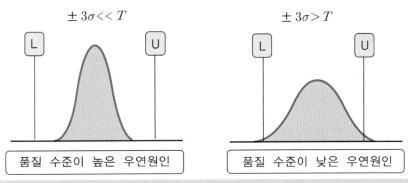

$$\pm 3\sigma << T \qquad\qquad \pm 3\sigma > T$$

L   U   L   U

품질 수준이 높은 우연원인   품질 수준이 낮은 우연원인

〈그림 9-4〉 품질수준의 차이에 따른 우연원인 산포의 차이 비교

(4) 경고한계와 조치한계

　슈하트 관리도는 우연원인을 기준으로 3σ 한계를 권장한 것이지 제2종 오류 등을 고려하여 확률적으로 규정한 것은 아니다. 제1종 오류를 억제하면서 동시에 제2종 오류를 중시하려면 부분군의 크기를 크게 하여야 하므로 샘플링비용이 증가하는 문제가 발생한다. 그러므로 3σ 관리한계를 기준으로 공정 자체의 성능 관리와 유지를 하는 것이 적절하며 현실적이다.

　일반적으로 관리한계를 넘을 가능성은 우연원인의 경우보다 이상원인의 경우가 대부분이어서 점이 관리한계 밖에 나타나면 조치를 취하게 되므로 3σ 관리한계를 조치한계(action limits)라고도 한다. 이와 함께 2σ 관리한계도 관리도에 표시해 두는 것이 효과적일 수 있다. 왜냐하면 2σ 관리한계를 넘는 경우 이 후 관리이탈이 발생할 수 있는 확률이 높아질 수 있기 때문이다. 그러므로 2σ 관리한계를 경고한계(warning limits)라고 정의한다.

9.2　슈하트 관리도의 용어와 관리도의 종류

KS Q ISO 7870 관리도에 대한 규격은 2019년 11월 현재 6가지가 적용되고 있으며 규격에 따른 관련 내용은 다음과 같다.

표준번호	표준명	개정일/확인일
KS Q ISO 7870-1	관리도- 제1부 일반지침	2014년 12월 24일
KS Q ISO 7870-2	관리도- 제2부 슈하트관리도	2014년 12월 24일
KS Q ISO 7870-3	관리도- 제3부 합격판정관리도	2014년 12월 24일
KS Q ISO 7870-4	관리도- 제4부 누적합관리도	2014년 12월 24일
KS Q ISO 7870-5	관리도- 제5부 특수관리도	2016년 02월 18일
KS Q ISO 7870-6	관리도- 제6부 EWMA관리도	2018년 09월 16일

(1) 슈하트 관리도에 사용되는 기호의 의미

KS Q ISO 7870-1 및 KS Q ISO 7870-2에 정의된 관리도의 기호는 다음과 같다.

① n: 부분군의 크기, 부분군 당 표본의 크기

② k: 부분군의 수

③ X: 측정된 품질특성(개별값은 $X_1, X_2, X_3, \cdots$로 표현한다)

④ $\overline{X}$: 부분군에서의 평균($\overline{X} = \dfrac{\sum X_i}{n}$)

⑤ $\overline{\overline{X}}$: 부분군의 평균의 평균

⑥ μ: 공정 평균의 참값

⑦ $\tilde{X}$: 부분군에서의 중위수

⑧ $\overline{\tilde{X}}$: 부분군의 중위수의 평균

⑨ R: 부분군에서의 범위. 부분군 내의 최대값과 최소값의 차

⑩ $\overline{R}$: 부분군의 범위의 평균

⑪ s: 부분군에서의 표준편차　$s = \sqrt{\dfrac{\sum\left(x_i - \overline{x}\right)^2}{n-1}}$

⑫ $\overline{s}$: 부분군의 표본 표준편차의 평균

⑬ σ: 공정 표준편차의 참값

⑭ $\overline{R_m}$: n개의 관측치로 구성된 집합에서 (n−1)개의 R_m값의 평균

⑮ p: 부분군에서의 부적합품률

⑯ $\bar{p}$: 평균 부적합품률

⑰ np: 부분군에서의 부적합품수

⑱ $n\bar{p}$: 부분군의 부적합품수의 평균

⑲ c: 부분군에서의 부적합수

⑳ $\bar{c}$: 부분군의 부적합수의 평균

㉑ u: 부분군에서의 단위당 부적합 수

㉒ $\bar{u}$: 단위당 평균 부적합수

(2) 관리도의 유형에 따른 분류

슈하트 관리도는 관리하고자 하는 품질특성의 종류에 따라 사용하는 관리도가 정해진다.

① 계량형 관리도(variables control chart)

정규분포를 적용이론으로 하며, 사용되는 데이터는 길이, 무게, 시간, 강도, 성분, 순도, 압력, 전력소비량, 수율, 원단위 등의 계량치를 사용한다.

ⓐ $\overline{X}-R$ 관리도: 평균−범위 관리도

ⓑ $\overline{X}-s$ 관리도: 평균−표준편차 관리도

ⓒ $X-R_m$ 관리도: 개별치−이동범위 관리도

ⓓ $\widetilde{X}-R$ 관리도: 중위수−범위 관리도

② 계수형 관리도(attributes control chart)

이항분포 및 푸아송분포를 적용이론으로 하며, 계수치 데이터의 정규근사 원리를 활용한다. 부적합품수, 부적합품률, 부적합수 등 계수치 데이터를 사용한다.

ⓐ **부적합품률(p) 관리도**: 범주화된 단위의 비율 관리도

ⓑ **부적합품수(np) 관리도**: 범주화된 단위의 개수 관리도

ⓒ **부적합수(c) 관리도**: 개수 관리도

ⓓ **단위당 부적합수(u) 관리도**: 단위당 개수 관리도

(3) 관리도의 형태에 따른 분류

슈하트 관리도를 형태별로 분류하면 다음의 2가지 경우로 분류할 수 있다.

ⓐ 미리 지정된 기준값이 주어지지 않은 경우

ⓑ 미리 지정된 기준값이 주어지는 경우

여기에서 기준값은 지정된 요구사항 또는 공정품질의 목표치 즉 기대치이거나, 공정이 장기적인 관리 상태에 있을 때 지속적으로 수정 개선되어 결정된 추정치 등이 해당된다.

① 미리 지정된 기준값이 주어지지 않은 경우의 관리도(이하 '기준값이 주어지지 않은 관리도'라 표현한다)

'기준값이 주어지지 않은 관리도'의 활용 목적은 관리 특성의 통계량, 예를 들어 $\overline{X}$, R 등의 관측치가 우연원인 이외에 어떠한 이상원인이 공정 변동에 영향을 미치는지를 조사하는 것이 목적이다. 관리도는 공정에서 수집한 표본으로만 사용하여 설계되며 공정이 관리 상태에 있는지를 조사하기 위한 관리도이다. 또한 공정이 관리 상태이고 품질수준이 적절하다면 통계량 $\overline{\overline{X}}, \overline{R}, \overline{s}$ 를 기준값으로 결정하는데 활용한다.

② 미리 지정된 기준값이 주어지는 경우의 관리도(이하 '기준값이 주어진 관리도'라 표현한다.)

'기준값이 주어진 관리도'의 활용 목적은 타점하는 품질특성에 관한 통계량 $\overline{X}$, R 등이 정해진 기준값 X_0, R_0 등을 따르는 우연원인 만에 의한 변동에 해당되는지 또는 이상원인에 의한 변동이 존재하는지를 구별하여 공정을 관리 상태로 유지하는 것을 목적으로 하는 관리도이다.

'기준값이 주어진 관리도'와 '기준값이 주어지지 않은 관리도'의 차이는 분포의 중심 위치와 관리한계에서 큰 차이가 있다. '기준값이 주어지지 않은 관리도'는 타점된 통계량을 활용하여 관리도의 중심선과 관리한계를 계산하여 선을 그은 후 관리 상태를 확인한다.

하지만 '기준값이 주어진 관리도'는 기준값에 의거하여 중심선과 관리한계가 미리 정해져 있으며 변하지 않고 고정된 상태이다. 그러므로 이 관리도에 통계량을 타점하는 순간 이 통계량이 우연원인에 의한 변동인지 아니면 이상원인에 의한 변동인지를 실제로 인지할 수 있다. 그러므로 '기준값이 주어진 관리도'는 공정을 실제로 모니터링하여 관리하고 바람직한 수준으로 균일한 제품을 유지하기 위한 것이 가능하므로, 특성의 데이터가 자동으로 실시간 프로그램으로 연계되도록 운용하는 것이 효과적이다.

(4) 기준값이 주어지지 않은 관리도의 작성 및 적용상의 주의사항

① 품질특성의 선택

관리도를 적용할 품질특성은 제품/서비스의 결과도 중요하지만 결과에 영향을 미치는 요인을 우선적으로 검토하는 것이 바람직하다. 그러므로 제조프로세스에 영향을 주는 5M1E를 중심으로 층별하여 주요 원인(Vital Few)을 우선적으로 선택하여야 한다. 이는 주요 원인을 중심으로 공정을 관리하면 공정이 효율적으로 유지되어야 한다는 뜻으로 관리도에 사용할 요인의 선정에는 다음과 같은 것을 고려하여야 한다.

ⓐ 사용자가 요구하는 품질특성을 조사하여 사용목적에 중요한 관계가 있는 것을 선정한다.

ⓑ 최종 제품의 품질특성뿐만 아니라 후 공정의 원인이 되는 원료, 반제품의 품질특성들도 관리항목으로 선정한다. 즉 완성단계 뿐만 아니라 조립 전 각 부품단계인 앞 공정에서 관리하여야 할 요인 또는 제조조건 등을 정하여 관리한다.

ⓒ 제품에 영향을 주는 요인은 매우 많은 요인이 도출되므로 주요 원인의 사고를 가지고 지나치게 관리항목이 많아지지 않도록 한다.

ⓓ 측정하지 못하는 것은 관리할 수 없으므로 관리항목은 측정할 수 있는 요인으로 구성한다. 하지만 측정하기 쉽다고 품질로서 중요하지 않은 항목까지 관리할 필요는 없다.

ⓔ 어떤 품질특성을 직접 측정하기가 기술적·경제적으로 곤란한 경우 그 품질특성과 상관관계가 있는 요인 또는 제조조건을 대응특성으로 관리한다. 예를 들면 황산의 농도가 품질특성인 경우 농도와 비중과의 관계가 잘 알려져 있으므로, 화학적으로 직접 측정하기 힘든 농도보다 비중을 품질특성으로 관리하는 것이 효과적이다.

ⓕ 관리해야 할 항목은 품질에 관한 것만이 아니고 생산비용 등 품질경영에 관계되는 모든 지표와 요인이 대상이 될 수 있다. 예를 들면 수율, 원단위, 생산량 등을 관리도로 관리할 수 있다.

ⓖ 관리항목은 원인을 추구하여 조처를 할 수 있는 항목이라야 한다. 관리도는 공정의 이상을 발견하여 그 원인에 대한 조치를 취하는 것이 목적이므로 조처가 불가능한 항목은 관리도를 사용하여도 아무런 의미가 없다.

② 제조공정의 해석

제조공정을 해석하는 목적은 다음의 사항을 확인하기 위해서 행하는 것이다.

ⓐ 이상 상태를 일으키는 원인의 종류 및 장소

ⓑ 공정이 관리 상태일 경우 규격공차와의 비교에 따른 공정 부적합품률의 보증

ⓒ 공정관리와 검사의 효과적 시행을 위한 표본 샘플링 주기 또는 위치의 적절성

ⓓ 제조공정에 영향을 주는 주요 요인(Vital Few)의 증거

또한 궁극적으로 자동검사 및 시험 장비의 적절성, 출력되는 품질 부적합과 원인 간의 상관 패턴 등 최적의 조건으로 공정을 유지 및 개선하는 피드백 정보로서의 활용이 중요한 목적 중 하나가 되어야 할 것이다.

③ 부분군의 합리적 선택

슈하트 관리도는 부분군의 개념을 표준적 상황의 유지에 따른 기술적 변동(우연변동)으로만 구성되도록 층별하여 정할 것을 요구한다[이를 '합리적인 부분군(rational sub group)'이라 한다]. 이러한 층별은 군내변동을 우연원인으로만 구성하므로 발생되지 않아야 할 의미 있는 군간변동이 나타나면 관리도에서는 이상원인으로 규정하고, 이 원인에 대한 시정조치와 예방조치를 실시함으로써 장기적으로 공정을 관리 상태로 관리하는 동인이 된다.

그러므로 부분군의 합리적인 선정이란 시간의 경과에 따른 제조 요인의 변동 즉 작업 변경점을 기준으로 층별하는 것을 뜻한다. 작업변경점이란 작업자의 조대, 공구 및 소모품의 주기적 변경, 자재 로트의 교체 투입 등을 뜻한다. 그러므로 시간적 또는 공간적 층별이 명확한 작업변경점을 중심으로 부분군을 정함으로써, 이상원인의 발생 시 트러블의 원인을 쉽게 추적할 수 있고 시정조치를 쉽게 취할 수 있게 된다.

④ 샘플링 주기 및 부분군의 크기(n)

샘플링 주기 및 부분군의 크기는 샘플링 비용, 실용성 및 표본의 분석비용 등에 영향을 받으므로 정해진 규칙은 없으며 주기와 부분군의 크기는 상호 상충 관계에 있다. 예를 들면 부분군의 크기가 크다면 샘플링 주기가 조금 길어도 상대적 검출력은 낮지 않으며, 부분군의 크기가 작다면 샘플링 주기를 짧게 하면 검출력이 증가된다.

슈하트의 $\overline{X}-R$ 관리도는 부분군의 크기를 4~6 정도의 작은 크기를 권장하며, 가급적 관리 상태로 충분히 인지될 때 까지 샘플링 주기를 짧게 가져갈 것을 요구한다. 이는 부분군의 크기가 작아도 충분히 검출력을 높일 수 있는 여러 가지 방법이 있기 때문이다. 또한 부분군의 크기는 계산이나 해석이 간편하도록 일정하게 하는 것이 좋다. 하지만 관리도는 검출력도 중요하지만 신속성 즉 실제 대응이 더 중요하다. 그러므로 샘플링 주기를 짧게 가져가는 것이 공정변화에 따른 신속한 인지와 대응에 유리하다.

특히 요즘의 제조현장은 자동화 계측기의 발달로 설비 또는 제품의 품질정보에 대한 자동 생성 데이터가 많으므로 중요한 특성이라면 매우 짧은 간격으로도 데이터를 효율적으로 수집할 수 있음을 유념하기 바란다.

⑤ 예비 데이터의 수집

관리하여야 할 품질 특성, 샘플링 주기, 부분군의 크기를 정한 후, 관리도의 중심선과 관리한계를 정할 때 필요로 하는 '기준값이 주어지지 않은 관리도'를 작성할 목적으로 보통 부분군의 크기 4~6, 부분군의 수 20~35군 정도를 얻을 때까지 표본을 수집하여 측정한다. 이렇게 수집한 데이터를 예비데이터라 하며, 경우에 따라 계수치 관리도를 활용할 수도 있다.

(5) 기준값이 주어진 관리도의 작성 및 적용상의 주의사항

① 관리도의 작성과 활용에 관한 사내표준화의 추진

관리도는 중요한 공정의 기록이며 관리의 핵심 도구이므로 조직이 관리도를 올바르게 활용할 수 있도록 사내 규정으로 표준화하여 다음 사항을 문서로 정하도록 한다.

ⓐ 관리항목

공정의 조건이나 제품의 품질특성 중 관리항목을 정하고 등록하는 방법을 결정한다.

ⓑ 관리도의 종류

$\overline{X}-R$, P, u 관리도 또는 다른 적용할 관리도의 작성 및 활용방법을 결정한다.

ⓒ 표본의 채취방법

공정의 어디에서, 누가, 몇 시간마다, 어떠한 방법으로 표본을 채취하는 지를 결정한다. 액체·분체인 경우에는 표본채취의 기구와 방법 등을 결정한다.

ⓓ 측정방법

계측기, 측정 방법, 관리도 시트에 기재하는 유효숫자, 수치의 맺음법 등을 결정한다.

ⓔ 관리도의 기입 방법

점을 plot할 때의 주의사항을 기술한다. 또는 통계 s/w의 사용방법을 기술한다.

ⓕ 조처

점이 관리한계를 벗어날 때 원인을 찾는 순서, 조처방법 및 사후관리(상급관리자에게 보고) 등을 결정한다.

ⓖ 기타 필요한 사항을 결정한다.

② 표본의 채취방법

제품에는 전구나 나사 등과 같이 한 개씩 셀 수 있는 개체로 된 것과, 파이프를 흐르는 황산 등과 같은 액체나 분체의 연속체도 있다. 이처럼 관리도에서는 연속체라도 표본을 채취하여 특성치를 계량하는 것이므로, 본질적으로 개체의 경우와 동일하게 취급한다.

관리도에서는 개별 부분군(표본)의 통계량을 한 개의 점으로 표시하며, 이 점의 움직임에 의하여 공정을 판정하고 조치를 판단하게 된다. 그러므로 표본의 채취방법은 관리도의 역할을 좌우하는 중요한 요건이다. 만약 제조공정이 큰 변화 없이 일정한 상태로 유지된다면 그 제품에는 우연원인에 의한 산포만 나타나므로, 이와 같은 제품의 로트는 품질이 균일하고 늘 관리상태일 것이다.

그러나 공정에서 시간의 변화에 따라 작업변경점이 발생되는 경우, 조건이 변하므로 이전의 부분군과는 구별하여 이것들은 각각 발생 원인별 시점별로 층별하여 부분군을 채취한다. 즉 부분군의 구분은 시간의 흐름에 따른 작업변경점을 중심으로 시점을 층별하여 각각으로부터 1조씩 표본을 채취하여 합리적 부분군이 되도록 한다.

그러나 실제 공정은 시간이 흐름에 따라 원료와 제조조건이 미세하나마 조금씩 변하는 것이 일반적이므로 공정의 구분방법은 제품 품질의 산포나 평균이 변하는 변경점을 가급적 고려한 등간격의 일정 시점으로 부분군으로 정하도록 한다. 즉 특별한 이유가 없는 한 같은 규격의 제품에 대해 균등하게 간격을 설정하여 랜덤하게 표본을 추출하도록 한다.

③ 이상원인에 대한 조처

관리도에서 점이 관리한계를 벗어나면 반드시 원인을 조사하고, 그 원인이 다시 발생하지 않도록 조처(action)를 취해야 한다.

가령 제품의 순도가 이상원인으로 나타나는 원인이 표본 중에 있는 불순물이 많이 있기 때문이라는 결과를 알았을 때 원료를 바꾸는 것은 응급조치일 뿐이다. 만약 순도가 나빠진 원인이 나쁜 원료가 제조공정에 잘못 들어가서 발생한 경우라면, 그 원인이 근본적으로 조치되지 않으면 빈번히 반복될 수 있다. 즉 원인이 원료를 시험하지 않고 사용한 결과라면 원료시험 항목을 작업표준에 추가하여야 하고, 원료시험을 하는데도 나쁜 원료가 공정에 흘러 들어갔다면 분석시스템의 무엇이 문제인지를 조사하여 해당되는 원인에 대해 합당한 조처를 취해야 한다.

이와 같이 조처에는 여러 단계가 있으며 근본적인 조처방법이 재발 방지를 위해 필요하나 비용이나 시간이 많이 들어 어느 정도까지 조처를 행하면 좋은가를 기술적·경제적으로 판단하여 결정해야 한다. 관리도의 이상원인 조사순서는 다음과 같다.

ⓐ **관리한계 이탈의 확인한다.**

표본의 채취방법, 측정, 계산 및 플롯(plot)에 잘못이 없는가를 조사한다.

ⓑ **기술적 지식을 활용한다.**

원료에 이상이 없는가, 작업표준대로 작업이 행해지고 있는가를 조사한다. 기술적 지식이나 과거의 경험에서 이상원인을 발생시키는 원인에 대하여 가장 확률이 높은 것부터 순차적으로 조사한다.

ⓒ **정보를 층별한다.**

층별은 데이터를 여러 가지 조건으로 분류하여 분석하는 방법이다. 만약 원료가 두 회사로부터 교대로 납입된다면 회사별로, 여러 대의 기계가 병렬로 운전되고 있으면 기계별로 나누어 분석한다. 왜냐하면 한쪽은 관리 상태에 있으나 다른 쪽이 이상 상태로 나타나는 경우가 있기 때문이다.

ⓓ **통계적 방법을 이용한다.**

공정의 이상원인을 근본적으로 조사하고, 최적조건을 정할 때에는 FMEA, 실험계획법 등을 이용하는 것이 효과적이다.

④ **관리도의 취급**

관리도는 취급하는 오퍼레이터가 공정의 상황을 실제로 확인할 수 있도록 보기 쉬운 곳에 게시하는 것이 효과적이다. 또한 관리도는 타점 결과를 한눈에 알 수 있도록 여러 관리도를 집약하여 게시하는 경우도 많으며, 자료는 충분한 기간 동안 잘 보존되어야 한다.

⑤ **관리한계의 재계산**

이상원인에 대한 예방조치를 포함하여 작업표준의 개정, 기계장치의 조작 조건 변경 등 공정의 표준조건이 변경되었을 경우 관리도의 기준값이 변하게 된다. 이 경우 변화된 값을 추론하여 적합한 값을 기준값으로 변경하여 관리한계를 재계산한다. 이와 같은 단계로 관리도를 활용하여 제품품질의 변동을 모니터링하고 조치한다.

9.3 계량형 관리도의 특징과 구성

계량형 관리도는 대상으로 하는 부분군의 각 단위에 대하여 어떤 품질특성이나 관리대상을 계량치 데이터로 표현하는 관리도로 $\overline{X} - R$ 관리도는 대표적 계량형 관리도이다.

① 계량형 관리도의 장점

ⓐ 대개의 공정이나 출력되는 결과는 측정 가능한 특성을 가지므로 활용의 범위가 넓다.

ⓑ 측정치는 단순한 합·부를 표현하는 계수치 데이터보다 많은 정보를 포함하고 있다.

ⓒ 관리도는 공정의 해석과 공정이 달성할 수 있는 능력을 나타내므로 공정을 규격한계와 비교하여 공정능력을 평가할 수 있다.

ⓓ 계량치 데이터를 얻는 것은 일반적으로 계수치 데이터를 얻는 경우보다 비용이 들지만, 부분군의 크기가 계수치와 비교할 경우 상당히 작고 효율적이다. 이것은 검사 및 관리 비용의 감소 및 시정조치 시간의 단축을 용이하게 한다.

② 계량형 관리도의 전제조건

슈하트 관리도에 해당되는 모든 계량형 관리도는 군내변동이 정규분포를 따르는 것을 가정하므로 관리한계를 계산하기 위한 모든 계수는 정규성의 가정을 근거로 제시되어 있다. 왜냐하면 관리도를 작성한다는 것은 이미 절차와 환경이 표준화 되어 있고 오퍼레이터는 훈련되어 표준을 준수하는 상태이므로 데이터가 작아 정규분포를 따르지 않아도, 중심극한정리에 의해 평균은 궁극적으로 정규분포를 따르기 때문이다. 그러므로 비록 부분군의 크기가 4~6 정도의 작은 크기의 $\overline{X}$ 관리도 등도 정규성의 가정이 성립한다.

산포를 관리하는 범위나 표준편차의 분포는 비록 정규분포가 아니지만, 관리한계를 계산하기 위한 계수는 근사적으로 정규성이 가정되어 있다. 특히 관리하한은 부분군의 크기가 6 이하인 경우가 대부분이므로 규격하한이 없는 전형적 비정규 모형이나 이것은 의사 결정 절차에 아무런 영향을 주지 않는다. 왜냐하면 산포는 관리 활동으로는 개선되지 않기 때문에 관리하한을 벗어나지 않는 것이 당연하기 때문이다.

실제 부분군이 커져서 관리하한이 있을 경우 만약 관리하한을 벗어난다면 제1종 오류이다. 절대로 관리로는 개선되지 않기 때문이다. 그러므로 이상원인과 관계되는 관리상한 쪽만 모니터링하면 되며, 관리상한 쪽은 대략적으로 정규분포를 따르므로 정규성의 가정을 기반으로 운영하여도 큰 문제가 없다.

각 관리도는 추정된 관리한계를 사용하여 작성할 수도 있고(기준값이 주어지지 않은 관리도), 채택된 기준값을 바탕으로 관리한계를 작성할 수도 있다(기준값이 주어진 관리도). 이 때 기준값은 아래첨자 '0'을 기호에 붙여 X_0, R_0, s_0, u_0, σ_0로 표현한다.

③ 계량형 관리도의 관리계수와 관리한계

계량형 관리도는 산포(공정 변동성)와 중심 위치(공정 평균) 두 가지를 동시에 관리하기 위해 관리도를 쌍으로 작성하여 해석한다. 산포에 대한 관리도는 공정 표준편차에 대한 추정근거와 프로세스의 안정성을 체크하는 것이므로 먼저 해석한다.

계량형 관리도의 관리한계를 구할 경우 〈표 9-1〉 관리한계를 계산하기 위한 계수표의 $A, A_2, \cdots\cdots, d_3, m_3$ 등을 사용한다.

또한 이 규격에서 적용되는 관리한계는 3시그마 법을 기초로 하고 있으며 계산 방식은 다음과 같다. 단 통계량은 $\overline{X}, \widetilde{X}, X, R, s$ 등이 해당된다.

ⓐ 중심선(C_L)

기준값(또는 기대치)$= E$(통계량)

ⓑ 관리상한(U_{CL})

기준값(또는 기대치)$+3\times$표준편차$=E$(통계량)$+3D$(통계량)

ⓒ 관리하한(L_{CL})

기준값(또는 기대치)$-3\times$표준편차$=E$(통계량)$-3D$(통계량)

으로 한다. R, s 관리도 등의 관리하한이 마이너스 값이 되는 경우 관리한계로서의 역할을 할 수 없으므로 고려하지 않는다.

〈표 9-1〉 관리도의 중심선과 관리한계를 계산하기 위한 계수표

크기가 n인 부분군에서의 관측치	관리 한계에 대한 계수											중심선에 대한 요소	
	$\overline{X}$ 관리도			s 관리도				R 관리도*				s를 사용*	R를 사용*
	A	A₂	A₃	B₃	B₄	B₅	B₆	D₁	D₂	D₃	D₄	C₄	d₂
2	2.121	1.880	2.629	–	3.267	–	2.606	–	3.686	–	3.267	0.7979	1.128
3	1.732	1.023	1.954	–	2.566	–	2.276	–	4.358	–	2.575	0.8862	1.693
4	1.500	0.729	1.628	–	2.266	–	2.088	–	4.698	–	2.282	0.9213	2.059
5	1.342	0.577	1.427	–	2.089	–	1.964	–	4.918	–	2.114	0.9400	2.326
6	1.225	0.483	1.287	0.030	1.970	0.029	1.874	–	5.079	–	2.004	0.9515	2.534
7	1.134	0.419	1.182	0.118	1.882	0.113	1.806	0.205	5.204	0.076	1.924	0.9594	2.707
8	1.061	0.373	1.099	0.185	1.815	0.179	1.751	0.388	5.307	0.136	1.864	0.9650	2.847
9	1.000	0.337	1.032	0.239	1.761	0.232	1.707	0.547	5.394	0.184	1.816	0.9693	2.970
10	0.949	0.308	0.975	0.284	1.716	0.276	1.669	0.686	5.469	0.223	1.777	0.9727	3.078
11	0.905	0.285	0.927	0.321	1.679	0.313	1.637	0.811	5.535	0.256	1.744	0.9754	3.173
12	0.866	0.266	0.886	0.354	1.646	0.346	1.610	0.923	5.594	0.283	1.717	0.9776	3.258
13	0.832	0.249	0.850	0.382	1.618	0.374	1.585	1.025	5.647	0.307	1.693	0.9794	3.336
14	0.802	0.235	0.817	0.406	1.594	0.399	1.563	1.118	5.696	0.328	1.672	0.9810	3.407
15	0.775	0.223	0.789	0.428	1.572	0.421	1.544	1.023	5.740	0.347	1.653	0.9823	3.472
16	0.750	0.212	0.763	0.448	1.552	0.440	1.526	1.282	5.782	0.363	1.637	0.9835	3.532
17	0.728	0.203	0.739	0.466	1.534	0.458	1.511	1.356	5.820	0.378	1.622	0.9845	3.588
18	0.707	0.194	0.718	0.482	1.518	0.475	1.496	1.424	5.856	0.391	1.609	0.9854	3.640
19	0.688	0.187	0.698	0.497	1.503	0.490	1.483	1.489	5.889	0.404	1.596	0.9862	3.689
20	0.671	0.180	0.680	0.510	1.490	0.504	1.470	1.549	5.921	0.415	1.585	0.9869	3.735
21	0.655	0.173	0.663	0.523	1.477	0.516	1.459	1.606	5.951	0.425	1.575	0.9876	3.778
22	0.640	0.167	0.647	0.534	1.466	0.528	1.448	1.660	5.979	0.435	1.565	0.9882	3.819
23	0.626	0.162	0.633	0.545	1.455	0.539	1.438	1.711	6.006	0.443	1.557	0.9887	3.858
24	0.612	0.157	0.619	0.555	1.445	0.549	1.429	1.759	6.032	0.452	1.548	0.9892	3.895
25	0.600	0.153	0.606	0.565	1.435	0.559	1.420	1.805	6.056	0.459	1.541	0.9896	3.931

* 샘플 크기 n이 10보다 큰 경우에는 권장하지 않음.

〈표 9-1〉에서 사용한 용어 및 기호는 다음을 목적으로 한다.
① A, A_2, A_3: $\overline{X}$관리도에서 변동의 종류(σ, R, s)를 고려한 관리한계를 계산하기 위한 계수
② B_3, B_4: 기준값이 주어지지 않은 s관리도의 관리한계를 계산하기 위한 계수
③ B_5, B_6: 기준값이 주어진 s관리도의 관리한계를 계산하기 위한 계수
④ D_3, D_4: 기준값이 주어지지 않은 R관리도의 관리한계를 계산하기 위한 계수
⑤ D_1, D_2: 기준값이 주어진 R관리도의 관리한계를 계산하기 위한 계수

R관리도에서 n≤6인 경우, 'L_{CL}은 존재하지 않는다'로 정의한다. 이러한 관점에서 〈표 9-1〉에서의 n≤6의 경우의 D_1, D_3에는 0.000이 아니라 '−'를 기재한다. 또한 n≤5에서의 B_3, B_5도 '−'로 기재한다.

9.4 $\overline{X}$-R(평균-범위)관리도의 작성과 활용

(1) $\overline{X}$-R 관리도 활용 목적

$\overline{X}$-R 관리도(평균-범위 관리도)는 대표적인 계량치 관리도이다.

R관리도는 군내변동을 관리하기 위한 관리도로서, 프로세스의 시계열적 변화(공정의 열화)에 따른 공정변동의 상태를 시각적으로 알려주는 도구이다. 군내변동이란 각 부분군들의 산포의 균일성을 나타내는 척도로 만약 군내변동이 차이가 없다면 R 관리도는 관리 상태를 나타낸다. 만일 R 통계량이 R관리도에서 관리 상태가 아닌 이상 상태로 관리상한을 벗어난다면, 공정의 산포가 나빠졌다는 것을 의미한다.

$\overline{X}$ 관리도는 서브로트별 평균치의 변화를 나타낸 것으로 공정관리의 안정성을 표현한다. 즉, $\overline{X}$ 관리도는 바람직하지 않은 군간변동인 치우침을 시각적으로 보여주는 도구이다. R 관리도가 이상 상태일 때 $\overline{X}$ 관리도는 이상원인이 나타날 확률은 높아지나, 프로세스 자체가 이상이 발생한 경우이므로 큰 의미를 두지 않아도 된다. 왜냐하면 프로세스 이상이 발생한 경우 조치를 취하면, 자연스럽게 공정 품질이 중심에 맞는지 측정하고 조정하기 때문이다.

그러므로, 먼저 R관리도(군내변동)를 확인한 후 이상이 없으면 $\overline{X}$관리도를 확인한다. 〈그림 9-5〉는 $\overline{X} - R$ 관리도를 작성하는 양식의 예시이다.

관 리 도

작업			샘플 크기		관리 특성	
규격	U L	날짜		과		품질 담당자

군번호	1	2	3	4	5	6	7	8	9	10	11	12	13	14	15	16	17	18	19	20	21	22	23	24	25
1																									
2																									
3																									
4																									
5																									
계																									
평균																									
범위																									

〈그림 9-5〉 관리도의 일반적 양식 예

(2) $\overline{X} - R$ 관리도의 수리와 관리한계

① $\overline{X}$ 관리도(평균 관리도: average control chart)의 분포

품질특성 X가 평균 μ_0, 모분산 σ_0^2인 정규분포를 따를 때, 부분군의 크기 n일 때의 표본 $X_1, X_2, \cdots\cdots, X_n$의 평균값 $\overline{X}$에 대한 분포는 $N_{\overline{X}} \sim (\mu_0, \dfrac{\sigma_0^2}{n})$를 따른다.

ⓐ $E(\overline{X}) = \mu_0$

ⓑ $D(\overline{X}) = \dfrac{\sigma_0}{\sqrt{n}}$

② 기준값이 주어진 $\overline{X}$ 관리도의 중심선과 관리한계

기준값이 주어진 관리도란 모수에 준하는 μ_0와 σ_0가 결정되어 있는 경우이므로 기준값을 3시그마 한계와 연결하여 정의한다.

ⓐ $C_L = E(\overline{X}) = \mu_0$ ··· 〈식 9-1〉

ⓑ $U_{CL} = E(\overline{X}) + 3D(\overline{X})$

$\quad = \mu_0 + 3\dfrac{\sigma_0}{\sqrt{n}} = \mu_0 + A\sigma_0$ ······························· 〈식 9-2〉

ⓒ $L_{CL} = E(\overline{X}) - 3D(\overline{X})$

$\quad = \mu_0 - 3\dfrac{\sigma_0}{\sqrt{n}} = \mu_0 - A\sigma_0$ ······························· 〈식 9-3〉

단, 관리계수 A는 부분군의 크기 n일 때 $A = \dfrac{3}{\sqrt{n}}$ 으로 〈표 9-1〉에서 구할 수 있다.

③ 기준값이 주어지지 않은 $\overline{X}$ 관리도의 중심선과 관리한계

부분군의 크기 n이 k조인 기준값이 주어지지 않은 $\overline{X}$ 관리도에서 기준값 μ_0와 σ_0는 다음과 같이 추정할 수 있다.

ⓐ $\widehat{\mu_0} = \overline{\overline{X}} = \dfrac{\sum \overline{X_i}}{k}$

ⓑ $\widehat{\sigma_0} = \dfrac{\overline{R}}{d_2}$

기준값이 주어지지 않은 $\overline{X}$ 관리도의 관리한계는 추정치 $\overline{\overline{X}}$, $\dfrac{\overline{R}}{d_2}$를 각각 〈식 9-1〉, 〈식 9-2〉, 〈식 9-3〉의 μ_0, σ_0에 대입하여 구한다.

ⓒ $C_L = \mu_0 = \overline{\overline{X}} = \dfrac{\sum \overline{X_i}}{k}$ ·· 〈식 9-4〉

ⓓ $U_{CL} = \mu_0 + A\sigma_0$

$$= \overline{\overline{X}} + A\frac{\overline{R}}{d_2} = \overline{\overline{X}} + \frac{3}{\sqrt{n}}\frac{\overline{R}}{d_2} = \overline{\overline{X}} + A_2\overline{R} \quad\cdots\cdots\cdots\cdots\cdots \langle \text{식 } 9-5 \rangle$$

ⓔ $L_{CL} = \overline{\overline{X}} - A\frac{\overline{R}}{d_2} = \overline{\overline{X}} - \frac{3}{\sqrt{n}}\frac{\overline{R}}{d_2} = \overline{\overline{X}} - A_2\overline{R} \quad\cdots\cdots\cdots\cdots\cdots \langle \text{식 } 9-6 \rangle$

단, 관리계수 A_2는 부분군의 크기 n일 때 $A_2 = \dfrac{3}{d_2\sqrt{n}}$ 으로 〈표 9-1〉에서 구할

수 있다.

④ R 관리도(범위 관리도: range control chart)의 분포

부분군의 크기가 n으로 일정한 로트별 표본의 범위 $R_1, R_2, \cdots\cdots, R_k$를 따를 때 범위 R에 대한 기대치는 다음과 같다.

ⓐ $E(R) = d_2\sigma_0 = R_0$

ⓑ $D(R) = d_3\sigma_0$

⑤ 기준값(σ_0)이 주어진 R 관리도의 중심선과 관리한계

ⓐ $C_L = E(R) = d_2\sigma_0 = R_0 \quad\cdots\cdots\cdots\cdots\cdots\cdots\cdots\cdots\cdots\cdots \langle \text{식 } 9-7 \rangle$

ⓑ $U_{CL} = E(R) + 3D(R)$

$$= d_2\sigma_0 + 3d_3\sigma_0 = (d_2 + 3d_3)\sigma_0 = D_2\sigma_0 \quad\cdots\cdots\cdots\cdots \langle \text{식 } 9-8 \rangle$$

ⓒ $L_{CL} = E(R) - 3D(R)$

$$= d_2\sigma_0 - 3d_3\sigma_0 = (d_2 - 3d_3)\sigma_0 = D_1\sigma_0 \quad\cdots\cdots\cdots\cdots \langle \text{식 } 9-9 \rangle$$

단, 관리계수 D_1, D_2는 부분군의 크기 n일 때 $D_1 = d_2 - 3d_3$, $D_2 = d_2 + 3d_3$이며 〈표 9-1〉에서 구할 수 있다.

⑥ 기준값이 주어지지 않은 R 관리도의 중심선과 관리한계

부분군의 크기 n이 k조인 기준값이 주어지지 않은 R 관리도에서 기준값 R_0와 σ_0는 다음과 같이 추정할 수 있다.

ⓐ $\hat{R_0} = \overline{R} = \dfrac{\sum R_i}{k}$

ⓑ $\hat{\sigma_0} = \dfrac{\overline{R}}{d_2}$

기준값이 주어지지 않은 R 관리도의 관리한계는 추정치 $\overline{R}$와 $\dfrac{\overline{R}}{d_2}$를 〈식 9-7〉, 〈식 9-8〉, 〈식 9-9〉의 R_0와 σ_0에 대입하여 구한다.

ⓒ $C_L = R_0 = \overline{R} = \dfrac{\sum \overline{R}}{k}$ .... 〈식 9-10〉

ⓓ $U_{CL} = (d_2 + 3d_3)\sigma_0$

$= (d_2 + 3d_3)\dfrac{\overline{R}}{d_2} = \left(1 + 3\dfrac{d_3}{d_2}\right)\overline{R} = D_4\overline{R}$ .... 〈식 9-11〉

ⓔ $L_{CL} = (d_2 - 3d_3)\dfrac{\overline{R}}{d_2}$

$= \left(1 - 3\dfrac{d_3}{d_2}\right)\overline{R} = D_3\overline{R}$ .... 〈식 9-12〉

단, 관리계수 D_3, D_4는 부분군의 크기 n일 때 $D_3 = 1 - 3\dfrac{d_3}{d_2}$, $D_4 = 1 + 3\dfrac{d_3}{d_2}$이며 〈표 9-1〉에서 구할 수 있다.

〈표 9-2〉 $\overline{X}-R$ 관리도에 대한 관리한계 공식

통계량	기준값이 주어지지 않은 경우		기준값이 주어진 경우	
	중심선(C_L)	관리한계(U_{CL}과 L_{CL})	중심선(C_L)	관리한계(U_{CL}과 L_{CL})
$\overline{X}$	$\overline{\overline{X}}$	$\overline{\overline{X}} \pm A_2\overline{R}$	X_0 또는 μ_0	$X_0 \pm A\sigma_0$
R	$\overline{R}$	$D_4\overline{R},\ D_3\overline{R}$	R_0 또는 $d_2\sigma_0$	$D_2\sigma_0,\ D_1\sigma_0$

(3) 예시데이터를 활용한 기준값이 주어진 $\overline{X}-R$ 관리도의 작성 절차

① 기준값이 주어지지 않은 $\overline{X}-R$ 관리도의 작성과 해석

〈표 9−3〉은 기준값이 주어지지 않은 $\overline{X}-R$ 관리도의 작성을 위한 예시이다. 이 관리도를 작성하는데 필요한 관리계수는 〈표 9−1〉에서 구한다.

〈표 9−3〉은 J 제품의 중량(gr)을 측정한 데이터로 부분군의 크기(n) 5, 부분군의 수(k) 20 으로 작성되었다. 중량에 대한 규격한계는 500~504(gr) 이다. $\overline{X}-R$ 관리도의 활용 목적은 공정능력을 확보하고 치우침과 산포를 관리하여 품질수준을 유지관리 하는 것이다.

〈표 9−3〉 J공정의 $\overline{X}-R$ 관리도를 위한 예비데이터 (단위:gr)

k	X1	X2	X3	X4	X5	평균	범위	표준편차
1	501.74	502.52	500.86	500.18	503.30	501.720	3.12	1.2498
2	502.14	502.91	502.20	500.99	502.00	502.048	1.92	0.6885
3	500.16	503.01	501.56	500.80	501.11	501.328	2.85	1.0693
4	501.85	502.74	501.65	501.98	501.36	501.916	1.38	0.5166
5	502.54	502.74	500.68	501.71	501.74	501.882	2.06	0.8160
6	502.94	501.75	502.51	503.35	501.08	502.326	2.27	0.9143
7	501.68	502.16	501.89	501.62	501.33	501.736	0.83	0.3102
8	503.09	501.01	501.86	502.42	500.71	501.818	2.38	0.9827
9	501.14	502.74	502.13	500.88	501.52	501.682	1.86	0.7555
10	501.18	502.58	501.89	502.24	501.24	501.826	1.40	0.6133
11	501.56	502.09	503.18	501.88	503.23	502.388	1.67	0.7695
12	502.08	502.15	500.95	501.34	503.28	501.960	2.33	0.8941
13	500.61	502.65	502.41	502.78	502.00	502.090	2.17	0.8790
14	502.89	501.28	502.55	501.06	501.87	501.930	1.83	0.7888
15	502.99	502.72	502.26	502.00	502.78	502.550	0.99	0.4068
16	503.25	501.82	501.34	500.92	502.22	501.910	2.33	0.8951
17	502.16	503.81	501.10	503.54	501.34	502.390	2.71	1.2408
18	499.64	502.04	499.69	501.52	498.86	500.350	3.18	1.3587
19	500.08	500.67	500.05	500.78	500.69	500.454	0.73	0.3577
20	500.05	500.79	498.87	499.59	498.76	499.612	2.03	0.8451
합계						10033.92	40.04	16.3518

$\bigcirc$ $C_L = \overline{\overline{X}}' = \dfrac{\sum \overline{X} - \overline{X_{18}} - \overline{X_{19}} - \overline{X_{20}}}{k-3} = \dfrac{8533.500}{17} = 501.971$

$\bigcirc$ $U_{CL} = \overline{\overline{X}}' + A_2\overline{R}' = 501.971 + 0.577 \times 2.006 = 503.1280$

$\bigcirc$ $L_{CL} = \overline{\overline{X}}' - A_2\overline{R}' = 501.971 - 0.577 \times 2.006 = 500.8132$

ⓔ 〈그림 9-7〉은 수정된 $\overline{X} - R$관리도로 Minitab으로 작성된 것이다. 이상치가 제거 된 상태에서 관리도는 관리 상태임을 보여주고 있다.

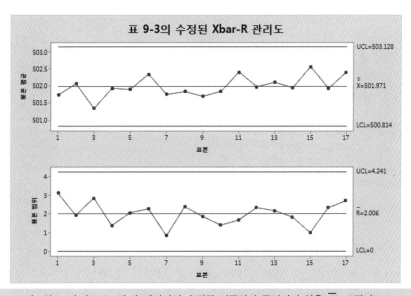

〈그림 9-7〉 〈표 9-3〉의 데이터의 수정된 기준값이 주어지지 않은 $\overline{X} - R$관리도

(예제 9-1)

부분군의 크기(n) 5, 부분군의 수(k) 25인 데이터로 $\overline{\overline{X}}$=20.592, $\overline{R}$=4.8을 구하였다. 다음 물음에 답하시오.

ⓐ $\overline{X}$관리도의 U_{CL}과 L_{CL}은 얼마인가?
ⓑ R관리도의 U_{CL}과 L_{CL}은 얼마인가?
ⓒ $\overline{R}$을 사용하여 모표준편차(σ)를 추정하면 얼마인가?

(풀이)

ⓐ $U_{CL} = \overline{\overline{X}} + A_2\overline{R} = 20.592 + 0.577 \times 4.8 = 23.3616$

$L_{CL} = \overline{\overline{X}} - A_2\overline{R} = 20.592 - 0.577 \times 4.8 = 17.8224$

   ⓑ $U_{CL} = D_4\overline{R} = 2.114 \times 4.8 = 10.1472$

      $L_{CL} = D_3\overline{R}$ ⇨ 고려하지 않는다.

   ⓒ $\hat{\sigma} = \dfrac{\overline{R}}{d_2} = \dfrac{4.8}{2.326} = 2.0636$

(예제 9-2)

$\overline{X} - R$관리도에서 $U_{CL} = 87.5$, $L_{CL} = 47.5$ 일 때 n이 5이면 $\overline{\overline{X}}$와 $\overline{R}$는 얼마인가?

(풀이)

$$U_{CL} = \overline{\overline{X}} + A_2\overline{R} = \overline{\overline{X}} + 3\frac{\sigma}{\sqrt{n}}$$

$$L_{CL} = \overline{\overline{X}} - A_2\overline{R} = \overline{\overline{X}} - 3\frac{\sigma}{\sqrt{n}}$$

ⓐ $\overline{\overline{X}} = \dfrac{U_{CL} + L_{CL}}{2} = \dfrac{87.5 + 47.5}{2} = 67.5$

ⓑ $\overline{R} = \dfrac{U_{CL} - L_{CL}}{2A_2} = \dfrac{87.5 - 47.5}{2 \times 0.577} = 34.6620$

② 기준값이 주어진 $\overline{X} - R$관리도의 작성

   기준값이 주어지지 않은 관리도의 수정 작성을 통해 〈그림 9-7〉에서 나타난 바와 같이 관리 상태로 나타났다. 이를 토대로 공정을 모니터링하기 위해 기준값이 주어진 관리도를 활용하는 방법은 다음과 같다.

   ⓐ 공정모니터링을 위한 평균치의 기준값(μ_0)의 설정

      모수는 목표값과 관리 상태의 통계량($\overline{\overline{X}}$) 중 효과적으로 판단되는 값으로 정한다. 일반적으로 평균치 관리도는 아무리 관리 상태이어도 전혀 치우침이 없이 모수와 일치하는 값은 구해지지 않으므로 중심극한정리의 이론에 근거하여 목표값을 정하는 것이 더 효과적이다. 즉 $\overline{\overline{x}} = 501.971$ 보다는 목표치 $m = 502$를 택하는 것이 더 바람직하다.

        $\mu_0 = m_0 = 502$

ⓑ R관리도를 위한 표준편차의 모수추정치

산포의 모수(σ)는 관리 상태의 통계량을 활용하여 다음과 같이 추정한다.

㉠ $R_0 = 2.006$

㉡ $\sigma_0 = \dfrac{R_0}{d_2} = \dfrac{2.006}{2.326} = 0.8624$

ⓒ 기준값이 주어진 $\overline{X}$관리도의 관리한계

㉠ $C_L = \mu_0 = 502.0$

㉡ $U_{CL} = \mu_0 + A\sigma_0 = 502 + 1.342 \times 0.8624 = 503.1573$

㉢ $L_{CL} = \mu_0 - A\sigma_0 = 502 - 1.342 \times 0.8624 = 500.8427$

ⓓ 기준값이 주어진 R관리도의 관리한계

㉠ $C_L = R_0 = 2.006$

㉡ $U_{CL} = D_4 R_0 = 2.114 \times 2.006 = 4.241$

㉢ L_{CL}은 n이 6 이하이므로 고려하지 않는다.

이상과 같이 정해진 모수 μ_0, σ_0는 현재의 공정능력이 관리 상태인 경우를 반영하고 있으므로, 공정을 개선하여 변경하기 전에는 항상 같은 값으로 적용된다. 그러므로 공정데이터를 구하여 관리도에 입력해 보면 공정의 이상 유무를 확인할 수 있다.

🏷 **참고**

상당 기간 관리도의 기준값을 변경없이 유지하게 되면, 기준값에 따른 관리한계(중심선 및 관리한계)가 공정관리에 효과적이지 못한 상황에 이를 수 있다. 이러한 경우 최근의 데이터를 예비 데이터로 간주하고 관리한계를 다시 계산하는 것이 바람직하다. 즉 관리한계는 제조 공정의 조건이 바뀐 경우와 바뀌지 않은 경우에 관계없이 정기적으로 재검토 하는 것이 바람직하다.

---

(4) Minitab을 활용한 $\overline{X} - R$ 관리도 공정모니터링 실무

① 〈표 9-3〉 데이터를 활용한 기준값이 주어지지 않은 관리도의 작성

ⓐ 데이터를 입력한다.

일반적으로 Minitab의 데이터는 열 방향으로 한 열로 정리하여 입력하는 것이 정상적이지만 관리도와 공정능력 등 분석용 자료들은 텍스트북의 〈표 9-3〉의 정

리 형식처럼 여러 열에 걸친 데이터로 입력하여도 분석이 가능하다. 아래 데이터
는 〈표 9-3〉의 데이터를 그대로 입력한 것이다.

↓	C1	C2	C3	C4	C5
	X1	X2	X3	X4	X5
1	501.74	502.52	500.86	500.18	503.30
2	502.14	502.91	502.20	500.99	502.00
3	500.16	503.01	501.56	500.80	501.11
4	501.85	502.74	501.65	501.98	501.36
5	502.54	502.74	500.68	501.71	501.74
6	502.94	501.75	502.51	503.35	501.08
7	501.68	502.16	501.89	501.62	501.33
8	503.09	501.01	501.86	502.42	500.71
9	501.14	502.74	502.13	500.88	501.52
10	501.18	502.58	501.89	502.24	501.24
11	501.56	502.09	503.18	501.88	503.23

ⓑ 통계분석 ▶ 관리도 ▶ 부분군 계량형 관리도 ▶ Xbar-R을 선택한다.

데이터가 한열에 입력되어 있으면 '관리도에 대한 모든 관측치를 한 열에', 각 부분
군의 데이터가 여러 열에 걸쳐 입력되어 있으면 '관측치가 부분군 별로 여러 열에
있는 경우'를 입력한다. 이 데이터는 후자를 따르므로 후자를 선택한다.

입력창을 활성 시킨 후 5개의 열 모두를 입력창에 연결한다.

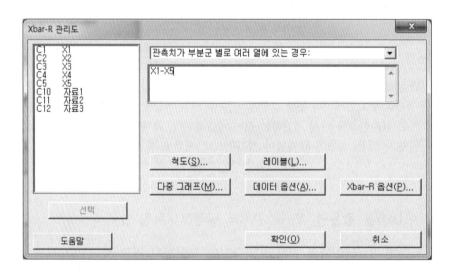

ⓒ Xbar-R 옵션 탭을 열어 추정치를 선택한다.

표준편차의 추정 방법을 Rbar를 선택한다. 이 선택은 굳이 하지 않아도 상관없지

만, 선택하지 않으면 데이터 전체를 대상으로 한 합동표준편차(s)를 구하여 적용하므로 관리도의 추정치와는 조금 달라진다. 하지만 값의 큰 차이는 없다.

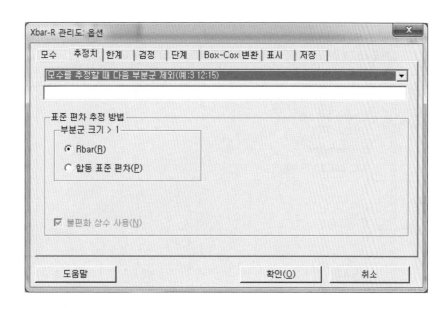

ⓓ 결과 출력

그림 〈9-6〉과 같은 기준값이 주어지지 않은 $\overline{X}-R$관리도가 출력되었다. 이상치를 제거하고 관리 상태를 추구하여야 한다. 이상치는 No 18, 19, 20의 3개 부분군이다.

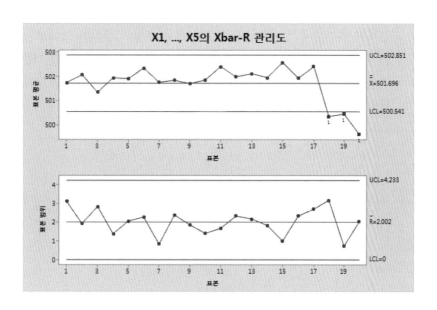

ⓔ 이상치를 제거하고 수정된 관리도를 작성해보자.

통계분석 ▶ 통계분석 ▶ 관리도 ▶ 부분군 계량형 관리도 ▶ Xbar-R을 선택한다.

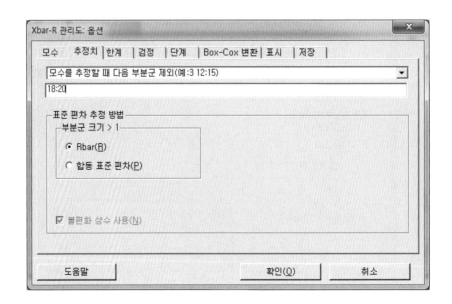

기존의 입력사항이 유지되고 있으므로 기존 입력사항 들을 다시 입력할 필요는
없다. Xbar-R 옵션 탭에서 추정치를 선택한다. '모수를 추정할 때 다음 부분군
생략'의 탭에서 생략할 부분군의 번호를 입력한다. 18:20은 18에서 20번 군 모두
를 삭제하고 계산하라는 뜻이다.

ⓕ 결과 출력

출력된 기준값이 주어지지 않은 관리도를 보면 이상치가 그대로 남아 있다. 하지
만 중심값과 관리한계를 자세히 보면 이상치가 제거된 수정된 기준값이 적용되어
관리한계가 새로 계산된 값임을 알 수 있다. 이상치를 제거한 상태에서 관리도는
관리 상태이다.

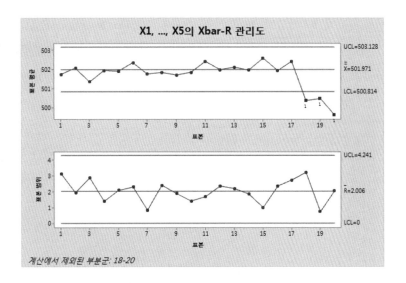

② 기준값이 주어진 관리도를 활용한 공정모니터링

9.4 (3)에서 기준값 $\mu_0 = 502$, $\sigma_0 = 0.8624$로 하여 공정을 모니터링하기로 결정 하였다. 공정 모니터링이 효과가 있는지를 확인하기 위해 공정의 변화 조건에 따른 3가지의 데이터를 활용하여 '기준값이 주어진 관리도'의 검출력을 확인해 보기로 하자. 데이터는 3가지 경우를 중심으로 추출되었다.

ⓐ 분석을 위한 데이터를 입력한다.

'자료1'은 평균과 표준편차가 변하지 않은 관리 상태에서 표본이 샘플링 된 것이다.

'자료2'는 평균이 1σ 정도 증가된 공정이 치우친 상태에서 표본이 샘플링 된 것이다.

'자료3'은 표준편차가 2배 정도로 커진 상태에서 표본이 샘플링 된 것이다.

데이터는 열 방향으로 입력하였으며 자료별 데이터는 부분군 크기 5, 부분군의 수 20으로 각각 100개씩이다.

C10	C11	C12
자료1	자료2	자료3
501.76	502.34	502.77
501.94	502.02	501.56
503.44	503.49	501.10
502.27	503.49	502.71
501.91	502.53	503.25
501.43	503.21	501.22
501.57	501.06	500.97
502.45	502.89	501.51
502.60	503.42	501.98
500.65	502.02	499.42
501.63	502.99	504.30
501.54	502.71	501.21
501.53	502.11	502.52

ⓑ 통계분석 ▶ 관리도 ▶ 부분군 계량형 관리도 ▶ Xbar-R을 선택한다. '관리도에 대한 모든 관측치를 한 열에'를 선택한 후 입력 창에 '자료1'을 입력한다. 참고로 한꺼번에 3가지를 모두 입력하여 분석해도 3가지가 동시에 정상적으로 모두 분석된다. '부분군의 크기'에는 5를 입력한다.

ⓒ Xbar-R 옵션 탭을 열어 모수 탭에서 평균 $\mu_0 = 502$와 표준편차 $\sigma_0 = 0.8624$를 입력한다. 이 값이 기준값이 된다. 추정치 즉 통계량은 기준값이 주어진 관리도에서는 어차피 모수로 관리한계가 결정되므로 수정할 필요는 없다.

ⓓ 결과 출력

'자료1'에 대한 기준값이 주어진 관리도는 관리 상태를 나타내고 있다.

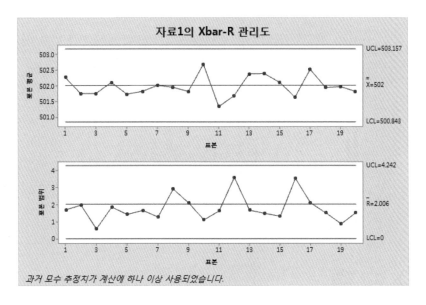

ⓔ 같은 방법으로 '자료2'를 입력창에 연결하여 모니터링한 결과이다. 기준값이 주어
진 관리도이므로 $\overline{X} - R$관리도의 중심선과 관리한계는 변화가 없다.

'자료2'의 R관리도는 관리 상태를 나타내고 있지만 Xbar 관리도는 여러 점이 관리
상한으로 벗어나고 있다. 이는 평균치가 상측으로 치우쳤다는 결과이다.

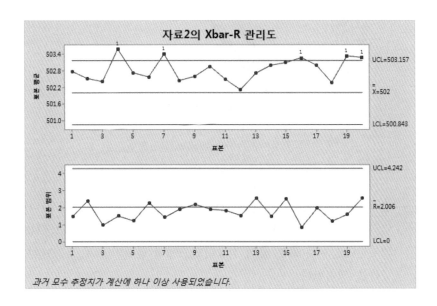

ⓕ '자료2'와 '자료1'을 정규확률도로 비교하여 평균치의 치우침 현상을 확인해 보자. 그래프 ▶ 확률도 ▶ 다중을 선택한다. 입력창에 '자료1'과 '자료2'를 입력하고 확인을 클릭한다.

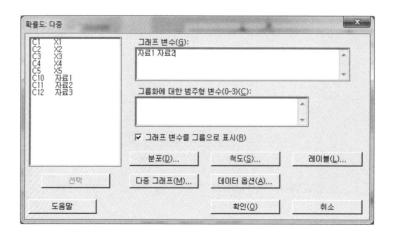

ⓖ 결과 출력

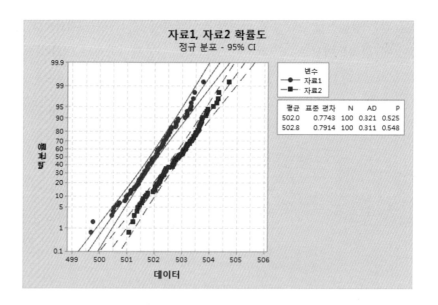

출력 결과 두 자료는 평균이 다르고 표준편차는 동일 속성을 나타내고 있음이 확인되었다. '자료1'이 관리 상태의 데이터이므로 '자료2'는 평균치가 커진 상태를 의미한다. 즉 두 표본 군이 정규확률도에서 평행이면 두 모집단의 평균치 차이가 있음을 의미한다.

ⓗ 같은 방법으로 입력창에 '자료3'을 연결하여 모니터링한 결과이다.

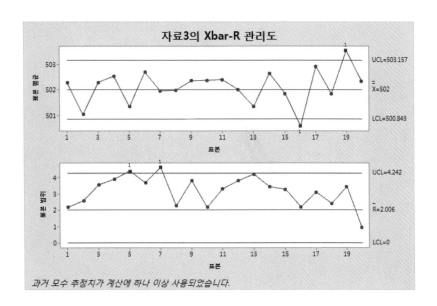

출력 결과 중심선과 관리한계는 변화가 없다. '자료3'의 R관리도는 공정의 산포가 커진 상태를 보여주고 있으며, 그 영향으로 Xbar 관리도도 간혹 위 아래로 벗어나는 점이 보인다. 이는 군내변동 즉 산포가 커졌다는 신호이다.

ⓘ '자료3'과 '자료1'을 정규확률도로 비교하여 산포가 커진 현상을 확인해 보자. 그래프 ▶ 확률도 ▶ 다중을 선택한다. 입력창에 '자료1'과 '자료3'을 입력하고 확인을 클릭한다.

출력 결과 두 자료는 평균은 50%위치에서 교차되므로 평균치의 변화는 없지만 기울기가 달라 교차되므로 표준편차의 차이가 크다는 것을 알 수 있다. '자료1'이 관리 상태의 데이터이므로 '자료3'은 표준편차가 커진 상태를 나타낸다. 즉 두 표본 군이 정규확률도에서 교차하면 두 모집단의 표준편차가 차이가 있음을 의미한다.

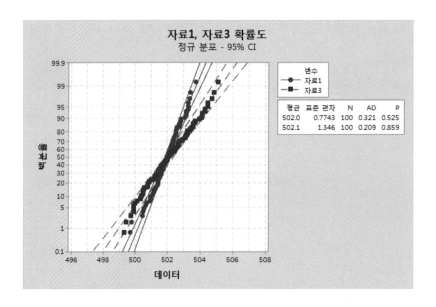

9.5 공정모니터링과 $\overline{X}-R$ 관리도의 해석

(1) 관리 상태의 판정기준

관리도를 사용하는 목적은 그래프 상의 점의 변화를 중심으로 공정이 시각적으로 어떠한 변화가 있는가를 판정하기 위한 것이다. 하지만 품질특성에 대한 정확한 참값이 아닌 통계량으로 판정하는 한계로 인해 관리 상태에 있음에도 불구하고 관리 상태에 있지 않다고 판단하는 오류(제1종 오류)와 관리 상태에 있지 않음에도 불구하고 관리 상태에 있다고 판단하는 오류(제2종 오류)를 저지르는 것은 어쩔 수가 없다. 그러므로 제1종 오류를 포함하여 특히 높게 설정되어 있는 제2종 오류의 경우를 줄이기 위한 부가적인 여러 가지 방법의 검토가 필요하다.

① 관리 상태의 판정기준

관리도가 다음 2 가지 조건을 만족하고 있으면 일단 공정은 관리 상태에 있다고 판정한다.

ⓐ 점이 관리한계를 벗어나지 않는다(관리이탈이 없다).

ⓑ 점의 배열에 아무런 습관성이 없다.

다만 관리 상태의 판정에서 ⓐ의 상태가 주된 판정기준이 되며, ⓑ의 상태는 ⓐ의 판정기준을 보충하는 판정기준이다.

② 점이 관리한계를 벗어나지 않는다는 판단기준

'관리이탈이 없다'에서는 다음과 같은 경우 공정은 관리 상태에 있다고 판단한다.

ⓐ 연속 25점 모두가 관리한계 내에 있을 때
ⓑ 연속 35점 중 한계를 벗어나는 점이 1점 이내일 때
ⓒ 연속 100점 중 한계를 벗어나는 점이 2점 이내일 때

ⓐ의 기준은 적은 수의 데이터로 판단할 경우 잘못 판단할 위험이 있으므로 '기준 값이 주어지지 않은 관리도'에서 적어도 25점 이상이 관리한계 안에 있지 않으면 관리 상태라고 판단하지 말고 해석을 위한 충분한 군을 확보하라는 뜻이다. 또한 ⓑ와 ⓒ의 기준은 관리한계를 벗어나는 점이 있어도 좋다는 뜻은 아니다. 이 조건 이라도 관리한계를 벗어난 점은 이상원인 임에는 틀림없으므로 그 원인을 탐구하 여 조처를 취하여야 한다. 다만 확률적으로는 발생할 수 있는 우연변동일 가능성 이 있으므로 그러한 사항도 고려하라는 뜻이다.

③ 습관성에 관한 판단기준

'①항의 ⓑ(점의 배열에 습관성이 없다)'에서 점의 배열의 습관성이라는 것은 〈그림 9-8〉의 경우를 지칭한다. 따라서 공정에 이상이 있다고 판정하는 기준은 점이 관리 한계 외로 나갈 때와 점이 관리한계 내에 있어도 그 배열에 습관성이 있을 때의 두 가지 경우이다.

(2) 관리도의 패턴 해석과 8대 규칙

① 규명할 수 있는 원인에 의한 변동의 판정 규칙(AT&T)

슈하트 관리도의 부속서 B[24]에서는 점의 움직임의 패턴을 해석하기 위하여 사용하는 8개의 전형적인 판정기준을 〈그림 9-8〉과 같이 나타내고 있다. 이 기준을 western electric rules(또는 AT&T Rule)이라 한다.

---

24) KS Q ISO 7870-2:2014 부속서 B (참고) 변화의 이상원인에 대한 패턴 분석에 관한 실제적 주의 사항

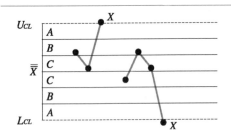

규칙 1: 1점이 영역 A를 넘고 있다.

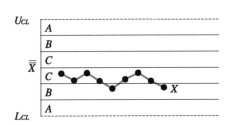

규칙 2: 9점이 중심선에 대하여 같은 쪽에 있다.

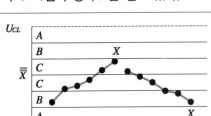

규칙 3: 6점이 증가 또는 감소하고 있다.

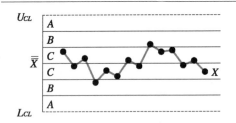

규칙 4: 14점이 교대로 증감하고 있다.

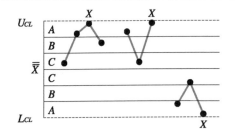

규칙 5: 연속하는 3점 중 2점이 영역 A 또는 그것을 넘은 영역에 있다.

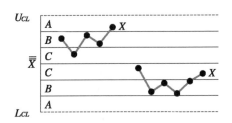

규칙 6: 연속하는 5점 중 4점이 영역 B 또는 그것을 넘은 영역에 있다.

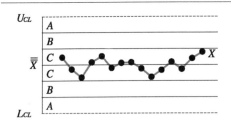

규칙 7: 연속하는 15점이 영역 C에 존재한다.

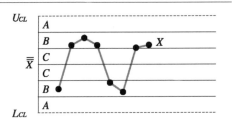

규칙 8: 연속하는 8점이 영역 C를 넘은 영역에 있다.

〈그림 9-8〉 규명할 수 있는 원인에 의한 변동의 판정 규칙(AT&T)

단, 〈그림 9-8〉에 나타낸 패턴 해석 기준은 절대적 규칙이 아니며 일종의 참고자료이다. 패턴분석에 8대 규칙을 혼용해서 사용하게 되면, 검출에는 도움이 되지만 반대로 제1종 오류가 발생할 확률이 공정의 특성에 따라 지나치게 커질 수 있기 때문이다. 하지만 공정 평균에서 비교적 작은 변화 또는 추세가 나타나는 경향이 있으면 패턴 해석을 추가하여 사용하는 것이 도움이 된다. 그러므로 실전에서는 Out of control 위주로 검증하다가 보조적 자료가 필요시 8대 규칙을 적용하여 보는 것이 효과적이라 할 수 있다.

〈그림 9-8〉에서 관리상한과 관리하한은 중심선에서 3σ의 거리에 있다. 다음의 규칙을 적용하기 위하여 관리도를 각각 1σ 간격으로 6개의 영역으로 나눈다. 6개의 영역은 중심선에 대하여 대칭이며 관리하한부터 순차적으로 A, B, C, C, B, A로 한다. 다음의 규칙은 $\bar{X}$관리도와 X관리도 등의 계량치 관리도에 적용할 수 있으며, 계수치 관리도 등에는 몇 가지 항목이 줄어서 적용된다. Minitab은 이들을 활용하는 방법이 제시되어 있으므로 참고하기 바란다. 이 판정에 관한 근거는 관리도가 정규분포를 따른다는 것을 가정으로 한다.

② 습관성과 그 판정기준(그림 9-8의 설명)

ⓐ 규칙 1: 1점이 영역 A를 넘고 있다(out of control).

1점이 영역 A(관리한계 이탈)를 넘고 있다. 이는 R관리도의 경우 공정에 퍼짐이 발생하였다는 신호이며, $\bar{X}$관리도의 경우 치우침이 발생했다는 신호이다.

ⓑ 규칙 2: 9점이 중심선에 대하여 같은 쪽에 있다(연(run)).

중심선의 한쪽에 연속해서 나타난 점을 '연'이라 한다. 연의 길이란 중심선 한쪽에 연이은 점의 수를 말하고, 연의 수란 점의 계열 전체 중에서 나타난 연이 몇 개인지를 뜻한다. 연의 수가 적을 때 너무 긴 연이 나타나는 것은 이상 상태이며, 연의 수가 많을 때는 너무 짧은 연만 나타나는 것도 또한 이상 상태이다. 왜냐하면 랜덤성에 위배되기 때문이다.

연의 어느 관리도에서 발생되었는지에 따라 공정평균 또는 산포가 중심에서 이탈되었다는 신호를 보낸 것이다. 이러한 연의 길이는 9점을 기준($1/2^9$의 확률)으로 연이 나타나면 공정을 이상 상태라고 판단한다.

ⓒ 규칙 3: 6점이 증가 또는 감소하고 있다(경향(trend)).

경향이란 선형 추세를 뜻하는 용어로, 공정이 점진적으로 나빠지고 있다는 신호를 보낸 것이다. 공구의 마모, 용액 중 유효성분의 감소, 작업자의 피로, 점진적으로 기계설비의 열화 등에 의해 나타난다.

경향은 점이 지속적으로 증가 또는 감소하는 경우로 경향이 주기적으로 나타날 때에는 어떠한 요인과 상관관계에 의해 발생하는 경우가 많으므로 그 원인을 파악하여 그것을 제거해야 예방조치가 된다. 경향의 판정기준은 점이 연속해서 6점이 상승 또는 하강할 때에 공정이 이상 상태라고 판정한다. 그러나 보통은 6점의 경향이 발생하기 전에 점이 관리한계를 벗어나는 수가 많다.

ⓓ 규칙 4: 14점이 교대로 증감하고 있다(주기(cycle)).

주기는 타점 결과 랜덤성이 없거나 주기적인 규칙 즉 특정 패턴이 나타나는 경우를 뜻하며, 주로 계통샘플링의 문제점과 유사한 샘플링 주기의 문제로 발생하는 경우가 많다.

주기의 해석을 엄밀히 하려면 시계열해석법이 필요하나 관리도에서는 주기의 크기(진폭)를 눈짐작으로 판단하는 것으로도 충분하다. 특히 이 규칙은 확률적 계산 근거는 아니므로 꼭 14점이라는 점의 개수를 중심으로 판정하기보다 시각적 느낌을 우선으로 판단하는 것이 효과적이다.

주기는 점이 관리한계에 들어 있어도 〈그림 9-8〉처럼 어떤 주기를 가지고 파상적인 변동을 나타내는 경우와 대파·중파·소파가 합성되어 나타나는 경우 등이 있다. 가급적 불규칙적인 소파는 무시하고 중파와 대파만으로 보는 것이 좋다.

ⓔ 규칙 5: 연속하는 3점 중 2점이 영역 A 또는 그것을 넘은 영역에 있다.

연속 3점 중 2점 이상이 한쪽 방향으로 2σ를 벗어나는 것으로 이는 확률적으로 1종 오류 발생률과 비슷한 확률로 이 현상이 잦으면 관리도의 타점은 간헐적으로 out of control이 발생한다.

$\overline{X}$관리도에서 한쪽 방향으로 이 현상이 나타날 경우 평균치가 치우침 현상이 발생하였음을 나타낸다. 만약 $\overline{X}$관리도에서 3점 중 2점 현상이 상하에 걸쳐 나타났을 때에는 이 규정을 적용하지 않는다. 이 경우 R관리도의 점들은 $\overline{R}$보다 위쪽으로 많이 나타나게 되는 것을 볼 수 있다. R관리도에서 이러한 현상이 나타나는 경우는 치우침 현상이 아니고 군내산포가 커지는 즉 퍼짐현상이 나타났다는 것을 뜻한다.

ⓕ 규칙 6: 연속하는 5점 중 4점이 영역 B 또는 그것을 넘은 영역에 있다.

연속하는 5점 중 4점이 한쪽 방향으로 $\pm 1\sigma \sim \pm 3\sigma$ 구역에 나타나는 경우로, 규칙 5와 동일한 의미이다.

ⓖ 규칙 7: 연속하는 15점이 영역 C에 존재한다.

작성된 $\overline{X}$관리도에서 점이 중심선 가까이($\pm 1\sigma$ 이내)에 모이는 경우로 공정의 산포에 비해서 관리한계가 너무 넓게 설정된 경우이다.

이 현상도 확률적 현상(0.683^{15})으로 판단된 기준이며, 점의 배열에서 이상 상태의 하나이다. 이는 군구분이 잘못되거나 공정의 이상원인을 포함한 결과를 군내변동으로 보고 공정의 기준값으로 설정한 경우로 $\overline{X}$관리도와 같은 평균치 관리도에서 나타나는 현상이다. 이 경우 산포를 관리하는 R관리도는 중심선 아래에 연 (run) 현상이 나타난다.

ⓗ 규칙 8: 연속하는 8점이 영역 C를 넘은 영역에 있다.

이는 규칙 7과 반대되는 현상으로 군간변동이 크거나, 5M1E가 패턴이 발생하여 측정치가 혼용되어 있을 때, 또는 로트가 정규분포를 따르고 있지 않을 때 발생하는 경우이다.

참고

KS Q ISO 7870−2:2014 규격 본문에는 부속서 내용과 달리 다음의 4가지가 제시되어 있다.

1) 기준 1: 하나 이상의 타점이 규격 A를 벗어난다(관리한계를 벗어난다).
2) 기준 2: 중심선의 한쪽에 7개 이상의 연속적인 점이 있다(연).
3) 기준 3: 7개의 연속적인 점이 모두 증가하거나 감소한다(경향).
4) 기준 4: 분명한 비 임의적인 패턴이 발생한다(주기).

이러한 상반된 제시가 같은 규격에 동시에 제시된 이유는, 공정의 상태에 따라 패턴 해석은 기업 환경에 맞게 적용해야 한다는 뜻이다. 그리고 보조 규칙을 모두 적용할 경우 제1종 오류의 발생확률이 1%로 높아져 공정에 지나친 라인 정지가 발생할 수 있음도 함께 경고하고 있다. 그리고 AT&T rule(〈그림 9−8〉 8가지 규칙)을 기준 5로 제시하면서 의도적으로 상충된 기준을 부가시킴으로서, 공정에 맞게 선택 또는 변형하여 지침으로 활용할 것을 권장하고 있다.

(예제 9−3)

중심선 어느 한쪽에 길이 9의 연이 나타날 확률을 구하시오.

(풀이)

중심선 한 쪽에 연속 9점이 나타나려면 확률은 연속 9점이 한쪽에 나타날 확률이므로

$$P\% = \left(\frac{1}{2}\right)^9 = 0.00195$$

그리고 연은 중심선을 기준으로 양쪽으로 발생될 수 있으므로

$2 \times 0.00195 = 0.0039$로 1종 오류와 확률이 유사하다.

(3) Minitab을 활용한 8대 규칙의 적용 고찰

Minitab을 활용하여 공정 모니터링에 8대 규칙을 포함하여 보자. 하지만 현장에서 검출력 향상을 목적으로 out of control과 함께 8대 규칙을 모두 동시에 적용하면 제1종 오류가 급증하여 라인 정지가 지나치게 커질 수 있음을 유의해야 한다. 그러므로 어디까지나 out of control로 관리하면서 보조적으로 적용하는 것이 필요하다.

'자료 1, 2, 3'에 대하여 AT&T 규칙을 포함하여 $\overline{X} - R$관리도를 작성해보자.

① data는 9.4 (4)의 '자료 1', '자료 2', '자료 3'을 모두 사용한다.

통계분석 ▶ 관리도 ▶ 부분군 계량형 관리도 ▶ Xbar-R을 선택한다.

'관리도에 대한 모든 관측치를 한 열에'를 선택한 후 입력 창에 '자료1, 2, 3'을 모두 연결한다. 9.4 (4)와 동일하게 '부분군의 크기'에는 5를 입력한다.

② 'Xbar-R 옵션'의 '모수'탭에서 기준값 $\mu_0 = 502$와 $\sigma_0 = 0.8624$를 입력한다.

③ 'Xbar-R 옵션'의 '검정'탭을 연다. 제시문을 '특수 원인에 대한 선택된 검정 수행'에서 '특수 원인에 대한 모든 검정 수행'으로 변경하면 다음과 같은 8대 규칙이 표기된다. 확인을 클릭하면 AT&T 8대 규칙이 적용된다.

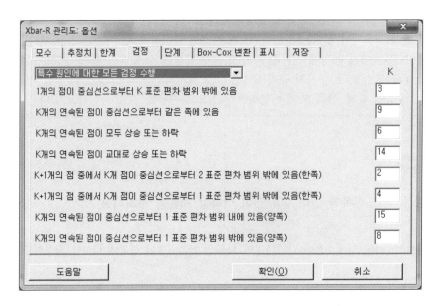

④ 결과 출력

ⓐ 자료1의 고찰

관리 상태인 공정에서 샘플링한 표본의 측정결과이므로 8대 규칙에 영향을 받지
않고 관리 상태로 나타나고 있다. 하지만 out of control만 적용하는 경우보다는
이상 상태를 경고할 오류가 높아질 수 있다는 점을 간과해서는 안 된다.

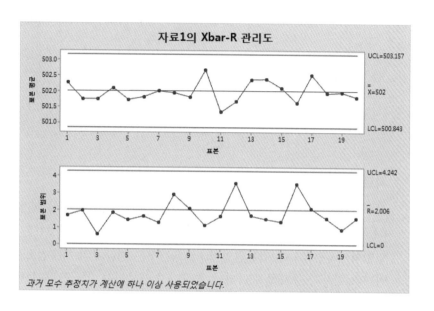

ⓑ 자료2의 고찰

평균치가 치우친 경우 9.4 (4)에서 out of control만 적용했을 때 20점 중 5점만이
이상원인이었다. 하지만 이 결과는 4번 군부터 모두 이상원인으로 나타나고 있다.
Minitab은 해당 타점이 여러 가지 규칙에 모두 해당될 경우 가장 앞선 순번의
번호를 제시한다. 그래서 벗어난 점은 1번이며, 관리한계 내의 대부분의 붉은 점
위에 2번이 나타나는 이유는 '연'이 2번이기 때문이다. 이 그래프로 보면 공정은
제1종 오류에 의한 치우침이 아니라 치우침 현상에 의한 이상원인으로 인지하고
원인조사에 나설 것이다. 그러므로 이상 징후가 나타나면 품질담당자는 8대 규칙
을 참조하여 이상원인으로 인한 징후인지 제1종 오류인지를 판단하는 것이 매우
효과적이다.

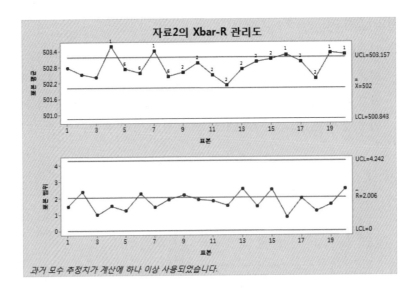

ⓒ 자료3의 고찰

산포가 증가한 경우 9.4 (4)에서 out of control만 적용했을 때에는 R관리도의 2점과 함께 Xbar 관리도도 2점이 이상원인으로 나타나서 분석에 혼란을 줄 수도 있었다. $\bar{X}$관리도에 이상원인이 나타난 것은 평균치의 치우침으로 나타난 것이 아니라 산포가 증가하여 나타난 결과이기 때문이다. 즉 군내변동이 커져도 Xbar 관리도는 영향을 받는다.

그러나 8대 규칙을 적용하면 혼란스러움이 해소된다. 그다지 오류가 많아 보이지 않던 R관리도가 붉은 점으로 도배되므로 산포가 커졌다는 것은 누구나 인지하게 된다. 하지만 Xbar 관리도는 2점 외에는 변화가 없다. 그러므로 이상원인이 출현 시 이렇게 8대 규칙을 적용해보면 산포 등의 변화를 쉽게 확인할 수 있다.

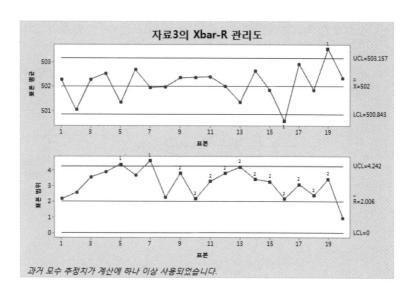

과거 모수 추정치가 계산에 하나 이상 사용되었습니다.

(4) 칩 실험을 통한 관리도의 패턴 이해

다음은 공정의 변화에 따라 관리도의 타점이 어떻게 움직이는가를 확인하기 위해 칩 (chip) 실험 결과로 확인해보자. 우리는 공정의 참모습은 데이터의 타점만 보고 추정하는 경우 밖에 없으므로 칩 실험과 같은 시뮬레이션 훈련으로 관리도를 보는 방법을 익혀두면 공정을 추정할 때 많은 도움이 될 수 있다.

① 공정이 관리 상태인 경우의 관리도

관리한계를 벗어나는 점이 없으며, 점의 배열에 습관성이 없다.

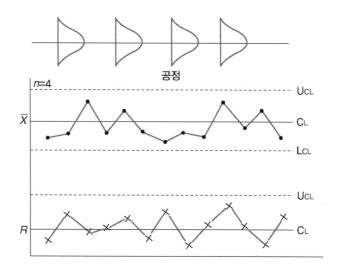

② 공정평균이 상측으로 변화하는 경우의 관리도(단 σ는 변화가 없다)

ⓐ R관리도: 변화가 없다.

ⓑ $\overline{X}$관리도: $\overline{X}$의 타점이 전체적으로 중심선의 상측에 나타난다.

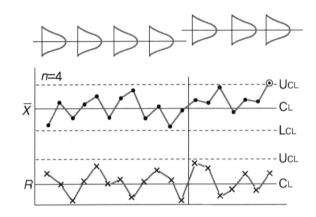

③ 공정평균이 경향을 갖고 변하는 경우의 관리도(단 σ는 변화가 없다)

ⓐ R관리도: 변화가 없다.

ⓑ $\overline{X}$관리도: 점이 점차 상승하여 관리한계 밖의 점, 경향 및 연이 나타난다.

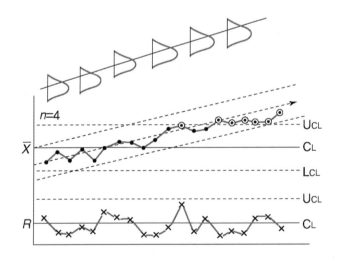

④ 공정평균이 경향변동으로 나타나는 경우의 관리도(단 σ는 변화가 없다)

ⓐ R관리도: 변화가 없다.

ⓑ $\overline{X}$관리도: 점이 급격하게 대파 추세를 보이며 관리한계를 벗어난다.

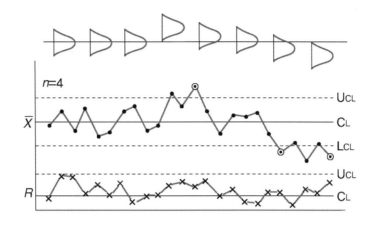

⑤ 공정평균이 일정하고, 산포가 커진 경우의 관리도

    ⓐ R관리도: R의 점들이 중심선 위로 연이 발생하거나 관리한계를 벗어난다.

    ⓑ $\overline{X}$관리도: 점이 변화 폭이 증가하며 간혹 관리한계를 벗어난다.

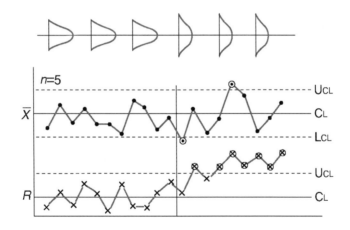

⑥ 공정평균은 일정하고, 산포가 작아진 경우의 관리도

    ⓐ R관리도: R의 점들이 중심선 밑으로 나타난다.

    ⓑ $\overline{X}$관리도: 점이 중심선 근처로 나타난다.

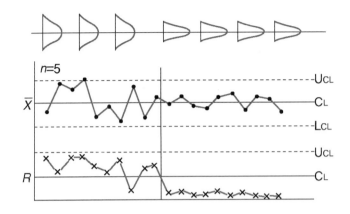

9.6 $\overline{X} - R$ 관리도의 검출력

관리도의 성능은 공정의 이상을 발견할 수 있는 확률(검출력: $1 - \beta$)과 이상을 발견할 수 없는 확률(제2종 오류: β)로 표현한다〈그림 9-9〉. 좋은 관리도란 운전 중 공정에 치우침 등이 발생되어 이상 상태로 진행되었을 때 보다 빨리 경보해 주고 오 경보가 적은 관리도이다.

공정의 관리항목인 평균치($\overline{X}$) 또는 산포(R) 등을 가로축으로 하고 세로축에 제2종 오류를 나타낸 그림을 관리도의 OC곡선이라 한다. $\overline{X} - R$관리도의 OC곡선은 품질특성 $\overline{x}$가 정규분포를 한다는 가정 하에서 작성되며 공정의 평균치 μ와 표준편차 σ에 근거하여 정해진다.

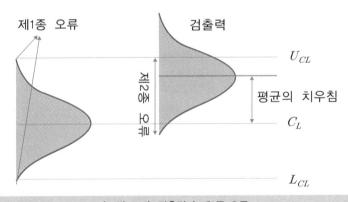

〈그림 9-9〉 검출력과 제2종 오류

(1) $\overline{X}$관리도의 OC곡선

평균치($\overline{X}$)의 OC곡선은 공정의 산포(σ)가 커지는 경우 제조 프로세스에 이상원인이 발생한 경우로 프로세스의 복원이 우선되므로 이 경우 평균치의 검출력 추정은 의미가 없다. 그러므로 산포(σ)가 일정한 경우 즉 공정이 관리 상태임을 전제로 하여 평균치(μ)의 치우침에 따른 OC곡선의 변화를 검토한다.

① 공정평균에 변화가 없을 경우 관리도의 OC 곡선

모평균 $\mu = 100$, 모표준편차 $\sigma = 1$인 정규분포를 따르는 공정에서 $n = 4$인 $\overline{X} - R$관리도로 공정을 관리한다고 가정해 보자. 기준값이 주어진 $\overline{X}$관리도의 관리한계는 다음과 같다.

ⓐ $U_{CL} = \mu + 3\dfrac{\sigma_x}{\sqrt{4}} = 100 + 3 \times \dfrac{1}{\sqrt{4}} = 101.5$

ⓑ $L_{CL} = \mu - 3\dfrac{\sigma_x}{\sqrt{4}} = 100 - 3 \times \dfrac{1}{\sqrt{4}} = 98.5$

그러므로 부분군의 크기(n) 4인 평균 $\overline{x}$의 분포는 $N_{\overline{x}} \sim \left[100, \left(\dfrac{1}{\sqrt{4}}\right)^2\right]$을 따른다. 이 공정의 평균과 표준편차에 변화가 없다면 통계량 $\overline{x}$가 관리한계에 포함될 확률 $L(\mu)$는 다음과 같다.

$$\beta = L(\mu) = \Pr(L_{CL} \le \overline{x} \le U_{CL})$$
$$= \Pr\left(\frac{L_{CL} - \mu}{\frac{\sigma}{\sqrt{n}}} \le z \le \frac{U_{CL} - \mu}{\frac{\sigma}{\sqrt{n}}}\right)$$
$$= \Pr\left(\frac{98.5 - 100}{\frac{1}{\sqrt{4}}} \le z \le \frac{101.5 - 100}{\frac{1}{\sqrt{4}}}\right)$$
$$= \Pr(-3.0 \le z \le 3.0) = 0.99865 - 0.00135 = 0.9973$$

② 공정평균이 변할 경우의 OC 곡선의 수리

〈표 9-4〉 공정평균의 변화에 따른 $\overline{X}$관리도의 관리한계 내에 포함될 확률($L(\mu')$)
(n=4, $U_{CL}=101.5$, $L_{CL}=98.5$, 단 표준편차 $\sigma=1$로 변화가 없다.)

모평균(μ)	$\dfrac{L_{CL}-\mu}{\sigma/\sqrt{n}}$	$\dfrac{U_{CL}-\mu}{\sigma/\sqrt{n}}$	$\Phi(L_{CL})$	$\Phi(U_{CL})$	$L(\mu)$
97.0	3.0	9.0	99.87%	100.00%	0.13%
97.5	2.0	8.0	97.72%	100.00%	2.28%
98.0	1.0	7.0	84.13%	100.00%	15.87%
98.5	0.0	6.0	50.00%	100.00%	50.00%
99.0	−1.0	5.0	15.87%	100.00%	84.13%
99.5	−2.0	4.0	2.28%	100.00%	97.72%
100.0	−3.0	3.0	0.13%	99.87%	99.73%
100.5	−4.0	2.0	0.00%	97.72%	97.72%
101.0	−5.0	1.0	0.00%	84.13%	84.13%
101.5	−6.0	0.0	0.00%	50.00%	50.00%
102.0	−7.0	−1.0	0.00%	15.87%	15.87%
102.5	−8.0	−2.0	0.00%	2.28%	2.28%
103.0	−9.0	−3.0	0.00%	0.13%	0.13%

만약 이 공정이 산포는 안정적이지만, 모평균 μ가 0.5σ만큼 증가했을 경우 통계량 $\overline{x}$가 관리한계에 포함될 확률 $L(\mu)$는 다음과 같다.

$$\mu' = \mu + 0.5\sigma = 100 + 0.5 \times 1 = 100.5$$

그러므로 합격확률 $L(\mu')$는

$$\beta = L(\mu') = \Pr(L_{CL} \leq \overline{x} \leq U_{CL})$$

$$= \Pr\left(\frac{98.5-100.5}{\dfrac{1}{\sqrt{4}}} \leq z \leq \frac{101.5-100.5}{\dfrac{1}{\sqrt{4}}}\right)$$

$$= \Pr(-4.0 \leq z \leq 2.0) = 0.9772 - 0.00003 = 0.97717$$

이와 같이 공정평균 μ를 변화시켜 가며 $L(\mu)$를 구하면 〈표 9-4〉와 같다.

③ 공정 평균의 변화에 따른 $\overline{X}$관리도의 OC 곡선

〈그림 9-10〉은 〈표 9-4〉에서 X축을 '공정의 평균치(μ')', Y축을 '공정의 평균치에 따른 관리한계에 포함될 확률($L(\mu')$)'로 하여 그래프로 나타낸 것으로 $\overline{X}$관리도의 OC곡선이라 한다. 〈그림 9-10〉에서 $L(\mu)$값은 기준값 100을 중심으로 좌우대칭이며, 모평균이 100에서 멀어질수록 관리한계 내에 포함될 확률이 점점 작아지게 됨을 확인할 수 있다. 특히 부분군의 크기가 4인 경우, 평균치가 1σ 변하면 OC곡선은 84.13%가 되지만 평균치가 2σ 변하면 15.87%로 검출력이 매우 높아지게 된다.

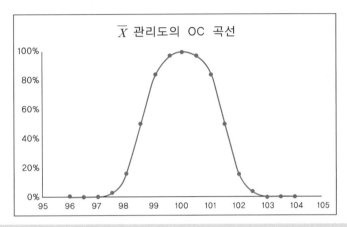

〈그림 9-10〉 공정 평균의 변화에 따른 $\overline{X}$관리도의 OC 곡선 (n=4, $U_{CL}=101.5$, $L_{CL}=98.5$)

④ 부분군의 크기(n) 변화에 따른 $\overline{X}$관리도의 OC 곡선

〈그림 9-11〉은 부분군의 크기 변화에 따른 OC곡선의 변화를 확인하기 위한 그림이다.

가로축은 공정평균치를 100에서 평균치를 점점 증가시켜 나타낸 것이며, 세로축은 점이 관리한계 안에 있을 확률(제2종 오류)로 하여 부분군을 1에서 9까지 변화시켜 양자의 관계를 나타낸 것이다(단, 모표준편차는 1이며, 모표준편차는 관리 상태이다). 부분군이 증가할수록 제2종 오류가 줄어들고 있음을 확인할 수 있다. 다만 부분군의 크기가 5이상이면 그 차이가 크지 않으므로 경제성을 고려할 때 부분군의 크기 5인 경우가 효과적이다.

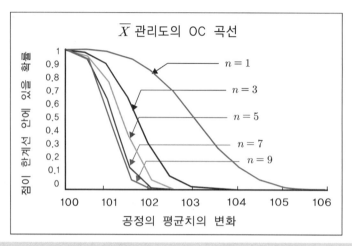

〈그림 9-11〉 부분군의 크기 변화에 따른 $\overline{X}$관리도의 OC곡선

(2) R관리도의 OC곡선

R관리도는 공정의 군내산포(σ within)의 변화를 체크하기 위한 관리도이다. 모평균 $\mu = 100$, 군내변동 $\sigma_w = 1$을 따르는 기준값이 주어진 R관리도의 관리한계는 다음과 같다.

ⓐ $C_L = d_2\sigma = 2.059 \times 1 = 2.059$

ⓑ $U_{CL} = D_2\sigma_0 = 4.698 \times 1 = 4.698$

ⓒ L_{CL}은 고려하지 않는다.

산포의 변화가 없을 때 확률변수 R이 관리한계 내에 있을 확률은 다음과 같다.

$$L(R) = \beta = \Pr(L_{CL} \leq R \leq U_{CL})$$
$$= \Pr\left(\frac{L_{CL} - R}{d_3\sigma} \leq z \leq \frac{U_{CL} - R}{d_3\sigma}\right)$$
$$= \Pr\left(z \leq \frac{4.698 - 2.059}{0.880}\right) = \Pr(z < 3.0) = 0.99875$$

이를 기준으로 표준편차의 변화와 부분군의 크기에 따른 검출력의 차이를 OC 곡선을 통해 확인해 보자. 〈그림 9-12〉에서 OC 곡선에 나타나는 바와 같이 $n = 4$인 OC곡선에서 표준편차 $\sigma' = 2.0$ 즉 표준편차가 2배가 되면 검출력은 35% 정도이며, 3배가 되면

70% 정도가 된다. 그러므로 R관리도를 평가할 때 검출력을 향상하기 위해서는 AT&T의 규칙을 참고하여 산포의 변동 여부를 평가하는 것이 필요하다.

또한 R관리도도 부분군의 크기가 증가하면 검출력이 증가한다. $n = 9$인 관리도는 표준편차 $\sigma' = 1.5$ 즉 1.5배가 되면 검출력은 22%가 되며, 2배가 되면 63%가 된다. 그러므로 빅데이터 형태로 데이터가 자동 집계되는 산업 현장에서는 가급적 부분군의 크기를 크게 하되 층별하여 데이터의 부분군을 형성하는 것이 효과적이라 할 수 있다.

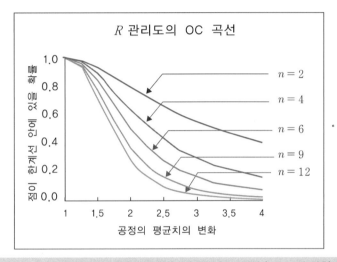

〈그림 9-12〉 부분군 크기변화에 따른 R관리도의 OC곡선 ($\sigma_0 = 1$인 경우)

(3) $\overline{X}-R$ 관리도의 검출력($1-\beta$)

검출력은 OC곡선의 반대 개념으로 관리한계를 벗어날 확률을 뜻한다. 하지만 관리상한과 관리하한을 동시에 벗어날 확률을 뜻하는 것은 아니다. 그 이유는 다음과 같다.

① R관리도는 공정의 산포가 커지는 경우를 모니터링하기 위한 관리도이다.

산포는 관리를 통해서는 좋아지지 않으므로 R관리도는 관리도 상에서 좋아지는 경우는 발생하지 않으며 이상원인이 발생한다면 관리상한 쪽으로 벗어나는 것이 정상이다. 이 경우 $\overline{X}$관리도는 군내변동이 커지므로 관리상한 또는 관리하한으로 벗어나는 경우가 발생되지만 이는 치우침에 의한 변동이 아니므로 의미가 없다. 그러므로 군내변동이 커진 원인을 찾아 조치를 취하는 것이 정상이다. 즉, R 관리도는 관리상한을 벗어나면 공정에 이상이 발생한 경우이며, 관리하한을 벗어난다면 이 경우는 1종 오류인 경우이므로 고려할 필요가 없다.

② $\overline{X}$관리도는 한쪽방향으로 치우치는 경우를 모니터링하기 위한 관리도이다.

치우침은 시계열 변동이므로 관리상한과 관리하한으로 동시에 진행되지 않는다. 그러므로 치우침을 원인으로 $\overline{X}$관리도 상에 나타나는 형태는 한 방향으로 나타나는 경우가 정상적 형태이다.

이러한 이유로 $\overline{X}$관리도의 검출력은 평균치가 이동되는 방향 쪽으로만 고려하는 것이 정상적이다. 즉 반대쪽으로 벗어난다면 제1종 오류이거나 군내변동이 커진 경우이므로 치우침과는 무관한 현상이므로 고려할 필요가 없다.

예를 들어 $N \sim (\mu, \sigma^2)$인 공정을 $n = 4$인 관리도로 관리할 때, 평균치가 0.5σ 증가한다면 평균치는 관리상한 쪽으로 치우치게 되며 관리도의 검출력$(1 - \beta)$은 다음과 같다.

$$1 - \beta = \Pr(\overline{x} > U_{CL})$$
$$= \Pr(z > \frac{U_{CL} - \mu'}{\sigma_{\overline{x}}})$$
$$= \Pr(z > \frac{(\mu + 3\frac{\sigma}{\sqrt{4}}) - (\mu + 0.5\sigma)}{\frac{\sigma}{\sqrt{4}}}) = \Pr(z > 2.0) = 0.0228$$

(예제 9-4)

부분군의 크기 $n=4$인 기준값이 주어진 $\overline{X} - R$관리도를 사용하는 제조공정에서, 공정에 치우침 변동이 발생하여 공정모평균 μ가 0.5σ만큼 U_{CL} 쪽으로 치우쳤을 경우 관리도의 검출력을 구하시오.

(풀이)

$$\Pr(\overline{X} > U_{CL}) = \Pr(z > \frac{U_{CL} - (\mu + 0.5\sigma)}{\sigma/\sqrt{n}})$$
$$= \Pr(z > \frac{(\mu + 3\frac{\sigma}{\sqrt{4}}) - (\mu + 0.5\sigma)}{\sigma/\sqrt{4}})$$
$$= P(z > 2.0) = 0.0228$$

관리도의 검출력$(1 - \beta)$은 $2.28(\%)$이다.

10장 여러 가지 계량형 관리도의 특성과 활용

관리도는 공정의 시계열 변동에 따른 치우침과 퍼짐 현상을 검출하는데 매우 유용한 도구이다. 그럼 다품종을 제조하는 경우, 변동이 아주 조금씩 발생하는 경우, 배치 변동이 있는 경우 등 의 다양한 공정에도 적용할 수 있을까? 물론 가능하다. 최근의 현장은 산업용 로봇, 계측기, 통계 s/w, 센서 및 통신의 발달로 real로 빅데이터들이 집계되고 있다. 이러한 다양한 빅데이 터를 효과적으로 층별하여 모니터링함으로써 품질정보 해석을 풍요롭게 하자.

10.1 $\overline{X}-s$(평균 – 표준편차)관리도의 작성과 활용

$\overline{X}-R$관리도가 현장에서 널리 활용되는 이유는 R관리도가 s관리도보다 검출력이 더 우수해서 사용하는 것은 아니다. 실제 범위 R은 최대치와 최소치만 이용하여 구하지만 표준편차 s는 데이터 전체를 사용하여 구하므로, 통계적 효율성 측면에서 표준편차 s가 더 우수한 통계량이라 할 수 있다. 다만 표준편차는 범위에 비해 이해하기가 상대적으로 더 어려운 통계량이다. 그러므로 상대적으로 이해하기 쉬운 $\overline{X}-R$관리도를 많이 사용하 는 것은 당연하다.

하지만 범위 R은 부분군의 크기가 커질수록(일반적으로 n≥10) 중심에서 멀리 떨어진 이상치 데이터의 영향으로 변동성이 커지므로 $\overline{X}-R$관리도는 사용이 곤란해진다. 반면 표준편차 s는 부분군의 크기가 커질수록 점점 오차가 적어지므로 범위 R 대신 표준편차 s를 사용하여 관리도를 작성하는 것이 좋다. 이를 $\overline{X}-s$관리도라고 하며 작성 방법은 $\overline{X}-R$관리도와 같다.

(1) s관리도의 수리와 관리한계

① s관리도(표준편차 관리도: standard deviation control chart)의 분포

부분군의 크기가 n으로 일정한 로트별 표본의 표준편차 $s_1, s_2, \cdots\cdots, s_k$를 따를 때 표본의 표준편차 s에 대한 기대치는 다음과 같다.

ⓐ $E(s) = c_4\sigma_0 = s_0$

ⓑ $D(s) = c_5\sigma_0$

② 기준값(σ_0)이 주어진 s 관리도의 중심선과 관리한계

ⓐ $C_L = E(s) = c_4\sigma_0 = s_0$ ··· 〈식 10-1〉

ⓑ $U_{CL} = E(s) + 3D(s)$

$\qquad = c_4\sigma + 3c_5\sigma = (c_4 + 3c_5)\sigma_0 = B_6\sigma_0$ ································· 〈식 10-2〉

ⓒ $L_{CL} = c_4\sigma - 3c_5\sigma = (c_4 - 3c_5)\sigma_0 = B_5\sigma_0$ ···························· 〈식 10-3〉

단, 관리계수 B_5, B_6는 부분군의 크기 n일 때 $B_5 = c_4 - 3c_5$, $B_6 = c_4 + 3c_5$이다.

③ 기준값이 주어지지 않은 s 관리도의 중심선과 관리한계

부분군의 크기 n이 k조인 기준값이 주어지지 않은 s 관리도에서 기준값 s_0와 σ_0는 다음과 같이 추정할 수 있다.

ⓐ $\hat{s_0} = \bar{s} = \dfrac{\sum s_i}{k}$

ⓑ $\hat{\sigma_0} = \dfrac{\bar{s}}{c_4}$

기준값이 주어지지 않은 s 관리도의 관리한계는 추정치 $\bar{s}$와 $\dfrac{\bar{s}}{c_4}$를 〈식 10-1〉, 〈식 10-2〉, 〈식 10-3〉의 s_0와 σ_0에 대입하여 구한다.

ⓐ $C_L = s_0 = \bar{s} = \dfrac{\sum s}{k}$

ⓑ $U_{CL} = (c_4 + 3c_5)\sigma_0$

$\qquad = (c_4 + 3c_5) \times \dfrac{\bar{s}}{c_4} = (1 + 3\dfrac{c_5}{c_4})\bar{s} = B_4\bar{s}$

ⓒ $L_{CL} = (1 - 3\dfrac{c_5}{c_4})\bar{s} = B_3\bar{s}$

단, 관리계수 B_3, B_4는 부분군의 크기 n일 때 $B_3 = 1 - 3\dfrac{c_5}{c_4}$, $B_4 = 1 + 3\dfrac{c_5}{c_4}$이다.

(2) $\overline{X}$관리도의 수리와 관리한계

① 기준값이 주어진 $\overline{X}$관리도의 중심선과 관리한계

$\overline{X}$관리도의 중심선 및 관리한계는 $\overline{X}-R$관리도의 경우와 동일하다. 그러므로 〈식 9-1〉, 〈식 9-2〉, 〈식 9-3〉과 같다.

ⓐ $C_L = \mu_0$ ·· 〈식 9-1〉

ⓑ $U_{CL} = \mu_0 + 3\dfrac{\sigma_0}{\sqrt{n}} = \mu_0 + A\sigma_0$ ····························· 〈식 9-2〉

ⓒ $L_{CL} = \mu_0 - 3\dfrac{\sigma_0}{\sqrt{n}} = \mu_0 - A\sigma_0$ ····························· 〈식 9-3〉

② 기준값이 주어지지 않은 $\overline{X}$ 관리도의 중심선과 관리한계

〈식 9-1〉, 〈식 9-2〉, 〈식 9-3〉에 대해 $\mu_0 = \overline{\overline{X}}$, $\sigma_0 = \dfrac{\overline{s}}{c_4}$를 입력하면 $\overline{X}$관리도의 관리한계는 다음과 같다.

ⓐ $C_L = \mu_0 = \overline{\overline{X}} = \dfrac{\sum \overline{X_i}}{k}$

ⓑ $U_{CL} = \mu_0 + 3\dfrac{\sigma_0}{\sqrt{n}}$

$= \overline{\overline{X}} + \dfrac{3}{\sqrt{n}}\dfrac{\overline{s}}{c_4} = \overline{\overline{X}} + A_3\overline{s}$

ⓒ $L_{CL} = \overline{\overline{X}} - \dfrac{3}{\sqrt{n}}\dfrac{\overline{s}}{c_4} = \overline{\overline{X}} - A_3\overline{s}$

단, 관리계수 A_3는 부분군의 크기 n일 때 $A_3 = \dfrac{3}{c_4\sqrt{n}}$ 이다.

$\overline{X}-s$관리도의 $\overline{X}$관리도와 $\overline{X}-R$관리도의 $\overline{X}$관리도의 관리한계는 큰 차이가 없다. 왜냐하면 통계적 추론 관점에서는 서로 동일한 값이기 때문이다.

즉, 두 관리도의 관리한계에 대한 식은 다음과 같은 관계가 성립된다.

$$\overline{\overline{X}} \pm A\sigma_0 = \overline{\overline{X}} \pm A_2\overline{R} = \overline{\overline{X}} \pm A_3\overline{s}$$

〈표 10-1〉 $\overline{X}-s$ 관리도의 관리한계 공식

통계량	기준값이 주어지지 않은 경우		기준값이 주어진 경우	
	중심선(C_L)	관리한계(U_{CL}과 L_{CL})	중심선(C_L)	관리한계(U_{CL}과 L_{CL})
$\overline{X}$	$\overline{\overline{X}}$	$\overline{\overline{X}} \pm A_3\overline{s}$	X_0 또는 μ_0	$X_0 \pm A\sigma_0$
s	$\overline{s}$	$B_4\overline{s}$, $B_3\overline{s}$	s_0 또는 $c_4\sigma_0$	$B_6\sigma_0$, $B_5\sigma_0$

계량형 관리도의 관리한계를 구할 경우 〈부록 7. 관리한계를 구하기 위한 계수표〉에서 부분군의 크기에 따른 $A, A_2, \cdots\cdots, d_3, m_3$ 등을 사용한다.

(3) 예시데이터를 활용한 기준값이 주어진 $\overline{X}-s$ 관리도의 작성 절차

〈표 9-3〉의 예시데이터에 대해 $\overline{X}-s$ 관리도를 작성 및 활용해 보자.

① 기준값이 주어지지 않은 s 관리도의 관리한계의 계산

ⓐ $C_L = \overline{s} = \dfrac{\sum s}{k} = \dfrac{16.3518}{20} = 0.81759$

ⓑ $U_{CL} = B_4\overline{s} = 2.089 \times 0.81759 = 1.70795$

ⓒ $L_{CL} = B_3\overline{s}$ ($n \leq 5$이므로, L_{CL}은 고려하지 않는다.)

② 기준값이 주어지지 않은 $\overline{X}$ 관리도의 관리한계의 계산

ⓐ $C_L = \overline{\overline{X}} = \dfrac{\sum \overline{X}}{k} = \dfrac{10033.92}{20} = 501.6958$

ⓑ $U_{CL} = \overline{\overline{X}} + A_3\overline{s} = 501.6958 + 1.427 \times 0.81759 = 502.8625$

ⓒ $L_{CL} = \overline{\overline{X}} - A_3\overline{s} = 501.6958 - 1.427 \times 0.81759 = 500.5292$

③ $\overline{X}-s$ 관리도의 해석

〈표 9-3〉의 부분군별 평균과 표준편차의 통계량을 관리도에 타점하고 관리한계를 표기하면 〈그림 10-1〉과 같은 $\overline{X}-s$ 관리도가 작성된다. 〈그림10-1〉은 Minitab을 이용하여 작성한 관리도이다. $\overline{X}-s$ 관리도에서의 이상원인도 $\overline{X}-R$ 관리도와 동일하게 부분군 No. 18, 19, 20 으로 모두 관리한계를 벗어났다. 실제 부분군의 크기가 크지 않을 경우에는 R 관리도와 s 관리도의 검출력 차이는 크지 않다.

이상원인을 조사하여 제거하고 수정된 $\overline{X}-s$관리도를 작성한다.

④ 기준값이 주어지지 않은 수정된 s'관리도의 관리한계의 계산

기준값이 주어지지 않은 수정된 $\overline{X}-s$관리도를 작성하는 과정은 $\overline{X}-R$관리도와 동일하다.

ⓐ $C_L = \overline{s'} = \dfrac{\sum s - s_{18} - s_{19} - s_{20}}{k-3} = \dfrac{13.7903}{17} = 0.81119$

ⓑ $U_{CL} = B_4\overline{s'} = 2.089 \times 0.81119 = 1.69459$

ⓒ $L_{CL} = B_3\overline{s'}$ 고려하지 않는다.

⑤ 기준값이 주어지지 않은 수정된 $\overline{X'}$관리도의 관리한계의 계산

ⓐ $C_L = \overline{\overline{X'}} = \dfrac{\sum \overline{X} - \overline{X_{18}} - \overline{X_{19}} - \overline{X_{20}}}{k-3} = \dfrac{8533.500}{17} = 501.971$

ⓑ $U_{CL} = \overline{\overline{X'}} + A_3\overline{s'} = 501.971 + 1.427 \times 0.81119 = 503.1286$

ⓒ $L_{CL} = \overline{\overline{X'}} - A_2\overline{R'} = 501.971 - 1.427 \times 0.81119 = 500.8134$

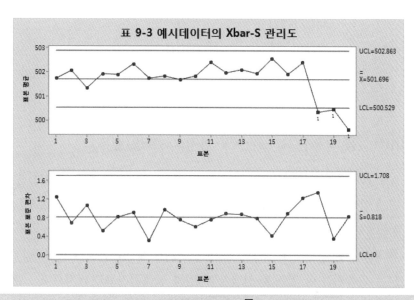

〈그림 10-1〉〈표 9-3〉예시 데이터의 $\overline{X}-s$관리도의 작성 예

(예제 10-1)

$\overline{X}-s$ 관리도에서 $\bar{s}=1.842$ $U_{CL}=12, L_{CL}=6$ 일 때, 부분군의 크기(n)을 구하시오.

....

(풀이)

ⓐ $U_{CL}=\overline{\overline{X}}+A_3\bar{s}=12$

ⓑ $L_{CL}=\overline{\overline{X}}-A_3\bar{s}=6$

ⓒ 식 ⓐ, ⓑ의 차를 구하여 A_3에 관하여 정리하면

$$A_3=\frac{U_{CL}-L_{CL}}{2\bar{s}}=\frac{12-6}{2\times1.842}=1.6287$$

ⓓ 〈부록 7. 관리한계를 구하기 위한 계수표〉에서 $A_3=1.6287$을 만족하는 $n=4$이다.

---

⑥ 기준값이 주어진 $\overline{X}-s$ 관리도의 작성

  ⓐ 공정모니터링을 위한 평균치의 기준값(μ_0)의 결정은 $\overline{X}-R$ 관리도와 같다.

  ⓑ 공정모니터링을 위한 표준편차의 모수추정치

    산포의 기준값(σ_0)은 관리 상태의 통계량을 활용하여 다음과 같이 추정한다.

      ㉠ $s_0=0.81119$

      ㉡ $\sigma_0=\dfrac{s_0}{c_4}=\dfrac{0.81119}{0.9400}=0.8630$

      σ_0의 추정치는 $\overline{X}-R$ 관리도에서 구한 값과 큰 차이가 없음을 알 수 있다. 이후의 절차는 $\overline{X}-R$ 관리도의 경우와 동일하다.

(4) Minitab을 활용한 $\overline{X}-s$ 관리도 공정모니터링 실무

① $\overline{X}-s$ 관리도의 입력 데이터는 9.4 (4)의 〈자료 1〉, 〈자료 2〉, 〈자료 3〉을 활용한다. 데이터의 입력방법은 $\overline{X}-R$ 관리도와 같다. 동일조건에서 $\overline{X}-R$ 관리도와 검출력을 비교해 보자. 입력하는 기준값은 부분군의 크기를 5에서 $\mu_0=502$, $\sigma_0=0.8624$을 적용한다.

통계분석 ▶ 관리도 ▶ 부분군 계량형 관리도 ▶ Xbar-S를 선택한다. '관리도에 대한 모든 관측치를 한 열에'를 선택한 후 입력 창에 '〈자료1〉, 〈자료 2〉, 〈자료 3〉'을 모두 연결한다. $\overline{X}-R$ 관리도와 동일하게 '부분군의 크기'에는 5를 입력한다. Xbar-S 옵션 탭을 열어 '모수' 탭에서 기준값으로 평균 $\mu_0=502$와 표준편차 $\sigma_0=0.8624$를 입력하고 확인을 클릭한다.

② 출력 결과

ⓐ 〈자료1〉의 고찰

$\overline{X}-R$관리도와 특별히 차이가 없이 관리 상태이며 흐름이 유사하다.

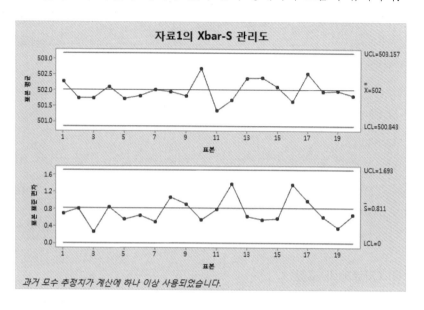

ⓑ 〈자료2〉의 고찰

$\overline{X}-R$관리도와 유사한 수준으로 평균치의 치우침을 비슷한 수준으로 검출하고 있다.

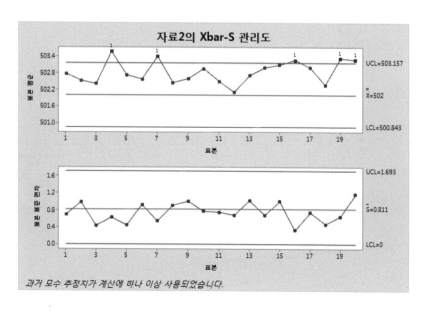

ⓒ 〈자료2〉에 8대 규칙을 적용하면 치우침의 분석 결과는 명확해 진다.

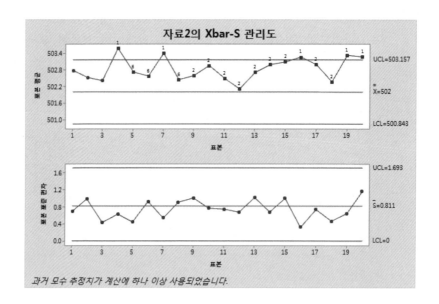

ⓓ 〈자료3〉의 고찰

$\overline{X}-R$관리도와 유사한 수준으로 산포의 퍼짐에 대한 검출력을 보이고 있다.

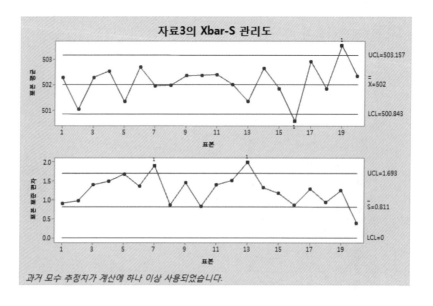

ⓔ 〈자료3〉에 8대 규칙을 적용하면 퍼짐의 분석 결과는 명확해 진다.

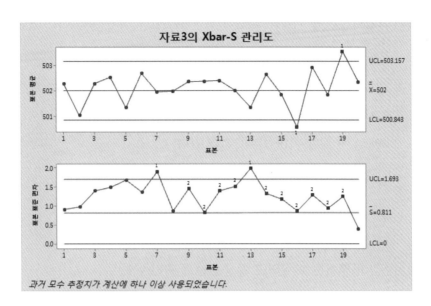

10.2 $\tilde{X}-R$(중위수 – 범위)관리도의 작성과 활용

$\tilde{X}-R$관리도는 과거에 $\overline{X}-R$관리도 보다 작성이 쉬우므로 $\overline{X}-R$관리도의 대용으로 사용되었다. 또한 $\tilde{X}-R$관리도는 $\overline{X}-R$관리도를 보완할 수 있는 몇 가지 장점이 있다.

ⓐ 계산이 별로 필요하지 않고 작성하기 쉽다.

ⓑ 치우침의 모니터링 시 이상치 데이터에 대한 영향을 받지 않는다.

하지만 $\overline{X}-R$ 관리도에 비해 $n=2$의 경우를 제외하면 치우침에 대한 검출력이 떨어지는 단점이 있다. 또한 오늘날은 통계 s/w의 발달로 작성하기 쉬운 특성은 장점이라할 수 없으므로 Minitab의 경우는 채택하고 있지 않다. 그리고 이상치는 정규성 검정, 상자그림 등을 활용하면 쉽게 적출할 수 있으므로 이상치 데이터의 영향을 받지 않는다는 장점 역시 큰 의미가 없다.

(1) $\widetilde{X}-R$관리도의 수리와 관리한계

$\widetilde{X}-R$관리도의 관리한계는 다음과 같이 계산한다. R관리도는 $\overline{X}-R$관리도의 수리와 동일하므로 생략한다.

① $\widetilde{X}$ 관리도(중위수 관리도: median control chart)의 확률분포

부분군의 크기가 n으로 일정한 로트별 표본의 중위수 $\widetilde{X}_1, \widetilde{X}_2, \cdots\cdots, \widetilde{X}_k$를 따를 때 메디안 $\widetilde{X}$에 대한 기대치는 다음과 같다.

ⓐ $E(\widetilde{X}) = \mu_0 = X_0$

ⓑ $D(\widetilde{X}) = m_3 \dfrac{\sigma_0}{\sqrt{n}} = m_3 A \sigma_0$

② 기준값이 주어진 $\widetilde{X}$ 관리도의 중심선과 관리한계

ⓐ $C_L = E(\widetilde{X}) = \mu_0$ ·· 〈식 10-4〉

ⓑ $U_{CL} = E(\widetilde{X}) + 3D(\widetilde{X})$

$= \mu_0 + 3m_3 \dfrac{\sigma_0}{\sqrt{n}} = \mu_0 + m_3 A \sigma_0$ ······························· 〈식 10-5〉

ⓒ $L_{CL} = \mu_0 - 3m_3 \dfrac{\sigma_0}{\sqrt{n}} = \mu_0 - m_3 A \sigma_0$ ······························· 〈식 10-6〉

③ 기준값이 주어지지 않은 $\widetilde{X}$ 관리도의 중심선과 관리한계

부분군의 크기 n이 k조인 기준값이 주어지지 않은 $\widetilde{X}$관리도에서 기준값 μ_0와 σ_0는 다음과 같이 추정할 수 있다.

ⓐ $\widehat{\mu_0} = \overline{\widetilde{X}} = \dfrac{\sum \widetilde{X}_i}{k}$

ⓑ $\widehat{\sigma_0} = \dfrac{\overline{R}}{d_2}$

기준값이 주어지지 않은 $\tilde{X}$관리도의 관리한계는 추정치 $\overline{\tilde{X}}$, $\dfrac{\overline{R}}{d_2}$를 각각 〈식 10-4〉, 〈식 10-5〉, 〈식 10-6〉의 μ_0, σ_0에 대입하여 구한다.

ⓒ $C_L = \mu_0 = \overline{\tilde{X}} = \dfrac{\sum \tilde{X}_i}{k}$

ⓓ $U_{CL} = \mu_0 + 3m_3 \dfrac{\sigma_0}{\sqrt{n}}$

$\quad = \overline{\tilde{X}} + 3m_3 \dfrac{\overline{R}}{d_2 \sqrt{n}} = \overline{\tilde{X}} + m_3 A_2 \overline{R} = \overline{\tilde{X}} + A_4 \overline{R}$

ⓔ $L_{CL} = \overline{\tilde{X}} - 3m_3 \dfrac{\overline{R}}{d_2 \sqrt{n}} = \overline{\tilde{X}} - m_3 A_2 \overline{R} = \overline{\tilde{X}} - A_4 \overline{R}$

단, 관리계수 A_4는 부분군의 크기 n일 때 $A_4 = \dfrac{3m_3}{d_2 \sqrt{n}} = m_3 A_2$이다.

〈표 10-2〉 $\tilde{X}$관리도의 관리한계 공식과 관리계수

통계량	기준값이 주어지지 않은 경우		기준값이 주어진 경우	
	중심선(C_L)	관리한계(U_{CL}과 L_{CL})	중심선(C_L)	관리한계(U_{CL}과 L_{CL})
$\tilde{X}$	$\overline{\tilde{X}}$	$\overline{\tilde{X}} \pm A_4 \overline{R}$, 단 $A_4 = m_3 A_2$	X_0 또는 μ_0	$X_0 \pm m_3 A \sigma_0$
R	$\overline{R}$	$D_4 \overline{R}$, $D_3 \overline{R}$	R_0 또는 $d_2 \sigma_0$	$D_2 \sigma_0$, $D_1 \sigma_0$

n	2	3	4	5	6	7	8	9	10
A_4	1.880	1.187	0.796	0.691	0.548	0.508	0.433	0.412	0.362
m_3	1.000	1.160	1.092	1.198	1.135	1.214	1.160	1.223	1.176

(2) $\tilde{X}-R$ 관리도 적용 예

$\tilde{X}-R$ 관리도의 작성절차는 $\overline{X}-R$ 관리도와 동일하다. 다만 부분군의 크기는 홀수로 하는 것이 작성이 수월하다. 〈표 10-3〉은 〈표 9-3〉 예시데이터를 $\tilde{X}-R$ 관리도로 활용하기 위해 통계량을 재 작성한 것이다.

〈표 10-3〉예시데이터의 $\tilde{X}-R$관리도를 위한 예비데이터 (단위:gr)

No	X1	X2	X3	X4	X5	median	R
1	501.74	502.52	500.86	500.18	503.30	501.74	3.12
2	502.14	502.91	502.20	500.99	502.00	502.14	1.92
3	500.16	503.01	501.56	500.80	501.11	501.11	2.85
4	501.85	502.74	501.65	501.98	501.36	501.85	1.38
5	502.54	502.74	500.68	501.71	501.74	501.74	2.06
6	502.94	501.75	502.51	503.35	501.08	502.51	2.27
7	501.68	502.16	501.89	501.62	501.33	501.68	0.83
8	503.09	501.01	501.86	502.42	500.71	501.86	2.38
9	501.14	502.74	502.13	500.88	501.52	501.52	1.86
10	501.18	502.58	501.89	502.24	501.24	501.89	1.40
11	501.56	502.09	503.18	501.88	503.23	502.09	1.67
12	502.08	502.15	500.95	501.34	503.28	502.08	2.33
13	500.61	502.65	502.41	502.78	502.00	502.41	2.17
14	502.89	501.28	502.55	501.06	501.87	501.87	1.83
15	502.99	502.72	502.26	502.00	502.78	502.72	0.99
16	503.25	501.82	501.34	500.92	502.22	501.82	2.33
17	502.16	503.81	501.10	503.54	501.34	502.16	2.71
18	499.64	502.04	499.69	501.52	498.86	499.69	3.18
19	500.08	500.67	500.05	500.78	500.69	500.67	0.73
20	500.05	500.79	498.87	499.59	498.76	499.59	2.03
합계						10033.14	40.04

① 기준값이 주어지지 않은 R관리도의 관리한계의 계산

ⓐ $C_L = \overline{R} = \dfrac{\sum R}{k} = \dfrac{40.04}{20} = 2.002$

ⓑ $U_{CL} = D_4\overline{R} = 2.114 \times 2.002 = 4.232$

ⓒ $L_{CL} = D_3\overline{R}$ (n이 6 이하이므로, '고려하지 않는다.')

② 기준값이 주어지지 않은 $\tilde{X}$관리도의 관리한계의 계산

ⓐ $C_L = \overline{\tilde{X}} = \dfrac{\sum \tilde{X}}{k} = \dfrac{10033.14}{20} = 501.657$

ⓑ $U_{CL} = \overline{\tilde{X}} + A_4\overline{R} = 501.657 + 0.691 \times 2.002 = 503.0404$

ⓒ $L_{CL} = \overline{\tilde{X}} - A_4\overline{R} = 501.657 - 0.691 \times 2.002 = 500.2736$

③ 이상원인의 조치와 중심선의 재작성

관리한계를 벗어난 점은 그 원인을 제거하고 재발을 방지하기 위하여 적절한 시정조치가 취해져야 한다. 〈표 10-3〉을 조사해보면 관리한계를 벗어난 점은 부분군 No. 18, 20의 2가지 경우로 9장의 $\overline{X} - R$ 관리도 보다 검출력이 낮아지는 경향을 나타낸다.

$\tilde{X} - R$ 관리도도 이상원인을 제거한 후 관리한계를 수정하고 다시 기준값이 주어지지 않은 $\tilde{X}' - R'$ 관리도를 작성하여야 한다. 수정된 $\overline{\tilde{X}'}$, $\overline{R'}$ 의 값과 관리한계는 다음과 같다.

ⓐ $\overline{\tilde{X}'} = \dfrac{\sum \tilde{X} - \tilde{X_{18}} - \tilde{X_{20}}}{k-2} = \dfrac{9033.860}{18} = 501.8811$

ⓑ $\overline{R'} = \dfrac{\sum R - R_{18} - R_{20}}{k-2} = \dfrac{34.83}{18} = 1.935$

10.3 $X - R_m$ 관리도의 작성과 활용

(1) $X - R_m$ 관리도의 개요

$X - R_m$(개별치)관리도는 공정관리를 위한 부분군의 형성이 곤란하거나, 1일 1자료만 나오는 경우 등과 같이 실제 부분군의 의미가 없는 경우에 적용된다. 이 경우 군내변동을 관리할 수 있는 산포의 추정치를 체크할 수 있는 부분군이 없으므로, 직전의 측정치와 현재의 측정치의 차이에 대한 절대치인 이동범위(moving range)를 활용한다.

즉, 첫 번째 관측치 와 두 번째 관측치의 차를 첫 번째 이동범위, 두 번째 관측치 와 세 번째 관측치 와의 차를 두 번째 이동범위,………, 이것을 계속한 후 이동 범위의 평균 $\overline{R_m}$ 을 계산하여 R관리도를 대체한다. $X - R_m$ 관리도의 작성절차는 $\overline{X} - R$관리도와 동일하다. 〈표 10-4〉는 X관리도의 관리한계를 구하는 공식을 나타낸 것이다.

〈표 10-4〉 X관리도에 대한 관리한계 공식

통계량	기준값이 주어지지 않은 경우		기준값이 주어진 경우	
	중심선(C_L)	관리한계(U_{CL}과 L_{CL})	중심선(C_L)	관리한계(U_{CL}과 L_{CL})
X	$\overline{X}$	$\overline{X} \pm 2.66\overline{R_m}$	X_0 또는 μ_0	$X_0 \pm 3\sigma_0$
R_m	$\overline{R_m}$	$D_4\overline{R_m}$, 고려하지 않음	R_0 또는 $d_2\sigma_0$	$D_2\sigma_0$, 고려하지 않음

① X 관리도의 사용 시 주의하여야할 점

   ⓐ X관리도는 $\overline{X}-R$관리도만큼 공정의 변화에 민감하지 않다.

   ⓑ 공정의 분포가 정규분포가 아닌 경우, 개별치에 의한 관리도해석에 주의를 기울여야 한다.

   ⓒ 이동범위(R_m) 값은 앞뒤의 두 데이터 관계를 연속된 제조과정으로 보고 하나의 배치로 가정하여 구한다. 그러므로 공정이 단절되어 앞뒤의 데이터 관계가 불연속이 될 경우 앞 공정과는 이질적 상태가 되어 이동범위는 의미가 없어진다. 그러므로 이 경우는 X관리도만 작성하여 해석하도록 한다.

② X 관리도의 적용대상

   ⓐ 정해진 제조공정으로부터 1개의 측정치 밖에 얻을 수 없을 때

      배치(batch) 반응공정의 수율, 전기분해의 전류효율, 1일당 전력소비량 등

   ⓑ 정해진 제조공정의 내부가 균일하여 많은 측정치를 채취해도 의미가 없을 때

      알코올의 농도, 입하한 탱커내의 황산, 가스 홀더(gas holder)로부터 나온 가스 등과 같이 군내변동의 의미가 없을 때

(2) $X-R_m$ 관리도의 수리와 관리한계

① 기준값이 주어진 R_m 관리도(이동범위 관리도: moving range control chart)의 중심선과 관리한계

   ⓐ $E(R_m) = d_2\sigma_0 = 1.128\sigma_0 = R_{m0}$ 〈식 10-7〉

   ⓑ $U_{CL} = E(R_m) + 3D(R_m)$

          $= d_2\sigma_0 + d_3\sigma_0 = (d_2 + 3d_3)\sigma_0 = D_2\sigma_0$ ·· 〈식 10-8〉

R_m 관리도에서 부분군의 크기(n)은 이동범위의 계산에 사용된 데이터 수인 2를 적용한다. 즉 부분군의 크기 $n \leq 6$이므로 L_{CL}은 고려하지 않는다.

② 기준값이 주어지지 않은 R_m 관리도의 중심선과 관리한계

부분군의 크기 $n = 1$이 k조인 기준값이 주어지지 않은 R_m 관리도에서 기준값 R_{m0}와 σ_0는 다음과 같이 추정할 수 있다.

ⓐ $\widehat{R_{m0}} = \overline{R_m} = \dfrac{\sum R_{mi}}{k-1}$

ⓑ $\widehat{\sigma_0} = \dfrac{\overline{R_m}}{d_2} = \dfrac{\overline{R_m}}{1.128}$

기준값이 주어지지 않은 R_m 관리도의 관리한계는 추정치 $\overline{R_m}$와 $\dfrac{\overline{R_m}}{1.128}$를 〈식 10-7〉, 〈식 10-8〉의 R_0와 σ_0에 대입하여 구한다.

ⓒ $C_L = R_{m0} = \overline{R_m} = \dfrac{\sum \overline{R_m}}{k-1}$

ⓓ $U_{CL} = (d_2 + 3d_3)\sigma_0$

$= (d_2 + 3d_3)\dfrac{\overline{R_m}}{d_2} = (1 + 3\dfrac{d_3}{d_2})\overline{R_m} = D_4\overline{R_m} = 3.267\overline{R_m}$

단, 관리하한은 고려하지 않는다.

③ 기준값이 주어진 X 관리도(개별치 관리도: individuals control chart)의 중심선과 관리한계

ⓐ $C_L = \mu_0 = X_0$ ·································· 〈식 10-9〉

ⓑ $U_{CL} = E(X) + 3D(X) = \mu_0 + 3\sigma_0$ ·················· 〈식 10-10〉

ⓒ $L_{CL} = E(X) - 3D(X) = \mu_0 - 3\sigma_0$ ·················· 〈식 10-11〉

④ 기준값이 주어지지 않는 X 관리도의 중심선과 관리한계

기준값이 주어지지 않은 X관리도의 관리한계는 추정치 $\overline{X}$, $\dfrac{\overline{R_m}}{1.128}$를 각각 〈식 10-9〉, 〈식 10-10〉, 〈식 10-11〉의 μ_0, σ_0에 대입하여 구한다.

ⓐ $C_L = \mu_0 = \overline{X} = \dfrac{\sum X}{k}$

ⓑ $U_{CL} = \mu_0 + 3\sigma_0 = \overline{X} + 3\dfrac{\overline{R}_m}{d_2} = \overline{X} + 2.66\overline{R}_m$

ⓒ $L_{CL} = \overline{X} - 3\dfrac{\overline{R}_m}{d_2} = \overline{X} - 2.66\overline{R}_m$

⑤ 예시데이터를 활용한 관리한계의 작성

〈표 10-5〉는 각 배치마다 유리초산 함유량을 측정한 데이터이다. 이 공정은 24시간에 1회씩의 자료만 얻을 수 있기 때문에, X관리도로 공정을 관리하기로 하였다. $X-R_m$관리도의 관리한계를 구해보자.

〈표 10-5〉 $X-R_m$관리도 예시데이터- 유리초산 함유량의 측정자료(단위: %)

no	유리초산	이동범위	no	유리초산	이동범위	no	유리초산	이동범위
1	1.09	–	10	1.10	0.24	19	1.33	0.14
2	1.13	0.04	11	0.98	0.12	20	1.18	0.15
3	1.29	0.16	12	1.37	0.39	21	1.40	0.22
4	1.13	0.16	13	1.18	0.19	22	1.68	0.28
5	1.23	0.10	14	1.58	0.40	23	1.58	0.10
6	1.43	0.20	15	1.31	0.27	24	0.90	0.68
7	1.27	0.16	16	1.70	0.39	25	1.70	0.80
8	1.63	0.36	17	1.45	0.25	26	0.89	0.81
9	1.34	0.29	18	1.19	0.26	합계	34.06	7.16

ⓐ R_m 관리도의 관리한계의 계산

㉠ $C_L = \overline{R_m} = \dfrac{\Sigma R_m}{k-1} = \dfrac{7.16}{25} = 0.2864$

㉡ $U_{CL} = 3.267\overline{R_m} = 3.267 \times 0.2864 = 0.936$

L_{CL}은 고려하지 않는다.

ⓑ $\overline{X}$ 관리도의 관리한계의 계산

㉠ $C_L = \overline{x} = \dfrac{\Sigma X}{k} = \dfrac{34.06}{26} = 1.310$

ⓛ $U_{CL} = \bar{x} + 2.66\overline{R_m} = 1.310 + 2.66 \times 0.2864 = 2.072$

ⓒ $L_{CL} = 1.310 - 2.66 \times 0.2864 = 0.548$

(3) Minitab을 활용한 $X - R_m$ 관리도의 작성

① Minitab을 활용하여 관리도를 작성해보자. 〈표 10-5〉의 데이터를 열 방향으로 정리한다.

통계분석 ▶ 관리도 ▶ 개별값 계량형 관리도 ▶ I-MR을 선택한다.

대화상자에 변수를 연결하고, I-MR 옵션의 검정탭으로 가서 '특수 원인에 대한 모든 검정 수행'으로 전환한 후 확인을 클릭한다. 왜냐하면 I-MR 관리도는 검출력이 낮으므로 8대 규칙을 모두 활용하여 검정하는 것이 조금이라도 해석에 유리하다.

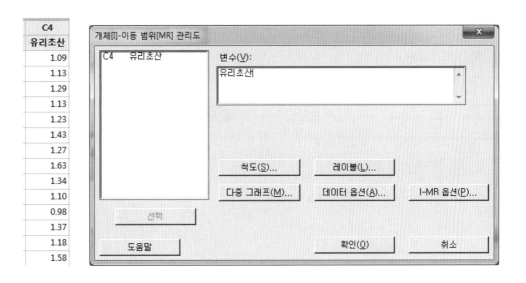

② 결과 출력

관리도에 8대 규칙을 모두 적용하여 해석한 결과 관리도는 관리 상태로 나타났다.

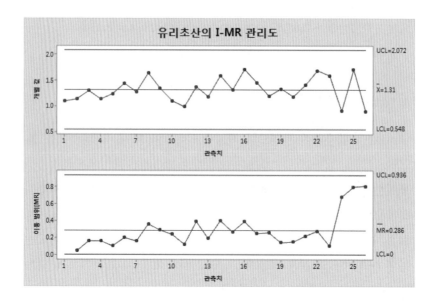

(예제 10-2)

$X - R_m$ 관리도를 작성하기 위해, 데이터를 정리한 결과 $\sum X = 128.1$, $\sum R_m = 7.512$, $k = 25$를 얻었다. $X - R_m$ 관리도의 중심선 및 관리한계를 구하시오.

(풀이)

ⓐ R_m(이동범위)관리도

　㉠ $C_L = \overline{R_m} = \dfrac{\sum R_m}{k-1} = \dfrac{7.512}{24} = 0.313$

　㉡ $U_{CL} = D_4 \overline{R_m} = 3.267 \times 0.313 = 1.023$

　　L_{CL}은 고려하지 않는다.

ⓑ X관리도

　㉠ $C_L = \overline{X} = \dfrac{\sum X}{k} = \dfrac{128.1}{25} = 5.124$

　㉡ $U_{CL} = \overline{X} + 2.66\,\overline{R_m} = 5.124 + 2.66 \times 0.313 = 5.95658$

　㉢ $L_{CL} = \overline{X} - 2.66\,\overline{R_m} = 5.124 - 2.66 \times 0.313 = 4.29142$

10.4 CUSUM 관리도의 작성과 활용

(1) CUSUM 관리도의 개요

① CUSUM 관리도와 Shewhart 관리도의 차이

지금까지 소개한 모든 계량형 관리도들은 3σ 관리한계를 기초로 하는 Shewhart 관리도이다. Shewhart 관리도는 부분군의 평균값을 타점하여 그 값이 관리한계 내에 있으면 관리상태로 판단하며, 관리한계 밖에 나타나면 공정에 변화가 있는 것으로 판단하여 공정의 이상 유무를 조사하게 된다. 즉, 공정의 변화를 판단하는 데 현재의 검사 결과만 사용하며 과거의 자료에는 영향을 받지 않는다.

누적합 관리도(CUSUM: cumulative sum control chart)[25]는 1954년 페이지(Page)에 의해 제안된 관리도로 현재의 검사 결과뿐만 아니라 과거의 검사 결과들을 누적하여 산출한 값으로 공정의 변화를 판단하는 방법이다.

공정의 변화가 서서히 일어나고 있을 때, Shewhart 관리도를 사용하면 그 공정의 변화를 탐지하기 어려우나 CUSUM 관리도를 이용하면 비교적 민감하게 탐지해 낼 수 있는 장점이 있어서 공정모니터링 도구로 많이 활용되어 왔으며, 특히 표본의 크기 n=1일 경우에도 효율적으로 사용될 수 있으므로 장치산업과 같은 제조업체에서 많이 사용된다.

② CUSUM관리도의 통계량

CUSUM 관리도는 공정에서 부분군의 크기가 n인 표본을 주기적으로 추출하여 그 평균값 $\bar{x}$(또는 개개치 x)와 공정기대치 μ_0와의 차이를 구한 후 이들의 누적합을 그래프로 그린 것이다. 만일 k번째 부분군의 평균값을 $\bar{x}$라 하면, 누적합(S_k :cumulative sum up)은 다음과 같다.

$$S_k = \sum_{i=1}^{k} (\overline{x_i} - \mu_0)$$

만약 R관리도가 관리상태인 조건에서 S_k의 값이 완만하게 증가하거나 감소하는 추세가 보이면 공정에 미세한 변화가 점진적으로 발생하고 있다는 증거이다. 또한 급격하게 증가하거나 감소하면 급격한 변화가 발생하고 있다는 뜻이 된다. 하지만 0을 중심으로 랜덤하게 나타난다면 공정은 치우침 변화 없이 안정적으로 유지되고 있다는 뜻이다.

(2) CUSUM 관리도의 수리와 V마스크

CUSUM 관리도에서는 공정의 이상 유무를 판단하려면 V마스크(V mask)를 이용한다. V마스크의 작성은 선도거리(d)와 각도(θ)에 의하여 결정된다. 또한 이들의 값은 가로축과 세로축의 눈금을 어떻게 정하느냐에 달려 있다. 일반적으로 많이 사용되는 방법은 다음과 같이 d, θ 를 정하여 준다. θ의 값이 적을수록 관리도의 탐지력이 좋아지며, 선도거리 d의 거리가 짧을수록 탐지력이 좋아진다.

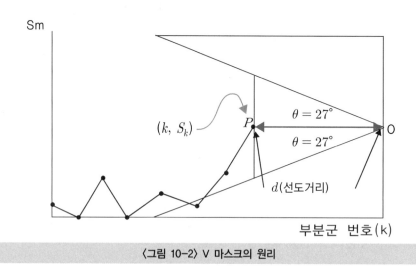

〈그림 10-2〉 V 마스크의 원리

① V Mask 설계에 사용되는 여러 가지 기호

ⓐ d(선도거리)

〈그림 10-2〉에서 최종 누적합(k, S_k)이 타점된 점을 V마스크의 P점(준거점)과 일치시킬 때 V마스크의 꼭지점 O 까지의 거리, 즉 선분 PO가 선도거리(d) 이다. 일반적으로 제1종 오류 α =0.05와 제2종 오류 β=0.10을 주로 사용한다.

$$d = 2\frac{\sigma_{\bar{x}}^2}{C^2}\ln\left(\frac{1-\beta}{\alpha/2}\right)$$ (단, $\sigma_{\bar{x}}$는 평균치의 표준편차이다.) ····· 〈식 10-12〉

ⓑ θ(각도)

$$\theta = \tan^{-1}\left(\frac{C}{2w}\right) \quad \cdots\cdots\cdots\cdots\cdots\cdots\cdots\cdots\cdots\cdots\cdots\cdots\cdots\cdots \langle\text{식 } 10\text{-}13\rangle$$

ⓒ w: 가로축과 세로축의 한 눈금 간격의 비를 나타내는 척도

w의 범위는 $\sigma_{\bar{x}} \leq w \leq 2\sigma_{\bar{x}}$ 이지만 〈그림 10-3〉과 같이 가로축의 한 눈금의 길이와 세로축의 $2\sigma_{\bar{x}}$ 길이를 동일하게 선택하여 표준편차의 2배($2\sigma_{\bar{x}}$)로 사용하는 경우가 일반적이다.

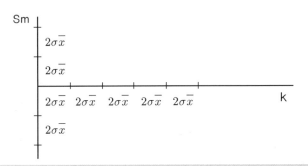

〈그림 10-3〉 누적합 관리도의 눈금 설정

ⓓ C

측정된 공정평균과 목표값 μ_0의 차이가 얼마나 떨어져 있는지를 탐지하고 싶은 크기로 표준편차의 1배($\sigma_{\bar{x}}$) 또는 2배($2\sigma_{\bar{x}}$)를 주로 사용한다.

〈식 10-13〉을 활용하여 V 마스크의 각도를 계산해보자. 계산결과 V 마스크의 퍼짐 각도로 보통 14^o와 27^o가 주로 활용됨을 알 수 있다.

㉠ $\theta = \tan^{-1}\dfrac{C}{2w} = \tan^{-1}\dfrac{\sigma_{\bar{x}}}{2(2\sigma_{\bar{x}})} = \tan^{-1}\dfrac{1}{4} = 14^o$

㉡ $\theta = \tan^{-1}\dfrac{C}{2w} = \tan^{-1}\dfrac{2\sigma_{\bar{x}}}{2(2\sigma_{\bar{x}})} = \tan^{-1}\dfrac{1}{2} = 27^o$

② V 마스크(Mask)의 일반적인 설계

$C = 2\sigma_{\bar{x}}$, $w = 2\sigma_{\bar{x}}$, $\alpha = 0.05$, $\beta = 0.10$으로 하여 V 마스크를 설계해보자.

ⓐ $C = 2\sigma_{\bar{x}}$, $w = 2\sigma_{\bar{x}}$일 때 〈식 10-13〉에서

$$\tan\theta = \frac{C}{2w} = \frac{2\sigma_{\bar{x}}}{2(2\sigma_{\bar{x}})} = \frac{1}{2} \text{이므로} \quad \therefore \theta = 26.56505^\circ \approx 27^\circ$$

ⓑ $\alpha = 0.05$, $\beta = 0.10$일 때 〈식 10-12〉에서

$$d = 2\frac{\sigma_{\bar{x}}^2}{C^2}\ln\left(\frac{1-\beta}{\alpha/2}\right)$$

$$= 2\frac{\sigma_{\bar{x}}^2}{(2\sigma_{\bar{x}})^2}\ln\left(\frac{1-0.1}{0.05/2}\right) = 2\times\frac{1}{4}\ln\left(\frac{1-0.1}{0.05/2}\right) = 1.79176 \approx 1.8$$

이것은 가로축의 한 눈금을 $2\sigma_{\bar{x}}$로 잡았으므로 한 눈금의 1.8배의 거리를 의미한다〈그림 10-2〉. 그러므로 선도거리 d의 길이는 다음과 같다.

$$d = 1.8 \times 2\sigma_{\bar{x}}$$

따라서 관리도상에서 타점시킨 마지막점인 'P점(준거점)'에서 오른쪽으로 수평하게 눈금의 1.8배가 되는 곳에 꼭지점을 잡고, $\theta = 27^\circ$의 V마스크를 작성하여 타점시킨 점이 V 마스크로 가리어지면 공정에 이상원인이 존재하는 것으로 판정한다. 만약 마스크에 가려지는 점이 없으면 다음 부분군을 타점한 후 다시 같은 방법으로 측정을 반복한다.

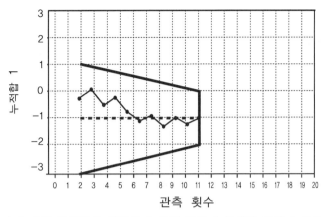

a) 누적합 목표치와 관련하여 공정 평균에 유의한 변동이 없음

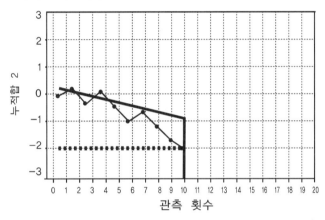

b) 누적합 목표치와 관련하여 공정 평균이 유의하게 감소함

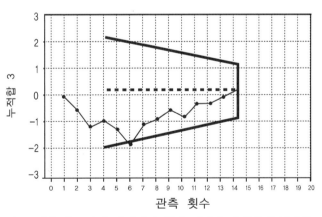

c) 누적합 목표치와 관련하여 공정 평균이 유의하게 증가함

〈그림 10-4〉 V 마스크를 활용한 공정 평균의 민감도 측정 방법 예

(3) Minitab을 활용한 양측 CUSUM 관리도(V 마스크)

⟨표 10−6⟩은 평균 $\mu_0 = 70$인 공정에 대해 부분군의 크기 $n = 5$로 하여 추출한 예시 데이터이다. Minitab을 활용하여 CUSUM 관리도를 작성하여 보자.

⟨표 10−6⟩ CUSUM 관리도의 예시데이터

k	X1	X2	X3	X4	X5	$\bar{x}$	$(\bar{x}-\mu_0)$	$S_k = \Sigma(\bar{x}-\mu_0)$
1	69.6	69.5	70.5	69.7	67.9	69.4	−0.56	−0.56
2	70.3	70.1	70.1	69.6	70.8	70.2	0.18	−0.38
3	69.3	70.8	70.2	70.1	70.7	70.2	0.22	−0.16
4	68.5	71.3	69.7	69.1	69.6	69.6	−0.36	−0.52
5	70.8	71.8	69.6	70.5	69.1	70.4	0.36	−0.16
6	70.2	71.1	70.1	70.7	70.5	70.5	0.52	0.36
7	70.2	70.0	70.8	71.1	70.0	70.4	0.42	0.78
8	69.3	69.2	70.4	71.0	69.5	69.9	−0.12	0.66
9	70.7	69.7	69.9	68.0	69.1	69.5	−0.52	0.14
10	69.3	72.2	68.2	70.4	71.1	70.2	0.24	0.38
11	70.1	69.8	70.3	68.7	70.1	69.8	−0.20	0.18
12	69.9	71.4	70.0	69.6	70.3	70.2	0.24	0.42
13	69.2	70.5	69.3	70.9	69.2	69.8	−0.18	0.24
14	67.7	70.9	70.5	69.7	69.9	69.7	−0.26	−0.02
15	70.5	73.3	67.1	71.1	68.4	70.1	0.08	0.06
16	70.4	70.3	70.2	70.2	69.0	70.0	0.02	0.08
17	70.9	70.3	69.0	68.1	70.9	69.8	−0.16	−0.08
18	68.0	70.1	69.6	68.3	69.4	69.1	−0.92	−1.00
19	69.7	70.3	67.4	70.7	67.7	69.2	−0.84	−1.84
20	69.5	69.2	69.7	69.7	70.1	69.6	−0.36	−2.20
21	69.3	70.1	69.0	70.3	69.9	69.7	−0.28	−2.48
22	69.2	68.0	69.5	69.0	69.5	69.0	−0.96	−3.44
23	68.5	70.6	69.6	72.4	67.9	69.8	−0.20	−3.64
24	68.7	70.3	67.7	69.1	68.7	68.9	−1.10	−4.74

Minitab에서의 CUSUM 관리도 활용방법은 단측 CUSUM 관리도와 양측 CUSUM(V 마스크) 관리도의 2가지 방법이 있다. 먼저 V 마스크를 활용하여 작성해 보자.

① 데이터를 Minitab에 입력하고 통계분석 ▶ 관리도 ▶ 시간 가중관리도 ▶ 누적합 (CUSUM) 관리도를 선택한다.

② 대화상자에 '관측치가 부분군 별로 여러 열에 있는 경우'로 변환 후 데이터를 연결 한다.

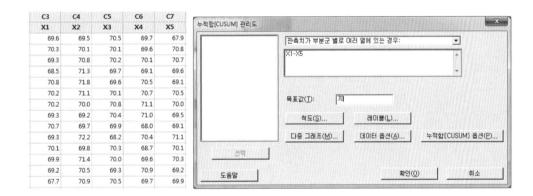

③ 목표값을 입력한 후 CUSUM 옵션 탭을 연다.

계획/유형 탭으로 이동하여 누적합 유형을 양측(V−마스크)로 변환하고 중심 부분군 번호를 '21'로 입력한다. 부분군 1부터 하나하나 진행해야 하지만 20번 까지는 검출이 되지 않고 진행하여 왔다고 가정하고 21번 군부터 진행하기로 한다.

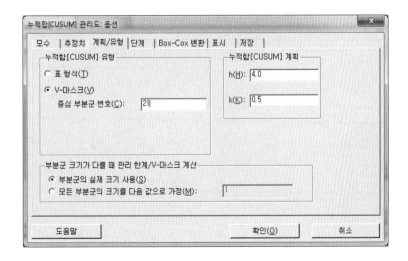

h: 중심선과 관리한계 사이의 평균치의 표준편차의 개수로 V 마스크의 반 폭 $H = h \times s$로 계산하며, Minitab에서는 4배 즉 $4\sigma_{\bar{x}}$(또는 4σ)를 권장한다.

k: V 마스크 상에서 팔의 기울기로 $0.5(27°)$ 또는 $0.25(14°)$를 주로 사용한다.

④ 결과 출력

분석 결과 치우침의 발생 여부가 확인되지 않았다.

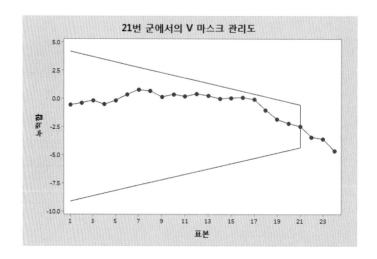

⑤ 같은 방법으로 계획/유형 탭을 열어 중심부분군 번호를 22로 입력하고 확인하면 평균치가 낮아지고 있는 것이 검출이 되고 있음을 알 수 있다. 각각의 그래프는 누적합 계수 h와 k를 변화시켜 가면서 비교한 것이다. h와 k가 각각 작을수록 검출력이 높아진다.

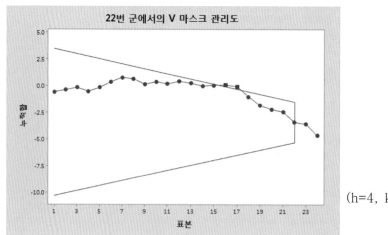

(h=4, k=0.5)

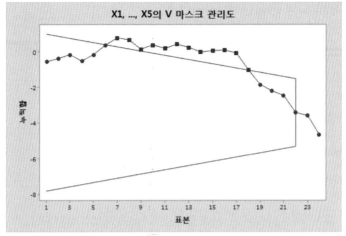

(h=4, k=0.25)

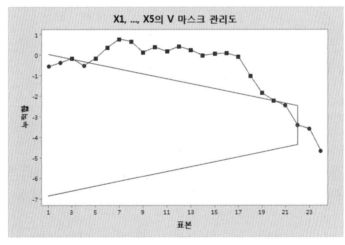

(h=2, k=0.25)

(4) Minitab을 활용한 단측 CUSUM 관리도

Minitab은 V-마스크를 활용한 양측 CUSUM 관리도와 함께 단측 CUSUM 관리도를 활용하여 치우침 여부를 확인할 수 있도록 하고 있다. 단측 CUSUM 관리도는 상측 CUSUM 관리도와 하측 CUSUM 관리도의 두 그래프가 동시에 중첩되어 나타난다. 상측 CUSUM 관리도는 누적한 통계량이 0보다 크면 나타나지만 0이하가 되면 0으로만 나타난다. 또한 하측 CUSUM 관리도는 누적한 통계량이 0보다 작으면 나타나지만 0 이상이면 0으로만 나타난다.

즉 상측 CUSUM 관리도는 공정 수준의 상향이동 만을 탐지하고, 하측 CUSUM 관리도는 하향이동 만을 탐지한다.

① 단측 CUSUM관리도의 중심선 및 관리한계

    ⓐ $C_L = 0$

    ⓑ $U_{CL} = 0 + h\sigma_{\bar{x}} = h\dfrac{\sigma}{\sqrt{n}} = 4\sigma_{\bar{x}}$

    ⓒ $L_{CL} = 0 - h\sigma_{\bar{x}} = -h\dfrac{\sigma}{\sqrt{n}} = -4\sigma_{\bar{x}}$

    h는 표준화된 의사결정 구간 즉 이상원인을 검출하는 평균치의 표준오차에 대한 배수를 나타낸 것으로 Minitab에서는 4배 즉 $4\sigma_{\bar{x}}$를 권장하지만 조정이 가능하다.

② 누적합 타점 통계량은 상측용과 하측용으로 다음과 같이 계산된다.

    ⓐ 상측 타점 통계량

$$CU_i = \max\left[0, CU_{i-1} + (\overline{x_i} - (m + k\dfrac{\sigma}{\sqrt{n}})\right] \quad (단, \ CU_0 = 0)$$

    ⓑ 하측 타점 통계량

$$CL_i = \min\left[0, CL_{i-1} + (\overline{x_i} - (m - k\dfrac{\sigma}{\sqrt{n}})\right] \quad (단, \ CL_0 = 0)$$

    k는 평균치가 증감하였다고 인식하는 평균치의 표준편차에 대한 허용 배수로 Minitab에서 권장하는 여유율은 0.5 즉 $\mu' = \mu \pm 0.5\sigma_{\bar{x}}$이지만 조정이 가능하다.

③ 이제 〈표 10-6〉의 예시데이터에 대해 Minitab을 활용하여 작성해보자.

통계분석 ▶ 관리도 ▶ 시간가중관리도 ▶ 누적합(CUSUM) 관리도를 선택한다.

대화상자에 데이터를 연결한 후 옵션의 계획/유형 탭을 열어 누적합 유형을 '단측'으로 하고 확인을 클릭한다.

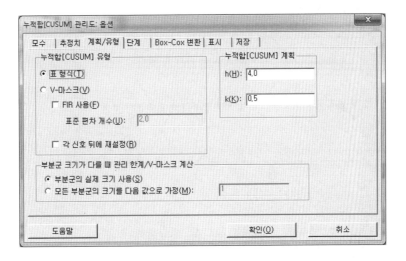

④ 결과 출력

관리도를 보고 해석한다. 22번 부분군부터 공정이 하한으로 치우쳐 있음을 경고하고
있다. 또한 h와 k를 작게하면 검출력이 높아져서 더 이른 부분군에서 치우침이 시작
되고 있음을 인지 할 수 있다.

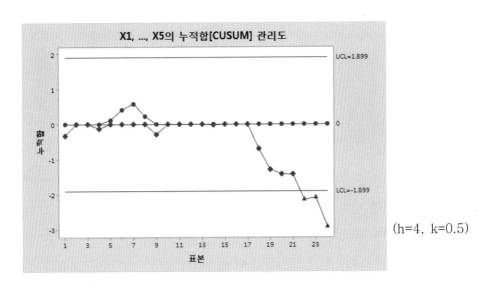

(h=4, k=0.5)

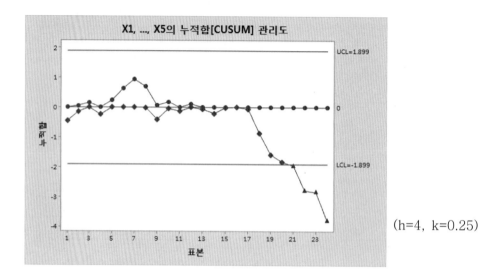

(h=4, k=0.25)

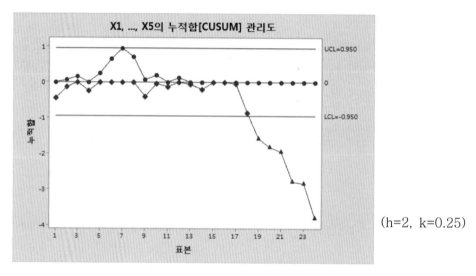

(h=2, k=0.25)

⑤ 이 데이터에 대한 $\overline{X} - R$관리도로의 모니터링 결과는 다음과 같다. 모수 $\mu_0 = 70$, 그리고 추정치는 $\overline{R}$를 적용한 것이다. 형평성을 고려하여 모표준편차는 입력하지 않았다.

R 관리도에서 15번이 out of control 되었지만 산포가 커졌기 때문에 발생한 것이 아니고 제1종 오류로 인해 나타난 현상이다. $\overline{X} - R$관리도는 치우침을 검출하지 못한 것으로 보아 CUSUM 관리도가 확실히 검출력이 우수함을 알 수 있다.

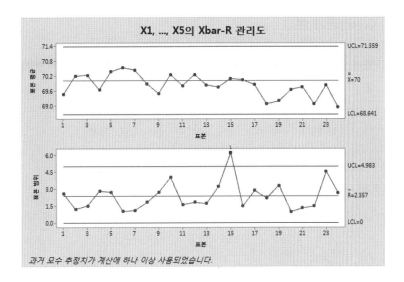

과거 모수 추정치가 계산에 하나 이상 사용되었습니다.

10.5 이동평균(MA) 관리도의 작성과 활용

(1) 이동평균 관리도의 특징과 이론적 배경

① 이동평균(MA: moving average)의 통계량

이동평균 관리도는 MA(moving average)를 타점하여 공정의 치우침을 모니터링 하기 위한 방법으로 $\overline{X} - R$관리도 보다 민감도가 뛰어나다. k 시점에서 부분군의 크기를 n으로 하는 부분군들의 평균을 $\overline{X_1}, \overline{X_2}, \cdots\cdots, \overline{X_k}$라고 할 때, k 시점에서 w개의 표본평균($\overline{X}$)의 이동평균(MA)의 통계량은 다음과 같다.

ⓐ 이동평균

$$MA_k = \frac{\left(\overline{X}_k + \overline{X}_{k+1} + \cdots + \overline{X}_{k-w+1}\right)}{w}$$

단, ω는 설정된 이동 평균의 수로 만약 $k < w$이면 k로 적용한다.

ⓑ 이동평균의 분산

평균의 계산에 소요되는 표본의 수가 $n \times w$ 즉 w배만큼 커지므로 분산역시 $\dfrac{\sigma^2}{nw}$ 을 따르게 된다.

$$V(MA) = \frac{\sigma_w^2}{nw} \ \ \text{(단, } k < w \text{이면, } w = k \text{로 적용)}$$

② 이동평균(MA)의 관리한계

이동평균관리도는 중심선은 사용하지 않으며 관리한계는 다음과 같다.

ⓐ $U_{CL} = \overline{\overline{X}} + \dfrac{3\sigma}{\sqrt{nw}}$

ⓑ $L_{CL} = \overline{\overline{X}} - \dfrac{3\sigma}{\sqrt{nw}}$ ㅤ(단, $k < w$이면 $nw \Rightarrow nk$)

③ 이동평균 관리도의 특징

ⓐ 이동평균의 수 w가 클수록 민감도가 증가한다.

ⓑ 부분군이 증가할수록 k가 w에 도달할 때 까지 관리한계의 폭은 점점 작아진다. $k = w$가 되면 관리한계의 폭은 일정하게 유지된다.

ⓒ 산포의 변화에는 효과가 없으며 $\overline{X} - R$ 관리도의 평균치 변화에 대한 보조관리도로 사용된다.

ⓓ 과거의 정보를 많이 반영하려면 w를 크게 취하고, 최근의 데이터에 중점을 주려면 w를 작게 취한다. 일반적으로 w는 3~7에서 정한다.

(2) Minitab을 활용한 MA 관리도의 작성과 활용

〈표 10-6〉의 데이터를 사용하여 MA 관리도를 작성하여 해석해 보자.

① 통계분석 ▶ 관리도 ▶ 시간가중관리도 ▶ 이동평균(MA) 관리도를 선택한다.
대화상자에 데이터를 연결하고 MA 길이를 5로 한 후 MA 옵션 탭을 연다.

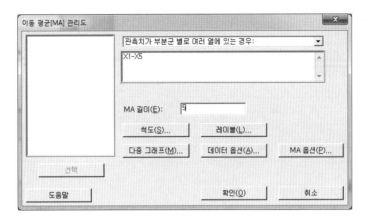

② MA 옵션에서 '모수' 탭에서 '평균'을 70으로 하고, 큰 의미는 없지만 추정치에서 부분
군의 크기 합동표준편차에서 R bar로 바꾼 후 확인을 클릭한다.

③ 결과 출력

MA 관리도의 경우 22번 부분군만 이상을 신호하고 있다. 검출력을 더 향상시키려면 이동평균의 수 w를 더 크게 하여야 한다.

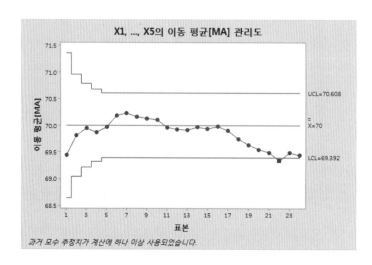

10.6 지수가중이동평균(EWMA) 관리도

(1) 지수가중이동평균[26]의 특징과 이론적 배경

지수가중이동평균 관리도(EWMA: exponentially weighted moving average)는 지수적으로 평활된 이동평균으로 공정 수준을 평가하는 관리도이다. 일반적으로 최근의 측정치에 가중치를 크게 주고 과거의 데이터로 갈수록 가중치를 적게 주는 방식으로 계수 λ가 작을수록 공정의 변화에 민감하게 대응한다.

① 지수가중이동평균(EWMA: Z_k)의 통계량의 계산

k 시점에서 부분군의 크기를 n으로 하는 부분군들의 평균을 $\overline{X_1}, \overline{X_2}, \cdots\cdots, \overline{X_k}$라고 할 때, 지수가중 이동 평균관리도의 가중치 부여 구조는 다음과 같다.

$$Z_k = \lambda \overline{x_k} + (1 - \lambda)Z_{k-1} \quad \cdots\cdots\cdots\cdots\cdots\cdots \langle \text{식 } 10\text{-}14 \rangle$$

---

26) KS Q ISO 7870-6:2016 관리도 – 제6부: EWMA 관리도

〈식 10-14〉에서 λ는 0과 1사이의 값을 갖는 상수이고 $z_0 = \overline{\overline{x}}$ 이다. 〈식 10-14〉를 전개하면 다음과 같다.

$$
\begin{aligned}
Z_k &= \lambda\overline{x_k} + (1-\lambda)Z_{k-1} \\
&= \lambda\overline{x_k} + (1-\lambda)[\lambda\overline{x_{k-1}} + (1-\lambda)Z_{k-2}] \\
&= \lambda\overline{x_k} + \lambda(1-\lambda)\overline{x_{k-1}} + (1-\lambda)^2 Z_{k-2} \\
&= \lambda\overline{x_k} + \lambda(1-\lambda)\overline{x_{k-1}} + \lambda(1-\lambda)^2\overline{x_{k-2}} \cdots + \lambda(1-\lambda)^{k-1}\overline{x_1} + (1-\lambda)^k\overline{\overline{x}}
\end{aligned}
$$

여기서 가중치의 합은 1이다. 따라서 최근의 데이터에 더 큰 가중치가 부여되고, 과거의 데이터로 갈수록 가중치가 감소한다. 만약 $\lambda=1$ 이라면 $\overline{X}$관리도와 동일하다. 그러므로 λ가 작을수록 공정평균의 변동을 더 민감하게 검출할 수 있다.

② 지수가중이동평균(Z_k)의 분산

만일 $\overline{x_i}$가 서로 독립이고 평균치 $\overline{x}$의 분산 $\sigma_{\overline{x}}^2 = \dfrac{\sigma^2}{n}$ 일 때 Z_k의 분산은 다음과 같다.

$$
V(Z_k) = \frac{\sigma^2}{n}\left(\frac{\lambda}{2-\lambda}\right)[1-(1-\lambda)^{2k}] \quad\cdots\cdots\cdots\cdots \langle\text{식 } 10\text{-}15\rangle
$$

하지만 부분군의 수 k가 증가하면 (식 10-15)는 다음과 같이 수렴한다.

$$
V(Z_k) = \frac{\sigma^2}{n}\left(\frac{\lambda}{2-\lambda}\right)[1-(1-\lambda)^{2k}] \cong \frac{\sigma^2}{n}\left(\frac{\lambda}{2-\lambda}\right)
$$

③ 지수가중이동평균(EWMA) 관리도의 관리한계

ⓐ $U_{CL} = \overline{\overline{X}} + 3\dfrac{\sigma}{\sqrt{n}}\sqrt{\dfrac{\lambda}{2-\lambda}}$

ⓑ $L_{CL} = \overline{\overline{X}} - 3\dfrac{\sigma}{\sqrt{n}}\sqrt{\dfrac{\lambda}{2-\lambda}}$

(2) Minitab을 활용한 EWMA 관리도의 작성

〈표 10-6〉의 데이터를 사용하여 EWMA 관리도를 작성하여 해석해 보자.

① 통계분석 ▶ 관리도 ▶ 시간가중관리도 ▶ 지수가중이동평균(EWMA) 관리도를 선택한다. 대화상자에 데이터를 연결하고 EWMA 가중치를 0.2로 한 후 EWMA 옵션 탭을 연다.

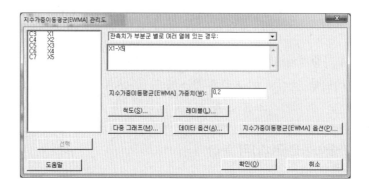

② EWMA 옵션의 '모수' 탭에서 '평균'을 70으로 하고, 큰 의미는 없지만 '추정치'에서 부분군의 크기를 '합동표준편차'에서 'R bar'로 바꾼 후 확인을 클릭한다. 단, Minitab 에서 이 단계는 MA관리도와 동일하므로 설명은 생략한다.

③ 결과 출력

EWMA 관리도의 경우 22번 및 24번의 두 개의 부분군이 이상원인 임을 신호하고 있다. 검출력을 향상시키려면 가중치 λ를 더 적게 하면 된다.

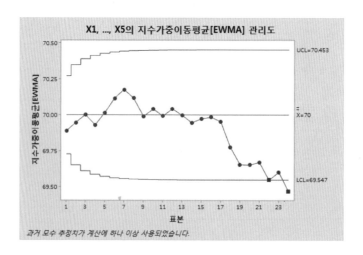

10.7 고저 관리도의 수리와 작성

(1) 고저($H-L$) 관리도의 개요

고저 관리도(high-low control chart)는 부분군의 크기가 n으로 동일한 부분군으로 구분한 계량치 데이터에 대해, 각각의 부분군 마다 최대치(X_H)와 최소치(X_L)를 구하여, 각 부분군의 X_H와 X_L를 pair로 하여 한 개의 관리도에 타점해 나가는 관리도이다.

각 부분군들의 X_H에 대한 관리상한과 X_L에 대한 관리하한을 나타내어 이상원인을 관리하며, $\overline{X_H}$와 $\overline{X_L}$을 구한 후 두 평균치의 차를 $\overline{R}$로 하여 범위의 관리도를 동시에 사용한다.

특히 이 관리도는 '아연 도금 작업' 등과 같은 '배치 작업'의 경우처럼 작업이 이루어진 순서의 개념이 의미가 없거나 알기 어려워 시계열적 치우침 변화에 대한 관리를 하기 어려운 경우 고저 관리도를 활용하면 평균치 변화인지 산포의 변화인지를 인지 할 수 있다. 하지만 원료가 불안정하거나 공정관리가 불안정한 작업장의 경우는 돌발적인 변동이 많아 해석이 쉽지 않으므로 사용을 자제하는 것이 좋다.

〈표 10-7〉 고저 관리도의 관리한계 계수표[27]

부분군	2	3	4	5	6	7	8	9	10
H	3.041	3.090	3.133	3.170	3.202	3.230	3.256	3.278	3.299
H_2	2.695	1.826	1.522	1.363	1.263	1.194	1.143	1.104	1.072

(2) 고저($H-L$)관리도의 수리와 관리한계

① 기준값이 주어진 경우의 고저 관리도의 관리한계

ⓐ $C_L = \mu_0$

ⓑ $U_{CL} = \mu_0 + H\sigma_0$

ⓒ $L_{CL} = \mu_0 - H\sigma_0$

단, 관리계수 H값은 〈표 10-7〉을 따른다.

---

27) KS Q ISO 7870-5:2014 관리도 - 제5부 특수관리도

② 고저 관리도의 통계량

ⓐ $\overline{X_H} = \dfrac{\Sigma X_{Hi}}{k}$

ⓑ $\overline{X_L} = \dfrac{\Sigma X_{Li}}{k}$

ⓒ $\overline{R} = \overline{X_H} - \overline{X_L}$

③ 기준값이 주어지지 않은 경우의 고저 관리도의 관리한계

ⓐ $C_L = \overline{M} = \dfrac{\overline{X_H} + \overline{X_L}}{2}$

ⓑ $U_{CL} = \overline{M} + H_2 \overline{R}$

ⓒ $L_{CL} = \overline{M} - H_2 \overline{R}$

단, 관리계수 H_2값은 〈표 10-7〉을 따른다.

(3) 고저 관리도의 작성 방법과 예시

〈표 10-8〉은 고저 관리도의 예시데이터이다. 이 데이터로 고저 관리도를 작성해 보자

① 부분군의 크기와 표본의 샘플링 방법은 $\overline{X} - R$ 관리도와 동일하다.

② 각 부분군에 대해 최대치(X_H), 최소치(X_L) 및 범위($R = X_H - X_L$)를 구한다.

③ 고저 관리도의 통계량을 계산한다.

ⓐ $\overline{X_H} = \dfrac{\Sigma X_{Hi}}{k} = \dfrac{1761.8}{25} = 70.47$

ⓑ $\overline{X_L} = \dfrac{\Sigma X_{Li}}{k} = \dfrac{1699.3}{25} = 67.97$

ⓒ $\overline{R} = \overline{X_H} - \overline{X_L} = 70.47 - 67.97 = 2.5$

또는 $\overline{R} = \dfrac{\Sigma R}{k} = \dfrac{62.5}{25} = 2.5$

R관리도는 $\overline{X} - R$관리도의 경우와 관리한계의 계산 및 그래프 작성이 동일하다.

④ 고저 관리도의 관리한계를 계산한다.

ⓐ $C_L = \overline{M} = \dfrac{\overline{X_H} + \overline{X_L}}{2} = \dfrac{70.47 + 67.97}{2} = 69.22$

ⓑ $U_{CL} = \overline{M} + H_2\overline{R} = 69.22 + 1.363 \times 2.5 = 72.63$

ⓒ $L_{CL} = 69.22 - 1.363 \times 2.5 = 65.81$

〈표 10-8〉 고저 관리도의 예시데이터

k	X1	X2	X3	X4	X5	H	L	R
1	69.6	69.5	70.5	69.7	67.9	70.5	67.9	2.6
2	70.3	70.1	70.1	69.6	70.8	70.8	69.6	1.2
3	69.3	70.8	70.2	70.1	70.7	70.8	69.3	1.5
4	68.5	71.3	69.7	69.1	69.6	71.3	68.5	2.8
5	70.8	71.8	69.6	70.5	69.1	71.8	69.1	2.7
6	70.2	71.1	70.1	70.7	70.5	71.1	70.1	1.0
7	70.2	70.0	70.8	71.1	70.0	71.1	70.0	1.1
8	69.3	69.2	70.4	71.0	69.5	71.0	69.2	1.8
9	70.7	69.7	69.9	68.0	69.1	70.7	68.0	2.7
10	69.3	72.2	68.2	70.4	71.1	72.2	68.2	4.0
11	70.1	69.8	70.3	68.7	70.1	70.3	68.7	1.6
12	69.9	71.4	70.0	69.6	70.3	71.4	69.6	1.8
13	69.2	70.5	69.3	70.9	69.2	70.9	69.2	1.7
14	67.7	70.9	70.5	69.7	69.9	70.9	67.7	3.2
15	70.5	73.3	67.1	71.1	68.4	73.3	67.1	6.2
16	66.4	68.9	69.2	68.2	69.3	69.3	66.4	2.9
17	67.7	69.9	64.9	65.5	66.6	69.9	64.9	5.0
18	68.0	70.3	67.4	67.9	69.2	70.3	67.4	2.9
19	66.9	70.5	67.5	68.9	70.4	70.5	66.9	3.6
20	67.5	68.1	67.3	65.8	68.0	68.1	65.8	2.3
21	67.5	67.8	66.7	68.5	67.9	68.5	66.7	1.8
22	68.6	70.2	67.3	67.1	68.6	70.2	67.1	3.1
23	68.8	67.8	67.7	68.1	67.8	68.8	67.7	1.1
24	68.7	66.5	68.9	65.8	67.8	68.9	65.8	3.1
25	68.7	68.4	69.2	68.9	68.6	69.2	68.4	0.8
						1761.8	1699.3	62.5

⑥ 관리도를 작성하고 관리상태를 조사한다.

단, 고저 관리도는 Minitab에 채택되어 있지 않으므로 엑셀로 작성하고 R관리도만 Minitab으로 작성하였다. 관리도를 보면 15번째 로트를 기점으로 확실히 평균치가 낮아진 상태임을 알 수 있다. 하지만 15번째 로트는 산포의 경우 Out of control이 나타났다.

15번 이후 산포와 함께 평균치가 낮아졌다가 18번 이후에는 산포는 해결이 되고 평균치만 낮아진 상태로 유지되고 있다.

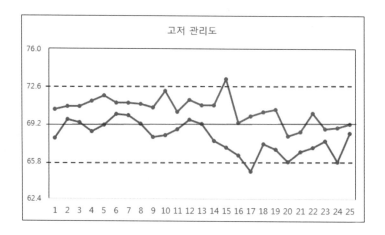

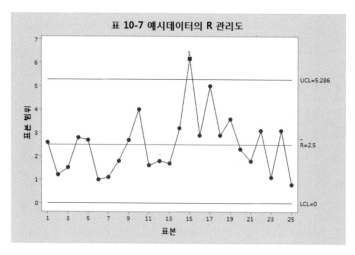

(예제 10-3)

Y 제품의 두께에 대한 고저 관리도를 작성하기 위하여 $n=5$인 부분군을 25조 택하고, 각 부분군의 최대치 X_H, 최소치 X_L 및 범위 R로부터 각각의 평균치를 구했더니 다음과 같았다. 고저 관리도의 중심선 및 관리한계를 구하시오.

통계량 : $\overline{X_H}=24.52$, $\overline{X_L}=23.60$, $\overline{R}=0.95$

(풀이)

ⓐ $C_L=\overline{M}=\dfrac{\overline{X_H}+\overline{X_L}}{2}=\dfrac{24.52+23.60}{2}=24.06$

ⓑ $U_{CL}=\overline{M}+H_2\overline{R}=24.06+1.363\times0.95=25.355$

ⓒ $L_{CL}=\overline{M}-H_2\overline{R}=24.06-1.363\times0.95=22.765$

10.8 다품종 공정과 표준화된 관리도(z 관리도)

(1) 표준화된(Z) 관리도의 특징과 이론적 배경

① 표준화된 관리도의 필요성

최근의 생산시스템은 다품종 변량생산시스템이 주류를 이루어가고 있다. 다품종 변량 생산시스템은 로트 크기가 작거나 다양하고 생산 주기가 짧은(short run production) 형태를 나타내며, 한 공정에서 여러 제품을 생산하는 혼류생산(mixed-model production) 방식의 특징을 가지고 있다. 이런 생산 방식에서는 부분군의 형성도 어렵지만 각각의 제품에 대해 모두 다른 관리도로 관리한다는 것은 현실적으로 매우 곤란하므로 이질적 특성을 동 특성으로 치환하여 하나의 관리도로 관리하는 것이 효과적일 수 있다.

이러한 목적으로 사용되는 관리도는 차이 관리도(difference chart)와 표준화된 관리도(standardized chart)를 들 수 있다. 차이(X_d-R_m)관리도는 짧은 생산주기를 갖는 제조공정에서 여러 종류의 제품을 동일한 공정에서 생산하는 경우에서 제품 간 산포의 변화가 차이가 없을 때 유효하다. 차이를 계산하는 방법은 다음과 같다.

$$X_{Ai}-m_A=d_i$$

반면 표준화된(z) 관리도는 제품 간 산포의 변화를 고려하여 모니터링 하므로 작성은 번거롭지만 활용성은 차이관리도 보다 더 효과적이라 할 수 있다. z를 계산하는 방법은 다음과 같다.

$$z_{Ai} = \frac{X_{Ai} - m_A}{\widehat{\sigma_A}}$$

또한 Minitab에서는 차이 관리도를 채택하고 있지 않으므로 본서에서는 표준화된 관리도를 중심으로 설명하려 한다.

② 표준화된 관리도의 이론적 배경

동일한 설비에서 여러 개의 제품이 생산되고 제품들의 목표값이 다른 경우에 사용되는 관리도로서, 표준화된 확률변수 z_i로 변환시키기 위해서는 각 제품의 목표값과 표준편차를 필요로 한다. 또한 변환된 확률변수 z_i는 표준정규분포를 따르므로 z관리도의 관리한계는 다음과 같다.

ⓐ 평균치 변화에 대응하는 z 관리도의 관리한계

표준정규분포를 따르므로 $\mu = 0$, $\sigma = 1$ 이다.

ㄱ $C_L = 0.0$

ㄴ $U_{CL} = 0 + 3 \times 1 = 3.0$

ㄷ $L_{CL} = 0 - 3 \times 1 = -3.0$

ⓑ 산포의 변화에 대응하는 w관리도의 관리한계

표준정규분포를 따르므로 $\sigma = 1$이다.

ㄱ $C_L = d_2\sigma = d_2$

ㄴ $U_{CL} = D_2\sigma = D_2 = d_2 + 3d_3$

ㄷ $L_{CL} = D_1\sigma = D_1 = d_2 - 3d_3$

(2) z 관리도의 작성을 위한 표준편차의 추정(Minitab)

〈표 10-9〉는 z 관리도를 작성하기 위한 예시데이터이다. 이 데이터로 z 관리도를 작성하기 위해서는 먼저 표준편차를 추정하는 방법을 결정하는 것이 선행되어야 한다.

〈표 10-9〉 z 관리도의 예시 자료표

번호	제품명	특성치	번호	제품명	특성치	번호	제품명	특성치
1	A01	5.1	11	B01	1.13	21	A01	4.8
2	A01	4.9	12	A01	4.5	22	B01	1.73
3	A01	4.8	13	A01	5.6	23	B01	0.89
4	B01	1.09	14	A01	4.5	24	A01	5.4
5	B01	0.88	15	C01	3.2	25	A01	5.2
6	A01	5.1	16	C01	2.4	26	A01	4.5
7	A01	4.8	17	C01	2.6	27	B01	1.1
8	A01	5.1	18	B01	1.23	28	B01	0.98
9	A01	4.5	19	B01	1.27	29	C01	2.4
10	B01	1.29	20	A01	5.3	30	C01	2.8

① z 관리도의 표준편차를 추정하는 방식(Minitab)

Minitab에서 z 관리도 작성을 위해 표준편차를 결정하는 방식은 다음과 같은 4가지 방식이 제시되어 있다.

추정방식	내용	계산방법
① 런별 추정방식	각 런별로 분산이 상이할 때 적용한다. 즉 동일 부품이어도 런별 특별 원인이 존재하는 경우이다.	각 런별 측정치의 이동범위를 구한 후, 각 런별 이동범위의 평균치로 구함
② 부품별 추정방식	각 제품별로는 분산이 동일하나 제품별로 차이가 있을 때 적용한다.	각 부품별 측정치의 이동범위를 구한 후, 각 부품별 이동범위의 평균치로 구함
③ 합동 추정방식	해당 공정에 생산된 모든 제품에 동일한 표준편차를 적용하는 사실상 차이관리도이다.	모든 측정치의 이동범위를 구하여, 이들 이동범위의 평균치로 구함
④ 로그취한 데이터의 합동추정방식	측정치의 크기에 따라 분산이 비례하여 커지는 경우 조정하기 위해 사용한다.	모든 측정치에 자연로그를 취한 데이터의 이동범위를 구하여 이 이동범위의 평균치로 구함

② 런별 추정방식

〈표 10-9〉에서 C01 제품에 대해 런별 표준편차를 추정하여 z값을 구하는 방식은
다음과 같다.

번호	제품명	특성치	이동범위	추정된 표준편차	$X - T_C(= 2.9)$	z
15	C01	3.2			0.3	0.6768
16	C01	2.4	0.8		−0.5	−1.128
17	C01	2.6	0.2	0.443262	−0.3	−0.6768
29	C01	2.4			−0.5	−1.410
30	C01	2.8	0.4	0.35461	−0.1	−0.282

ⓐ 각 런별 특성치에 대해 이동범위를 구하고, 이동범위를 활용하여 표준편차를 추정
한다. 추정된 표준편차는 각 런별로 다르다(계산 예시: 번호 15~17).

㉠ $\overline{R_m} = \dfrac{0.8 + 0.2}{2} = 0.5$

㉡ $\hat{\sigma} = \dfrac{\overline{R_m}}{1.128} = 0.44326$

ⓑ C01의 목표치가 2.9라고 할 때, 각 번호별 통계량 z는 다음과 같이 계산된다(예
번호 15~17).

㉠ $z_{15} = \dfrac{X - \mu}{\sigma} = \dfrac{X - T_C}{\hat{\sigma}} = \dfrac{3.2 - 2.9}{0.44326} = 0.6768$

㉡ $z_{16} = \dfrac{X - T_C}{\sigma} = \dfrac{2.4 - 2.9}{0.44326} = -1.128$

㉢ $z_{17} = \dfrac{X - T_C}{\sigma} = \dfrac{2.6 - 2.9}{0.44326} = -0.6768$

③ 부품별 추정방식 (C01을 중심으로)

〈표 10-9〉에서 C01 제품에 대해 부품별 표준편차를 추정하여 z값을 구하는 방식은
다음과 같다.

번호	제품명	특성치	이동범위	추정된 표준편차	X-T(2.9)	z
15	C01	3.2			0.3	0.846
16	C01	2.4	0.8		−0.5	−1.410
17	C01	2.6	0.2	0.35461	−0.3	−0.846
29	C01	2.4	0.2		−0.5	−1.410
30	C01	2.8	0.4	0.35461	−0.1	−0.282

ⓐ 각 부품별 특성치에 대해 이동범위를 구하고, 이동범위를 활용하여 표준편차를 추정한다. 추정된 표준편차는 각 부품별로 다르다(계산 예시: 번호 15~17, 29~30).

$$\text{㉠ } \overline{R_m} = \frac{0.8 + 0.2 + 0.2 + 0.4}{4} = 0.4$$

$$\text{㉡ } \hat{\sigma} = \frac{\overline{R_m}}{1.128} = 0.35461$$

ⓑ 통계량 z는 다음과 같이 계산되었다(계산 예시: 번호 15).

$$z_{15} = \frac{X - \mu}{\sigma} = \frac{3.2 - 2.9}{0.35461} = 0.846$$

(3) Minitab을 활용한 z 관리도의 작성과 활용

① 데이터를 열 방향으로 정리하여 Minitab에 입력하고, 통계분석 ▶ 관리도 ▶ 개별값 계량형 관리도 ▶ Z-MR 관리도를 선택한다. '특성치'를 변수에 연결한 후 부품지시 자에 '제품명'을 연결시킨다.

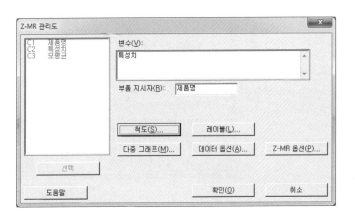

② Z-MR 옵션을 열어 모수 창으로 가면 각 부품별 평균과 표준편차를 연결할 수 있다. 예를 들어 각 부품별 모평균과 모표준편차를 미리 정리하여 열 방향으로 정리되어 있다면 그 열을 연결시키면 데이터에서 추정한 평균이나 표준편차를 사용하지 않고 지정된 값을 가지고 분석한다. 이 데이터의 경우 모평균만 입력하였으므로 표준편차는 추정치를 이용하여 z변환을 하게 된다(10.8 (2) ① 표준편차 추정방식 참조).

③ 추정치 창을 열어보면 '런별'로 되어 있다. 확인을 클릭한다. 만약 공정의 배치 변동이 크지 않다면 '부품별'을 선택하고, 다품종에 따른 특별한 배치 변동(σ_b)이 존재한다면 '런별'을 선택한다. '상수'는 모든 표준편차를 동일하게 적용한다는 뜻으로, 즉 사실상 차이 관리도를 작성하는 것과 같다.

④ 결과 출력

'런별' 출력 결과 19번 B 제품의 치우침이 나타났다.

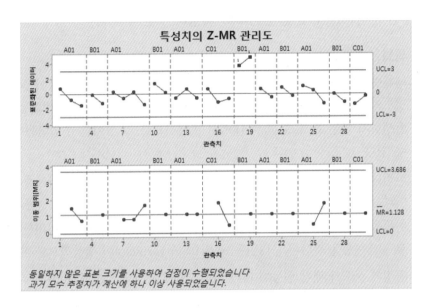

⑤ 부품별 추정의 결과 출력

추정치 창에서 관측치 그룹을 '부품별'로 하여 평가한 결과는 관리상태로 나타나고 있다.

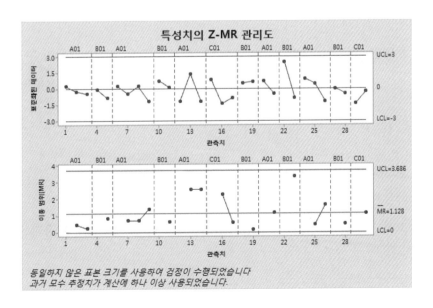

10.9 특별한 변동이 있는 관리도

(1) 특별한 변동(σ_b)이 있는 관리도의 특징과 이론적 배경

① 특별한 변동(special variable)이 발생하는 이론적 배경

생산방식이 배치(batch) 방식의 경우 배치와 배치 사이에는 공정이 끊어지므로 어느 정도의 평균치 변화는 발생할 수 있다. 하지만 대부분의 평균치 변화는 제조변경점이 발생하지 않는 한 표준 범위 내에서 발생하므로 그 차이를 우연변동에 포함시켜 볼 수 있다.

그러나 투입하는 원료가 농산물, 수산물 혹은 공산물이지만 칼라제품 등 표준화하기 어려운 배치변동(σ_b: between variable)을 수반한 경우 로트의 평균치 변화는 우연변동을 벗어나는 범위로 나타날 수밖에 없는 경우가 발생한다. 이러한 경우 일반적으로 공정변동을 뜻하는 군내변동(σ_w:within variable)이 정상적으로 유지되고 있어도 공정의 산포가 배치 변동에 따라 자연스럽게 증가되어 평균치($\bar{x}$) 관리도의 관리상한과 관리하한을 무작위로 벗어나는 경향이 나타나게 된다. 이러한 현상은 이상원인이라 판단하여도 원료상의 변화에서 발생되는 현상으로서 어찌할 도리가 없으므로, 이러한 변동의 존재를 인정하고 이를 바탕으로 공정관리를 하는 것이 타당하다. 이러한 관리 불가능한 배치 변동을 특별한 변동(special variable)[28]이라 하고, 이 변동을 포함한 변동을 공정변동($\sigma_{b/w}$: 군간/군내 변동)으로 하며, 다음 구조모형의 전개로 설명될 수 있다.

② 특별한 변동 b(군간변동:between)가 존재할 경우 관리도에서의 구조모형

$x_{ij} = \mu + b_i + e_{ij}$ 일 때 특별한 변동 b와 오차 e가 모두 변량요인이므로

$$\overline{x_i} = \mu + b_i + \overline{e_{i.}} \quad \cdots\cdots\cdots\cdots\cdots\cdots\cdots\cdots\cdots\cdots\cdots\cdots\cdots \langle \text{식 } 10\text{--}16 \rangle$$

$\overline{\overline{x}} = \mu + \overline{b} + \overline{\overline{e}}$ 로 정의 된다(단, 오차 e는 군내변동이다).

그러므로 관리도 상에서 분산의 추정량은 〈식 10-16〉에서 다음과 같다.

---

28) KS Q ISO 7870-1:2014 고유공정변동 이외의 공정변동의 원천, 때로는 '특별원인'은 '이상원인'과 구분된다. 특별원인은 구체적으로 파악된 경우만 지정할 수 있다.

$$Var(\overline{x}) = Var(\mu + b_i + \overline{e_i})$$

$$= \sigma_b^2 + \frac{\sigma_e^2}{n}$$

단, $Cov(b,e) = 0$, $i = 1,2,\cdots\cdots,k$이다. 또한 $\sigma_e^2 = \sigma_w^2$(군내변동: within)이다.

(2) 특별한 변동이 있는 관리도의 수리와 관리한계

① 군내변동에 대한 산포의 측정

특별한 변동(σ_b)을 수반한 공정관리를 하는 것과 관계없이 부분군 내의 공정변동은 안정상태가 유지되어야 한다. 그러므로 군내변동 즉 프로세스의 안정상태를 관리하기 위해 기존의 R관리도나 s 관리도를 관리한다. 이 관리도의 작성방법은 기존의 $\overline{x} - R$ 또는 $\overline{x} - s$ 관리도의 범위와 표준편차의 작성방법과 같다.

ⓐ R 관리도

㉠ $C_L = \overline{R} = \dfrac{\Sigma R}{k}$

㉡ $U_{CL} = D_4 \overline{R}$

㉢ $L_{CL} = D_3 \overline{R}$

ⓑ s 관리도

㉠ $C_L = \overline{s} = \dfrac{\Sigma s}{k}$

㉡ $U_{CL} = B_4 \overline{s}$

㉢ $L_{CL} = B_3 \overline{s}$

② 특별한 변동을 관리하기 위한 관리도(MR)

이상원인으로 판단하기 어려운 특별한 변동(배치변동)을 정량화하기 위한 방법은 $\overline{x}$의 변동을 추정하여 이를 기준으로 관리하는 것이 효과적이다(단, 부분군의 크기 n, 부분군의 수 k이다). $\overline{x}$의 변동을 구하기 위한 추정식의 계산 방법은 다음과 같다.

$$Var(\overline{x}) = \sigma_{\overline{x}}^2 = \frac{\displaystyle\sum_{i=1}^{k}(\overline{x_i} - \overline{\overline{x}})^2}{k-1}$$

또한 $\bar{x}$의 변동은 이동범위(MR: moving range)를 사용하여 구할 수 있다. Minitab은 이동범위를 활용하여 구하는 방법이 권장되고 있다.

ⓐ $\bar{x}$의 변동을 구하는 순서

    ㉠ 부분군의 평균 $\bar{x_1}, \bar{x_2}, \cdots\cdots, \bar{x_k}$에 대해, 앞뒤간의 평균값을 활용하여 $k-1$개의 이동범위를 구한다. 이동범위를 구하는 개념은 $x - R_m$ 관리도와 같다.

$$MR_i = \left| \bar{x_i} - \bar{x}_{i-1} \right| \ (\text{단}, \ i = 1, 2, \cdots\cdots, k-1)$$

    ㉡ 이동범위에 대한 이동범위에 대한 평균을 구한다.

$$\overline{MR} = \frac{\Sigma MR_i}{k-1}$$

    ㉢ $\bar{x}$의 변동에 대한 추정치를 구한다.

$$\hat{\sigma}_{\bar{x}} = \frac{\overline{MR}}{d_2} = \frac{\overline{MR}}{1.128}$$

ⓑ 군간/군내 산포의 관리도의 관리한계(단, $n = 2$)

    ㉠ $C_L = \overline{MR} = d_2\sigma_{\bar{x}}$

    ㉡ $U_{CL} = D_2\sigma_{\bar{x}}$

    ㉢ $L_{CL} = D_1\sigma_{\bar{x}} < 0$ 고려하지 않는다.

③ 군간/군내 평균치 관리도의 관리한계

    ⓐ $C_L = \bar{\bar{x}}$

    ⓑ $U_{CL} = \bar{\bar{x}} + 3\sigma_{\bar{x}}$

    ⓒ $L_{CL} = \bar{\bar{x}} - 3\sigma_{\bar{x}}$

(3) Minitab을 활용한 $I - MR - R$ 관리도의 작성과 활용

① Minitab에 적용된 특별한 변동에 대응되는 관리도는 $I - MR - R/S$ 관리도이며 각각의 관리도 조합의 용도는 다음과 같다.

ⓐ 개체 관리도(Individuals: I): 부분군별 공정평균치의 치우침을 관리하기 위한 관리도

ⓑ 이동범위 관리도(Moving Range : MR): 부분군간의 공정산포($\sigma_{b/w}$) 즉 특별한 변동을 고려한 변동을 관리하기 위한 관리도

ⓒ R 관리도 또는 S 관리도: 군내산포(σ_w)를 관리하기 위한 관리도

〈표 10-10〉은 $I - MR - R$ 관리도를 작성하기 위한 예시데이터이다.

〈표 10-10〉 $I - MR - R$ 관리도의 예시데이터

	X1	X2	X3	X4	X bar	R	MR
1	25.33	25.29	24.73	24.78	25.03	0.60	
2	23.80	23.61	23.54	23.05	23.50	0.75	1.533
3	24.37	24.33	23.68	23.90	24.07	0.69	0.570
4	24.98	24.43	24.20	25.12	24.68	0.92	0.612
5	25.65	25.38	25.60	24.76	25.35	0.89	0.665
6	24.55	23.67	24.13	24.64	24.25	0.97	1.100
7	25.11	24.53	25.00	24.59	24.81	0.58	0.560
8	25.22	24.49	25.43	24.55	24.92	0.94	0.115
9	24.87	23.69	24.89	24.83	24.57	1.20	0.353
10	26.18	25.83	25.86	25.65	25.88	0.53	1.310
11	25.20	25.33	24.60	24.48	24.90	0.85	0.978
12	25.71	24.97	25.72	25.23	25.41	0.75	0.505
13	25.36	25.59	24.34	24.94	25.06	1.25	0.350
14	25.04	24.55	24.72	24.64	24.74	0.49	0.320
15	27.09	26.32	26.75	26.99	26.79	0.77	2.050
16	25.69	25.32	25.41	25.14	25.39	0.55	1.398
17	25.13	24.51	24.41	25.27	24.83	0.86	0.560
18	24.74	24.36	24.52	24.14	24.44	0.60	0.390
19	25.32	24.50	24.79	25.48	25.02	0.98	0.583
20	23.57	22.91	23.67	22.92	23.27	0.76	1.755
21	25.38	24.89	24.88	25.17	25.08	0.50	1.813
22	25.78	25.42	25.00	25.73	25.48	0.78	0.403
23	25.15	24.79	24.58	24.89	24.85	0.57	0.630
24	26.48	25.45	26.11	26.67	26.18	1.22	1.325
25	26.38	26.44	25.75	25.74	26.08	0.70	0.100
합					624.57	19.70	19.975

② 먼저 배치 변동이 있는 경우 $\overline{X}-R$ 관리도에서 어떤 문제가 나타나는지 확인해 보자. 예시데이터를 열 방향으로 정리하여 Minitab에 입력한 후 통계분석 ▶ 관리도 ▶ 부분군 계량형 관리도 ▶ $\overline{X}-R$을 선택한다. 관리도에 '예시데이터'를 연결한 후 부분 군으로 '배치'를 연결한다.

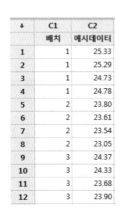

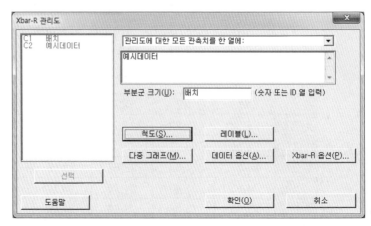

③ 좀 더 문제점을 효과적으로 분석하기 위해 'Xbar-R 옵션'의 '추정치'탭에서 'R 관리도' 를 선택하고, '검정'탭에서 '특수원인에 대한 모든 검정 수행'을 선택하여 출력한 결과 는 다음과 같다.

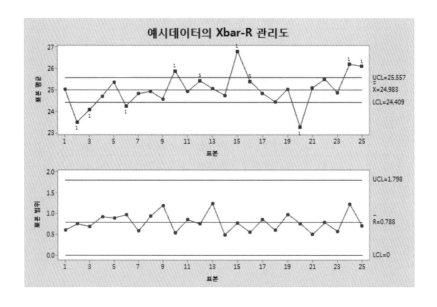

R 관리도는 관리상태인데 $\bar{X}$ 관리도는 위 아래로 벗어나고 있으며, 벗어난 번호는 1, 5로 3점 중 2점이 2시그마를 벗어나는 경우와 out of control로 나타나고 있다. 만약 이 데이터가 장기데이터라면 장기간 치우침이 관리상한과 관리하한을 모두 포함하여 나타날 수 있으므로 그렇게 판단될 수 있으나 단기데이터라면 짧은 기간에 평균치가 관리상한과 관리하한으로 동시에 치우치기는 어렵다. 즉 배치 변동이 없다면 발생하기 어려운 현상이다. 이러한 경우 두 가지 그래프의 확인을 통해 배치 변동 여부를 인지할 수 있다.

④ 정규 확률도를 통한 정규성검정

배치 변동이 발생한다 하여도 공정 데이터는 정규분포를 따라야 한다.

그래프 ▶ 확률도 ▶ 단일로 하여 데이터를 연결한 후 출력한 결과이다. 정규 확률도는 정규분포를 따르고 있음을 나타내고 있다(P Value 0.256).

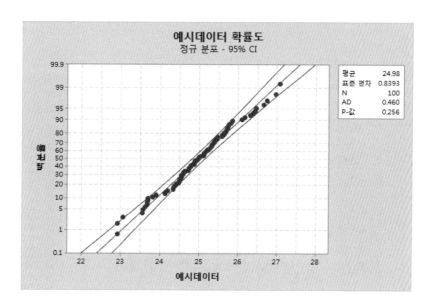

⑤ 시계열도를 통한 군내변동과 군간변동의 확인

그래프 ▶ 시계열도 ▶ 그룹표시를 선택한 후 데이터를 연결한 후 확인을 클릭한다.

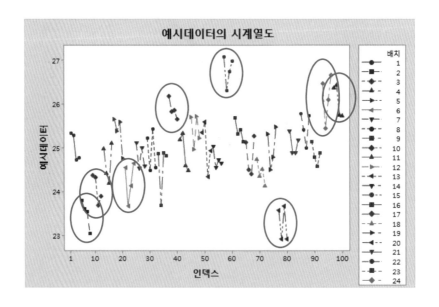

⑥ 시계열 그래프 출력

그래프 출력 결과 대부분의 점들의 부분군(군내변동)이 짧은 모습을 보이고 있어 군내변동(σ_w)은 상대적으로 작게 나타나고 있음을 보여 주고 있으나, 많은 부분군들이 평균(25)을 벗어나서 그룹을 이루고 있는 것으로 나타나고 있다(원형으로 나타낸 그룹). 이는 군간변동(σ_b)이 무시하지 못할 정도로 크다는 뜻이다.

⑦ 구간그림을 통한 관리도의 평균치 차이의 확인

배치변동이 나타나면 평균치가 목표치를 포함하지 않는 경우가 매우 많다. 이 데이터는 정규성이 확인되었으므로 어느 정도 평균을 이탈하고 있는지 확인해 보자.

그래프 ▶ 구간그림으로 가서 단일 Y ▶ 그룹표시를 선택한다. 시계열도와 동일하게 데이터를 연결한 후 클릭하면 다음과 같다. 로트 간 변동이 매우 잦음을 알 수 있다.

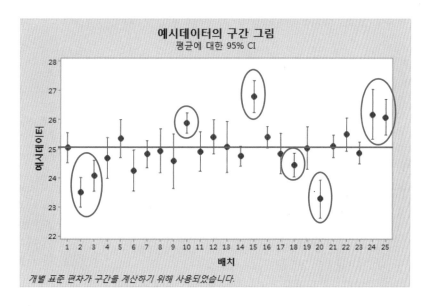

다음은 이 데이터와 군간변동이 없는 데이터 즉 10.1 (4)에서 활용한 〈자료2〉, 〈자료3〉의 경우에 대한 구간그림을 나타낸 것이다. 특별한 변동이 있는 예시데이터의 경우와 비교해서 확인하여 보자. 군내변동의 크기가 커지는 경우는 종종 보이지만 대개의 군내변동에 대한 평균치의 신뢰구간은 공정평균을 포함하고 있어 치우침이 나타나지 않는다.

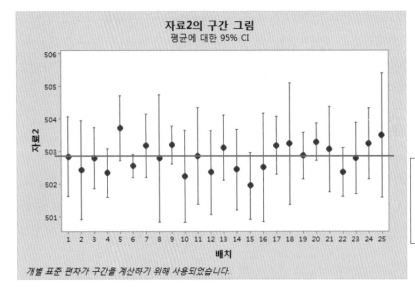

평균치가 커진 경우이
나 대부분의 부분군이
공정 평균 503을 포함
하여 나타나고 있다.

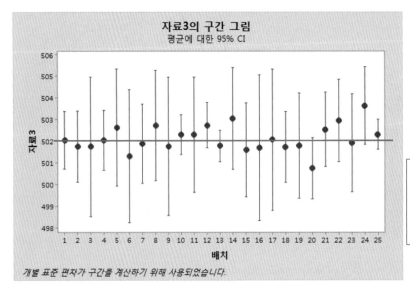

표준편차가 커진 경우
이나 대부분의 부분군
이 공정 평균 502을 포
함하여 나타나고 있다.

⑧ 이 데이터에 적합한 관리도를 작성해보자.

통계분석 ▶ 관리도 ▶ 부분군 계량형 관리도 ▶ $I-MR-R/S$를 선택한다. '예시데이터'를 연결 후 $I-MR-R/S$ 옵션 탭을 연다.

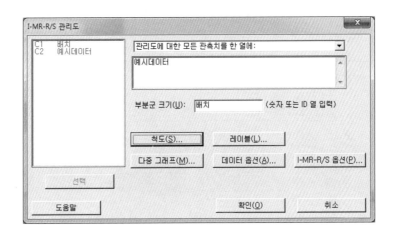

⑨ 추정치 탭에서 '평균이동범위'와 'Rbar'를 선택한다. 배치변동이외에 다른 문제가 있는지 확인하기 위해 '검정' 탭을 열어 '특수원인에 대한 모든 검정 수행'을 선택한다.

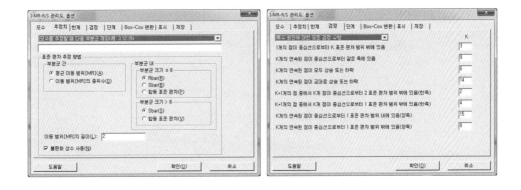

⑩ 결과 출력

출력 결과 모든 타점이 8대 규칙과 관계없이 관리상태로 나타나고 있음을 볼 수 있다.

이러한 결과는 $\bar{x}$관리도가 군내변동(σ_w)이 아닌 군간/군내변동($\sigma_{b/w}$)에 의거 관리한계가 작성되었기 때문이다. $I-MR-R/S$ 관리도의 관리한계의 계산 방식은 다음과 같다.

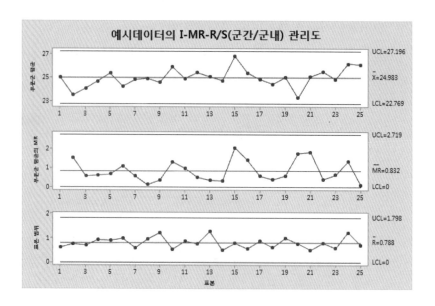

ⓐ R관리도

　　㉠ $C_L = \overline{R} = 0.788$

　　㉡ $U_{CL} = D_4\overline{R} = 2.282 \times 0.788 = 1.798$

ⓑ MR관리도

　　㉠ $\overline{MR} = \dfrac{\Sigma MR}{k-1} = \dfrac{19.975}{24} = 0.832$

　　㉡ $C_L = \overline{MR} = 0.832$

　　㉢ $U_{CL} = D_4\overline{MR} = 3.267 \times 0.832 = 2.719$

ⓒ $\overline{x}$관리도

　　㉠ $\widehat{\sigma_{\overline{x}}} = \dfrac{\overline{MR}}{d_2} = \dfrac{0.832}{1.128} = 0.738$

　　㉡ $C_L = \overline{\overline{x}} = \dfrac{624.57}{25} = 24.983$

　　㉢ $U_{CL} = \overline{\overline{x}} + 3\widehat{\sigma_{\overline{x}}} = 24.983 + 3 \times 0.738 = 27.196$

　　㉣ $L_{CL} = \overline{\overline{x}} - 3\widehat{\sigma_{\overline{x}}} = 24.983 - 3 \times 0.738 = 22.769$

11장 계수형 관리도의 특성과 활용

공정의 품질문제를 체계적으로 해결하려면 먼저 공정의 전반적 품질상태가 어느 정도인지 확인되어야 한다. 하지만 계량치 데이터는 한 가지 품질특성만 관리하기 때문에 전체를 파악하기 부적합하므로, 부적합품률이나 부적합수 등의 계수치 데이터를 활용하여야 한다. 계수형 관리도는 거시적 측면의 공정품질 분석 도구이므로, 이 관리도로 공정전체의 품질수준과 문제점을 명확히 한 후 주요 원인에 대해 품질특성을 도출하여 관리하는 것이 효과적이다.

11.1 계수형 관리도(control chart for attributes)의 특징

계수형 관리도는 취하고 있는 품질특성이 계수치(attributes) 데이터로 구성된 관리도이다. 계수치 데이터는 이항분포를 따르는 부적합품률(불량)이나 푸아송분포를 따르는 부적합수(결점) 등으로 표현되는 데이터이다. 계수치 데이터는 일반적으로 데이터 취득 시간이 계량치 데이터에 비해 상대적으로 빨리 그리고 많이 얻을 수 있으므로 비용이 적게 들며, 특별한 데이터 수집 기술을 필요로 하지 않는 경우가 많다.

또한 계량형 관리도는 평균과 산포 2개의 파라미터에 의해 정해지는 정규분포를 따르므로 평균과 범위를 한 쌍으로 2개의 관리도로 작성되는데 비하여, 계수형 관리도는 가정하는 분포가 평균을 나타내는 파라미터 하나이므로 하나의 관리도로 작성된다.

계수형 관리도는 계량형 관리도와 달리 어떠한 문제로 공정의 상태가 좋지 않은지 알 수 없다는 단점이 있다. 예를 들면 부적합품률이 3(%)로 높아진 것이 인지되었다 하더라도 품질특성이 치우침이나 퍼짐 중 어느 것으로 인한 것인지 알 수 없기 때문에 원인분석이 상대적으로 어렵다. 그러므로 계량형 관리도는 공정을 real로 모니터링하고 유지관리를 위한 목적으로 사용되지만, 계수형 관리도는 전반적인 공정의 실적 상황과 과정의 흐름 분석을 통한 문제점을 확인하는 목적으로 주로 활용된다.

그러므로 계수형 관리도를 효과적으로 활용하려면 부적합품률과 상관관계가 있는 관련 요인들에 대한 빅데이터가 다양하게 축적되어 관리되고 있어야 한다. 만약 부적합품률이 악화되고 있다면 빅데이터는 공정의 문제가 무엇인지를 층별하여 알려 주게 되므로 시정조치 및 예방조치를 통해 공정의 유지관리와 개선활동으로 연결할 수 있기 때문이다.

〈표 11-1〉은 계수형 관리도의 관리한계의 공식을 나타낸 것이다.

〈표 11-1〉 계수형 관리도의 관리한계 공식

통계량	기준값이 주어지지 않은 경우		기준값이 주어진 경우	
	중심선	관리한계	중심선	관리한계
p	$\bar{p}$	$\bar{p} \pm A\sqrt{\bar{p}(1-\bar{p})}$	p_0	$p_0 \pm A\sqrt{p_0(1-p_0)}$
np	$n\bar{p}$	$n\bar{p} \pm 3\sqrt{n\bar{p}(1-\bar{p})}$	np_0	$np_0 \pm 3\sqrt{np_0(1-p_0)}$
c	$\bar{c}$	$\bar{c} \pm 3\sqrt{\bar{c}}$	c_0	$c_0 \pm 3\sqrt{c_0}$
u	$\bar{u}$	$\bar{u} \pm A\sqrt{\bar{u}}$	u_0	$u_0 \pm A\sqrt{u_0}$

11.2 p 관리도의 작성과 활용

(1) p 관리도의 특징과 이론적 배경

① P 관리도의 특징

p 관리도(proportion or percent categorized units control chart)는 어떤 일정 기간에서의 평균 부적합품률을 관리하기 위하여 사용하며, 오퍼레이터 또는 관리자는 $\overline{X}-R$ 관리도와 동일한 방법으로 부적합품률의 변동에 대한 모니터링을 하게 된다. 만일 모든 타점이 이상원인 없이 관리한계 내에 존재하는 경우 공정은 관리 상태라 정의하고, 관리 상태의 평균 부적합품률 $\bar{p}$를 부적합품률의 기준값 p_0로 적용한다.

p 관리도 및 np 관리도는 이항분포를 따르는 계수치 통계량을 사용한다. 즉 제품이 하나하나씩 양품 및 부적합품으로 구분되거나, 1급품과 2급품으로 구분되는 경우 전체 표본 중의 부적합품수 또는 2급품수를 구하여 이것으로 공정을 관리하는 경우이다.

일반적으로 부적합품률은 많은 품질 특성을 하나의 부적합품률로 표현하여 하나의 그래프로 타점되므로 공정해석은 $\overline{X}-R$ 관리도 보다 어렵다.

과거에는 부분군의 크기 n이 일정하지 않은 경우 p 관리도를 사용하며, n이 일정한 경우 np 관리도를 사용하였다. 왜냐하면 p 관리도는 부분군마다 부적합품률을 하나하나 계산하여 타점하여야 하지만 np 관리도는 부적합품수를 그대로 타점하므로 계산이 간편하고 오퍼레이터의 이해도 측면에서도 유리하기 때문이다. 하지만 통계

S/W를 활용할 경우 부분군을 일정하게 진행하다가 필요시 증가되거나 감소될 수도 있으므로 부분군의 동일성에 관계없이 p 관리도를 활용할 것을 권장한다.

② p 관리도의 이론적 배경

ⓐ 이항분포의 통계량

모집단이 모부적합품률 p인 무한모집단일 경우 n개의 표본 중 포함되는 부적합품의 비율 $\hat{p}$는 이항분포를 따르며 평균 및 표준편차의 기대치는 다음과 같다.

㉠ $E(p) = E\left(\dfrac{X}{n}\right) = p$

㉡ $D(p) = D\left(\dfrac{X}{n}\right) = \sqrt{\dfrac{p(1-p)}{n}}$

ⓑ 기준값이 주어진 p관리도의 중심선과 관리한계

㉠ $C_L = E(p) = p_0$ ·· 〈식 11-1〉

㉡ $U_{CL} = E(p) + 3D(p)$

$= p_0 + 3\sqrt{\dfrac{p_0(1-p_0)}{n_i}} = p_0 + A\sqrt{p_0(1-p_0)}$ ················ 〈식 11-2〉

㉢ $L_{CL} = p_0 - 3\sqrt{\dfrac{p_0(1-p_0)}{n_i}} = p_0 - A\sqrt{p_0(1-p_0)}$ ················ 〈식 11-3〉

ⓒ 기준값이 주어지지 않은 p관리도의 중심선과 관리한계

〈식 11-1〉, 〈식 11-2〉, 〈식 11-3〉에 기준값 p_0 대신 통계량인 표본 부적합품률 $\bar{p}$를 대입하면 다음과 같다.

㉠ $C_L = \bar{p} = \dfrac{\sum np}{\sum n}$

㉡ $U_{CL} = \bar{p} + 3\sqrt{\dfrac{\bar{p}(1-\bar{p})}{n_i}} = \bar{p} + A\sqrt{\bar{p}(1-\bar{p})}$ ···················· 〈식 11-4〉

㉢ $L_{CL} = \bar{p} - 3\sqrt{\dfrac{\bar{p}(1-\bar{p})}{n_i}} = \bar{p} - A\sqrt{\bar{p}(1-\bar{p})}$ ···················· 〈식 11-5〉

단, $A = \dfrac{3}{\sqrt{n}}$ 이며, 관리하한의 계산결과가 음수일 경우 고려하지 않는다.

③ 부적합품률이 매우 작을 경우의 간편식

부적합품률 $\bar{p} < 0.01$로 매우 작은 경우, 〈식 11-4〉와 〈식 11-5〉의 관리한계를 $1 - \bar{p} \fallingdotseq 1$로 근사시켜 다음과 같이 정할 수 있다.

ⓐ $C_L = \bar{p} = \dfrac{\sum np}{\sum n}$

ⓑ $U_{CL} = \bar{p} + 3\sqrt{\dfrac{\bar{p}}{n_i}} = \bar{p} + A\sqrt{\bar{p}}$

ⓒ $L_{CL} = \bar{p} - 3\sqrt{\dfrac{\bar{p}}{n_i}} = \bar{p} - A\sqrt{\bar{p}}$

🏷 **참고**

부적합품률 관리도 등 계수치 관리도의 관리하한은 고려할 필요는 없다. 왜냐하면 관리도는 개선상 태를 검증하기 위한 목적으로 사용되는 것이 아니라 품질유지를 목적으로 사용하는 것이므로, 부적 합품률이 관리하한 밑으로 내려가는 경우는 제1종 오류 외에는 나타날 수 없기 때문이다.

---

(2) 예시데이터를 활용한 p 관리도의 작성과 활용

① P 관리도의 작성 준비

ⓐ 부분군의 크기를 정한다.

부분군의 크기는 취하고자하는 표본 중에 1~5개 정도의 부적합이 포함될 수 있는 정도여야 한다. 그러므로 부적합품률 p일 경우 $n = \dfrac{1}{p} \sim \dfrac{5}{p}$ 정도로 표본의 크기를 정한다. 만약 부적합품률이 1% 이면, $n = \dfrac{1}{0.01} \sim \dfrac{5}{0.01} = 100 \sim 500$ 정도이다.

ⓑ 부분군의 수(k)는 약 20~35군 정도를 취한다.

🏷 **참고**

p 관리도나 np 관리도에서 p가 작기 때문에 실측한 np의 값이 작아져서 자주 $np = 0$이 나타날 경우 n을 크게 하여 'np가 1~5' 정도로 조정하는 것이 좋다. 평균 부적합품수가 너무 작으면 제1종 오류 가 증가하여 3시그마 한계의 이탈 현상이 잦아지므로 관리도로 활용하기 적절하지 않다.

---

② p 관리도의 적용 예

〈표 11-2〉는 p 관리도를 작성하기 위한 예시데이터이다. p 관리도를 그리고 관리 상태를 평가해보자.

〈표 11-2〉 p 관리도를 위한 예시데이터 (단위: 개)

No	부분군	부적합품수	부적합품률	No	부분군	부적합품수	부적합품률
1	500	3	0.60%	16	400	3	0.75%
2	500	10	2.00%	17	850	5	0.59%
3	650	7	1.08%	18	350	5	1.43%
4	350	4	1.14%	19	700	6	0.86%
5	250	5	2.00%	20	300	4	1.33%
6	900	9	1.00%	21	600	6	1.00%
7	750	8	1.07%	22	250	4	1.60%
8	800	10	1.25%	23	400	4	1.00%
9	300	4	1.33%	24	300	5	1.67%
10	400	5	1.25%	25	700	4	0.57%
11	550	6	1.09%	26	500	2	0.40%
12	800	9	1.13%	27	450	6	1.33%
13	400	5	1.25%	28	250	3	1.20%
14	450	6	1.33%	29	800	4	0.50%
15	750	7	0.93%	30	300	3	1.00%
				합계	15,500	162	1.05%

ⓐ 각 부분군의 부적합품률 p_i를 계산한다.

부분군 no 1의 경우 $n = 500$, $np = 3$이므로 부적합품률(p)는 다음과 같다.

$$p = \frac{x}{n} = \frac{3}{500} = 0.006$$

ⓑ 중심선을 계산하고 표기한다.

㉠ $\bar{p} = \dfrac{\sum np}{\sum n} = \dfrac{162}{15,500} = 0.0105$

㉡ $C_L = \bar{p} = 0.0105 = 1.05(\%)$

ⓒ 관리한계는 부분군별로 계산된다. 즉 부분군 No. 1의 경우는 다음과 같다.

㉠ $U_{CL} = \bar{p} + 3\sqrt{\dfrac{\bar{p}(1-\bar{p})}{n_1}}$

$= 0.0105 + 3\sqrt{\dfrac{0.0105 \times 0.9895}{500}} = 0.0241\,(2.41\%)$

㉡ $L_{CL} = 0.0105 - 3\sqrt{\dfrac{0.0105 \times 0.9895}{500}} = -0.0032$

관리하한이 음수이므로 '고려하지 않는다'.

ⓓ 나머지 부분군도 같은 방법으로 관리한계를 계산하고 표기한다.

(3) Minitab을 활용한 p 관리도의 작성과 활용

① 〈표 11-2〉의 데이터를 '부분군', '부적합품수'로 하여 열 방향으로 정리한다.
② 통계분석 ▶ 관리도 ▶ 계수형관리도 ▶ P를 선택한다.
P 관리도 변수란에 '부적합품수', 부분군 크기에 '부분군' 열을 각각 연결하고 확인을 클릭한다.

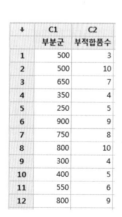
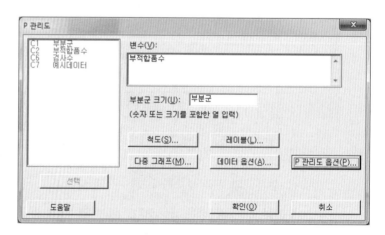

③ 결과 출력

관리도는 이상원인이 없고 습관성이 없으므로 공정은 관리 상태라 할 수 있다.

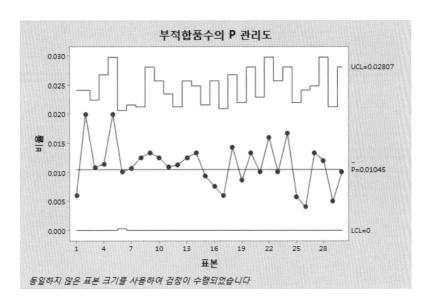

④ 수정 후 p 관리도의 관리기준의 결정과 관리도 재작성

관리도에 관리한계 밖으로 나오는 점이 있거나 보아 넘기기 어려운 원인이 있으면 그 원인을 조사한다. 조사된 이상원인을 제거하고 수정된 관리한계를 구하는 경우 다음과 같다.

ⓐ $C_L = p_0 = \dfrac{총부적합품수 - 관리한계를 벗어난 부적합품수}{총검사개수 - 관리한계를 벗어난 검사개수}$

ⓑ $U_{CL} = p_0 + 3\sqrt{\dfrac{p_0(1-p_0)}{n_i}}$

ⓒ $L_{CL} = p_0 - 3\sqrt{\dfrac{p_0(1-p_0)}{n_i}}$

⑤ Minitab을 활용하여 p 관리도의 부분군 들이 이항분포를 따르는지 진단 할 수 있다.

통계분석 ▶ 관리도 ▶ 계수형관리도 ▶ P 관리도 진단을 선택한다.

변수에 '부적합품수'를 연결하고 부분군의 크기에 '부분군'을 연결한다. 부분군의 크기가 동일할 경우 부분군의 크기는 숫자로 입력하여도 좋다. 이상치 데이터가 있어 생략하기를 원할 경우 '모수를 추정할 때 다음 부분군 생략'에 그 부분군의 번호를 입력하면 된다.

확인을 클릭한다.

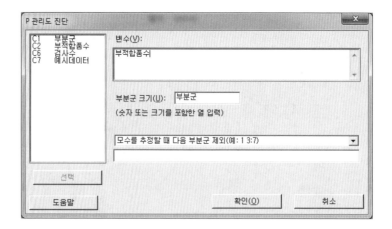

⑥ 결과 출력

그래프의 타점이 직선을 중심으로 나타나므로 대체로 이항분포를 따른다고 볼 수 있다.

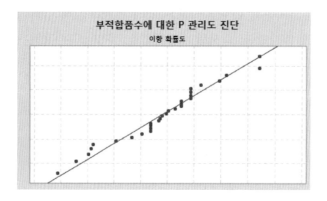

(4) 관리한계를 동일하게 수정한 p 관리도

① **부분군의 크기를 평균치로 정하는 p 관리도**

부분군의 크기가 작을수록 관리한계의 폭은 넓어지고, 반대로 커지면 관리한계 폭은 좁아진다. 하지만 부분군의 크기가 크게 변화하지 않을 경우 부분군의 크기의 평균값으로 동일하게 관리한계를 적용할 수도 있다. 실용적으로는 부분군의 크기가 모든 부분군에 대해 평균 부분군의 크기($\bar{n}$)의 ±25% 이내인 경우 적용한다.

ⓐ 평균 부분군의 크기

$$\bar{n} = \frac{\Sigma n}{k}$$

ⓑ 중심선과 관리한계

〈식 11-4〉와 〈식 11-5〉에서 부분군의 크기 변화가 $\pm 25\%$ 이내일 경우 $n_i = \bar{n}$로 치환하면 다음과 같다.

㉠ $C_L = \dfrac{\Sigma n_i p}{\Sigma n_i} = \bar{p}$

㉡ $U_{CL} = \bar{p} + 3\sqrt{\dfrac{\bar{p}(1-\bar{p})}{\bar{n}}}$

㉢ $L_{CL} = \bar{p} - 3\sqrt{\dfrac{\bar{p}(1-\bar{p})}{\bar{n}}}$

② 표준화된 p 관리도(standardized p chart)

부분군의 크기가 크게 변화하는 경우 관리한계의 요철의 변화가 너무 커서 패턴분석 등 해석에 곤란을 겪을 수 있다. p 관리도는 부분군이 커서 대부분 정규분포에 근사하므로 p 관리도 대신에 '표준화된 p 관리도'를 사용하면 일정한 관리한계로 전환되게 된다. 이 경우 p_i 대신에 표준화한 변량 z_i로 기준값이 주어진 관리도로 변환하는 식은 기준값 p_0를 사용하여 다음과 같이 변환한다.

$$z_i = \frac{p_i - p_0}{\sqrt{\dfrac{p_0(1-p_0)}{n_i}}} \quad\cdots\cdots\cdots\cdots\cdots\cdots\cdots\cdots\cdots\cdots\cdots\cdots\cdots\cdots \text{〈식 11-6〉}$$

또한 기준값이 주어지지 않은 관리도를 작성할 경우 〈식 11-6〉의 기준값 p_0를 통계량 $\bar{p}$로 변환하여 적용하면 다음과 같다.

$$z = \frac{p_i - \bar{p}}{\sqrt{\dfrac{\bar{p}(1-\bar{p})}{n_i}}}$$

표준화된 p 관리도는 기준값이 주어진 관리도의 경우와 기준값이 주어지지 않은 관리도 모두 중심선 및 관리한계는 표준정규분포를 따르므로 다음과 같다.

      ㉠ $C_L = 0$

      ㉡ $U_{CL} = 3.0$

      ㉢ $L_{CL} = -3.0$

(예제 11-1)

p 관리도에서 Σn=2,000, Σnp=528일 때 3σ 관리한계를 구하시오(단, 부분군의 크기 n=100이다).

(풀이)

ⓐ $\bar{p} = \dfrac{\sum np}{\sum n} = \dfrac{528}{2,000} = 0.264$

ⓑ $U_{CL} = \bar{p} + 3\sqrt{\dfrac{\bar{p}(1-\bar{p})}{n}} = 0.264 + 3\sqrt{\dfrac{0.264(1-0.264)}{100}}$

             $= 0.264 + 0.1322 = 0.3962$

ⓒ $L_{CL} = 0.264 - 3\sqrt{\dfrac{0.264(1-0.264)}{100}} = 0.1318$

(5) p 관리도의 OC곡선

p 관리도의 검출력을 조사하기 위해 부분군의 크기(n) 100, 공정 부적합품률(P) 1%를 기준으로 하여 공정 부적합품률과 부분군의 크기의 변화에 따른 관리한계 내에 포함될 확률 $L(p)$를 구해보자.

공정 부적합품률을 1%에서 6%까지 변화시키고, 부분군의 크기를 100~500 까지 변화시킨 결과에 대해 OC곡선을 작성하기로 한다. 〈표 11-3〉와 〈그림 11-1〉은 이 조건으로 작성된 것이다. 부분군의 크기가 100인 경우 부적합품률이 2%로 2배가 되어도 검출력은 8%에 불과하지만 부분군의 크기가 400인 경우 부적합품률이 2%로 될 경우 검출력은 약 25% 정도로 크게 증가한다. p 관리도도 부분군이 클수록 공정의 이상원인에 대한 검출력이 증가한다.

〈표 11-3〉 부분군의 크기 변화에 따른 p관리도의 OC곡선

P%	n=100	n=200	n=300	n=400	n=500
1.0%	0.9987	0.9987	0.9987	0.9987	0.9987
1.5%	0.9795	0.9695	0.9594	0.9488	0.9377
2.0%	0.9219	0.8691	0.8146	0.7591	0.7036
2.5%	0.8292	0.7099	0.5979	0.4962	0.4065
3.0%	0.7182	0.5366	0.3894	0.2759	0.1917
3.5%	0.6041	0.3822	0.2321	0.1364	0.0782
4.0%	0.4969	0.2605	0.1296	0.0620	0.0287
4.5%	0.4019	0.1716	0.0689	0.0264	0.0098
5.0%	0.3207	0.1101	0.0352	0.0107	0.0031
5.5%	0.2532	0.0692	0.0175	0.0042	0.0010
6.0%	0.1981	0.0427	0.0084	0.0016	0.0003

〈표 11-2〉의 계산 근거

관리하한을 벗어나는 경우는 부적합품률의 경우는 제1종 오류에 해당되므로 의미가 없다. 그러므로 〈표 11-2〉는 관리하한을 무시하고 다음과 같이 계산하였다.

$$L(p) = \Pr(p < U_{CL}) = \Pr\left(z < \frac{U_{CL} - p^{'}}{\sqrt{\dfrac{p^{'}(1 - p^{'})}{n_i}}}\right) 이다.$$

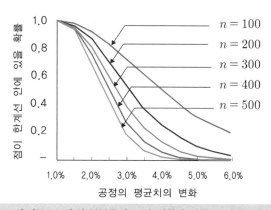

P 관리도의 OC 곡선

〈그림 11-1〉 〈표 11-3〉의 부분군의 크기 변화에 따른 p 관리도의 OC곡선

11.3 np 관리도의 작성과 활용

부분군의 크기가 일정할 때 관리항목으로 부적합품수를 활용하는 경우에 사용한다. np 관리도(number of categorized units control chart)의 작성순서는 p 관리도와 동일하다.

(1) np 관리도의 특징과 이론적 배경

① 이항분포의 통계량

모집단이 모부적합품률 p_0를 따르는 무한모집단이라 가정하면 n개의 표본 중 포함되는 부적합품수 X는 이항분포를 따르며, 평균 및 표준편차의 기대치는 다음과 같다.

ⓐ $E(X) = np_0$

ⓑ $D(X) = \sqrt{np_0(1 - p_0)}$

② 기준값이 주어진 np관리도의 중심선과 관리한계

ⓐ $C_L = E(X) = np_0$ ·· 〈식 11-7〉

ⓑ $U_{CL} = E(X) + 3D(X) = np_0 + 3\sqrt{np_0(1 - p_0)}$ ······················· 〈식 11-8〉

ⓒ $L_{CL} = np_0 - 3\sqrt{np_0(1 - p_0)}$ ································· 〈식 11-9〉

단, 관리하한은 계산결과 음수가 나올 경우 고려하지 않는다.

③ 기준값이 주어지지 않은 np관리도의 중심선과 관리한계

〈식 11-7〉, 〈식 11-8〉, 〈식 11-9〉에서 기준값 p_0 대신에 통계량인 표본 부적합품률의 평균 $\bar{p}$를 대입하면 다음과 같다.

ⓐ $C_L = n\bar{p} = \dfrac{\Sigma np_i}{k}$

ⓑ $U_{CL} = n\bar{p} + 3\sqrt{n\bar{p}(1 - \bar{p})}$

ⓒ $L_{CL} = n\bar{p} - 3\sqrt{n\bar{p}(1 - \bar{p})}$

④ np관리도의 작성 순서

  ⓐ 부분군의 크기(n)를 정한다.

    크기가 일정한 부분군을 약 20~35군 취한다. 부분군의 크기 n은 부적합품률 p를 예상하여 np=1~5개가 포함되도록 정한다.

  ⓑ np 데이터를 구한 후 중심선과 관리한계를 계산한다.

    ㉠ 중심선 $C_L = n\bar{p} = \dfrac{\sum np}{k}$

    ㉡ np의 관리한계 $n\bar{p} \pm 3\sqrt{n\bar{p}(1-\bar{p})}$

  ⓒ 중심선과 관리한계를 기입하고, 관리도를 평가한다.

⑤ 수정 후 np 관리도의 관리기준

기준값이 주어지지 않은 np 관리도에 이상원인이 발생하면 조사 후 원인을 제거하고 재 작성한다. 재 작성 시에는 이상원인이 포함된 부분군 전체를 제거한다.

  ⓐ $C_L = np_0 = \dfrac{총부적합품수 - 한계를\ 벗어난\ 부적합품수}{총부분군의\ 수 - 한계를\ 벗어난\ 부분군의수}$

  ⓑ $U_{CL} = np_0 + 3\sqrt{np_0(1-p_0)}$

  ⓒ $L_{CL} = np_0 - 3\sqrt{np_0(1-p_0)}$

(2) Minitab을 활용한 np 관리도의 작성과 활용

〈표 11-4〉는 연속공정으로 운영되는 제조공정에서 부분군의 크기(n)를 300개로 하여 각 부분군별 부적합품수를 측정한 결과이다. 이 예시데이터를 활용하여 기준값이 주어진 np 관리도를 작성해보자.

〈표 11-4〉 연속공정의 np 관리도를 위한 부적합품수 (단, n=300)

No	부적합품수	부적합품률	No	부적합품수	부적합품률	No	부적합품수	부적합품률
1	4	1.3%	11	6	2.0%	21	1	0.3%
2	5	1.7%	12	6	2.0%	22	3	1.0%
3	3	1.0%	13	7	2.3%	23	7	2.3%
4	6	2.0%	14	4	1.3%	24	6	2.0%
5	15	6.7%	15	9	3.0%	25	3	1.0%
6	3	1.0%	16	1	0.3%	26	11	3.7%
7	6	2.0%	17	5	1.7%	27	2	0.7%
8	4	1.3%	18	6	2.0%	28	5	1.7%
9	4	1.3%	19	8	2.7%	29	1	0.3%
10	8	2.7%	20	5	1.7%	30	6	2.0%
						합계	160	

① 기준값이 주어지지 않은 np 관리도의 관리한계

ⓐ 부적합품률

$$\bar{p} = \frac{\Sigma np}{kn} = \frac{160}{30 \times 300} = 0.01778$$

ⓑ 중심선과 관리한계

㉠ $C_L = n\bar{p} = \dfrac{\sum np}{k} = \dfrac{160}{30} = 5.333$

㉡ $U_{CL} = n\bar{p} + 3\sqrt{n\bar{p}(1-p)}$

$= 5.333 + 3\sqrt{5.333(1-0.01778)} = 5.333 + 6.866 = 12.199$

㉢ $L_{CL} < 0$ 고려하지 않는다.

② Minitab을 활용한 기준값이 주어지지 않은 np 관리도의 작성

〈표 11-4〉를 '검사수'와 '예시데이터'로 열 방향으로 정리하여 Minitab에 입력한다.
통계분석 ▶ 관리도 ▶ 계수치 관리도 ▶ NP관리도를 선택한다.
대화상자에 변수(예시데이터)와 부분군의 크기(검사 수)를 연결하고 확인을 클릭한다.

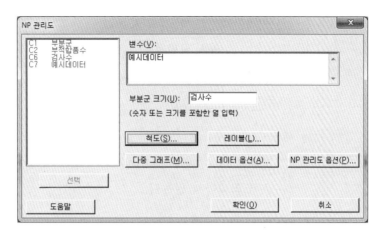

C6	C7
검사수	예시데이터
300	4
300	5
300	3
300	6
300	15
300	3
300	6
300	4
300	4
300	8
300	6
300	6

③ 결과 출력

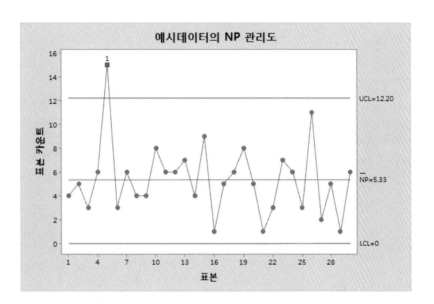

판정: NO 5(20)에서 U_{CL}을 벗어났으므로 관리도는 관리 상태가 아니다. 그러므로 원인을 조사하여 제거한 후 수정된 관리한계를 구한다.

④ 수정된 관리한계

ⓐ 부적합품률

$$p_0 = \frac{\text{총부적합품수} - \text{한계를 벗어난 부적합품수}}{\text{총검사개수} - \text{한계를 벗어난 검사개수}} = \frac{160 - 15}{9000 - 300} = 0.01667$$

ⓑ 수정된 관리한계

ⓐ $C_L = np_0 = \dfrac{\text{총부적합품수} - \text{한계를 벗어난 부적합품수}}{\text{총부분군의 수} - \text{한계를 벗어난 부분군의 수}}$

$= \dfrac{160 - 15}{30 - 1} = \dfrac{145}{29} = 5.0$

ⓑ $U_{CL} = np_0 + 3\sqrt{np_0(1 - p_0)}$

$= 5.0 + 3\sqrt{5.0(1 - 0.01667)} = 5.0 + 6.652 = 11.652$

$L_{CL} < 0$ 고려하지 않는다.

ⓒ 수정된 관리도의 재작성

통계분석 ▶ 관리도 ▶ 계수치 관리도 ▶ NP 관리도를 선택한다. 'NP 관리도 옵션'
의 '추정치' 탭에서 5번 군을 입력하여 제거한다.

재 작성된 P 관리도의 경우 평균 부적합품률이 5%로 나타나고 있다. 즉 $p_0 = 5\%$
이다.

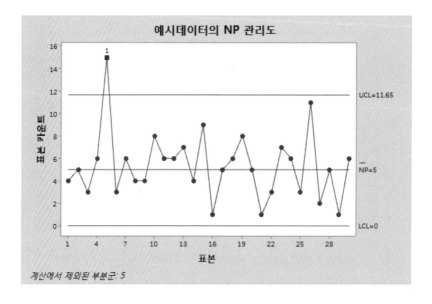

11.4 u 관리도의 작성과 활용

c 관리도(count control chart)와 u 관리도(count per unit control chart)는 부적합수에 의해 공정을 관리하려는 것으로서, 관측치는 푸아송분포의 이론에 바탕을 두고 있다. 부분군의 크기 n이 일정한 경우에는 c 관리도를, 부분군의 크기 n이 변하는 경우에는 u 관리도를 사용한다. 또한 부적합수 관리도는 제품에서 발견되는 여러 종류의 부적합을 동시에 관리할 수 있는 이점이 있다. 부적합수 관리도 역시 계산의 편리성 때문에 c 관리도를 사용해 왔으나 통계s/w를 활용할 경우 역시 부분군의 크기는 변할 수도 있으므로 가급적 u 관리도를 사용할 것을 권장한다.

(1) u 관리도의 특징과 이론적 배경

u 관리도는 관리하는 항목으로 직물의 얼룩, 에나멜선의 바늘구멍, 흠, 핀 홀(pin holes) 혹은 어떤 완성된 기계류 조립품의 부적합개소 등과 같이 제품에 나타나는 모든 부적합수를 관리할 때 사용한다.

① 푸아송분포의 통계량

모집단의 단위당 부적합수를 u라고 하면 이 모집단으로부터 취한 표본 단위당 포함되는 부적합수 u의 분포는 푸아송분포를 따르며, 그의 기대치와 표준편차는 다음과 같다.

ⓐ $E(u) = u$

ⓑ $D(u) = \sqrt{\dfrac{u}{n}}$

② 기준값이 주어진 u관리도의 중심선과 관리한계

ⓐ $C_L = E(u) = u_0$ ··· 〈식 11-10〉

ⓑ $U_{CL} = E(u) \pm 3D(u)$

$\quad = u_0 + 3\sqrt{\dfrac{u_0}{n}} = u_0 + A\sqrt{u_0}$ ················· 〈식 11-11〉

ⓒ $L_{CL} = u_0 - 3\sqrt{\dfrac{u_0}{n}} = u_0 - A\sqrt{u_0}$ ················· 〈식 11-12〉

단, $A = \dfrac{3}{\sqrt{n}}$ 이며, 관리하한의 계산결과가 음수일 경우 고려하지 않는다.

③ 기준값이 주어지지 않은 u관리도의 중심선과 관리한계

〈식 11-10〉, 〈식 11-11〉, 〈식 11-12〉에서 기준값 u_0 대신에 통계량인 단위당 부적합수 $\bar{u}$를 대입하면 다음과 같다.

ⓐ $C_L = \bar{u} = \dfrac{\Sigma c_i}{\Sigma n_i}$

ⓑ $U_{CL} = \bar{u} + 3\sqrt{\dfrac{\bar{u}}{n_i}} = \bar{u} + A\sqrt{\bar{u}}$

ⓒ $L_{CL} = \bar{u} - 3\sqrt{\dfrac{\bar{u}}{n}} = \bar{u} - A\sqrt{\bar{u}}$

단, 관리하한은 계산결과 음수가 나올 경우 고려하지 않는다.

④ u 관리도의 작성 순서

ⓐ 부분군의 크기를 정하고, 데이터를 구한다.

표본 중의 부적합 수가 1~5개 포함되도록 부분군의 크기(n)를 정한 후, 부분군의 수(k)약 20~35로 한다. 각 부분군을 취하여 부분군의 크기(면적, 길이, 시간 등)와 표본 중의 부적합수를 조사한다.

ⓑ 부분군별 부적합수 u_i를 계산한다.

$$u_i = c_i / n_i$$

(c: 부분군 중의 부적합수, n: 부분군의 크기)

ⓒ 중심선 및 관리한계를 계산한다.

ⓓ 관리도를 작성하고 관리 상태를 확인한다.

⑤ 수정된 u관리도의 관리한계

ⓐ $C_L = u_0 = \dfrac{\text{총부적합수} - \text{한계를 벗어난 부적합 수}}{\text{총 표본의 수} - \text{한계를 벗어난 부분군의 표본수}}$

ⓑ $U_{CL} = u_0 + 3\sqrt{\dfrac{u_0}{n_i}}$

ⓒ $L_{CL} = u_0 - 3\sqrt{\dfrac{u_0}{n_i}}$

(2) Minitab을 활용한 u 관리도의 작성과 활용

〈표 11-5〉는 u 관리도의 작성을 위한 예시데이터이다. u 관리도를 작성하고 관리 상태를 평가하시오.

〈표 11-5〉 u 관리도 작성을 위한 예시데이터

k	n	c	u	k	n	c	u	k	n	c	u
1	1	4	4.0	11	1.5	4	2.7	21	1.5	5	3.3
2	1	5	5.0	12	1.5	8	5.3	22	1.5	9	6.0
3	1	3	3.0	13	1.5	4	2.7	23	1.5	4	2.7
4	1	6	6.0	14	1.5	5	3.3	24	1.5	4	2.7
5	1	5	5.0	15	1.5	5	3.3	25	1.5	10	6.7
6	1.5	8	5.3	16	1	4	4.0	26	1	5	5.0
7	1.5	7	4.7	17	1	2	2.0	27	1	5	5.0
8	1.5	8	5.3	18	1	8	8.0	28	1	3	3.0
9	1.5	8	5.3	19	1	3	3.0	29	1	5	5.0
10	1.5	8	5.3	20	1	8	8.0	30	1	3	3.0
								합계	37.5	166	4.43

① 기준값이 주어지지 않은 u 관리도의 관리한계의 계산

ⓐ 평균부적합수($\bar{u}$)

$$\bar{u} = \frac{\Sigma c}{\Sigma n} = \frac{166}{37.5} = 4.43$$

ⓑ 부분군의 크기($n =$)일 때의 관리상한

㉠ $n = 1$

$$U_{CL} = \bar{u} + 3\sqrt{\frac{\bar{u}}{n}} = 4.43 + 3\sqrt{\frac{4.43}{1}} = 10.74$$

ⓛ $n = 1.5$

$$U_{CL} = 4.43 + 3\sqrt{\frac{4.43}{1.5}} = 9.58$$

ⓒ 부분군의 크기($n =$)일 때 관리하한

부분군의 크기가 가장 큰 $n = 1.5$일 경우가 음수이므로 L_{CL}은 모두 고려하지 않는다.

$$L_{CL} = \overline{u} - 3\sqrt{\frac{\overline{u}}{n}} = 4.43 - 3\sqrt{\frac{4.43}{1.5}} < 0$$

② Minitab을 활용하여 부분군이 푸아송분포를 따르는지 확인한다.

〈표 11-5〉의 데이터를 '부분군의 크기'와 '부적합수'로 정리하여 Minitab에 입력한다. 통계분석 ▶ 관리도 ▶ 계수형 관리도 ▶ U관리도 진단을 선택하고 대화상자에 관련 자료를 연결한다. 진단 결과 데이터가 직선을 중심으로 나타나고 있으므로 대체적으로 데이터는 푸아송분포를 따르고 있다는 것을 알 수 있다.

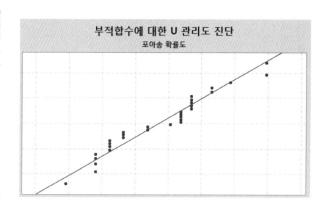

③ Minitab을 활용한 u 관리도의 작성

통계분석 ▶ 관리도 ▶ 계수형 관리도 ▶ u관리도를 선택하여 대화상자에 연결 후 기준값이 주어지지 않은 u 관리도를 작성한 결과는 다음과 같다. 관리도는 관리한계를 벗어난 점이 없고 점의 배열에 아무런 습관성이 없으므로 관리 상태이다.

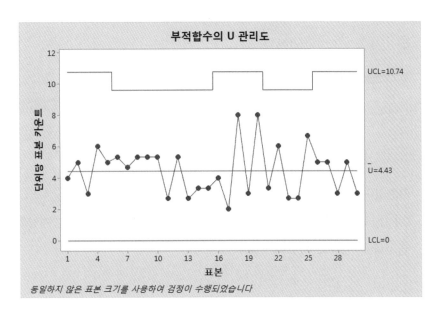

11.5 c 관리도의 작성과 활용

(1) c 관리도의 특징과 이론적 배경

c 관리도는 일정 면적 중 철판의 흠의 수, 라디오 1대 중의 납땜 부적합의 수 등과 같이 일정 단위 중에 포함된 부적합수를 관리항목으로 선정한 경우 적용한다.

① 푸아송분포의 통계량

품질특성이 푸아송분포를 따르는 모집단으로부터 취한 표본 중 포함되는 부적합수 c의 분포는 푸아송분포를 따르며, 평균치와 표준편차의 기대치는 다음과 같다.

ⓐ $E(c) = c$

ⓑ $D(c) = \sqrt{c}$

② 기준값이 주어진 c 관리도의 중심선과 관리한계

ⓐ $C_L = E(c) = c_0$ ·· 〈식 11-13〉

   ⓑ $U_{CL} = E(c) \pm 3D(c)$

        $= c_0 + 3\sqrt{c_0}$ ·· 〈식 11-14〉

   ⓒ $L_{CL} = c_0 - 3\sqrt{c_0}$ ·· 〈식 11-15〉

      단, 관리하한은 계산결과 음수가 나올 경우 고려하지 않는다.

③ 기준값이 주어지지 않은 c 관리도의 중심선과 관리한계

    〈식 11-13〉, 〈식 11-14〉, 〈식 11-15〉에 대해 기준값 c_0 대신에 통계량인 평균 부적합수 $\bar{c}$를 대입하면 다음과 같다.

   ⓐ $C_L = \bar{c} = \dfrac{\Sigma c}{k}$

   ⓑ $U_{CL} = \bar{c} + 3\sqrt{\bar{c}}$

   ⓒ $L_{CL} = \bar{c} - 3\sqrt{\bar{c}}$

④ c 관리도의 작성순서

   ⓐ 부분군의 크기를 정하고 데이터를 구한다.

      일정한 크기의 부분군을 약 20~35군 채취하며, 표본 중에 1~5개의 부적합수가 포함되도록 한다.

   ⓑ 중심선과 관리한계를 계산한다.

   ⓒ 각 부분군을 타점하고 관리도를 작성한다.

⑤ 수정된 c관리도의 관리한계

   ⓐ 수정된 중심선 $\bar{c} = \dfrac{\text{총부적합수} - \text{한계를 벗어난 부적합수}}{\text{총 부분군의 수} - \text{한계를 벗어난 부분군의 수}}$

   ⓑ 수정된 c관리도의 관리한계 $\bar{c} \pm 3\sqrt{\bar{c}}$

(2) Minitab을 활용한 c 관리도의 작성과 활용

    〈표 11-6〉은 K사가 생산하는 블록의 품질특성인 표면 부적합수에 관한 자료이다. 블록은 표준품으로 크기가 동일하며 총 30개의 표준품에 대한 측정 자료가 확보되었다. 〈표 11-6〉의 자료를 활용하여 c 관리도를 작성하고 해석해보자.

〈표 11-6〉 c 관리도 작성을 위한 블록 당 표면 부적합수

로트번호	부적합수	로트번호	부적합수	로트번호	부적합수
1	4	11	7	21	5
2	2	12	2	22	4
3	5	13	17	23	8
4	2	14	10	24	3
5	5	15	6	25	6
6	2	16	15	26	6
7	5	17	2	27	9
8	2	18	11	28	3
9	10	19	1	29	2
10	7	20	6	30	5
				합계	172

① 기준값이 주어지지 않은 c 관리도의 관리한계의 계산

ⓐ $C_L = \bar{c} = \dfrac{\sum c}{k} = \dfrac{172}{30} = 5.733$

ⓑ $U_{CL} = \bar{c} + 3\sqrt{\bar{c}} = 5.733 + 3 \times \sqrt{5.733} = 5.733 + 7.183 = 12.916$

$L_{CL} < 0$ 고려하지 않는다.

② Minitab을 활용한 c관리도의 작성

〈표 11-6〉에서 부적합수를 '예시데이터'로 정리하여 Minitab에 입력한 후 통계분석 ▶ 관리도 ▶ 계수형 관리도 ▶ c 관리도를 선택하고 대화상자에 연결한 후 확인을 클릭한다.

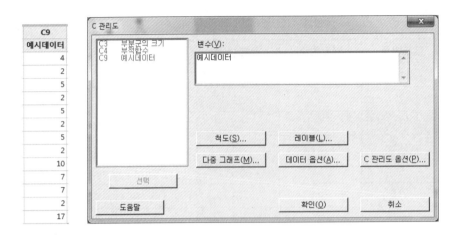

③ **결과 출력**

관리도의 작성결과 13, 16번 군이 관리한계를 벗어난 것을 알 수 있다.

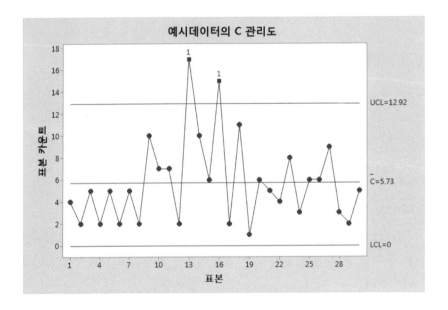

④ **수정된 관리한계의 계산**

ⓐ $C_L = \bar{c} = \dfrac{172 - (17 + 15)}{30 - 2} = \dfrac{140}{28} = 5$

ⓑ $U_{CL} = 5 + 3\sqrt{5} = 11.71$

$L_{CL} < 0$ 고려하지 않는다.

⑤ 수정된 c 관리도

통계분석 ▶ 관리도 ▶ 계수형 관리도 ▶ c관리도를 선택하고 'c 관리도 옵션'의 '추정치'에 부분군 no 13, 16을 입력한 후 확인을 클릭한다.

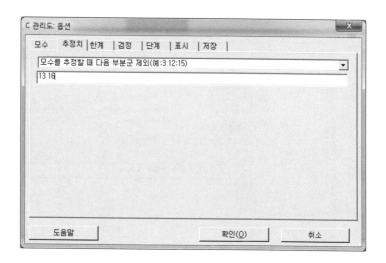

⑥ 결과 출력

이상치를 제외하고 재 작성된 c 관리도는 관리 상태이다.

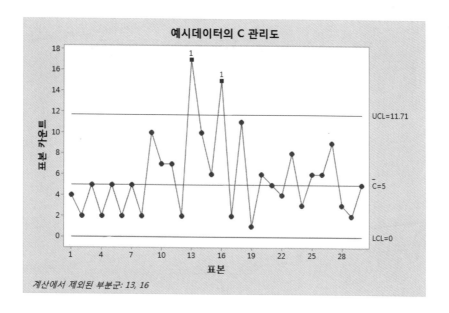

⑦ 수정된 c 관리도가 푸아송분포를 따르는지 검정해보자.

통계분석 ▶ 관리도 ▶ 계수형 관리도 ▶ u관리도 진단을 선택하고 대화상자에 다음과 같이 연경하고 확인을 클릭한다. c 관리도의 경우 부분군의 크기는 항상 동일하므로 '1'로 입력한다.

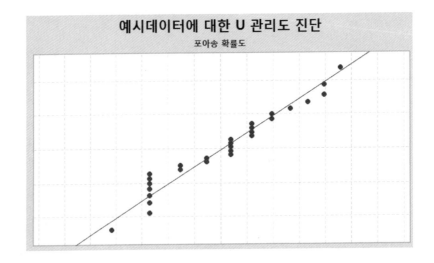

⑧ 결과 출력

푸아송 분포로 확인해 본 결과 타점들은 직선을 중심으로 나타나고 있으므로 대체로 푸아송분포를 따르고 있다고 볼 수 있다.

![예시데이터에 대한 U 관리도 진단 - 포아송 확률도]

12장 공정능력분석

품질수준이 낮은 공정은 최선을 다하여 공정을 관리하여도 부적합품이 발생하는 것을 막을 수 없다. 반면 품질수준이 아무리 높게 설계되어도 공정의 치우침과 퍼짐 현상을 방치하면 대량 부적합이 발생하는 것은 당연하다. 공정능력지수는 공정의 설계품질수준, 현 로트의 품질수준, 분기 또는 그 이상의 기간 동안의 품질실행수준 등을 측정하고 평가하는 품질의 Navigation이다. 우리가 무엇을 하면 효과적으로 공정의 최적 품질을 구현할 수 있을지 공정능력지수로 알 수 있다.

12.1 공정능력과 구성요소

(1) 공정능력의 정의와 구성요소

① 공정능력의 정의

공정능력은 논자들에 따라 매우 다양하게 정의하고 있으나 일반적으로 다음의 정의가 많이 인용된다.

ⓐ J. M Juran

공정능력은 공정이 최상의 상태 즉 관리상태일 때 제품 각각의 변동이 어느 정도인가를 표시하는 양이다. 이때의 변동(variable)은 공정의 특성인 자연공차(natural tolerance)의 범위에서 발생하며 이는 관리상태의 표준편차(σ_{within})의 6배인 $\pm 3\sigma_w$를 의미한다.

ⓑ KS Q ISO 3534-2

통계적 관리상태에 있는 것이 입증되고, 특성에 대한 요구사항을 충족시킬 특성을 실현하기 위한 공정의 역량을 기술하는 프로세스 특성의 산출물에 대한 통계적 추정치

결론적으로 공정능력은 이상적(ideal) 상태 즉 돌발적 사항, 치우침과 퍼짐 등이 없는 상태에서의 기술적으로 프로세스가 실현할 수 있는 역량 즉 질적 능력 (Process capability)을 뜻하며, 통계적 측도를 활용하여 표현이 가능한 정량화할 수 있는 값이다. 공정능력(process capability)의 계산 방법은 다음과 같다.

$$6\sigma = 6\sigma_w = 6 \times \frac{\overline{R}}{d_2} = 6 \times \frac{\overline{s}}{c_4}$$

㉠ σ_w: 군내(within group)변동 만을 고려한 모집단의 표준편차

㉡ $\overline{R}$: 부분군의 크기 n에 대한 범위의 집합에서 산출된 범위의 평균

㉢ $\overline{s}$: 부분군의 크기 n에 대한 표준편차의 집합에서 산출된 표준편차의 평균

㉣ d_2, c_4: 부분군 크기 n에 따라 결정되는 모수 추정을 위한 정해진 계수〈부록 7. 관리한계를 구하기 위한 계수표〉

② 공정능력의 구성요소

공정능력을 구성하고 있는 기본요소는 5M1E이다. 5M이란 기존의 4M 즉 man(사람), machine(기계설비), material(원재료), method(방법)과 함께 공정변동에 영향을 주는 측정(measurement)을 포함한 것이며, 1E는 환경(environment)을 뜻하나 표준화하지 않은 확률적 우연변동으로 나타난다. 이에 대한 공정의 변동은 다음과 같다.

$$\sigma_P^2 = \sigma_{mac}^2 + \sigma_{man}^2 + \sigma_{mat}^2 + \sigma_{met}^2 + \sigma_{mas}^2 + \sigma_e^2$$

단, ⓐ σ_{mac}^2: 기계 자체에 허용되어 있는 결과로 나타나는 변동(variation)

ⓑ σ_{man}^2: 사람의 수행도 차이로 나타나는 변동

ⓒ σ_{met}^2: 재료 규격에 허용된 결과로 나타나는 변동

ⓓ σ_{met}^2: 방법 즉 표준 조건에 허용된 결과로 나타나는 변동

ⓔ σ_{mas}^2: 측정오차로 인한 변동

ⓕ σ_e^2: 기타 표준화되지 않은 환경요인의 우연변동

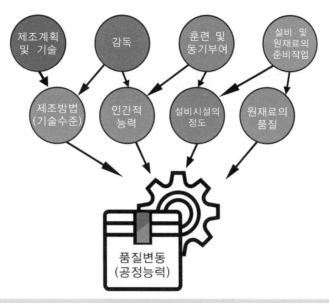

<그림 12-1> 공정과 5M과의 관계

5M1E는 각각 고유의 산포를 가지고 있고, 이들이 독립적으로 결합되어 공정의 산포로 나타나므로 공정능력을 관리하려면 이들 5M1E의 능력을 역 분해하여 측정·관리하는 것이 필요하다. 즉 공정능력은 각종 요소의 합성에 의해 형성되는 것이므로 각 요소마다 분리하고 층별하여 각각의 기여율을 산출하여 관리하는 것이 공정 또는 품질의 유지개선 활동에 효과적이다.

(2) 공정능력의 분류와 특징

① 정적 공정능력과 동적 공정능력

ⓐ 정적 공정능력(potential process capability)

대상물의 품질특성에 대한 잠재능력으로 이론(ideal) 상태의 최대 능력이며 모평균이 치우침 없이 정 중앙을 유지하고 있는 상태에서 군내변동 이외에는 어떠한 변동도 고려치 않고 평가하는 공정능력으로 ideal 공정능력을 의미한다.

ⓑ 동적 공정능력(actual process capability)

현실적인 면에서 실현되는 실제 운전상태의 현실적 능력으로 시계열적 변동으로 인한 치우침을 고려한 공정능력이다. 현재 로트의 실제 공정능력을 표현한다.

② 단기공정능력과 장기공정능력

ⓐ 단기공정능력(short-term process capability)

임의의 일정 시점에 있어서의 공정의 정상상태의 공정능력(z_{st}:short-term)을 말하며 군내변동(σ_{within})에 해당된다. 단기공정능력이 유지되려면 설비 및 프로세스의 안정상태가 기본조건이므로 조직은 공정의 상태를 모니터링하고 유지관리를 위한 노력에 최선을 다하여야 한다.

ⓑ 장기공정능력(long-term process capability)

정상적인 공구마모의 영향, 재료의 배치 간 미세한 변동 및 유사한 변동을 포함한 공정능력(z_{lt}: long-term)으로 군내변동(σ_{within})과 군간변동($\sigma_{between}$)의 변동을 포함한 전체 데이터의 변동($\sigma_{overall} = \sqrt{V}$)으로 정의되며, 따라서 장기공정능력은 조직의 품질표준에 대한 수행도를 평가하는 수단이 된다. 즉 이 지수가 우수할수록 품질표준에 대한 수행도가 높다는 뜻으로 보통 분기, 반기, 기 단위로 평가한다.

③ 공정능력의 전제조건 및 특징

ⓐ 공정능력으로 장래 예측할 수 있는 결과를 판단할 수 있다.

ⓑ 공정능력을 구성하는 요인의 상태에 대한 규정이 필요하다.

ⓒ 공정능력은 특정조건 하에서의 도달 가능한 한계능력을 표시하는 정보이다.

ⓓ 공정능력의 척도는 공정능력의 개념과 결부시켜 결정하게 되며, 척도는 반드시 고정된 것이 아니다.

12.2 공정능력지수의 종류와 평가

KS Q ISO 3534-2 규격은 공정능력지수(process capability index: C_P)를 '규정된 허용차에 관한 공정능력을 기술하는 지수'로 정의하고 있다. 즉 공정능력지수는 제품의 규격한계와 비교하여 프로세스가 얼마나 높은 품질수준의 산출물을 나타낼 수 있는지를 나타내는 측도라 할 수 있다.

(1) 망목특성(望目特性)의 공정능력지수

치우침이 없는 경우의 공정능력을 규격공차와 비교한 것으로 정규분포를 따르고 관리

상태인 경우의 $6\sigma_{st} = 6\sigma_w = 6s$를 기준으로 하며, 확률분포상의 개념은 확률변수 X의 자연공차를 뜻하는 $X_{99.865\%} - X_{0.135\%}$로 표현된다〈그림 12-2〉. 공정능력지수의 계산식은 다음과 같다(단, σ_{st}는 $\sigma_{short-term}$, σ_w는 σ_{within}의 약어이다).

$$C_P = \frac{U-L}{X_{99.865\%} - X_{0.135\%}} = \frac{U-L}{6\sigma_{st}} \quad \cdots\cdots\cdots\cdots\cdots\cdots\cdots\cdots \langle\text{식 } 12\text{-}1\rangle$$

또한 공정능력지수의 역수를 공정능력비(process capability ratio)라 한다. 공정능력비는 %로 표기하기도 한다.

$$C_R = \frac{1}{C_P} = \frac{6\sigma_{st}}{U-L}$$

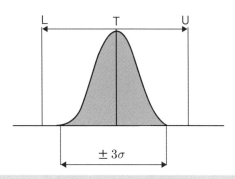

〈그림 12-2〉 망목특성의 공정능력지수

(예제 12-1)

관리상태의 공정에서 제조된 제품의 품질특성에 대해 표본을 측정하여 도수분포표를 작성한 결과 다음 자료를 얻었다. 품질특성에 대한 규격한계가 92 ± 1.5일 경우 공정능력지수(C_P)를 구하시오.

DATA) $h = 0.2$, $\Sigma f = 100$, $\Sigma fu = 26$, $\Sigma fu^2 = 400$

(풀이)

ⓐ $s = h \times \sqrt{\dfrac{\Sigma fu^2 - \dfrac{(\Sigma fu)^2}{\Sigma f}}{\Sigma f - 1}} = 0.2 \times \sqrt{\dfrac{400 - \dfrac{26^2}{100}}{99}} = 0.3986$

ⓑ $C_P = \dfrac{U-L}{6\sigma} = \dfrac{3}{6 \times 0.3986} = 1.254$

(예제 12-2)

품질특성에 대한 규정공차가 0.05인 제품에 대해 $x - R_m$ 관리도를 작성한 결과 자료는 다음과 같다. 관리도는 관리상태이고 정규분포를 따르고 있다. 공정능력지수(C_P)를 구하시오.

DATA) $\Sigma R_m = 0.223$, $k = 30$, $n = 2$일 때의 $d_2 = 1.128$

(풀이)

ⓐ $\overline{R_m} = \dfrac{\Sigma R_m}{k-1} = \dfrac{0.223}{29} = 7.69 \times 10^{-3}$

ⓑ $\sigma_w = \dfrac{\overline{R_m}}{d_2} = \dfrac{7.69 \times 10^{-3}}{1.128} = 6.817 \times 10^{-3}$

ⓒ $C_P = \dfrac{U-L}{6\sigma} = \dfrac{0.05}{6 \times 0.006817} = 1.222$

(2) 최소공정능력지수

규격공차가 규격상한(U) 또는 규격하한(L)의 어느 한쪽만 제어되는 품질특성인 경우이다〈그림 12-3〉.

① 하한공정능력지수(lower process capability index: C_{PKL})

망대특성(望大特性)을 뜻하며, 규격하한 L에 관한 공정능력을 기술하는 지수이다.

$$C_{PKL} = \frac{X_{50\%} - L}{X_{50\%} - X_{0.135\%}} = \frac{\mu - L}{3\sigma_{st}}$$

② 상한공정능력지수(upper process capability index: C_{PKU})

망소특성(望小特性)을 뜻하며, 규격상한 U에 관한 공정능력을 기술하는 지수이다.

$$C_{PKU} = \frac{U - X_{50\%}}{X_{99.865\%} - X_{50\%}} = \frac{U - \mu}{3\sigma_{st}}$$

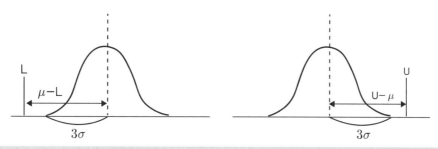

〈그림 12-3〉 한쪽규격이 주어진 경우의 공정능력지수

③ 최소공정능력지수(minimum process capability index: C_{PK})

망목특성의 공정능력에서 치우침을 고려한 공정능력치를 뜻하며, 치우침이 발생한 경우 규격공차 중 평균치에 더 가까운 규격만 존재한다고 생각하고 계산하는 방법으로 상한공정능력지수 및 하한공정능력지수를 계산하여 둘 중 작은 값을 채택한다. 〈그림 12-4〉에서 규격상한 쪽으로 치우침이 발생되었다. 그림으로 보아도 규격하한 쪽에는 부적합품 발생확률이 거의 없고, 규격상한 쪽에는 반대로 부적합품 발생확률이 높아 보인다. 이러한 관점에서 $C_{PK} = C_{PKU}$로 계산하게 된다.

$$C_{PK} = \min(C_{PKL}, C_{PKU}) \quad \cdots\cdots\cdots\cdots\cdots\cdots\cdots\cdots\cdots\cdots\cdots \text{〈식 12-2〉}$$

$$= C_{PKU} = \frac{U - X_{50\%}}{X_{99.865\%} - X_{50\%}} = \frac{U - \mu}{3\sigma_{st}}$$

만약 규격하한 쪽으로 평균이 치우치면 〈식 12-2〉에서 $C_{PK} = C_{PKL}$이 된다.

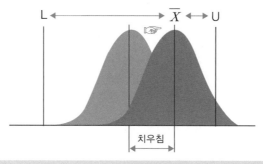

〈그림 12-4〉 치우침을 고려한 공정능력지수(최소공정능력지수 C_{PK})

하지만 이 계산은 $(U - L) > 6\sigma$의 가정 하에서 이루어진다. 만약 $(U - L) < 6\sigma$ 라면 규격의 어느 한쪽으로 치우친다 하여도 반대쪽에서도 부적합품률이 발생될 확률이 존재한다. 공정능력이 나쁠수록 그 확률은 더 나빠질 것이다.

이 문제에 대해 Juran은 $C_P = \dfrac{U-L}{6\sigma} < 1$ 이면 관리할 수 없다고 하였다. 왜냐하면 관리를 아무리 열심히 관리해도 부적합품은 발생될 수밖에 없으므로 선별이 답이기 때문이다. 그러므로 C_P를 측정한 결과만으로도 관리할 수 있는 품질수준인지를 알 수 있는 측도가 될 수 있다〈그림 12-5〉.

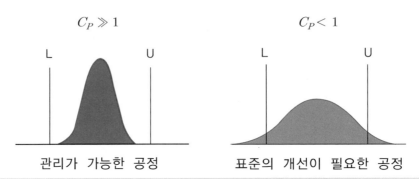

$$C_P \gg 1 \qquad\qquad\qquad C_P < 1$$

관리가 가능한 공정 　　　　 표준의 개선이 필요한 공정

〈그림 12-5〉 관리가 가능한 공정과 기술적 개선이 요구되는 공정

(3) 공정변동지수(C_{PM})

Hsiang & Taguchi(1985)에 의해 제안된 C_{PM}(process variation index)은 망목특성에서 중앙이 아닌 한쪽으로 치우쳐진 위치를 목표치로 하여 생산하는 경우로 공정평균이 목표치에서 얼마나 떨어져 있는가를 평가하는 지표이다.

대부분의 가공공정은 가공점을 설정할 때 정중앙 보다는 규격의 중앙에서 큰 쪽이나 작은 어느 한쪽으로 치우친 위치를 목표치로 정한다. 왜냐하면 규격한계를 벗어날 경우 가공공정은 한 쪽이 수정하면 되는 부적합인데 비하여, 반대쪽은 폐기되는 부적합인 경우가 많아 손실금액이 차이가 크기 때문이다. 그러므로 중앙에서 약간 치우친 위치를 목표치로 하여 공정을 운영하는 것이 원가절감에 더 유리하다. 이러한 경우 중앙이 아닌 목표치를 중심으로 공정능력지수를 평가하고 관리하여야 하는 것이 당연하다. 목표치에서의 변동은 다음과 같다.

$$\begin{aligned}
\sigma_{pm}^2 &= E(X-m)^2 \\
&= E[(X-\mu)+(\mu-m)]^2 \\
&= E(x-\mu)^2 + E(\mu-m)^2 = \sigma_w^2 + (\mu-m)^2 \qquad\qquad \text{〈식 12-3〉}
\end{aligned}$$

〈식 12-3〉에서 μ를 로트별 평균추정치 $\bar{x}$로 대체한 후 〈식 12-1〉의 공정능력지수를 구하는 식에 σ 대신 대입하여 정리하면 다음과 같다.

$$C_{PM} = \frac{U-L}{6\sigma_{pm}} = \frac{U-L}{6\sqrt{\sigma_w^2 + (\overline{x}-m)^2}}$$

만약 목표가 정 중앙일 경우 C_{PM}은 C_{PK}와 비슷한 값으로 계산된다. 또한 목표가 중앙에서 치우쳐 있을 경우 치우친 쪽의 방향으로 공정평균이 나타난다면 C_{PM}은 C_{PK}와 비슷하지만 공정평균이 중앙으로 이동되거나 치우친 반대방향으로 더 멀어질수록 $C_{PM} << C_{PK}$로 나타나므로 공정의 평균치가 의도하는 위치를 중심으로 가공작업이 이루어지는지를 명확히 알 수 있는 장점이 있다. 그러므로 가공공정의 경우 C_{PM}으로 현재의 품질수준을 평가하는 것이 C_{PK}로 평가를 하는 것보다 바람직하다.

(4) 공정능력의 평가

공정능력치인 자연공차가 $\pm 3\sigma = 6\sigma$이므로 규격공차를 $(U-L) = \pm X\sigma$로 표현하면 이 때의 X값의 호칭을 'X시그마수준'이라 한다. 그러므로 〈식 12-1〉의 공정능력지수를 구하는 공식은 다음과 같이 표현할 수 있다.

$$C_P = \frac{U-L}{6\sigma} = \frac{\pm X\sigma}{\pm 3\sigma} = \frac{X}{3} \quad\text{.....................} \langle\text{식 } 12\text{-}4\rangle$$

〈식 12-4〉에서 $X = 3$(3시그마 수준)이면 1.00, $X = 4$(4시그마 수준)이면 1.33이 된다. 이를 기준으로 만들어진 일반적 평가기준은 〈표 12-1〉과 같다.

〈표 12-1〉 시그마수준과 공정능력의 평가 기준

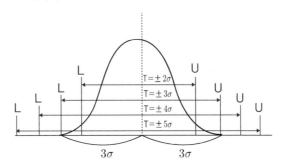

공정능력지수(C_p)	시그마수준	판단
1.67 이상	5시그마수준 ~ 6시그마수준	공정능력이 매우 우수
1.33~1.67	4시그마수준 ~ 5시그마수준	공정능력이 우수(양호)
1.00~1.33	3시그마수준 ~ 4시그마수준	공정능력이 보통(미흡)
0.67~1.00	2시그마수준 ~ 3시그마수준	공정능력이 나쁨
0.67 이하	2시그마수준 이하	공정능력이 매우 나쁨

> **참고**
>
> 6시그마 품질시대인 현재의 고객 요구조건은 무한 품질수준으로 당연히 0등급이지만, 통계적 품질 관리를 충실히 이행한다면 $C_P \geq 1.5$이면 충분히 부적합품률 0(0.1% 이하)을 실현할 수 있다. 반면 $C_P < 1$이면 통계적 품질관리를 수행하여도 부적합품이 만성적으로 발생하는 것을 막을 수 없다. 그러므로 등급 자체가 무의미하며 품질개선이 우선적으로 필요한 상태임을 의미한다.

① 공정능력을 향상시키기 위한 대책

ⓐ 적정한 능력의 공정(기계설비)으로 작업을 옮긴다.

ⓑ 공정능력 향상을 위해 품질특성의 요인에 대한 실험과 연구를 한다.

ⓒ 규격이 타당한지 재검토한다.

ⓓ 특별하고 세심한 공정관리를 통해 최대한 부적합품 발생을 억제한다.

따라서 공정능력지수(Cp)는 품질설계, 공정설계 등의 품질수준평가에 적용되며, 효율적으로 제품품질을 설계하는데 필요한 정보가 된다. 또한 부적합한 공정과 제품의 질적 수준이 수치로 제공됨으로써 품질보증에 대한 정보로서도 유용하게 활용된다.

(예제 12-3)

어떤 품질특성에 대한 규격공차는 6.400~6.470(mm)이다. 부분군의 크기 n=5, 부분군의 수 k=20으로 하는 $\bar{x}-R$관리도를 작성하여 다음의 자료를 얻었다. 작성된 관리도가 관리상태일 때 최소공정능력지수(minimum process capability index: C_{PK})을 구하고 공정능력을 평가하시오.

DATA) $\bar{\bar{x}} = 6.4297$, $\bar{R} = 0.0273$

(풀이)

ⓐ $\hat{\sigma} = \dfrac{\bar{R}}{d_2} = \dfrac{0.0273}{2.326} = 1.174 \times 10^{-2}$

ⓑ 평균이 하한 쪽으로 치우쳤으므로 최소공정능력지수는 C_{PKL}이 된다.

$$C_{PK} = \min(C_{PKL}, C_{PKU})$$
$$= C_{PKL} = \frac{\mu - L}{3s} = \frac{6.4297 - 6.4}{3 \times 1.174 \times 10^{-2}} = 0.843$$

최소공정능력지수는 3등급이다.

(예제 12-4)

어떤 제품의 품질특성에 대한 규격공차는 8.4~8.6(mm)이다. n=4, k=20의 데이터를 얻어 관리도를 작성한 결과 공정은 관리 상태이고 $\Sigma \overline{x} = 170.4$, $\Sigma R = 1.6$인 자료를 얻었을 때, 공정능력지수를 구하고 공정을 평가한 후 조치방법을 설명하시오.

(풀이)

ⓐ $\overline{R} = \dfrac{\Sigma R}{k} = \dfrac{1.6}{20} = 8 \times 10^{-2}$

ⓑ $\sigma = \dfrac{\overline{R}}{d_2} = \dfrac{8 \times 10^{-2}}{2.059} = 3.885 \times 10^{-2}$

ⓒ 공정능력지수

$$C_P = \frac{U - L}{6\sigma} = \frac{8.60 - 8.40}{6 \times 0.03885} = 0.86$$

공정능력은 3등급으로 공정능력이 부족하다.

ⓓ 필요한 조치

㉠ 보다 적정한 능력을 보유한 공정으로 작업을 옮긴다.

㉡ 현 공정의 능력을 향상시키기 위해 시험 또는 투자를 한다.

㉢ 어쩔 수 없을 경우 규격을 검토하여 재조정한다.

> **참고**
>
> 공정능력지수의 등급평가는 C_P, C_{PK}, P_P에 관계없이 C_P와 동일하게 평가한다. 이는 명백한 잘못이다. 표준에서는 '$C_P \gg 1$'만이 평가지표로 제시되어 있다. 불량 0를 실현하기 위해서는 C_P가 1.5 이상은 되어야 하며 C_{PK}, P_P와 같은 결과계 지표도 최소한 1.0 이상(최저 1000PPM)이 되어야 한다.

12.3 6시그마 품질수준과 공정능력지수

(1) 6시그마 품질수준의 의미

시그마(sigma ; σ)는 히랍어로 품질의 변동을 의미하는 표준편차(standard deviation)를 뜻하는 용어이다.

하지만 '몇 시그마수준'이라고 할 때에는 프로세스의 질을 나타내는 통계적 지표로, 프로세스의 능력이 얼마나 부적합 없는 작업을 수행할 수 있는지를 정량화한 값을 의미한다. '시그마수준'이란 규격공차의 중앙(μ)에서 규격상한(U: upper specification limit) 또는 규격하한(L: lower specification limit)까지의 거리를 프로세스의 표준편차 (σ_w)로 나누어 표현된 수치를 지칭하며, '몇 시그마수준'이라고 표현한다.

프로세스의 시그마수준이 높을수록 규격을 벗어나는 확률이 줄어들고 부적합의 발생이 적어지며 고객의 만족도는 증가한다. 〈그림 12−6〉은 6시그마(six sigma)수준의 프로세스 상태를 나타낸 그림으로 이론적 부적합품률은 0.002PPM으로 의심할 여지없는 불량 "0" 수준이다. 〈식 12-4〉에서 6시그마수준 공정의 공정능력지수(C_P)는 다음과 같다.

$$C_P = \frac{U-L}{6\sigma_w} = \frac{\pm 6\sigma_w}{\pm 3\sigma_w} = \frac{6}{3} = 2.00$$

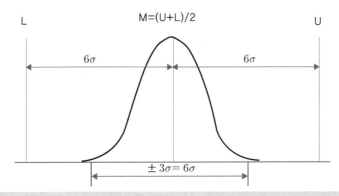

〈그림 12−6〉 6시그마 품질수준

또한 〈식 12-4〉에서 공정능력지수와 시그마수준의 관계로 다음 식이 만들어 진다.

$$X \text{ 시그마수준=공정능력지수}(C_P) \times 3 \quad\text{〈식 12-5〉}$$

품질이 정규분포를 하는 경우, 품질분포의 평균 μ로부터 규격 한계가 3σ의 거리에 있으면 부적합이 양쪽으로 각각 1,350ppm(parts per million ; 제품 백만 개당 부적합품 수)가 발생한다. 예를 들면 100만 개의 반도체를 만들 경우 2,700개의 부적합품이 생산된다는 뜻이다. 그러나 3σ 대신에 6σ가 되면 양쪽으로 각각 0.001ppm이 발생하여 10억 개 가운데 두 개의 부적합이 발생되므로 실질적 부적합품률이 0이다.

그러나 현실적으로는 품질산포의 여러 원인(재료, 방법, 장치, 사람, 환경, 측정 등)에 의하여 평균 μ가 중심에서 최대 ±1.5σ까지 치우칠 수 있다고 평가(모토로라, 1988)한다. 그러한 이유에서 '치우침을 고려한 공정능력지수' C_{PK}를 '최소공정능력지수'라 한다.

〈그림 12-7〉에서와 같이 정규분포를 가정하는 경우, 만일 프로세스 평균이 규격상한
방향으로 1.5σ만큼 치우쳤을 때 규격상한을 벗어나는 부적합품률은 3.4ppm이 되고,
규격하한을 벗어나는 부적합품률은 0ppm 이므로 부적합품률의 합은 3.4ppm이다. 이를
감안할 때 공정능력지수와 최소공정능력지수의 관계는 다음 식으로 정의된다.

$$C_P = C_{PK} + 0.5 \qquad\qquad\qquad\qquad\qquad\qquad 〈식\ 12-6〉$$

〈표 12-2〉는 평균이 정 중앙에 나타나는 경우(C_P)와 1.5σ 치우치는 경우(C_{PK})의
시그마수준에 따른 부적합품률의 계산 결과이다.

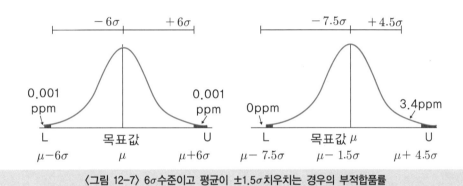

〈그림 12-7〉 6σ수준이고 평균이 ±1.5σ치우치는 경우의 부적합품률

〈표 12-2〉 시그마수준이 변하는 경우의 부적합품률 변화

시그마수준	공정능력지수(C_P)	최소공정능력지수(C_{PK})	부적합품률(PPM)	
			프로세스의 평균이 규격공차의 중앙인 경우	프로세스의 평균이 1.5σ 치우친 경우
1.0	0.33	〈0	317310.5	691462.5
1.5	0.50	0.00	133614.4	500000.0
2.0	0.67	0.17	45500.3	308537.5
2.5	0.83	0.33	12419.3	158655.3
3.0	1.00	0.50	2699.8	66807.2
3.5	1.17	0.67	465.3	22750.1
4.0	1.33	0.83	63.3	6209.7
4.5	1.50	1.00	6.8	1349.9
5.0	1.67	1.17	0.6	232.6
5.5	1.83	1.33	0.0	31.7
6.0	2.00	1.50	0.0	3.4

(2) 계수형 지표와 시그마 수준

프로세스나 제품의 품질특성을 나타내는 값은 크게 계량치 데이터와 계수치 데이터로 구별할 수 있다. 공정이나 프로세스의 품질특성치가 계량형인 경우 품질수준을 측정하는 척도로는 표준편차나 공정능력지수인 Cp 및 Cpk 등이 사용되며, 이는 시그마수준으로 쉽게 표현 할 수 있다. 반면 계수형지표는 부적합품률 등을 나타내는 정보이므로 단기간의 품질정보(z_{st})가 아니라 장기간의 공정변동을 고려한 품질정보(z_{lt})이다. 그리고 시그마수준과 공정능력지수의 관계 및 부적합품률과 시그마수준과의 관계를 검토하여 근사적인 공정능력지수로 변환하여 표현한다.

① 공정능력지수와 시그마수준

〈표 12-2〉에서 Cp가 2인 경우 시그마수준은 '6시그마수준'이며 단기품질수준(z_{st})을 뜻한다. 반면 최소공정능력지수(Cpk)는 현실을 반영한 능력이므로 장기적 운영결과를 나타내는 품질수준으로 볼 수 있으며, 이러한 관계로 〈식 12-6〉에서 C_{PK}가 1.5일 때 단기품질수준을 뜻하는 C_P는 0.5를 더한 2가 되며, 두 지수는 값의 차이에도 불구하고 '6시그마수준'으로 표현된 것이다. 그러므로 6시그마수준을 달성하고자 하는 것은 C_{PK}로 측정하였을 경우 1.5이상의 값을 달성하는 것이라 할 수 있다.

〈표 12-2〉는 이 관계를 설명하고 있으며, C_P가 1.33인 공정은 4시그마수준(z_{st})이며 C_{PK}는 최소 0.83이상이다. 역으로 C_{PK}가 1.33인 경우 이때의 이 때의 C_P의 추정치는 1.83으로 시그마수준(z_{st})은 5.5시그마수준이 된다.

그러므로 공정능력지수(C_P)와 시그마수준의 관계는 〈식 12-5〉에서 다음과 같이 정의될 수 있다.

$$X \text{ 시그마수준} = 3 \times C_P = z_{st}$$

$$C_P = \frac{z_{st}}{3} \quad \text{〈식 12-7〉}$$

또한 〈식 12-6〉에 대해 〈식 12-7〉를 대입하면 다음과 같다.

$$C_{PK} + 0.5 = C_P = \frac{z_{st}}{3}$$

$$z_{st} = 3C_{PK} + 1.5 \quad \text{〈식 12-8〉}$$

② 부적합품률과 시그마수준

품질특성치가 부적합품이나 부적합수인 계수형데이터의 경우 품질수준의 척도는 부적합품률과 함께 백만 개당 부적합품수를 뜻하는 ppm(parts per million)이다.

상반기의 부적합품률이 0.5%라 하자. 〈그림 12−8〉에서 표준정규분포로 부적합품률 0.5(%)에 해당하는 분포의 값을 찾기 위해서는 오른쪽 꼬리면적이 0.5(%)인 표준정규분포(z)의 값을 찾으면 되며, 이 값은 2.58이다.

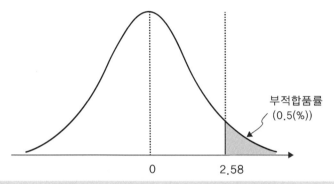

〈그림 12−8〉 표준정규분포에서 부적합품률과 분포값

일반적으로 부적합품률은 통상 1개월 1분기 1년 등의 장기실적을 표현하므로 부적합품률 0.5%는 장기적 품질변동이 고려된 상태의 결과로 볼 수 있다. 이 확률에 대한 표준정규분포상의 z값 2.58을 구하는 식은 다음과 같다.

$$z = \frac{U - \bar{x}}{s} = 2.58 \quad \text{〈식 12−9〉}$$

품질수준이 3시그마수준보다 우수할 경우 공정이 치우치게 되면 부적합품률은 규격상한이나 규격하한 중 한 방향으로만 발생된다(반대쪽은 무시한다). 그러므로 〈그림 12−8〉은 규격상한 쪽으로 치우친 경우의 부적합품이 발생되는 상황과 동일하므로 〈식 12-2〉 최소공정능력지수는 C_{PU}가 되며, 〈식 12−9〉를 대입하면 다음과 같은 식으로 표현할 수 있다.

$$C_{PK} = C_{PU} = \frac{U - \bar{x}}{3s} = \frac{z}{3} \quad \text{〈식 12−10〉}$$

또한 〈식 12−9〉와 〈식 12−10〉의 z는 장기적인 운영결과이므로 z_{lt}로 표현할 수 있으므로 C_{PK}는 다음과 같이 수정되어 정의할 수 있다.

$$C_{PK} = \frac{z_{lt}}{3} = \frac{2.58}{3} = 0.86$$

즉 최소공정능력지수는 0.86이 되며 시그마수준은 공정능력지수의 3배이므로 2.58은 장기시그마수준(현실적 시그마수준)이 된다. 장기품질수준으로 단기품질수준을 추정하면 〈식 12-8〉에서 다음과 같다.

$$z_{st} = 3C_{PK} + 1.5 = z_{lt} + 1.5 = 2.58 + 1.5 = 4.08$$

그러므로 단기품질수준은 '4.08 시그마수준'이며 공정능력지수의 추정치는 〈식 12-7〉에서 다음과 같다.

$$C_P = \frac{z_{st}}{3} = \frac{4.08}{3} = 1.36$$

이와 같이 부적합품률이나 ppm이 주어지면 표준정규분포를 이용하여 그에 해당하는 품질수준을 시그마수준으로 측정하여 나타낼 수 있다. 〈표 12-3〉은 대표적인 몇 가지 부적합품률과 시그마수준의 관계를 나타낸 표이다.

〈표 12-3〉 장·단기 시그마수준과 부적합품률의 관계

시그마수준	최소공정능력지수 (C_{PK})	장기시그마수준 (z_{lt})	단기시그마수준 (z_{st})	공정 부적합품률(%)
2시그마	0.17	0.5	2.0	31
3시그마	0.5	1.5	3.0	6.7
4시그마	0.83	2.5	4.0	0.7
5시그마	1.17	3.5	5.0	0.02
6시그마	1.5	4.5	6.0	0.00034

12.4 장기공정능력과 공정성능지수

(1) 공정성능지수의 수리

공정성능지수(process performance index: P_P)는 규정된 허용차에 관한 공정의 품질표준준수 정도를 평가하는 지수이다. 공정능력지수(C_P)가 단기적인 품질설계수준을 평가하는 척도라면 공정성능지수(Pp)는 장기간에 걸쳐 나타나는 공정의 품질 수행도를 평가하는 척도이다.

공정성능지수를 측정하는 목적은 제조부문이 표준을 충실히 이행하였는지, 관리도를 통한 통계적 공정관리가 충실히 이행되었는지를 평가하기 위함이다. 또한 시간이 경과되면서 나타나는 원료로트의 변경, 작업자의 교체, 공구마모의 영향, 공구교체, 장비수리 등에 따라서 공정능력과 공정성능이 어느 정도 차이로 나타났는지를 조사하여 공정 및 표준에 적절한 조치를 취하기 위함이다.

따라서 공정능력지수에 사용되는 σ는 급내변동 σ_w를 기준으로 하지만, 공정성능지수 σ_t는 급간변동(σ_b) 등이 모두 고려되어 있는 전체 데이터의 표준편차 $\sigma_{overall}$을 기준으로 한다.

$$6\sigma_t = 6\sqrt{V} = 6\sqrt{\frac{\Sigma(x_i - \overline{x_t})}{n-1}} \text{ (여기서 } \overline{x_t} = \frac{1}{N}\Sigma x_i \text{이다.)}$$

① 망목특성

망목특성에 대한 공정성능지수의 계산은 다음과 같다.

$$P_P = \frac{U-L}{X_{99.865\%} - X_{0.135\%}} = \frac{U-L}{6s_t}$$

또한 공정능력지수의 역수를 공정성능비(process capability ratio)라 정의한다. 공정성능비는 %로 표기하기도 한다.

$$P_R = \frac{1}{P_P} = \frac{6s_t}{U-L}$$

② 망대특성

하한공정성능지수(lower process performance index: P_{PKL})에 관한 공정성능지수의 계산은 다음과 같다.

$$P_{PKL} = \frac{X_{50\%} - L}{X_{50\%} - X_{0.135\%}} = \frac{\mu - L}{3s_t}$$

③ 망소특성

상한공정성능지수(upper process performance index: P_{PKU})에 관한 공정성능지수의 계산은 다음과 같다.

$$P_{PKU} = \frac{U - X_{50\%}}{X_{99.865\%} - X_{50\%}} = \frac{U - \mu}{3s_t}$$

④ 최소공정성능지수(minimum process performance index: P_{PK})

망목특성의 경우에서 상한공정성능지수 및 하한공정성능지수 중의 작은 것으로 정의된다.

$$P_{PK} = \min(P_{PKL}, P_{PKU})$$

(2) 공정능력지수와 공정성능지수

공정의 품질수준은 공정능력지수의 측정을 통해 공정의 기술적 평가가 가능하며 또한 서브 로트별 성적서 또는 관리도를 활용하여 관리 상태 또는 이상 상태를 판단할 수 있다. 이는 공정관리를 하는 수단이면서 목표이기도 하다.

또한 궁극적으로는 이러한 노력이 결과적으로 장기간의 품질실적이 얼마나 좋은 결과로 나타났는지도 매우 중요하다. 왜냐하면 결국 이는 제조원가로 연결되는 중요한 사항이 되기 때문이다. 이러한 장기적 변동은 공정성능지수를 통해 결과를 평가할 수 있다.

또한 기준값의 변화 없이 장기간 표준이 유지되고 있다면, 그 분석 기간 동안의 결과는 중심극한정리에 의거 평균치를 중심으로 좌우대칭형 분포를 나타내게 된다. 다만 평균치의 변동이 1.5σ 이내에서 허용되므로 장기적 품질실적을 나타내는 표준편차인 $\sigma_{overall}$ 에 영향을 주게 되어 공정성능지수는 공정능력지수보다 대략 0.5 정도 작은 값으로 나타나는 것이 정상적이다.

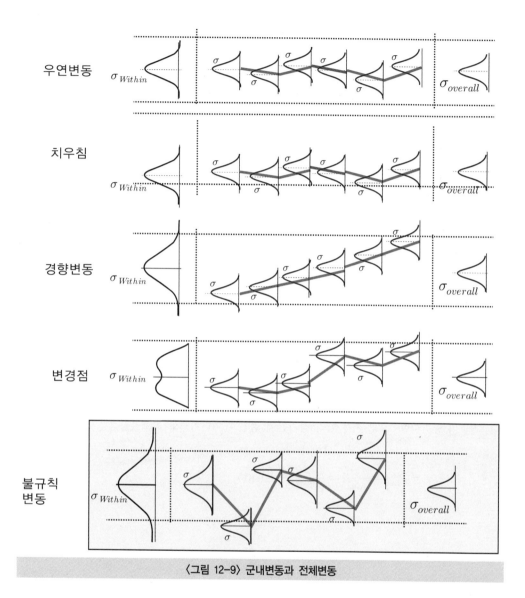

우연변동

치우침

경향변동

변경점

불규칙
변동

〈그림 12-9〉 군내변동과 전체변동

〈그림 12-9〉는 여러 가지 경우의 단기변동과 장기변동의 차이를 나타낸 것이다. 몇 가지의 예는 장기공정능력이 왜 1.5시그마 수준 더 나쁜 결과로 계산되는지의 주요원인들을 표현한 것이다. 잦은 치우침과 조정, 작업 또는 제조변경점의 발생에 따른 조정, 열화에 따른 경향 변동, 장기적 측면의 급간변동의 발생 등이 주 원인이므로 이들을 최대한 억제할 수 있도록 공정모니터링에 최선을 다하여야 한다.

〈표 12-4〉은 공정성능지수와 공정능력지수의 활용상의 차이를 나타낸 것이다.

〈표 12-4〉 공정능력지수와 공정성능지수의 활용상의 차이 비교

항목	공정능력지수 (process capability index)	공정성능지수 (process performance index)
목적	공정이 관리상태일 때의 공정능력을 나타내는 수준	장기적으로 로트 간 품질변동을 포함한 전체 변동이 어느 정도인지 확인
기간	단 시간에서 1주, 1월 이내	3개월(분기), 반년(반기), 1년(기)
데이터 수집	군 구분을 해서 20 -35군	군 구분을 해서 25 - 50군
적용 시그마	$\sigma_{short-term} = \sigma_{within}$	$\sigma_{long-term} = \sigma_{overall}$
주의 사항	자료 적출기간동안 이상원인이 개입되지 않도록 4M을 유지할 것	정상적으로 검 교정이나 Tool & 준비교체 등 변경점을 포함한 장기적 데이터

(예제 12-5)

실의 인장강도를 조사하기 위하여 3개월간의 검사성적서에서 60개의 데이터 모두를 대상으로 평균과 표준편차를 계산해 보니 $\bar{x} = 2.52$, $\sqrt{V} = 0.09$였다. 만약 인장강도의 규격공차가 $2.60 \pm 0.30\,(\mathrm{gr/mm})$이라면, 최소공정성능지수는 얼마인가?

(풀이)
평균이 규격하한쪽으로 치우쳤고, 장기간에 걸친 데이터이므로 최소공정성능지수는

$$P_{PK} = \min(P_{PKL}, P_{PKU})$$
$$= P_{PKL} = \frac{\mu - L}{3s_t} = \frac{2.52 - 2.3}{3 \times 0.09} = 0.815$$

12.5 공정능력의 조사 및 개선 절차

① 공정능력 조사의 절차〈표 12-5〉

ⓐ 품질정보(설계정보, 시장정보, 공정설계, 품질정보, 검사정보 등)를 이용하여 중요한 공정을 선정한다.

ⓑ 품질에 영향을 주는 4M 요인을 조사하고 표준화가 되어있지 않으면 사전에 개선조치를 취한다.

ⓒ 조사하고 싶은 품질특성 및 조사범위를 명확히 하여 데이터를 수집한다. 관리도 등을 적용하기 위한 부분군의 크기를 4~5정도로 하고 부분군을 20~35개 정도로 한다.

ⓓ 측정방법의 검토 및 측정오차를 고려한다. 계량기는 규정공차나 공정변동을 $\frac{1}{20}$ 이상의 정밀도로 측정할 수 있는 수준으로 한다.

ⓔ 히스토그램, 관리도 등을 이용하여 공정능력을 조사한다. 데이터의 정규성, 관리도의 관리상태 등이 관리상태 이어야 한다.

ⓕ 공정능력의 평가 및 해석을 행한다.

ⓖ 공정능력의 유지 및 개선을 결정한다.

〈표 12-5〉 공정능력 조사의 진행방법의 예

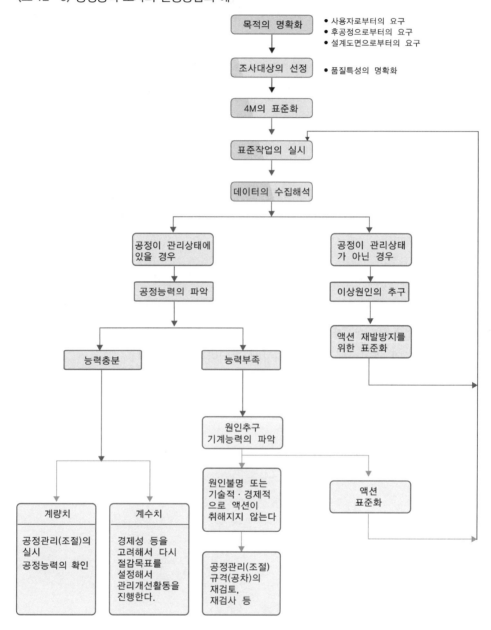

② 공정능력 개선 절차

공정의 여러 문제를 개선해 나가려면 축적된 고유기술과 QC적 사고방법, 통계적 수법을 이용하여 개선하는 것이 바람직하다. 이러한 공정개선의 순서는 다음과 같다.

ⓐ Pareto적 사고방식과 중요도를 고려해서 테마를 정하고 달성하고자 하는 목표를 세운다. 목표에 대한 대책의 효과를 측정할 수 있는 기준을 정한다.

ⓑ Master plan을 수립하고 개선을 위한 개선 조직을 구성한다.

ⓒ QC 도구를 활용하여 특성과 요인의 관계를 해석하고 공유한다.

ⓓ 개선안을 작성하여 '가 제조표준'을 만들어 표준에 의한 작업을 수행한다.

ⓔ 개선효과를 체크하면서 효과를 확인한다. 효과가 인정되면 가 제조표준을 정식표준으로 해서 공정을 관리한다. 이상과 같은 순서에 따라 PDCA를 확실하게 수행한다.

12.6 Minitab을 활용한 공정능력분석

(1) 정규분포를 따르는 경우의 공정능력분석

데이터가 정규분포를 따르는 대부분의 계량치 데이터는 합리적 부분군을 형성하여 $\overline{X} - R$ 관리도를 작성하기 위한 표본으로 추출하는 것이 좋다. 왜냐하면 공정변동을 군내변동과 군간변동으로 구분하여 공정능력을 효과적으로 측정할 수 있기 때문이다.

〈표 12-6〉은 9장에서 설정된 기준값 $\mu_0 = 502$, $\sigma_0 = 0.8624$을 적용하여 2주간 공정을 모니터링한 결과 데이터이다. 이 데이터로 공정능력지수를 분석해 보자. 규격공차는 502 ± 2이다.

〈표 12-6〉 공정능력분석을 위한 예시데이터

k	X1	X2	X3	X4	X5	X bar	R
1	501.69	501.54	502.40	501.73	500.21	501.514	2.19
2	502.24	502.06	502.05	501.67	502.66	502.136	0.99
3	501.35	502.70	502.19	502.07	502.65	502.192	1.35
4	502.82	503.64	501.76	502.53	501.32	502.414	2.32
5	502.41	503.12	502.30	502.79	502.62	502.648	0.82
6	502.29	502.12	502.87	503.07	502.15	502.500	0.95
7	501.56	501.52	502.53	503.07	501.77	502.090	1.55
8	502.80	501.97	502.14	500.42	501.44	501.754	2.38
9	501.55	504.15	500.62	502.53	503.17	502.404	3.53
10	502.41	502.16	502.56	501.13	502.38	502.128	1.43
11	502.29	503.59	502.44	502.02	502.67	502.602	1.57
12	501.89	503.19	502.04	501.62	502.27	502.202	1.57
13	501.28	502.45	501.38	502.77	501.33	501.842	1.49
14	500.00	502.78	502.39	501.78	501.91	501.772	2.78
15	502.41	502.88	499.50	502.92	500.62	501.666	3.42
16	502.30	501.93	501.89	500.41	501.55	501.616	1.89
17	500.81	501.97	503.66	500.76	502.42	501.924	2.90
18	502.68	502.95	502.70	501.84	503.38	502.710	1.54
19	501.37	501.53	502.32	502.56	501.34	501.824	1.22
20	501.94	501.26	501.26	501.91	501.55	501.584	0.68
21	503.00	501.17	502.28	502.76	501.82	502.206	1.83
22	501.93	502.16	501.77	502.09	501.38	501.866	0.78
23	502.87	500.71	502.15	500.97	501.33	501.606	2.16
24	502.89	501.99	503.20	501.61	501.51	502.240	1.69
25	502.38	502.53	501.87	502.27	502.31	502.272	0.66
합계						12551.712	43.690

① 공정능력분석을 위한 예시데이터의 사전분석

    ⓐ '예시자료'를 열 방향으로 정리하고 정규 확률도로 정규분포를 따르는지 검정한다.

        그래프 ▶ 확률도 ▶ 단일에서 그래프변수 란에 '예시자료'를 연결한다.

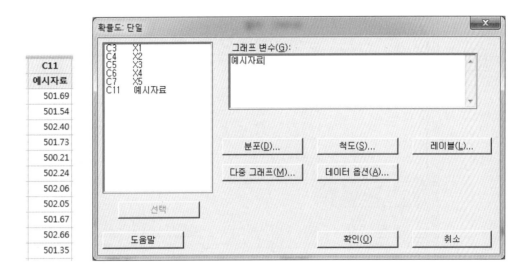

    ⓑ 결과 출력

        '예시자료'는 정규분포를 따르고 있다(P Value=0.222).

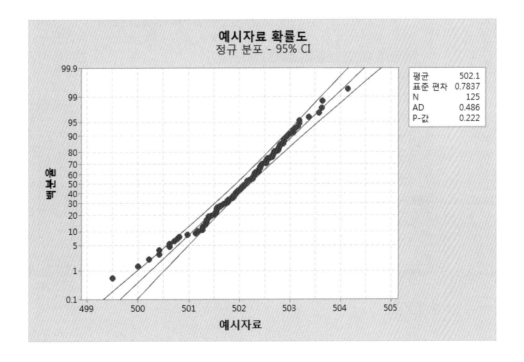

ⓒ 관리도를 작성하여 데이터가 관리상태인지 확인한다. 통계분석 ▶ 관리도 ▶ 계량형 관리도 ▶ X bar-R 관리도를 선택한다. '예시자료'를 연결하고, 부분군의 크기는 5로 한다.

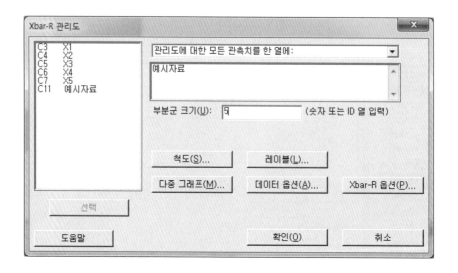

ⓓ 'X bar 옵션'에서 '모수'창에서는 $\mu_0 = 502$, $\sigma_0 = 0.8624$를 입력하고 '검정'창에서는 '특수 원인에 대한 모든 검정 수행'으로 변환한다.

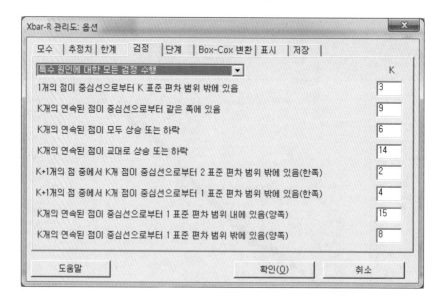

ⓔ 출력 결과

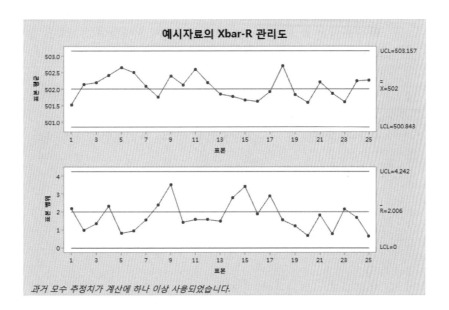

출력 결과 관리도는 관리상태이다. 만약 이상원인이 있으면 원인을 조사하고 조치
한다.

데이터 분석 결과 데이터는 정규분포를 따르고 관리상태이다. 그러므로 정규분포
를 따르는 경우의 공정능력분석으로 공정을 분석할 수 있다.

② **정규분포를 따르는 공정능력분석**

ⓐ 통계분석 ▶ 품질도구 ▶ 공정능력분석 ▶ 정규분포를 선택하여 '단일 열'에 '예시
데이터'를 연결하고 부분군의 크기(n)를 5로 한다. 규격하한과 규격상한에 500,
504를 각각 입력한다.

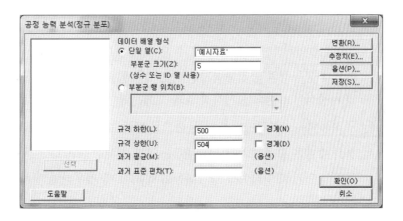

ⓑ 추정치 버튼을 클릭하면 표준편차의 추정방식을 결정할 수 있다.

ⓐ 부분군의 크기가 1보다 큰 경우 각각의 계산법은 다음과 같다. 가급적 합동표준편차 보다는 R, s 등 관리도법과 동일하게 선택하여 통계량을 동일하게 하는게 좋다.

- $\bar{x} - R$관리도의 $\dfrac{\bar{R}}{d_2}$ 를 이용하는 방식: 관리도법과 동일하다.

- $\bar{x} - s$관리도의 $\dfrac{\bar{s}}{c_4}$ 를 이용하는 방식: 관리도법과 동일하다.

- 합동표준편차를 이용하는 방법

$$\sigma_w = \frac{1}{c_4[k(n-1)+1]} \times \sqrt{\frac{\displaystyle\sum_{i=1}^{k}\sum_{j=1}^{n}(x_{ij}-\overline{x_{i\cdot}})^2}{k(n-1)}}$$

ⓑ 부분군의 크기가 1인 경우

평균이동범위를 이용하는 경우: 중위수 법보다 보편적으로 많이 사용한다.

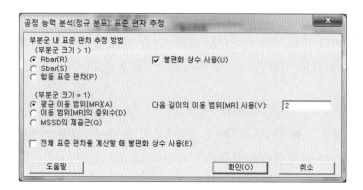

ⓒ '옵션' 버튼을 선택하면 다음과 같은 사항을 정의할 수 있다.

ⓐ 목표값을 입력하면 C_{pm} 을 구할 수 있다. 품질특성의 목표치가 규격공차의 중심이 아닌 가공공정의 공정능력지수 측정에 적합하다. 목표치가 규격공차의 중심일 경우 중심이 표현되는 시각적 효과 외에는 별 의미가 없으므로 필요시 사용한다.

ⓑ 공정능력은 6시그마법을 사용하므로 K는 수정할 필요가 거의 없다.

ⓒ 분석 수행은 표준편차를 군내변동(σ_w)과 전체변동(σ_t)으로 나누어 분석되므로 특별히 단기 데이터여서 장기변동이 무의미 한 경우라면 전체산포는 보지 않아도 좋다.

ㄹ 표시는 ppm이 원칙이나 부적합품률이 현실적으로 높다면 백분율(%)로 변환하여도 좋다.

ㅁ 공정능력통계량을 벤치마크로 변환하면 z값으로 변형되어 시그마수준으로 표기된다. $z = 3C_{pk}$임을 알고 있다면 굳이 변환할 필요가 없다.

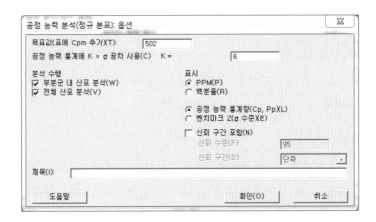

ⓓ 결과 출력

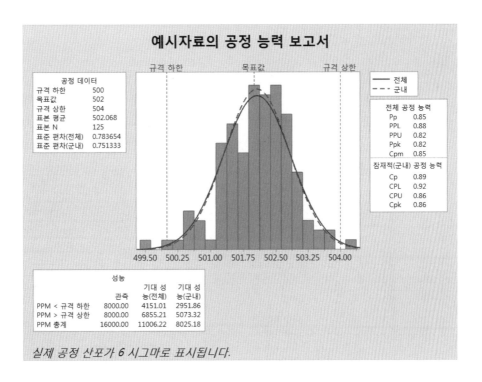

ㄱ 공정데이터는 평균 및 표준편차의 통계량이 기록되고 있다.

ⓛ 그래프는 히스토그램이 나타나며 붉은 선은 군내변동의 공정능력이며, 검은 점선은 전체 데이터의 변동을 나타내는 장기변동을 뜻한다. 우측의 상자는 공정능력지수와 공정성능지수를 나타낸 것이다.

ⓒ 하단 '관측'은 표본의 부적합품률로 크게 의미가 없다.

ⓔ 기대성능(군내)는 C_{PK} 기준의 부적합품률을 나타낸 것이다. 표본평균이 중앙에 있으므로 공정능력지수와 최소공정능력지수는 큰 차이가 없다.

ⓜ 기대성능(전체)는 P_{PK} 기준의 부적합품률을 나타낸 것이다. 현재의 데이터는 2주간의 데이터이므로 성능을 평가하기에는 기간적으로 너무 짧아 평가하기 어렵다.

ⓕ 결론

공정능력분석결과 무엇보다 공정능력지수(C_P)가 0.87로 3등급에 해당된다. 무엇보다도 시급히 군내변동을 줄이기 위한 노력이 선행되어야 한다.

③ 공정능력분석에 six pack 모듈을 활용하는 방법

관리도와 정규확률도를 포함한 공정능력을 동시에 분석하기 위한 방법으로 capability sixpack을 활용하면, 정규확률도나 관리도를 통한 공정의 관리상태 등을 부가적으로 분석할 필요가 없으므로 효과적이다.

ⓐ 통계분석 ▶ 품질도구 ▶ capability sixpack ▶ 정규분포를 선택하여 공정능력지수와 동일한 방법으로 데이터, 부분군의 크기 및 규격 상·하한을 입력한다. 과거 평균과 표준편차를 입력하면 기준값이 주어진 관리도로 공정을 모니터링 할 수 있으나, 공정능력지수가 과거 평균과 표준편차에 의해 계산되므로 사용하지 않는 것이 좋다.

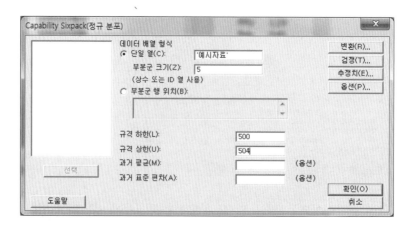

ⓑ '검정'탭은 관리도의 8대 규칙의 적용을 선택할 것인지를 질의하는 탭이다. 분석을
목적으로 하는 것인 만큼 8개 검정을 모두 수행하는 편이 효과적이다.

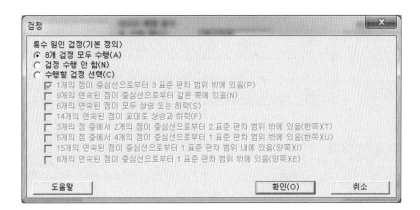

ⓒ 추정탭에서 Rbar 또는 Sbar를 선택할 경우 선택한 관리도로 출력되는 것이 특징
이다. Rbar를 선택 했으므로 $\overline{X} - R$관리도가 나타날 것이다.

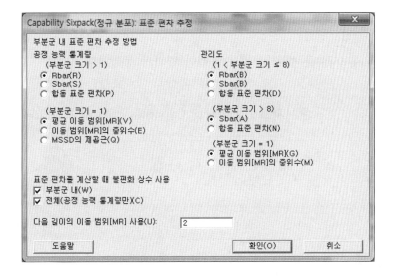

ⓓ 옵션 탭은 개별치 그래프에 '표시할 부분군의 수'를 정하는 것 한 가지가 추가되어
있다. 이 데이터를 보면서 데이터의 랜덤성 여부를 평가할 수 있다. 나머지 사항은
공정능력지수의 방법과 동일하다.

ⓔ **출력 결과**

$\overline{X}-s$관리도, 개별치 그래프, 히스토그램, 정규확률도 및 공정능력과 공정성능 평가 결과가 출력되었다. 관리도는 '기준값이 주어지지 않은 관리도'이며 공정은 관리 상태로 나타나고 있다.

마지막 25개 부분군은 마지막부터 역으로 25개 부분군의 개별데이터를 나타낸 것으로 최근의 측정치가 정규분포를 따르는지 랜덤성이 있는지를 판단하는데 효과적이다. 타점 결과로 보아 특별한 규칙이 보이지 않으므로 랜덤성이 있는 것으로 판단된다.

다른 사항은 이미 앞에서 분석한 결과와 동일하다.

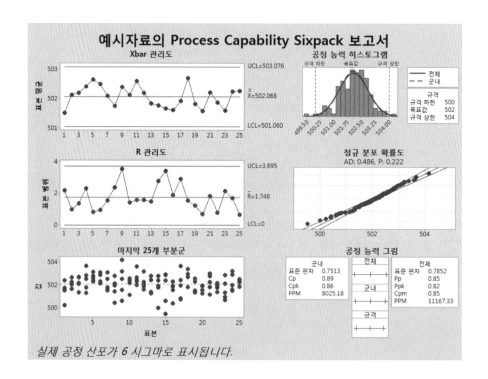

(2) 특별한 변동이 있는 경우의 공정능력분석

이 분석 절차는 생산방식이 로트 생산방식이면서 special 변동이 존재하는 경우에 적용될 수 있다. 관리도에서 설명한 대로 식품공정이나 화학공정의 원료 가공 공정에서 발생하기 쉽다. 이 공정을 분석하기 전 $I-MR-R/S$관리도를 통해 공정이 관리상태인지 확인하여야 한다. 공정이 관리상태라면 공정능력을 분석한다. 관리도 '10.9 특별한 변동이 있는 관리도'에서 분석한 〈표 10-10〉의 예제에 대해 공정능력분석을 진행해 보자.

① 〈표 10-10〉데이터를 정리하고 $I-MR-R/S$ 분석 결과를 나타낸 것이다.

배치 변동이 있는 특별한 데이터는 이 단계까지 오기에 많은 단계를 거쳐야 한다. 그리고 이미 그 과정은 10.9 장에서 충분히 설명되었다고 생각한다. 그러므로 더 이상의 검증은 생략하고 공정능력분석을 시작하기로 하자.

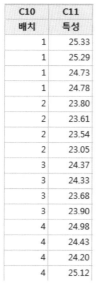

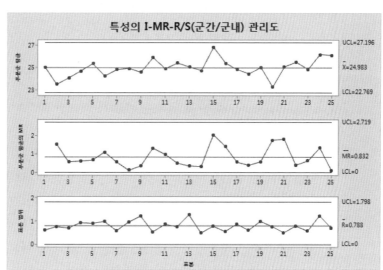

② 공정능력분석(정규분포)를 선택했을 경우

만약 이 데이터의 배치 변동이 존재한다는 사실을 모르고 공정능력분석을 실시한다고 하면 절차는 다음과 같다. 통계분석 ▶ 품질도구 ▶ 공정능력분석 ▶ 정규분포를 선택한다. '단일 열'에 '특성'을 연결하고 '부분군의 크기'에 '배치'를 연결한 후 규격하한 22, 규격상한 28을 입력한 후 확인을 클릭한다.

(2) 특별한 변동이 있는 경우의 공정능력분석

이 분석 절차는 생산방식이 로트 생산방식이면서 special 변동이 존재하는 경우에 적용될 수 있다. 관리도에서 설명한 대로 식품공정이나 화학공정의 원료 가공 공정에서 발생하기 쉽다. 이 공정을 분석하기 전 $I-MR-R/S$관리도를 통해 공정이 관리상태인지 확인하여야 한다. 공정이 관리상태라면 공정능력을 분석한다. 관리도 '10.9 특별한 변동이 있는 관리도'에서 분석한 〈표 10-10〉의 예제에 대해 공정능력분석을 진행해 보자.

① 〈표 10-10〉데이터를 정리하고 $I-MR-R/S$ 분석 결과를 나타낸 것이다.

배치 변동이 있는 특별한 데이터는 이 단계까지 오기에 많은 단계를 거쳐야 한다. 그리고 이미 그 과정은 10.9 장에서 충분히 설명되었다고 생각한다. 그러므로 더 이상의 검증은 생략하고 공정능력분석을 시작하기로 하자.

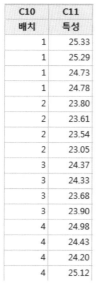

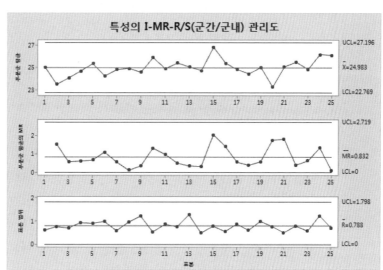

② 공정능력분석(정규분포)를 선택했을 경우

만약 이 데이터의 배치 변동이 존재한다는 사실을 모르고 공정능력분석을 실시한다고 하면 절차는 다음과 같다. 통계분석 ▶ 품질도구 ▶ 공정능력분석 ▶ 정규분포를 선택한다. '단일 열'에 '특성'을 연결하고 '부분군의 크기'에 '배치'를 연결한 후 규격하한 22, 규격상한 28을 입력한 후 확인을 클릭한다.

③ 결과 출력

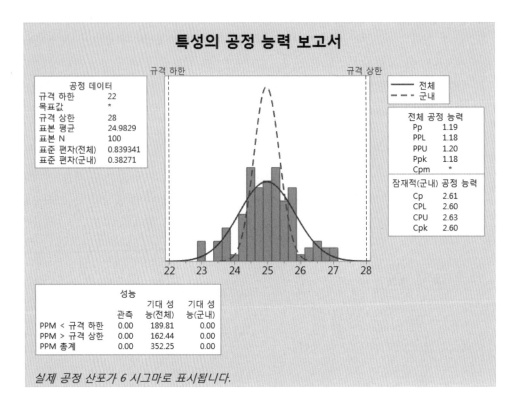

특성의 공정 능력 보고서

공정 데이터	
규격 하한	22
목표값	*
규격 상한	28
표본 평균	24.9829
표본 N	100
표준 편차(전체)	0.839341
표준 편차(군내)	0.38271

전체 공정 능력	
Pp	1.19
PPL	1.18
PPU	1.20
Ppk	1.18
Cpm	*

잠재적(군내) 공정 능력	
Cp	2.61
CPL	2.60
CPU	2.63
Cpk	2.60

성능	관측	기대 성능(전체)	기대 성능(군내)
PPM < 규격 하한	0.00	189.81	0.00
PPM > 규격 상한	0.00	162.44	0.00
PPM 총계	0.00	352.25	0.00

실제 공정 산포가 6 시그마로 표시됩니다.

분석 결과 공정능력지수는 무려 2.61로 측정되었으며, 그다지 나쁜 편은 아니지만 공정성능지수는 1.19로 차이가 너무 크다. 실제 공정능력지수와 공정성능지수는 정상적일 경우 기 단위의 실적일지라도 0.5 정도의 차이가 정상이다. 즉 보통 장기데이터일 경우 0.3~0.5 정도의 차이를 보인다. 그리고 공정능력지수가 2.61 이라면 아예 부적합품이 없는 수준이어야 한다. 이러한 결과가 나오면 배치변동을 의심하고 $I-MR-R$ 관리도를 작성하여 확인하는 것이 필요하다.

④ 공정능력분석(군간/군내)을 실시한다.

이 데이터는 특별한 변동을 가지고 있으므로 통계분석 ▶ 품질도구 ▶ 공정능력분석 ▶ 군간/군내를 선택한다. '단일 열'에 '특성'을 연결하고, '부분군 크기'에 '배치'를 연결한다.

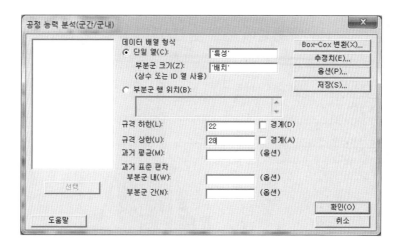

규격하한은 22, 규격상한은 28을 입력한 후, '추정치' 탭을 열어 'Rbar'를 선택한다. 이 절차는 기존 공정능력지수의 '정규분포'의 경우와 동일하다.

⑤ 결과 출력

품질특성에 대한 군간/군내 공정능력이 출력된다. 공정데이터에는 표준편차(군간: σ_b^2), 표준편차(군내: σ_w^2), 표준편차(군간|군내: $\sigma_{b/w}^2$) 및 표준편차(전체: σ_t^2)의 4가지가 함께 표현되고 있다. 공정능력지수는 표준편차(군간|군내: $\sigma_{b/w}^2$)를 기준으로 계산되었다. 각각의 적용된 계산식은 다음과 같다.

ⓐ 공정능력지수: $C_P = \dfrac{U - L}{6 \times \sigma_{b/w}} = \dfrac{6}{6 \times 0.808869} = 1.236$

ⓑ 최소공정능력지수: $C_{PK} = C_{PKL} = \dfrac{\bar{x} - L}{3\sigma_{b/w}} = \dfrac{24.9829 - 22}{3 \times 0.808869} = 1.229$

ⓒ 공정성능지수: $P_P = \dfrac{U - L}{6\sigma_t} = \dfrac{6}{6 \times 0.839341} = 1.191$

ⓓ 최소성능지수: $P_{PK} = P_{PKL} = \dfrac{\bar{x} - L}{3\sigma_t} = \dfrac{24.9829 - 22}{3 \times 0.839341} = 1.184$

ⓔ 공정변동지수: $C_{pm} = \dfrac{U - L}{6 \times \sqrt{\dfrac{\Sigma\Sigma(x_{ij} - m)^2}{nk - 1}}} = \dfrac{6}{6 \times \sqrt{\dfrac{69.7741}{99}}} = 1.191$

배치변동이 실제 반영된 공정능력지수는 처음보다 매우 낮아지게 된다. 하지만 특별한 변동이 존재한다 하여 이를 무조건 수용하는 것은 문제가 있다. 군간변동도 품질 저해요인임은 틀림없으므로 이를 개선하기 위한 노력 또한 필요하다.

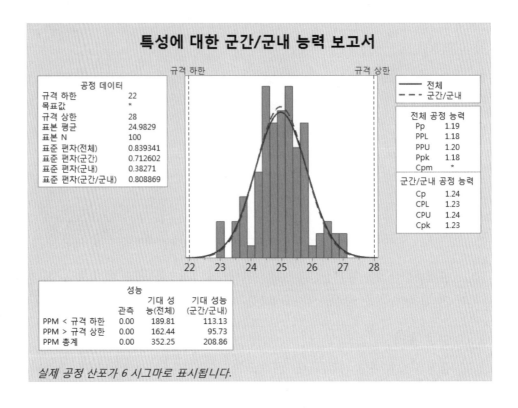

⑥ 6 pack 모듈을 활용한 출력

   ⓐ 이 자료도 6 pack을 활용할 수 있으며 방법은 동일하다.

      통계분석 ▶ 품질도구 ▶ Capability sixpack ▶ 군간|군내를 선택하여, 측정 데이터를 입력한 후 부분군의 크기, 관리한계를 입력한다.

      검정 탭, 추정 탭, 옵션 탭의 경우 정규분포의 경우와 동일하니 참고하기 바란다.

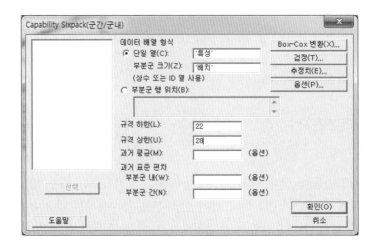

ⓑ 출력 결과

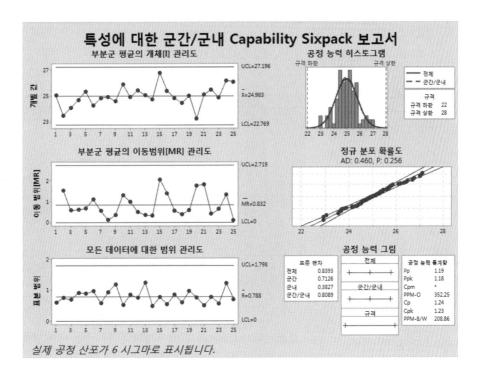

(3) 계수형 자료(이항분포)의 공정능력분석

　　데이터가 부적합품률과 같은 형태로 나타나는 경우에도 z값을 활용하여 공정능력분석
이 가능하다. 먼저 P관리도를 작성하여 공정이 관리상태인지 확인하고, 이항분포를 따
르는지 확인한다. 또한 공정의 평균 부적합품률은 생산 실적에 의한 데이터로서 장기간
의 운영결과로 누적 공정부적합품률을 그래프로 나타냈을 때 그래프가 평균치에 수렴되
는 현상이 나타나야 한다. 이는 중심극한정리와 동일한 원리이다. 그러므로 평균 부적합
품률이 수렴형태로 나타나지 않는 경우는 부분군이 부족하다는 뜻이므로 좀 더 부분군을
확인하여야 한다. 부적합품률 데이터는 실적을 뜻하는 장기 데이터(long term)인 만큼
분석에 필요한 부분군의 수는 적어도 3개월 이상에 걸친 기간 동안의 자료로 하며 부분
군의 수가 40~100개 정도로 충분히 구하기를 권장한다.

① 데이터를 정리한다.

　　p 관리도 자료인 〈표 11-2〉 예시데이터를 Minitab에 입력한다. 11장에서 공정능력분
석을 위한 p 관리도는 관리 상태를 나타냈고, 이항확률도의 분석을 통해 이항분포를
따른다는 것이 입증되었다.

② 공정능력분석을 실시한다.

통계분석 ▶ 품질도구 ▶ 공정능력분석 ▶이항분포를 선택하여, 부적합품 데이터와
부분군의 크기가 입력되어 있는 열을 지정한다.

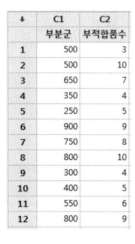

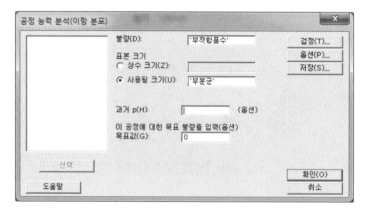

③ '검정' 탭을 열고 분석의 효율성을 확보하기 위해 4개의 검정 모두 수행으로 변환한다.

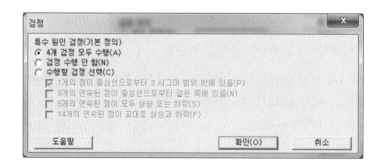

④ 출력 결과

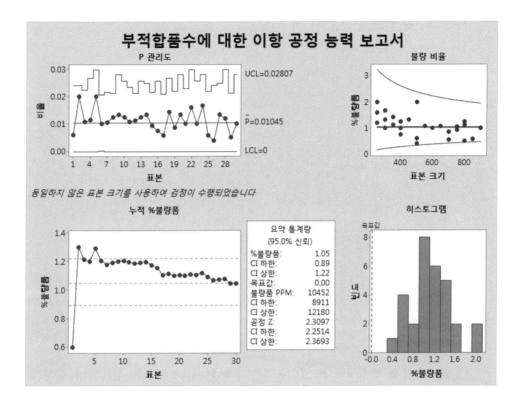

실제 계수형 데이터의 공정능력지수는 5pack으로 나타난다. 역시 과거 부적합품률을 입력하면 기준값이 주어진 P관리도로 검정이 가능하나 요약통계량이 과거 부적합품률 기준으로 계산되므로 사용하지 않아야 한다.

출력 결과 관리도는 관리상태를 보이고 있다. 부적합품은 평균부적합품률 1.05%를 중심으로 불량 비율과 히스토그램은 정상적으로 나타나고 있으며 관리도는 관리상태이다.

누적%도는 조금 판정하기 아직 조금 부족할 수 있지만 수렴되는 현상을 보이고 있으므로 장기 공정의 부적합품률은 대략적으로 1.05%로 인정할 수 있다.

⑤ 공정능력지수의 추정

ⓐ 장기시그마 수준(z_{lt})

공정부적합품률 1.05%, 장기 공정 시그마수준(z_{lt}) 2.31로 나타나고 있다. 그러므로 장기시그마 수준은 2.3시그마수준이다.

ⓑ 장기변동 즉 공정성능지수

$$P_P = \frac{2.31}{3} = 0.77$$

ⓒ 공정능력지수(z_{st})

$$C_P = 0.77 + 0.50 = 1.27 \text{이다.}$$

ⓓ 단기시그마 수준(z_{st})

$$z_{st} = 1.27 \times 3 = 3.81 \text{ 즉 } 3.8 \text{ 시그마 수준이다.}$$

(4) 계수형 자료(푸아송분포)의 공정능력분석

① 〈표 11-5〉의 u 관리도에 관한 자료로 푸아송분포의 경우에 대해 공정능력분석을 실시해 보자. '부적합수'에 관한 예시데이터를 Minitab에 입력한다. 이 자료 역시 공정은 관리상태이며, 푸아송분포를 따르고 있음이 입증되었으므로 공정능력분석을 바로 수행하도록 하자.

통계분석 ▶ 품질도구 ▶ 공정능력분석 ▶ Poisson 분포를 선택하여 '결점'에 '부적합수'를 연결하고 '사용될 크기'에 '부분군의 크기' 열을 연결한다.

'검정' 탭을 열어 4개 검정 모두 수행으로 변경 후 확인을 클릭한다. 이 과정은 이항분포의 경우와 동일하다.

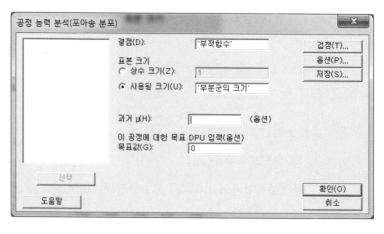

② 출력 결과

u 관리도에서 공정은 관리상태이며, 결점 비율과 히스토그램으로 보아 공정은 푸아송분포를 따른다. 누적 DPU 그림의 경우 4.427을 중심으로 수렴현상을 보이고 있으므로 단위당 부적합수는 4.43으로 볼 수 있다.

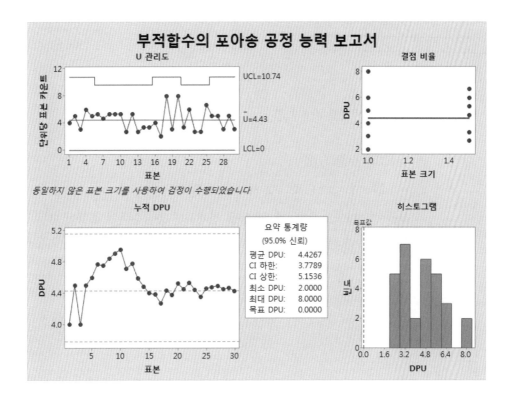

③ 공정능력분석

DPU는 백분율이 아니므로 z값으로 환산하여 관리하기는 곤란하다. 하지만 공정능력지수는 일반적으로 품질 수준을 나타내는 측도이므로 부적합수의 경우도 일관성을 가지고 같이 관리할 필요성이 있다. 실제 부적합수는 100단위당 부적합수로 AQL을 정의하여 샘플링 등에 활용하는 것이 같은 이유이다.

그러므로 원칙을 정하여 동일한 방식으로 관리한다면 개선활동에 효과적으로 활용될 수 있다. 예를 들면 이 경우는 4.43% 또는 0.44% 중 선택한다. 물론 0.044%도 가능하다. 다만 그 때 그 때 바꾸는 방식은 허용할 수 없으며 한 번 정하였으면 일관성을 가지고 관리하는 것이 필요하다. 또한 이 데이터는 부적합수에 관한 데이터 이므로 장기변동에 해당된다. 엑셀 함수마법사를 활용하여 z_{lt}로 변환한다. 만약 0.44%로 결정하였다면 시그마수준은 다음과 같이 추정할 수 있다.

ⓐ 장기시그마 수준(z_{lt})

norm.s.inv(0.0044)= -2.61973 즉 $z_{lt}=2.62$ 즉 2.6시그마 수준이다.

ⓑ 장기변동 즉 공정성능지수

$$P_P = \frac{2.62}{3} = 0.87$$

ⓒ 공정능력지수

$$C_P = 0.87 + 0.50 = 1.37$$

ⓓ 단기시그마 수준(z_{st})

$z_{st} = 1.37 \times 3 = 4.11$ 즉 4.1 시그마 수준이 된다.

이 값을 벤치마크로 하여 개선활동을 전개하면 품질수준의 측정이 모두 공정능력에 의해 가능해 지므로 조직의 성과 관리가 효과적으로 운영될 수 있다.

PART 4

품질정보 효율화 기술

13장 측정시스템분석(MSA)

데이터는 공정의 변동을 표현하는 품질의 증거이다. 우리는 이 증거를 가공한 품질정보로 품질의 해석과 유지·개선 활동에 이용한다. 만약 이 증거가 측정상의 오류나 계측기의 문제로 공정이나 로트의 변동을 올바르게 표현하지 못한다면 품질시스템이 아무리 훌륭해도 올바른 판단을 할 수 없다. 그러므로 품질시스템을 효과적으로 운영하기 위해서는 데이터를 얻기 위한 측정시스템에 문제가 없는지 적절한 주기로 평가하고 보완하는 것이 중요하다.

13.1 측정시스템(MSA)과 측정오차 분석

측정을 하기 위하여 사용되는 전체공정을 대상으로, 측정치에 영향을 미치는 작업, 절차, 계측기, 소프트웨어 및 운영자 등과 같은 모든 구성요소의 집합체를 측정시스템이라 하고, 이를 분석하는 것을 측정시스템 분석(measurement system analysis)이라 한다. 측정시스템을 분석하는 목적은 측정시스템에 의해 산출된 품질특성(결과)에 영향을 줄 수 있는 측정 산포의 원인과 크기에 관한 정보를 얻기 위함이다.

이러한 연구(MSA)를 통해 얻을 수 있는 이점은 다음과 같다.

ⓐ 측정데이터의 통계적 분석을 통한 측정시스템의 품질을 평가
ⓑ 측정데이터의 사용 및 측정시스템의 반복적인 사용가능 여부 판단
ⓒ 신뢰성 있는 측정시스템의 유지 및 측정데이터의 사용

(1) 측정시스템의 변동 유형

① 측정시스템의 변동 유형

측정시스템의 유형은 정확성(accuracy), 선형성(linearity), 안정성(stability), 재현성(reproducibility), 반복성(repeatability)의 5가지이며 〈그림 13-1〉과 같이 분류할 수 있다.

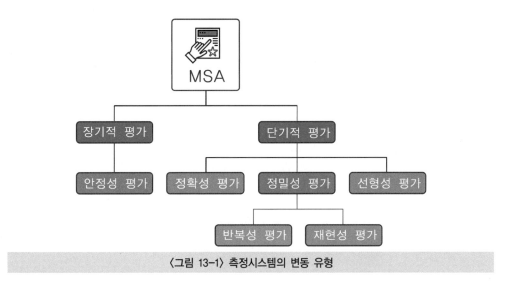

〈그림 13-1〉 측정시스템의 변동 유형

② 측정오차의 분석이 필요한 이유

특정한 목적을 달성하기 위해 수집한 데이터와 제품의 규격을 비교하면 공정능력을 평가하게 되고, 그 정보로 제품의 품질상태를 판명한다. 12장에서 학습한 바와 같이 공정능력에 직접적으로 영향을 주는 요인은 5M 즉 사람, 설비, 자재, 방법, 측정과 표준화하지 않은 기타 요인 및 환경의 우연 변동(variation)이다.

일반적으로 품질관리는 모든 것을 품질데이터에 근거하고 있으므로 정확한 표본의 수집과 그 표본에 대한 올바른 측정이 매우 중요하다. 만일 측정과정이 옳지 않다면 측정된 데이터로 제품의 실질적 특성을 알 수 없음은 자명하다. 실제로 공정의 변동 요인은 4M과 환경 외에도 측정의 산포가 포함되어 5M1E의 영향을 받는다. 여기서 문제가 되는 것은 4M과 환경인자는 실제로 공정의 변동이지만, 측정은 허수의 변동 즉 순수한 오류라는 점이다.

그러므로 현재의 측정 데이터가 제품이나 공정을 올바로 측정하여 산출한 데이터인지 반드시 검증되어야 하며, 이를 바탕으로 측정시스템의 효율화가 이루어져야 한다. 만일 옳지 않은 측정을 계속 시행한다면 잘못된 측정시스템으로 인하여 품질비용은 올라갈 것이며 품질개선은 매우 요원하게 될 것이다.

(2) 정확성의 의미와 변동요인

정확성(accuracy)은 치우침(bias) 또는 편의라고도 한다.

치우침은 어떤 계측기로 동일한 제품을 여러 번 측정할 때에 얻어지는 측정치의 평균($\overline{X}$)과 이 특성의 참값(m : standard value로 '기준값(reference value)'이라고도 한다)와의 차를 뜻한다〈그림 13-2〉. 그러므로 치우침의 분석을 위해서는 참값을 알고 있는 대상물이 필요하므로 주로 계측기에 대해 소급성이 확보된 표준기를 사용한다.

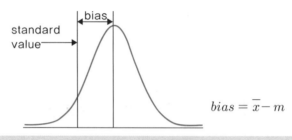

$$bias = \overline{x} - m$$

〈그림 13-2〉 정확성(치우침: bias)

① 정확성의 의미

치우침(bias)은 여러 번 측정된 측정치 모두에게 동일한 영향을 미친다.

만약 모든 측정치에 동일한 치우침(b_i)이 존재한다면

$x_i = m + b_i + e_i$이다.

그러므로 x_i의 기대치는 다음과 같다.

$$E(x_i) = \overline{x} \quad\cdots\cdots\cdots\cdots\cdots\cdots\cdots\cdots\cdots\cdots\cdots\cdots\cdots\cdots \text{〈식 13-1〉}$$

$$E(x_i) = E(m + b_i + e_i) = m + \overline{b} \quad\cdots\cdots\cdots\cdots\cdots\cdots\cdots\cdots \text{〈식 13-2〉}$$

그러므로 〈식 13-1〉과 〈식 13-2〉에서

$\overline{x} - m = \overline{b}$

(단, $i = 1, 2, 3, \cdots\cdots, n$이다. $\overline{b}$는 일정하게 발생하는 치우침이다.)

치우침에 대해 공정변동($6\sigma_P$) 또는 공차(T)와 비교하면 치우침(%)가 된다. 만일 이 측정치가 참값(m 또는 μ)과의 차이가 있으면 치우침(bias)이 있다고 하며, 이 치우침이 작을수록 정확성이 좋다고 말한다.

$$정확성(\%) = \frac{|\overline{x} - m|}{\pm 3\sigma_P} \times 100\% \quad 또는 \quad \frac{|\overline{x} - m|}{U - L} \times 100\%$$

② 치우침 변동이 발생하는 원인

  ⓐ 잘못 측정된 참값(standard value)

  ⓑ 마모된 부품 사용

  ⓒ 잘못 교정된 계측기 사용

  ⓓ 손상된 계측기 사용

  ⓔ 계측기 오사용 또는 측정치 오판독

  ⓕ 부적절한 부품 set-up

(3) 선형성의 의미와 변동요인

선형성(linearity)은 직선성이라고도 한다.

측정시스템의 측정 범위 내에서 등 간격으로 기준값(reference value)를 설정하여, 설정된 각각의 기준값과 기준값별 측정 평균치의 차이 즉 기준값별 각각의 치우침(bias)을 측정하였을 때 치우침의 크기가 일정하게 나타나지 않고 변할 경우 그 변화의 차이를 뜻한다. 그러므로 선형성을 조사하면 정확성도 동시에 평가가 가능하다. 선형성은 치우침 값으로 계산된 회귀직선의 기울기와 결정계수로 판단한다.

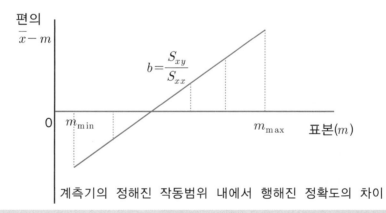

계측기의 정해진 작동범위 내에서 행해진 정확도의 차이

〈그림 13-3〉 선형성

① 선형성의 측정방법

  ⓐ 유효측정구간을 위한 공정의 최대측정치와 최소측정치를 산출한다. 측정유효구간은 규격을 포함하는 더 넓은 범위이어야 한다. 공정능력이 2등급 이하이면 공정변동보다 넓은 범위로 정하여야 한다. 유효측정구간은 '최대측정치-최소측정치'가 된다.

ⓑ 측정유효구간에 대해 등 간격으로 부분군을 5~10개 정도로 하여 기준값을 결정한다. 기준값의 최소치는 측정유효구간의 최소측정치가 되며, 기준값의 최대치는 측정유효구간의 최대측정치가 된다. 기준값을 만족하는 표본을 구하여 기준기로 정한다. 기준기는 가급적 소급성이 확보된 표준기를 활용하는 것이 좋다.

ⓒ 표준기를 반복 측정하여, 기준기별 평균치를 구한다. 반복 측정한 평균치를 사용하는 이유는 측정 시 발생하는 측정오차와 계측시스템의 치우침 오차를 분리하기 위함이다.

ⓔ 각각의 기준기의 기준값을 x로 하고, 기준기에 대한 측정치의 치우침을 y로 하여 직선의 기울기를 구한다.

$$b = \frac{\varSigma xy - (\varSigma xy / n)}{\varSigma x^2 - (\varSigma x)^2 / n}$$

ⓕ 기울기 b를 공정변동($6\sigma_P$) 또는 공차(T)와 비교하면 선형성(%)가 된다.

$$선형성(\%) = \frac{|b|}{\pm 3\sigma_P} \times 100\% \quad 또는 \quad \frac{|b|}{U - L} \times 100\%$$

② 선형성 변동이 발생하는 원인

　　ⓐ 낮은 범위와 높은 범위 내에서 잘못 교정된 계측기

　　ⓑ 잘못 측정된 최소 또는 최대기준값

　　ⓒ 손상된 계측기 사용

　　ⓓ 게이지 설계특성상 신뢰도가 미흡한 게이지

(4) 안정성의 의미와 변동요인

안정성(stability)이란 계측기가 마모나 온·습도와 같은 환경조건이 시간이 경과함에 따라 동일제품의 계측 결과에 영향을 미치는 경우에 따른 평균치나 산포의 변화를 뜻한다. 시간이 경과함에 따라 동일제품에 대한 측정치의 평균치나 산포가 달라질 경우 그 계측기는 안정성이 결여되었다고 평가한다.

'동일한 계측기로 동일한
표본을 일정기간 지난 후
재측정했을 때 나타나는
측정 data의 평균값 편차'
또는 산포의 변화

▎ 차이가 클수록 안정성이 떨어진다.

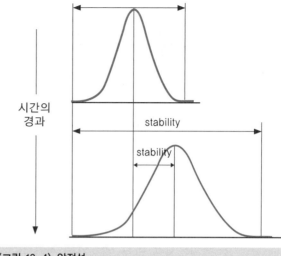

〈그림 13-4〉 안정성

① 안정성의 측정방법

정기적으로 검·교정을 하는 계량기[29]의 경우 반드시 안정성을 자체적으로 체크하며 관리하고 있어야 한다. 참값(standard value)을 알고 있는 동일한 표본을 정기적이고 지속적으로 3~5회 측정한 값을 '기준값이 주어진 $\bar{x} - R$ 관리도'를 통해 타점해 가면서 관리한계를 벗어나는지 확인하여 계측기에 산포나 치우침이 발생하는지를 체크한다.

② 안정성 변동이 발생하는 원인

ⓐ 불규칙한 환경조건

ⓑ 불규칙한 사용 시기

ⓒ 계측기의 불완전한 작동 준비상태(warming)

(5) 반복성의 의미와 변동요인

반복성(repeatability: r)은 계측기의 측정상의 난이도 또는 측정방법의 난이도로 인한 측정 산포를 의미하며, 측정산포에서의 군내변동(σ_w)의 개념으로 볼 수 있다. 반복성은 동일 측정자가 동일 측정 환경에서 동일 계측기로 동일한 제품을 동일한 측정 방법으로 여러 번 반복 측정하였을 때 발생되는 측정의 변동을 뜻하며, 계측기 변동(EV: Equipment Variation)이라고도 한다. 반복성이 작을수록 측정 정밀도가 좋다.

---

29) 계량기는 계측기 중 상거래를 목적으로 하는 계측기로 법적 검교정의 대상이 된다.

'동일한 표본을 측정자가
여러번 측정하여 얻어진
data의 산포크기'

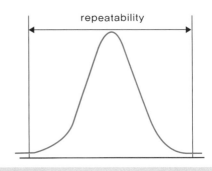

■ 산포크기가 작을수록 반복성이 좋아진다.

〈그림 13-5〉 반복성

① 반복성의 측정 방법

ⓐ 측정특성에 맞는 계측기를 정하고, 검정을 위한 표준기 또는 표본을 정한다.

ⓑ 표준기가 아닌 경우 표본을 조사하여 기준값을 정확히 확인한다.

ⓒ 계측기의 0점 상태를 확인한 후, 10회 정도 반복하여 측정한다. 단 재현성과 동시에 평가할 경우 평가방법에 따라 1~5회 측정할 수도 있다.

ⓓ $6\sigma_w = 6 \times \dfrac{\overline{R}}{d_2}$ 로 하여 반복성을 구한다.

99% 신뢰구간 법을 사용할 경우 $2 \times 2.575\sigma = 5.15\sigma$ 로 하여 평가할 수도 있다.

ⓔ 반복성에 대해 공정변동($6\sigma_P$) 또는 공차(T)와 비교하면 반복성(%)가 된다.

$$\text{반복성(\%)} = \frac{6 \times \dfrac{\overline{R}}{d_2}}{\pm 3\sigma_P} \times 100\% \quad \text{또는} \quad \frac{6 \times \dfrac{\overline{R}}{d_2}}{U - L} \times 100\%$$

② 반복성 변동이 발생하는 원인

ⓐ 계측기의 불안정 등으로 영점을 잡기 어렵다.

ⓑ 측정을 하는 시점에서 고정이 잘 되지 않고 흔들림이 발생한다.

ⓒ 계측자의 측정방법이 미흡하거나, 표본을 변형시켜 사용하는 등의 절차에서 수행하기가 까다롭다.

(6) 재현성의 의미와 변동요인

재현성(reproducibility: R)은 동일한 계측기로 동일한 측정 환경에서 두 사람 이상의 다른 측정자가 동일 표본을 동일한 측정 방법으로 측정할 때에 나타나는 개인 간 측정데이터의 평균값의 차이를 의미하며, 평가자 변동(AV: Appraiser variation)이라고도 한다. 즉 측정자간의 측정 평균치의 차이로 측정자마다 측정 평균치가 달라지는 정도를 평가하는 것으로 측정산포의 군간변동(σ_b^2)에 해당된다.

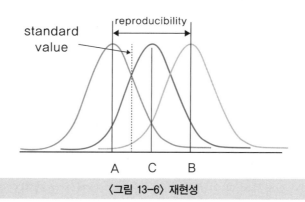

〈그림 13-6〉 재현성

① 재현성의 측정방법

ⓐ 표본 또는 표준기의 준비는 반복성의 평가 방식과 동일하다.

ⓑ 측정자는 가급적 3인 이상(3~5인)으로 구성한다.

ⓒ 표본을 개인별로 3회 이상 측정하고 평균값을 각각 계산한다. 단, 반복성과 동시에 평가할 경우 1~2회를 측정하는 경우도 있다.

ⓓ 재현성을 계산한다.

㉠ R_0=최대측정자의 평균값－최소측정자의 평균값

㉡ 재현성$= 6\sigma = 6 \times \dfrac{R_0}{d_2}$

㉢ 조정된 재현성 $= \sqrt{[6 \times \dfrac{R_0}{d_2}]^2 - \dfrac{(6\sigma_w)^2}{nr}}$

여기서 n:부품수, r:시험횟수, σ_w:반복성이다.

ⓔ 재현성에 대해 공정변동($6\sigma_P$) 또는 공차(T)와 비교하면 재현성(%)가 된다.

$$\text{재현성}(\%) = \frac{6 \times \dfrac{R_0}{d_2}}{\pm 3\sigma_P} \times 100\% \quad \text{또는} \quad \frac{6 \times \dfrac{R_0}{d_2}}{U-L} \times 100\%$$

② 재현성 변동이 발생하는 원인

ⓐ 측정 또는 검사표준이 없음

ⓑ 측정 또는 검사표준이 미흡함

ⓒ 검사표준에 대한 측정자의 학습이 미흡함

ⓓ 측정자의 잘못 숙지된 방법상의 차이 또는 버릇

(7) 측정시스템의 평가와 해석

① 측정시스템 평가 시 일반적 고려사항

측정시스템의 변동 원인 5가지를 측정하는 이유는 궁극적으로 측정오차를 최소화하여 품질 정보의 정밀도와 신뢰도를 향상시키기 위함이다. 그러므로 측정시스템의 변동원인을 측정하여 평가하기 위한 방법은 사전에 효과적으로 계획하여야 한다.

ⓐ 평가자 수, 반복의 크기, 반복 수 등은 미리 정한다. 특히 주요 부품을 측정하는 검사시스템의 경우 신뢰도를 높이기 위해 표본 수와 검사의 반복수를 늘려야 한다.

ⓑ 평가자는 계측기를 일상적으로 다루는 검사자 중 숙련공으로 선택한다. 비숙련공은 그 자체의 에러 때문에 측정시스템의 문제를 효과적으로 검출할 수 없기 때문이다.

ⓒ 표본은 공정 중에서 샘플링하거나 그를 만족할 수 있는 표준기 중에서 선택되어야하며, 공정의 산포를 대별할 수 있어야 한다. 표본은 식별 또는 번호를 부여하되측정자는 구별하지 못하도록 유의한다.

ⓓ 계측기의 측정단위 눈금은 규격공차의 1/20과 공정변동의 1/20 이상을 읽을 수있어야 한다.

ⓔ 원하는 특성에 대한 측정 시 측정자가 측정표준을 준수하고 있음이 보장되어야한다.

ⓕ 측정은 랜덤하게 실시한다. 측정 결과는 누가, 어느 부품의 측정 결과인지 정확히기록하도록 하여야 한다.

ⓖ 측정 장비에서 읽는 유효숫자는 측정단위눈금 수준으로 읽는다.

② 측정시스템의 항목별(정확성, 선형성, 안정성, 반복성, 재현성) 개별평가 기준

앞에 기술된 방식으로 측정 된 각각의 값이 규격공차 또는 공정변동과 비교하였을경우로 평가기준은 다음과 같다. 과거에는 기준을 규격공차로 하였으나, 최근에는

공정능력이 높게 나타나므로 공정변동을 기준으로 평가하는 것이 통계적 품질관리 활동에 효과적이다. 각 항목별 평가기준은 다음과 같다.

ⓐ 5% 이내: 적합

ⓑ 10% 이상: 부적합으로 판정한다.

13.2 범위방법에 의한 Gage R&R 연구와 활용

(1) 범위방법에 의한 Gage R&R 연구와 평가기준

① 범위방법(range method)에 의한 Gage R&R 연구

범위방법에 의한 Gage R&R 연구는 재현성과 반복성을 동시에 평가하는 경우로 반복 측정을 하지 않아 Gage R&R 연구 활동에 소용되는 시간이 짧은 장점이 있는 반면 두 변동을 분리하여 측정할 수 없다는 단점을 가진 측정연구를 뜻하는 용어이다.

표본의 측정과정에서 얻어지는 데이터에는 실제 공정변동과 함께 계측기의 변동(반복성: repeatability) 및 측정자의 능력 차로 인한 변동(재현성: reproducibility)이 포함되어 나타난다. 여기서 계측기의 변동과 측정자의 변동을 합한 것이 측정시스템(Gage R&R)의 변동이다. 그리고 측정시스템의 정밀도를 분석하는 것을 Gage R&R study라고 한다.

ⓐ 공정의 총 변동(σ_{Total}^2) = 공정변동(σ_P^2) + 측정시스템 변동($\sigma_{R\&R}^2$)

ⓑ 측정시스템 변동($\sigma_{R\&R}^2$) = 반복성(EV: σ_{Rpt}^2) + 재현성(AV: σ_{Rpd}^2)

$$R\&R = \sqrt{(EV)^2 + (AV)^2}$$

ⓒ $R\&R$에 대해 공정변동($6\sigma_P$) 또는 공차(T)와 비교하면 $R\&R(\%)$가 된다.

$$R\&R(\%) = \frac{R\&R}{\pm 3\sigma_P} \times 100\% \quad \text{또는} \quad \frac{R\&R}{U-L} \times 100\%$$

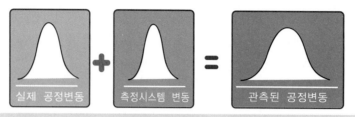

〈그림 13-7〉 측정시스템 변동과 관측된 공정변동

Gage R&R이 클수록 제품 또는 부품의 합격판정 시 부적합품(nonconforming part)을 적합품(conforming part)으로, 적합품을 부적합품으로 잘못된 판정을 내리게 될 확률이 높아지며, 궁극적으로 품질비용이 상승되어 경쟁력이 저하된다.

② Gage R&R이 적합하게 적용되기 위한 전제조건은 다음과 같다.

ⓐ 계측기 선정이 공정변동 또는 규격공차에 대해 적합하여야 한다.

ⓑ 측정시스템이 시간의 경과에 대해서 통계적으로 안정적이어야 한다.

ⓒ 측정에 대한 오차가 충분히 작아야 한다. 이것은 공정변동 또는 규격공차와 관련해서 accept 가능해야 한다. 즉, 측정에 의한 변동이 작으므로 "Y"의 변동을 유발시키는 "X" 인자를 정확하게 찾을 수 있는 능력이 있게 된다는 뜻이다.

③ 범위방법에 의한 Gage R&R 평가방법의 수리

측정치 X는 측정 오차를 고려한 신뢰구간을 '$X \pm \beta$'로 정의할 수 있다. 과거 β는 측정오차의 99% 신뢰구간을 사용한 관계로 $\pm 2.575\sigma$를 주로 사용하였으나, 지금은 공정변동과의 비교를 목적으로 하기 때문에 $\pm 3\sigma$를 많이 사용한다.

Gage R&R(%)는 측정오차의 크기와 규격공차 또는 공정변동과의 비율이다. 그러므로 측정오차의 크기는 공정변동 또는 공차에 비해 작을수록 좋다.

ⓐ $\pm \beta_m = \pm 3\sigma = 6 \times \dfrac{\overline{R}}{d_2}$

ⓑ $\text{gage R\&R(\%)} = \dfrac{\pm \beta_m}{6\sigma_P}$ 또는 $= \dfrac{\pm \beta_m}{U - L}$

⑤ 범위방법에 의한 Gage R&R 평가기준

측정오차(R&R)	내용	판정기준
R&R ≤ 10%	측정시스템 양호(수용가능)	합격
10〈 R&R 〈 30%	게이지 가격, 수리비용, 적용의 중요성에 따라 수용은 가능하나, 신뢰도 향상활동이 요구됨 (측정자 교육, 계측기 보수/보전 등)	합격
R&R ≥ 30%	측정시스템 부적합 (신속한 개선 및 측정시스템 재조사)	불합격

(2) 범위방법에 의한 Gage R&R 연구 적용절차

① 공정변동을 조사하여 $\mu \pm 1.5 \sigma_P$로 측정범위를 설정한 후 표본의 수를 5~10개로 하여, 대상표본값을 정한다. 예를 들어 $N \sim (50, 2^2)$인 정규모집단은 측정범위가 $50 \pm 1.5 \times 2$이므로 47~53이 된다. 만약 표본의 수를 7개로 하고자 한다면 47, 48, 49, 50, 51, 52, 53에 가까운 값을 가진 표본을 구한다. 이러한 이유는 그래프 등의 분석을 통해 측정 오차의 유형을 확인하여 측정시스템의 개선에 활용하기 위함이다.

② 표본값에 적합한 표본을 선택한다. Gage R&R은 측정오차의 산포를 측정하는 것이 목적이므로 기준값은 측정하지 않아도 분석이 가능하지만 효과적인 분석을 위해서는 하는 것이 좋다.

③ 측정자를 3~5명으로 하여 각 표본별로 1회씩 측정하게 한다. 단, 계량기의 정밀도는 최소눈금단위가 공정변동이나 규격공차의 $\frac{1}{20}$이상이 되어야한다(최소눈금단위 $\leq \frac{\pm 3\sigma}{20}$).

④ 측정 결과를 정리한다. 〈표 13-1〉은 정리된 예시데이터이다.

〈표 13-1〉 Gage R&R 범위방법을 위한 예시데이터

	표본1	표본2	표본3	표본4	표본5	표본6	표본7
측정자1	47.2	51.5	49.5	53.0	47.6	52.8	50.1
측정자2	46.6	50.4	48.6	53.1	47.3	51.3	49.9
측정자3	46.8	51.1	48.8	52.9	47.9	51.9	50.2
범위	0.6	1.1	0.9	0.2	0.6	1.5	0.3

⑤ Gage R&R을 구하고 평가한다.

ⓐ $\overline{R} = \dfrac{5.2}{7} = 0.743$

ⓑ Gage R&R(연구변동) $= 6 \times \dfrac{\overline{R}}{d_2} = 6 \times \dfrac{0.743}{1.72} = 2.59$

(단, d_2는 표본 수(k), 측정자 수(n)으로 하는 계수로 첨부된 통계수치표 6 '범위를 사용하는 검정보조표'를 활용한다.)

ⓒ Gage R&R(%) $= \dfrac{2.59}{6\sigma_P} = \dfrac{2.59}{6 \times 2} = 0.216$

평가 결과 연구변동의 신뢰도 향상이 요구됨으로 나타났다. 평가 결과의 해석을 위해서는 어떠한 측면이 문제인지 그래프 분석을 통해 확인하는 것이 효과적이다.

(3) Minitab을 활용한 범위방법에 의한 Gage R&R 연구

Minitab을 활용하여 범위방법에 의한 Gage R&R 연구를 적용할 경우 재현성과 반복성을 효과적으로 분석하고 확인하기 위해서는 관리도법과 분산분석법의 그래프 분석 등을 활용한다.

① 표본의 설정의 타당성 여부와 반복성의 정도를 평가한다.

ⓐ 예시데이터를 열 방향으로 정리한다. 데이터는 측정자와 표본을 각각 한 열로 하고 각 조합에 해당되는 측정치를 한 열로 하여 정리한다.

ⓑ 통계분석 ▶ 관리도 ▶ 계량형관리도 ▶ Xbar-R을 선택하고 '예시데이터'를 연결한다.

ⓒ 부분군의 크기는 측정자의 수인 3으로 하면 되므로 정리된 열 '표본번호'를 연결한다.

ⓓ 'Xbar-R 옵션' 탭을 열어 '추정치'를 선택한 후 표준편차 추정 방법을 Rbar로 한다.

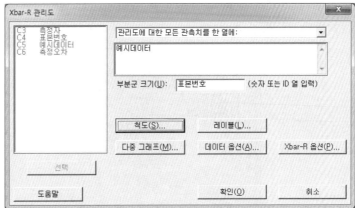

C3	C4	C5
측정자	표본번호	예시데이터
1	1	47.2
2	1	46.6
3	1	46.8
1	2	51.5
2	2	50.4
3	2	51.1
1	3	49.5
2	3	48.6
3	3	48.8
1	4	53.0
2	4	53.1
3	4	52.9
1	5	47.6
2	5	47.3
3	5	47.9
1	6	52.8

ⓔ 출력 결과

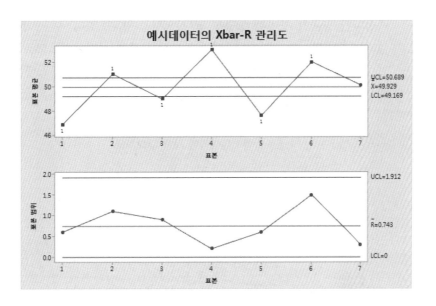

㉠ 표본별 측정치들의 평균치 데이터는 $\bar{x}$ 관리도의 관리한계를 상·하한으로 대다수가 벗어나고 있으므로 표본의 설정은 오차변동을 효과적으로 측정할 수 있도록 잘 선정하였음을 의미한다. 적어도 표본의 60% 이상은 벗어나야 한다.

㉡ 표본 범위는 측정자가 측정치의 범위를 타점한 것으로 관리상태를 보이고 있다. 이는 반복성이 각 표본에 대해 등분산성이 성립한다는 뜻이다. 하지만 반복성이 좋다는 뜻은 아니다. 타점 데이터가 0.2~1.5까지 차이가 나는 것으로 보아 측정자간의 측정치의 차이는 상당히 크게 느껴진다.

② 반복성과 재현성의 정도를 확인한다.

ⓐ 통계분석 ▶ 분산분석 ▶ 주효과도를 선택하고 '예시데이터'를 연결한다.

ⓑ 요인에 '측정자'와 '표본번호'를 연결한다.

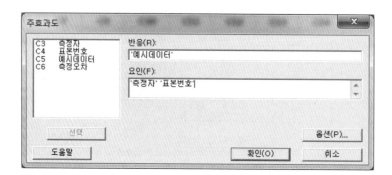

ⓒ 출력 결과

측정자간 평균치 차이가 상당히 크다는 것을 알 수 있다. 이는 재현성의 문제가 있다는 뜻이다. 각 표본 간 차이가 있도록 표본을 선정하였으므로 표본의 평균치가 차이를 보이는 것은 당연하다. 즉, 표본의 구성은 측정시스템을 평가하는 데 해상도가 충분하다는 뜻이다.

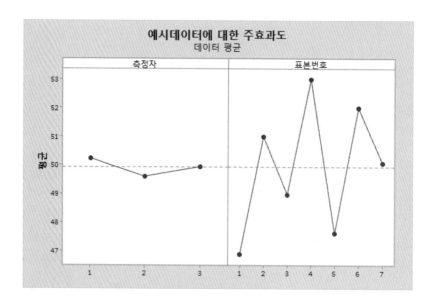

ⓓ 통계분석 ▶ 분산분석 ▶ 교호작용도를 선택하고 '예시데이터'를 연결한다.

요인에 '측정자'와 '표본번호'를 연결하고, '전체 교호작용도 행렬 표시'를 선택한다.

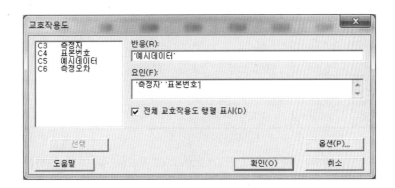

ⓔ 결과 출력

그래프는 2번 측정자의 측정치가 대체로 낮게 나타나고 있으며 1번 측정자의 측정치가 다소 높다. 그러므로 재현성이 있는 것으로 판단되므로 측정표준이 명확한지 조사하는 것이 필요하다.

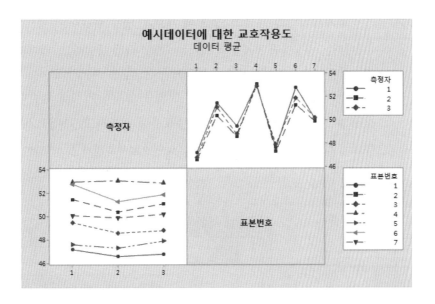

(4) 참값을 활용한 범위방법에 의한 Gage R&R 연구

〈표 13-2〉참값을 활용한 예시데이터

	표본1	표본2	표본3	표본4	표본5	표본6	표본7
참값	47	51	49	53	48	52	50
측정자1	0.2	0.5	0.5	0	-0.4	0.8	0.1
측정자2	-0.4	-0.6	-0.4	0.1	-0.7	-0.7	-0.1
측정자3	-0.2	0.1	-0.2	-0.1	-0.1	-0.1	0.2

앞의 분석 결과는 측정치의 참값(standard Value)을 알지 못하는 상태에서 분석한 것이다. 만약 측정치의 참값을 알고 있다면 반복성을 명확히 분석할 수 있다.

〈표 13-2〉는 〈표 13-1〉의 예시데이터에 대해 표본의 참값과 측정자의 측정치의 차이 즉 측정오차를 나타낸 것이다. 〈표 13-2〉에서 측정자 2는 대부분 음수이고, 측정자 1은 대부분 양수이므로 재현성이 있다는 것을 암시해 주고 있다.

① 구간그림을 활용한 분석

　　ⓐ 정리된 예시데이터의 자료의 옆 열에 새로운 열을 만들어 측정오차를 입력한다.

　　ⓑ 예시데이터는 측정자별 부분군의 크기는 7개로 각각 동일하고, 데이터는 측정오차만 나타낸 상태이므로 평균치 0을 중심으로 구간그림은 차이가 없어야 한다. 참값으로 정리한 데이터가 아닐 경우에 이 분석방법은 산포가 커져서 검출력이 좋지 않다.

　　그래프 ▶ 구간그림 ▶ 단일 Y, 그룹표시를 선택하고 '측정오차'를 연결한다.

　　ⓒ 그룹화에 대한 범주형 변수 즉 층별 요인으로 '측정자'를 연결한다.

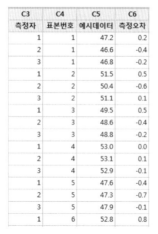
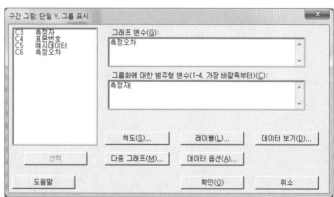

ⓓ 결과 출력

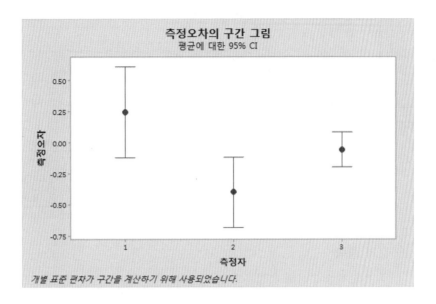

구간그림으로 2가지를 확인할 수 있다.

㉠ 측정자 2는 평균이 0을 포함하고 있지 않으므로 확실히 측정치가 낮다. 측정자
2는 재현성의 주요 원인이며 측정자 1도 평균치는 포함하고 있지만 높아 보인
다. 실제 〈표 13-2〉에서 측정자 1은 측정오차가 대부분 0보다 크고 측정자
2는 대부분 0보다 작다. 그러므로 재현성(측정자간 산포)이 있다는 것은 사실
이다.

㉡ 또한 측정자 3보다 측정자 1, 2는 확실히 산포가 크다는 것이다. 반복성이 어느
정도 있는 것으로 판단된다. 이 관계는 정규확률도와 등분산성의 검정으로 확
인이 가능하다.

② 확률도를 통한 분석

ⓐ 그래프 ▶ 확률도 ▶ 다중을 선택하여 '측정오차'를 연결한다.

ⓑ 그룹화에 대한 범주형 변수 즉 층별 요인으로 '측정자'를 연결한다.

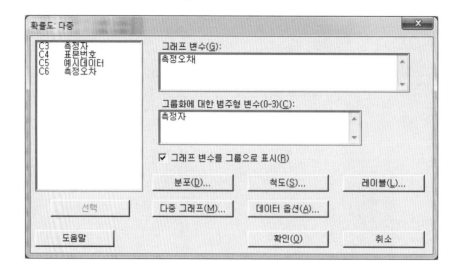

ⓒ 결과 출력

　　㉠ 측정자 3에 비해 측정자 1 및 측정자 3은 기울기가 큰 것으로 보아 확실히 산포
　　　에 의한 차이를 보이고 있으므로 반복성이 좋지 않음을 알 수 있다.

　　㉡ 측정자 1과 측정자 2는 평행을 보이고 있으므로 상호 재현성이 있음을 알 수
　　　있다.

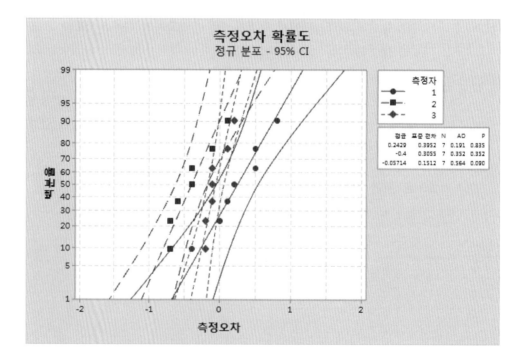

③ 등분산 검정을 통한 분석

ⓐ 통계분석 ▶ 분산 분석 ▶ 등분산 검정을 선택하여 '측정오차'를 연결한다.

ⓑ 층별 요인으로 '측정자'를 연결한다.

ⓒ '옵션'을 선택하여 정규분포를 바탕으로 하는 검정 사용을 체크한다.

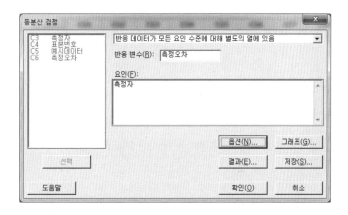

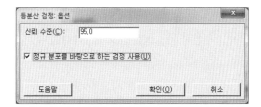

ⓓ 결과 출력

등분산 검정결과 의미있는 결과는 나오지 않았지만 그래프를 보면 측정자 3의 표준편차의 신뢰구간이 상대적으로 적게 나타나고 있다. 표본을 좀 더 조사하면 확실히 측정자 1의 반복성이 클 것으로 판단된다. 그러므로 반복성의 원인조사 또한 필요하다고 할 수 있다.

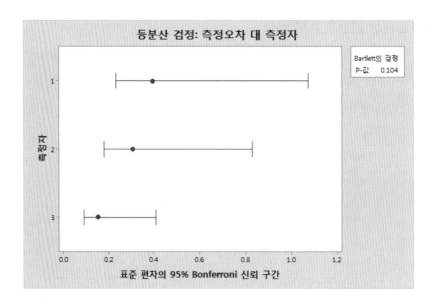

④ 측정오차에 대한 교호작용도 분석

ⓐ 통계분석 ▶ 분산 분석 ▶ 교호작용도를 선택하여 데이터를 연결한다.

ⓑ 층별 요인으로 '측정자'와 '표본번호'를 연결한다. '전체 교호작용도 행렬 표시'를 체크한다.

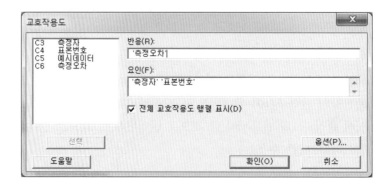

ⓒ 결과 출력

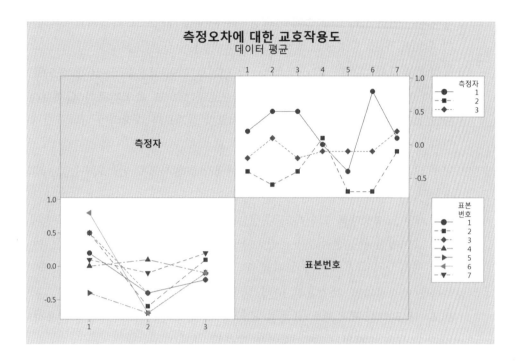

오차의 확인을 위해 교호작용도를 분석한 것이다. 13.2 (3) ②-ⓕ와의 차이는 측정데이터 대신 측정오차로 분석한 것이다. 1번 측정자의 반복성이 크며, 특히 5번과 6번 표본에서 반대 성향이 크게 나타나고 있다. 또한 1번과 2번 측정자는 재현성을 보이고 있다. 1번은 오차가 주로 양의 방향으로 크고, 2번은 오차가 주로 음의 방향으로 크게 나타나고 있다.

13.3 Gage R&R 교차연구와 활용

13.2장에서 학습한 바와 같이 반복이 없으면 반복성과 재현성을 그래프를 통해 이해는 할 수 있지만, 두 변동간의 측정치를 분리하여 구할 수는 없다. 이 방법은 반복 측정을 통해 두 가지 측정오차를 분리하여 측정함으로써 측정오차의 크기를 명확히 규정할 수 있다.

(1) Gage R&R 교차연구를 위한 측정·시험 절차

① 해당되는 여러 operator 중에서 숙련 operator를 대상으로 측정자를 정한다. 재현성의 확인을 위해 측정자는 3~4명 정도로 한다.

② 공정의 분포를 분석한 후 $\mu_0 \pm 1.5\sigma_0$의 범위로 하여 표본을 5~10개 정도로 정한다. 왜냐하면 너무 공정평균에 가까운 표본으로 선택하면 측정지표가 실제보다 나쁘게 나타나고 너무 넓게 선정하면 측정능력지표가 실제보다 과장되어 나타나게 되기 때문이다.

③ 너무 많은 반복 측정은 시간과 비용의 문제가 발생하므로 반복회수는 2~3회 정도로 정한다.

④ 계량기의 교정상태를 확인하고 측정 순서를 랜덤으로 정한다. 만약 측정자가 조대 작업 중이어서 완전랜덤화가 곤란하다면 개인별로 측정을 실시한다. 단, 이 경우 부품과 측정자의 교호작용은 신뢰할 수 없으므로 개인의 오차만 분석할 수 있다.

⑤ 다음은 측정자 3명, 측정표본 10개, 반복 2회를 실시한 예시데이터이다. 규격공차는 15.5~18.5이며, 프로세스 표준편차(σ_0)는 0.45이다. 예시데이터를 활용하여 Gage R&R 분석을 수행하고, 개선방안을 도출해 보자.

〈표 13-3〉 Gage R&R 교차연구를 위한 예시데이터

표본	측정자1		측정자2		측정자3	
	1	2	1	2	1	2
1	17.50	17.45	17.45	17.55	17.55	17.55
2	16.50	16.45	16.55	16.65	16.80	16.75
3	17.80	17.75	17.85	17.90	17.85	17.90
4	17.35	17.30	17.40	17.35	17.40	17.40
5	17.25	17.20	17.35	17.30	17.30	17.30
6	17.00	17.00	17.10	16.95	16.95	17.00
7	17.65	17.55	17.65	17.60	17.65	17.60
8	16.95	17.00	17.10	17.05	17.05	17.00
9	16.95	16.90	16.95	17.10	16.95	16.90
10	16.75	16.70	16.90	16.80	16.80	16.85

(2) Minitab을 활용한 Gage R&R 교차연구 절차

① 데이터를 표본, 측정자, 예시데이터의 3열로 하여 열 방향으로 정리한다. 반복은 특별히 열로 정리하지 않고 각 조건 당 데이터를 반복하여 입력한다.

통계분석 ▶ 품질도구 ▶ Gage 연구 ▶ Gage R&R(교차) 연구를 선택하고, 대화상자의 해당 열에 워크시트의 열을 연결한다.

@ 표본번호: '표본번호' 또는 표본명이 입력되어 있는 열을 지정한다.

ⓑ 측정 시스템: '측정자'의 번호 또는 이름이 입력되어 있는 열을 지정한다.

ⓒ 측정 데이터: 측정치가 입력된 '예시데이터'를 연결한다.

ⓓ 분석방법: Gage R&R의 분석기법으로 분산분석법을 선택한다.

② 'Gage 정보'탭은 일반적 기록사항이므로 참고하기 바란다. '옵션'을 클릭하여 다음 정보를 입력한다.

@ 연구변동: 통상 $\pm 3\sigma$법을 사용하므로 5.15보다는 6을 적용한다.

ⓑ 공정 공차: 규격공차를 입력한다.

ⓒ 과거 표준 편차: 프로세스의 표준편차 즉 기준값을 입력한다. 이것이 입력되지 않으면 실험에 활용한 표본으로 공정표준편차가 대체되어 연구변동의 해석이 왜곡되므로 가급적 입력하는 것이 좋다.

ⓓ '과거 표준편차를 사용하여 공정 변동 추정'으로 한다.

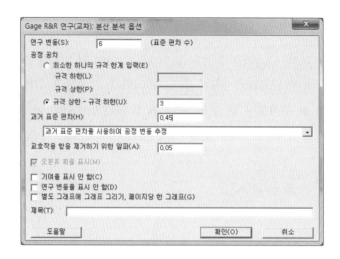

④ 결과 출력

ⓐ Gage R&R 분석 – 분산 분석 방법

교호작용이 있는 이원 분산 분석표

출처	DF	SS	MS	F	P
표본	9	8.06650	0.896278	177.774	0.000
측정자	2	0.08008	0.040042	7.942	0.003
표본 * 측정자	18	0.09075	0.005042	2.241	0.025
반복성	30	0.06750	0.002250		
총계	59	8.30483			

교호작용 항 제거를 위한 알파 = 0.05

ⓑ Gage R&R : 각 분산의 성분(variance components)

출처	분산 성분	%기여(분산성분)
총 Gage R&R	0.005396	2.66
반복성	0.002250	1.11
재현성	0.003146	1.55
측정자	0.001750	0.86
측정자*표본	0.001396	0.69
부품-대-부품	0.197104	97.34
총 변동	0.202500	100.00

공정 공차 = 3

과거 표준 편차 = 0.45

전체 분산=과거표준편차 제곱=0.2025

ⓒ Gage R&R : 각 분산의 R&R%

출처	표준편차	연구변동	%연구변동	%공차
총 Gage R&R	0.073456	0.44074	16.32	14.69
반복성	0.047434	0.28460	10.54	9.49
재현성	0.056088	0.33653	12.46	11.22
측정자	0.041833	0.25100	9.30	8.37
측정자*표본	0.037361	0.22417	8.30	7.47
부품-대-부품	0.443964	2.66378	98.66	88.79
총 변동	0.450000	2.70000	100.00	90.00

ⓓ 구별 범주의 수 = 8

⑤ 결과 해석

ⓐ Gage R&R 분석

ㄱ 표본은 P value가 0.05 이하로 유의하여야 한다. 0.000으로 만족하므로 표본의 설정은 적절하다고 볼 수 있다.

ㄴ 측정자의 P value는 0.05 이상으로 유의하지 않아야 한다. 분석 결과 0.003으로 측정자간의 변동(σ_b)이 존재함으로 나타나고 있다.

ㄷ 측정자와 부품의 교호작용(interaction)의 P value는 0.05 이상으로 유의하지 않아야 한다. 유의하지 않으면 오차항에 풀링한다. 분석 결과 0.025로 교호작용이 존재하므로 특정 부품에서 측정오차가 크게 나타난다는 뜻이다. 그러므로 어떤 부품에서 그러한 문제가 발생하는지 원인을 규명하는 것이 필요하다.

ⓑ 각 변동의 분산 성분 계산 방법

ㄱ 반복성: $\sigma_{Rpt}^2 = \sigma_e^2 = MS_e = 0.00225$

ⓛ 오퍼레이터 변동: $\sigma_{op}^2 = \dfrac{MS_{OP} - MS_{OP \times part}}{nr} = \dfrac{0.04004 - 0.00504}{10 \times 2}$

$$= 0.00175$$

ⓒ 교호작용 변동: $\sigma_{OP \times part}^2 = \dfrac{MS_{OP \times part} - MS_e}{r} = \dfrac{0.005042 - 0.00225}{2}$

$$= 0.001396$$

ⓔ 재현성: $\sigma_{Rpd}^2 = \sigma_{OP}^2 + \sigma_{OP \times part}^2 = 0.00175 + 0.001396 = 0.003146$

ⓜ Gage R&R: $\sigma_{Rpt}^2 + \sigma_{Rpd}^2 = 0.00225 + 0.003146 = 0.005396$

ⓗ 부품의 변동: $\sigma_{part}^2 = \sigma_o^2 - \sigma_{R\&R}^2 = 0.2025 - 0.005396 = 0.197104$

ⓢ 총변동: $\sigma_o^2 = 0.45^2 = 0.2025$

ⓞ 각 요인에 대한 기여율은 총변동으로 나눈 값이다.

ⓒ 각 요인의 표준편차와 연구변동의 계산

ⓛ 표준편차는 각 변동에 대한 분산의 제곱근이다.

ⓒ 연구변동은 표준편차에 6을 곱하여 구한 값으로 각 변동의 자연공차이다.

변동	분산(MD)	표준편차(SD)	연구변동(6×SD)
Gage R&R	0.005396	0.073456	0.44074
반복성	0.00225	0.047434	0.28460
재현성	0.003146	0.056088	0.33653
측정자	0.001750	0.041833	0.25100
교호작용	0.001396	0.037361	0.22417
표본	0.197104	0.443964	2.66378
총 변동	0.202500	0.450000	2.70000

ⓓ 각 요인에 대한 측정시스템 평가를 실시한다.

ⓛ %연구변동(%SV)는 각각의 변동의 연구변동을 자연공차(6×0.45)로 나눈 값이다.

ⓒ %공차(SV/공차)는 각각의 변동의 연구변동을 규격공차(3)로 나눈 값이다.

구분	% 연구변동 (SV/공정변동)	%공차 (SV/규격공차)
Gage R&R	16.32%	14.69%
반복성	10.54%	9.49%
재현성	12.46%	11.22%
측정자	9.30%	8.37%
교호작용	8.30%	7.47%
표본	98.66%	88.79%
총변동	100.00%	90.00%

ⓔ **구별범주(number of distinct categories)의 계산**

구별범주는 측정시스템이 구별하는 부품군의 수(구별 범주)로 5 이상이어야 해상도가 양호하여 공정관리에 적합하다고 평가한다. 이 시스템은 8로 분석되었으므로 부품의 선정이 충분한 수준이다.

$$구별범주의 \ 수 = 1.41 \times \frac{\widehat{\sigma_{part}}}{\sigma_{R\&R}} = 1.41 \times \frac{0.443964}{0.073456} = 8.521 \Rightarrow 8$$

(3) 결과 그래프를 활용한 Gage R&R 교차연구 해석

① 변동(variation) 성분

반복성과 재현성은 규격공차나 공정변동에 비교하여 각각 5% 이내가 바람직한 수준이므로 작을수록 좋다. 현재 % 연구변동은 반복성과 재현성 공히 약 10% 정도로 나타내므로 둘 다 개선이 필요한 수준이다.

② 측정자의 R 관리도

R 관리도는 측정자가 각 부품별로 반복 측정한 값의 range를 타점한 관리도로 반복성을 평가할 수 있다.

R 관리도가 관리상태이면 측정자간 등분산성은 성립하고 있지만 바람직한 수준이라는 뜻은 아니다. 만약 한명이 이상상태를 나타내면 그 측정자의 반복성이 나쁘다는 뜻이며, 다수의 측정자가 이상상태를 보이면 그 계측기의 측정방법이 난해하다는 것을 뜻하므로 측정시스템의 개선이 필요하다. 만약 구별범주가 4이하로 나타나면 R 관리도가 이상상태를 보이기 쉽다.

현재의 측정결과는 이상상태는 아니나 2번 작업자가 타 작업자에 비해 반복성이 나쁘게 나타나고 있다, 이는 측정시스템의 문제이기 보다는 2번 측정자의 숙련 문제이므로 교육이 좀 더 필요하다고 할 수 있다.

③ 측정자의 X bar 관리도

X bar 관리도는 측정자가 반복 측정한 값의 평균치를 타점한 관리도로 표본의 효율성과 측정 작업자간의 재현성을 확인할 수 있다.

먼저 X bar 관리도에서 타점된 작업자간의 그래프 모양을 비교하여 측정 작업자간의 타점이 비슷한 움직임을 보이는 것이 정상이다. 즉 패턴이 다르면 반복성이 있다는 뜻이다. 현재의 그래프의 변동 모습은 비슷하나 1번 측정자의 타점이 타 작업자보다 다소 낮게 나타나는 경향이 보인다. 1번 작업자의 재현성이 의심된다.

또한 X bar 관리도에서 타점된 점들이 얼마나 관리한계를 벗어나는 지와 모습이 유사한지를 통해 부품 간 변동이 측정시스템으로 확인될 수 있는지(해상도)를 알 수 있다. 즉 현 그래프처럼 개인별 그래프의 형태가 유사하고, 관리한계를 대부분의 점들이 벗어나므로(적어도 60% 이상 벗어나는 것이 좋다), 이 측정시스템은 부품 간 변동을 검출하기에 적절한해상도를 가지고 있다고 판단 할 수 있다. 물론 '구별되는 범주의 수'를 참조하여 판단하는 것도 좋다. 현재의 해상도는 충분하다.

④ 표본별 데이터(part by response)

그림에서 '⊗'으로 표시된 위치는 각 부품별 측정 평균치를 의미하며, 작은 '∘'로 표시된 위치는 개별 측정치를 의미한다. 각 부품별 측정치는 산포가 적을수록 좋고, 부품별 평균은 서로 차이가 클수록 좋다. 이 그래프의 경우 평균치의 차이는 크지만, 2번 표본의 경우 산포가 크게 나타났으므로(작업자와 부품의 교호작용) 표본을 조사하여 어떠한 측정상의 문제점이 있었는지를 확인하여 개선하는 것이 필요하다.

⑤ 측정자의 상자그림(operator by response)

상자그림이므로 상자의 가운데 선은 중위수이고, '⊗'으로 표시된 위치는 평균치를 나타낸다. 평균치를 연결한 선이 수평으로 나오면 측정 작업자간에 차이가 없음을 나타낸다. 각 평균치를 클릭하면 평균치가 나타난다. 이 그래프의 경우 1번 측정자의 평균치 17.15이고 2, 3번 측정자는 17.2275로 1번 측정자의 평균치가 낮게 나타나고 있으므로 1번 측정자와 2, 3번 측정자간에는 재현성이 있다는 것을 알 수 있다. 그러므로 측정시스템의 측정표준과 관련된 보완사항이나 표준교육에 보다 개선점을 기울여야 한다.

⑥ 표본과 측정자의 교호작용

각 표본별로 각 측정자의 측정 평균을 각각 계산하여 이들의 그래프를 한 화면에 나타낸 것이다. 이 그래프의 경우 1번 측정자의 측정 평균치가 주로 낮게 나타나고 있음을 알 수 있다. 그리고 각 측정자의 측정치 평균이 서로 교차하는 경우가 많고, 분산분석 결과도 유의하므로 측정자와 부품간의 교호작용이 있는 것으로 판단된다.

하지만 교차하는 경우가 많아도 분산분석이 유의하지 않으면 우연적 상황에서의 군내변동이므로 교호작용으로 볼 수 없다는 점을 유념하여야 한다.

⑦ Gage R&R 연구 분석 결과 종합

분석결과 구별 범주는 충분하였으므로 의미 있는 실험 결과임을 보증할 수 있다. 분석 결과 재현성과 반복성 모두 부족한 것으로 판단된다. 다만 측정시스템 전반에 관한 문제이기 보다는 1번 측정자에서 나타나는 재현성의 문제, 2번 표본에서 나타난 측정자와 부품 간 교호작용, 2번 측정자에서 나타나는 반복성의 문제를 효과적으로 개선하는 것이 우선적으로 필요하다. 이러한 문제점을 시각적으로 확인하기 위해서는 'Gage run chart'를 활용하는 것이 효과적이다. 이를 통하여 특정 측정자의 측정 습관, 특정 부품 측정 시 나타나는 문제를 쉽게 파악할 수 있다.

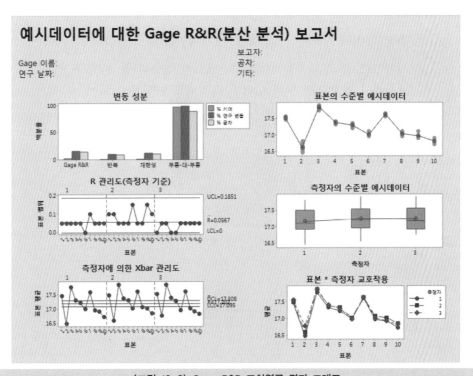

〈그림 13-8〉 Gage R&R 교차연구 결과 그래프

(4) Gage run chart를 활용한 분석

Gage run chart는 각 표본별로 전체 측정치를 측정자별로 분류하여 타점한 그래프이다. 그러므로 각 표본별로 측정자 간의 차이와 반복성 및 재현성의 시각적 파악이 가능하다.

① Minitab에서 통계분석 ▶ 품질도구 ▶ Gage 연구 ▶ Gage 런 차트를 선택하고, 대화상자의 해당 열에 워크시트의 열을 연결한다.

ⓐ **표본 번호**: '표본번호' 또는 표본명이 입력되어 있는 열을 지정한다.

ⓑ **측정 시스템**: '측정자'의 번호 또는 이름이 입력되어 있는 열을 지정한다.

ⓒ **측정 데이터**: 측정치가 입력된 '예시데이터'를 연결한다.

ⓓ **시행번호**: 반복 회차를 열로 하여 표시한 경우의 열, 대부분 반복은 열을 별도로 표시하지 않으므로 먼저 입력된 측정치를 1회 차로 하여 처리한다.

ⓔ **과거 평균**: 공정의 기준값(μ_0)을 입력하면 그 값을 중심선으로 표현하여 처리한다.

② 결과 출력

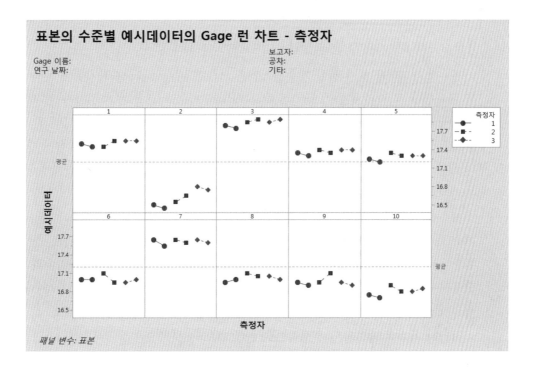

@ 측정자 2번의 경우 6. 9번 표본에서 특히 기울기가 나쁘고, 1 ,2, 10번 표본도 좋지 않은 것으로 보아 전체적으로 반복성에 문제가 있다고 판단된다.

ⓑ 표본 2의 경우 전체적으로 평균치에 차이가 있으며 반복성도 나쁘다. 그러므로 어떠한 문제에 의한 결과인지 표본을 상세히 조사해 보는 것이 중요하다.

ⓒ 측정자 1번의 경우 1, 2, 3, 4, 5, 8, 10번 표본에서 평균치가 타 측정자보다 낮게 나타나고 있다. 검사표준의 학습 시 어떠한 버릇이 형성되었을 확률이 높다. 다른 측정자보다 평균치가 적게 나타난 이유가 무엇인지 검사표준을 참조하여 문제가 무엇인지 확인하는 것이 필요하다.

13.4 계수형 데이터의 Gage R&R(IATF 16949:2016)

(1) 계수형 Gage R&R 분석(IATF 16949:2016) 개요

계수형 데이터를 얻기 위한 계측시스템은 오감 또는 fool proof 장치형태 등의 계측기를 활용한다. 각각의 부품이 규격한계(specification limit) 또는 측정자가 인지한 한도견본과 비교하여 규격 또는 인지한 한도견본 범위 안에 있으면 합격으로 하고, 아니면 불합격으로 판정하는 것이다. 계수형 계측시스템은 빠른 시간에 대규모 측정이 가능하므로 짧은 시간에 신속하고 용이하게 부적합품을 선별하는데 효과적이나, 부품이 어느 정도 좋은지를 평가하는 것은 곤란하므로 공정관리용으로 사용하기에는 미흡하다.

계수형 계측기로 대표적인 것은 한계게이지(limit gage)이다. 한계게이지는 부품의 치수 등이 규격의 최대 최소 범위 내에 있는지 간단하게 검사하기 위해 만든 게이지로 현장에서는 go-no gage란 명칭으로도 사용된다. 오늘날 기업들은 자동화기술의 발달로 한계게이지 외에도 금속검출기, Vision, Load cell, 특성 체크기 등 다양한 계수형 계측기를 활용하고 있다.

이러한 계수형 계측기는 우선적으로 반복성(repeatability)과 치우침(bias)의 보증이 중요하다. 이러한 측정오차를 관리하기 위한 방법으로 McCaslin & Gruska(1976)가 제안한 글로벌 자동차 업계 표준인 IATF 16949: 2016[30]의 측정시스템 분석이 권장되어 있다. 이 표준은 규격하한(L)과 규격상한(U) 여부에 따라 절차가 다르며, 양쪽 규격인 경우 각각 따로 평가되어야 한다. 만약 선형성과 반복성이 규격 양쪽이 동일하다는 가정이 만족한다면 한쪽 규격에 대해서만 평가할 수도 있다.

(2) 규격하한 또는 규격상한의 싱글규격에 대한 분석 절차

① 계수형 Gage R&R 연구를 수행하려면 적용되는 표본이 8개 이상이어야 하며, 합격률이 가장 낮은 부품의 합격 횟수는 0이고 가장 높은 부품의 합격 횟수는 100% 합격이어야 한다. AIAG(Automotive Industry Action Group) 방법으로 치우침을 검사할 경우 합격 횟수 0과 20회(AIAG 방법에서 허용되는 최소 허용 100% 합격 횟수) 사이에 0과 20회가 아닌 값에 해당되는 부품이 여섯 개가 있어야 검정이 가능하다. 반면

---

30) 국제자동차전담기구인 IATF(international automotive task force)와 ISO/TC 176이 기존 개별적인 자동차 품질경영시스템 표준을 통합하여 전 세계적으로 자동차 산업 공급사슬 내 모든 기업의 품질시스템에 적용할 수 있도록 ISO/TS 16949 표준을 제정하였으며, 2016년 IATF 16949:2016으로 개정되었다. 자동차 산업의 협력기업은 이 규격의 인증 획득으로 지속적 개선, 결함 예방 및 산포와 낭비 감소를 위한 품질경영시스템을 갖추고 있음을 증명할 수 있다.

회귀 방법을 사용할 때는 두 극단값(기준 값) 사이에 6개가 넘는 부품이 있어도 분석이 가능하다.

하한규격을 지정한 경우 기준값이 가장 낮은 부품의 합격 횟수는 0이어야 하고 기준값이 가장 높은 부품의 합격 횟수는 검사 횟수와 동일한 100% 즉 20이어야 한다. 하한규격에서 기준값이 증가하면 합격 횟수도 증가한다. 그러므로 하한규격의 경우 계측기가 100% 검출할 수 없다고 판단되는 측정치를 기준값으로 정한 후 그 값부터 측정 단위를 정하여 값을 등 간격으로 상향 조정하여 100% 합격되는 값에 도달할 때 까지 증가시킨다. 테스트에 포함되는 표본의 개수 k개는 10개 정도가 될 수 있도록 한다.

상한규격을 지정한 경우 기준값이 가장 낮은 부품의 합격 횟수가 검사 횟수와 동일한 20회 이어야 하고, 기준값이 가장 높은 부품의 합격 횟수는 0이어야 한다. 상한규격에서 기준값이 증가하면 합격 횟수가 감소하며, 분석 방법은 하한규격의 경우와 동일하다.

② 숙련측정자 또는 측정시스템으로 하여금 표본들을 각각 n회 반복측정하게 한다. AIAG 규격에 의거하면 반복은 20회 이상이어야 하므로 주로 20회를 사용한다. 이때 가장 합격이 적은 표본은 합격 횟수(n_A)가 0 이어야 하며, 반대로 합격이 가장 많은 표본은 합격 횟수가 $n=20$이어야 한다. 즉, 하한규격의 경우 가장 작은 값이 합격횟수가 0이며, 상한규격의 경우 가장 큰 값이 합격횟수가 0이다. 만약 이 기준에 합당한 표본이 없을 경우 눈금단위를 조정한다.

그리고 나머지 2번째에서 7번 째 크기의 표본 6개는 합격 횟수(n_A)가 $0 < n_A < n$이어야 한다. 만약 합격횟수가 0 이거나 n인 것이 추가로 존재하면, 운영범위를 좁혀서 6개의 표본이 $0 < n_A < n$을 만족할 때 까지 추가 표본을 채택하여 측정하여야 한다. 추가되는 표본은 등간격을 유지할 수 없으니 등간격은 아니어도 괜찮으나 가급적 간격을 어느 정도 유지하는 것이 좋다.

③ 데이터 수집기준이 만족되면 다음 식을 사용하여 각 표본의 합격확률을 구한다. (단, n은 확률변수에 대한 표본 당 시행 수이며, n_A는 표본의 합격횟수이다.)

ⓐ $\frac{n_A}{n} < 0.5$인 경우 $L(P) = \frac{n_A + 0.5}{n}$

ⓑ $\frac{n_A}{n} = 0.5$인 경우 $L(P) = 0.5$

© $\dfrac{n_A}{n} > 0.5$인 경우 $L(P) = \dfrac{n_A - 0.5}{n}$

④ 각 합격확률에 대한 z 좌표값을 계산한다.

$$z = \Phi^{-1}(L(P))$$

⑤ 표본의 기준값(X_i)를 독립변수로, Z 좌표값을 종속변수 Y로 하여 단순회귀 분석을 통한 회귀식은 다음과 같다.

$$Y = \beta_0 + \beta_1 X_i \quad \text{··} \langle \text{식 13-3} \rangle$$

⑥ 편의(bias)의 개념은 규격에서 얼마나 합격판정기준이 치우쳐져 있는가를 나타내므로 다음과 같은 관계식으로 표현할 수 있다.

$$bias = L - X(L(P) = 0.5)$$
$$bias = U - X(L(P) = 0.5) \quad \text{·····························} \langle \text{식 13-4} \rangle$$

$L(P) = 0.5$일 때 확률변수 X_i에 대응하는 z 좌표값은 0 이므로 〈식 13-3〉 회귀식 Y는 다음과 같다.

$$0 = \beta_0 + \beta_1 X_i$$
$$X(L(P) = 0.5) = -\dfrac{\beta_0}{\beta_1} \quad \text{·····························} \langle \text{식 13-5} \rangle$$

그러므로 〈식 13-4〉와 〈식 13-5〉에서 편의에 대한 식은 다음과 같다.

ⓐ $bias = L + \dfrac{\beta_0}{\beta_1}$

ⓑ $bias = U + \dfrac{\beta_0}{\beta_1}$

⑦ 계수형 계측기의 조정전의 반복성(pre-adjusted repeatability)을 구한 후 1.08로 나누어 조정된 반복성을 구한다.

$$Rpt_{adj} = \frac{X(L(P)=0.995) - X(L(P)=0.005)}{1.08}$$ .... 〈식 13-6〉

단, 〈식 13-6〉에 사용된 1.08은 과대 추정에 대한 조정계수로서 McCaslin & Gruska(1976년)가 시뮬레이션에 의한 연구 결과에서 얻은 값이다.

⑧ AIAG 방법에 의한 bias의 검정

ⓐ $H_0 : bias = 0$, $H_1 : bias \neq 0$

ⓑ $t_0 = \dfrac{31.3 \times |bias|}{Rpt_{adj}}$

단, 검정통계량에 적용된 31.3은 McCaslin & Gruska(1976년)가 시뮬레이션에 의한 연구 결과에서 얻은 값이다.

ⓒ $R : \pm t_{1-\alpha/2}(n-1)$ 또는 $P\,value < \alpha$

(3) Minitab을 활용한 예시데이터의 계수형 Gage R&R study

하한규격(L)이 16.1인 부품을 측정하여 적합품과 부적합품으로 분류하는 자동계측기에 대해 편의와 반복성을 평가하고자 한다.

① 최초의 측정 기준을 16.01로 부터 0.01씩 증가시켜 12개의 표본을 선정하여 각 20회씩 측정한 결과 다음과 같은 결과를 얻었다.

기준값	합격횟수	기준값	합격횟수	기준값	합격횟수	기준값	합격횟수
16.01	0	16.04	0	16.07	2	16.10	20
16.02	0	16.05	0	16.08	7	16.11	20
16.03	0	16.06	0	16.09	14	16.12	20

② 합격횟수가 $0 < n_A < 20$ 사이에 3가지 밖에 없으므로 데이터의 간격을 조정하여 같은 방법으로 추가하여 측정을 실시한 결과 다음과 같은 결과를 얻었다.

기준값	합격횟수	기준값	합격횟수	기준값	합격횟수
16.06	0	16.075	4	16.09	14
16.065	0	16.08	7	16.095	18
16.07	2	16.085	10	16.10	20

추가 분석 결과 합격횟수가 $0 < n_A < 20$ 사이에 6가지가 있으므로 조건을 만족한다. Minitab에 데이터를 입력할 경우 합격횟수 0과 20인 경우인 16.05, 16.11 등은 데이터에 포함시켜도 되지만 출력 결과에 변화는 주지 않는다.

③ 데이터를 정리하여 Minitab에 입력하고 통계분석 ▶ 품질 도구 ▶ Gage 연구 ▶ 계수형 게이지 연구(분석적 방법)을 선택하고, 대화상자에 해당 워크시트 열을 연결한다.

ⓐ **시료번호**: '표본번호'가 입력된 열을 연결한다.

ⓑ **기준값**: 표본의 '기준값'이 입력된 열을 연결한다.

ⓒ **이항속성**

㉠ 요약카운트: '합격횟수'가 입력된 열을 연결한다.

㉡ 시행횟수: 반복측정횟수를 입력한다. 열로 하여 입력해도 무방하다.

㉢ 속성레이블: 출력물의 정규확률도에서 사용할 명칭을 입력한다.

ⓓ **계산 공차 한계**: 하한규격 또는 상한규격을 입력한다.

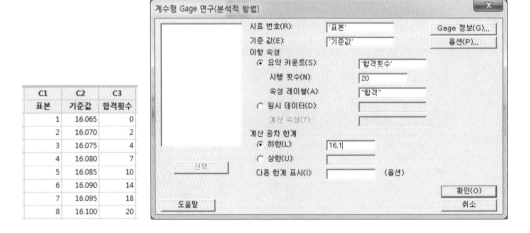

④ 옵션 탭을 열어 검정 방법을 선택한다. AIAG 방법이 일반적으로 지정되어 있다.

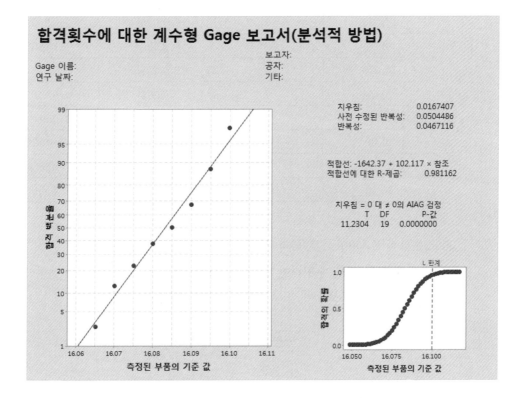

⑤ 결과 출력

⑥ 결과 출력물의 산출과정

ⓐ 합격확률의 계산

㉠ $16.065\,(L(P)) = \dfrac{0+0.5}{20} = 0.025$

㉡ $16.085\,(L(P)) = \dfrac{10}{20} = 0.5$

ⓒ $16.095\,(L(P)) = \dfrac{18 - 0.5}{20} = 0.875$

ⓑ $z\,value$의 계산

    ㉠ NORM.S.INV(0.025)$= -1.95996$

    ㉡ NORM.S.INV(0.5)$= 0$

    ㉢ NORM.S.INV(0.875)$= 1.150349$

ⓒ 전체의 기준값에 대한 합격확률과 $z\,value$의 계산 결과

기준값	합격횟수	합격확률	Z Value
16.065	0	0.025	-1.95996
16.07	2	0.125	-1.15035
16.075	4	0.225	-0.75542
16.08	7	0.375	-0.31864
16.085	10	0.5	0
16.09	14	0.675	0.453762
16.095	18	0.875	1.150349
16.10	20	0.975	1.959964

ⓓ 기준값과 Z value를 입력하여 단순회귀식을 구한다.

    Z value를 Minitab에 입력한 후 그래프 ▶ 산점도 ▶ 회귀선표시를 선택하고 Y변수에 Z value, X변수에 기준값을 연결하고 확인을 클릭한다.

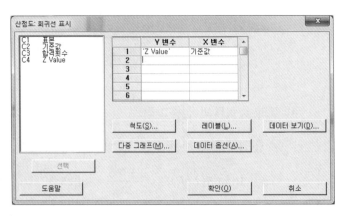

ⓔ 출력 데이터

출력데이터의 직선을 클릭하면 게이지 연구에서 적합선으로 소개된 수식과 동일한 회귀선 $y = -1642 + 102.1X$라는 수식이 나타난다.

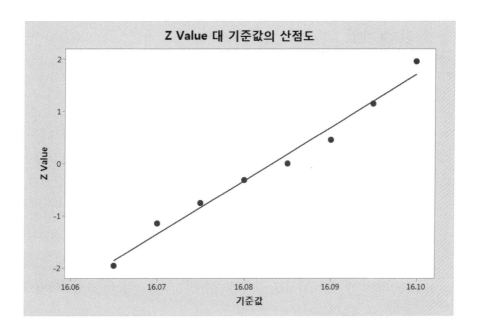

ⓕ 치우침의 계산(계산을 정확하게 하기 위해 β_0, β_1을 Minitab 자료를 사용)

$$bias = L + \frac{\beta_0}{\beta_1} = 16.10 + \frac{-1642.37}{102.117} = 0.016782$$

ⓖ 조정전의 반복성(pre-adjusted repeatability)

L(P)	Z Value	회귀선에 대응되는 X값
0.995	NORM.S.INV(0.995)=2.575829	2.575829= -1642.37+102.117X X=16.10844
0.005	NORM.S.INV(0.005)=-2.575829	-2.575829= -1642.37+102.117X X=16.05799

$$Rpt = X(L(0.995)) - X(L(0.005))$$
$$= 16.10844 - 16.05799 = 0.050449$$

ⓗ 조정된 반복성

$$Rpt_{adj} = \frac{0.050449}{1.08} = 0.046712$$

ⓘ 검정통계량

$$t_0 = \frac{31.3 \times |bias|}{Rpt_{adj}} = \frac{31.3 \times 0.016782}{0.046712} = 11.24509$$

결과 출력에서 $t_0 = 11.245$, $P\ Value$는 0이다. 기각역 $\pm t_{0.995}(19) = \pm 2.861$로 치우침이 존재하는 것으로 확인되었으므로 치우침의 양만큼(0.0167) 계측기의 영점을 상향 조정하는 조치를 취하여야 한다. 검정통계량의 계산치와 Minitab의 계산 결과가 소수 2자리에서 오차가 나타난 것은 계산상의 자리수 반올림 문제로 나타난 차이이다.

ⓙ 계측기성능곡선(GPC: gage performance curve)에서 나타난 그래프로 보아 16.065에서 16.10까지는 검사의 오류가능성이 있음을 유념하여야 한다.

14장 빅데이터와 품질정보관리

빅데이터 시대의 고객은 경영의 대상이 아니라 경영의 주체이다. 왜냐하면 그들의 생각이 제품이고 그들이 사는 것이 곧 좋은 제품이기 때문이다. 그러므로 기업에게 consumer thinking은 품질전략의 내비게이션이다. 빅데이터는 consumer thinking이 엉켜 있는 정보의 보고이지만 구름에 가려져서 알 수 없으므로 이를 어떻게 층별하여 목적을 가진 정보로 분리하는가가 중요하다. 정보를 갖고 싶으면 SQC 사고를 빅데이터에 적용하라. consumer thinking에 대한 길이 보일 것이다.

14.1 4차 산업혁명과 빅데이터

오늘날 세계의 각 국가들은 글로벌화로 인한 자유무역의 이점을 최대한 누리고 있는 것 같지만, 오히려 글로벌화된 경제가 미치는 불확실한 역기능으로 인해 사회적 갈등은 증폭되고 다수의 취약계층의 삶의 질은 점점 더 나빠지고 있는 것이 현실이다. 이미 지난 반세기 동안 우리가 금과옥조처럼 지켜왔던 자유무역과 민주주의의 질서는 지금 무엇인가의 벽에 막혀 알 수 없는 현상이 경제 곳곳에 나타나고 있다.

대표적인 것이 제로수준의 금리정책이다. 금리를 마이너스로 낮추어도 인플레이션이 아닌 디플레이션을 걱정하고, 물가는 급등한 것 같은데 발표되는 실제 물가는 사상초유의 저물가가 지속 중이다. 반면 보이지도 않는 매장이 세계 최고의 부자회사로 부각하고 (아마존 등), 아무 실체 없는 실리콘 밸리의 벤처기업에 뭉치 돈이 투자되고 있다. 또한 젊은이들이 동경하는 최고의 직업은 판·검사 같은 유능한 관료나 대학교수가 아닌 운동선수, 연예인, 슈퍼 블로거 등 인터넷 매체에 직접 영향을 받는 직업으로 바뀌고 있다. 반면 이 알 수 없는 시대가 두려운 많은 젊은 청춘들은 공무원을 최고의 안전지대로 보고 수십만의 젊은 인재가 공시족으로 젊은 시절을 보내고 있다.

지금까지 경험하지 못하고 예측하지 못했던 오늘날의 미로 경제 현상은, 이러한 현상과 함께 세상에 나타난 인공지능, 블록체인, 사물인터넷, 자율시스템, 신경기술, 3D 프린터, 로봇 등의 새로운 기술을 주목해 보면 조금이나마 이해가 될 수 있다. 앞으로 새로운 기술은 지속적으로 추가되겠지만 이러한 새로운 기술들을 활용하는 산업을 4차 산업이라 정의하고 있다.

요즘 사람들은 혼자 있어도 심심하지 않으며(핸드폰만 있으면), 병원에 가지 않아도 진료를 받을 수 있고(원격 진료와 자율진료), 은행에 갈 필요도 없이 금융거래를 자유자재로 할 수 있다(인터넷 은행). 힘들고 단순한 반복 업무는 로봇이 대신 수행하며(로봇), 굳이 내 것을 소유하지 않아도 별 불편 없이 작은 비용으로 사용할 수 있다(공유경제). 또한 택시를 잡기 위해 동분서주 할 필요도 없다(카카오 택시). 또한 Google의 인공지능이 바둑 세계챔피언을 가볍게 이겼으며, 심지어는 프로기사들의 스승 역할을 하고 있다. 사이버 머니를 지나 전자화폐가 등장하였으며 블록체인 기술로 공유 경제는 얼마나 성장할 수 있는 알고리듬(algorithm)[31]인지 상상하기조차 버겁다. 이는 오늘을 사는 우리에게 위기이자 새로운 기회를 제공해 줄 것이며 이 변화에 동참하는 자가 얻게 되는 이익은 상상하기 어려울 정도로 크다. 그러므로 많은 인류가 이 대열에 동참하려 노력할 것이고 이러한 노력들은 아마도 오늘날 우리가 당연시 하는 모든 시스템을 창조적으로 파괴하여 새로운 가치를 보여 주제 될 것이다.

제4차 산업혁명(4IR: Fourth Industrial Revolution)은 클라우스 슈밥(Klaus Schwab)이 의장으로 있는 2016년 세계 경제 포럼(World Economic Forum, WEF)[32]에서 주창된 용어로 정보통신 기술(ICT)의 융합으로 이루어지는 최근의 새로운 산업혁신 활동을 총칭하는 용어이다. 4차 산업혁명의 주요 기술로는 여러 의견이 있을 수 있지만, 특허청은 4차 산업혁명과 관련된 종전 7대 기술 분야[33]를 〈그림 14-1〉과 같이 16대 기술 분야로 확대 및 개선하여 선진특허분류(Cooperative Patent Classification, CPC) 체계에 부가하여 운영 중이다.

31) 문제를 해결하기 위해 정해진 일련의 절차. http://www.tta.or.kr/IT 용어사전
32) 1971년 클라우스 슈밥의 제안으로 '유럽경영포럼(European Management Forum)'이 창설된 후 1987년 명칭을 세계경제포럼(World Economic Forum, WEF)으로 변경하였다. WEF는 저명한 기업인·경제학자·저널리스트·정치인 등이 모여 세계 경제에 대해 토론하고 연구하는 국제민간회의로 독립적 비영리재단이며 스위스 제네바에 본부를 두고 있다.
33) 특허청이 규정한 4차 산업관련 가술 7대 분야는 인공지능(AI), Big data, Cloud, 사물인터넷(IoT), 지능형로봇, 자율주행차, 3D프린팅 이었다. 2019년 4차 산업 혁신기술을 16대 기술 분야로 확대하여 CPC체계에 부가하여 운영 중이다.

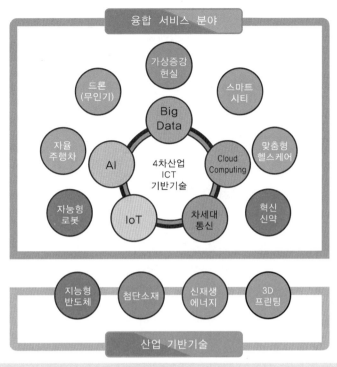

〈그림 14-1〉 4차 산업혁명 관련 기술 관계도

    이러한 제4차 산업혁명은 물리적, 생물학적, 디지털적 세계를 빅데이터에 입각해서 통합시키고 경제 및 산업 등 모든 분야에 영향을 미치는 다양한 신기술들로 설명될 수 있다. 물리적인 세계와 디지털적인 세계의 통합은 O2O(online to offline)[34])를 통해 수행되고, 생물학적 세계에서는 인체의 정보를 디지털 세계에 접목하는 기술인 스마트워치나 스마트 밴드를 이용하여 모바일 헬스케어를 구현할 수 있다. 가상현실(VR)과 증강현실(AR)도 물리적 세계와 디지털 세계의 접목에 해당될 수 있다[35]).

    특히 이러한 기술들은 너무나 획기적이어서 인류에게는 축복이기도 하지만 또한 강력한 윤리적 측면의 문제에 직면해 있기도 하다. 예를 들면 이미 신경 기술과 생명공학의 발전은 인간이 피조물이 될 수 있다는 가능성과 인간이 질병으로부터 벗어나고 획기적으로 삶을 건강하고 오래 지속할 수 있다는 양면적 미래를 보여주고 있다. 많은 4차 산업의 핵심기술들이 이러한 부정적 측면과 긍정적 측면의 양면성을 가지고 있으므로 이를 방지하고 긍정적인 방향으로 가기 위한 노력은 끊임없이 지속될 것이며, 또한 현명한 결과로

---

34) O2O는 online to offline의 앞 글자를 따온 것으로 온라인과 오프라인이 결합하는 현상을 의미하는 말이다(https://ko.wikipedia.org/wiki/O2O).

35) https://ko.wikipedia.org/wiki/제4차 산업혁명

귀결되게 될 것이다. 왜냐하면 이러한 새로운 기술들은 우리의 삶의 방식을 급격하게 바꾸어 놓을 수 있을 뿐만 아니라 우리에게 또 다른 기회와 도전 과제를 제시해주고 있기 때문이다.

Klaus Schwab은 이러한 4차 산업 혁명이 인류에게 축복이 될 수 있도록 하기 위해서는 4가지 원칙에 입각해서 진행해야 한다고 제안하고 있다[36].

① 경제의 리더들은 기술에 집중하기 보다는 사람들의 안녕을 책임질 수 있는 시스템에 집중하여야 한다.

② 기술을 규제하여 제한적으로 접근하게 할 것이 아니라, 인간이 스스로 긍정적 윤리적 의사결정을 내릴 수 있고 스스로 통제할 수 있는 산업 시스템화가 중요하다.

③ 기술을 사용하여 개발하는 것이 아닌 design thinking, 즉 인간 중심의 개발 철학을 가지고 그에 적합한 기술이 적용되는 것이 순리이다.

④ 초기 아이디어 단계부터 실현에 이르기 까지 모든 단계에서 가치를 먼저 논의하고 이를 기반으로 필요한 기술을 활용하여야 한다.

이러한 주장에서 주목해야 할 사항 중 하나가 인간중심의 design thinking이며 가치 중심의 설계에 관한 사항이다. 인간 중심의 design thinking이란 인간의 삶의 질 향상이란 측면에서 개발 즉 기술의 진보가 시작되어야 한다는 뜻이다. 그러한 일의 시작은 관찰에서 나오고 이들이 모이고 모인 것이 기록들이며, 그 중심에 4차 산업혁명의 핵심 기술 중 하나인 빅데이터가 있다.

14.2 빅데이터의 가치와 관점

(1) 빅데이터란 무엇인가?

빅데이터란 대량(수십 테라바이트)의 정형화된 데이터와 함께 데이터베이스만의 형태가 아닌 그림, 문자 등의 비정형의 데이터를 포함한 데이터에서 가치를 추출하고 결과를 분석하는 기술이다[37]. 다양한 종류의 대규모 데이터에 대한 생성, 수집, 분석, 표현을 그 특징으로 하는 빅데이터 기술의 발전은 지하철안내 App(application) 등과 같이 정보를

---

36) 클라우스 슈밥의 제4차 산업혁명
37) https://ko.wikipedia.org/wiki/Big data

더욱 정확하게 예측하여 효율적으로 작동하게 하고 개인화된 현대 사회 구성원 마다 맞춤형 정보를 제공, 관리, 분석 가능케 하며 과거에는 불가능했던 기술을 실현시키기도 한다.

이같이 빅데이터는 사회와 인류 전 영역에 걸쳐 가치(value)있는 정보를 제공할 수 있는 주체로서의 중요성이 부각되는 반면 사생활 침해 등의 역기능 문제가 부각되고 있다. 왜냐하면 빅데이터는 수많은 개인들과 물질들 또는 보이지 않는 사실들에 대한 수많은 정보의 집합이므로 빅데이터를 수집·분석할 때에 개인들의 사적인 정보까지 수집하여 관리하는 빅브라더(Big brother)[38]의 모습이 될 수도 있는 것이다. 그리고 그렇게 모은 사적 데이터가 유출되어 다른 4차 산업기술과 융합된다면 마블 영화가 현실화 될 수도 있다.

(2) 빅데이터의 정의

빅데이터의 특징은 3V로 정의된다. 3V란 데이터의 양(volume), 속도(velocity), 다양성(variety)을 뜻하며 2001년 메타그룹[39]의 애널리스트(analyst) 더그 레이니(Doug Laney)[40]가 주창하였다.

① 양(Volume)

빅데이터란 다양하고 방대한 규모의 데이터로 미래 경쟁력의 우위를 좌우하는 중요한 자원으로 활용될 수 있다는 점에서 주목받고 있다. 대규모 데이터를 분석해서 의미 있는 정보를 찾아내는 시도는 과거부터 존재했지만 현재의 빅데이터 환경은 데이터의 양은 물론 질과 다양성 측면에서 비교가 되지 않는다. 이런 관점에서 빅데이터

---

38) '빅브라더(Big brother)'란?

정보를 독점해 사회를 통제하는 거대 권력자 또는 그러한 사회 체제를 일컫는다. 영국의 소설가 조지 오웰의 소설 '1984'에 처음 등장한 용어이다. 소설 속에서 빅 브라더는 음향과 영상까지 전달되는 텔레스크린(Telescreen)을 거리와 가정에 설치해 수집한 정보로 소설 속의 사회를 끊임없이 통제, 감시하고 개인들의 사생활을 침해한다. IT 인프라가 발전된 시대를 살고 있는 오늘날, 우리는 다양한 빅브라더와 함께 일상을 보내고 있다. 대표적인 것이 바로 CCTV다. 그리고 CCTV는 앞으로 스마트 CCTV로 진화할 것이다. 스마트 CCTV는 범죄자를 인공지능으로 판별해내고 범죄와 사고 현장을 자동으로 분석할 수 있는 CCTV다. 또한 생체 인식은 본인 인증이나 보안 영역에서 안전성과 편리함을 가져다주겠지만, 이 역시 '빅 브라더'의 한 요소가 될 수 있다. 현대 사회의 '빅 브라더'는 우리에게 안전하고 편리한 생활 여건을 제공해 주지만 그만큼 개인 사생활 침해 요소도 크다. '빅브라더'가 선의의 목적으로 사용되면 사회를 돌보는 안정적인 보호 시스템이 되겠지만, 부정적으로 사용된다면 언젠가는 엄청난 피해를 불러올 것이다(https://ko-kr.facebook.com/1483854565240393/photos/빅브라더란 facebook 2019).

39) 2005년 가트너사(Gartner, Inc.)에 합병되었다. 가트너사는 미국의 정보기술 연구 및 자문 회사이다.

40) Laney, Douglas. "3D Data Management: Controlling Data Volume, Velocity and Variety

는 산업혁명 시기의 석탄처럼 IT와 스마트혁명 시기에 혁신과 경쟁력 강화, 생산성 향상을 위한 중요한 원천으로 간주된다.

② 속도(Velocity)

속도는 데이터의 생성속도와 함께 대용량의 데이터를 빠르게 처리하고 분석할 수 있는 능력이 포함된다. 빅데이터는 실제로 엄청난 양이 집계되므로 이를 실시간 저장, 유통, 수집, 분석처리 능력에 따라 빅데이터 활용에 관한 질이 결정된다.

③ 다양성(Variety)

다양성은 정형화 된 data 뿐만 아니라 사진, 오디오, 비디오, 소셜 미디어 데이터, 로그 파일(Log file) 등과 같은 비정형 데이터를 모두 포함한다.

하지만 이러한 3V에 의한 빅데이터의 정의는 정보로서의 중요한 가치(value)와 정보의 전달능력이 설명되지 않는다. 이를 보완하기 위해 2012년 가트너사(Gartner, Inc.)는 기존의 빅데이터에 관한 정의를 다음과 같이 개정하여 제시하였다.

"빅데이터는 큰 용량, 빠른 속도, 및 높은 다양성을 갖는 정보 자산으로서 이를 통해 의사 결정 및 통찰 발견, 프로세스 최적화를 향상시키기 위해서는 새로운 형태의 처리 방식이 필요하다." 이 정의에 맞는 특징 요소로 IBM은 정확성(veracity)을 제기하였고, 브라이언 홉킨스(Brian Hopkins) 등은 가변성(variability)을 추가하여 5V를 정의하였으며, 사람들이 공감하도록 정보를 제시하자는 시각화(visualization)가 추가되어 6V로 정의하기도 한다.

④ 정확성(Veracity)

빅데이터 시대에는 방대한 데이터의 양을 분석하여 일정한 패턴을 추출할 수 있다. 하지만 정보의 양이 많아지는 만큼 데이터의 신뢰성이 떨어질 수 있으므로 빅데이터를 분석하기 위한 데이터가 정확한 것인지, 분석할 목적에 해당되는지 등을 확인하여야 한다.

⑤ 가변성(Variability)

최근 social media의 확산 등으로 Web site를 통해 자신의 의견을 자유롭게 게시하기 쉬워졌지만, 자신의 생각을 표현하는 글은 의도와 달리 해석되어 다른 사람에게 오해를 불러올 수 있다. 이처럼 데이터가 맥락에 따라 의미가 달라질 수 있으므로 빅데이터의 가변성에 주의하여야 한다.

⑥ 시각화(Visualization)

정보 기술의 핵심은 근본적으로 전달능력에 있다. 빅데이터를 정보화 한 결과는 정보의 사용대상자가 얼마나 이해하는가에 의해 효용성이 결정된다. 그러므로 쉽게 알 수 있도록 보여 주는 것이 무엇보다도 중요한 기술이 할 수 있다.

(3) 빅데이터의 분석기술과 표현기술

빅데이터는 기존의 경영정보학[41]과 점차 더 뚜렷하게 구분되고 있다.

전통적인 경영정보학은 어떠한 대상을 확인하거나 현재를 바탕으로 미래의 경향을 예측하기 위해 데이터를 구하고 이에 대한 기술적 통계량을 구하여 활용한다. 반면 빅데이터는 data의 집합을 시간적·공간적·의미별로 층별하고, 층별된 집합에서 일정한 결과 및 행동을 찾아내고 이러한 정보를 예측 가능하도록 체계화하여 정의하기 위해 통계적 추론이나 비선형 시스템 식별(nonlinear system identification)의 일부 개념을 활용한다. 즉 데이터를 이용하여 정보화 하는 것이 아니라 데이터에서 나타난 현상에서 규칙을 찾아 정보로 활용하려는 것이 특징이다. 이러한 관점에서 빅데이터의 분석, 활용을 위한 빅데이터의 처리 기법은 크게 분석 기술과 표현 기술로 나눌 수 있다.

① 분석 기술

빅데이터를 다루는 처리 프로세스의 핵심은 분할 점령(Divide and Conquer)이다. 빅데이터의 데이터 처리란 문제를 독립된 여러 개의 작은 연산으로 나누고 이를 병렬적으로 처리하여 하나의 결과로 만드는 것으로 대용량 처리 기술의 예로는 아파치 하둡[42] (apache hadoop)과 같은 map-reduce 방식의 분산 데이터 처리 프레임워크이다.

빅데이터 관련 분석 기술과 방법들은 먼저 기존 통계학과 전산학에서 사용하고 있는 데이터 마이닝(data mining), 기계 학습(machine learning), 자연 언어 처리, 패턴 인식(pattern recognition) 등을 들 수 있다.

ⓐ 데이터 마이닝(data mining)

데이터 마이닝은 데이터베이스 내에서 어떠한 방법(순차 패턴, 유사성 등)에 의해 관심 있는 유용한 정보를 발견하는 과정이며, 기대했던 정보뿐만 아니라 기대하지

---

41) 경영정보학(經營情報學, Business Administration and Information)은 컴퓨터 및 컴퓨터를 사용한 통신 기술을 어떻게 기업의 경영을 위하여 효율적이고 효과적으로 활용하는가를 연구하는 분야이다 (https://ko.wikipedia.org/wiki/경영정보학).

42) 대량의 자료를 처리할 수 있는 큰 컴퓨터 클러스터에서 동작하는 분산 응용 프로그램을 지원하는 프리웨어 자바 소프트웨어 프레임워크(https://ko.wikipedia.org/wiki/Big data)

못했던 정보를 찾을 수 있는 기술을 의미한다. 데이터 마이닝 기법은 가설 검정, 다변량 분석, 시계열 분석 등의 통계적 방법론과 데이터베이스 쪽에서 발전한 온라인 분석 처리(OLAP: On-Line Analytic Processing), 인공지능 진영에서 발전한 자기조직화지도(SOM: Self-organizing map), 인공신경망(ANN: artificial neural network), 전문가 시스템(experts system) 등의 기술적인 방법론이 쓰인다. data mining을 통해 정보의 연관성을 파악함으로써 가치 있는 정보를 만들어 의사 결정에 적용함으로써 이익을 극대화시킬 수 있다. 기업이 보유하고 있는 일일 거래 데이터, 고객 데이터, 상품 데이터 혹은 각종 마케팅 활동의 고객 반응 데이터 등과 이외의 기타 외부 데이터를 포함하는 모든 사용 가능한 근원 데이터를 기반으로 감춰진 지식, 기대하지 못했던 경향 또는 새로운 규칙 등을 발견하고, 이를 실제 비즈니스 의사 결정 등을 위한 정보로 활용하고자 하는 것이 데이터에 기초한 마케팅(data based marketing)이다[43].

ⓑ 머신 러닝(machine learning)

인공 지능 기술의 한 분야로, 컴퓨터가 학습할 수 있도록 하는 알고리듬과 기술을 개발하는 분야를 말한다. 머신 러닝을 통해서 수신한 이메일이 스팸인지 아닌지를 구분할 수 있도록 훈련할 수 있으며, 자율 주행 자동차, 필기체 문자 인식 등과 같이 알고리듬 개발이 어려운 문제의 해결에 유용하다.

기계 학습의 핵심은 표현(representation)과 일반화(generalization)에 있다. 표현이란 데이터의 평가이며, 일반화란 아직 알 수 없는 데이터에 대한 처리이다. 이는 전산 학습 이론 분야이기도 하다. 다양한 기계 학습의 응용이 존재한다. 문자 인식은 이를 이용한 가장 잘 알려진 사례이다[44].

ⓒ 자연언어처리(Nature Language Processing)

인간의 언어 현상을 컴퓨터와 같은 기계를 이용해서 묘사할 수 있도록 연구하고 이를 구현하는 인공지능의 주요 분야 중 하나다. 자연 언어 처리는 연구 대상이 언어이기 때문에 언어 자체를 연구하는 언어학과 언어 현상의 내적 기재를 탐구하는 언어 인지 과학과 연관이 깊다. 구현을 위해 수학적 통계적 도구를 많이 활용하며 특히 기계학습 도구를 많이 사용하는 대표적인 분야이다. 정보검색, 문서 자동 분류, 신문기사 클러스터링(clustering), 대화형 개인비서 또는 자문(Agent) 등 다양한 응용이 이루어지고 있다[45].

---

43) http://www.tta.or.kr/IT 용어사전
44) https://ko.wikipedia.org/wiki/기계학습
45) https://ko.wikipedia.org/wiki/자연어 처리

ⓓ 패턴인식(pattern recognition)

패턴인식은 심리학, 컴퓨터 과학, 인공지능, 신경생물학과 언어학, 철학을 이용하여 지능과 인식의 문제를 다루는 인지과학(cognitive science)과 인간의 학습능력과 추론능력을 인공적으로 모델링하여 외부 대상을 지각하는 능력, 나아가 자연언어와 같은 구문적 패턴까지 이해하는 능력 등을 컴퓨터 프로그램으로 구현하는 인공지능(artificial intelligence) 분야를 뜻한다. 인공지능에 관한 연구는 현재 지능형 시스템(intelligence System)이라는 인공지능을 기반으로 하는 정보시스템 분야로 발전하고 있다.

패턴 인식은 공학적 접근법을 이용하여 인공지능의 실제 구현 문제인 센싱된 대상을 인식하는 문제를 주로 다룬다. 패턴인식을 여러 방식으로 정의할 수 있겠지만 "계산이 가능한 기계적인 장치(컴퓨터)가 어떠한 대상을 인식하는 문제를 다루는 인공지능의 한 분야"라고 정의한다[46].

또한 소셜 미디어(social media)등 비정형 데이터의 증가로 인해 분석기법 중에서 텍스트 마이닝(text mining), 오피니언 마이닝(opinion mining), 소셜 네트워크 분석(social network analysis), 군집분석(cluster analysis) 등이 주목받고 있다.

ⓔ 텍스트 마이닝(text mining)

자연어 처리 기반 텍스트 마이닝은 언어학, 통계학, 기계 학습 등을 기반으로 한 자연언어 처리 기술을 활용하여 반정형 또는 비정형 텍스트 데이터를 정형화하고, 특징을 추출하기 위한 기술과 추출된 특징으로부터 의미 있는 정보를 발견할 수 있도록 하는 기술이다.[47]

ⓕ 오피니언 마이닝(opinion mining)

웹사이트와 소셜 미디어에 나타난 여론과 의견을 분석하여 유용한 정보로 재가공하는 기술로 텍스트를 분석하여 네티즌들의 감성과 의견을 통계화하여 객관적인 정보로 바꾸는 기술이다. 구매 후기와 같은 많은 정보 중에서 유용한 정보를 찾아낼 수 있고, 묻고 답하는 방식을 넘어 이용자들의 생각과 표현의 조각을 정리하여 일정한 법칙성을 찾아내어 새로운 의견 형성을 추구한다.[48]

---

46) https://ko.wikipedia.org/wiki/패턴 인식

47) http://www.science.go.kr/Big data

48) http://www.tta.or.kr/IT 용어사전

ⓖ 소셜 네트워크 분석(social network analysis)

수리사회학과 수학의 그래프 이론을 결합하여 발전된 기술로 사람, 그룹, 데이터 등 객체 간의 관계 및 관계 특성 등을 분석하고 시각화하는 측정기법이다. 트위터나 페이스북과 같은 누리 소통망 서비스(SNS, Social Networking Service)상에서 정보의 허브 역할을 하는 사용자를 찾는 데 주로 활용되고 텍스트 마이닝 기법에 의해 주로 이루어지며 확산된 내용과 함께 연결의 맥락을 파악하여 분석한다.[49]

ⓗ 클러스터 분석(cluster analysis)

비슷한 특성을 가진 개체를 합쳐가면서 최종적으로 유사 특성의 군집을 발굴하는 방법이다. 동일한 군집에 속하는 객체 간의 유사도가 그렇지 않은 객체 간의 유사도보다 평균적으로 높도록 군집을 구성한다. 대표적인 비지도 기계 학습(unsupervised machine learning) 방법으로, 데이터의 분할 및 요약에 널리 이용되며 데이터에서 유용한 지식을 추출하는 데 활용된다.[50]

그리고 대용량의 정형/비정형 데이터를 처리하기 위한 비관계형 데이터베이스 관리시스템(DBMS)으로 NoSQL(non SQL) 기술이 활용되기도 한다.

ⓘ NoSQL

전통적인 관계형 데이터베이스 관리시스템(relational DBMS)과는 다르게 설계된 비관계형(non-relational) DBMS로, 대규모의 데이터를 유연하게 처리할 수 있는 것이 강점이다. NoSQL은 테이블-컬럼과 같은 스키마(schema) 없이, 분산 환경에서 단순 검색 및 추가 작업을 위한 키 값을 최적화하고, 지연(latency)과 처리율(throughput)이 우수하다. 그리고 대규모 확대가 가능한 수평적인 확장성의 특징을 가지고 있다. NoSQL에 기반을 둔 시스템의 대표적인 예로는 아파치 카산드라(Apache Cassandra), 하둡(Hadoop), 몽고디비(MongoDB) 등이 있다.[51]

② 표현 기술

빅데이터 분석 기술을 통해 분석된 데이터의 의미와 가치를 시각적으로 표현하기 위한 기술로 대표적인 것으로는 R(프로그래밍 언어)이 있다.

---

49) http://www.tta.or.kr/IT 용어사전
50) http://www.tta.or.kr/IT 용어사전
51) http://www.tta.or.kr/IT 용어사전

R은 오픈소스 프로그램으로 통계 데이터 마이닝 및 그래픽을 위한 언어이다. R은 주로 연구 및 산업별 응용 프로그램으로 많이 사용되고 있으며, 최근에는 기업들도 많이 사용하기 시작했다. 특히, 빅데이터 분석을 목적으로 주목받고 있으며, 5000개가 넘는 패키지(일종의 application)들이 다양한 기능을 지원하고 수시로 업데이트되고 있다.

R은 뉴질랜드 오클랜드 대학의 Ross Ihaka와 Robert Gentleman에 의해 S-PLUS의 무료 버전 형태로 1993년부터 소개되었다. R은 기존의 S-PLUS(S 언어)의 사용자들을 거의 흡수했을 뿐 아니라 오픈 소스 임에도 고성능의 컴퓨팅 속도와 데이터 처리 능력이 우수하며, 각종 소프트웨어 및 구글, 아마존 등의 클라우드 서비스와의 API(application programming interface)[52] 등과의 연동 및 호환성이 우수하다.

오픈소스 프로젝트로 진행되고 있는 R은 통계 프로그래밍 언어인 S 언어 기반으로 만들어졌다. S 언어는 SPSS와 같이 정해진 분석 프로시저에 준비된 데이터를 대입하여 분석 결과만을 해석하는 패키지가 아니라, 데이터를 중심으로 데이터 과학자들이 고유의 창의적이며 데이터 특성을 고려한 방법을 구현하는 프로그래밍 언어이다.

개발자 입장에서는 R이 다른 개발 언어와의 연계 호환이 가능하고, 웹과 연동하여 실시간 처리가 가능하다. R은 비용 절감에 따른 경제적 이익이 수반되는 새로운 어플리케이션을 개발하거나 웹 서비스로 제공하는 데 유용하다. R은 오픈소스 라는 특징답게 커뮤니티 중심의 각종 패키지가 개발되어 공개되고 있고 이로 인해 사용자 계층과 용도가 급격히 확장되었다. 사용자가 증가함에 따라 새롭게 개발되는 패키지가 꾸준히 상승하는 건전한 생태계를 조성하고 있다.[53]

③ 빅데이터 플랫폼[54]

다양한 데이터 소스에서 수집한 데이터를 처리 · 분석하여 지식을 추출하고, 이를 기반으로 지능화된 서비스를 제공하는 데 필요한 IT 환경을 뜻한다. 기업들은 빅데이터 플랫폼을 사용하여 빅데이터를 수집, 저장, 처리 및 관리 할 수 있으므로 빅데이터를 분석하거나 활용하기 위한 필수 인프라(Infrastructure)이다. 빅데이터 플랫폼은 빅데이터라는 원석을 발굴하고, 보관, 가공하는 일련의 과정을 이음새 없이 통합적으로 제공해야 한다. 이러한 안정적 기반 위에서 전 처리된 데이터를 분석하고 이를 다시

---

52) 운영체제와 응용프로그램 사이의 통신에 사용되는 언어나 메시지 형식 http://www.doopedia.co.kr
53) http://www.science.go.kr/Big data
54) 빅데이터 플랫폼 전략 전자신문사(2013.02.11.) 황승구 외

각종 업무에 맞게 가공하여 사용자가 원하는 가치를 정확하게 얻을 수 있을 것이다
〈그림 14-2〉.

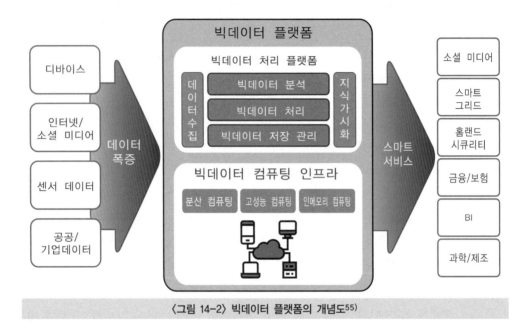

〈그림 14-2〉 빅데이터 플랫폼의 개념도[55]

14.3 글로벌 기업들의 빅데이터 활용사례 연구

(1) 월마트의 환경과 고객 구매 동향의 상관관계 연구

판매 업체들이 사용하는 포인트 카드는 단순한 미끼 서비스로 소비자의 반복 구매를
유도하기 위한 목적일까?

최종 사용자(end user)를 상대하는 기업은 일반적으로 회원카드를 만들어 고객에게
우대서비스를 제공한다. 이러한 우대서비스를 미끼 서비스로 단순히 판매비용으로만 생
각하는 기업들이 다수이다. 심지어 어떤 기업은 포인트를 소멸시켜 고객의 분노를 사기
도 한다. 이는 바보 같은 근시안적 생각이다. 최종 사용자를 상대하는 기업에게 고객은
마케팅 요원의 역할도 하기 때문이다.

---

55) https://terms.naver.com/entry.nhn?docId=3331537&cid=57613&categoryId=57613

월마트는 2004년 허리케인 샌디(Hurricane Sandy)가 미국을 강타했을 때, 비상용품의 수요 정보를 체크하였더니 나쁜 날씨가 예상되면 손전등과 비상장비 뿐만 아니라 각기 다른 여러 지역에서 '딸기 팝타르트56)'의 판매가 급증한다는 것을 확인했다. 그래서 2012년 허리케인 프랜시스가 왔을 때, 허리케인의 진행 경로에 있는 모든 가계에 이 제품을 추가 공급하여 엄청난 판매수익을 올렸다.57)

슈퍼마켓은 매일 수백만 명의 사람들에게 수백만 가지의 제품을 판매한다. 슈퍼마켓은 가격과 함께 서비스, 품질 및 편리함으로 타사와 경쟁한다. 결론적으로 고객의 요구를 이해하고 고객이 구입하고 싶은 제품을 효과적으로 제공하기 위해 데이터를 어떻게 활용할지가 매우 중요하다. 2011년 이후 월마트는 데이터 카페(data cafe)와 패스트 빅데이터 팀(fast Big data team)을 만들어 데이터 기반의 사업 방식을 전파하는 새로운 시도를 하는 중이다. 실시간 자료를 시간대별, 공간대별, 환경별로 층별하여 사업의 성과를 이루어 내는 것이 빅데이터 팀의 핵심적 요소이다. 또한 자체 홈페이지의 소비자들이 검색하는 성향을 분석하여 시간적·공간적 층별 자료와 연계 하는 방법 등의 활동 방향에서부터 소셜 미디어 상의 데이터를 모니터링 하여 어떤 제품을 구매할 것인지 등을 예측하는 방법이다.

이러한 고객의 성향 분석에 의한 판매방법은 아마존이나 알리바바 같은 온라인 업체의 전유물처럼 생각될 수 있다. 하지만 온라인 업체들 역시 이미 온라인 매장을 운영 중이므로 이것이 경쟁력의 차이가 될 수 없다. 오히려 아마존이나 알리바바 같은 온라인 업체에 비해 구식으로 보이는 오프라인 업체의 강점은 여전히 고객은 직접 매장을 방문하여 쇼핑을 하는 것을 즐거움으로 안다는 것이다.

결론적으로 포인트 적립카드, 홈페이지의 대화방, 고객 보상 프로그램 같은 제공으로 얻게 되는 빅데이터를 누가 더 잘 활용하여 크고, 빠르고, 끊임없이 변화하는 슈퍼마켓 사업을 정보 활용의 보고로 활용하는지가 최고의 경쟁력 있는 기업으로 가는 지름길이 될 것이다.58)

(2) 롤스로이스(Rolls-Royce)의 제품모니터링과 애프터서비스

롤스로이스(Rolls-Royce)의 사업은 한 번의 실패나 실수로 수십억의 비용 손실이 생기고 사람의 목숨까지 위험하게 만드는 고도의 기술이 쓰이는 항공기 엔진 등이 주요사

---

56) 캘로그에서 나오는 딸기쨈이 들어간 단 과자
57) https://regardingit.tistory.com/48
58) https://corporate.walmart.com/newsroom/community/20170807/5-ways-walmart-uses-big
-data-to-help-customers

업이다. 그러므로 일어날 가능성이 있는 치명적 문제에 대해 실제 발생하기 전에 생산된 제품의 상태를 회사가 모니터링하는 것이 필수적이다. 롤스로이스는 빅데이터를 3가지 핵심 업무 프로세스인 설계, 생산 및 애프터서비스의 지원에 사용한다.

엔진의 설계에는 거대한 컴퓨터 클러스터(computer cluster)[59]를 사용하여 제트 엔진의 신뢰성시험 시 발생하는 10 terabyte[60] 이상의 데이터를 분석하여 설계된 특정 제품이 좋은지 나쁜지를 시각화하여 활용 중이다. 또한 제조시스템은 타 지역에 있는 부품회사와 제조과정을 사물 인터넷[61] 기반 솔루션으로 공유화하여 품질을 모니터링하고 있다.

애프터서비스 지원에서도 최선의 조치를 취할 수 있도록 롤스로이스의 엔진과 추진 장치에는 모두 수백 개의 센서가 달려있다. 이 센서는 일부는 운전자 즉 사용자에게도 제공되는 정보로 활용되지만 대부분은 그들을 위한 것이 아니다. 이 센서는 정기 보수 시 그동안의 운전 정보에 대한 세부 사항을 데이터화 하여 어떠한 변화에 대해 실시간으로 보전 엔지니어에게 전달한다. 그래서 엔진으로부터 피드백된 데이터에 대해 보전 엔지니어가 즉시 분석하여 유지 · 보수 활동에서 그들이 일으킬 수 있는 문제의 가능성을 없애거나 줄일 수 있게 된다.

또한 이 정보로 운전자들의 습관을 확인하여 설계를 보완하고 운전자에 피드백 함으로써 항공사들이 연료를 절감하게 된다. 또한 빅데이터 활용으로 사전 준비를 잘 하게 되어 보전작업 일정을 단축하여 비행 기간을 증가시킬 수 있어 고객인 항공사의 수익으로 연결될 수 있게 된다. 결론적으로 내부 품질의 효율화를 도모하기 위한 전략이 새로운 수익 창출 모델로 연계된 것이다.

롤스로이스가 빅데이터에서 가장 중요하게 생각하는 것은 내부 데이터, 특히 회사의 제품에 장착된 센서 데이터이다. 센서 데이터는 항공기로부터 무선 전송방식으로 성능에 대한 보고서와 함께 전송되며 보통 엔진이 최대 출력을 내는 단계, 상승과 순항 같은 주요 비행 단계에서 발휘된 엔진 성능에 대한 간략한 내용 등이 포함된다. 또한 보고서는 비행 도중에 발생한 특이한 사건들의 세부사항들을 알려 주는데, 그 사건의 직전 및 직후의 고주파 녹음도 포함한다. 이러한 정보들은 항공기의 성능을 조사하거나 제공되는 서비스들을 확장하고 더 개선시킬 수 있는 새로운 기회를 포착하기 위해 데이터 마이닝 능력을 향상시킬 것이다.

---

59) 여러 대의 서버 컴퓨터를 연결해 고성능 컴퓨터를 만드는 것

60) 1 TB = 10^{12} bytes = 1,000,000,000,000 bytes

61) 인터넷을 기반으로 모든 사물을 연결하여 사람과 사물, 사물과 사물 간의 정보를 상호 소통하는 지능형 기술 및 서비스(internet of things)로 아이오티(IoT)로 약칭하여 부른다.

롤스로이스는 입력되는 데이터의 흐름을 상세히 모니터링하여 기능 저하를 감시하고 새로운 이상 현상을 검출한다. 이러한 두 가지를 모두 살피는 것은 오류를 최대한 줄이면서 가능한 한 빨리 그리고 확실하게 진단하고 예측하기 위해서이다. 이것은 빅데이터건 스몰데이터건 상관없이 모든 분석 프로그램의 핵심이다. 만약 결과물이 제 때 나오지 않거나 신뢰성이 낮다면 그 결과물은 무용지물이 된다.[62]

(3) 층별을 사업에 활용하는 페이스북

페이스북(Facebook)은 세계에서 가장 큰 소셜 네트워크이다. 모든 사람들은 서로 소통하고 특별한 경험을 공유하기 위한 목적으로 페이스북을 사용한다. 물론 이용료는 무료이다. 페이스북은 우리가 서비스를 사용할 때 모은 정보를 기업에 제공함으로써 수익을 창출한다.

온라인 세계는 광고주들에게 광고를 하는 효율적인 방법을 제시하고 있다. 왜냐하면 웹 사이트는 신문이나 광고판과 달리 컴퓨터에 호스팅돼 있으므로 각 방문자는 그 웹 사이트를 운영하는 소프트웨어에 의해서 개별적으로 식별된다.

또한 그 데이터는 개인적이다. 페이스북은 우리가 어디에 살고, 어디서 일하며, 어디서 놀고, 어떤 친구와 관련이 있으며, 여가시간엔 무엇을 좋아하고, 좋아하는 영화나 가수 등의 인구통계학적 정보를 모두 가지고 있다. 예를 들어 출판사는 그들의 책과 비슷한 책을 읽은 인구 통계학적으로 유사한 고객 수백만 명에게 광고하기 위해 페이스북에 돈을 지불한다. 즉 페이스북은 의심할 여지가 없는 가장 크고 포괄적인 개인정보 데이터베이스 중 하나를 가지고 있다.

또한 페이스북은 메시지를 주고받는 플랫폼이면서 소프트웨어를 실행하는 플랫폼이기도 하다. 페이스북에는 엄청난 수의 App이 등재되어 있고 대부분의 App은 확장된 API(Application Program Interface: 응용프로그램 인터페이스[63])를 이용하여 페이스북 사용자 정보에 접속해서 이익을 가져갔다. 이러한 App들은 그 App을 사용하는 사용자 정보를 다시 수집해서 자신의 고객에게 광고를 보낸다.

엄청난 사용자 데이터를 활용한 전략 덕분에 페이스북은 미국 온라인 광고시장의 약 30%를 점유하고 있으며 백억 달러 이상의 광고 수익을 얻고 있다. 페이스북은 누구나 자신만의 네트워크를 만들어서 자신의 삶에 대한 정보를 누구와 공유할 것인지를 선택하게 함으로써 온라인상의 교류 방법을 혁신했다. 이 데이터는 통계적으로 그들의 제품이

---

62) https://www.edaily.co.kr/news/read?newsid=01384166615960408
63) 서비스 개발에 필수적인 프로그램 기술이 없이도 원하는 서비스를 손쉽게 만들 수 있도록 지원하는 프로그램

나 서비스를 원하거나 필요로 하는 사람을 찾는 광고주들에는 엄청난 가치가 있다. 타깃 광고는 특히 소규모 기업에 유용하다. 상대적으로 제한된 홍보예산을 엉뚱한 고객층에 사용하면 안 되기 때문이다. 하지만 궁극적으로는 사용자들의 신뢰를 얻는 것이 핵심이다. 사용자들은 원하지 않는 광고를 너무 자주 보게 되면 짜증이 날 수 있기 때문이다. 그것은 곧 페이스북의 관심 대상이기도 하다.[64]

(4) 산업인터넷으로 상생을 추구하는 GE

30만이 넘는 직원을 고용하고 있는 거대 기업 GE(General electric)는 빅데이터 시대를 맞이하여 산업인터넷(industrial internet)을 만들 계획을 발표했다.

GE는 작업의 모든 과정에 걸쳐 기계에 설치된 센서를 통해 데이터를 수집한다. 수집된 데이터는 그 기계가 어떻게 작동되고 있는지에 대한 정보를 제공하기 위해 측정되고 분석된다. 이것은 작은 작업 변경점에 따른 영향을 정밀하게 모니터링하며, 그 영향이 수집된 다른 측정치 중 어떤 것과 연관이 되는지를 확인될 수 있도록 하자는 것이다.

GE의 풍력 전력 터빈 및 항공기 엔진 등은 모두 작동 상황이 지속적으로 모니터링 및 저장 되며, 그 데이터를 실시간으로 사용하기도 한다.

예를 들면 풍력 전력 터빈은 작동 데이터를 지속적으로 클라우드에 전송하고, 그 데이터를 가지고 가급적 많은 에너지가 생산될 수 있도록 터빈 날개의 각도와 방향을 미세한 부분까지 조정한다. 항공기 엔진의 경우 데이터는 정비 일정을 수립하는데 사용된다. 그래서 예상치 못한 유지·보수 작업으로 인한 지연이나 작업의 혼란을 감소시킨다. 문제점 분석을 통한 사전준비로 maintenance를 매우 효과적으로 할 수 있다.

이러한 산업 인터넷 기능은 전력회사와 항공사, 은행과 병원 등 GE의 장비나 시스템을 이용하는 수많은 고객 기업들도 사용할 수 있도록 만들어졌다. 그들이 사용하는 데이터는 하둡 기반의 분산 파일 시스템(HDFS: Hadoop Distributed File System)[65]에 업로드 될 수 있다. 이 네트워크를 통해 GE는 다른 기업들과 협력해서 개발한 소프트웨어와 오픈소스 솔루션은 물론이고 'GE 예측(predictivity) 분석 시스템'을 이용해서 데이터를 분석할 수 있도록 하였다. GE는 이미 2013년 산업 인터넷 센서가 전 세계에 퍼져 있는 기계에 25만개가 설치되었다. 이들은 Hadoop 기반의 산업 데이터 레이크(industrial data lake)에 공급되며, 고객들은 이것에 접속하면 그들의 산업과 관련된 서비스에 보다 빨리 접근할 수 있다.

---

64) http://www.wired.com/insights/2014/03/facebook-decade-big-data/

65) 하둡은 2006년 더그 커팅과 마이크 캐퍼렐라(Mike Cafarella)가 개발하였다. 현재는 아파치(Apache) 재단의 소유이며 공개 소프트웨어로 개발되고 있다. https://ko.wikipedia.org/wiki/아파치_하둡

GE는 빅데이터 및 사물 인터넷이 비즈니스 및 산업세계에 등장했을 때 선구자 적으로 대응했다. 상호 연결 기술은 모든 분야에 걸쳐 효율을 향상시키는데 막대한 잠재력을 가지고 있다. 당장 고객사들도 기계 중단시간이 줄어드는 것으로 인해 매년 수백만 달러를 절감 할 수 있게 되었다.[66]

(5) IBM 왓슨 학습으로 최고의 전문가가 되다

IBM의 '왓슨'은 IBM이 개발한 '인지 컴퓨팅'[67]이라는 결과물로 2011년 미국의 TV 퀴즈쇼 '제퍼디!'에서 우승함으로써 첫 유명세를 탔다.

왓슨은 인터넷에 연결하고 API에 접속함으로써 인류가 축적한 모든 데이터를 마음대로 학습하고 이용할 수 있다, 또 왓슨은 필요한 정보가 무엇인지, 해야 할 작업이 무엇인지 알아내기 위해서 '머신러닝'으로 알려진 학습 필드를 통하여 개발된 알고리듬을 사용한다. 시간이 흐르고 성능에 대한 피드백을 거치면서 이 과정은 더욱 효율적이 되며, 점차 사람에게 더 정확한 해결책을 가르쳐 준다. 왓슨은 질문에 대해 일련의 가능성 있는 답변의 유형 전체에 대해 정답의 가능성이 높은 확률을 중심으로 순위를 정해 답변한다. 이러한 활동 사례로 암 환자 치료를 들 수 있다. 환자의 진료 기록과 관련되는 의학 지식을 학습하여 가장 효과적인 치료과정을 제공한다.

자연언어처리기능(NLP)은 왓슨의 중심축이다. 왓슨은 영어로 된 지시와 질문을 이해하는 것은 물론 다른 언어로 대화하는 사용자를 이해하고 돕기 위해 학습하고 있다. 이는 사람과 컴퓨터 사이에 중요한 장벽이었던 언어 장벽이 서서히 무너지고 있음을 의미한다.

개발 초기에 IBM 왓슨 팀은 왓슨을 광범위한 실제 상황에 노출시키는 것이 학습할 수 있는 능력의 핵심이라는 것을 알아냈다. 이를 실천하기 위해 IBM 뿐만 아니라 의료, 금융, 교육 등 광범위한 영역의 기업들과 협력관계를 발전시키기 시작했다. 이것은 왓슨이 점점 지능화 되고 새로운 것을 학습할 수 있다는 의미이다.

컴퓨터는 우리의 생각보다 정확성과 속도 측면에서 훨씬 더 많은 일을 할 수 있다. 그리도 문제점을 제시하고 해결책을 제시하는 부분에서도 인간보다 훨씬 우수할 것이다. 우리는 지금 스스로 학습하는 컴퓨터 시대의 출발점에 있고 이 기술이 변화를 이끌어

---

66) http://files.gereports.com/wp-content/uploads/2012/11/ge-industrial-internet-vision-paper. pdf

67) 인지 컴퓨팅은 대체로 인공 지능과 신호 처리의 과학 분야에 기반을 둔 기술 플랫폼을 의미한다. 이러한 플랫폼은 기계 학습, 추론, 자연어 처리, 음성 인식 및 시각, 인간 – 컴퓨터 상호 작용, 대화 및 이야기 생성 등을 포함한다. https://en.wikipedia.org/wiki/Cognitive_computing

낼 엄청난 잠재력이 있다는 것에 이의가 없다. 언어기술은 인터넷 기술을 최대한 활용하는 것을 방해하는 장애물이었으나 이제 경제성 있는 자연언어처리 기술이 도래했으니 이제 수많은 종류의 인지 컴퓨팅을 보게 될 것이다.[68]

(6) 빠른 검색 없이 정보는 없다. Google

구글은 검색 엔진이나 웹 인덱스의 개념을 창안한 회사는 아니지만 매우 빠르게 업계의 선두주자가 되었고 지금은 전체 검색 사용량의 90%로 거의 독점 수준이다. Google을 전 세계적으로 유명하게 만든 개념은 Google 페이지 순위(page rank)이다. 이는 더 많은 page 들이 어떤 특정 페이지에 링크될수록 그 특정 페이지의 순위가 높아지며, 순위가 높을수록 인용될 가능성을 높게 부여한다. 그 사이트에 링크된 비슷한 키워드를 얼마나 많은 사이트들이 사용했는가? 그리고 그 링크 페이지의 순위는 얼마인가를 기준으로 인덱스의 모든 페이지에 순위를 정한 첫 검색 알고리듬을 만들었다. 다시 말하면 이것은 비정형 데이터를 정량화하고 유용성을 기준으로 순위를 정할 수 있도록 정형화된 데이터로 바꾸는 과정이다.

Google은 웹크롤러 또는 스파이더라 부르는 소프트웨어 로봇으로 웹인덱스를 만든다. 이 로봇은 웹사이트에 포함된 모든 텍스트와 사진이나 음악 등을 구해서 Google의 방대한 아카이브(archive)에 복사해 둔다. 정보를 이렇게 한 곳에 모아 저장해 놓고 페이지 순위와 지식 그래프 같은 도구를 활용하여 원하는 검색어와 정보를 가장 빨리 매치 시키는 일에 최선을 다하고 있다.

일반적으로 검색 엔진들은 사람과 기계사이의 언어의 장벽으로 여러 가지 한계가 발생한다. 이를 해결하기 위한 프로그래밍 언어는 인간의 언어를 수학적 연산과 결합한 근사치를 입력할 수 있게 해 주는 코드 개념을 기반으로 개발되었으며, 2진법으로 구성된 논리 언어로 제공되어 진다. 컴퓨터 프로그래머라면 이것을 이해하는데 아무 문제가 없지만, Google은 모든 사람들이 전 세계의 정보를 즉시 이용하게 하는 것이었으므로 '시맨틱 검색(semantic search)' 기술 개발에 전념했다. 이것은 컴퓨터가 입력된 단어의 개별 의미 자체만 이해하는 것이 아니라 단어들 사이의 관계를 해석하고 조사하는 것을 가르치는 기술이다.

Google은 검색자가 원하는 것을 검색할 때 컴퓨터가 광범위한 다른 정보를 참고하도록 함으로써 이것을 수행한다. 질의가 입력될 때 마다 검색 알고리듬이 이와 관련된 키워드에 대한 웹인덱스만 뒤지는 것이 아니라 과학, 역사, 날씨, 금융 등 방대한 데이터베이스를 샅샅이 조사하여 원하는 참고자료를 찾아준다는 뜻이다. 이것은 지식그래프와 지식

---

68) http://www.aaai.org/Magazine/Watson/watson.php

저장소(knowledge vault)로 발전한다. 이로써 '사실'의 신뢰성을 확립하는 머신러닝 알고리듬을 구현함으로써 한 걸음 더 나아갈 수 있게 되었다. 이 알고리듬은 얼마나 많은 다른 소스에서 이 특정데이터를 '사실'이라고 동의하는지를 계산한다. 또한 그것이 얼마나 자주 다른 사이트에 링크되어 가는지를 조사함으로써 '동의된' 그 사이트가 얼마나 권위 있는지를 검사한다. 만일 학술 도메인이나 정부 도메인 같은 '높은 권위'를 가진 사이트에 링크 된다면 믿을 만한 것일 가능성이 훨씬 높아진다.

또한 Google에서 제공하는 자동 번역 서비스인 Google 번역은 빅데이터를 활용한다. 지난 40년 간 컴퓨터 회사 IBM의 자동 번역 프로그램 개발은 컴퓨터가 명사, 형용사, 동사 등 단어와 어문의 문법적 구조를 인식하여 번역하는 방식으로 이뤄졌다. 이와 달리 2006년 Google은 수억 건의 문장과 번역문을 데이터 베이스화하여 번역시 유사한 문장과 어구를 기존에 축적된 데이터를 바탕으로 추론해 나가는 통계적 기법을 개발하였다. 캐나다 의회의 수백만 건의 문서를 활용하여 영어-불어 자동번역 시스템개발을 시도한 IBM의 자동 번역 프로그램은 실패한 반면 Google은 수억 건의 자료를 활용하여 전 세계 58개 언어 간의 자동번역 프로그램 개발에 성공하였다. 이러한 사례로 미루어 볼 때, 데이터 량의 측면에서의 엄청난 차이가 두 기업의 자동 번역 프로그램의 번역의 질과 정확도를 결정했으며, 나아가 프로젝트의 성패를 좌우했다고 볼 수 있다.[69]

(7) 애플워치로 빅데이터의 매개체가 되다.

Apple은 세계에서 가장 수익성이 좋은 테크놀로지 회사이며 스마트폰의 주인공이다. 하지만 최근 Apple은 스마트폰을 인기 있게 만든 App인 지도, 내비게이션, 음성인식, 그리고 우리가 이동 중에 사용하고 싶은 다른 컴퓨터 기술 등의 분야에서 Google 등과의 경쟁에서 뒤지는 경향이 나타나고 있다. Apple은 리더로서의 지위를 다지기 위해 자신들이 보유한 빅데이터의 활용에 최근 관심을 가지기 시작했다. Apple은 Teradata[70]사의 고객 중 가장 빨리 Petabyte[71] 규모의 빅데이터에 도달한 기업으로 알려져 있다.

Apple은 IBM과 협력하여 아이폰과 애플워치의 사용자들은 IBM의 왓슨 헬스(Watson Health) 클라우드 기반 의료 분석 서비스와 데이터를 공유할 수 있게 하였다. IBM은 빅데이터 고속처리 엔진이 전 세계에서 애플 기기를 사용하는 수백만 명의 사용자들로부터 얻은 실시간 활동 및 생체 데이터에 접속할 수 있게 됨으로써 의료분야를 더 향상시킬

---

69) https://www.google.com/intl/ko/search/howsearchworks/

70) Teradata Corporation 은 데이터베이스 및 분석 관련 소프트웨어, 제품 및 서비스 제공 업체이다.

71) Petabyte(PB)는 10^{15}를 의미하는 SI 접두어인 Peta와 컴퓨터 데이터의 표시단위인 Byte가 합쳐진 자료량을 의미하는 단위이다. ($10^{15}byte = 1PB = 1000\,TB$)

수 있다. Apple 또한 IBM과의 협력으로 개발한 여행, 교육, 금융 등 여러 산업 분야를 겨냥한 다양한 App을 제공하게 된다. 특히 하루 종일 착용하는 애플워치가 활성화 되면서 추가적인 센서를 통해 광범위한 개인적 데이터를 수집하고 분석할 수 있게 되었다.

애플워치는 개인적 정보수집에 매우 효과적이므로 빅데이터의 조력자가 되었다. Apple의 제품들이 언제, 어디서, 어떻게 사용되는지 정보의 질적 측면과 양적 측면에서 모두 수집되어 정보화 된다. 또한 성별, 지역, 연령, 소득, 직업, 국가 등 매우 효율적인 분류 체계는 아이폰의 가입자 정보에 따른 부가적인 장점이다. 그러므로 이 정보는 Apple의 제품에 어떤 새로운 기능이 추가되어야 하는지, 작동 방법을 어떻게 바꾸어야 하는지 등을 결정하는데 사용된다.

Apple은 그들의 제품과 서비스를 사용하는 고객들이 만들어내는 내부 데이터에 집중하고 있다. 예를 들어 애플워치는 심박 수 센서와 속도계가 포함되어 있어서 사용자의 활동과 전반적인 건강상태를 추적할 수 있다. Apple은 사용자들이 만들어 내는 엄청난 데이터를 활용한다면 헬스케어는 물론 취미, 여행, 식사 등 모든 인간의 영역에서 활용 가능한 사업영역을 창출할 수 있는 강력한 무기를 가지고 있는 기업이다.[72]

(8) 아마존의 추천엔진 서비스

아마존(Amazon)은 원래 비즈니스 모델인 온라인 서점에서 벗어나 웹서비스를 제공하는 세계에서 가장 큰 유통업체로 변모해 있다. 이러한 사업의 확장은 고객의 쇼핑의 애로 사항을 보완해 준 '추천 엔진' 기술을 기반으로 구축되었다.

아마존은 모든 고객들의 구매 내역을 데이터베이스에 기록하고, 이 기록을 분석해 소비자의 소비 취향과 관심사를 파악한다. 이런 빅데이터의 활용으로 아마존은 고객별로 '추천 상품(recommendation)'을 표시한다. 고객 한 사람 한 사람의 취미나 독서 등의 경향을 찾아 그와 일치한다고 생각되는 상품을 이메일, 홈페이지 상에서 중점적으로 고객 한 사람 한 사람에게 자동적으로 제시하는 것이다.

이러한 경험을 바탕으로 아마존은 단순한 소매업자가 아니라 상품과 서비스의 생산자가 되는 쪽으로 사업영역을 확장했다. 영화, TV, 태블릿 PC, 스트리밍 H/W를 포함하는 전자기기 시장을 창출하여 거래를 한다. 또한 'Amazon prime now'를 만들어 신선 식품을 총알 배송하는 시스템까지 구축되어있다.

아마존은 고객들이 사이트를 탐색하면서 그들의 '추천엔진'을 고객이 원하는 것을 구매해 가는 과정과 습관을 여러 가지 고객 유형별로 층별하여 수집한 빅데이터를 사용해

---

72) http://www.forbes.com/sites/netapp/2012/10/03/google-apple-maps-big-data-cloud/
http://www.ciokorea.com/news/21776

왔다. 아마존의 가정은 고객에 대한 정보를 더 많이 알수록 고객이 사고 싶어 하는 것을 예측할 수 있는 가능성이 높아진다는 것이다. 일단 그렇게 예측이 되면 고객들이 카탈로그를 처다볼 필요가 없이 그 물건을 살 수 있게 하는 과정을 간소화 할 수 있다. 아마존의 필터링은 협업필터링(collaborative filtering)을 기반으로 한다. 이것은 고객이 누구인지를 알아낸 다음 그와 비슷한 프로필을 가진 사람이 구매한 물건을 제시함으로써 고객이 원한다고 생각하는 것을 결정한다는 뜻이다. 아마존은 고객이 서비스를 이용하는 동안 2억 5천만 명이 넘는 모든 고객들에 대한 정보를 수집한다. 무엇을 구입했는지 뿐만 아니라 무엇을 보았는지도 모니터링하며, 인구 통계학적 데이터를 알기 위해 배송 주소는 물론이고 고객 평가와 피드백을 남겼는지의 여부도 모니터링 한다. 만약 고객이 GPS를 쓸 수 있는 스마트폰이나 태블릿에서 아마존 모바일 앱을 사용한다면, 그들은 고객의 위치 데이터와 모바일에서 사용하고 있는 다른 서비스나 App에 관한 정보도 수집할 수 있다. 또한 고객의 습관적인 행동을 알아내고 비슷한 패턴을 가진 다른 이의 프로필과 매치시키기 위해 하루 중 몇 시에 검색했는지도 살펴본다. 이를 바탕으로 아마존은 정확하게 세분화된 소비자 지위에 들어맞는다고 생각하는 다른 사람들을 찾을 수 있다. 그리고 그들이 좋아하는 것에 기초하여 상품 및 서비스를 추천한다.

결론적으로 아마존은 미국에서 가장 큰 온라인 유통업체로 성장했다. 소비자 선택의 다양성이 커진 것은 멋진 일이지만, 너무 많은 선택에 비해 턱없이 부족한 안내는 소비자를 혼란스럽게 해서 구매 결정을 못하게 할 수 있다. 빅데이터 추천 엔진은 고객들을 프로파일링하고 그와 비슷한 지위에 있는 사람의 구매이력을 참조해서 고객이 원하는 것을 예측하는 임무를 간소화 하여 준다. 빅데이터를 기반으로 구매를 원하는 고객에 대해 상품 및 서비스의 종류를 효과적으로 충별하여 제공하는 것은 마케팅과 고객서비스의 기초이다.[73]

(9) 소규모 상점 Pendleton & Son Butchers의 고객특성 연구

작은 회사는 빅데이터를 활용할 수 없을까?

북서부 런던에 위치한 소규모 정육점 Pendleton & Son Butchers는 처음에는 좋은 평판을 얻으며 잘 영업을 하고 있었지만 동네에 대형 슈퍼마켓이 들어오며 손님이 급감하기 시작하였다. 아무리 고기를 좋고 싸게 팔아도 손님 자체가 오지 않으니 소용이 없지 않은가?

---

73) https://www.statista.com/statistics/237810/number-of-active-amazon-customer-accounts -world-wide/,accessed 5 January 2016

이를 타개하기 위해 컨설턴트의 도움을 받아 진열장과 창 내부에 저렴한 센서를 부착하였다. 이 센서로 얼마나 많은 사람이 이 가게를 지나가는지, 그 중 몇 명이 광고판이나 진열장을 보고 집중하는지, 그 중 몇 명이 이 가게 안으로 들어오는지 등을 새롭게 알게 되었다. 이 정보를 활용하여 진열장 안의 상품의 진열을 바꾸고 광고판에도 고객이 흥미를 가질 수 있는 내용으로 문구를 바꾸어 넣었다. 특히 광고판은 여러 가지 테스트를 통해 가격정보보다 홍보 음식에 대한 조리법 즉 레시피에 대한 설명이 더 효과적이라는 사실을 알게 되고 이를 적극 활용하였다.

또한 빅데이터로 예상치 못한 고객 정보를 알게 되었다. 유명한 술집이 근처에 있어 밤 9시부터 12시 가지는 거의 점심시간만큼 통행인이 많았다. 그래서 이 시간대 고객을 위한 인기 있는 음식을 google에서 검색하여 초리소(chorizo)[74]를 넣은 햄버거를 만들어 대박을 쳤다.

또한 고객의 수요를 더 정확히 파악하기 위해서 무료로 제공되는 일기예보를 조사하여 그에 적합한 주간 일별 레시피를 홍보하며, 고객 회원카드를 통해 고객들의 구매 성향에 따른 타깃 영업과 세일 상품을 제공한다.

이와 같이 빅데이터는 단지 큰 회사만의 전유물이 아니며, 비즈니스의 규모나 형태에 관계없이 사업에 변화를 줄 수 있다. 그리고 이러한 경우에 빅데이터로 불릴 만한 데이터 량이 필요한 것도 아니다. 결론적으로 문제는 얼마나 많은 데이터를 수집하고 분석하는가가 아니라 빅데이터를 가지고 무엇을 할 것인가가 더 중요하다는 점이다.[75]

<h2>14.4　빅데이터와 품질정보관리</h2>

(1) 통계적 품질관리 활동과 빅데이터와의 관계

지금까지 많은 빅데이터의 적용사례를 검토하였다. 그렇다면 우리가 그동안 현장에 적용해 왔던 SQC 활동과 빅데이터는 어떠한 차이가 있을까? 빅데이터의 6가지 특징과 비교해 보자.

빅데이터는 첫째가 양(volume)으로 terabyte 정도의 많은 데이터를 뜻한다. 통계적 품질관리의 데이터 유형은 제조업에서 크게 2종류이다. 품질보증과 관계되어 실시되는 샘플링 검사나 공정관리를 목적으로 하는 $\bar{x} - R$관리도와 같은 공정모니터링에 관한 데

---

74) 스페인식 양념소시지

75) https://www.bernardmarr.com/default.asp?contentID=1089

이터로 이는 모집단 전체를 바탕으로 하는 빅데이터가 아닌 표본을 바탕으로 하는 스몰 데이터이다.

하지만 나머지 빅데이터의 특징 5가지인 속도(velocity), 다양성(variety), 정확성 (veracity), 가변성(variability) 및 시각화(visualization) 측면에서는 유사한 특징을 나타낸다.

샘플링 검사나 관리도는 측정결과를 실제로 정보화 하여 합격판정 또는 관리상태를 판정하므로 정보처리 속도(velocity) 측면에서는 매우 빠르다. 또한 문자나 그림 등의 데이터만큼 다양한 건 아니지만 계수치, 계량치, 결과계 및 원인계 요인 등 활용되는 데이터는 다양성(variety)을 충족하고 있다. 정보는 랜덤으로 뽑은 표본을 근본으로 하므로 로트의 상태를 잘 표현하므로 정확성(veracity) 역시 매우 높다. 또한 샘플링 검사나 관리도는 수치와 그래프를 기반으로 하고 있으므로 제1종 오류와 제2종 오류 정도의 가변성(variability) 밖에 없다. 또한 그래프를 많이 사용하여 현장 근로자들도 그다지 어렵지 않게 활용하고 있으므로 시각화(visualization) 측면 역시 해당된다.

그리고 통계 S/W의 발달로 20C만 하더라도 적용이 어려웠던 다품종소량생산의 경우, 군간 변동이 존재하는 경우, 원가절감을 위해 불균형 생산을 하는 경우, 소로트 생산의 경우도 그다지 어렵지 않게 기존의 SQC 활동을 수행할 수 있음을 이미 학습하였고 실제로 현장에서는 그리 운영되고 있다.

결과적으로 SQC 정보는 빅데이터의 5가지 특징에는 일치한다. 하지만 그런 이유로 21c에도 계속 사용되는 것이 아니라 정보로서의 가치가 있으므로 활용되는 것이다. 즉 빅데이터 역시 6가지 특징이 처음부터 있었던 것이 아니고 정보로서의 가치에 맞도록 점차 진화되어 온 결과이므로 당연히 정보의 속성이 대량이라는 것을 제외하면 5가지는 동일한 것이 당연하다.

그러므로 역으로 우리 현장과 공급자 및 고객을 통해 각 기업들이 보유하고 있는 그리고 지속적으로 쌓이고 있는 빅데이터를 SQC 적용하듯이 목적을 명확하게 하고 그에 적합한 정보를 층별하고 취합하여 개선 활동 또는 신제품과 새로운 고객 창출에 반영한다면 우리 기업들은 현재보다 획기적으로 품질을 향상하고 원가를 절감할 기회를 얻게 될 것이다.

(2) 제조업의 빅데이터 활용상의 문제점

제조업은 전통적으로 빅데이터의 보고이다. 제조업은 산출물의 품질관리를 위해 수많은 센서가 공정에 연결되어 있으며, 센서 이외에도 비전, 로드 셀, 금속검출기, 특성 측정기 등 수많은 풀 푸르프(Fool proof) 장비를 설치하여 정보를 수집하고 있다. 또한 프로세스의 유지관리를 위해 설비 및 프로세스 공급사는 처음부터 전압, 전류, 온도, 습도, 속도, 압력 등 여러 가지 주요특성을 자동 측정이 가능하도록 장치를 해 놓았다. 하지만 이렇게 많은 데이터를 제대로 사용하지 못한다는 것이다. 왜 그럴까? 그 이유는 빅데이터에 대한 기업의 여러 가지 준비부족에서 나타나는 현상이다. 이러한 준비부족에 관한 문제점은 다음과 같은 내용으로 설명될 수 있다.

① 목표의 부재

수많은 데이터가 집계되는 목적이 명확하지 않다. 심지어는 무엇이 집계되는지도 모른다. 정보는 문제를 확인하고 개선하기 위해서이다. 그런데 프로세스에 관한 많은 데이터는 설비 제작사가 만든 것이어서 사용자 측에서는 내용을 잘 알지 못하는 경우가 많다. 그 외에도 검사설비나 조건관리 항목은 단순히 작업이 잘못될 경우의 경보 시스템 정도로 생각하는 것이 현실이다. 그러다 보니 경보가 울리기 전까지는 별 관심을 갖지 않게 되므로 문제 해결에 활용되지 않는 것이 당연하다.

② 센서의 위치가 용도와 다르다.

여러 센서는 정보를 확인시켜 주기 위한 목적으로 설치되어 있다. 하지만 센서가 설치된 위치가 우리가 의도하는 데이터를 얻기에는 위치가 적절치 못할 수 있으며, 그로 인해 그 데이터를 분석하여도 큰 의미를 얻지 못하는 경우이다. 즉 데이터를 활용해도 질적 측면에서 얻을 수 있는 것이 없다면 활용되지 않는 것이 당연하다. 센서의 위치 역시 정보의 가치를 중심으로 설계된 것이 아니고 설비 제작자 입장에서 설비의 기능을 체크하기 위해 설치된 것으로 흔히 제품과 연계하여 활용하기 쉽지 않으므로 큰 의미를 얻지 못하게 되어 있다.

③ 비전 등으로 얻는 외관 데이터가 비정형 데이터 여서 표준화가 난해하다.

육안검사를 대별하는 로봇이 비전이다. 비전을 통해 얻은 데이터는 다른 정보와 달리 비정형 데이터이므로 표준화하기 쉽지 않다. 하지만 비전이 문제를 잡아낸다는 것은 정형화가 되었다는 뜻이다. 그러나 풀 푸르프 장비의 검사 결과는 계수치 정보로만 처리하고 있으므로 공정개선이나 유지관리에 활용하기가 쉽지 않다. 현재로는 단순 선별이나 부적합품률 증가로 인한 원인 유추의 초보적인 수준을 벗어나지 못하고 있다.

④ 문제의 원인을 이해하지 못하고 관리한계를 벗어나야만 인지가 되어 행동한다.

제품과 관계되는 빅데이터는 전자, 화학 또는 정밀기기 등에 과거부터 적용되어 있으며 짧은 시간에 엄청난 데이터가 발생되고 데이터베이스에 축적된다. 품질문제의 발생 원인은 대부분이 치우침이나 퍼짐에 의한 시계열 변동에 의해 발생된다. 그러므로 평균치와 산포의 관리가 핵심이다. 하지만 제공되는 프로그램이나 반응하는 오퍼레이터가 프로세스의 이상원인에 대한 접근보다는 부적합에 가까워지면 액션을 취하는 형태이다. 그러다 보니 주요 대응책이 감산 또는 속도저하 등의 응급조치로 문제에 대응하는 방식이다. 통계적 사고의 부재 이것이 빅데이터를 효과적으로 활용하지 못하는 원인이다.

⑤ 제품의 조건에 관계되는 빅데이터는 관심이 없다.

제조현장의 빅데이터는 제품의 입력사항과 운전조건에 관한 정보가 월등히 많지만 제품과 요인의 상관관계 등이 명확히 규정되어 있지 않은 관계로, 요인의 시계열적 변동을 모니터링하고 있는 회사는 많지 않다. 그런 관계로 요인의 변동에 대한 관심도는 제품의 변동에 대한 관심도에 비해 확실히 부족한 편이다.

⑥ 협력업체와 설비제조사와의 정보공유가 인색하다.

빅데이터와 관계되는 품질정보의 해독은 어느 한사람 한 공정에서 단순히 문제를 풀어 나가는 형태로 해결되는 것은 많지 않다. 문제에 대한 원인을 조사하려면 SIPOC[76] 전반 즉 공급자의 의견과 사용자인 고객의 의견에 이르는 전체적인 측면에서 문제해결 접근 사고방식이 필요하다. 하지만 많은 기업 들은 현실적으로 IPO[77]적 문제해결 즉 내부 프로세스 측면의 문제해결도 그다지 만족스러운 전개가 되지 않는 실정이다.

⑦ 품질주체 들인 조직원들이 품질을 이해하는 기술적 능력과 현상의 문제점을 측정하는 통계적 역량이 부족하다.

품질경영의 7원칙에는 종업원의 적극 참여와 지속적 개선을 요구하고 있지만 근본적으로 종업원의 역량이 부족하면 능동적이고 적극적인 참여를 기대할 수 없다. 빅데이터를 효과적으로 활용하려면 프로세스(process)와 제품(product)을 상호 연관시켜 이해하는 능력과 이를 측정하는 통계적 접근법에 관한 지혜가 높을수록 효과적이다.

---

76) 6σ활동으로 많이 알려진 과제접근방식으로 supplier-input-process-output-consumer에 이르는 전체 프로세스에서 문제를 분석하고 해결하려는 일련의 노력을 뜻한다.
77) 문제해결을 프로세스 관점으로 접근하자는 전통적 사고로 input-process-output의 회사 내의 문제로 좁혀서 접근하는 사고이다.

(3) 제조업이 빅데이터를 효과적으로 활용하려면?

빅데이터 축적과 기술적 기반에 대한 INFRA를 효과적으로 구축하는 사항인 서버는 terabyte급이어야 하고 문제해결 프로세스에 아파치 하둡(Apache Hadoop)을 적용한다든지, 머신러닝 알고리듬을 적용하는 등의 문제는 논외로 하고 일단 기업들이 현재도 넘칠 만큼 자연적으로 확보되는 빅데이터 들을 효과적으로 활용하기 위한 필요사항이 무엇인지 검토하는 것이 우선이다. 먼저 기업의 빅데이터와 SQC과 활용도가 왜 다르다는 것이며 이를 극복하기 위한 방안이 무엇인가로 접근해보자. 이러한 접근은 우리가 빅데이터를 통해 무엇을 얻을 수 있는지 새로운 가능성을 찾게 될 것이다.

① 모든 빅데이터에 대한 목표를 명확히 하자.

정보는 기본적으로 정보의 어떠한 기능 때문에 갑자기 활용되는 것이 아니라 어떠한 목표 달성을 위한 정보로서 데이터가 필요해 지고 이의 층별 및 분석을 통해 우리가 원하는 결과를 얻는다. 일반적으로 측정할 수 없는 것은 개선할 수 없다. 앞서 작은 정육점의 사례나 Rolls-Royce의 사례와 같이 무엇을 얻고자 할 것인가가 명확해야 하고, 그 무엇을 얻기 위해서는 어떻게 얻을 것인가 부터 검토되어야 한다.

샘플링 검사는 로트의 품질특성에 대한 합격판정이라는 목표가 명확하므로 적합한 판정기준이 정해지고, 그에 대응하는 집합을 로트라는 명칭으로 정의하고 그 로트에 대응되는 표본을 랜덤으로 뽑아 측정을 통해 그 목표를 달성한다. 또한 관리도는 관리하고자 하는 특성이 정해져 있으며, 이상원인은 치우침과 퍼짐의 두 가지로 명확히 정해져 있다. 그러므로 이상원인에 대한 정의도 통제불능으로 명확하다.

하지만 빅데이터 각각은 그러한 목표가 명확치 않다. 물론 관리기준은 있고 관리기준을 벗어나면 신호를 주어서 조치를 취하게 한다. 하지만 그것이 무엇에 영향을 주는지, 원인이 치우침인지 퍼짐인지, 그 원인이 어디까지 허용하는 것이 효과적인지 등을 구분하지 않는다. 그냥 부적합품을 제거하는 조치를 취할 뿐이다. 즉 원인을 조사해서 줄이려는 노력이나 그를 통해 무엇을 개선할 것인지에 대한 연계사항이 그다지 뚜렷하지 않다. 이를 해결하려면 정보의 의미부터 생각해 보아야 할 것이다. '이 데이터는 왜 구하는지', '이 데이터가 문제가 되면 제품에 어떠한 영향을 미치는지', '그리고 이러한 영향을 미치게 되는 변동의 유형은 무엇인지?', '그리고 그 변동을 효과적으로 검지하려면 어떠한 방법을 써야하는지' 이를 데이터별로 검토하여 정리해 보라. 그렇다면 적어도 데이터를 적재(stock)시켜 불용데이터로 만들지는 않을 것이다. 현실적으로 로트 전체를 보여주고 있는 빅데이터는 샘플링한 표본으로 분석하고 있는 SQC 데이터 보다 잘만 활용된다면 훨씬 가치가 높을 수 있는 정보이기 때문이다.

② 빅데이터에 대한 정보 지도를 만들자.

6시그마 활동을 전개할 때 문제해결의 출발점으로 SIPOC 중심의 프로세스 매핑 (Process mapping)을 많이 한다. 프로세스 매핑은 문제해결을 위한 전체의 흐름을 한눈에 보여줌으로써 미시적인 해결이 아닌 프로세스 전반에 걸친 개선으로 유도하기 위함이다. 즉 문제해결의 출발점은 전체를 알 수 있어야 효과적이기 때문이다.

반면 현재 우리 기업에 집계되고 있는 많은 빅데이터들은 품질특성에 대한 매핑이 되어있지 않고 공정별 설비별 거래처별 기록으로서만 집계되는 상황이다. 즉 결과인 제품의 품질특성과 5M1E에 해당되는 빅데이터들의 연관관계가 명확치 않다는 것이다. 이를 해결하는 수단으로는 FMEA, 특성요인도, 연관도 아니면 브레인스토밍이라도 좋다. 어떠한 방법을 사용하던 인과관계를 명확히 하여 품질 정보 지도를 만드는 것이 중요하다. 즉 어떤 품질특성에 대해 5M1E에 해당되는 요인들을 전부 조사하여 나타냄으로써 누구나 '출력물에 대한 품질특성이 무엇이 있고 그에 해당되는 요인은 무엇이 있으며, 그 요인은 어떠한 곳에서 집계되고 있다. 그리고 그 집계 되는 과정은 무엇이며, 그 결과 관리방법은 무엇이다.'라는 것을 누구나 볼 수 있도록 만드는 것이다. 그리고 수집되는 자료 하나하나에 대해 현재의 공정능력을 평가하여 제시하고 단기적 장기적 활동 목표를 수립해 놓음으로써 보다 효과적으로 ①항 즉 목표관리와 연계되어 빅데이터 들을 활용할 수 있을 것이다.

③ 데이터를 취하는 포인트를 검토하여 목표에 맞도록 교정하자.

예를 들어 어떤 공정의 가공품들에 대한 중량 산포를 자동으로 측정하는 데이터가 있다고 하자. 하지만 센서가 가공품 중 부적합품이 선별된 이후의 중량이 측정되어 기록으로 나타난다면 데이터는 불행이도 히스토그램이 절벽형이나 고원형 등의 형태로 나타날 수 있으므로 우리는 정규분포가 아닌 3 way 와이블 분포로 해석을 해야할지도 모르는 상황이 된다. 그리고 측정한 평균과 표준편차는 가공상의 품질정보가 아닌 상당히 왜곡된 정보로 인식되게 될 것이다. 실제 많은 자동 축적 데이터들이 왜곡된 정보로서 축적되는 경우가 많다.

센서의 설치 시점에서 프로세스 흐름상 설치가 용이하지 않아서 그런 경우도 있고, 사용하다가 고장이 나서 방치한 경우, 처음에는 옳은 위치에 센서가 측정하고 있었으나 공정을 개선하는 바람에 졸지에 옳지 않는 자리가 된 경우 등이다. 항상 정보의 중요성을 이해하고 있었다면 일어나지 않는 일이지만 별 용도 없는 데이터였다면 당연히 일어 날 수 있는 일이다. 자료가 많다고 좋은 정보가 되는 것은 아니다. 끊임없는 층별과 구매습관의 유사성을 찾아 표준화된 검색엔진을 무기로 삼은 아마존의 예를 참고하자. 품질특성과 관계가 있도록 정보의 질적 측면을 진단하고 적절치 못한 위치라면 수정하여 활용 가능한 정보로 바꾸어야 한다.

④ 빅데이터의 정보관리를 SQC처럼 접근하자.

빅데이터가 보여주는 이상원인은 결국 4가지 중 한가지로 치우침, 퍼짐, 돌발, 고장(트러블 또는 실수)에 의한 발생 결과이다. 이 중 자재 개별적 불량으로 인한 문제, 에너지의 돌발적 불가항력적 문제, 지수분포를 따르는 설비의 돌발 고장 및 오퍼레이터의 실수로 인한 부적합인 돌발적 문제는 품질적 관점에서 전체 부적합 중 10% 미만으로 그다지 큰 비중을 차지하는 문제가 아니다. 또한 통계적 예측이 불가능하므로 관리로 접근될 수 있는 문제도 아니다. 이러한 문제의 해결 대책은 풀 푸르프 장비를 설치하여 전수선별이나 라인 정지(line stop)으로 문제를 해결하는 것이 일반적이다.

하지만 품질문제의 90% 이상을 차지하는 시계열 변동인 치우침이나 퍼짐에 의해 발생되는 이상원인은 관리도나 CBM(condition based maintenance)과 같은 모니터링 활동으로 사전 대응이 가능하다. 앞에서 언급한 대로 치우침은 운전상 늘 발생되는 문제이며 퍼짐은 프로세스에 문제가 생겼다는 것이다. 흔히 제품에 직접 관계되는 사항이 아니면 $\pm 3\sigma$를 벗어나도 품질문제로 직결되지는 않는 경우가 대부분이다. 하지만 원가 압박 요인이 된다. 그러므로 관리도의 사고로 치우침 관리를 해 나간다면 조건관리나 프로세스에 관한 빅데이터 들을 매우 효과적으로 관리하게 되고 이는 품질향상과 원가절감으로 직결될 것이다.

⑤ 설비 판매 회사, 자재 납품 회사와 정보를 공유하자.

협력업체와의 공존이란 무엇일까? 단순한 납품관계의 지속이란 개념으로는 빅데이터 시대에서는 존속되기 어렵다. 천하의 Apple 조차 독립적으로 생태계를 유지하기 어렵다는 것을 알고 IBM과 전략적 제휴를 하여 빅데이터 시대의 도전자로서 새로운 노력을 기울이고 있는 상황이다.

이미 과거부터 이 문제는 MP(Maintenance Prevention)설계와 품질보전(Maintenance of Quality) 그리고 집중화 공장이란 관점에서 많이 시도되어 온 문제이다. 금형 또는 설비제조사가 고객사의 제조기술을 알 수 있을까? 제조자의 설비조건, 냉각수 조건, 작업 조건을 명확히 알지 못하며, 1만회 사용 시 2만회 사용 시 금형이나 기계의 마모정도를 알지 못하는 것은 당연하다. 이는 상호 정보의 공유로서 문제를 해결할 수 있다. GM이나 롤스로이스에서 예에서와 같이 항공사는 알 수 없는 기술을 엔진 업체는 알고 있고, 반면 항공 시 일어나는 기계 운전상의 문제를 엔진 제조사는 알지 못한다. 정보공유 만이 그 문제를 해결할 수 있다.

우리 기업들은 대개가 수직 계열화가 되어 있다. 그렇다면 우리 기업들이 훨씬 더 역동적으로 협력업체들과 유기적 관계를 가질 수 있으므로 사용자의 문제를 제조자가 이해하게 되어 사용자에게 더 좋은 제품 또는 부품 공급으로 서비스를 주는 선순환이 되도록 할 수 있다. 그러므로 모기업은 협력업체와 생성되는 빅데이터에 대해 정보를 공유하고 함께할 수 있도록 플랫폼 구축 등에 적극적이어야 한다.

⑥ 사내 빅데이터 연구 팀을 만들자

사내에 빅데이터 study팀을 만들자. 기존의 SQC나 6시그마 활동을 확대하여 빅데이터를 중심으로 품질정보관리를 수행할 수 있도록 하며, 협력업체도 참가시켜 연구의 범위를 크게 하여 접근하자. 또한 학생들의 인턴십을 적극적으로 유치하자. 미래에 취업할 학생들에게 프로세스를 공유하여 데이터를 학습시키고 활동을 함께 한다면 그들은 그것을 보고 무언가 느끼고 무언가에 대한 새로운 시각을 제안할 것이다. 인재를 사전에 발굴할 수도 있고 학생들은 산지식을 얻을 수 있으니 이는 일석이조라 할 것이다. 많은 IT 기업들이 App을 만들어 공유하고 그들과 이익을 나누며 기회를 제공하는 것 또한 같은 맥락이다.

14.5 빅데이터와 고객 품질경영(Consumer Quality Management)

빅데이터는 품질경영과 어떻게 융합될까? 필연적으로 정보는 품질경영의 7요소와 밀접한 관계가 있다. '사실에 의한 의사결정' 이는 정보에 의한 의사결정을 의미한다.

정보는 품질경영의 핏줄이자 뇌세포이자 지혜이다. 정보가 없으면 기업은 개선될 수 없고 개선되지 못하면 도태되어 소멸될 것이므로 핏줄이라 할 수 있다. 또한 정보를 보고 판단하여 액션을 취하게 된다. 물론 액션을 취하기 위해서는 기준이 있어야 하지만 기준도 정보의 일부이므로 정보는 뇌세포와 지혜로 볼 수 있다. 빅데이터는 곧 정보이므로 이는 곧 기업의 핏줄이자 뇌세포 와 지혜에 해당된다. 그러므로 빅데이터 즉 정보의 수준이 기업의 미래를 결정짓는다고 할 수 있다.

그렇다면 정보를 취득하기 위해 사용되는 비용은 원가일까 투자일까? 당연히 투자이다. 최근의 기업들이 마일리지에 대해 소멸을 시킨다던지 하여서 고객의 반발을 사는 어리석은 행위가 많이 발생한다. 이는 마일리지를 단순히 미끼라고 생각하는데서 오는 어이없는 결정이다. 고객이 노하면 기업이 얻을 수 있는 것은 무엇인가? 차라리 안하는 것만 못한 것이다. 마일리지를 통해서 얻는 고객의 정보는 곧 자산이다. 이를 활용하는 것이 품질경영이 요구하는 원칙 중 하나인 고객 관계경영이다. 고객은 경영의 대상이 아니라 빅데이터 시대에는 경영의 주체이다. 그들의 생각이 곧 원하는 품질이요 그들이 사는 것이 좋은 제품이다. 그것을 타산지석 삼아 그 방향으로 가면 된다. 그러므로 바야 흐로 고객 품질 경영(Consumer Quality Management) 시대이다. 이러한 end user를 상대하는 기업은 고객을 중심으로 하는 consumer thinking 품질경영의 핵심이 된다. 이미 아마존, GE, Walmart, Rolls-Royce, Pendleton & Butchers 등에서 그러한 사실 을 확인할 수 있다.

그럼 end user를 직접 상대하지 않는 부품이나 소재를 만드는 대부분의 제조현장에서 는 품질경영과 빅데이터를 어떻게 받아들여야 하나?

품질 정보는 품질경영시스템의 질적 향상의 도구이다. 20C 컨베이어에 의한 대량생산 의 시작 즉 이차 산업혁명이 시작될 무렵부터의 SQC 발전과정을 보자. 20C 초에는 검사 가 SQC 활동의 주체였다. 물론 그 당시는 검사 활동을 하는 기업이 많지 않았다. 그러나 검사는 궁극적으로 기업 품질을 효율화하는 수단은 아니다. 그러므로 품질 경쟁력 향상 을 위해 20C 중엽부터 예방의 원칙을 중심으로 하는 품질보증 이론이 등장하기 시작한 다. 예방의 원칙은 품질개선과 소집단활동의 활성화를 요구했으며 문제해결에 통계적 기법을 다양하게 활용하였다. 또한 20C 말 6시그마와 함께 개인용 통계 S/W가 보급으로 어려운 통계지식이 누구나 보기 쉬운 시각화 된 그래프로 제공되면서 통계의 업무 활용 수준이 비약적으로 향상되었다. 이제 자동화와 로봇의 발달로 제조과정을 내시경으로 확인하는 빅데이터 품질시대로 접어들었다. 분명 빅데이터는 축복이다. 과거에 알지 못 하던 공정의 시계열 변동을 구체적으로 관찰하는 것이 가능해지고 있다. 또한 소재나 부품 업체는 제조자들의 작업 특성에 따른 시계열 변동을 확인할 수 있으므로 문제 해결 이 명확해져서 품질을 향상하는 것이 매우 용이해 지고 있다. 그러므로 부품이나 소재를 만드는 기업들의 입장도 end user를 상대하는 기업과 동일하게 빅데이터는 중요하다.

현재는 TQM시대이다. TQM 활동의 시대정신은 무엇인가? 오늘날 글로벌 기업들에게 는 기술과 혁신도 당연히 중요하지만 사회적 갈등치유를 포함한 인류문명의 긍정적 발전 에 이바지하는 기업의 사회적 책임도 강력하게 요구되고 있다. 그러므로 봉사와 시장 환원이 포함된 창조 융합이 TQM의 시대정신이라 할 수 있다. 4차 산업 역시 인간중심의 시스템화를 추구할 것을 요구하고 있다. 결론적으로 빅데이터가 효과적으로 활용되려면 사회와 융화되는 design thinking, 품질 목표에 의한 design thinking이 융합되는 사고 여야 한다.

그리고 빅데이터는 목적이 아니라 경영 정보의 일종이므로 TQM의 전략을 바꾸는 것 이 아니라 TQM 체계 구현을 위한 핵심수단 중 하나로 빅데이터를 적극적으로 활용하여 야 한다. 빅데이터를 얼마나 효과적으로 활용하는가가 TQM 수준을 결정짓는 중요한 요인의 하나가 될 것이기 때문이다. 빅데이터를 활용하기 위해 조직이 갖추어야 할 역량을 정리하면 다음과 같다.

① 회사의 리더들은 빅데이터의 활용을 IPO 측면의 내부 프로세스의 효율화 측면의 접근 방식이 아닌 SIPOC 관점의 과제로 제시하여야 하며, 그 과제 해결에 적합한 정보로 충별 될 수 있도록 시스템적 지원을 아끼지 않아야 한다. 이와 함께 정보를 효율적으로 활용될 수 있도록 통계 S/W의 지원이 함께하여야 한다.

② 브레인스토밍의 4원칙에는 다다익선이라는 원칙이 있다. 품질부문은 당장의 가치가 있는 정보의 활용보다는 어떠한 부분적 해석이 이루어지는 정보도 적극적으로 육성하고 지원할 필요가 있다.

③ 분석과 agenda를 제시할 인재가 필요하다. 21C의 새로운 기술들은 융합 기술을 바탕으로 한다. 구글이나 페이스북 등을 보면 누구나 이 사실을 인정할 것이다. 그러므로 학생들을 조기에 참여할 수 있는 프로그램을 만들어서 자사의 데이터에 친숙하게 해야 한다. 학습은 학생 때 하는 것이 가장 효과적이다. 그러므로 인턴십을 통해 기업은 새로운 아이디어를 얻을 수 있고 또한 사회에 기여함으로써 TQM의 시대정신을 실천할 수 있다.

④ 프로세스의 데이터를 협력사와 공유하라. 문제해결을 하려해도 내가 할 수 없는 것이 많은 법이다. 기업의 데이터는 고객과 함께 만들기는 쉽지 않지만 관계자와 만들어가야 할 것은 많다. 설비와 자재의 품질은 우리의 정보를 공급자와 공유하여야만 문제가 해결된다. 그러므로 이러한 데이터를 아낌없이 지원하여 우리의 프로세스가 건전해 지도록 유도하여야 한다.

부록

통계 수치표

부록 통계 수치표

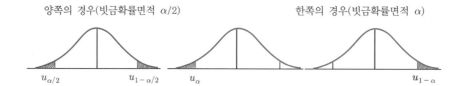

양쪽의 경우(빗금확률면적 $\alpha/2$) 한쪽의 경우(빗금확률면적 α)

$u_{\alpha/2}$ $u_{1-\alpha/2}$ u_α $u_{1-\alpha}$

표준화 정규분포의 상측 빗금확률면적 α에 의한 상측 분위점 $u_{1-\alpha}$의 표

α	0	1	2	3	4	5	6	7	8	9
0.00*	∞	3.090	2.878	2.748	2.652	2.576	2.512	2.457	2.409	2.366
0.0*	∞	2.326	2.054	1.881	1.751	1.645	1.555	1.476	1.405	1.341
0.1*	1.282	1.227	1.175	1.126	1.080	1.036	0.994	0.954	0.915	0.878
0.2*	0.842	0.806	0.772	0.739	0.706	0.674	0.643	0.613	0.583	0.553
0.3*	0.524	0.496	0.468	0.440	0.412	0.385	0.358	0.332	0.305	0.279
0.4*	0.253	0.228	0.202	0.176	0.151	0.126	0.100	0.075	0.050	0.025

2 정규분포표 Ⅱ

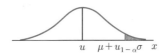

정규분포의 x가 $\mu + u_{1-\alpha}\sigma$ 이상의 값이 될 확률 α의 표(빗금확률면적은 α를 의미함)

u	0.00	0.01	0.02	0.03	0.04	0.05	0.06	0.07	0.08	0.09
0.0	0.5000	0.4960	0.4920	0.4880	0.4840	0.4801	0.4761	0.4721	0.4681	0.4641
0.1	0.4602	0.4562	0.4522	0.4483	0.4443	0.4404	0.4364	0.4325	0.4286	0.4247
0.2	0.4207	0.4168	0.4129	0.4090	0.4052	0.4013	0.3974	0.3936	0.3897	0.3859
0.3	0.3821	0.3783	0.3745	0.3707	0.3669	0.3632	0.3594	0.3557	0.3520	0.3483
0.4	0.3446	0.3409	0.3372	0.3336	0.3300	0.3264	0.3228	0.3192	0.3156	0.3121
0.5	0.3085	0.3050	0.3015	0.2981	0.2946	0.2912	0.2877	0.2843	0.2810	0.2776
0.6	0.2743	0.2709	0.2676	0.2643	0.2611	0.2578	0.2546	0.2514	0.2483	0.2451
0.7	0.2420	0.2389	0.2358	0.2327	0.2296	0.2266	0.2236	0.2206	0.2177	0.2148
0.8	0.2119	0.2090	0.2061	0.2033	0.2005	0.1977	0.1949	0.1922	0.1894	0.1867
0.9	0.1841	0.1814	0.1788	0.1762	0.1736	0.1711	0.1685	0.1660	0.1635	0.1611
1.0	0.1587	0.1562	0.1539	0.1515	0.1492	0.1469	0.1446	0.1423	0.1401	0.1379
1.1	0.1357	0.1335	0.1314	0.1292	0.1271	0.1251	0.1230	0.1210	0.1190	0.1170
1.2	0.1151	0.1131	0.1112	0.1093	0.1075	0.1056	0.1038	0.1020	0.1003	0.0985
1.3	0.0968	0.0951	0.0934	0.0918	0.0901	0.0885	0.0869	0.0853	0.0838	0.0823
1.4	0.0808	0.0793	0.0778	0.0764	0.0749	0.0735	0.0721	0.0708	0.0694	0.0681
1.5	0.0668	0.0655	0.0643	0.0630	0.0618	0.0606	0.0594	0.0582	0.0571	0.0559
1.6	0.0548	0.0537	0.0526	0.0516	0.0505	0.0495	0.0485	0.0475	0.0465	0.0455
1.7	0.0446	0.0436	0.0427	0.0418	0.0409	0.0401	0.0392	0.0384	0.0375	0.0367
1.8	0.0359	0.0351	0.0344	0.0336	0.0329	0.0322	0.0314	0.0307	0.0301	0.0294
1.9	0.0287	0.0281	0.0274	0.0268	0.0262	0.0256	0.0250	0.0244	0.0239	0.0233
2.0	0.0228	0.0222	0.0217	0.0212	0.0207	0.0202	0.0197	0.0192	0.0188	0.0183
2.1	0.0179	0.0174	0.0170	0.0166	0.0162	0.0158	0.0154	0.0150	0.0146	0.0143
2.2	0.0139	0.0136	0.0132	0.0129	0.0125	0.0122	0.0119	0.0116	0.0113	0.0110
2.3	0.0107	0.0104	0.0102	0.0099	0.0096	0.0094	0.0091	0.0089	0.0087	0.0084
2.4	0.0082	0.0080	0.0078	0.0075	0.0073	0.0071	0.0069	0.0068	0.0066	0.0064
2.5	0.0062	0.0060	0.0059	0.0057	0.0055	0.0054	0.0052	0.0051	0.0049	0.0048
2.6	0.0047	0.0045	0.0044	0.0043	0.0041	0.0040	0.0039	0.0038	0.0037	0.0036
2.7	0.0035	0.0034	0.0033	0.0032	0.0031	0.0030	0.0029	0.0028	0.0027	0.0026
2.8	0.0026	0.0025	0.0024	0.0023	0.0023	0.0022	0.0021	0.0021	0.0020	0.0019
2.9	0.0019	0.0018	0.0018	0.0017	0.0016	0.0016	0.0015	0.0015	0.0014	0.0014
3.0	0.0013	0.0013	0.0013	0.0012	0.0012	0.0011	0.0011	0.0011	0.0010	0.0010
3.1	0.0010	0.0009	0.0009	0.0009	0.0008	0.0008	0.0008	0.0008	0.0007	0.0007
3.2	0.0007	0.0007	0.0006	0.0006	0.0006	0.0006	0.0006	0.0005	0.0005	0.0005
3.3	0.0005	0.0005	0.0005	0.0004	0.0004	0.0004	0.0004	0.0004	0.0004	0.0003
3.4	0.0003	0.0003	0.0003	0.0003	0.0003	0.0003	0.0003	0.0003	0.0003	0.0002
3.5	0.0002	0.0002	0.0002	0.0002	0.0002	0.0002	0.0002	0.0002	0.0002	0.0002
3.6	0.0002	0.0002	0.0001	0.0001	0.0001	0.0001	0.0001	0.0001	0.0001	0.0001
3.7	0.00011	0.00010	0.00010	0.00010	0.00009	0.00009	0.00008	0.00008	0.00008	0.00008
3.8	0.00007	0.00007	0.00007	0.00006	0.00006	0.00006	0.00006	0.00005	0.00005	0.00005
3.9	0.00005	0.00005	0.00004	0.00004	0.00004	0.00004	0.00004	0.00004	0.00003	0.00003
4.0	0.00003	0.00003	0.00003	0.00003	0.00003	0.00003	0.00002	0.00002	0.00002	0.00002
4.1	0.00002	0.00002	0.00002	0.00002	0.00002	0.00002	0.00002	0.00002	0.00001	0.00001
4.2	0.00001	0.00001	0.00001	0.00001	0.00001	0.00001	0.00001	0.00001	0.00001	0.00001
4.3	0.00001	0.00001	0.00001	0.00001	0.00001	0.00001	0.00001	0.00001	0.00001	0.00001
4.4	0.00001	0.00001	0.00000	0.00000	0.00000	0.00000	0.00000	0.00000	0.00000	0.00000

3 t 분포표

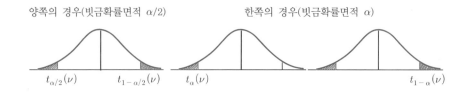

양쪽의 경우(빗금확률면적 $\alpha/2$)   한쪽의 경우(빗금확률면적 α)

$t_{\alpha/2}(\nu)$ $t_{1-\alpha/2}(\nu)$ $t_{\alpha}(\nu)$ $t_{1-\alpha}(\nu)$

t 분포의 상측 분위점 $t_{1-\alpha}(\nu)$의 표

ν	0.6	0.7	0.8	0.85	0.9	0.95	0.975	0.99	0.995
1	0.325	0.727	1.376	1.963	3.078	6.314	12.71	31.82	63.66
2	0.289	0.617	1.061	1.386	1.886	2.920	4.303	6.965	9.925
3	0.277	0.584	0.978	1.250	1.638	2.353	3.182	4.541	5.841
4	0.271	0.569	0.941	1.190	1.533	2.132	2.776	3.747	4.604
5	0.267	0.559	0.920	1.156	1.476	2.015	2.571	3.365	4.032
6	0.265	0.553	0.906	1.134	1.440	1.943	2.447	3.143	3.707
7	0.263	0.549	0.896	1.119	1.415	1.895	2.365	2.998	3.499
8	0.262	0.546	0.889	1.108	1.397	1.860	2.306	2.896	3.355
9	0.261	0.543	0.883	1.100	1.383	1.833	2.262	2.821	3.250
10	0.260	0.542	0.879	1.093	1.372	1.812	2.228	2.764	3.169
11	0.260	0.540	0.876	1.088	1.363	1.796	2.201	2.718	3.106
12	0.259	0.539	0.873	1.083	1.356	1.782	2.179	2.681	3.055
13	0.259	0.538	0.870	1.079	1.350	1.771	2.160	2.650	3.012
14	0.258	0.537	0.868	1.076	1.345	1.761	2.145	2.624	2.977
15	0.258	0.536	0.866	1.074	1.341	1.753	2.131	2.602	2.947
16	0.258	0.535	0.865	1.071	1.337	1.746	2.120	2.583	2.921
17	0.257	0.534	0.863	1.069	1.333	1.740	2.110	2.567	2.898
18	0.257	0.534	0.862	1.067	1.330	1.734	2.101	2.552	2.878
19	0.257	0.533	0.861	1.066	1.328	1.729	2.093	2.539	2.861
20	0.257	0.533	0.860	1.064	1.325	1.725	2.086	2.528	2.845
21	0.257	0.532	0.859	1.063	1.323	1.721	2.080	2.518	2.831
22	0.256	0.532	0.858	1.061	1.321	1.717	2.074	2.508	2.819
23	0.256	0.532	0.858	1.060	1.319	1.714	2.069	2.500	2.807
24	0.256	0.531	0.857	1.059	1.318	1.711	2.064	2.492	2.797
25	0.256	0.531	0.856	1.058	1.316	1.708	2.060	2.485	2.787
26	0.256	0.531	0.856	1.058	1.315	1.706	2.056	2.479	2.779
27	0.256	0.531	0.855	1.057	1.314	1.703	2.052	2.473	2.771
28	0.256	0.530	0.855	1.056	1.313	1.701	2.048	2.467	2.763
29	0.256	0.530	0.854	1.055	1.311	1.699	2.045	2.462	2.756
30	0.256	0.530	0.854	1.055	1.310	1.697	2.042	2.457	2.750
31	0.256	0.530	0.853	1.054	1.309	1.696	2.040	2.453	2.744
32	0.255	0.530	0.853	1.054	1.309	1.694	2.037	2.449	2.738
33	0.255	0.530	0.853	1.053	1.308	1.692	2.035	2.445	2.733
34	0.255	0.529	0.852	1.052	1.307	1.691	2.032	2.441	2.728
35	0.255	0.529	0.852	1.052	1.306	1.690	2.030	2.438	2.724
40	0.255	0.529	0.851	1.050	1.303	1.684	2.021	2.423	2.704
50	0.255	0.528	0.849	1.047	1.299	1.676	2.009	2.403	2.678
60	0.254	0.527	0.848	1.045	1.296	1.671	2.000	2.390	2.660
120	0.254	0.526	0.845	1.041	1.289	1.658	1.980	2.358	2.617
∞	0.253	0.524	0.842	1.036	1.282	1.645	1.960	2.326	2.576

4 χ^2 분포표

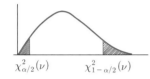

양쪽의 경우(빗금확률면적 $\alpha/2$)   한쪽의 경우(빗금확률면적 α)

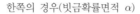

$\chi^2_{\alpha/2}(\nu)$ $\chi^2_{1-\alpha/2}(\nu)$ $\chi^2_{\alpha}(\nu)$ $\chi^2_{1-\alpha}(\nu)$

카이제곱 분포의 하측, 상측 분위점 $\chi^2_{\alpha}(\nu)$와 $\chi^2_{1-\alpha}(\nu)$의 표

ν	0.005	0.01	0.025	0.05	0.1	0.5	0.9	0.95	0.975	0.99	0.995
1	0.0000	0.0002	0.001	0.004	0.016	0.455	2.706	3.842	5.024	6.635	7.879
2	0.010	0.020	0.051	0.103	0.211	1.386	4.605	5.992	7.378	9.210	10.597
3	0.072	0.115	0.216	0.352	0.584	2.366	6.251	7.815	9.348	11.34	12.84
4	0.207	0.297	0.484	0.711	1.064	3.357	7.779	9.488	11.14	13.28	14.86
5	0.412	0.554	0.831	1.146	1.610	4.352	9.236	11.07	12.83	15.09	16.75
6	0.676	0.872	1.237	1.635	2.204	5.348	10.64	12.59	14.45	16.81	18.55
7	0.989	1.239	1.690	2.167	2.833	6.346	12.02	14.07	16.01	18.48	20.28
8	1.344	1.647	2.180	2.733	3.490	7.344	13.36	15.51	17.53	20.09	21.96
9	1.735	2.088	2.700	3.325	4.168	8.343	14.68	16.92	19.02	21.67	23.59
10	2.156	2.558	3.247	3.940	4.865	9.342	15.99	18.31	20.48	23.21	25.19
11	2.603	3.054	3.816	4.575	5.578	10.34	17.28	19.68	21.92	24.73	26.76
12	3.074	3.571	4.404	5.226	6.304	11.34	18.55	21.03	23.34	26.22	28.30
13	3.565	4.107	5.009	5.892	7.042	12.34	19.81	22.36	24.74	27.69	29.82
14	4.075	4.660	5.629	6.571	7.790	13.34	21.06	23.68	26.12	29.14	31.32
15	4.601	5.229	6.262	7.261	8.547	14.34	22.31	25.00	27.49	30.58	32.80
16	5.142	5.812	6.908	7.962	9.312	15.34	23.54	26.30	28.85	32.00	34.27
17	5.697	6.408	7.564	8.672	10.09	16.34	24.77	27.59	30.19	33.41	35.72
18	6.265	7.015	8.231	9.391	10.86	17.34	25.99	28.87	31.53	34.81	37.16
19	6.844	7.633	8.907	10.12	11.65	18.34	27.20	30.14	32.85	36.19	38.58
20	7.434	8.260	9.591	10.85	12.44	19.34	28.41	31.41	34.17	37.57	40.00
21	8.034	8.897	10.28	11.59	13.24	20.34	29.62	32.67	35.48	38.93	41.40
22	8.643	9.543	10.98	12.34	14.04	21.34	30.81	33.92	36.78	40.29	42.80
23	9.260	10.20	11.69	13.09	14.85	22.34	32.01	35.17	38.08	41.64	44.18
24	9.886	10.86	12.40	13.85	15.66	23.34	33.20	36.42	39.36	42.98	45.56
25	10.52	11.52	13.12	14.61	16.47	24.34	34.38	37.65	40.65	44.31	46.93
26	11.16	12.20	13.84	15.38	17.29	25.34	35.56	38.89	41.92	45.64	48.29
27	11.81	12.88	14.57	16.15	18.11	26.34	36.74	40.11	43.19	46.96	49.64
28	12.46	13.56	15.31	16.93	18.94	27.34	37.92	41.34	44.46	48.28	50.99
29	13.12	14.26	16.05	17.71	19.77	28.34	39.09	42.56	45.72	49.59	52.34
30	13.79	14.95	16.79	18.49	20.60	29.34	40.26	43.77	46.98	50.89	53.67
35	17.19	18.51	20.57	22.47	24.80	34.34	46.06	49.80	53.20	57.34	60.27
40	20.71	22.16	24.43	26.51	29.05	39.34	51.81	55.76	59.34	63.69	66.77
45	24.31	25.90	28.37	30.61	33.35	44.34	57.51	61.66	65.41	69.96	73.17
50	27.99	29.71	32.36	34.76	37.69	49.33	63.17	67.50	71.42	76.15	79.49
55	31.73	33.57	36.40	38.96	42.06	54.33	68.80	73.31	77.38	82.29	85.75
60	35.53	37.48	40.48	43.19	46.46	59.33	74.40	79.08	83.30	88.38	91.95
70	43.28	45.44	48.76	51.74	55.33	69.33	85.53	90.53	95.02	100.4	104.2
80	51.17	53.54	57.15	60.39	64.28	79.33	96.58	101.9	106.6	112.3	116.3
90	59.20	61.75	65.65	69.13	73.29	89.33	107.6	113.1	118.1	124.1	128.3
100	67.33	70.06	74.22	77.93	82.36	99.33	118.5	124.3	129.6	135.8	140.2

5 F 분포표

양쪽의 경우(빗금확률면적 $\alpha/2$)　　　　　한쪽의 경우(빗금확률면적 α)

$F_{\alpha/2}(\nu_1,\ \nu_2)$ 　　 $F_{1-\alpha/2}(\nu_1,\ \nu_2)$ 　　 $F_{\alpha}(\nu_1,\ \nu_2)$ 　　　　　　　　 $F_{1-\alpha}(\nu_1,\ \nu_2)$

F 분포 상측 분위점 $F_{1-\alpha}(\nu_1,\ \nu_2)$의 표(단, $F_{\alpha}(\nu_1,\ \nu_2)=1/F_{1-\alpha}(\nu_2,\ \nu_1)$이다.)

ν_2	$1-\alpha$	ν_1																	
		1	2	3	4	5	6	7	8	9	10	11	12	20	25	30	60	120	∞
1	0.9	39.9	49.5	53.6	55.8	57.2	58.2	58.9	59.4	59.9	60.2	60.5	60.7	61.7	62.1	62.3	62.8	63.1	63.3
	0.95	161	200	216	225	230	234	237	239	241	242	243	244	248	249	250	252	253	254
	0.975	648	800	864	900	922	937	948	957	963	969	973	977	993	998	1,001	1,010	1,014	1,018
	0.99	4,052	5,000	5,403	5,625	5,764	5,859	5,928	5,981	6,022	6,056	6,083	6,106	6,209	6,240	6,261	6,313	6,339	6,366
2	0.9	8.53	9.00	9.16	9.24	9.29	9.33	9.35	9.37	9.38	9.39	9.40	9.41	9.44	9.45	9.46	9.47	9.48	9.49
	0.95	18.5	19.0	19.2	19.3	19.3	19.3	19.4	19.4	19.4	19.4	19.4	19.4	19.5	19.5	19.5	19.5	19.5	19.5
	0.975	38.5	39.0	39.2	39.3	39.3	39.3	39.4	39.4	39.4	39.4	39.4	39.4	39.5	39.5	39.5	39.5	39.5	39.5
	0.99	98.5	99.0	99.2	99.3	99.3	99.3	99.4	99.4	99.4	99.4	99.4	99.4	99.5	99.5	99.5	99.5	99.5	99.5
3	0.9	5.54	5.46	5.39	5.34	5.31	5.28	5.27	5.25	5.24	5.23	5.22	5.22	5.18	5.17	5.17	5.15	5.14	5.13
	0.95	10.1	9.55	9.28	9.12	9.01	8.94	8.89	8.85	8.81	8.79	8.76	8.74	8.66	8.63	8.62	8.57	8.55	8.53
	0.975	17.4	16.0	15.4	15.1	14.9	14.7	14.6	14.5	14.5	14.4	14.4	14.3	14.2	14.1	14.1	14.0	14.0	13.9
	0.99	34.1	30.8	29.5	28.7	28.2	27.9	27.7	27.5	27.4	27.2	27.1	27.1	26.7	26.6	26.5	26.3	26.2	26.1
4	0.9	4.54	4.32	4.19	4.11	4.05	4.01	3.98	3.95	3.94	3.92	3.91	3.90	3.84	3.83	3.82	3.79	3.78	3.76
	0.95	7.71	6.94	6.59	6.39	6.26	6.16	6.09	6.04	6.00	5.96	5.94	5.91	5.80	5.77	5.75	5.69	5.66	5.63
	0.975	12.2	10.7	9.98	9.60	9.36	9.20	9.07	8.98	8.90	8.84	8.79	8.75	8.56	8.50	8.46	8.36	8.31	8.26
	0.99	21.2	18.0	16.7	16.0	15.5	15.2	15.0	14.8	14.7	14.6	14.5	14.4	14.0	13.9	13.8	13.7	13.6	13.5
5	0.9	4.06	3.78	3.62	3.52	3.45	3.40	3.37	3.34	3.32	3.30	3.28	3.27	3.21	3.19	3.17	3.14	3.12	3.10
	0.95	6.61	5.79	5.41	5.19	5.05	4.95	4.88	4.82	4.77	4.74	4.70	4.68	4.56	4.52	4.50	4.43	4.40	4.36
	0.975	10.0	8.43	7.76	7.39	7.15	6.98	6.85	6.76	6.68	6.62	6.57	6.52	6.33	6.27	6.23	6.12	6.07	6.02
	0.99	16.3	13.3	12.1	11.4	11.0	10.7	10.5	10.3	10.2	10.1	9.96	9.89	9.55	9.45	9.38	9.20	9.11	9.02
6	0.9	3.78	3.46	3.29	3.18	3.11	3.05	3.01	2.98	2.96	2.94	2.92	2.90	2.84	2.81	2.80	2.76	2.74	2.72
	0.95	5.99	5.14	4.76	4.53	4.39	4.28	4.21	4.15	4.10	4.06	4.03	4.00	3.87	3.83	3.81	3.74	3.70	3.67
	0.975	8.81	7.26	6.60	6.23	5.99	5.82	5.70	5.60	5.52	5.46	5.41	5.37	5.17	5.11	5.07	4.96	4.90	4.85
	0.99	13.8	10.9	9.78	9.15	8.75	8.47	8.26	8.10	7.98	7.87	7.79	7.72	7.40	7.30	7.23	7.06	6.97	6.88
7	0.9	3.59	3.26	3.07	2.96	2.88	2.83	2.78	2.75	2.72	2.70	2.68	2.67	2.59	2.57	2.56	2.51	2.49	2.47
	0.95	5.59	4.74	4.35	4.12	3.97	3.87	3.79	3.73	3.68	3.64	3.60	3.57	3.44	3.40	3.38	3.30	3.27	3.23
	0.975	8.07	6.54	5.89	5.52	5.29	5.12	4.99	4.90	4.82	4.76	4.71	4.67	4.47	4.40	4.36	4.25	4.20	4.14
	0.99	12.3	9.55	8.45	7.85	7.46	7.19	6.99	6.84	6.72	6.62	6.54	6.47	6.16	6.06	5.99	5.82	5.74	5.65
8	0.9	3.46	3.11	2.92	2.81	2.73	2.67	2.62	2.59	2.56	2.54	2.52	2.50	2.42	2.40	2.38	2.34	2.32	2.29
	0.95	5.32	4.46	4.07	3.84	3.69	3.58	3.50	3.44	3.39	3.35	3.31	3.28	3.15	3.11	3.08	3.01	2.97	2.93
	0.975	7.57	6.06	5.42	5.05	4.82	4.65	4.53	4.43	4.36	4.30	4.24	4.20	4.00	3.94	3.89	3.78	3.73	3.67
	0.99	11.3	8.65	7.59	7.01	6.63	6.37	6.18	6.03	5.91	5.81	5.73	5.67	5.36	5.26	5.20	5.03	4.95	4.86
9	0.9	3.36	3.01	2.81	2.69	2.61	2.55	2.51	2.47	2.44	2.42	2.40	2.38	2.30	2.27	2.25	2.21	2.18	2.16
	0.95	5.12	4.26	3.86	3.63	3.48	3.37	3.29	3.23	3.18	3.14	3.10	3.07	2.94	2.89	2.86	2.79	2.75	2.71
	0.975	7.21	5.71	5.08	4.72	4.48	4.32	4.20	4.10	4.03	3.96	3.91	3.87	3.67	3.60	3.56	3.45	3.39	3.33
	0.99	10.6	8.02	6.99	6.42	6.06	5.80	5.61	5.47	5.35	5.26	5.18	5.11	4.81	4.71	4.65	4.48	4.40	4.31

ν_2	$1-\alpha$	ν_1																	
		1	2	3	4	5	6	7	8	9	10	11	12	20	25	30	60	120	∞
10	0.9	3.29	2.92	2.73	2.61	2.52	2.46	2.41	2.38	2.35	2.32	2.30	2.28	2.20	2.17	2.16	2.11	2.08	2.06
	0.95	4.96	4.10	3.71	3.48	3.33	3.22	3.14	3.07	3.02	2.98	2.94	2.91	2.77	2.73	2.70	2.62	2.58	2.54
	0.975	6.94	5.46	4.83	4.47	4.24	4.07	3.95	3.85	3.78	3.72	3.66	3.62	3.42	3.35	3.31	3.20	3.14	3.08
	0.99	10.0	7.56	6.55	5.99	5.64	5.39	5.20	5.06	4.94	4.85	4.77	4.71	4.41	4.31	4.25	4.08	4.00	3.91
11	0.9	3.23	2.86	2.66	2.54	2.45	2.39	2.34	2.30	2.27	2.25	2.23	2.21	2.12	2.10	2.08	2.03	2.00	1.97
	0.95	4.84	3.98	3.59	3.36	3.20	3.09	3.01	2.95	2.90	2.85	2.82	2.79	2.65	2.60	2.57	2.49	2.45	2.40
	0.975	6.72	5.26	4.63	4.28	4.04	3.88	3.76	3.66	3.59	3.53	3.47	3.43	3.23	3.16	3.12	3.00	2.94	2.88
	0.99	9.65	7.21	6.22	5.67	5.32	5.07	4.89	4.74	4.63	4.54	4.46	4.40	4.10	4.01	3.94	3.78	3.69	3.60
12	0.9	3.18	2.81	2.61	2.48	2.39	2.33	2.28	2.24	2.21	2.19	2.17	2.15	2.06	2.03	2.01	1.96	1.93	1.90
	0.95	4.75	3.89	3.49	3.26	3.11	3.00	2.91	2.85	2.80	2.75	2.72	2.69	2.54	2.50	2.47	2.38	2.34	2.30
	0.975	6.55	5.10	4.47	4.12	3.89	3.73	3.61	3.51	3.44	3.37	3.32	3.28	3.07	3.01	2.96	2.85	2.79	2.72
	0.99	9.33	6.93	5.95	5.41	5.06	4.82	4.64	4.50	4.39	4.30	4.22	4.16	3.86	3.76	3.70	3.54	3.45	3.36
13	0.9	3.14	2.76	2.56	2.43	2.35	2.28	2.23	2.20	2.16	2.14	2.12	2.10	2.01	1.98	1.96	1.90	1.88	1.85
	0.95	4.67	3.81	3.41	3.18	3.03	2.92	2.83	2.77	2.71	2.67	2.63	2.60	2.46	2.41	2.38	2.30	2.25	2.21
	0.975	6.41	4.97	4.35	4.00	3.77	3.60	3.48	3.39	3.31	3.25	3.20	3.15	2.95	2.88	2.84	2.72	2.66	2.60
	0.99	9.07	6.70	5.74	5.21	4.86	4.62	4.44	4.30	4.19	4.10	4.02	3.96	3.66	3.57	3.51	3.34	3.25	3.17
14	0.9	3.10	2.73	2.52	2.39	2.31	2.24	2.19	2.15	2.12	2.10	2.07	2.05	1.96	1.93	1.91	1.86	1.83	1.80
	0.95	4.60	3.74	3.34	3.11	2.96	2.85	2.76	2.70	2.65	2.60	2.57	2.53	2.39	2.34	2.31	2.22	2.18	2.13
	0.975	6.30	4.86	4.24	3.89	3.66	3.50	3.38	3.29	3.21	3.15	3.09	3.05	2.84	2.78	2.73	2.61	2.55	2.49
	0.99	8.86	6.51	5.56	5.04	4.69	4.46	4.28	4.14	4.03	3.94	3.86	3.80	3.51	3.41	3.35	3.18	3.09	3.00
15	0.9	3.07	2.70	2.49	2.36	2.27	2.21	2.16	2.12	2.09	2.06	2.04	2.02	1.92	1.89	1.87	1.82	1.79	1.76
	0.95	4.54	3.68	3.29	3.06	2.90	2.79	2.71	2.64	2.59	2.54	2.51	2.48	2.33	2.28	2.25	2.16	2.11	2.07
	0.975	6.20	4.77	4.15	3.80	3.58	3.41	3.29	3.20	3.12	3.06	3.01	2.96	2.76	2.69	2.64	2.52	2.46	2.40
	0.99	8.68	6.36	5.42	4.89	4.56	4.32	4.14	4.00	3.89	3.80	3.73	3.67	3.37	3.28	3.21	3.05	2.96	2.87
20	0.9	2.97	2.59	2.38	2.25	2.16	2.09	2.04	2.00	1.96	1.94	1.91	1.89	1.79	1.76	1.74	1.68	1.64	1.61
	0.95	4.35	3.49	3.10	2.87	2.71	2.60	2.51	2.45	2.39	2.35	2.31	2.28	2.12	2.07	2.04	1.95	1.90	1.84
	0.975	5.87	4.46	3.86	3.51	3.29	3.13	3.01	2.91	2.84	2.77	2.72	2.68	2.46	2.40	2.35	2.22	2.16	2.09
	0.99	8.10	5.85	4.94	4.43	4.10	3.87	3.70	3.56	3.46	3.37	3.29	3.23	2.94	2.84	2.78	2.61	2.52	2.42
25	0.9	2.92	2.53	2.32	2.18	2.09	2.02	1.97	1.93	1.89	1.87	1.84	1.82	1.72	1.68	1.66	1.59	1.56	1.52
	0.95	4.24	3.39	2.99	2.76	2.60	2.49	2.40	2.34	2.28	2.24	2.20	2.16	2.01	1.96	1.92	1.82	1.77	1.71
	0.975	5.69	4.29	3.69	3.35	3.13	2.97	2.85	2.75	2.68	2.61	2.56	2.51	2.30	2.23	2.18	2.05	1.98	1.91
	0.99	7.77	5.57	4.68	4.18	3.85	3.63	3.46	3.32	3.22	3.13	3.06	2.99	2.70	2.60	2.54	2.36	2.27	2.17
30	0.9	2.88	2.49	2.28	2.14	2.05	1.98	1.93	1.88	1.85	1.82	1.79	1.77	1.67	1.63	1.61	1.54	1.50	1.46
	0.95	4.17	3.32	2.92	2.69	2.53	2.42	2.33	2.27	2.21	2.16	2.13	2.09	1.93	1.88	1.84	1.74	1.68	1.62
	0.975	5.57	4.18	3.59	3.25	3.03	2.87	2.75	2.65	2.57	2.51	2.46	2.41	2.20	2.12	2.07	1.94	1.87	1.79
	0.99	7.56	5.39	4.51	4.02	3.70	3.47	3.30	3.17	3.07	2.98	2.91	2.84	2.55	2.45	2.39	2.21	2.11	2.01
60	0.9	2.79	2.39	2.18	2.04	1.95	1.87	1.82	1.77	1.74	1.71	1.68	1.66	1.54	1.50	1.48	1.40	1.35	1.29
	0.95	4.00	3.15	2.76	2.53	2.37	2.25	2.17	2.10	2.04	1.99	1.95	1.92	1.75	1.69	1.65	1.53	1.47	1.39
	0.975	5.29	3.93	3.34	3.01	2.79	2.63	2.51	2.41	2.33	2.27	2.22	2.17	1.94	1.87	1.82	1.67	1.58	1.48
	0.99	7.08	4.98	4.13	3.65	3.34	3.12	2.95	2.82	2.72	2.63	2.56	2.50	2.20	2.10	2.03	1.84	1.73	1.60
120	0.9	2.75	2.35	2.13	1.99	1.90	1.82	1.77	1.72	1.68	1.65	1.63	1.60	1.48	1.44	1.41	1.32	1.26	1.19
	0.95	3.92	3.07	2.68	2.45	2.29	2.18	2.09	2.02	1.96	1.91	1.87	1.83	1.66	1.60	1.55	1.43	1.35	1.25
	0.975	5.15	3.80	3.23	2.89	2.67	2.52	2.39	2.30	2.22	2.16	2.10	2.05	1.82	1.75	1.69	1.53	1.43	1.31
	0.99	6.85	4.79	3.95	3.48	3.17	2.96	2.79	2.66	2.56	2.47	2.40	2.34	2.03	1.93	1.86	1.66	1.53	1.38
∞	0.9	2.71	2.30	2.08	1.94	1.85	1.77	1.72	1.67	1.63	1.60	1.57	1.55	1.42	1.38	1.34	1.24	1.17	1.00
	0.95	3.84	3.00	2.60	2.37	2.21	2.10	2.01	1.94	1.88	1.83	1.79	1.75	1.57	1.51	1.46	1.32	1.22	1.00
	0.975	5.02	3.69	3.12	2.79	2.57	2.41	2.29	2.19	2.11	2.05	1.99	1.94	1.71	1.63	1.57	1.39	1.27	1.00
	0.99	6.63	4.61	3.78	3.32	3.02	2.80	2.64	2.51	2.41	2.32	2.25	2.18	1.88	1.77	1.70	1.47	1.32	1.00

6   범위를 사용하는 검정보조표

(윗줄 데이터는 ν를, 아래줄 데이터는 d_2를 표시한다)

n＼k	1	2	3	4	5	10	15	20	25	30	k>5
2	1.0	1.9	2.8	3.7	4.6	9.0	13.4	17.8	22.2	26.5	0.876k+0.25
	1.41	1.28	1.23	1.21	1.19	1.16	1.15	1.14	1.14	1.14	1.128+0.32/k
3	2.0	3.8	5.7	7.5	9.3	18.4	27.5	36.6	45.6	54.7	1.815k+0.25
	1.91	1.81	1.77	1.75	1.74	1.72	1.71	1.70	1.70	1.70	1.693+0.23/k
4	2.9	5.7	8.4	11.2	13.9	27.6	41.3	55.0	68.7	82.4	2.738k+0.25
	2.24	2.15	2.12	2.11	2.10	2.08	2.07	2.07	2.07	2.07	2.059+0.19/k
5	3.8	7.5	11.1	14.7	18.4	36.5	54.6	72.7	90.8	108.9	3.623k+0.25
	2.48	2.40	2.38	2.37	2.36	2.34	2.34	2.33	2.33	2.33	2.326+0.16/k
6	4.7	9.2	13.6	18.1	22.6	44.9	67.2	89.6	111.9	134.2	4.466k+0.25
	2.67	2.60	2.58	2.57	2.56	2.55	2.54	2.54	2.54	2.54	2.534+0.14/k
7	5.5	10.8	16.0	21.3	26.6	52.9	79.3	105.6	131.9	158.3	5.267k+0.25
	2.83	2.77	2.75	2.74	2.73	2.72	2.71	2.71	2.71	2.71	2.704+0.13/k
8	6.3	12.3	18.3	24.4	30.4	60.6	90.7	120.9	151.0	181.2	6.031k+0.25
	2.96	2.91	2.89	2.88	2.87	2.86	2.86	2.85	2.85	2.85	2.847+0.12/k
9	7.0	13.8	20.5	27.3	34.0	67.8	101.6	135.4	169.2	203.0	6.759k+0.25
	3.08	3.02	3.01	3.00	2.99	2.98	2.98	2.98	2.97	2.97	2.970+0.11/k
10	7.7	15.1	22.6	30.1	37.5	74.8	112.0	149.3	186.6	223.8	7.453k+0.25
	3.18	3.13	3.11	3.10	3.10	3.09	3.08	3.08	3.08	3.08	3.078+0.10/k

7 관리한계를 구하기 위한 계수표

	A	A_2	A_3	A_4	H_2	B_3	B_4	B_5	B_6	D_1	D_2	D_3	D_4	c_4	c_5	d_2	d_3	m_3
2	2.121	1.880	2.659	1.880	2.695	–	3.267	–	2.606	–	3.686	–	3.267	0.798	0.603	1.128	0.853	1.000
3	1.732	1.023	1.954	1.187	1.826	–	2.568	–	2.276	–	4.358	–	2.575	0.886	0.463	1.693	0.889	1.160
4	1.500	0.729	1.628	0.796	1.522	–	2.266	–	2.088	–	4.698	–	2.282	0.921	0.389	2.059	0.880	1.092
5	1.342	0.577	1.427	0.691	1.363	–	2.089	–	1.964	–	4.918	–	2.114	0.940	0.341	2.326	0.864	1.198
6	1.225	0.483	1.287	0.548	1.263	0.030	1.970	0.029	1.874	–	5.079	–	2.004	0.952	0.308	2.534	0.848	1.135
7	1.134	0.419	1.182	0.509	1.194	0.118	1.882	0.113	1.806	0.205	5.204	0.076	1.924	0.959	0.282	2.707	0.834	1.214
8	1.061	0.373	1.099	0.433	1.143	0.185	1.815	0.179	1.751	0.388	5.307	0.136	1.864	0.965	0.262	2.847	0.820	1.160
9	1.000	0.337	1.032	0.412	1.104	0.239	1.761	0.232	1.707	0.547	5.394	0.184	1.816	0.969	0.246	2.970	0.808	1.223
10	0.949	0.308	0.975	0.362	1.072	0.284	1.716	0.276	1.669	0.686	5.469	0.223	1.777	0.973	0.232	3.078	0.797	1.176
11	0.905	0.285	0.927			0.321	1.679	0.313	1.637	0.811	5.535	0.256	1.744	0.975	0.220	3.173	0.787	
12	0.866	0.266	0.886			0.354	1.646	0.346	1.610	0.923	5.594	0.283	1.717	0.978	0.211	3.258	0.779	
13	0.832	0.249	0.850			0.382	1.618	0.374	1.585	1.025	5.647	0.307	1.693	0.979	0.202	3.336	0.771	
14	0.802	0.235	0.817			0.406	1.594	0.399	1.563	1.118	5.696	0.328	1.672	0.981	0.194	3.407	0.763	
15	0.775	0.223	0.789			0.428	1.572	0.421	1.544	1.203	5.740	0.347	1.653	0.982	0.187	3.472	0.756	
16	0.750	0.212	0.763			0.448	1.552	0.440	1.526	1.282	5.782	0.363	1.637	0.984	0.181	3.532	0.750	
17	0.728	0.203	0.739			0.466	1.534	0.458	1.511	1.356	5.820	0.378	1.622	0.985	0.175	3.588	0.744	
18	0.707	0.194	0.718			0.482	1.518	0.475	1.496	1.424	5.856	0.391	1.609	0.985	0.170	3.640	0.739	
19	0.688	0.187	0.698			0.497	1.503	0.490	1.483	1.489	5.889	0.404	1.596	0.986	0.166	3.689	0.733	
20	0.671	0.180	0.680			0.510	1.490	0.504	1.470	1.549	5.921	0.415	1.585	0.987	0.161	3.735	0.729	
21	0.655	0.173	0.663			0.523	1.477	0.516	1.459	1.606	5.951	0.425	1.575	0.988	0.157	3.778	0.724	
22	0.640	0.167	0.647			0.534	1.466	0.528	1.448	1.660	5.979	0.435	1.565	0.988	0.153	3.819	0.720	
23	0.626	0.162	0.633			0.545	1.455	0.539	1.438	1.711	6.006	0.443	1.557	0.989	0.150	3.858	0.716	
24	0.612	0.157	0.619			0.555	1.445	0.549	1.429	1.759	6.032	0.452	1.548	0.989	0.147	3.895	0.712	
25	0.600	0.153	0.606			0.565	1.435	0.559	1.420	1.805	6.056	0.459	1.541	0.990	0.144	3.931	0.709	

8 누적푸아송분포표

$$P(x \le c) = \sum_{x=0}^{c} e^{-m} \times \frac{m^x}{x!}$$

※ 음영부분의 고딕 data는 m을 뜻함

c	0.1	0.2	0.3	0.4	0.5
0	0.905	0.819	0.741	0.670	0.607
1	0.995	0.982	0.963	0.938	0.910
2	1.000	0.999	0.996	0.992	0.986
3		1.000	1.000	0.999	0.998
4				1.000	1.000
5					
6					
	0.6	0.7	0.8	0.9	1
0	0.549	0.497	0.449	0.407	0.368
1	0.878	0.844	0.809	0.772	0.736
2	0.977	0.966	0.953	0.937	0.920
3	0.997	0.994	0.991	0.987	0.981
4	1.000	0.999	0.999	0.998	0.996
5		1.000	1.000	1.000	0.999
6					1.000
	1.1	1.2	1.3	1.4	1.5
0	0.333	0.301	0.273	0.247	0.223
1	0.699	0.663	0.627	0.592	0.558
2	0.900	0.879	0.857	0.833	0.809
3	0.974	0.966	0.957	0.946	0.934
4	0.995	0.992	0.989	0.986	0.981
5	0.999	0.998	0.998	0.997	0.996
6	1.000	1.000	1.000	0.999	0.999
7				1.000	1.000
8					
	1.6	1.7	1.8	1.9	2
0	0.202	0.183	0.165	0.150	0.135
1	0.525	0.493	0.463	0.434	0.406
2	0.783	0.757	0.731	0.704	0.677
3	0.921	0.907	0.891	0.875	0.857
4	0.976	0.970	0.964	0.956	0.947
5	0.994	0.992	0.990	0.987	0.983
6	0.999	0.998	0.997	0.997	0.995
7	1.000	1.000	0.999	0.999	0.999
8			1.000	1.000	1.000
	2.1	2.2	2.3	2.4	2.5
0	0.122	0.111	0.100	0.091	0.082
1	0.380	0.355	0.331	0.308	0.287
2	0.650	0.623	0.596	0.570	0.544
3	0.839	0.819	0.799	0.779	0.758
4	0.938	0.928	0.916	0.904	0.891
5	0.980	0.975	0.970	0.964	0.958
6	0.994	0.993	0.991	0.988	0.986
7	0.999	0.998	0.997	0.997	0.996
8	1.000	1.000	0.999	0.999	0.999
9			1.000	1.000	1.000
10					

c	2.6	2.7	2.8	2.9	3
0	0.074	0.067	0.061	0.055	0.050
1	0.267	0.249	0.231	0.215	0.199
2	0.518	0.494	0.469	0.446	0.423
3	0.736	0.714	0.692	0.670	0.647
4	0.877	0.863	0.848	0.832	0.815
5	0.951	0.943	0.935	0.926	0.916
6	0.983	0.979	0.976	0.971	0.966
7	0.995	0.993	0.992	0.990	0.988
8	0.999	0.998	0.998	0.997	0.996
9	1.000	0.999	0.999	0.999	0.999
10		1.000	1.000	1.000	1.000

c	3.1	3.2	3.3	3.4	3.5
0	0.045	0.041	0.037	0.033	0.030
1	0.185	0.171	0.159	0.147	0.136
2	0.401	0.380	0.359	0.340	0.321
3	0.625	0.603	0.580	0.558	0.537
4	0.798	0.781	0.763	0.744	0.725
5	0.906	0.895	0.883	0.871	0.858
6	0.961	0.955	0.949	0.942	0.935
7	0.986	0.983	0.980	0.977	0.973
8	0.995	0.994	0.993	0.992	0.990
9	0.999	0.998	0.998	0.997	0.997
10	1.000	1.000	0.999	0.999	0.999
11			1.000	1.000	1.000
12					

c	3.6	3.7	3.8	3.9	4
0	0.027	0.025	0.022	0.020	0.018
1	0.126	0.116	0.107	0.099	0.092
2	0.303	0.285	0.269	0.253	0.238
3	0.515	0.494	0.473	0.453	0.433
4	0.706	0.687	0.668	0.648	0.629
5	0.844	0.830	0.816	0.801	0.785
6	0.927	0.918	0.909	0.899	0.889
7	0.969	0.965	0.960	0.955	0.949
8	0.988	0.986	0.984	0.981	0.979
9	0.996	0.995	0.994	0.993	0.992
10	0.999	0.998	0.998	0.998	0.997
11	1.000	1.000	0.999	0.999	0.999
12		1.000	1.000	1.000	1.000

c	4.1	4.2	4.3	4.4	4.5
0	0.017	0.015	0.014	0.012	0.011
1	0.085	0.078	0.072	0.066	0.061
2	0.224	0.210	0.197	0.185	0.174
3	0.414	0.395	0.377	0.359	0.342
4	0.609	0.590	0.570	0.551	0.532
5	0.769	0.753	0.737	0.720	0.703
6	0.879	0.867	0.856	0.844	0.831
7	0.943	0.936	0.929	0.921	0.913
8	0.976	0.972	0.968	0.964	0.960
9	0.990	0.989	0.987	0.985	0.983
10	0.997	0.996	0.995	0.994	0.993
11	0.999	0.999	0.998	0.998	0.998
12	1.000	1.000	0.999	0.999	0.999
13			1.000	1.000	1.000
14					

c	4.6	4.7	4.8	4.9	5
0	0.010	0.009	0.008	0.007	0.007
1	0.056	0.052	0.048	0.044	0.040
2	0.163	0.152	0.143	0.133	0.125
3	0.326	0.310	0.294	0.279	0.265
4	0.513	0.495	0.476	0.458	0.440
5	0.686	0.668	0.651	0.634	0.616
6	0.818	0.805	0.791	0.777	0.762
7	0.905	0.896	0.887	0.877	0.867
8	0.955	0.950	0.944	0.938	0.932
9	0.980	0.978	0.975	0.972	0.968
10	0.992	0.991	0.990	0.988	0.986
11	0.997	0.997	0.996	0.995	0.995
12	0.999	0.999	0.999	0.998	0.998
13	1.000	1.000	1.000	0.999	0.999
14				1.000	1.000

9 누적이항분포표

$$P(x \le c) = \sum_{x=0}^{c} {}_nC_x P^x(1-P)^{n-x}$$

※ 음영부분의 데이터는 확률 P를 뜻함

n	X	0.01	0.02	0.025	0.05	0.06	0.07	0.08	0.09	0.1	0.11	0.12	0.15	0.2	0.3	0.4	0.5
2	0	0.9801	0.9604	0.9506	0.9025	0.8836	0.8649	0.8464	0.8281	0.8100	0.7921	0.7744	0.7225	0.6400	0.4900	0.3600	0.2500
	1	0.9999	0.9996	0.9994	0.9975	0.9964	0.9951	0.9936	0.9919	0.9900	0.9879	0.9856	0.9775	0.9600	0.9100	0.8400	0.7500
	2	1.0000	1.0000	1.0000	1.0000	1.0000	1.0000	1.0000	1.0000	1.0000	1.0000	1.0000	1.0000	1.0000	1.0000	1.0000	1.0000
3	0	0.9703	0.9412	0.9269	0.8574	0.8306	0.8044	0.7787	0.7536	0.7290	0.7050	0.6815	0.6141	0.5120	0.3430	0.2160	0.1250
	1	0.9997	0.9988	0.9982	0.9928	0.9896	0.9860	0.9818	0.9772	0.9720	0.9664	0.9603	0.9393	0.8960	0.7840	0.6480	0.5000
	2	1.0000	1.0000	1.0000	0.9999	0.9998	0.9997	0.9995	0.9993	0.9990	0.9987	0.9983	0.9966	0.9920	0.9730	0.9360	0.8750
	3				1.0000	1.0000	1.0000	1.0000	1.0000	1.0000	1.0000	1.0000	1.0000	1.0000	1.0000	1.0000	1.0000
4	0	0.9606	0.9224	0.9037	0.8145	0.7807	0.7481	0.7164	0.6857	0.6561	0.6274	0.5997	0.5220	0.4096	0.2401	0.1296	0.0625
	1	0.9994	0.9977	0.9964	0.9860	0.9801	0.9733	0.9656	0.9570	0.9477	0.9376	0.9268	0.8905	0.8192	0.6517	0.4752	0.3125
	2	1.0000	1.0000	0.9999	0.9995	0.9992	0.9987	0.9981	0.9973	0.9963	0.9951	0.9937	0.9880	0.9728	0.9163	0.8208	0.6875
	3			1.0000	1.0000	1.0000	1.0000	1.0000	0.9999	0.9999	0.9999	0.9998	0.9995	0.9984	0.9919	0.9744	0.9375
	4									1.0000	1.0000	1.0000	1.0000	1.0000	1.0000	1.0000	1.0000
5	0	0.9510	0.9039	0.8811	0.7738	0.7339	0.6957	0.6591	0.6240	0.5905	0.5584	0.5277	0.4437	0.3277	0.1681	0.0778	0.0313
	1	0.9990	0.9962	0.9941	0.9774	0.9681	0.9575	0.9456	0.9326	0.9185	0.9035	0.8875	0.8352	0.7373	0.5282	0.3370	0.1875
	2	1.0000	0.9999	0.9998	0.9988	0.9980	0.9969	0.9955	0.9937	0.9914	0.9888	0.9857	0.9734	0.9421	0.8369	0.6826	0.5000
	3		1.0000	1.0000	1.0000	0.9999	0.9999	0.9998	0.9997	0.9995	0.9993	0.9991	0.9978	0.9933	0.9692	0.9130	0.8125
	4				1.0000	1.0000	1.0000	1.0000	1.0000	1.0000	1.0000	1.0000	0.9999	0.9997	0.9976	0.9898	0.9688
	5													1.0000	1.0000	1.0000	1.0000
6	0	0.9415	0.8858	0.8591	0.7351	0.6899	0.6470	0.6064	0.5679	0.5314	0.4970	0.4644	0.3771	0.2621	0.1176	0.0467	0.0156
	1	0.9985	0.9943	0.9912	0.9672	0.9541	0.9392	0.9227	0.9048	0.8857	0.8655	0.8444	0.7765	0.6554	0.4202	0.2333	0.1094
	2	1.0000	0.9998	0.9997	0.9978	0.9962	0.9942	0.9915	0.9882	0.9842	0.9794	0.9739	0.9527	0.9011	0.7443	0.5443	0.3438
	3		1.0000	1.0000	0.9999	0.9998	0.9997	0.9995	0.9992	0.9987	0.9982	0.9975	0.9941	0.9830	0.9295	0.8208	0.6563
	4				1.0000	1.0000	1.0000	1.0000	1.0000	0.9999	0.9999	0.9999	0.9996	0.9984	0.9891	0.9590	0.8906
	5									1.0000	1.0000	1.0000	1.0000	0.9999	0.9993	0.9959	0.9844
	6													1.0000	1.0000	1.0000	1.0000
7	0	0.9321	0.8681	0.8376	0.6983	0.6485	0.6017	0.5578	0.5168	0.4783	0.4423	0.4087	0.3206	0.2097	0.0824	0.0280	0.0078
	1	0.9980	0.9921	0.9879	0.9556	0.9382	0.9187	0.8974	0.8745	0.8503	0.8250	0.7988	0.7166	0.5767	0.3294	0.1586	0.0625
	2	1.0000	0.9997	0.9995	0.9962	0.9937	0.9903	0.9860	0.9807	0.9743	0.9669	0.9584	0.9262	0.8520	0.6471	0.4199	0.2266
	3		1.0000	1.0000	0.9998	0.9996	0.9993	0.9988	0.9982	0.9973	0.9961	0.9946	0.9879	0.9667	0.8740	0.7102	0.5000
	4				1.0000	1.0000	1.0000	0.9999	0.9999	0.9998	0.9997	0.9996	0.9988	0.9953	0.9712	0.9037	0.7734
	5							1.0000	1.0000	1.0000	1.0000	1.0000	0.9999	0.9996	0.9962	0.9812	0.9375
	6												1.0000	1.0000	0.9998	0.9984	0.9922
	7														1.0000	1.0000	1.0000
8	0	0.9227	0.8508	0.8167	0.6634	0.6096	0.5596	0.5132	0.4703	0.4305	0.3937	0.3596	0.2725	0.1678	0.0576	0.0168	0.0039
	1	0.9973	0.9897	0.9842	0.9428	0.9208	0.8965	0.8702	0.8423	0.8131	0.7829	0.7520	0.6572	0.5033	0.2553	0.1064	0.0352
	2	0.9999	0.9996	0.9992	0.9942	0.9904	0.9853	0.9789	0.9711	0.9619	0.9513	0.9392	0.8948	0.7969	0.5518	0.3154	0.1445
	3	1.0000	1.0000	1.0000	0.9996	0.9993	0.9987	0.9978	0.9966	0.9950	0.9929	0.9903	0.9786	0.9437	0.8059	0.5941	0.3633
	4				1.0000	1.0000	0.9999	0.9999	0.9997	0.9996	0.9993	0.9990	0.9971	0.9896	0.9420	0.8263	0.6367
	5						1.0000	1.0000	1.0000	1.0000	1.0000	0.9999	0.9998	0.9988	0.9887	0.9502	0.8555
	6											1.0000	1.0000	0.9999	0.9987	0.9915	0.9648
	7													1.0000	0.9999	0.9993	0.9961
	8														1.0000	1.0000	1.0000

n	X	0.01	0.02	0.025	0.05	0.06	0.07	0.08	0.09	0.1	0.11	0.12	0.15	0.2	0.3	0.4	0.5
9	0	0.9135	0.8337	0.7962	0.6302	0.5730	0.5204	0.4722	0.4279	0.3874	0.3504	0.3165	0.2316	0.1342	0.0404	0.0101	0.0020
	1	0.9966	0.9869	0.9800	0.9288	0.9022	0.8729	0.8417	0.8088	0.7748	0.7401	0.7049	0.5995	0.4362	0.1960	0.0705	0.0195
	2	0.9999	0.9994	0.9988	0.9916	0.9862	0.9791	0.9702	0.9595	0.9470	0.9328	0.9167	0.8591	0.7382	0.4628	0.2318	0.0898
	3	1.0000	1.0000	1.0000	0.9994	0.9987	0.9977	0.9963	0.9943	0.9917	0.9883	0.9842	0.9661	0.9144	0.7297	0.4826	0.2539
	4				1.0000	0.9999	0.9998	0.9997	0.9995	0.9991	0.9986	0.9979	0.9944	0.9804	0.9012	0.7334	0.5000
	5					1.0000	1.0000	1.0000	1.0000	0.9999	0.9999	0.9998	0.9994	0.9969	0.9747	0.9006	0.7461
	6									1.0000	1.0000	1.0000	1.0000	0.9997	0.9957	0.9750	0.9102
	7													1.0000	0.9996	0.9962	0.9805
	8														1.0000	0.9997	0.9980
	9															1.0000	1.0000
10	0	0.9044	0.8171	0.7763	0.5987	0.5386	0.4840	0.4344	0.3894	0.3487	0.3118	0.2785	0.1969	0.1074	0.0282	0.0060	0.0010
	1	0.9957	0.9838	0.9754	0.9139	0.8824	0.8483	0.8121	0.7746	0.7361	0.6972	0.6583	0.5443	0.3758	0.1493	0.0464	0.0107
	2	0.9999	0.9991	0.9984	0.9885	0.9812	0.9717	0.9599	0.9460	0.9298	0.9116	0.8913	0.8202	0.6778	0.3828	0.1673	0.0547
	3	1.0000	1.0000	0.9999	0.9990	0.9980	0.9964	0.9942	0.9912	0.9872	0.9822	0.9761	0.9500	0.8791	0.6496	0.3823	0.1719
	4			1.0000	0.9999	0.9998	0.9997	0.9994	0.9990	0.9984	0.9975	0.9963	0.9901	0.9672	0.8497	0.6331	0.3770
	5				1.0000	1.0000	1.0000	1.0000	0.9999	0.9999	0.9997	0.9996	0.9986	0.9936	0.9527	0.8338	0.6230
	6								1.0000	1.0000	1.0000	1.0000	0.9999	0.9991	0.9894	0.9452	0.8281
	7												1.0000	0.9999	0.9984	0.9877	0.9453
	8													1.0000	0.9999	0.9983	0.9893
	9														1.0000	0.9999	0.9990
	10															1.0000	1.0000
11	0	0.8953	0.8007	0.7569	0.5688	0.5063	0.4501	0.3996	0.3544	0.3138	0.2775	0.2451	0.1673	0.0859	0.0198	0.0036	0.0005
	1	0.9948	0.9805	0.9704	0.8981	0.8618	0.8228	0.7819	0.7399	0.6974	0.6548	0.6127	0.4922	0.3221	0.1130	0.0302	0.0059
	2	0.9998	0.9988	0.9978	0.9848	0.9752	0.9630	0.9481	0.9305	0.9104	0.8880	0.8634	0.7788	0.6174	0.3127	0.1189	0.0327
	3	1.0000	1.0000	0.9999	0.9984	0.9970	0.9947	0.9915	0.9871	0.9815	0.9744	0.9659	0.9306	0.8389	0.5696	0.2963	0.1133
	4			1.0000	0.9999	0.9997	0.9995	0.9990	0.9983	0.9972	0.9958	0.9939	0.9841	0.9496	0.7897	0.5328	0.2744
	5				1.0000	1.0000	1.0000	0.9999	0.9998	0.9997	0.9995	0.9992	0.9973	0.9883	0.9218	0.7535	0.5000
	6							1.0000	1.0000	1.0000	1.0000	0.9999	0.9997	0.9980	0.9784	0.9006	0.7256
	7											1.0000	1.0000	0.9998	0.9957	0.9707	0.8867
	8													1.0000	0.9994	0.9941	0.9673
	9														1.0000	0.9993	0.9941
	10															1.0000	0.9995
	11																1.0000
12	0	0.8864	0.7847	0.7380	0.5404	0.4759	0.4186	0.3677	0.3225	0.2824	0.2470	0.2157	0.1422	0.0687	0.0138	0.0022	0.0002
	1	0.9938	0.9769	0.9651	0.8816	0.8405	0.7967	0.7513	0.7052	0.6590	0.6133	0.5686	0.4435	0.2749	0.0850	0.0196	0.0032
	2	0.9998	0.9985	0.9971	0.9804	0.9684	0.9532	0.9348	0.9134	0.8891	0.8623	0.8333	0.7358	0.5583	0.2528	0.0834	0.0193
	3	1.0000	0.9999	0.9998	0.9978	0.9957	0.9925	0.9880	0.9820	0.9744	0.9649	0.9536	0.9078	0.7946	0.4925	0.2253	0.0730
	4		1.0000	1.0000	0.9998	0.9996	0.9991	0.9984	0.9973	0.9957	0.9935	0.9905	0.9761	0.9274	0.7237	0.4382	0.1938
	5				1.0000	1.0000	0.9999	0.9998	0.9997	0.9995	0.9991	0.9986	0.9954	0.9806	0.8822	0.6652	0.3872
	6						1.0000	1.0000	1.0000	0.9999	0.9999	0.9998	0.9993	0.9961	0.9614	0.8418	0.6128
	7									1.0000	1.0000	1.0000	0.9999	0.9994	0.9905	0.9427	0.8062
	8												1.0000	0.9999	0.9983	0.9847	0.9270
	9													1.0000	0.9998	0.9972	0.9807
	10														1.0000	0.9997	0.9968
	11															1.0000	0.9998
	12																1.0000

참고문헌

KS A 0001:2015 표준서의 서식 및 작성방법
KS Q 0001:2013(개정) 계수 및 계량 규준형 1회 샘플링 검사
KS Q 1003:2014 랜덤 샘플링 방법
KS Q ISO 2859-1:2014 AQL 지표형 샘플링 검사
KS Q ISO 2859-2:2014 LQ 지표형 샘플링 검사
KS Q ISO 2859-10:2014 ISO 2859 시리즈 표준 개요
KS Q ISO 3534-1:2014 일반 통계 및 확률 용어 및 기호
KS Q ISO 3534-2:2014 응용 통계 용어 및 기호
KS Q ISO 3534-3:2014 실험계획법 용어 및 기호
KS Q ISO 7870-1:2014 관리도 일반 지침
KS Q ISO 7870-2:2014 슈하트 관리도
KS Q ISO 7870-3:2014 합격판정 관리도
KS Q ISO 7870-4:2014 누적합 관리도
KS Q ISO 7870-5:2016 특수 관리도
KS Q ISO 7870-6:2018 EWMA 관리도
KS Q ISO 28591:2017(개정) 계수치 축차 샘플링검사 방식
KS Q ISO 39511:2018(개정) 계량치 축차 샘플링검사 방식
KS Q ISO 9000:2015 품질경영시스템-기본사항과 용어

박해근, 양희정 외 공저; 품질경영론, 형설출판사, 2018년
정영배, 염경철 공저; 통계적 품질관리, 이나무, 2017년
임호순; 통계자료분석, 정익사, 2012년
박성현, 박영현 공저; 통계적 품질관리 제3판, 민영사, 2005년
송문섭, 남호수 공저; 통계적 품질관리, 영지문화사, 2002년
이순룡; 현대품질경영(수정판), 법문사, 2010년
박영택; 품질경영론, KSAM, 2018년
클라우스 슈밥; 제4차 산업혁명, 새로운현재, 2016년
클라우스 슈밥; 더 넥스트, 새로운현재, 2018년
버나드 마; 빅 데이터, 학고재, 2017년
이승훈; 미니탭 측정시스템 분석, 이레테크, 2016년
이상복; 미니탭 예제 중심의 실험계획법, 이레테크, 2017년
김수택; 미니탭 기초통계, 이레테크, 2018년
이승훈; 미니탭 품질관리, 이레테크, 2018년
이상복; 미니탭을 이용한 관리도 설계와 활용, 이레테크, 2007년
Montgomery D. C. Statistical Quality Control, John Wiley & Eons, 1985.
Montgomery D. C. Design and Analysis of Experiments, 1997

색인